华章IT
HZBOOKS | Information Technology

数据分析与决策
技术丛书

R语言游戏数据分析与挖掘

谢佳标◎著

机械工业出版社
China Machine Press

图书在版编目（CIP）数据

R 语言游戏数据分析与挖掘 / 谢佳标著 . —北京：机械工业出版社，2017.6（2018.1 重印）
（数据分析与决策技术丛书）

ISBN 978-7-111-57308-1

I. R… II. 谢… III. 程序语言－程序设计 IV. TP312®

中国版本图书馆 CIP 数据核字（2017）第 141146 号

R 语言游戏数据分析与挖掘

出版发行：机械工业出版社（北京市西城区百万庄大街 22 号 邮政编码：100037）

责任编辑：何欣阳 责任校对：殷 虹

印 刷：北京诚信伟业印刷有限公司 版 次：2018 年 1 月第 1 版第 2 次印刷

开 本：186mm×240mm 1/16 印 张：25.75

书 号：ISBN 978-7-111-57308-1 定 价：79.00 元

凡购本书，如有缺页、倒页、脱页，由本社发行部调换

客服热线：（010）88379426 88361066 投稿热线：（010）88379604

购书热线：（010）68326294 88379649 68995259 读者信箱：hzit@hzbook.com

Preface 前　言

为什么要写这本书

随着大数据的概念越来越流行，越来越多的企业开始重视数据，期待从数据中寻找有价值的结论，以指导公司管理层决策，最终创造更大的价值。但是在游戏行业，数据分析的发展相对缓慢，很多游戏公司是在发现人口红利消失后才逐渐重视数据，希望利用数据驱动产品。而在各种数据分析技术中，R 语言作为一个可进行交互式数据分析和探索的强大平台，拥有举足轻重的作用。R 语言的免费开源使得很多公司用它来处理数据、展示数据、分析数据、完成模型。

使用 R 语言可以进行游戏数据分析系统的搭建，可以对累积的海量游戏数据进行挖掘，找出其中的特征和规律。对于有志成为互联网数据挖掘 / 分析师的读者来说，R 语言将成为他们未来必备的技能之一。

笔者在历届中国 R 语言会议演讲时，都会遇到一些同学问类似这样的问题："是否学好数据挖掘工具就能胜任数据分析工作？"虽然这些学生都具备很好的理论和工具使用能力，但是缺乏对实际生产数据的处理能力，即学生们很少接触到企业的真实数据，不知道如何将脏数据处理为可以建模的数据集。这也是笔者写这本书的初衷。在本书中，笔者希望结合自己多年的数据挖掘实战经验，将 R 语言与游戏数据分析有机结合，真正做到"授之以渔"。

本书特色

本书从实际应用出发，结合实例及应用场景，通过对大量案例进行详细阐述和深入分析，进而指导读者在实际工作中通过 R 语言对游戏数据进行分析和挖掘。

本书的核心是游戏数据分析实战，所以在案例讲解过程中均会对分析结果进行业务解读，进而帮助数据分析师提高"利用结果数据指导实际商务决策"的能力。

基于对业务的思考，本书从解决问题入手，以游戏为最佳切入点，辐射整个数据分析领域，并完成数据分析和挖掘建模工作，对其他行业的数据分析师如何做数据分析 / 挖掘也具有很大的启发性。同时，本书内容涵盖了 R 语言基础、数据挖掘理论与实战、交互式绘图和 Web 网页开发等，故也可以作为数据挖掘的入门书籍。

本书适用对象

- ❑ 游戏产品运营人员
- ❑ 游戏数据分析人员
- ❑ 各行各业的数据分析师
- ❑ 数据分析爱好者
- ❑ 具有数据分析背景的数据科学家
- ❑ 进行数据挖掘应用研究的科研人员
- ❑ 相关专业的在校生

如何阅读本书

全书一共 13 章，分为三篇：基础篇、实战篇和提高篇。基础篇介绍了游戏数据分析的基本理论知识、R 语言的安装与使用、R 语言中的数据结构、常用操作和绘图功能。实战篇主要介绍了游戏数据的预处理、常用分析方法、玩家路径分析和用户分析。提高篇介绍了 R 语言图形界面工具 Rattle 和 Web 开发框架 shiny 包。

第一篇是基础篇（第 1～4 章）：第 1 章主要介绍了游戏数据分析的必要性和流程；第 2 章讲解了 R 语言和 RStudio 的安装及使用方法，并对数据对象和数据导入进行了介绍；第 3 章介绍了 R 语言绘图基础，包括常用图形参数设置、低级绘图函数和高级绘图函数；第 4 章介绍了 lattice 和 ggplot2 绘图包，并详细介绍了一些基于 R 语言可用于生成交互式图形的软件包，包括 rCharts、recharts、rbokeh、plotly 等。

第二篇是实战篇（第 5～11 章）：第 5 章介绍了游戏数据预处理常用的手段，包括数据抽样、数据清洗、数据转换和数据哑变量处理；第 6 章介绍了游戏数据分析的常用方法，包括指标数据可视化、游戏数据趋势分析、游戏数据相关性分析和游戏数据中的降维技术；第 7 章介绍了事件点击行为常用的漏斗分析和路径分析；第 8 章介绍了留存指标的计算、留存率计算与预测、常用分类算法原理和模型评估；第 9 章介绍了常用用户指标计算、LTV 计算与预测、用户物品购买关联分析、基于用户物品购买智能推荐和社会网络分析；第 10 章介绍了渠道数据分析的必要性和对渠道用户进行质量评级；第 11 章介绍了常用收入指标计算、利用用户活跃度衡量游戏经济状况、RFM 模型研究。

第三篇是提高篇（第 12～13 章）：第 12 章介绍了 R 语言的图形界面工具 Rattle，该工具能够在图形化的界面上完成数据导入、数据探索、数据可视化、数据建模和模型评估整个数据挖掘流程；第 13 章介绍了 Web 开发框架 shiny 包，使得 R 的使用者不必太了解 CSS、JS，只需要了解一些 HTML 的知识就可以快速完成 Web 开发。

勘误和支持

由于笔者的水平有限，书中难免会出现一些错误或者不准确的地方，恳请读者批评指正。你可以把意见或建议直接发至我的邮箱（jiabiao1602@163.com）。如果你有什么问题，也可以发邮件来提问，我将尽力为读者提供满意的解答，期待你们的反馈。书中全部数据及源代码都可以从 GitHub 网站（登录网站 https://github.com/jiabiao 1602/Game_DataMining_With_R 或扫描下方二维码）进行下载。

致谢

首先，感谢乐逗游戏 CEO 陈湘宇的支持，让笔者能把这几年在游戏行业中的一些数据挖掘实战写进本书，使读者能完整地看到如何对原始的数据源进行清洗转换以达到建模需求。书中介绍了对游戏行业付费用户行为研究的几种模型算法，相信对其他行业进行付费用户挖掘分析也可以起到很好地借鉴作用。

其次，感谢机械工业出版社华章公司副总编杨福川的信任，同时，也要感谢编辑李艺审阅本书的全部章节，有了他们的支持、鼓励和帮助，本书才能得以顺利出版。

最后，感谢家人，感谢你们一直以来的理解、陪伴和支持。

谨以此书献给我最亲爱的家人以及众多 R 语言的爱好者和数据分析师们！

目　录 *Contents*

第二篇 实战篇

第一篇 *Part 1*

基 础 篇

Chapter 1 第 1 章

什么是游戏数据分析

随着游戏市场竞争的日趋激烈，在如何获得更大收益延长游戏周期的问题上，越来越多的手机游戏开发公司开始选择借助大数据，以便挖掘更多更细的用户群来进行精细化、个性化的运营。数据分析重要的不是提供历史和现状，而是通过分析发现手机游戏现状，以及对未来进行预测。一切以数据出发，用数据说话，让数据更好地指导运营服务好玩家，对玩家的行为和体验不断进行分析和调整，使玩家可以在虚拟世界中得到各方面的满足。要实现这个目的，需要搭建专业的数据化运营团队。此外，游戏数据分析与其他行业的数据分析不同的是，游戏综合了经济、广告、社交、心理等方面的内容，这就对数据分析师提出了更高的要求。

1.1 为什么要对游戏进行分析

伴随着游戏互联网的快速发展和智能终端的普及，移动游戏进入了全民时代。越来越多的玩家利用碎片化时间进行游戏，使得游戏数据呈现井喷式增长，同时也对数据存储技术、计算能力、数据分析手段提出了更高的要求。海量数据的存储是必须面对的第一个挑战，随着分布式技术的逐渐成熟，越来越多的互联网企业采用分布式的服务器集群+分布式存储的海量存储器进行数据的存储和计算，从而解决数据存储和计算能力不足的问题。如何在海量的、复杂高维的游戏数据中发掘出有价值的知识，将是很多公司下一步亟待解决的难题。

虽然积累了海量的玩家数据，很多公司也开发了自己的 BI 报表系统，但是多数停留在“看数据”阶段，还是用传统的数据分析方法对数据进行简单的加工、统计及展示，并没有进行深度挖掘发现数据背后的规律和把握未来趋势。正是在这样的大背景下，游戏数据分析逐渐在游戏行业中变得重要。公司需要从传统的粗放型运营进化到精细化运营，从而了解如何有效地获取用户、评估效果；如何激活用户、评估产品质量；如何提升收益，并挖掘潜在的高价值用户。要满足精细化运营的需求，数据化运营就应运而生了。数据化运营就是在以海量数据的存储、分析、挖掘和应用的核心技术支持的基础上，通过可量化、可细分、可预测等一系列精细化的方式来进行的。

数据化运营是飞速发展的数据存储技术、数据挖掘技术等诸多先进数据技术直接推动的结果。数据技术的飞速发展，使数据存储成本大大减低，同时提供了成熟的数据挖掘算法和工具让公司可以去尝试海量数据的分析、挖掘、提炼和应用。有了数据分析、数据挖掘的强有力支持，运营不再靠“拍脑袋”，可以真正做到运营过程自始至终都心中有数。比如，在玩家的细分推送中，数据分析师利用数据挖掘手段对玩家进行分群，运营根据不同的用户群制定差异化策略，数据分析师再根据推送效果进行评估。

1.2　游戏数据分析的流程

游戏数据分析、数据挖掘的价值一定要落实到具体的业务应用中才可以得到检验和实现，所以需要流程和制度来有效保障最终的业务实践效果。这些流程一方面可以促使各相关方在数据分析业务实践的不同阶段落实各自的角色、分工和价值，维护整个业务流的畅通和效率；另一方面可以有效达成数据分析项目中各环节的阶段性目标。

游戏数据分析整体流程可以参考跨行业的数据挖掘标准流程 CRISP-DM 方法论，它是一种业界认可的用于指导数据挖掘工作的方法。按照 CRISP-DM 方法论，一个游戏数据分析的完整流程包括 6 个阶段，分别是业务理解、数据理解、数据准备、建立模型、模型评估和模型发布。这 6 个阶段的顺序并不是固定不变的，在不同的业务场景中，可以有不同的流转方向。但是总体来说，业务理解是第一位的，是游戏数据分析流程中的第 1 环节，制定了业务目标后，就可以针对业务目标进行数据收集、数据清洗、数据转换、数据建模及模型评估等流程。

图 1-1 是 CRISP-DM 方法论的示意图。它的外圈象征游戏数据分析自身的循环本质，数据分析过程可以不断循环、优化，后续的过程可以从前面的过程中得到借鉴和启发。

- 业务理解：该阶段的核心内容包括正确理解业务背景和业务需求，同时能把业务需求有效转化成合理的分析需求，并设计指标体系和拟定实施计划。例如，业务有关于核心用户画像的需求，但是由于休闲游戏的大多数玩家是游客登录，并没有注册，所以无法收集到玩家的基础属性信息，从而不能帮助业务对核心用户的性别、年龄、职业等属性进行画像，此时可以从游戏活跃、付费、行为等角度进行核心用户画像，将业务的需求转换成目前数据能支撑到的分析需求。

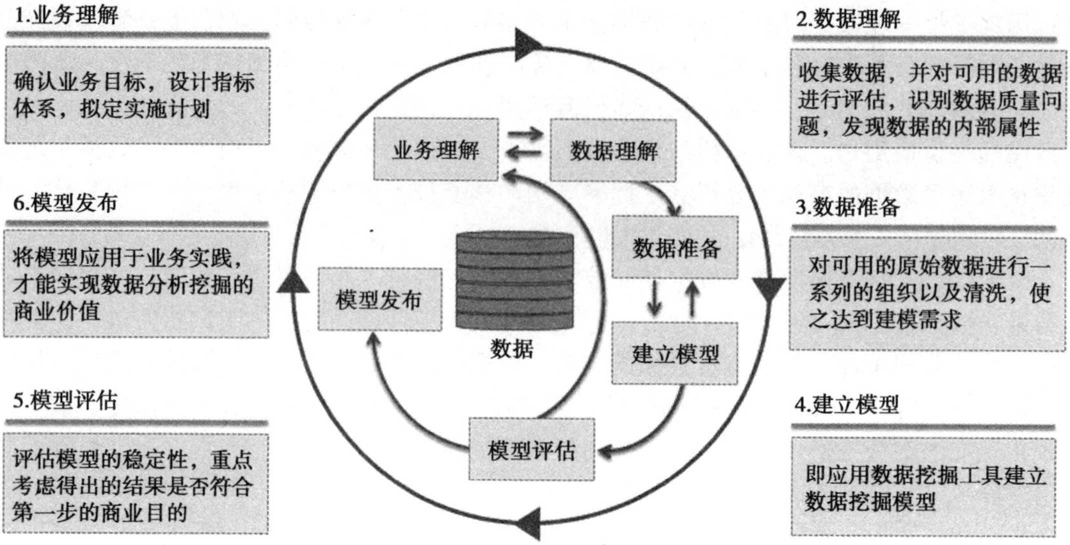

图 1-1 CRISP-DM 方法论示意图

- 数据理解：该阶段从数据收集开始，并对可用的数据进行数据探索和评估，识别数据质量问题，发现数据不同属性间的关系。
- 数据准备：这个阶段主要是做数据清洗和转换工作，包含数据缺失值和异常值的处理，保证建模前的数据质量；数据的重组、转换以及衍生等处理，比如对数据进行标准化处理、对某些指标进行分箱操作以便达到建模需求。
- 建立模型：这是游戏数据分析流程中技术含量最高的阶段，数据分析师应该根据项目需求和数据特点选择合适的算法，并使用专业的数据挖掘工具建立模型。
- 模型评估：评估建立模型的稳定性和有效性，常用的模型评估方法有混淆矩阵、ROC 曲线、K-S 曲线、交叉验证等。根据评估结果判断是否满足当初的业务需求，如果模型未满足需求，需要重复上一阶段的建模工作，有时甚至需要从数据收集阶段重新开始。如果现有数据不能满足分析需求，就需要业务和开发人员参与，在游戏中重新埋点收集数据。
- 模型发布：将模型应用于业务实践，才能实现数据分析挖掘的商业价值。根据业务反馈的结果，进而调整分析方法。

1.3 数据分析师的能力要求

因为在数据化运营中，数据分析师要深入业务背景，倾听和发现业务需求，走到业务第一线，与业务团队并肩作战，所以要求数据分析师具备很强的组织协调能力，具有项目大局观，懂得在不同阶段调用不同的资源。从这点来看，业务理解力和沟通能力的重要性甚至要超过技术层面的能力（数据处理能力、数据统计分析能力、数据挖掘能力、数据应用能力）。图 1-2 是游戏数据分析师需要具备的关键能力。

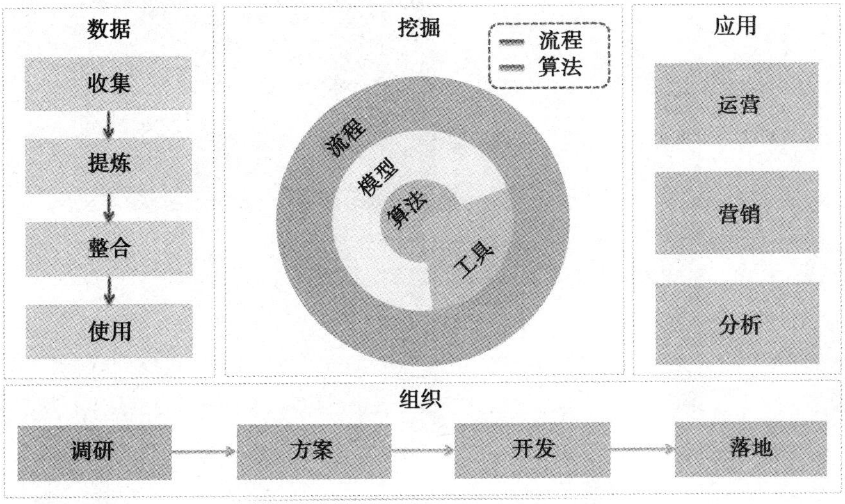

图 1-2　数据分析师关键能力示意图

首先数据分析师要具备组织能力。这体现在项目前期调研、方案制定、项目开发和项目落地的职责和能力要求。

- 调研：深入业务背景，发现、倾听业务需求。
- 方案：通过前期调研，有效判别分析需求价值，根据需求能有效提供分析解决方案。
- 开发：针对制定的解决方案，能通过技术手段进行项目开发。
- 落地：将开发成果结合业务场景进行落地，并持续跟踪落地应用效果，修正或优化方案和模型。

数据处理能力、数据挖掘能力和数据应用能力这三大块能力需要数据分析师通过时间、项目经验去磨砺，不断成长，懂得何时运用哪种数据挖掘技术解决相应的问题。

1.3.1　数据处理能力

刚刚收集上来的 raw data（原始数据）一般存在脏数据，不能达到直接建模的要求。我们不能直接利用 raw data 进行数据分析建模，所谓“垃圾进垃圾出”，这样得到的分析结果也不一定是可靠的。对于 raw data，我们需要评估数据质量，清洗脏数据，通常包括缺失值和异常值的处理，使之达到数据分析的需求。假如现在有一份 30 万的用户调研数据，由于某些玩家不愿意填写自己的性别、收入等，导致这些变量存在数据缺失的情况。现在利用数据分析技术对缺失值模式进行可视化探索，如图 1-3 所示。

由图 1-3 可知，有 2 万位玩家没有填写性别信息，其中有 609 位玩家同时缺失性别、年龄信息，31 位玩家同时缺失性别、年龄和收入的信息。掌握了数据缺失模式后，就知道应该运用何种技术处理这些缺失值。

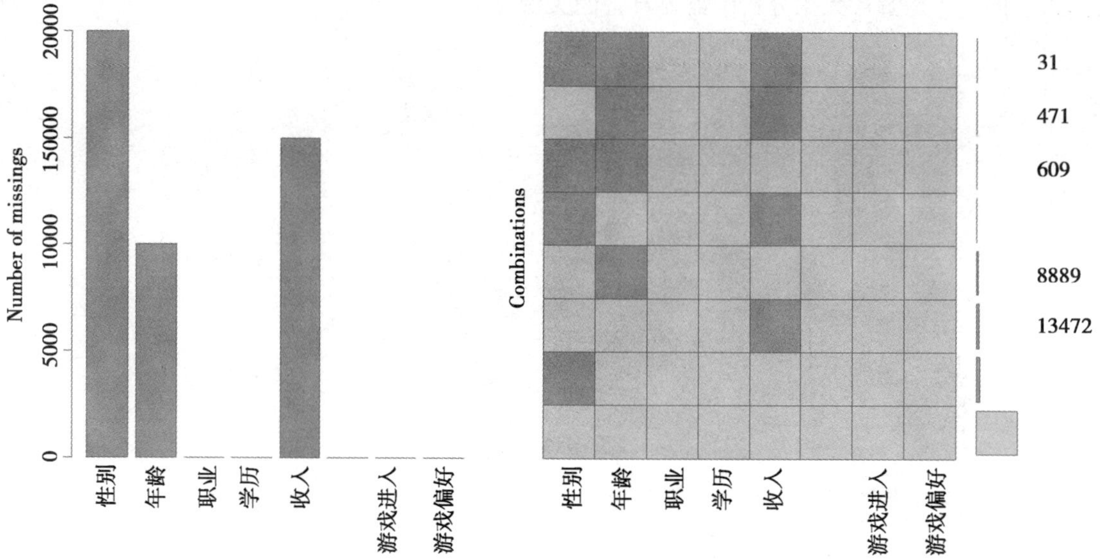

图 1-3 对数据调研数据进行缺失值可视化

针对异常值数据，我们同样希望能通过科学的方式甄别异常值并处理。例如，可以利用箱线图发现异常值，并在图上打印出异常值的样本号和数值，直观地对异常值进行可视化展示。比如现在有某个月日新增用户在第 30 日留存率的数据，通过普通曲线图很难发现是否有某些天的新增在第 30 日留存存在异常情况。此时可以借助箱线图的方式甄别异常值，如图 1-4 所示。

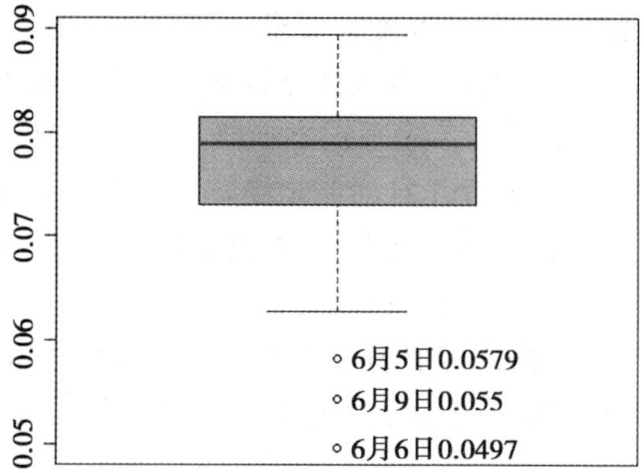

图 1-4 利用箱线图甄别异常值

由图 1-4 可知，这个月有三天的新增用户在第 30 日留存率低于正常水平，分别是 5 日、6 日和 9 日。

进行数据清洗后，有时候还需要对数据进行数据整合转换，使之符合建模前的数据需求，常用的一种方式是添加衍生变量。所谓衍生变量，其实就是指数据分析师在分析（建模）过程中人为增添的一些新变量，这些新变量产生之后，可以明显提升模型的效果，或者可以有效提炼出有价值的分析结论。

1.3.2 数据挖掘能力

数据分析师在建模的过程中，需要根据业务需求和数据特点选择合适的算法，利用专业的数据挖掘工具进行建模，并评估模型效果。比如在面对用户分析的需求时，可分别分析玩家点击行为的路径和玩家购买的道具，根据不同的方向和目标选择不同的算法和工具。

如图 1-5 所示，在研究玩家的点击行为时，如果是单路径情况，可以使用漏斗图查看每一步的转化情况；如果是多路径的点击情况，可以使用 sunburst 事件路径图快速定位用户的主要点击路径，也可以利用社会网络图对玩家间的点击事件关系进行可视化。

a）sunburst 事件路径图　　　　b）社会网络关系图

图 1-5　分析玩家点击行为路径

在研究玩家的购买行为时，可以利用关联规则发现购买物品之间的关系，如图 1-6 所示。

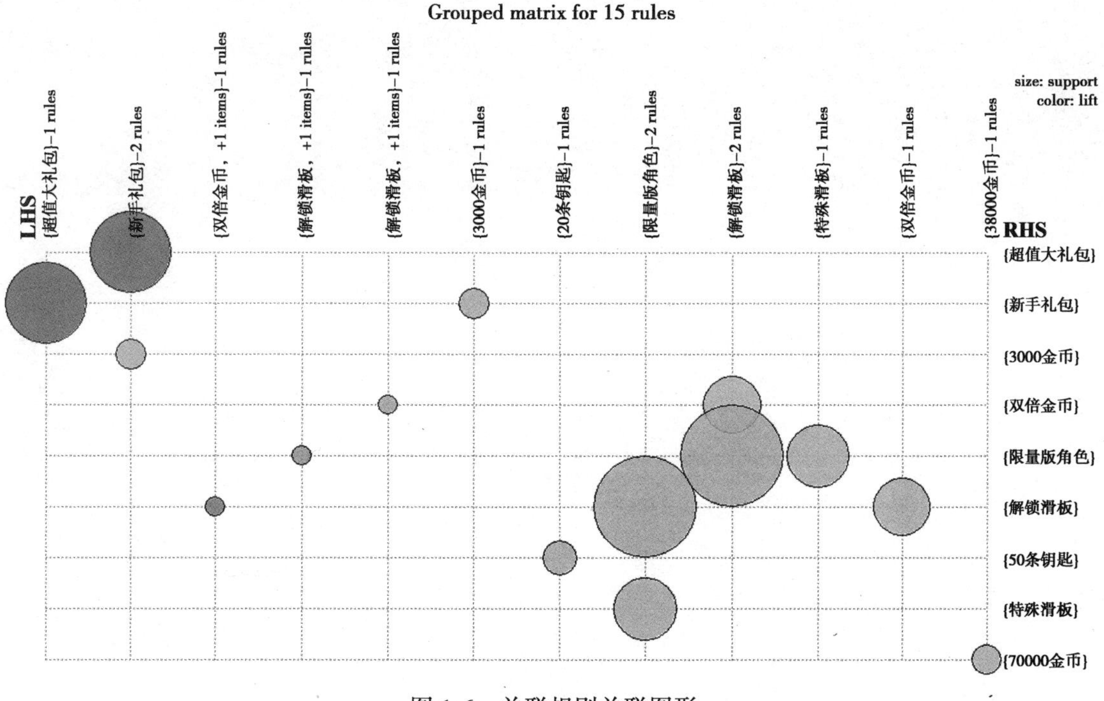

图 1-6　关联规则关联图形

1.3.3 数据应用能力

由于业务团队的数据分析意识和能力不如专业的数据分析师，他们大多不懂解读模型结果。此时需要数据分析师将模型得到的知识用朴素的业务语言表达出来，从而利用分析结果指导运营和营销活动。以图 1-6 为例，业务团队一般看不懂这个图传递的信息，需要帮他们解读。比如圆圈越大表示两者的关联关系越强，很多玩家都购买过超级大礼包和新手礼包这两个道具，在做运营活动时，可以将这两个礼包进行捆绑销售，提高另外一个道具的销量。

1.4 小结

本章介绍了游戏数据分析的目的和打造数据化运营团队的重要性。一位出色的游戏数据分析师不仅仅要具备统计技能、数据库知识、数据挖掘技能，还需要具有很好的业务理解能力和快速学习能力，能通过自身的专业知识满足不同业务的数据需求，并推动模型落地。

第 2 章 Chapter 2

必备 R 语言基础

本章将介绍 R 语言的基础知识，包括三大部分的内容：第一部分是 R 语言的简介、R 及常用编辑器的安装及使用；第二部分是 R 语言的数据对象的创建数据；第三部分是数据的导入。

2.1 开发环境准备和快速入门

2.1.1 R 语言简介

R 语言的前身是 S 语言，S 语言是由 AT &T Bell 实验室的 Rick Becker、John Chambers 和 Allan Wilks 开发的一种用来进行数据探索、统计分析、作图的解释型语言。最初 S 语言的实现版本主要是 S-PLUS。S-PLUS 是一个商业软件，它基于 S 语言，并由 MathSoft 公司的统计科学部进一步完善。而 R 语言最初由来自新西兰大学的 Ross Ihaka 和 Robert Gentleman 开发（由于他们的名字都以 R 开头，所以该软件被命名为 R）。因为 R 语言是基于 S 语言的一个 GNU 项目，所以也可以当作 S 语言的一种实现，通常用 S 语言编写的代码都可以不做修改地在 R 语言环境下运行。

R 语言是一套开源的数据分析解决方案，几乎可以独立完成数据处理、数据可视化、数据建模及模型评估等工作，而且可以完美配合其他工具进行数据交互。具体来说，R 语言具有以下优势：

1）R 语言作为一种 GNU 项目，开放了全部源代码，用户可以免费下载使用和修改。

2）R 语言可以运行在多种平台上，包括 Windows、UNIX 和 Mac OS。

3）R 语言可以轻松地从各种类型的数据源导入数据，包括文本文件、数据库管理系统、统计系统乃至 Hadoop、Spark 等。它同样可以将数据输出并写入这些系统中。

4）R 语言内置多种统计学及数据分析功能。因为有 S 的血缘，所以 R 比其他统计学或数学专用的编程语言有更强的面向对象的功能。

5）R 语言拥有顶尖的制图功能。不仅有 lattcie 包、ggplot2 包对复杂数据进行可视化，更有 rCharts 包、recharts 包、plotly 包实现数据交互可视化，甚至可以利用功能强大的 shiny 包实现 R 与 Web 整合部署，构建网页应用，帮助不懂 CSS、HTML 的用户利用 R 快速搭建自己的数据分析 App 应用。

当然，R 语言也存在一些固有的缺点，目前主要的问题有如下三点：

1）R 语言是一种解释型语言，和编程语言相比，速度显得略慢一些，但是随着硬件和 R 自身的发展，这个问题已经被慢慢弱化了，而且如果能够熟练运用向量化运算，可以大大提高速度，并且若使用 R 内置的分析函数，效率高很多，因为很多函数都是由 C 或者 Fortran 编写的。

2）R 所有的计算实际是基于内存进行的，这就意味着，在处理数据的过程中，数据必须完整地装入内存当中，这在处理小型数据是没有任何问题的，但是当遇到大数据时，问题就会变得很严重。但是，这个问题也得到了一定的解决，可以利用并行包提升 R 的性能，或者利用 R 结合 Hadoop 的方式进行大数据分析工作。

3）由于 R 语言的自由，各种包的编写者来自不同的领域，所以在一定程度上是比较混乱的，没有统一的命名格式，参数格式不一，源代码和文档质量良莠不齐。

2.1.2 R 的安装

截至目前（撰写本书时），R 的最新版本是 3.4.0，可以在 CRAN（Comprehensive R Archive Network）获取最新版本。在 https://www.r-project.org/ 页面点击 download R 可以进入 CRAN 镜像站地址 https://cran.r-project.org/mirrors.html，其中包含中国大陆地区的 7 个镜像地址，你可以选择距离最近的地址进入其镜像的详细页面。此外，通过该页面可以下载 Linux、MacOS 和 Windows 操作系统的安装包。如果需要安装旧版的 R，可以到 https://cran.r-project.org/bin/ 下载对应的版本。

本书使用的是 Windows 操作系统下的 R 3.2.2 版本。直接双击下载好的 R-3.2.2-win.exe 进行安装即可。安装完成后，双击桌面图标启动 R，打开如图 2-1 所示的界面。

R 的界面相当简洁，只有为数不多的几个菜单栏和快捷按钮。快捷按钮下面是主控制台，它是输入脚本和执行结果窗口。

2.1.3 其他辅助工具

与传统的数据挖掘工具 SAS、SPSS 和 IBM SPSS Modeler 等软件相比，R 的缺点在于没有友好的操作菜单，这会使很多熟悉其他工具的用户起初会觉得很困难。幸好，R 自由的特性得到很好的发挥，有用户贡献的 R 包实现了很多功能的菜单化操作。下面介绍一个比较友好的编辑器和一个可以实现菜单化操作完成数据挖掘工作的包。

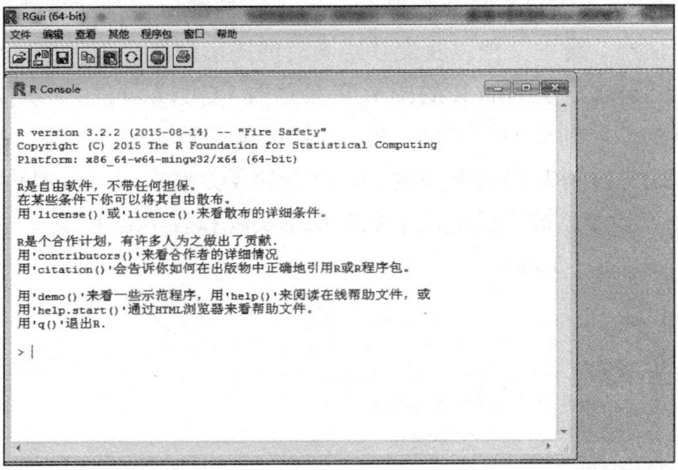

图 2-1　R-3.2.2 启动界面

虽然现在有很多可用的 IDE，但是现在最好用的应该是 Rstudio，它是专门用于 R 语言环境的 IDE。Rstudio 可用于 Windows、Mac 和 Linux，并且可以在 Linux 环境中安装 Rstudio-Server，它允许用户通过一个 Web 浏览器的标准 Rstudio 界面来对 RStudio 进行多人协同操作。

RStudio 可以从其官网 https://www.rstudio.com/ 免费下载安装。一般情况下，下载安装桌面版即可。安装完启动 RStudio 的基本界面如图 2-2 所示。

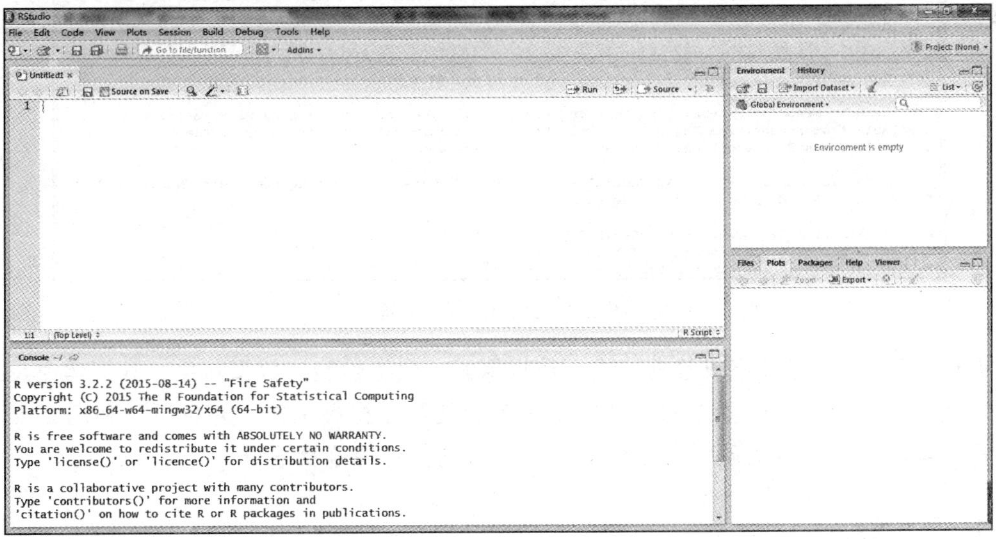

图 2-2　RStudio 启动界面

左上方的窗口是文本编辑器，具有强大的功能，可以在文本编辑器写好脚本，单击

Run 按钮（或者利用 Ctrl＋R 快捷键）批量运行代码；右上方的窗口包括当前环境下的信息、历史命令；左下方的窗口是标准的 R 控制台；右下方的窗口包括文件路径、绘图窗口、已经在本地安装的包信息、帮助文档以及交互绘图时的图形浏览界面。

Rattle 是一个用于数据挖掘的 R 的图形交互界面（GUI），可用于快捷处理常见的数据挖掘问题。从数据的整理到模型的评价，Rattle 给出了完整的解决方案。Rattle 和 R 平台良好的交互性，又为用户使用 R 语言解决复杂问题开启了方便之门。Rattle 易学易用，不要求很多的 R 语言基础，如今已被广泛应用于数据挖掘实践和教学之中。

Rattle 初始界面如图 2-3 所示。

```
> library(rattle)
Rattle: A free graphical interface for data mining with R.
XXXX 4.1.0 Copyright (c) 2006-2015 Togaware Pty Ltd.
键入'rattle()'去轻摇、晃动、翻滚你的数据。
> rattle()
```

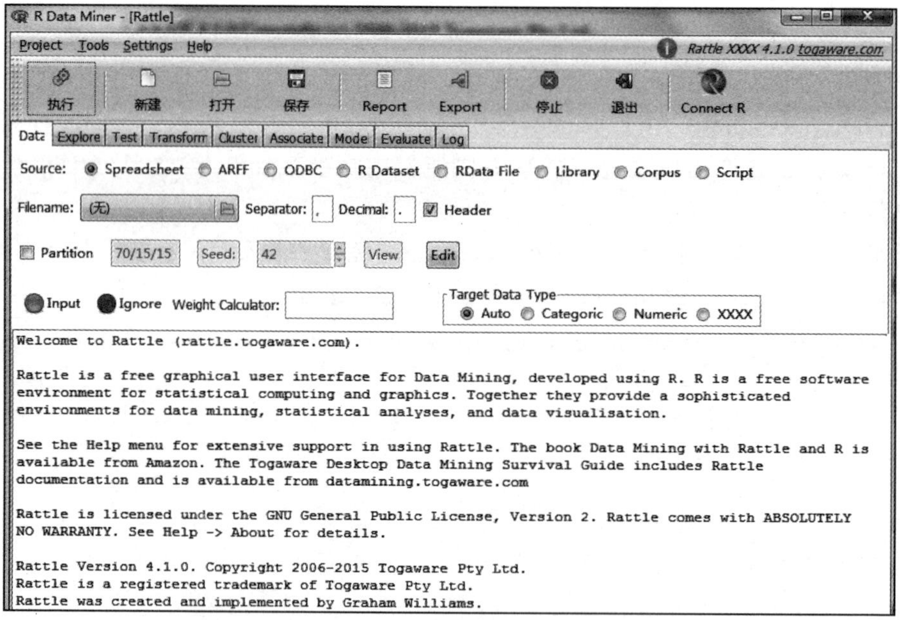

图 2-3 Rattle 启动界面

Rattle 的标签栏已经集成数据导入、数据探索、数据检验、数据转化、数据建模及模型评估功能，可以通过鼠标单击的方式完成一整套的数据挖掘工作，并且可以利用 Log 日志查看每个操作的 R 脚本实现，借此来学习 R 语言的代码规范及编写。

2.1.4 R 快速入门

R 是一种区分大小写的解释型语言，程序内置的函数可以满足基本的数据分析需求，并且有丰富的帮助文档帮助新手快速上手。此外，也有很多用户贡献了高质量的包，极大地扩展了 R 的功能，例如，用来进行数据处理的 resharp2 包、用来画图的 ggplot2 包和 R 与 Web 整合部署的 shiny 包。

1. 新手上路

可以在命令提示符（>）后每次输入一条命令，或者一次性执行脚本文件里的一组命令。R 语言是解释型语言，输入命令后可以实时响应，就好像计算器一样。

```
> 1+1
[1] 2
```

如果 R 监测到输入的命令行未结束，就会给出一个提示符“+”，提示要在下一行继续输入未完的命令，直到从语法角度来讲命令已经输入完整为止，不然 R 会有“unexpected end of input”的错误提示。

```
> 1+
+
错误：unexpected end of input
> 1+
+ 1
[1] 2
```

R 语言的标准赋值符号是 <-，也可以用 =。例如，将序列 1:10 赋予对象 a，可以执行如下操作。

```
> a = 1:10
```

此时，如果想查看对象 a，直接输入小写 a 即可，但由于 R 是一种区分大小写的解释型语言，此时如果输入大写 A，则会报错：

```
> a
[1]  1  2  3  4  5  6  7  8  9 10
> A
错误：找不到对象'A'
```

不仅仅针对数据对象，对于其他对象，R 也是区分大小写的。例如，R 自带的一个求相关系数的 cor 函数，如果我们错写为 Cor 函数，则会出现“没有 "Cor" 这个函数”的错误提示。

```
> cor(iris[,1:4])
              Sepal.Length Sepal.Width Petal.Length Petal.Width
Sepal.Length     1.0000000  -0.1175698    0.8717538   0.8179411
Sepal.Width     -0.1175698   1.0000000   -0.4284401  -0.3661259
Petal.Length     0.8717538  -0.4284401    1.0000000   0.9628654
Petal.Width      0.8179411  -0.3661259    0.9628654   1.0000000
> Cor(iris[,1:4])
错误：没有"Cor"这个函数
```

2. 获得帮助

R 提供了大量的帮助文档，学会如何使用这些帮助文档可以让你快速上手。如果想知道某个函数或者数据集的信息，可以输入一个问号 ?，后面加上函数名。如果想查找某个函数，可以输入两个问号 ??，后面加上与此函数相关的关键词。函数 help 及 help.search 分别等同于 ? 及 ??。例如：

```
?median # 等价于help("median"),查看中位数函数的帮助文档
??median # 等价于help.serach("median") 搜索包含median的帮助信息
```

如果使用的是 RStudio，也可以在 Help 中右上角的搜索框中输入 median，查看该函数的帮助文档，如图 2-4 所示。

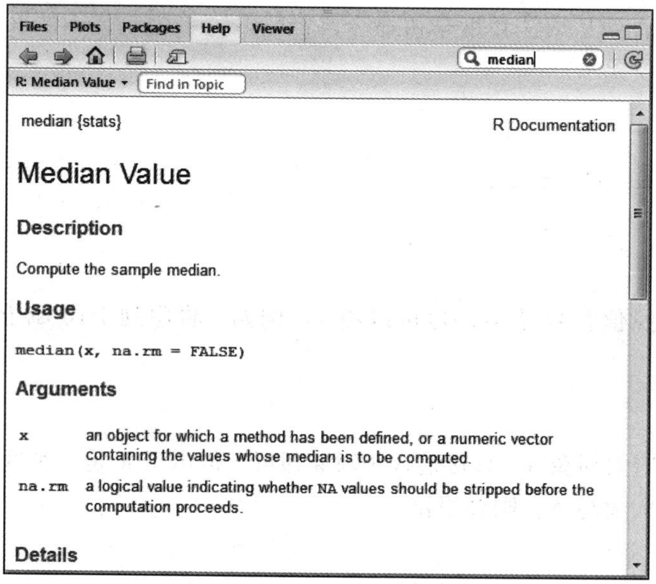

图 2-4　RStudio 帮助界面

默认情况下，help 只能查找已经加载到内存中扩展包的函数和数据，如果想查找那些未加载到内存扩展包中的函数和数据，需要指定 help 函数的 package 参数中的具体包名或者将 try.all.package 参数设置为 TRUE。例如，想查找 shiny 包中的 runExample 函数：

```
> help("runExample")
No documentation for 'runExample' in specified packages and libraries:
you could try '??runExample'
> help("runExample",package = "shiny")
> help("runExample",try.all.packages = TRUE)
```

appropos 函数能找出所有名字中含有“关键字”的函数，只在载入的包中搜索。例如：

```
> apropos("plot")
```

```
 [1] ".__C__recordedplot"  "assocplot"           "barplot"
 [4] "barplot.default"     "biplot"              "boxplot"
 [7] "boxplot.default"     "boxplot.matrix"      "boxplot.stats"
[10] "cdplot"              "coplot"              "fourfoldplot"
[13] "interaction.plot"    "lag.plot"            "matplot"
[16] "monthplot"           "mosaicplot"          "plot"
[19] "plot.default"        "plot.design"         "plot.ecdf"
[22] "plot.function"       "plot.new"            "plot.spec.coherency"
[25] "plot.spec.phase"     "plot.stepfun"        "plot.ts"
[28] "plot.window"         "plot.xy"             "preplot"
[31] "qqplot"              "recordPlot"          "replayPlot"
[34] "savePlot"            "screeplot"           "spineplot"
[37] "sunflowerplot"       "termplot"            "ts.plot"
```

大多数函数都已经有相应的例子帮助我们了解该函数的工作原理。可以通过 example 函数来查看它们。例如：

```
> example("median")
median> median(1:4)                 # = 2.5 [even number]
[1] 2.5
median> median(c(1:3, 100, 1000))  # = 3 [odd, robust]
[1] 3
```

可以通过 data 函数查看 datasets 包中的数据集，如果要查看本地安装包的所有数据集，可以用命令 data(package = .packages(all.available = TRUE)) 查看。

```
> data()
> data(package = .packages(all.available = TRUE))
```

3. 工作空间

工作空间（workspace）就是当前 R 的工作环境，它储存所有用户定义的对象（向量、矩阵、函数、数据框、列表、模型、图形等）。例如，通过以下代码创建几个对象。

```
> # 创建数据对象a,b
> a <- 1:10
> b <- 10:1
> # 创建模型对象fit
> fit <- lm(Sepal.Length~Sepal.Width,data=iris)
> # 创建图形对象q、p
> library(ggplot2)
> q <- qplot(mpg, wt, data = mtcars)
> library(rCharts)
> p <- rPlot(Sepal.Length ~ Sepal.Width | Species, data = iris,
+             type = 'point', color = 'Species')
```

对象创建完以后，可以通过 ls 函数查看当前工作空间中的对象。结果如下。

```
> ls()
[1] "a"    "b"    "fit"  "iris" "p"    "q"
```

如果使用的是 RStudio，可以直接在右上角查看当前工作空间的对象，如图 2-5 所示。

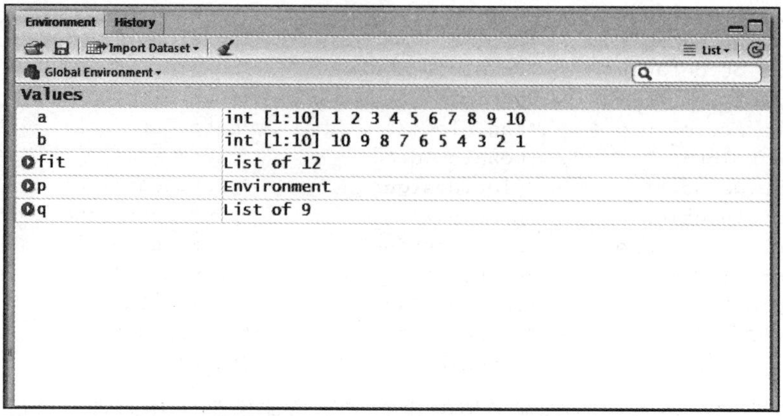

图 2-5 通过 RStudio 界面查看当前工作空间的对象

因为对象是储存在内存中的，所以可以删除不需要的对象及时释放内存，提高效率。通过 rm() 函数移除一个或多个对象，比如想删除对象 fit，执行以下命令。

```
> rm(list="fit")
> ls()
[1] "a" "b" "p" "q"
```

如果需要删除剩下的全部对象，可以利用 list=ls() 实现。

```
> rm(list=ls())
> ls()
character(0)
```

当前的工作目录（working directory）是 R 用来读取文件和保存结果的默认目录，可以使用函数 getwd() 来查看当前的工作目录。

```
> getwd()
[1] "C:/Users/Think/Documents"
```

如果想改变当前的工作目录，可以使用 setwd() 函数或通过“文件”菜单下的“改变工作目录”命令实现。

4. 包

包是 R 函数、数据、预编译代码以一种定义完善的格式组成的集合。R 语言的使用，很大程度上是借助各种各样的 R 包的辅助，从某种程度上讲，R 包就是针对 R 的插件，不同的插件满足不同的需求，截至 2016 年 5 月 18 日，CRAN 已经收录了各类包 8417 个。计算机上存储包的目录称为库（library），该库位于 R 软件的安装目录 /library 目录下。可以通过函数 .libPaths() 查看库所在的位置，通过函数 library() 可以显示库中已安装的包。

第一次安装一个包，使用命令 install.packages("package_name","dir") 即可。dir 为包安装的路径。默认情况下安装在 ..\library 文件夹中。

例如，要安装一个可以快速读取大数据集的扩展包 data.table，只需要执行 install.packages("data.table") 即可完成安装。

```
> install.packages("data.table")
试开URL’
https://mirrors.tuna.tsinghua.edu.cn/CRAN/bin/windows/contrib/3.2/data.
table_1.9.6.zip'
Content type 'application/zip' length 1883523 bytes (1.8 MB)
downloaded 1.8 MB
程序包'data.table'打开成功，MD5和检查也通过
下载的二进制程序包在
        C:\Users\Think\AppData\Local\Temp\Rtmpoltpbz\downloaded_packages里
```

也可以选择 R 的菜单：程序包→安装程序包，在弹出的对话框中，选择要安装的包，然后确定。如果使用的是 RStudio，可以选择菜单 Tools → Install Packages，调出窗口，包括在线安装和本地安装两种方式。这里我们选择在线安装，只需要在 Packages 中输入包名后单击 Install 按钮进行安装即可，如图 2-6 所示。

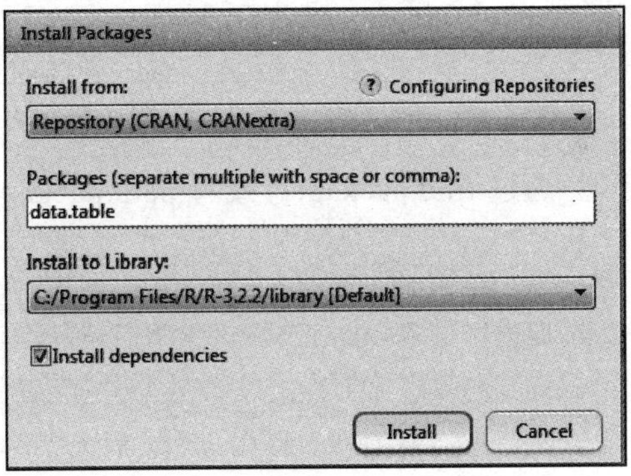

图 2-6　通过 RStudio 界面安装包

包安装后，如果要使用包的功能。必须先把包加载到内存中（默认情况下，R 启动后会自动加载基本包），加载包命令：library(" 包名 ") 或者 require(" 包名 ")。也可以通过 RStudio 右下窗口中的 Packages 加载包。默认情况下，扩展包是未加载到内存中的，如图 2-7 所示。

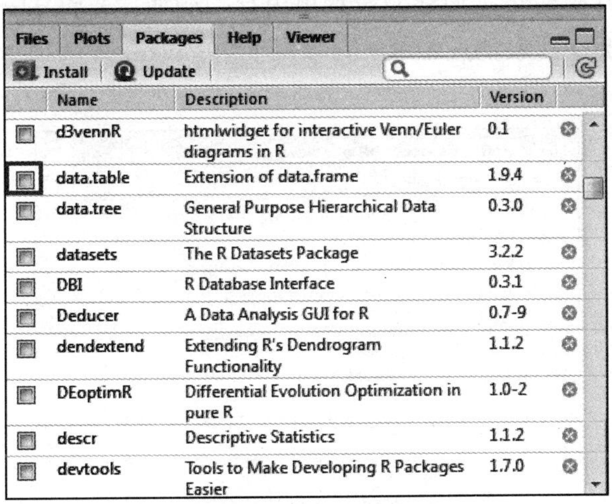

图 2-7　data.table 包未加载到内存

直接选中 data.table，即可完成包的加载，如图 2-8 所示。

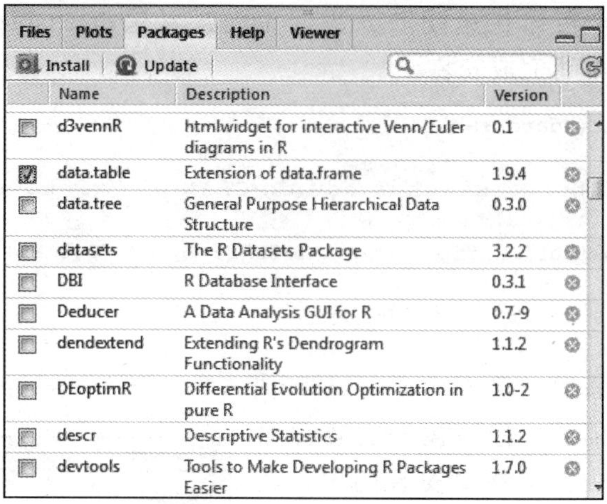

图 2-8 data.table 包已加载到内存

通过 find.package() 或者 path.package() 查看当前环境加载了哪些包。

```
> find.package() # or path.package()
[1] "C:/Program Files/R/R-3.2.2/library/stringi"
[2] "C:/Program Files/R/R-3.2.2/library/tidyr"
[3] "C:/Program Files/R/R-3.2.2/library/stats"
[4] "C:/Program Files/R/R-3.2.2/library/graphics"
[5] "C:/Program Files/R/R-3.2.2/library/grDevices"
[6] "C:/Program Files/R/R-3.2.2/library/utils"
[7] "C:/Program Files/R/R-3.2.2/library/datasets"
[8] "C:/Program Files/R/R-3.2.2/library/methods"
[9] "C:/PROGRA~1/R/R-32~1.2/library/base"
```

可以通过 detach() 函数将已加载的包移出内存。例如，要将 ada 包从内存中移除，执行 detach("package:ada") 或取消选中 RStudio 右下角 Packages 选项卡中的 ada 包即可，如图 2-9 所示。

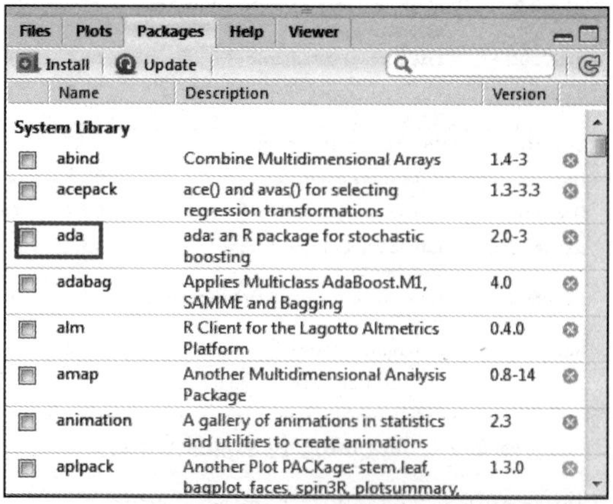

图 2-9 将 ada 包从内存中移出

通过函数 remove.packages() 将包从本机删除。例如，要从计算机中删除 data.table 包，需执行以下命令或者单击 RStudio 右下角 Packages 选项卡中的 data.table 包版本号右边的叉，如图 2-10 所示。

```
> remove.packages("data.table")
Removing package from 'C:/Program Files/R/R-3.2.2/library'
(as 'lib' is unspecified)
```

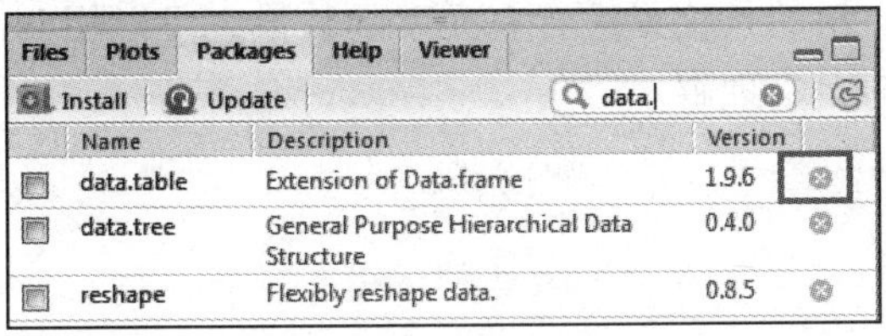

图 2-10　将 data.table 包从计算机中删除

2.2　数据对象

R 拥有许多用于存储数据的对象类型，包括向量、矩阵、数组、数据框和列表。它们在存储数据的类型、创建方式、结构复杂度，以及用于定位和访问其中个别元素的标记等方面均有所不同。多样化的数据对象赋予了 R 灵活处理数据的能力。

R 中有许多数据类型用来存储各种各样的数据，包括数值型（numeric）、逻辑型（logical）、日期型（date）、字符型（character）、复数型（complex）、原味型（二进制形式保存数据 raw）。此外，也可能是缺省值（NA）和空值（NULL）。其中最经常用到的 4 种类型是数值型、逻辑型、日期型和字符型。

对象中存储的数据类型可以用 mode() 函数查看。R 中提供了一系列用来判断某个对象的数据类型和将其转换为另一种数据类型的函数，如表 2-1 所示。

表 2-1　判别和转换数据对象类型的函数

类　　型	辨　　别	转　　换
数值型（numeric）	is.numeric()	as.numeric()
字符型（character）	is.character()	as.character()
逻辑型（logical）	is.logical()	as.logical()
复数型（complex）	is.complex()	as.complex()
整数型（integer）	is.integer()	as.integer()
空值（NULL）	is.null()	as.null()

R 数据对象的另一个基本属性是长度和类型属性。可以用 length() 函数读取对象的长度，通过 mode() 函数读取对象的类型。

2.2.1 向量

1. 向量的创建

R 语言最基本的数据对象是向量（vector），向量是以一维数组的方法管理数据。在大多数情况下都会使用长度大于 1 的向量，可以在 R 中使用 c() 函数（代表合并 combine）和相应的参数来创建一个向量。向量的数据类型可以是字符型、逻辑值型（TRUE/T、FALSE/F）、数值型和复数型。一个向量的长度是它含有元素的数量，可以用 length() 函数来获取。接下来，利用几个小例子帮助大家理解。

```
> (w<-c(1,3,4,5,6,7))              #创建数值型向量
[1] 1 3 4 5 6 7
> length(w)                         #查看向量的长度
[1] 6
> mode(w)                           #查看向量的数据类型
[1] "numeric"
> (w1<-c("张三","李四","王五"))     #创建字符型向量
[1] "张三" "李四" "王五"
> length(w1)                        #查看向量的长度
[1] 3
> mode(w1)                          #查看向量的数据类型
[1] "character"
> (w2<-c(T,F,T))                    #创建逻辑型向量
[1]  TRUE FALSE  TRUE
> length(w2)                        #查看向量的长度
[1] 3
> mode(w2)                          #查看向量的数据类型
[1] "logical"
```

一个向量的所有元素都必须属于相同的模式。如果不是，R 将强制执行类型转换。例如：

```
> w3 <- c(w,w2)  # 数值型+逻辑型=数值型
> w3
[1] 1 3 4 5 6 7 1 0 1
> mode(w3)
[1] "numeric"
> w4<-c(w,w1)    # 数值型+字符型=字符型
> w4
[1] "1"     "3"     "4"     "5"     "6"     "7"     "张三" "李四" "王五"
> mode(w4)
[1] "character"
> w5<-c(w1,w2)  # 字符型+逻辑型=字符型
> w5
[1] "张三"  "李四"  "王五"  "TRUE"  "FALSE" "TRUE"
> mode(w5)
[1] "character"
```

从以上例子可知，当数值型与逻辑型向量合并时，R 会将逻辑型转化为数值型，TRUE

转换成1，FALSE转换成0，此时的向量是数值型向量；当数值型或逻辑值与字符型合并时，R会将其值强制转换成字符类型（数字和逻辑值元素都加上双引号），变成字符型向量。

2. 向量的运算

因为R语言是矢量化的语言，所以其最强大的方面之一就是函数的向量化。这意味着操作会自动应用于向量的每一个元素，而不需要遍历向量的每个元素。例如，创建一个向量w，元素由1～10的序列组成，要对向量w中的每个元素进行开方根，只需要进行如下操作：

```
> (w<-seq(1:10))
[1]  1  2  3  4  5  6  7  8  9 10
> (x<-round(sqrt(w),3))
[1] 1.000 1.414 1.732 2.000 2.236 2.449 2.646 2.828 3.000 3.162
```

sqrt函数直接作用于w中的每个元素进行开方根，不需要通过对w中的每个元素进行循环的方式实现。

也可以利用R的这个特性进行向量的四则运算。

```
> rm(list=ls())
> (w1<-c(2,3,4))
[1] 2 3 4
> (w2<-c(3.1,4.2,5.3))
[1] 3.1 4.2 5.3
> (w<-w1+w2)
[1] 5.1 7.2 9.3
```

向量w1和w2中相同位置的元素会进行相加。例如，w1的第一个元素是2，w2的第一个元素是3.1，相加后，w的第一个元素就是2＋3.1＝5.1。

如果两个向量的长度不同，R将利用循环规则，该规则重复较短的向量元素，直到得到的向量长度与较长的向量的长度相同。

```
# 例一
> rm(list=ls())
> (w1<-c(2,4,6,8))
[1] 2 4 6 8
> (w2<-c(10,12))
[1] 10 12
> (w<-w1+w2)
[1] 12 16 16 20
# 例二
> rm(list=ls())
> (w1<-c(2,4,6,8))
[1] 2 4 6 8
> (w2<-c(10,12,14))
[1] 10 12 14
> (w<-w1+w2)
[1] 12 16 20 18
```

```
Warning message:
In w1 + w2 : 长的对象长度不是短的对象长度的整倍数
```

在例一中，因为 w1 的长度是 w2 的两倍，所以 w2 先补长为 c(10,12,10,12) 再与 w1 求和；在例二中，由于 w1 的长度不是 w2 的整倍数，不会出错但是会有警告信息，所以 w2 会补长为 (10,12,14,10) 再与 w1 求和。

3. 生成数列

冒号运算符 (:) 会生成增量为 1 或者 –1 的数列。如果想生成 1～10，增量为 1 的等差数列，或者是 10～1，增量为 –1 的等差数列，执行以下代码即可。

```
> 1:10
 [1]  1  2  3  4  5  6  7  8  9 10
> 10:1
 [1] 10  9  8  7  6  5  4  3  2  1
```

对于增量不为 1 的数列，可以使用 seq 函数。seq 函数基本形式如下：

```
seq(from = 1, to = 1, by = ((to - from)/(length.out - 1)),
     length.out = NULL, along.with = NULL, ...)
```

seq 函数的主要参数如表 2-2 所示。

表 2-2 seq 函数的主要参数

参 数	描 述	参 数	描 述
from	等差数列的首项数据，默认为 1	by	等差的数值
to	等差数列的尾项数据，默认为 1	length.out	产生向量的长度

只给出首项和尾项数据，by 自动匹配为 1 或 –1。

```
> seq(1,9)
[1] 1 2 3 4 5 6 7 8 9
> seq(1,-9)
 [1]  1  0 -1 -2 -3 -4 -5 -6 -7 -8 -9
```

给出首项和尾项数据以及长度，会自动计算等差的数值。

```
> seq(1,-9,length.out=5)
[1]  1.0 -1.5 -4.0 -6.5 -9.0
```

上例中，因为首项是 1，尾项是 –9，向量长度是 5，所以等差的数值 by=(–9–1)/(5–1)=–2.5。

给出首项和尾项数据以及等差的数值，会自动计算长度。

```
> seq(1,-9,by=-2)
[1]  1 -1 -3 -5 -7 -9
```

给出首项和等差的数值以及长度，会自动计算尾项。

```
> seq(1,by=2,length.out=10)
 [1]  1  3  5  7  9 11 13 15 17 19
```

rep() 是重复函数，它可以将某一向量重复若干次。其基本形式是 rep(x,…)。其中 x 是预重复的序列，可以是任意数据类型的向量或数值。

```
> rep(1:4,times=2)
[1] 1 2 3 4 1 2 3 4
```

设置 times 参数为 2 时，会将序列 1,2,3,4 重复两次，如果希望得到向量中每个元素先重复两次的重复数列，可以设置参数 each=2。

```
> rep(1:4,each=2)
[1] 1 1 2 2 3 3 4 4
```

也可以将向量赋予 each 参数。例如，想实现 1,1,2,3,3,4 这样的重复数列，可以将向量 c(2,1,2,1) 赋予参数 each。

```
> rep(1:4, c(2,1,2,1))
[1] 1 1 2 3 3 4
```

与 seq 函数一样，也可以通过参数 length.out（可简写为 len）设置重复数列的长度。

```
> rep(1:4, times = 2, lenth.out = 6)
[1] 1 2 3 4 1 2
```

rep(1:4,times = 2) 重复数列的长度是 8，但是因为参数 length.out 限制了长度是 6，所以输出结果是 1 2 3 4 1 2。

```
> rep(1:4, times = 2, length.out = 10)
 [1] 1 2 3 4 1 2 3 4 1 2
```

可见，如果设置的长度大于数列长度（10>8），则会以循环补齐的方式补全。

此外，还有 letters 和 LETTERS 函数，可以生成 26 个英文小写字母和大写字母。

```
> letters
 [1] "a" "b" "c" "d" "e" "f" "g" "h" "i" "j" "k" "l" "m" "n" "o" "p" "q" "r" "s"
"t" "u" "v" "w" "x" "y" "z"
> LETTERS
 [1] "A" "B" "C" "D" "E" "F" "G" "H" "I" "J" "K" "L" "M" "N" "O" "P" "Q" "R" "S"
"T" "U" "V" "W" "X" "Y" "Z"
```

4. 向量索引

通常，只需要访问向量中的部分或个别元素，可以通过在向量名后的方括号 [ ] 中加入向量索引来实现。

- 根据元素在向量中的位置选出元素，它的初始位置是 1（而不像其他某些语言一样是 0）。
- 索引前加负号（-），排除向量中对应位置的元素，返回其他位置的元素。
- 使用向量索引来选择多个元素值。

- 使用逻辑向量根据条件来选择元素。
- 使用表达式选择元素。

以下三种索引方式都将返回相同的值。

```
> set.seed(1234)
> x <- rnorm(5)
> # 以下三种方法返回相同的值:
> set.seed(1234)
> x <- rnorm(5)
> x[c(1,3,5)]
[1] -1.2070657  1.0844412  0.4291247
> x[c(-2,-4)]
[1] -1.2070657  1.0844412  0.4291247
> x[c(TRUE,FALSE,TRUE,FALSE,TRUE)]
[1] -1.2070657  1.0844412  0.4291247
> x[c(1,-2)]   # 混合使用正负值是不允许的，会抛出一个错误
Error in x[c(1, -2)] : 只有负下标里才能有零
```

假如需要提取 x 中大于 0 的元素，只需要在中括号中增加表达式 x＞0 即可。背后原理就是 x＞0 得到一个逻辑向量，然后返回逻辑值为 TRUE 的元素。

```
> x>0
[1] FALSE  TRUE  TRUE FALSE  TRUE
> x[x>0]
[1] 0.2774292 1.0844412 0.4291247
```

which 函数将返回逻辑向量中为 TRUE 的位置。例如，找出向量 v 中大于 5 的元素位置。

```
> set.seed(123)
> v <- sample(1:10,5)
> v
[1] 3 8 4 7 6
> which(v>5)
[1] 2 4 5
```

利用 sample 函数对序列 1~10 进行无放回随机抽取 5 个，得到向量 v 为 c(3,8,4,7,6)，因此大于 5 返回的位置是 2,4,5。

可以利用函数 which.min 和 which.max 查找向量中最大值和最小值的下标。

```
> which.min(v)
[1] 1
> which.max(v)
[1] 2
```

2.2.2 矩阵与数组

利用矩阵 matrix 可以描述二维数据，与向量相似，其内部元素可以是实数、复数、字符、逻辑型数据。矩阵 matrix 使用两个下标来访问元素，A[i,j] 表示矩阵 A 第 i 行、第 j 列

的元素。

多维数组 array 可以描述多维数据。array 有一个特征属性叫维数向量（dim 属性），它的长度是多维数组的维数，dim 内的元素则是对应维度的长度。矩阵是数组的特殊情况，它具有两个维度。

在 R 中，可以使用 matrix 函数并以向量形式输入矩阵中的全部元素，使用 ncol 和 nrow 可设置矩阵的行数和列数，从而创建一个矩阵。

```
> (w<-seq(1:10))
 [1]  1  2  3  4  5  6  7  8  9 10
> (a<-matrix(w,nrow=5,ncol=2))
     [,1] [,2]
[1,]    1    6
[2,]    2    7
[3,]    3    8
[4,]    4    9
[5,]    5   10
```

先创建一个 1～10 数列的向量 w，然后利用 matrix 函数将矩阵的行数设置为 5，列数设置为 2，得到矩阵 a。注意，矩阵 a 的数据是按照列填充的，而在实际工作中，数据可能更多地是按照行填充，这时只需要将参数 byrow 设置为 TRUE 即可。

```
> (a<-matrix(w,nrow=5,ncol=2,byrow=T))  #按行填充
     [,1] [,2]
[1,]    1    2
[2,]    3    4
[3,]    5    6
[4,]    7    8
[5,]    9   10
```

给矩阵的行列命名有助于提高数据的可读性，可通过参数 dimnames 实现。

```
> (a<-matrix(w,nrow=5,ncol=2,byrow=T,
+                dimnames=list(paste0("r",1:5),paste0("l",1:2))))  #给行列设置名称
   l1 l2
r1  1  2
r2  3  4
r3  5  6
r4  7  8
r5  9 10
```

函数 cbind() 把其自变量横向拼成一个大矩阵，可以想象为水平地将矩阵拼在一起，rbind() 把其自变量纵向拼成一个大矩阵，可以将其想象为垂直地将矩阵拼在一起。

当函数 cbind() 的自变量是矩阵或看作列向量的向量时，自变量的行数应该相等。当 rbind() 的自变量是矩阵或看作行向量的向量时，自变量的列数应该相等。如果参与合并的自变量比其变量短，则循环不足后合并。例如：

```
> (x1<-rbind(c(1,2),c(3,4))) # 创建向量x1
```

```
     [,1]  [,2]
[1,]    1    2
[2,]    3    4
> (x2<-10+x1)                 # 创建向量x2
     [,1]  [,2]
[1,]   11   12
[2,]   13   14
> (x3<-cbind(x1,x2))          # 将向量x1和x2水平（列）合并
     [,1] [,2] [,3] [,4]
[1,]    1    2   11   12
[2,]    3    4   13   14
> (x4<-rbind(x1,x2))          # 将向量x1和x2垂直（行）合并
      [,1]   [,2]
[1,]    1    2
[2,]    3    4
[3,]   11   12
[4,]   13   14
> cbind(1,x1)       # 当1长度小于x1时，会先自动补全为c(1,1)，再与x1进行列合并
      [,1]  [,2]  [,3]
[1,]    1    1    2
[2,]    1    3    4
```

通过函数 as.vector(A) 可以将矩阵转化为向量。例如：

```
> (A<-matrix(1:6,nrow=2))
     [,1]  [,2]  [,3]
[1,]    1    3    5
[2,]    2    4    6
> as.vector(A)
[1] 1 2 3 4 5 6
```

可以使用 colSums（列求和）、colMeans（列求平均）、rowSums（行求和）、rowMeans（行求平均）函数对矩阵的行、列求和或者求平均值，也可使用 apply 函数实现。

```
> (A <- matrix(1:16,4,4))
     [,1]   [,2]   [,3]  [,4]
[1,]    1    5    9   13
[2,]    2    6   10   14
[3,]    3    7   11   15
[4,]    4    8   12   16
> colSums(A)   # 等价于 apply(A,2,sum)
[1] 10 26 42 58
> colMeans(A) # 等价于 apply(A,2,mean)
[1] 2.5 6.5 10.5 14.5
> rowSums(A)   # 等价于 apply(A,1,sum)
[1] 28 32 36 40
> rowMeans(A) # 等价于 apply(A,1,mean)
[1] 7 8 9 10
```

矩阵 A 第一列的元素是 1、2、3、4，故第一列的和是 1+2+3+4=10，第一列的平均值是（1+2+3+4）/4=2.5。

数组是矩阵的扩展，它把数据的维度扩展到两个以上。这意味着数组中的元素需要两个以上的索引。除此之外，数组与矩阵类似，可以使用相同的方法。与函数 matrix( ) 类似，可以通过函数 array( ) 方便地创建数组。

```
> (w<-array(1:30,dim=c(3,5,2)))
, , 1
     [,1] [,2] [,3] [,4] [,5]
[1,]    1    4    7   10   13
[2,]    2    5    8   11   14
[3,]    3    6    9   12   15
, , 2

     [,1] [,2] [,3] [,4] [,5]
[1,]   16   19   22   25   28
[2,]   17   20   23   26   29
[3,]   18   21   24   27   30
```

上面表示建立一个三维数据的数组，其维度是 3×5×2。在结果中会依次展示 2 个 3 行 5 列的矩阵。

2.2.3　列表和数据框

列表 list 和数据框 data.frame 也是一个二维数据，其中向量 vector、多维数组 array 以及矩阵 matrix 存储的元素，其数据类型是唯一的。列表和数据框内每列元素的数据类型可以不同，列表内的长度也可以不同。一般在使用 R 语言进行数据分析和挖掘的过程中，向量和数据框的使用频率是最高的，列表则在存储较复杂的数据时作为数据对象类型。

1. 列表

列表可以使用 list 函数创建，函数的每一个参数变成列表的元素。

```
> user.list<-list(user.id=34453,
+                 user.name="张三",
+                 user.games=c('地铁跑酷','神庙逃亡2','水果忍者','苍穹变'))
> user.list
$user.id
[1] 34453

$user.name
[1] "张三"

$user.games
[1] "地铁跑酷"  "神庙逃亡2" "水果忍者"  "苍穹变"
```

对象 user.list 由三个成分组成：第一个是名称为 user.id 的数值，第二个是名称为 user.name 的字符串，第三个是名称为 user.games 的字符型向量。

可以使用 length 函数来检查列表成分的个数。

```
> length(user.list) #检查列表成分个数
[1] 3
```

可以通过函数 unlist（ ）把列表中的所有元素转换为向量元素，转换后向量元素的个数和列表中所有数据对象的个数相同。

```
> unlist(user.list)  #转换成向量元素
   user.id   user.nameuser.games1 user.games2 user.games3 user.games4
   "34453"       "张三"  "地铁跑酷" "神庙逃亡2"  "水果忍者"    "苍穹变"
```

2. 数据框

数据框是仅次于向量的最重要的数据对象类型。在 R 语言中，很多数据分析算法函数的输入对象都是数据框对象。而且，在使用读取 excel/csv/txt 等格式数据集的函数时，也是以数据框对象输入的。类似于 list，数据框也可以由不同的向量作为列来合成，并且不同列之间的元素可以是不同的数据类型。但是数据框并没有 list 那么灵活，数据框内每个列的长度必须相同。在实际生产环境中，通常会用数据框的一列代表某一变量属性的所有取值，用一行代表某一个样本数据。

data.frame（ ）函数可以直接将多个向量建立为一个数据框，并为列设置名称。

```
> my.dataset<-data.frame(userid=c("S001","S002","S003","S004","S005"),
+                       gamename=c('地铁跑酷','神庙逃亡2','水果忍者','水果忍者','机战王'),
+                           iamount=c(100,50,30,60,70))
> my.dataset
  userid  gamename iamount
1    S001   地铁跑酷      100
2    S002 神庙逃亡2       50
3    S003   水果忍者       30
4    S004   水果忍者       60
5    S005     机战王       70
```

我们创建了一个名为 my.dataset 的数据框，包含三列数据，其中第一列和第二列是字符型的数据类型，第三列是数值型的数据对象。

可以通过 names 函数查看数据框的变量名称。

```
> names(my.dataset)
[1] "userid"   "gamename" "iamount"
```

也可以通过 colnames 函数查看变量名称，rownames 函数查看记录名称。以 mtcars 数据集为例：

```
> head(mtcars) #查看前六行数据
  mpg cyl disp  hp drat wt  qsec vs am gear carb
Mazda RX4         21.0   6  160 1103.90 2.620 16.46  0  1    4    4
Mazda RX4 Wag     21.0   6  160110 3.90 2.875 17.02  0  1    4    4
Datsun 710        22.8   4  108   93 3.85 2.320 18.61  1  1    4    1
Hornet 4 Drive    21.4   6  258  110 3.08 3.215 19.44  1  0    3    1
Hornet Sportabout 18.7   8  360  175 3.15 3.440 17.02  0  0    3    2
```

```
Valiant            18.1   6  225 105 2.763.460 20.22  1  0    3    1
> colnames(mtcars)  # 查看变量名称
 [1] "mpg"  "cyl"  "disp" "hp"   "drat" "wt"   "qsec" "vs"   "am"   "gear"
[11] "carb"
> rownames(mtcars)  # 查看记录名称
 [1] "Mazda RX4"           "Mazda RX4 Wag"       "Datsun 710"
 [4] "Hornet 4 Drive"      "Hornet Sportabout"   "Valiant"
 [7] "Duster 360"          "Merc 240D"           "Merc 230"
[10] "Merc 280"            "Merc 280C"           "Merc 450SE"
[13] "Merc 450SL"          "Merc 450SLC"         "Cadillac Fleetwood"
[16] "Lincoln Continental" "Chrysler Imperial"   "Fiat 128"
[19] "Honda Civic"         "Toyota Corolla"      "Toyota Corona"
[22] "Dodge Challenger"    "AMC Javelin"         "Camaro Z28"
[25] "Pontiac Firebird"    "Fiat X1-9"           "Porsche 914-2"
[28] "Lotus Europa"        "Ford Pantera L"      "Ferrari Dino"
[31] "Maserati Bora"       "Volvo 142E"
```

names 函数也可以直接修改变量名称。例如，将 my.dataset 中的用户 id 变量名称改成 vopenid，只需执行以下代码：

```
> names(my.dataset)
[1] "userid"   "gamename" "iamount"
> names(my.dataset)[1] <- "vopenid"
> names(my.dataset)
[1] "vopenid"  "gamename" "iamount"
```

也可以利用 reshape 包中的 rename 函数批量修改变量名。

```
> library(reshape)
> newdata <- rename(my.dataset,c("vopenid" = "用户ID",
+                           "gamename" = "游戏名称","iamount" = "付费金额"))
> names(newdata)
[1] "用户ID"    "游戏名称" "付费金额"
```

数据框的索引和矩阵类似，由于都是二维数据，所以它也有两个维度的下标，同时数据框的列名称也可以方便地索引数据框的列数据。

例如，提取 my.dataset 数据集中的第二列，有以下几种方式实现：

```
> my.dataset$gamename
[1] 地铁跑酷神庙逃亡2 水果忍者水果忍者机战王
Levels: 地铁跑酷机战王神庙逃亡2 水果忍者
> my.dataset[["gamename"]]
[1] 地铁跑酷神庙逃亡2 水果忍者水果忍者机战王
Levels: 地铁跑酷机战王神庙逃亡2 水果忍者
> my.dataset[[2]]
[1] 地铁跑酷神庙逃亡2 水果忍者水果忍者机战王
Levels: 地铁跑酷机战王神庙逃亡2 水果忍者
> my.dataset[,2]
[1] 地铁跑酷神庙逃亡2 水果忍者水果忍者机战王
Levels: 地铁跑酷机战王神庙逃亡2 水果忍者
```

如果想提取前三行、前两列的数据，可以执行以下代码：

```
> my.dataset[1:3,1:2]
  vopenid  gamename
1    S001   地铁跑酷
2    S002 神庙逃亡2
3    S003   水果忍者
> my.dataset[1:3,c("vopenid","gamename")]
  vopenid  gamename
1    S001   地铁跑酷
2    S002 神庙逃亡2
3    S003   水果忍者
```

2.3 数据导入

数据分析师可能经常会遇到来自不同数据源和数据格式的数据。例如，csv/txt 的文本文件数据、存储在数据库中的销售数据，或者需要从网络上爬取数据来丰富你的数据源、从 Hive 中直接读取数据等。下面我们来学习如何将不同数据源的数据导入 R 工具中。

2.3.1 利用 RStudio 导入

R 暂时没有很好用的可视化数据导入工具，所以需要使用命令来导入 / 导出数据。但可以使用 Rstudio 编辑器的简单数据导入功能，如图 2-11 所示。

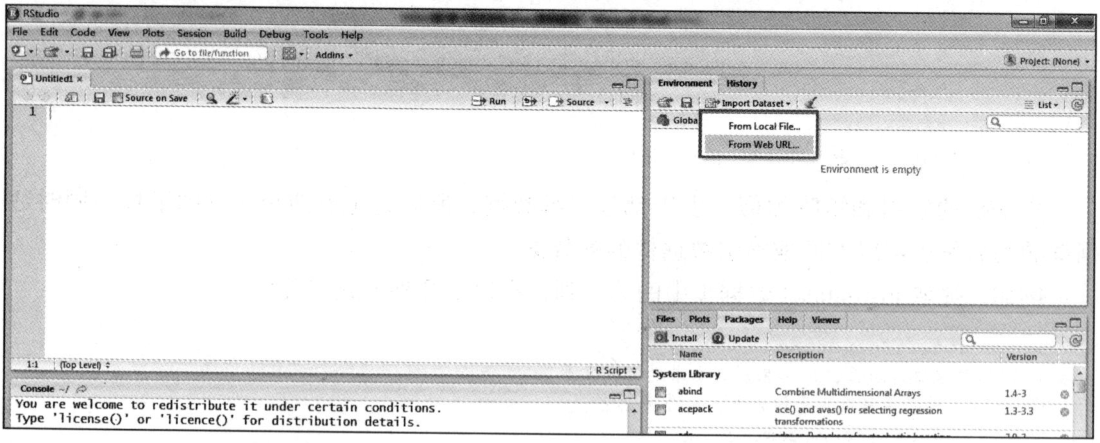

图 2-11 利用 RStudio 导入 csv/txt 及网络数据

假如在 C:\Users\Think\Documents 文件夹下有一个文件：iris.csv。在 RStudio 右上角窗口的 Import Dataset 下拉列表中选择 From Local Files，选中 iris.csv 文件后单击打开，得到如图 2-12 所示的窗口。

窗口左侧的 Name 表示导入数据时要保存的数据对象名称，RStuido 会默认获取与导入文件名称相同的对象名称，当然，也可以手动修改成自己需要的名称。其他选项包括编码类型、是否需要标题、分隔符、缺失值的处理、字符串是否转换成因子等参数设置。窗口右上角是导入的数据源预览，右下角是数据导入 R 中的预览。参数调整完成后，单击 Import 按钮将数据导入 R 中。

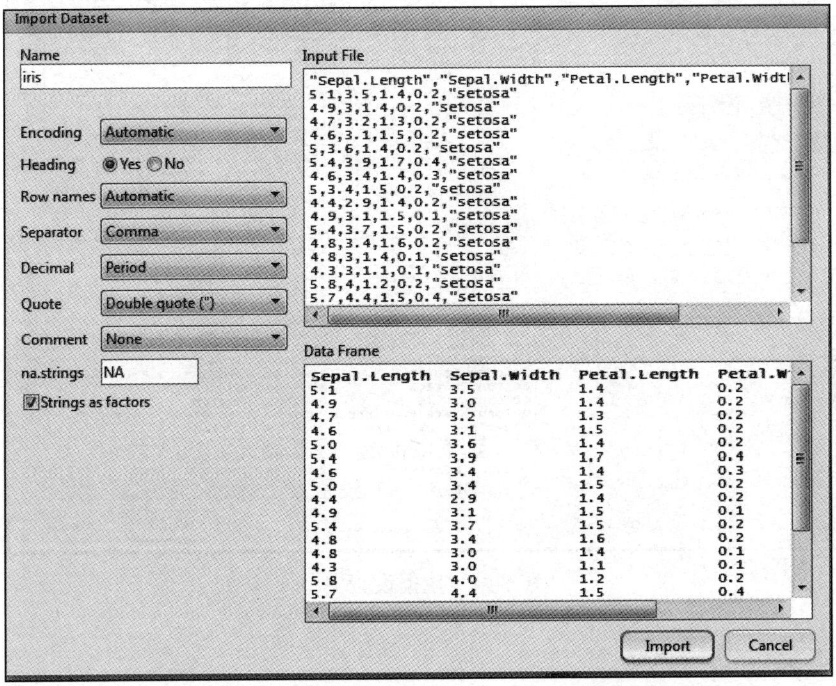

图 2-12　利用 RStudio 导入 csv/txt 及网络数据

Justin Rao 的网站上有份从 2002 年到 2008 年间的 NBA 工资数据：http://www.justinmrao.com/salary_data.csv。可以在 RStudio 右上角窗口的 Import Dataset 下拉列表中选择 From Web URL，在打开的窗口中输入以上的网址后单击 OK 按钮，即可完成网络数据的下载，如图 2-13 所示。

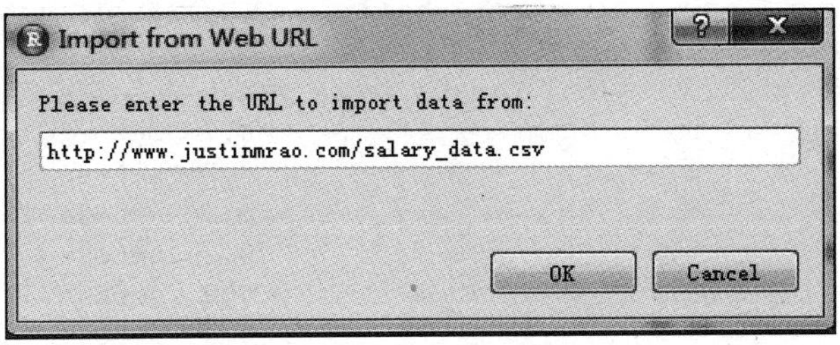

图 2-13　输入网络地址

数据下载完成会出现与从本地导入 csv 文件相同的窗口，单击 Import 按钮，即可把数据导入 R 工具中，如图 2-14 所示。

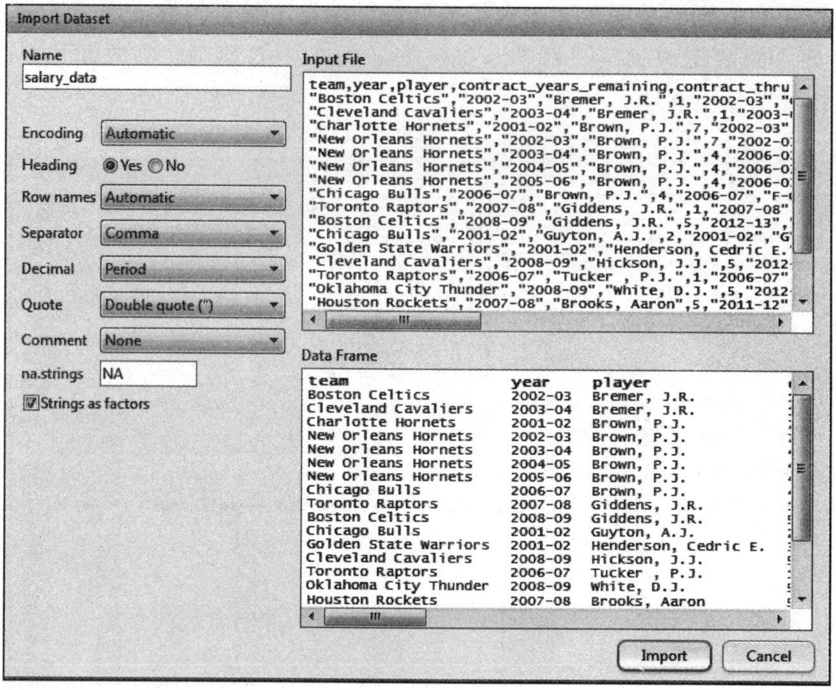

图 2-14 数据设置窗口

2.3.2 文本文件的导入

有众多的格式和文本文件标准可用于存储数据。用于存储数据的通用格式为分隔符值（即 CSV 或制表符分隔文件）、可扩展标记语言（XML）、JavaScript 对象表示法（JSON），其中，最常用于存储数据的通用格式为分隔符值（即 CSV 或制表符分隔文件）。

假如当前目录下有两个文件：iris.txt 和 iris.csv。可以利用 read.table 函数将这两份数据读入 R 工具中。

```
> import.txt <- read.table("iris.txt",header = TRUE) # 读入iris.txt文件
> head(import.txt)
  Sepal.Length Sepal.Width Petal.Length Petal.Width Species
1          5.1         3.5          1.4         0.2  setosa
2          4.9         3.0          1.4         0.2  setosa
3          4.7         3.2          1.3         0.2  setosa
4          4.6         3.1          1.5         0.2  setosa
5          5.0         3.6          1.4         0.2  setosa
6          5.4         3.9          1.7         0.4  setosa
```

read.table 函数的第一个参数 file 是导入目录中的数据，如果数据不在当前目录中，则需要增加完整路径；参数 header 用来设置导入的数据是否有变量名称，默认是 FALSE；参数 sep 默认以一个或多个空格、制表符、换行或回车为字段分隔符，因为 csv 文件以逗号作为字段分隔符，故如果导入 csv 文件，需要将参数 sep 设置为”,”。

```
> import.csv <- read.table("iris.csv", sep = ",") #读入iris.csv文件
> head(import.csv)
Sepal.Length Sepal.Width Petal.Length Petal.Width Species
1          5.1         3.5          1.4         0.2  setosa
2          4.9         3.0          1.4         0.2  setosa
3          4.7         3.2          1.3         0.2  setosa
4          4.6         3.1          1.5         0.2  setosa
5          5.0         3.6          1.4         0.2  setosa
6          5.4         3.9          1.7         0.4  setosa
```

有几个 read.table 的包装函数使用起来比较方便。read.csv 函数默认将分隔符设置为逗号，并假设数据有标题行。

```
> import.csv1 <- read.csv("iris.csv") # 利用read.csv将iris.csv文件读入
> head(import.csv1)
Sepal.Length Sepal.Width Petal.Length Petal.Width Species
1          5.1         3.5          1.4         0.2  setosa
2          4.9         3.0          1.4         0.2  setosa
3          4.7         3.2          1.3         0.2  setosa
4          4.6         3.1          1.5         0.2  setosa
5          5.0         3.6          1.4         0.2  setosa
6          5.4         3.9          1.7         0.4  setosa
```

不是所有的文本文件都像定界符文件那样有一个定义良好的结构。如果文件的结构松散，更简单的做法是：先读入文件中的所有文本行，再对其内容进行文本分词及挖掘。readLines（注意两个单词间没有点连接，且第二个单词的首字母是大写字母 L）就提供了这种方法。它接受一个文件路径（或文件连接）和一个可选的最大行数作为参数来读取文件。

```
> unstructuredText <- readLines("unstructuredText.txt")
> unstructuredText
[1]  "R语言是一套开源的数据分析解决方案，几乎可以独立完成数据处理、数据可视化、数据建模及模型评估等工作，而且可以完美配合其他工具进行数据交互。具体来说，R语言具有以下优势："
[2] "1）高效的数据处理能力"
[3] "2）数据分析"
[4] "3）数据可视化"
[5] "4）通过庞大的R程序包库文件进行扩展"
```

2.3.3 Excel 文件的导入

读取一个 Excel 文件的最好方式，就是在 Excel 中将其导出为一个逗号分隔值文件（csv），并使用 read.csv( ) 的方式将其导入 R 中。R 中也有好几个包可以直接将 Excel 文件导入 R 中，如 RODBC 包中的 odbcConnectExcel2007 函数、xlsx 包中的 read.xlsx 函数、XLConnect 包中的 loadworkbook 和 readWorksheet 函数、readxl 包中的 read_excel 函数。

假如有一个 sample.xlsx 文件，利用 4 种方式将其读入 R 中。

```
> # 利用RODBC包读入
> library(RODBC)
> channel <- odbcConnectExcel2007("sample.xlsx") # 建立连接
```

```
> odbcdf <- sqlFetch(channel,'data')        # 读取工作表data的数据
> odbcClose(channel)                        # 关闭连接
> odbcdf
总序号性别年龄职业
1       1    1    5    4
2       2    2    2    1
3       3    2    1    1
4       4    1    2    1
5       5    1    3    5
> # 利用xlsx包读取EXcel数据
> library(xlsx)
载入需要的程辑包: rJava
载入需要的程辑包: xlsxjars
> res <- read.xlsx('sample.xlsx',1 , encoding="UTF-8")     # 利用read.xlsx函数读取Excel
文件
> res
总序号性别年龄职业
1       1    1    5    4
2       2    2    2    1
3       3    2    1    1
4       4    1    2    1
5       5    1    3    5
> detach(package:xlsx)
> # 利用XLConnect包读取Excel数据
> library(XLConnect)
> wb <- loadWorkbook("sample.xlsx")       # 将工作簿加载到R中
> xldf<-readWorksheet(wb,sheet=getSheets(wb)[1]) # 读取第一个工作表的数据
> xldf
总序号性别年龄职业
1       1    1    5    4
2       2    2    2    1
3       3    2    1    1
4       4    1    2    1
5       5    1    3    5
> # 利用readxl包读取Excel数据
> library(readxl)
> readexcel <- read_excel("sample.xlsx",1,col_names = T)
> readexcel
# A tibble: 5 × 4
总序号性别年龄职业
<dbl><dbl><dbl><dbl>
1       1      1     5     4
2       2      2     2     1
3       3      2     1     1
4       4      1     2     1
5       5      1     3     5
```

2.3.4 数据库文件的导入

在 R 中通过 RODBC 包访问一个数据库也许是最流行的方式。这种方式允许 R 连接到

任意一种拥有 ODBC 驱动的数据库，其实几乎就是市面上的所有数据库。

现在，尝试用 RODBC 连接生产环境中的 MySQL 数据库。由于服务器上的 MySQL 是 32 位，计算机系统是 64 位，所以需要在 C:\Windows\SysWOW64 文件夹下找到 odbcad32.exe，双击打开 ODBC 数据源管理器界面，如图 2-15 所示。

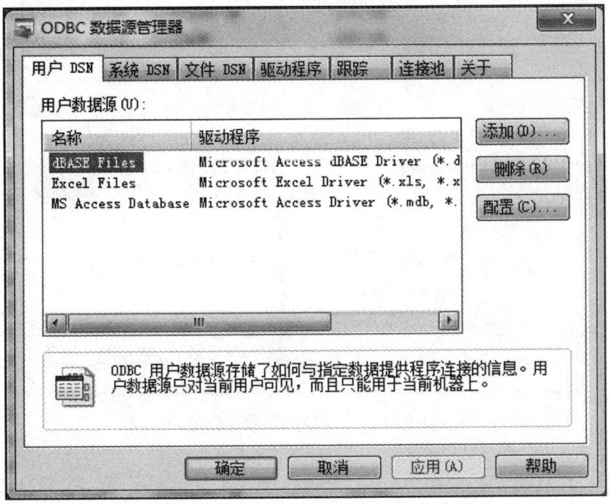

图 2-15 ODBC 数据源管理器界面

单击“添加”按钮，选择 MySQL ODBC 驱动，完成之后会弹出一个数据库配置的对话框，如图 2-16 所示。

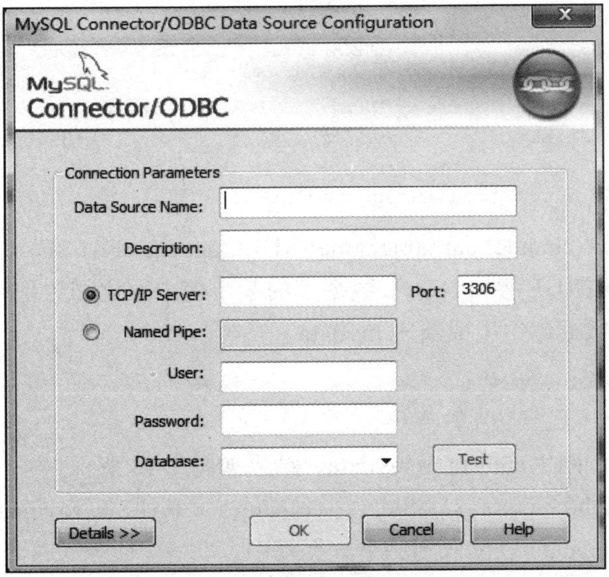

图 2-16 填写 ODBC 信息

填写完数据库信息，单击 Test 按钮测试连接成功，在 64 位的 Windows 下配置好 32 位的 MySQL ODBC，如图 2-17 所示。

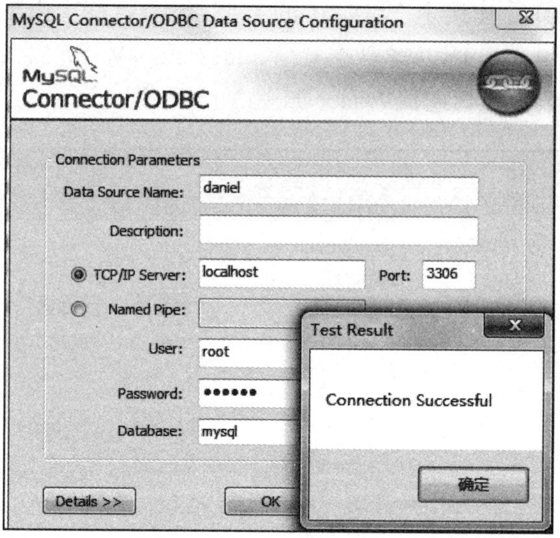

图 2-17 ODBC 测试成功

在 32 位的 R 中利用 install.packages("RODBC") 命令安装 RODBC 包。包下载安装好后，可以利用包中的 odbcConnect(dsn, uid = "", pwd = "", ...) 函数连接数据库，并继续数据的传输及分析工作。

```
> library(RODBC)
> channel <- odbcConnect("daniel","root","123456")        # 建立连接
> odbcGetInfo(channel)                                    # 显示数据库信息
           DBMS_Name            DBMS_Ver         Driver_ODBC_Ver
             "MySQL"            "5.5.28"                 "03.80"
  Data_Source_Name         Driver_Name            Driver_Ver
            "daniel"       "myodbc5a.dll"          "05.03.0006"
   ODBC_Ver          Server_Name
        "03.80.0000" "localhost via TCP/IP"
```

可以使用 sqlSave(channel,dat,tablename=NULL,append=FALSE) 命令将 R 中的数据框写入或更新 (append=TRUE) 到 MySQL 数据库的某个表中。比如想把 R 自带的 mtcars 数据写入 MySQL 中，在数据库中生成新表 mydata。

```
# 将mtcars数据集写入MySQL中
> sqlSave(channel,mtcars,"mydata",append = FALSE)
```

在 MySQL 中查询刚生成的新表 mydata，结果如图 2-18 所示。

可以利用 sqlFetch(channel, sqtable, ..., colnames = FALSE, rownames = TRUE) 命令将 MySQL 数据库中的 mydata 表读取到一个数据框中。

```
> mydata <- sqlFetch(channel,"mydata")
> str(mydata)
```

```
'data.frame':      32 obs. of  11 variables:
 $ mpg : num  21 21 22.8 21.4 18.7 18.1 14.3 24.4 22.8 19.2 ...
 $ cyl : num  6 6 4 6 8 6 8 4 4 6 ...
 $ disp: num  160 160 108 258 360 ...
 $ hp  : num  110 110 93 110 175 105 245 62 95 123 ...
 $ drat: num  3.9 3.9 3.85 3.08 3.15 2.76 3.21 3.69 3.92 3.92 ...
 $ wt  : num  2.62 2.88 2.32 3.21 3.44 ...
 $ qsec: num  16.5 17 18.6 19.4 17 ...
 $ vs  : num  0 0 1 1 0 1 0 1 1 1 ...
 $ am  : num  1 1 1 0 0 0 0 0 0 0 ...
 $ gear: num  4 4 4 3 3 3 3 4 4 4 ...
 $ carb: num  4 4 1 1 2 1 4 2 2 4 ...
```

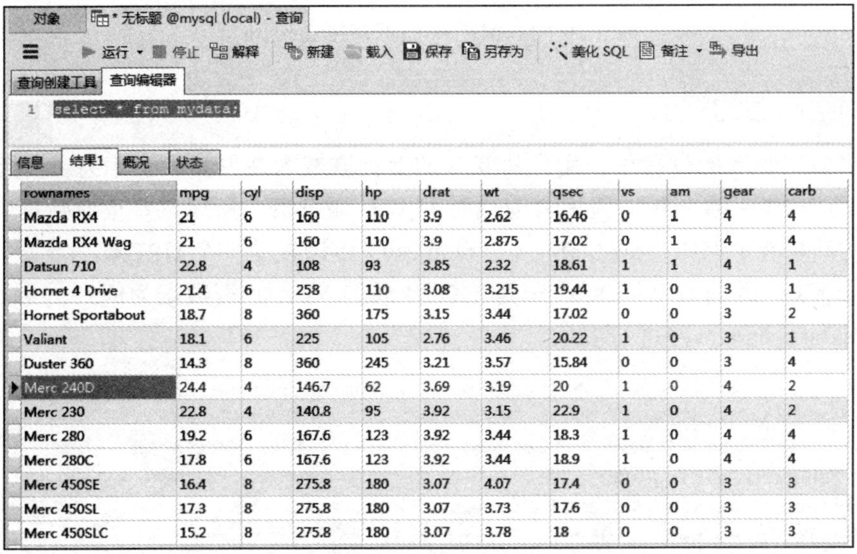

rownames	mpg	cyl	disp	hp	drat	wt	qsec	vs	am	gear	carb
Mazda RX4	21	6	160	110	3.9	2.62	16.46	0	1	4	4
Mazda RX4 Wag	21	6	160	110	3.9	2.875	17.02	0	1	4	4
Datsun 710	22.8	4	108	93	3.85	2.32	18.61	1	1	4	1
Hornet 4 Drive	21.4	6	258	110	3.08	3.215	19.44	1	0	3	1
Hornet Sportabout	18.7	8	360	175	3.15	3.44	17.02	0	0	3	2
Valiant	18.1	6	225	105	2.76	3.46	20.22	1	0	3	1
Duster 360	14.3	8	360	245	3.21	3.57	15.84	0	0	3	4
Merc 240D	24.4	4	146.7	62	3.69	3.19	20	1	0	4	2
Merc 230	22.8	4	140.8	95	3.92	3.15	22.9	1	0	4	2
Merc 280	19.2	6	167.6	123	3.92	3.44	18.3	1	0	4	4
Merc 280C	17.8	6	167.6	123	3.92	3.44	18.9	1	0	4	4
Merc 450SE	16.4	8	275.8	180	3.07	4.07	17.4	0	0	3	3
Merc 450SL	17.3	8	275.8	180	3.07	3.73	17.6	0	0	3	3
Merc 450SLC	15.2	8	275.8	180	3.07	3.78	18	0	0	3	3

图 2-18　将 R 中的数据框写入 MySQL 中

可以使用 sqlQuery(channel, query, errors = TRUE, ..., rows_at_time) 命令向 MySQL 数据库提交一个查询并返回结果。比如想对 mydata 表按照 vs 和 am 统计分组，并统计 mpg 的平均组，执行以下代码可以完成该操作。

```
> rm(list=ls())
> ls()
character(0)
> result <- sqlQuery(channel,"select vs,am,avg(mpg) from mydata group by vs,am")
> result
  vs am avg(mpg)
1  0  0 15.05000
2  0  1 19.75000
3  1  0 20.74286
4  1  1 28.37143
```

利用 sqlDrop(channel, sqtable, errors = TRUE) 命令可以直接删除数据库中的某个表。比

如删除 mydata 表，在 R 中执行以下命令后得到的结果如图 2-19 所示。

```
> sqlDrop(channel,"mydata") # 删除数据库中的mydata表
> odbcClose(channel)        # 关闭连接
```

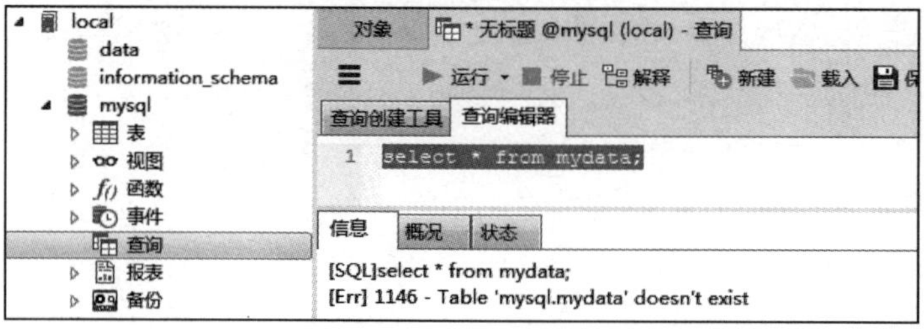

图 2-19 MySQL 中已不存在 mydata 表

2.3.5 网络数据的爬取

在网络数据爬取的过程中，用户从互联网上提取嵌入在网页中的信息，并将其保存为 R 中的数据结构进一步分析。因为 R 有内置的 Web 服务器，所以某些读取数据的函数默认带有网络访问功能。例如，read.table（或 read.csv）可以接受一个 URL 作为参数。

以 Justin Rao 的网站上从 2002 年到 2008 年间的 NBA 工资数据为例 (http://www.justinmrao.com/salary_data.csv) 进行演示。

```
> salary_data <- read.csv("http://www.justinmrao.com/salary_data.csv")
> head(salary_data)
             team    year      player contract_years_remaining
1      Boston Celtics2002-03Bremer, J.R.                        1
2 Cleveland Cavaliers 2003-04 Bremer, J.R.                        1
3   Charlotte Hornets 2001-02  Brown, P.J.                        7
4 New Orleans Hornets2002-03  Brown, P.J.                       7
5 New Orleans Hornets 2003-04  Brown, P.J.                        4
6 New Orleans Hornets 2004-05  Brown, P.J.                        4
  contract_thru position full_name salary_year salary_total year_counter obs
1       2002-03        G    Bremer      349458       349458            1   2
2       2003-04        G    Bremer      563679       563679            2   2
3       2002-03        F     Brown     6404800     36000000            1   6
4       2002-03        F     Brown     7044800     36000000            2   6
5       2006-07        F     Brown     8000000     34000000            3   6
6       2006-07        F     Brown     8000000     34000000            4   6
 mean_salary mean_remaining
1    456568.5              1
2    456568.5              1
3   7668267.0              5
4   7668267.0              5
5   7668267.0              5
6   7668267.0              5
```

完成这个任务的另一种途径是使用函数 readLines 下载网页，然后使用正则表达式对有

用的数据进行提取及分析。例如，想爬取一个在线教育网站的所有在线课程（共 8 页）的课程名称、课时数、学生人数、授课老师、课程价格等信息。网页及源代码如图 2-20 所示。

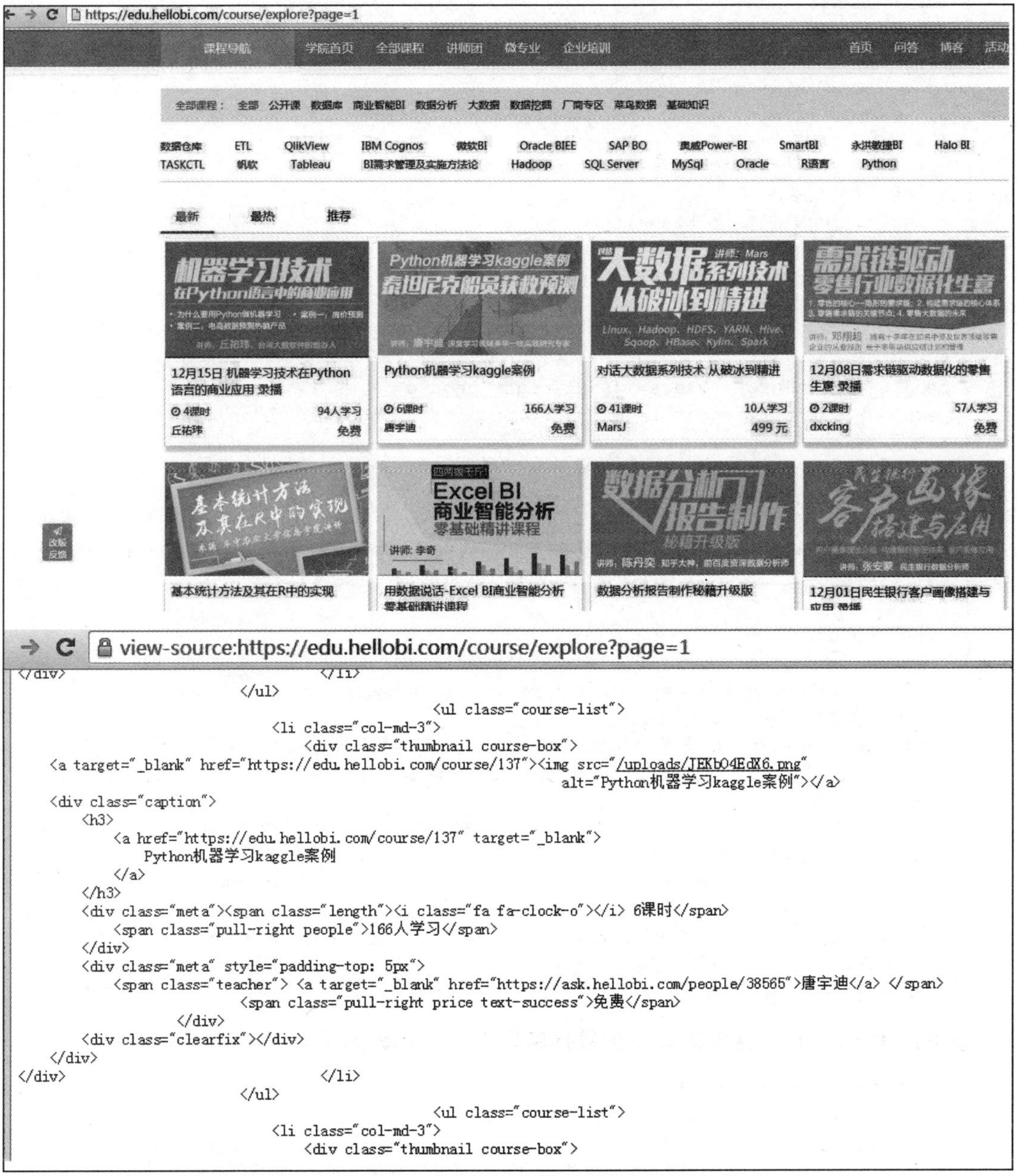

图 2-20　网站页面及网页源代码

解析网页源代码，利用正则表达式提取相关数据。

```
> # 方法一利用readLines函数和正则表达式提取网页数据
> # 爬取全部网页
> web <- NULL
> for(i in 1:8){
+     url <- paste0("https://edu.hellobi.com/course/explore?page=",i)
+     web1 <- readLines(url,encoding = 'UTF-8')
+     web <- c(web1,web)
+ }
> # 提取课程名称所在的行
> class <- web[grep("class=\"caption\"",web)+3]
> # 删除多余的空格
> class <- gsub(" ","",class)
> # 提取课时所在的行
> length <- web[grep("class=\"length\"",web)]
> # 利用正则表达式提取课时数
> length <- substr(length,regexpr("i>",length)+2,regexpr("课",length)-1)
> # 提取学生人数
> people <- web[grep("class=\"pull-right people\"",web)]
> people <- substr(people,regexpr(">",people)+1,regexpr("人",people)-1)
> # 提取授课老师
> teacher <- web[grep("class=\"teacher\"",web)]
> for(i in 1:length(teacher)){
+     teacher[i] <-
+substr(teacher[i],gregexpr(">",teacher[i])[[1]][2]+1,gregexpr("<",teacher[i])
[[1]][3]-1)
+ }
> # 提取课程价格
> price <- web[grep("class=\"teacher\"",web)+1]
> price <- substr(price,regexpr(">",price)+1,regexpr("/",price)-2)
> # 将结果整理成data.frame形式
> result <- data.frame(课程=class,课时数=length,学生人数=people,
+                      授课老师=teacher,课程价格=price)
> head(result)
    课程                               课时数  学生人数  授课老师  课程价格
1   SSRS2012WIN8Metro高端报表教程      13      1015      IWORK     免费
2   OBIEE深入浅出精品视频教程          61      150       冰咖啡    1500元
3   问答社区微软BI问题及性能优化工具合集 10    465       梁勇      免费
4   SSRS2012MetroUI高端报表视频教程    57      159       BIWORK    1800元
5   天善问答OracleBIEE常见问题视频教程 3       654       冰咖啡    免费
6   天善内部精品Cognos教程             8       1041      曾力      免费
```

也可以用 rvest 包快速实现以上的数据爬取工作。代码如下。

```
> #### 利用rvest包爬取网页数据
> library(rvest)
> library(magrittr)
> result <- data.frame(课程=1,课时数=1,学生人数=1,授课老师=1,课程价格=1)
> result <- result[-1,]
> for(i in 1:7){
+     url <- paste0("https://edu.hellobi.com/course/explore?page=",i)
```

```
+     web <- read_html(url,encoding = 'UTF-8')
+     class <- web %>% html_nodes("div.course-box") %>%
+       html_nodes("img")  # 提取课程名称
+     class <- substr(class,regexpr("alt=",class)+5,regexpr(">",class)-3)
+     length <- web %>% html_nodes("div.meta") %>% html_nodes("span.length") %>%
+       html_text() # 提取课时数
+     people <- web %>% html_nodes("div.meta")  %>% html_nodes("span.people") %>%
+       html_text()  # 提取学习人数
+     teacher <- web %>% html_nodes("div.meta") %>% html_nodes("span.teacher") %>%
+       html_text()  # 提取老师
+     price <- web %>% html_nodes("div.meta") %>% html_nodes("span.price")  %>%
+       html_text()  # 提取价格
+     result1 <- data.frame(课程=class,课时数=length,学生人数=people,
+                               授课老师=teacher,课程价格=price)
+     result <- data.frame(rbind(result,result1))
+ }
> head(result)
   课程                                        课时数    学生人数     授课老师   课程价格
1  机器学习技术在Python语言的商业应用录播        4课时     94人学习     丘祐玮     免费
2  Python机器学习kaggle案例                    6课时     166人学习    唐宇迪     免费
3  对话大数据系列技术从破冰到精进               41课时    10人学习     MarsJ      499元
4  需求链驱动数据化的零售生意录播               2课时     57人学习     dxcking    免费
5  基本统计方法及其在R中的实现                  5课时     129人学习    黄小明     免费
6  用数据说话-Excel BI商业智能分析零基础精讲课程 5课时     9人学习      李奇       499元
```

R中也有若干用于爬取网络数据的包，如quantmod、XML、RCurl等，可以爬取各种复杂的网络数据。其中quantmod包是R平台用于金融建模的扩展包。主要功能有：从多个数据源获取历史数据、绘制金融数据图表、在金融数据图表中添加技术指标、计算不同时间尺度的收益率、金融时间序列分析、金融模型拟合与计算，等等。

例如，从雅虎爬取创梦天地（股票代码：DSKY）上市至今的股价数据。利用getSymbols函数实现。

```
> library(quantmod)
> getSymbols("DSKY",scr="yahoo")
> # 查看最后六天的股票记录
> tail(DSKY)
           DSKY.Open DSKY.High DSKY.Low DSKY.Close DSKY.Volume DSKY.Adjusted
2016-05-17     13.53     13.71    13.48      13.55       94000         13.55
2016-05-18     13.44     13.66    13.44      13.66       86400         13.66
2016-05-19     13.61     13.67    13.55      13.58       59400         13.58
2016-05-20     13.58     13.70    13.58      13.69       62400         13.69
2016-05-23     13.67     13.75    13.63      13.70       71200         13.70
2016-05-24     13.67     13.74    13.63      13.67       29900         13.67
```

getSymbols函数把股票每天的开盘价格、最高价格、最低价格、收盘价格、成交量和调整价格都爬取到R中。可以利用candleChart函数绘制蜡烛图，如图2-21所示。

```
candleChart(DSKY,theme="white") #蜡烛图
```

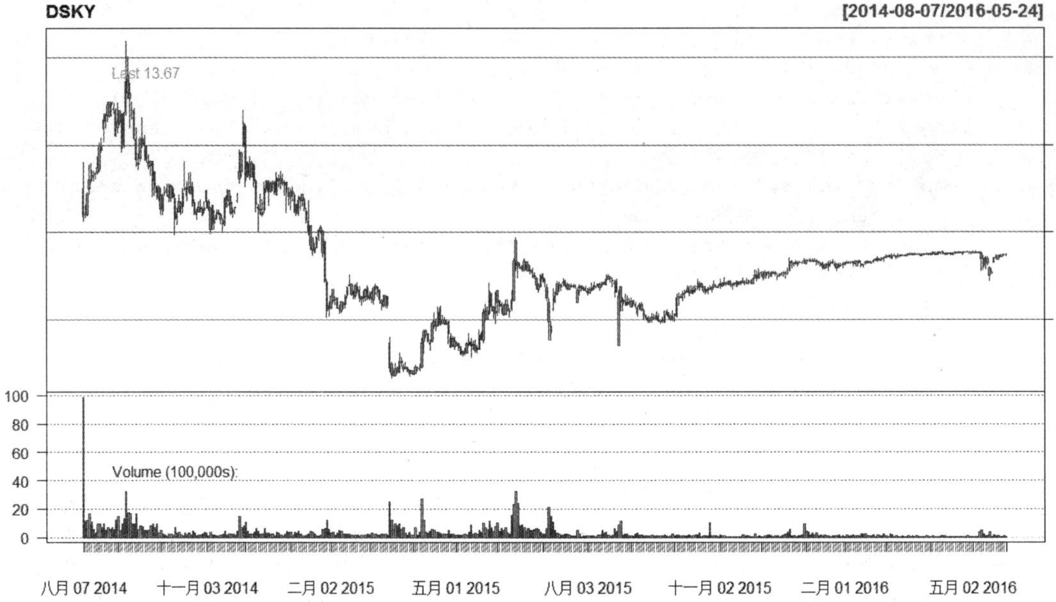

图 2-21 绘制蜡烛图

2.4 小结

本章首先介绍了 R、RStudio 和 Rattle 工具的安装和界面，以及 R 语言的一些基本知识，让读者对 R 语言有了大概的认识。然后介绍了几种常用数据对象的创建及相关操作。最后介绍了将外部数据源导入 R 的常用方法，包括导入文本文件、导入 Excel 文件、利用 R 对数据库进行管理和简单的 R 爬虫技术。

第 3 章 Chapter 3

R 语言绘图重要技术

R 语言除了拥有良好的数据处理和分析能力外，对于展现数据也有极其灵活和强大的应用。由于用图形表达分析结果往往更直观和简单，所以对于优秀的分析报告而言，将数据结果以适当的图形方式展示后，其沟通效果和说服力会更佳。

本章将介绍如何向一幅简单的图形中添加元素，以得到更有用和更吸引人的图形，以及绘制各种类型图形的函数。

3.1 常用图形参数

R 是一个功能强大的图形构建平台，可以逐条输入语句构建图形元素（颜色、点、线、文本等），逐渐完善图形，直至得到想要的结果。

更改图形参数有两种方式，一种是直接在绘图函数中设置参数，这种方式只影响当前的绘图函数；另一种是通过 par() 函数设置，这种方式会影响当前绘图设备上的所有图形。

3.1.1 颜色元素

R 语言可以设置绘图参数 col，改变图像、坐标轴、文字、点、线等的颜色。例如，对数据集 women 绘制红色散点图，只需将 col 参数设置为 "red"，如图 3-1 所示。

```
> plot(women,col="red") # 通过颜色名称设置散点颜色
```

除了通过将颜色赋值给 col 参数外，也可以通过颜色下标、十六进制的颜色值和 RGB 值给 col 参数赋值。以下代码可以绘制和图 3-1 相同的效果。

```
> plot(women,col=554)              # 通过颜色下标设置
> plot(women,col="#FF0000")        #通过十六进制的颜色值设置
> mycolor<- rgb(red=255,green=0,blue=0,max=255)
> plot(women,col=mycolor)          # 通过RGB值设置
```

除了利用 col 参数控制绘图颜色外，也可以通过其他参数来设置图形的前景色、背景色、标题颜色、坐标轴颜色等。参数描述如表 3-1 所示。

表 3-1 用于指定颜色的参数

参　数	描　述	参　数	描　述
col	默认的绘图颜色	col.lab	坐标轴标签的颜色
fg	图形的前景色	col.main	主标题的颜色
bg	图形的背景色	col.sub	副标题的颜色
col.axis	坐标轴刻度文字的颜色		

对图 3-1 增加主标题、副标题，且将主标题的颜色设置为绿色，副标题的颜色设置为蓝色，*X* 轴坐标的刻度文字设置为灰色，刻度标签设置为黄色。只需执行以下脚本，得到的结果如图 3-2 所示。

```
> plot(women,main="身高 VS 体重散点图",sub="数据来源: women数据集",
+       col="red",col.main="green",col.sub="blue",
+       col.axis="grey",col.lab="yellow")
```

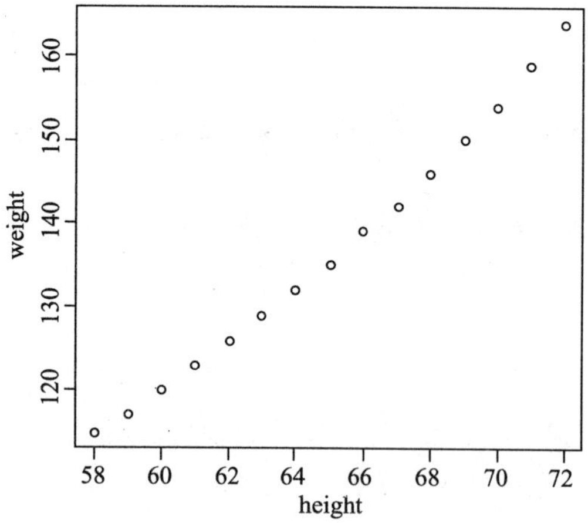

图 3-1　绘制红色散点图

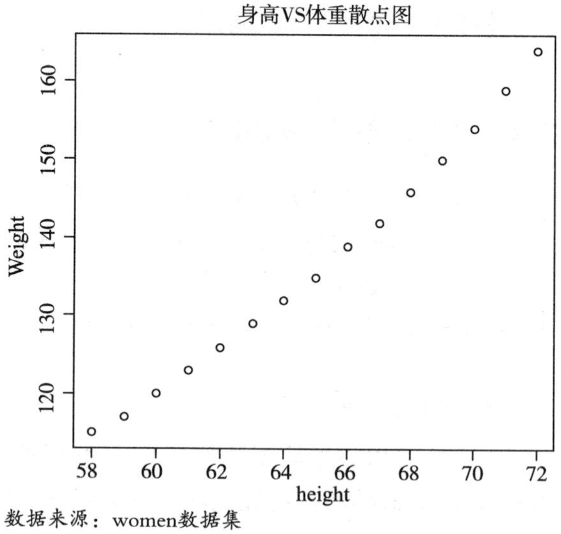

图 3-2　对图形其他参数进行颜色设置

R 语言提供了自带的固定种类颜色，主要涉及的函数是 colors()，该函数可以生成 657 种颜色名称，代表 657 种颜色，具体如下。

```
> colors()
```

```
[1] "white"               "aliceblue"          "antiquewhite"
[4] "antiquewhite1"       "antiquewhite2"      "antiquewhite3"
[7] "antiquewhite4"       "aquamarine"         "aquamarine1"
……
[649] "wheat3"            "wheat4"             "whitesmoke"
[652] "yellow"            "yellow1"            "yellow2"
[655] "yellow3"           "yellow4"            "yellowgreen"
```

除了固定颜色选择函数外，R 本身也提供了特定颜色主题的配色方案。这些配色方案用一系列渐变的颜色表现特定的主题，如 rainbow()、heat.colors()、terrain,colors()、topo.colors()、cm.colors() 等函数。函数说明如表 3-2 所示。

表 3-2　常用主题函数说明

主 题 函 数	描　述
rainbow()	彩虹的颜色，由“赤、橙、黄、绿、青、蓝、紫”一系列颜色组成
heat.colors()	从红色渐变到黄色，再变到白色
terrain.colors()	从绿色渐变到黄色，再到棕色，最后到白色
topo.colors()	从蓝色渐变到青色，再到黄色，最后到棕色
cm.colors()	从青色渐变到白色，再到粉红色

执行以下脚本，得到 5 个由不同主题函数绘制的柱状图，如图 3-2 所示。

```
> barplot(rep(1,7),col=rainbow(7),main="barplot(rep(1,7),col=rainbow(7))")
> barplot(rep(1,7),col=heat.colors(7),main="barplot(rep(1,7),col=heat.colors(7))")
> barplot(rep(1,7),col=terrain.colors(7),main="barplot(rep(1,7),col=terrain.colors(7))")
> barplot(rep(1,7),col=topo.colors(7),main="barplot(rep(1,7),col=topo.colors(7))")
> barplot(rep(1,7),col=cm.colors(7),main="barplot(rep(1,7),col=cm.colors(7))")
> par(mfrow=c(1,1))
```

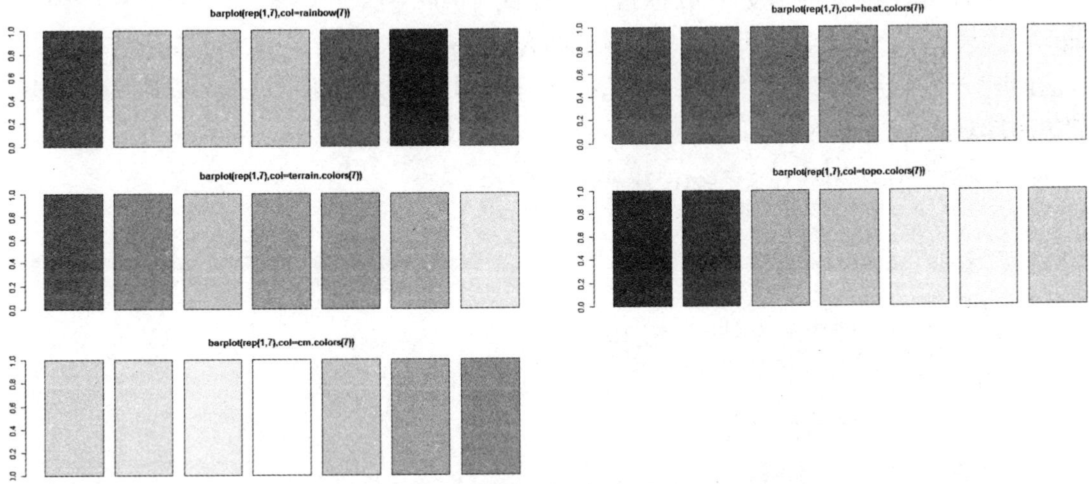

图 3-3　利用不同主题函数绘制的柱状图

3.1.2 文字元素

文字元素可以设置的参数一般包括：字体（font）、颜色（col）、大小（cex）等，颜色在上一小节已经介绍过，这里重点讲解如何设置文字的字体和大小。

可以通过 font 参数来设置字体。font 参数的取值是一个整数，一般分别用 1、2、3、4、4 来表示正常体、粗体、斜体和粗斜体。

执行以下脚本，得到 4 种常用字体的样式，如图 3-4 所示。

图 3-4 设置 font 参数得到不同的字体

```
> plot(0:4,type="n",axes = F,xlab = NA,ylab = NA)
> type <- c("正常字体(默认)","粗体字体","斜体字体","粗斜体字体")
> for(i in 1:4){
+   text(2,5-i,labels = paste0("font=",i,":",type[i]),font = i)
+ }
```

可以通过 cex 参数来设置文字的大小。cex（缩放倍数）参数的取值是一个实数，默认为 1，表示不缩放。取值小于 1 时，表示缩小，取值大于 1 时，表示放大。以下代码中的 cex 分别取 0.5、0.8、1、1.5、2，得到的文字大小样式如图 3-5 所示。

```
> plot(0:5,type="n",axes = F,xlab = NA,ylab = NA)
> text(2,5,labels="cex=0.5:放大0.5倍",cex=0.5)
> text(2,4,labels="cex=0.8:放大0.8倍",cex=0.8)
> text(2,3,labels="cex=1(默认):正常大小",cex=1)
> text(2,2,labels="cex=1.5:放大1.5倍",cex=1.5)
> text(2,1,labels="cex=2:放大2倍",cex=2)
```

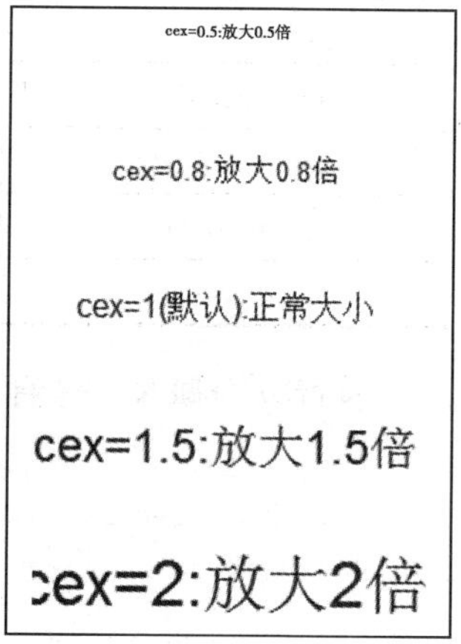

图 3-5 设置 cex 参数得到不同的文字大小

3.1.3 点元素

点元素可以设置的参数一般包括：点样式（pch）、颜色（col）、大小（cex）等。前文已经介绍过颜色和大小，接下来学习点样式 pch 参数。

pch（点样式）参数可取 0～25 的数字，对于符号 21～25，还可以指定边界颜色 (col=) 和填充色 (bg=)。下面代码中的 pch 取值为 0～25，结果如图 3-6 所示。

```
> plot(1,col="white",xlim=c(1,7),ylim=c(1,5),
+        main = "点样式 pch=",xlab=NA,ylab=NA)
> for(i in c(0:25)){
+    x<-(i %/% 5)*1+1
+    y<-6-(i%%5)-1
+    if(length(which(c(21:25)==i)>=1)){
+      points(x,y,pch=i,col="blue",bg="yellow",cex=2)
+    } else {
+      points(x,y,pch=i,cex=2)
+    }
+    text(x+0.2,y,labels = i)
+ }
```

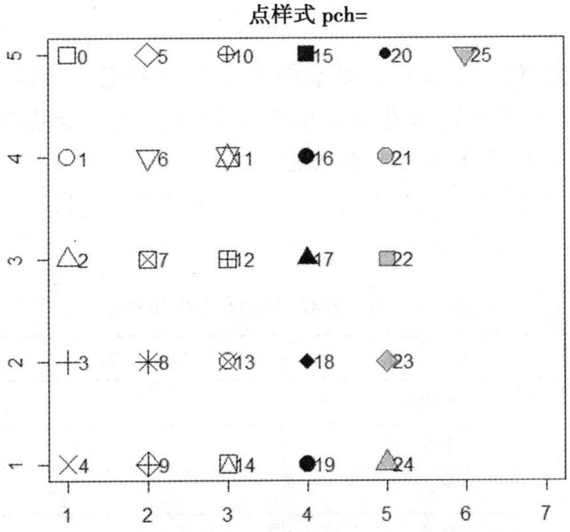

图 3-6 设置 pch 参数不同值时的点样式

此外，pch 参数也可以是 "" 里的单个字符。例如，pch 的取值可以为 "*，？，a，A，0，.，+，-，|"。执行以下代码，效果如图 3-7 所示。

```
> # pch取值可以为"*, ? , a, A, 0, ., +, -, |"
> points(6,4,pch="*",cex=2);text(6+0.2,4,labels="\"*\"")
> points(6,3,pch="?",cex=2);text(6+0.2,3,labels="\"?\"")
> points(6,2,pch="a",cex=2);text(6+0.2,2,labels="\"a\"")
> points(6,1,pch="A",cex=2);text(6+0.2,1,labels="\"A\"")
> points(7,5,pch="0",cex=2);text(7+0.2,5,labels="\"0\"")
> points(7,4,pch=".",cex=2);text(7+0.2,4,labels="\".\"")
> points(7,3,pch="+",cex=2);text(7+0.2,3,labels="\"+\"")
> points(7,2,pch="-",cex=2);text(7+0.2,2,labels="\"-\"")
> points(7,1,pch="|",cex=2);text(7+0.2,1,labels="\"|\"")
```

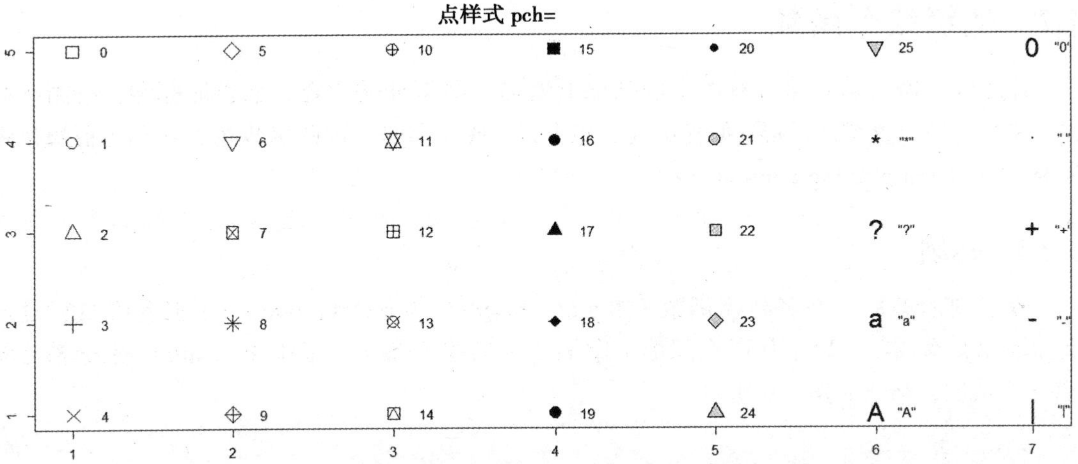

图 3-7 设置 pch 参数不同值时的点样式

3.1.4 线元素

线元素可以设置的参数一般包括：线条样式（lty）、颜色（col）、粗细（lwd）等。其中线的粗细lwd参数与文本及点的大小cex相似，lwd（宽度）参数默认为1，表示不缩放。取小于1时，表示缩小，取大于1时，表示放大。

线条样式（lty）主要是指实线、虚线、点线、点划线等的样式。lty参数的不同数值对应不同的线条样式，如表3-3所示。

表3-3 lty参数可指定的线条样式

数值	说明	数值	说明
0	不画线	4	点虚线
1	实线	5	长虚线
2	虚线	6	双虚线
3	点线		

运行下面的代码，可以查看lty参数取值为0～6时的样式，结果如图3-8所示。

```
> plot(x=1:10,y=rep(1,10),type="l",lty=0,ylim=
c(1,8),xlim=c(-1,10),
+       axes=F,xlab=NA,ylab=NA)
> text(0,1,labels="lty=0")
> for(i in 2:7){
+    lines(x=1:10,y=rep(i,10),lty=i-1,xlab=NA,
ylab=NA)
+   text(0,i,labels=paste0("lty=",i-1))
+ }
```

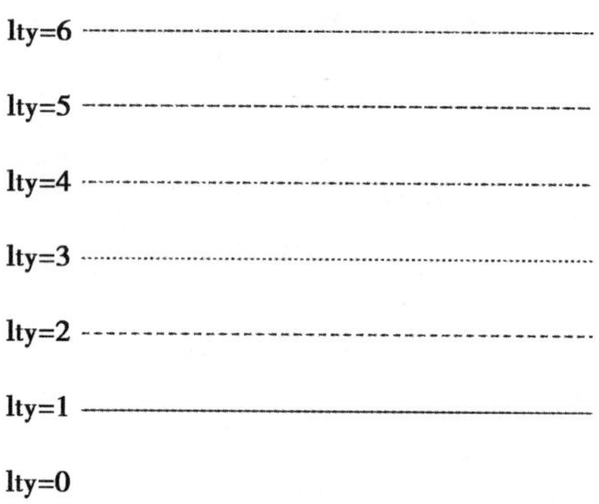

图3-8 设置不同lty参数值的样式

3.2 低级绘图函数

R还可以通过函数在现有图形的基础上增加一些额外的内容，如添加标题、绘制坐标轴、在特定的位置增加图形（如辅助线，拟合线）或文字等。这些函数在R中称为低级作图命令（low-level plotting command）。

3.2.1 标题

除了图形参数，许多高级函数（如plot、barplot、boxplot、qqnorm）也允许自行设定坐标轴和文本选项。以下代码在图形上添加了主标题（main）、副标题（sub）、坐标轴标签（xlab、ylab），结果如图3-9所示。

```
> attach(iris)
> boxplot(Sepal.Length~Species,col=heat.colors(3),
```

```
+         main=list("Sepal.Length按照Species分类的箱线图",
                    font=4,col="red",cex=1.5),
+         sub=list("数据来源：iris数据集",font=3,
+                  col="green",cex=0.8),
+         xlab="Species",ylab="Sepal.Length")
```

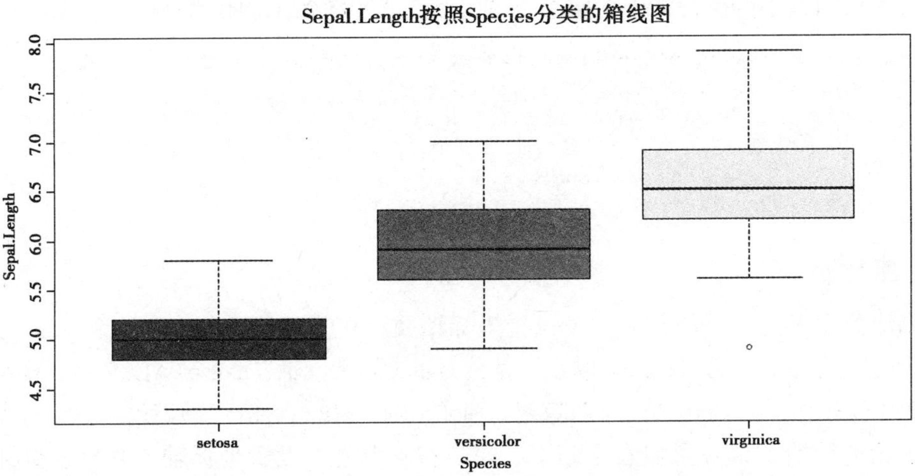

图 3-9　添加了主标题、副标题、x 轴及 y 轴标签的箱线图

数据来源：ins 数据集

可以使用 title() 函数为图形添加标题和坐标轴标签。调用格式为：

```
title(main = NULL, sub = NULL, xlab = NULL, ylab = NULL,
      line = NA, outer = FALSE, ...)
```

title 常用参数说明如表 3-4 所示。

表 3-4　title 函数的常用参数

参　　数	说　　明
main	设置主标题内容和文字属性
sub	设置副标题内容和文字属性
xlab	设置 x 轴标题内容和文字属性
ylab	设置 y 轴标题内容和文字属性
line	设置 line 的值可以将标签移到图外面
outer	设置 outer=TRUE 可以将标签放在外部边距中

执行以下代码可以得到与图 3-9 相同效果的箱线图。

```
> boxplot(Sepal.Length~Species,col=heat.colors(3))
> title(main=list("Sepal.Length按照Species分类的箱线图",
+                  font=4,col="red",cex=1.5),
+       sub=list("数据来源：iris数据集",font=3,
```

```
+                col="green",cex=0.8),
+        xlab="Species",ylab="Sepal.Length")
```

由上可见，对标题的多个参数赋值时，其赋值形式是以 list 形式承载的。也可以先使用 main=" 主标题 "，设置主标题内容，再通过 font.mian、col.main、cex.main 设置主标题文字的样式、颜色和大小。执行以下代码可得到与图 3-9 相同效果的箱线图。

```
> boxplot(Sepal.Length~Species,col=heat.colors(3))
> title(main="Sepal.Length按照Species分类的箱线图",
+        font.main=4,col.main="red",cex.main=1.5,
+        sub="数据来源：iris数据集",font.sub=3,
+        col.sub="green",cex.sub=0.8,
+        xlab="Species",ylab="Sepal.Length")
```

3.2.2 坐标轴

在高级绘图函数中一般都有用于设置坐标轴展示和范围的 axes、xlim 和 ylim 参数。其中 axes 是逻辑参数，axes=TRUE（默认）时，显示 x 轴和 y 轴，axes=FALSE 时，隐藏 x 轴和 y 轴；参数 xaxt="n" 和 yaxt="n" 分别隐藏 x 轴或 y 轴；xlim、ylim 参数设置 x 轴、y 轴范围。

低级绘图函数 axis( ) 可以在上、下、左、右 4 个边上设置坐标轴，并设置坐标轴的范围 / 刻度标记等。其调用形式为：

```
    axis(side, at = NULL, labels = TRUE, tick = TRUE, line = NA,
     pos = NA, outer = FALSE, font = NA, lty = "solid",
lwd = 1, lwd.ticks = lwd, col = NULL, col.ticks = NULL,
hadj = NA, padj = NA, ...)
```

主要参数如表 3-5 所示。

表 3-5 axis 函数的常用参数

参　数	说　明
side	整数值，设置坐标轴所在的边。当取值为 1、2、3、4 时，分别表示坐标轴处于下、左、上、右各边
at	通过向量来设置坐标轴内各刻度标记的位置，at 参数要与 labels 向量一一对应
labels	逻辑值或向量。如果是逻辑值，设置刻度上是否要加上数值注释；如果是向量，其中的每个值就是一个刻度的标签，要与 at 向量一一对应
tick	逻辑值，如果 tick=TRUE（默认），则画出坐标轴。如果 tick=FALSE，则不画坐标轴，此时并不影响刻度标记 labels 的展示
line	坐标轴距离边距的行数
pos	坐标轴绘制位置的坐标，与另一条坐标轴相交位置的值
outer	逻辑值，设置坐标轴是否画在外部边距中。outer=FALSE 表示把坐标轴画在标准边距中
font	坐标轴文字的字体
lty	坐标轴和刻度的线条类型

（续）

参　　数	说　　明
lwd	坐标轴线条宽度
lwd.ticks	刻度标记线条宽度
col	坐标轴线条颜色
col.ticks	刻度颜色
hadj	调整标签的平行阅读方向
padj	调整标签的正交阅读方向

利用高级绘图函数 boxplot 对 iris 数据集绘制箱线图，将参数 axes 设置为 FALSE 隐藏 x 轴和 y 轴，然后利用低级绘图函数 axis 详细设置 x 轴和 y 轴。执行以下代码得到的结果如图 3-10 所示。

```
> #加载iris数据到内存
> attach(iris)
> #绘制箱线图
> boxplot(Sepal.Length~Species,col=heat.colors(3),
+           axes=FALSE,xlab="Species",ylab="Sepal.Length")
> #设置X轴样式
> axis(side=1,at=1:3,labels=unique(Species),col.axis="red",tick=FALSE)
> #设置Y轴样式
> axis(side=2,col.ticks = "gold",font = 3,col = "blue")
```

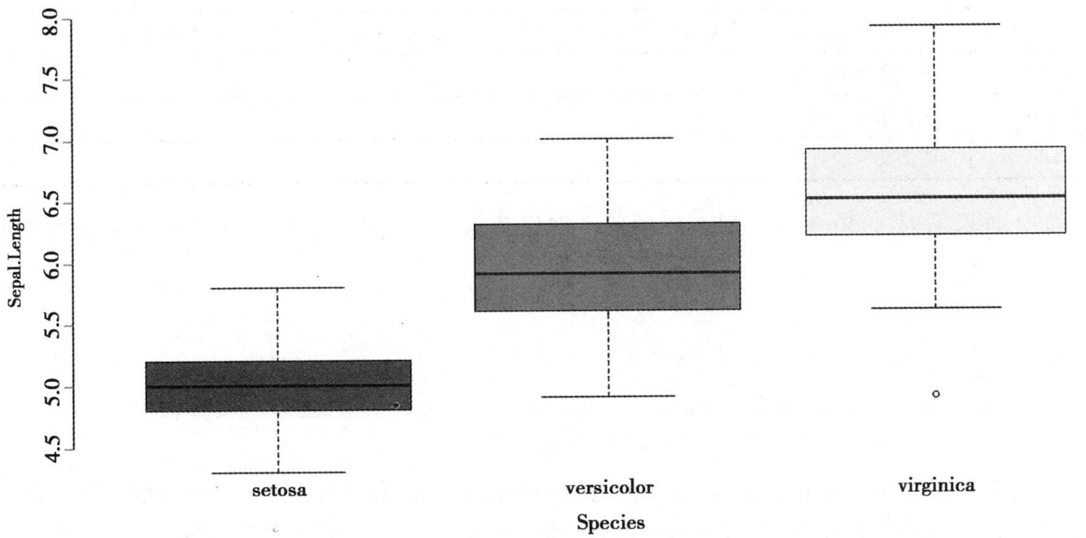

图 3-10　通过 axis 函数调整 x 轴和 y 轴格式

side=1 表示设置 x 轴，col.axis="red"b 表示将 x 轴刻度标记颜色设置为红色，tick=FALSE 表示不显示坐标轴；side=2 表示设置 y 轴，font = 3 表示 y 轴字体是斜体，col = "blue" 表示

y 轴线条是蓝色，col.ticks = "gold" 表示将刻度颜色设置为金色。

3.2.3 图例

当图形中包含的数据不止一组时，通常会使用不同的颜色来区分，并且使用图例说明不同颜色代表的组别。图例中既包含文字，也包含点和线元素。可以利用 legend 函数来设置图例参数。

legend 函数的常用参数如表 3-6 所示。

表 3-6 legend 函数的常用参数

参 数	说 明
x 和 y	图例的位置坐标，除了使用 x 和 y 参数外，也可以使用 "bottomright" "bottom" "bottomleft" "left" "topleft" "top" "topright" "right" 和 "center" 参数
legend	一个字符向量，表示图例中的文字
fill	字符向量，设置每个图例标签的颜色
col	图例中点 / 线的颜色
lty	图例中线条的类型
lwd	图例中线条的宽度
pch	向量，图例中的点符号
bty	图例边框的类型
bg	图例边框的背景色
horiz	图例的摆放方式，为 FALSE（默认）时，图例垂直排列，为 TRUE 时，图例水平排列
title	设定图例的标题
ncol	设置图例的列数
adj	图例文字的对齐方式

下面看看对 1940 年弗吉尼亚州的死亡率作图的一个例子。执行以下代码得到的结果如图 3-11 所示。

```
> #绘制分组柱状图
> barplot(VADeaths,beside = TRUE,col=cm.colors(5))
> # 添加图例
> legend("top",legend=rownames(VADeaths),
+          ncol=5,fill=cm.colors(5),bty="n")
```

将图例摆放在 top 位置，图例内容为 VADeaths 数据集的行名称，图例列数设置为 5，每个图例标签的颜色设置为与柱子对应的类别颜色相同，最后不要图例边框。

3.2.4 网格线

使用 grid() 函数可以在绘图的基础上添加网格线，其参数主要包括：ny 用于设置水平网格的数目；nx 用于设置垂直网格的数据，设置为 NA 时，表示不绘制相应的网格线；lwd、lty 和 col 参数分别设置网格线的宽度、样式和颜色。

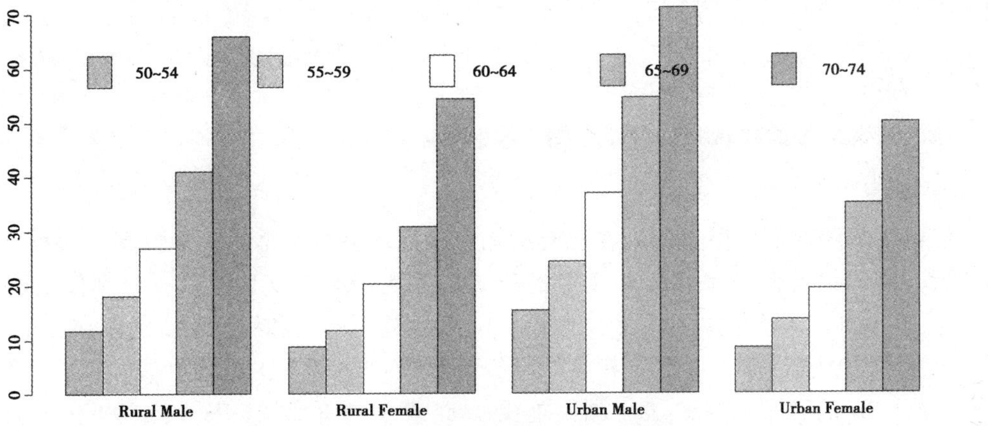

图 3-11　通过 legend 函数设置图例

继续以 VADeaths 为例，执行以下代码得到的结果如图 3-12 所示。

```
> op <- par(mfcol=1:2)
> barplot(VADeaths,beside = TRUE,col=cm.colors(5),
+         main="plot VADeaths with grid()")
> grid()
> barplot(VADeaths,beside = TRUE,col=cm.colors(5),
+         main="plot VADeaths with grid(NA,7,lty=2,lwd=1.5,col='green')")
> grid(NA,7,lty=2,lwd=1.5,col="green")
> par(op)
```

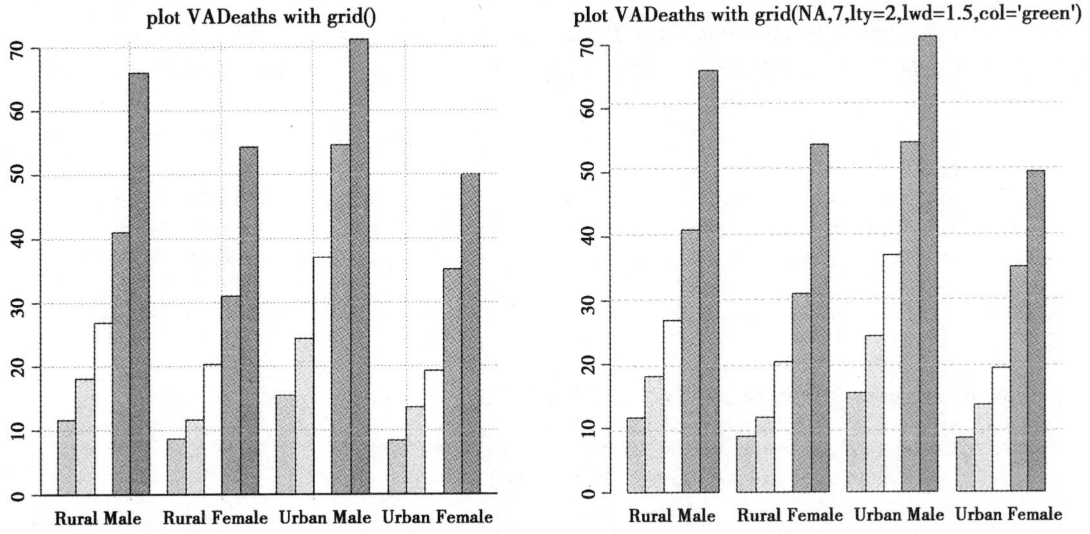

图 3-12　通过 grid 函数添加网格线

左图使用 grid() 默认参数，同时绘制水平和垂直的网格线，颜色默认是深灰色，线型是点线；右图不绘制垂直网格线（nx=NA），绘制 6 条水平网格线（ny=7），线型为虚线，粗细为默认的 1.5 倍，颜色为绿色。

3.2.5 点

通过低级绘图函数 points 可以在图上绘制点：

```
points(x, y = NULL, type = "p", ...)
```

使用这个函数可以很方便地在已有的图上加点。参数 x 是横坐标位置，参数 y 是纵坐标位置，可以设置向量来代表多个点的位置。参数 type 有 9 种取值，分别代表不同的样式："p" 表示画点（默认）；"l" 表示画线；"b" 表示同时画点和线，但点线不相交；"c" 表示将 type="b" 中的点去掉，只剩下相应的线条部分；"o" 表示同时画点和线，且相互重叠（这是与 type="b" 的区别）；"h" 表示画铅垂线；"s" 表示画阶梯线，从一点到下一点时，先画水平线，再画垂直线，"S" 也是画阶梯线，但从一点到下一点是先画垂直线，再画水平线；"n" 表示做一幅空图。大部分 plot 函数的参数都适用于 points。最常用的参数是 col（设置点的颜色）、bg（设置点的背景色）、pch（设置所绘制的符号）、cex（设置点的大小）和 lwd（设置符号边框线条的宽度）。

创建一个数据对象 data，其中 100 个数据服从 mean 为 0，sd 为 1 的正态分布，另外 3 个点服从 mean 为 4，sd 为 1 的正态分布。接下来对 data 绘制箱线图，并利用 points 函数将异常值用黄色点标记出来。执行如下代码得到的结果如图 3-13 所示。

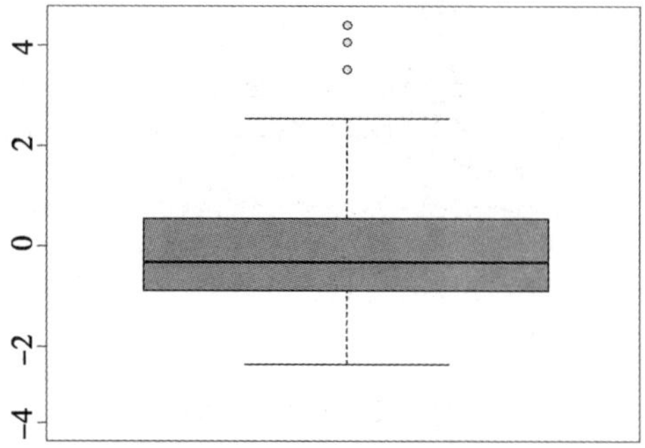

图 3-13 通过 points 函数标识异常值

```
> set.seed(1234)
> data <- c(rnorm(100,mean=0,sd=1),rnorm(3,mean=4,sd=1))     #创建数据对象data
> boxplot(data,col="violet",ylim=c(-4,5),outline=F)          #绘制箱线图
> points(rep(1,3),data[101:103],pch=21,bg="yellow",cex=1.2) #标识异常值
```

3.2.6 文字

可以用 text 函数为图形添加文字。其调用形式为：

```
text(x, y = NULL, labels = seq_along(x), adj = NULL,
      pos = NULL, offset = 0.5, vfont = NULL,
      cex = 1, col = NULL, font = NULL, ...)
```

其参数描述如表 3-7 所示。

表 3-7　text 函数的常用参数

参　数	说　明
x, y	设置文字的位置
labels	字符向量，设置放到图表中的文字
adj	数值向量，有一个或两个值（介于 0 到 1 之间）。如果设置的是一个值，表示横向对齐。如果设置了两个值，第一个表示横向对齐，第二个表示纵向对齐
pos	数值，设置文字的位置。pos=1 表示下方，pos=2 表示左侧，pos=3 表示上方，pos=4 表示右侧
offset	数值，设置标签的偏移量，单位是字符宽度（只有使用了 pos 时才生效）
vfont	两个元素的字符向量，设置标签的字体
cex	设置文字的大小
col	设置文字的颜色
font	设置文字的字体

如果想将图 3-13 中的异常值用“异常值”文字标明。只需要增加如下代码即可，结果如图 3-14 所示。

```
> text(rep(1,3),data[101:103],pos=4,label=paste0("异常值",data[101:103]))#pos=4表
示在右侧
```

3.2.7　线

1. lines 函数绘制曲线

lines 函数可以在已有图形中添加曲线，使用格式为 lines(x, y = NULL, type = "l", ...)。plot 函数的很多参数也可用于 lines。一些比较有用的参数包括 lty（线条类型）、lwd（线条宽度）、col（线条颜色）等。

由于绘制散点图的高级绘图函数 plot 并没有 add 参数，即在同一绘图窗口中不能使用两个 plot 函数，此时可以使用 lines 函数。

以 ggplot2 包自带的美国经济数据 economics 为例，先利用 plot 函数绘制个人储蓄率随时间变化的时序图，再利用 lines 在图上增加一周内平均失业持续时间的曲线。执行如下代码得到的结果如图 3-15 所示。

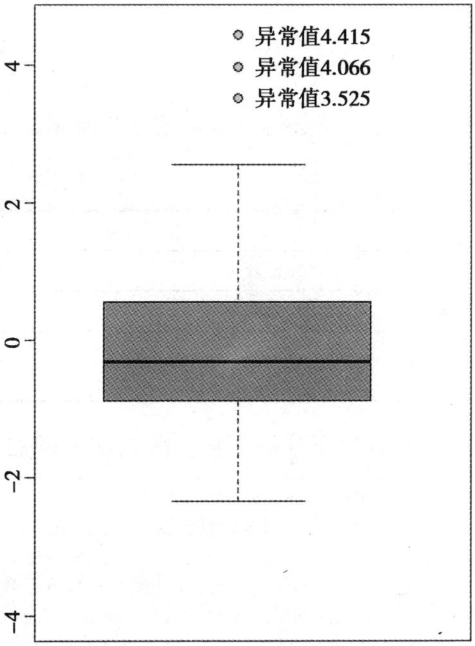

图 3-14　通过 text 函数为异常值添加文字

```
> data(economics, package = "ggplot2")
> attach(economics)                                  #将economics加载到内存
```

```
> plot(date,psavert,type="l",ylab="",ylim=c(0,26))#绘制psavert随时间变化的时序图
> lines(date,uempmed,type="l",col="blue")          #绘制uempmed曲线，并设置为蓝色
> detach(economics)                                #将economics从内存中移除
```

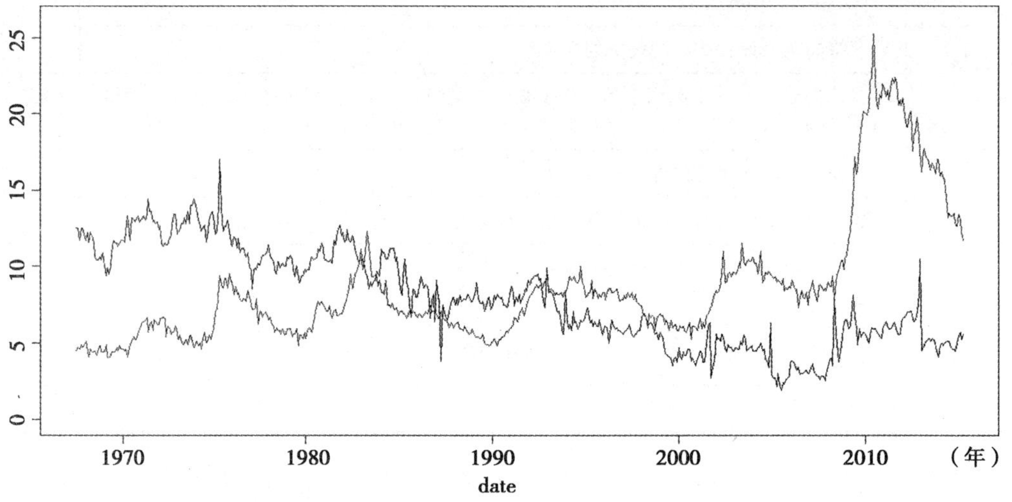

图 3-15 通过 lines 函数在图上添加曲线

2. abline 函数绘制直线

使用 abline 函数可以在已有图形中添加参考直线。abline 函数的基本形式是：

```
abline(a = NULL, b = NULL, h = NULL, v = NULL, reg = NULL,
       coef = NULL, untf = FALSE, ...)
```

abline 函数的参数如表 3-8 所示。

表 3-8 abline 函数的参数描述

参数	说明	参数	说明
a	直线截距	v	画垂直线时的横轴值
b	直线的斜率	reg	设置一个带 coef 方法的对象
h	画水平线时的纵轴值	coef	用函数 coef 提取系数（包含斜率和截距）的 R 对象

执行以下代码，将在散点图上增加一条线性拟合直线。绘制的结果如图 3-16 所示。

```
> attach(iris)
> # 绘制一幅简单的散点图
> plot(Petal.Length~Petal.Width)
> # 绘制Petal.Length变量均值的水平线
> abline(h=mean(Petal.Length),col="gray60")
> # 绘制Petal.Width变量均值的竖直线
> abline(v=mean(Petal.Width),col="gray60")
> # 绘制拟合直线
> abline(lm(Petal.Length~Petal.Width),
```

```
+            col="red",lwd=2,lty=3)
> detach(iris)
```

3.3　高级绘图函数

大部分高级绘图函数均有 add 参数（plot 函数没有）。如果 add=FALSE（默认），则在新窗口中创建一个图形；如果 add=TRUE，则在当前活动窗口中的原有图形之上叠加图形。在基础包中，R 提供了绘制常见图形的功能，包括散点图、气泡图、柱状图、饼图、线图，也提供了一些专业的统计图形，如茎叶图、Q-Q 图等。表 3-9 列出了基础包中可以绘制的一些图形。

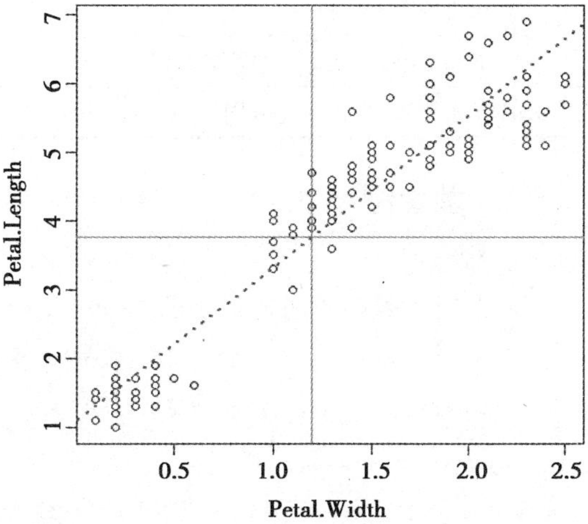

图 3-16　通过 abline 函数在图上添加直线

表 3-9　基础包中可以绘制的常见图形

高级绘图函数	描　述
plot(x)	以 x 的元素值为纵坐标、以序号为横坐标绘图
plot(x,y)	x（在 x 轴上）与 y（在 y 轴上）的二元作图
sunflowerplot(x,y)	同上，但是以相似坐标的点作为花朵，其花瓣数目为点的个数
pie(x)	饼图
boxplot(x)	盒形图（“box-and-whiskers”）
dotchart(x)	如果 x 是数据框，则作 Cleveland 点图（逐行逐列累加图）
mosaicplot(x)	列联表的对数线性回归残差的马赛克图
pairs(x)	散点图矩阵
hist(x)	直方图
barplot(x)	条形图
qqnorm(x)	正态分位数——分位数图
qqplot(x,y)	y 对 x 的分位数——分位数图
contour(x,y,z)	等高线图
image(x,y,z)	同上，但是实际数据大小用不同色彩表示
stars(x)	星状图
symbols(x,y,...)	在指定的 (x, y) 坐标上绘制气泡图、方形图、星形图、温度计图和箱线图
heatmap(x)	热度图

（续）

高级绘图函数	描 述
smoothScatter(x)	高密度散点图
stem(x)	茎叶图

3.3.1 散点图

1. 散点图

R 中创建散点图的基础函数是 plot(x,y)，其中 *x* 和 *y* 是数值型向量，代表图形中的 (*x*,*y*) 点。如果样本变量只有一个，则需要把 *x* 参数设置为样本数据。

下面通过两个小例子来演示。执行以下代码得到的结果如图 3-17 所示。

```
> par(mfrow=c(1,2))
> # 绘制一维数据
> plot(x=rnorm(10))
> # 绘制二维数据
> plot(women)
> par(mfrow=c(1,1))
```

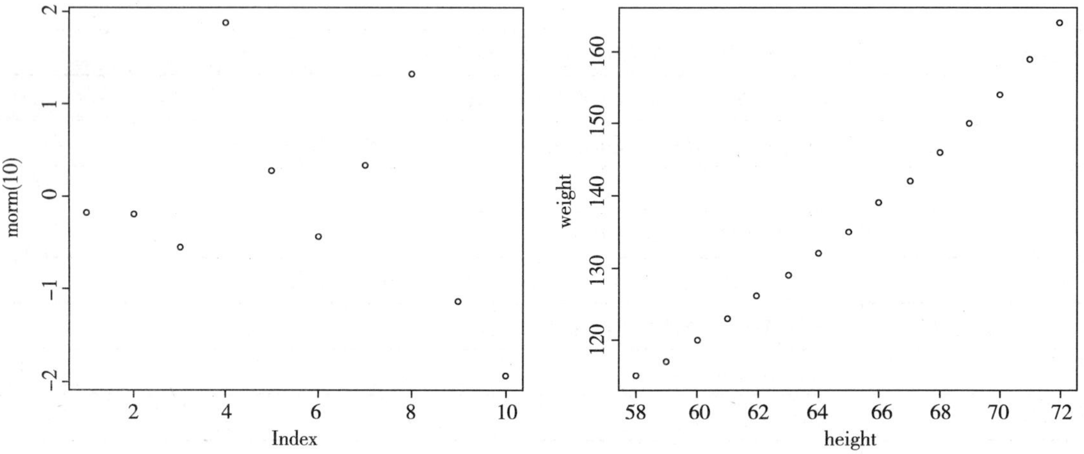

图 3-17 通过 plot 函数绘制散点图

因为左图绘制的是一维数据，所以将数据赋予 x 参数；右图是二维数据，R 将 women 数据框的第一列变量（height）赋予 x 参数，第二列变量（weight）赋予 y 参数，并将变量名作为坐标轴标签。

2. 散点图矩阵

散点图矩阵是散点图的高维扩展，它从一定程度上克服了在平面上展示高维数据的困难，在展示多维数据的两两关系时有着不可替代的作用。R 中有多种绘制散点图矩阵的函数。plot 函数可以绘制散点图矩阵，此外基础包还有专门绘制散点图矩阵的 pairs

函数。

当把超过两列的数据框赋予 plot 函数时，就可以绘制散点图矩阵。以鸢尾花数据集的前四列为例进行演示。执行以下代码，得到的图形如图 3-18 所示。

```
> # 绘制散点图矩阵
> plot(iris[,1:4],main="利用plot函数绘制散点图矩阵")
```

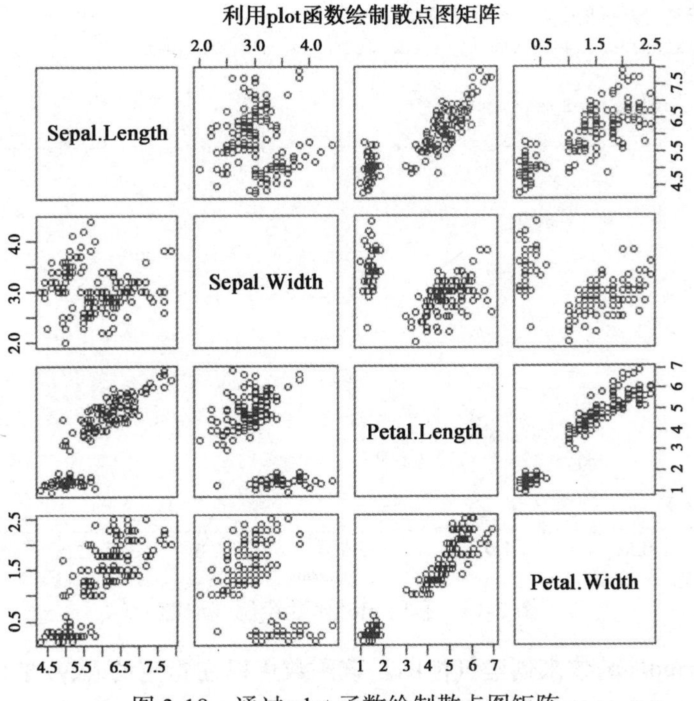

图 3-18　通过 plot 函数绘制散点图矩阵

从散点图矩阵可以看出，变量 Petal.Length 与变量 Petal.Width 有很强的正相关性。

也可以利用 pairs 函数实现图 3-18 的效果。代码如下。

```
> # 方法一
> pairs(iris[,1:4],main="利用pairs函数绘制散点图矩阵")
> # 方法二
> pairs(~Sepal.Length+Sepal.Width+Petal.Length+Petal.Width,
+         data=iris,main="利用pairs函数绘制散点图矩阵")
```

3.3.2 气泡图

散点图一般只能较好地展示二维数据，气泡图则是在其基础上另外通过散点的大小来表达第三维变量的数值。同样，也可以使用 plot 函数绘制气泡图，通过将第三个变量赋予参数 cex 来控制气泡的大小。

从 ggplot2 包中的钻石数据集 diamonds 中随机抽取 500 个样本，绘制简单气泡图进行演示。执行以下代码得到的结果如图 3-19 所示。

```
> data("diamonds",package = "ggplot2")
> # 随机抽取500个样本
> diamonds1 <- diamonds[sample(1:nrow(diamonds),500),]
> attach(diamonds1)
> # 计算钻石体积
> volumn <- x*y*z
> # 把钻石体积进行归一化处理，并赋予对象size
> size <- (volumn-min(volumn))/(max(volumn)-min(volumn))
> # 绘制气泡图
> plot(carat,price,cex=size*2)
```

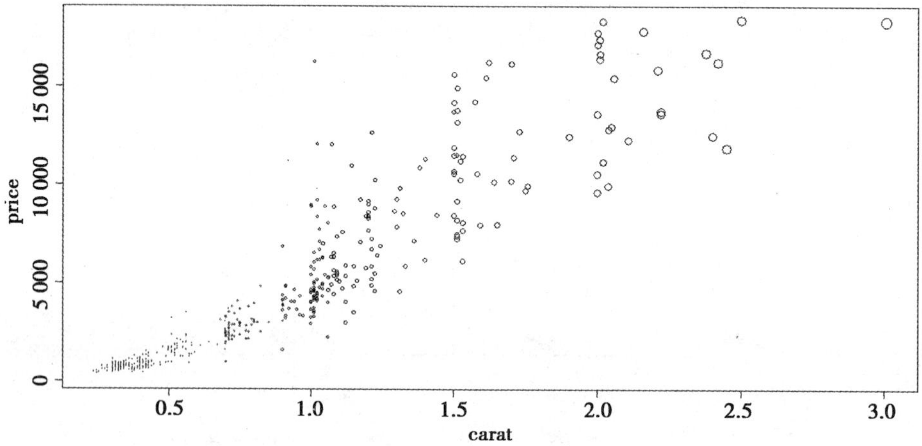

图 3-19 利用 plot 函数绘制气泡图

也可以用 symbols 函数来创建气泡图。该函数可以在指定的 (x,y) 坐标上绘制圆圈图、方形图、星形图、温度计图和箱线图。以绘制圆圈图为例：symbols(x,y,circle=r)，其中 x、y 和 circle 参数是需要设置的向量，分别表示 *x* 轴、*y* 轴和圆圈半径。

现在通过一个小例子来演示。执行以下代码得到的结果如图 3-20 所示。

```
> x<-rnorm(10)
> y<-rnorm(10)
> r<-abs(rnorm(10))
> symbols(x,y,circle = r,
+          bg=rainbow(10))
```

3.3.3 线图

设置 plot 函数的 type 参数，将散点图上的点从左往右连接起来，就会得到一个线图。在绘制线图时，type 参数可以设置的值如表 3-10 所示。

执行以下代码，查看不同类型线图的效果。结果如图 3-21 所示。

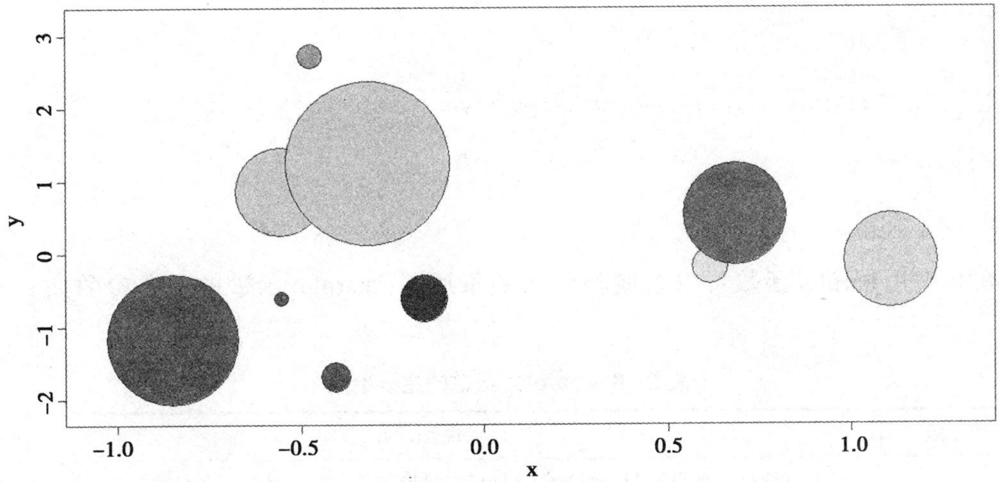

图 3-20　利用 symbols 函数绘制气泡图

表 3-10　线图的类型

类　型	类型描述
l	表示画线
b	表示同时画点和线，但点线不相交
c	表示将 type="b" 中的点去掉，只剩下相应的线条部分
o	表示同时画点和线，且相互重叠
s	表示画阶梯线，从一点到下一点时，先画水平线，再画垂直线
S	也是画阶梯线，但从一点到下一点是先画垂直线，再画水平线

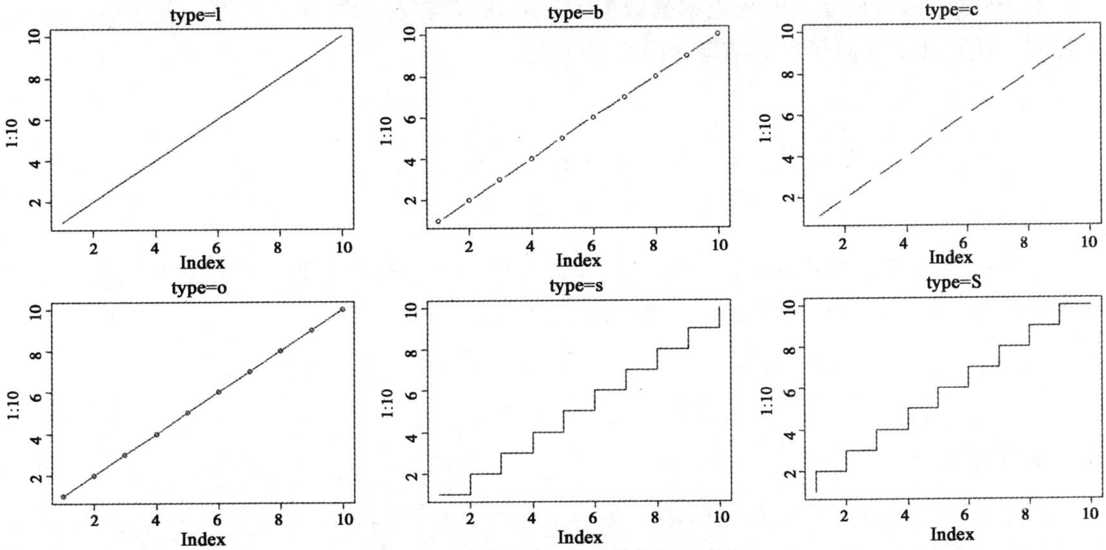

图 3-21　设置不同 type 参数值时的线图

```
> type <- c('l','b','c','o','s','S')
> par(mfrow=c(2,3))
> for(i in 1:6){
+   plot(1:10,type=type[i],main=paste0("type=",type[i]))
+ }
> par(mfrow=c(1,1))
```

3.3.4 柱状图

在 R 中用 barplot 函数可以绘制柱状图和条形图。barplot 函数的主要参数如表 3-11 所示。

表 3-11 barplot 函数的主要参数

参 数	说 明
height	绘图的数据，如果绘制一组数据，则以向量形式输入，如果绘制多组数据，则以矩阵形式输入，每行表示一组数据
horiz	如果是 FALSE（默认），则绘制柱状图，如果是 TRUE，则绘制条形图
beside	如果是 FALSE（默认），则不同组数据垂直堆积展示，如果是 TRUE，则不同组数据水平并列展示
width	数值向量，表示柱子的宽度
names.arg	设置各个柱子（或各组柱子）名称的字符向量
add	逻辑值，表示是否在已有图形上添加柱子
legend.text	字符向量或逻辑值，如果设置的是逻辑值，图例就用 height 的行名称来设置，如果设置的是字符向量，图例中就使用设置的字符向量

对 1940 年弗吉尼亚州的死亡率的数据 VADeaths 绘制柱状图和条形图，通过参数 horiz 来控制。执行如下代码得到的结果如图 3-22 所示。

```
> par(mfrow=c(1,2))
> for(i in c(FALSE,TRUE)){
+     barplot(VADeaths,horiz = i,beside = T,col = rainbow(5))
+ }
> par(mfrow=c(1,1))
```

由于多个柱子水平并列展示，所以需要添加图例方便解读数据。可以设置 legend.text 参数来实现。执行以下代码得到的结果如图 3-23 所示。

```
> barplot(VADeaths,beside = T,col = rainbow(5),
+         legend.text = rownames(VADeaths))
```

3.3.5 饼图

饼图为一个由许多扇形组成的圆，各个扇形的大小比例等于变量各水平的频数比例。饼图比条形图简单，描述比例较直观。其基本形式为：

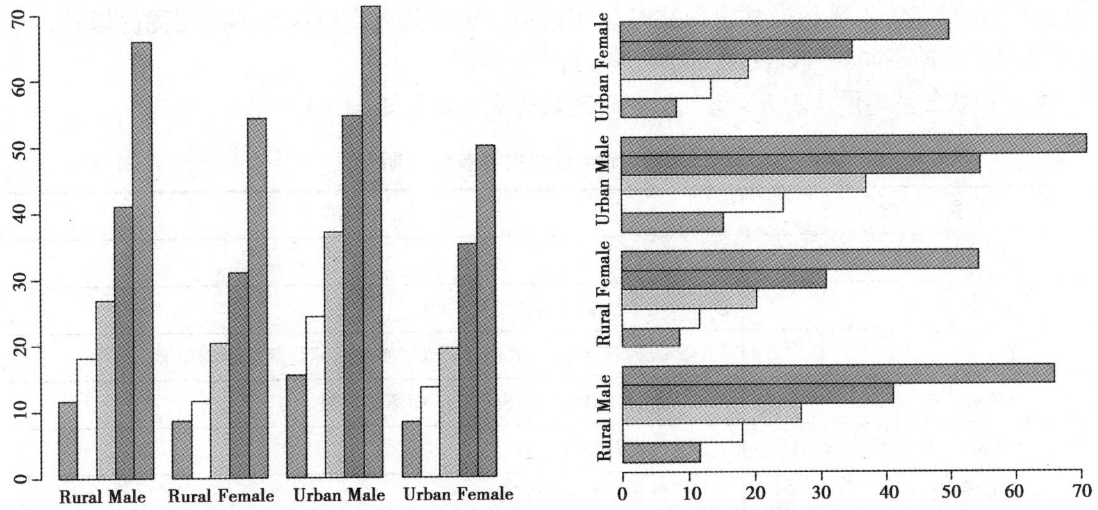

图 3-22 barplot 函数绘制柱状图与条形图

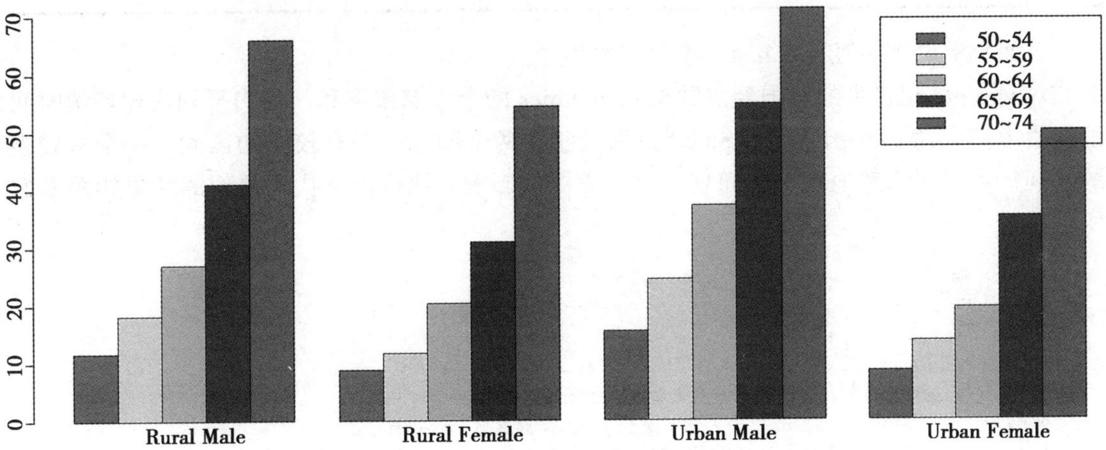

图 3-23 增加图例说明的柱状图

```
pie(x,labels=names(x),…)
```

其中 x 为画图的非负数值向量，label 为生成标签表达式。

如果想查看 mtcars 数据集中 cyl 不同数值的占比。执行以下代码得到的结果如图 3-24 所示。

```
> pie(table(mtcars$cyl))
```

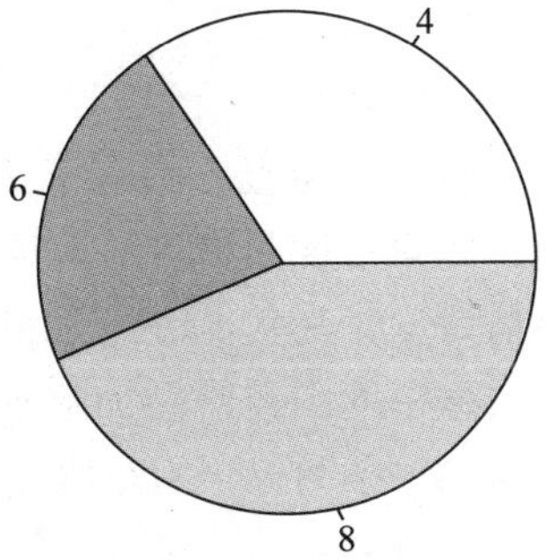

图 3-24 使用 pie 函数绘制饼图

3.3.6 直方图和密度图

直方图是定量变量常用的图表之一。其做法是，把横坐标分成若干通常是等宽度的区间，然后计算数据在各个区间上的频数，并在各区间上画出高度与数据在相应区间的频数成比例的矩形条。纵坐标当然也可能是比例而不一定是频数，但这并不改变图的形状，只是纵坐标单位的不同。可以使用 hist() 函数创建直方图。

hist 函数的基本形式为 his(x,…)，hist 函数的主要参数如表 3-12 所示。

表 3-12 hist 函数主要参数说明

参 数	说 明
x	数值向量
breaks	用于控制组的数量
freq	若为 FALSE，则表示以概率密度而不是频数绘制图形
probability	若为 TRUE，则表示频率而不是频数
nclass	改变分类数
density 和 angle	设置柱形上的斜线
border	设置柱形边界的颜色

下面举例说明如何利用 hist() 绘制直方图。

对 ggplot2 包自带的美国经济数据 economics 的个人储蓄率和一周内平均失业持续时间绘制直方图。对 psavert 和 uempmed 分别绘制了两个图，一个有较少的区间，一个有较多的区间，可以很清楚地看出区间划分对直方图的影响。执行以下代码得到的结果如图 3-25 所示。

```
> data(economics, package = "ggplot2")
> attach(economics)                    #将economics加载到内存
> par(mfrow=c(2,2))
> hist(psavert,8,xlab="个人储蓄率",ylab="频数",col="blue",
+        main="个人储蓄率直方图(较少区间)")
> hist(psavert,30,xlab="个人储蓄率",ylab="频数",col="blue",
+        main="个人储蓄率直方图(较多区间)")
> hist(uempmed,8,xlab="一周内平均失业持续时间",ylab="频数",col="green",
+        main="一周内平均失业持续时间(较少区间)")
> hist(uempmed,30,xlab="一周内平均失业持续时间",ylab="频数",col="green",
+        main="一周内平均失业持续时间(较多区间)")
> par(mfrow=c(1,1))
> detach(economics)                    #将economics从内存中释放
```

有一种与直方图有密切关系的图，即密度图。很多统计学家都建议用密度图代替直方图，因为密度图更容易解读。首先要用 density 函数计算核密度估计量，然后用 plot 函数画出估计量。其基本形式为 plot(density(x))。

核密度图经常会加上 rug。rug 是用于绘制坐标轴密度线的函数，实际上就是在坐标轴上添加一条图形，用短线段表示一个点。

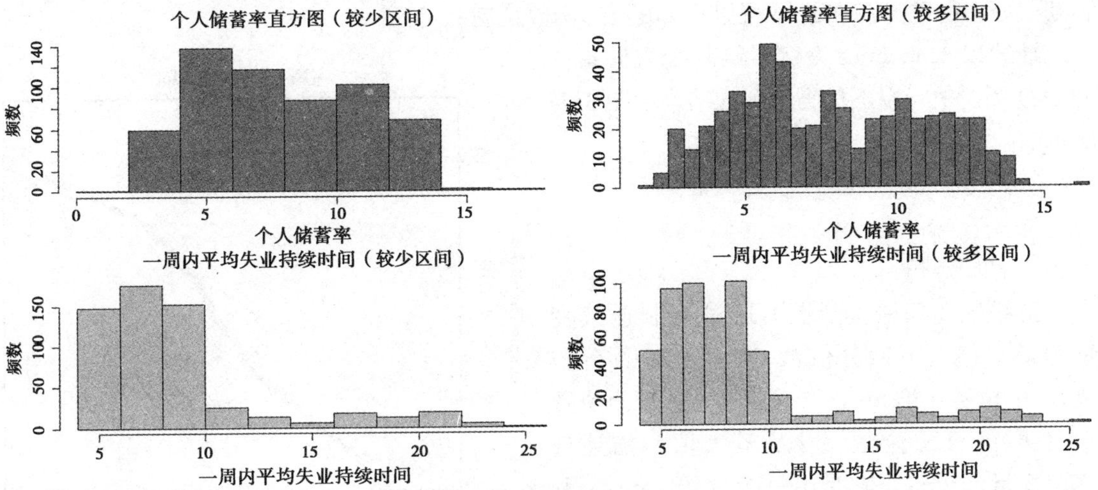

图 3-25　使用 hist 函数绘制直方图

继续以 economics 为例，绘制个人储蓄率的核密度图，并添加轴须图。执行以下代码得到的结果如图 3-26 所示。

```
> plot(density(economics$psavert))
> rug(economics$psavert)
```

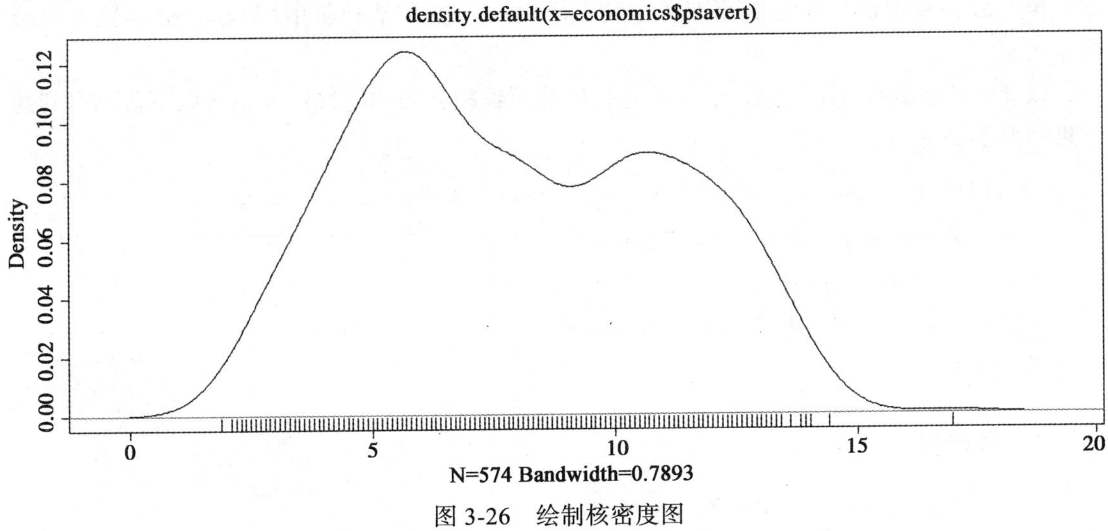

图 3-26　绘制核密度图

3.3.7　Q-Q 图

Q-Q（Quantile-Quantile）图会将样本数据的分布与理论分布（通常是正态分布）做比较，即 Q-Q 图会画出样本的分位数和理论分布的分位数。如果样本数据的分布和理论分布一致，那么所有的点都会在从左下角到右上角的 45° 对角线上。Q-Q 图可以有效地判断实际分布和期望分布的差异。在 R 中可以用 qqnorm 函数绘制 Q-Q 图。

继续以 economics 为例，绘制个人储蓄率的 Q-Q 图。执行以下代码得到的结果如图 3-27 所示。

```
> qqnorm(economics$psavert)
```

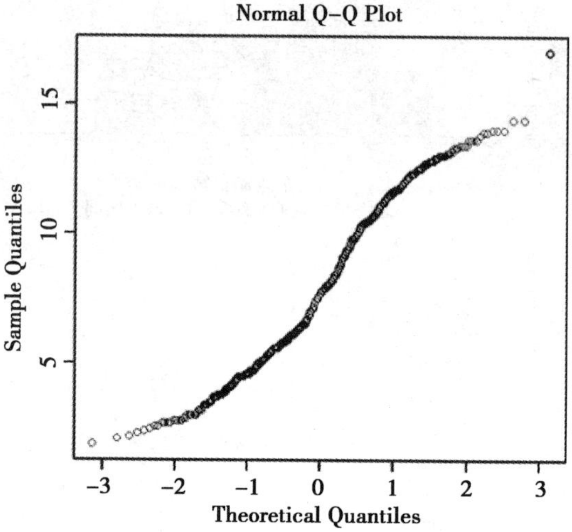

图 3-27 绘制 Q-Q 图

3.3.8 箱线图

箱线图（又称盒形图）通过绘制连续变量的最小值、下四分位数 Q1（第 25 百分位数）、中位数（第 50 百分位数）、上四分位数 Q3（第 75 百分位数）以及最大值，描述连续型变量的分布。它是由一个盒子（box）和两边各一条线（whisker）组成。如果箱线图是竖直的，那么盒子上下边分别代表 Q1 和 Q3，显然，有约一半的中间大小的数据值落在盒子的范围内。在盒子中间有一条线，这是中位数，盒子的长度等于上下四分位数之差，称为四分位间距或四分位极差（IQR）。在 1.5 倍 IQR 范围外的点，箱线图都识别为异常值，故箱线图也是异常值甄别常用的手段之一。在 R 基础包中用 boxplot 函数可以绘制箱线图。

以鸢尾花数据集 iris 为例，绘制花萼长度按照物种分类的箱线图。执行以下代码得到的结果如图 3-28 所示。

```
> boxplot(iris$Sepal.Length~iris$Species,col=rainbow(3))
```

可见，种类 setosa 的数据整体明显低于其他两个种类，且种类 virginica 有一个异常点，故箱线图也是用来识别一组数据是否有异常点的常用方法之一。

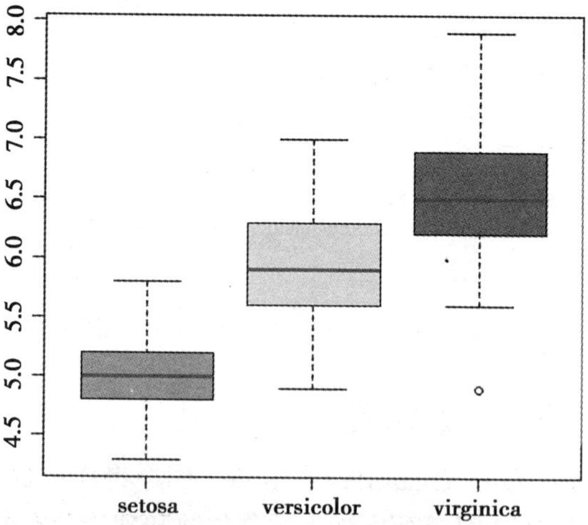

图 3-28 绘制箱线图

3.3.9 茎叶图

茎叶图（stem-and-leaf plot）在数据量不大的情况下，既显示了完整的原始数据，又显示了数据分布的状态，它像一片带有长短不一的叶子的茎。在 R 中用 stem 函数绘制茎叶图。

以汽车数据集 mtcars 数据的汽车重量 wt

为例进行说明。执行以下代码。

```
> stem(mtcars$wt)

  The decimal point is at the |

  1 | 5689
  2 | 123
  2 | 56889
  3 | 22224444
  3 | 55667888
  4 | 1
  4 |
  5 | 334
```

结果中的第一行 1 | 5689 表示 wt 数据有 1.5、1.6、1.8、1.9，其他行以相同方式解读。

3.3.10　点图

点图提供了一种在简单水平刻度上绘制大量有标签值的方法，可以用 dotchart 函数创建点图。其基本格式为：dotchart(x,labels=)。其中 *x* 是一个数值向量，labels 是由每个点的标签组成的向量。

继续以汽车数据集 mtcars 的每加仑英里数 mpg 数据为例进行说明。执行以下代码得到的结果如图 3-29 所示。

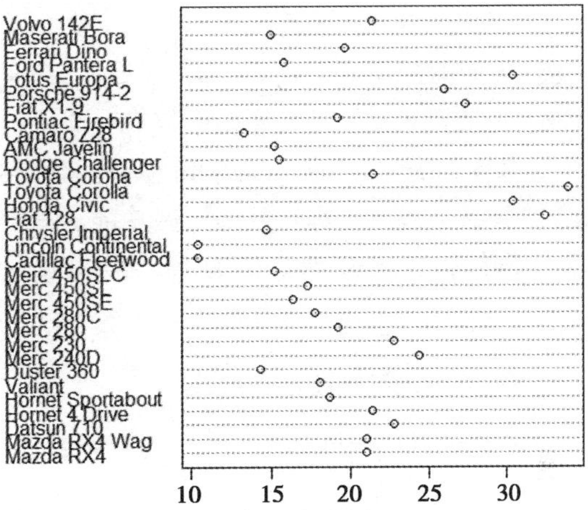

图 3-29　绘制点图

```
> dotchart(mtcars$mpg,labels = rownames(mtcars))
```

3.3.11　马赛克图

马赛克图常用于描绘列联表那样的数据。R 基础包中的 mosaicplot() 函数可以绘制马赛克图。

以 Titanic 数据集为例，它包含了存活或者死亡的乘客数，乘客的船舱等级、性别以及年龄层。执行以下代码，查看分类细节。

```
> ftable(Titanic)
                           Survived  No Yes
Class Sex    Age
1st   Male   Child                    0   5
             Adult                  118  57
      Female Child                    0   1
             Adult                    4 140
```

```
2nd    Male    Child          0   11
               Adult        154   14
       Female  Child          0   13
               Adult         13   80
3rd    Male    Child         35   13
               Adult        387   75
       Female  Child         17   14
               Adult         89   76
Crew   Male    Child          0    0
Adult            670 192
       Female  Child          0    0
               Adult          3   20
```

执行以下代码绘制马赛克图，结果如图 3-30 所示。

```
> mosaicplot(Titanic)
```

从上面的马赛克图可以看出，大部分孩子都处在二等舱和三等舱；在头等舱的大部分女性都存活下来，而三等舱中仅有一半女性存活。

除了基础包中的 mosaiplot 函数可以绘制马赛克图外，vcd 包中的 mosaic( ) 函数也可以绘制马赛克图，它具有更多扩展功能。

同样以 Titanic 数据集为例，执行以下代码得到的马赛克图如图 3-31 所示。

```
> library(vcd)
```

载入需要的程辑包：grid

```
> mosaic(Titanic,shade = T,legend = T)
```

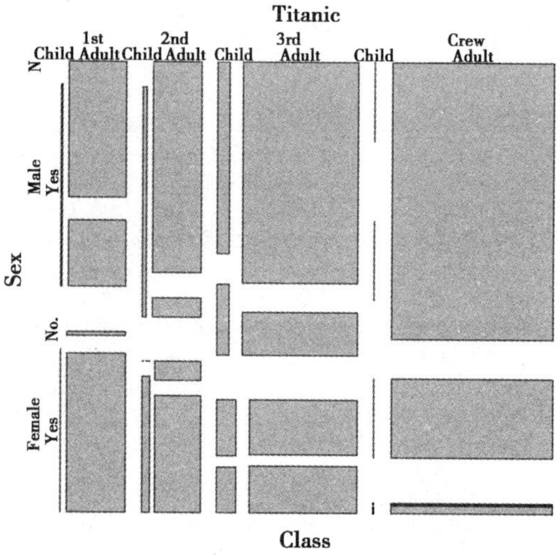

图 3-30 利用 mosaicplot 函数绘制马赛克图

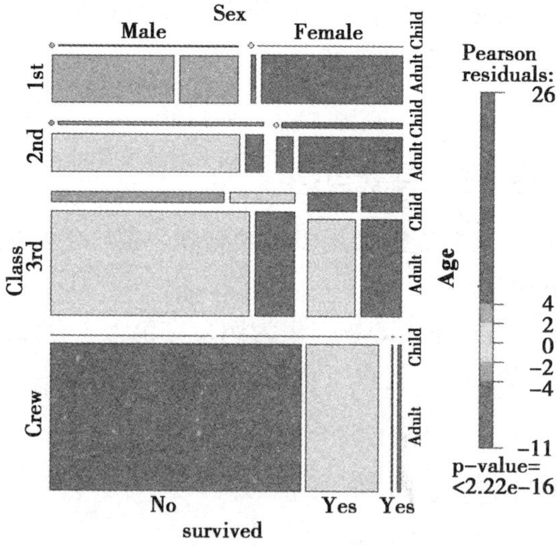

图 3-31 利用 mosaic 函数绘制马赛克图

扩展的马赛克图添加了颜色和阴影面积来表示拟合模型的残差值。蓝色阴影表明，在假定生存率和船舱等级、性别和年龄段无关的条件下，该类别的生存率通常超过预期值。

3.4 小结

本章首先学些了如何向简单图形中添加各种图形元素，并对元素的颜色、形状、大小等参数进行设置，然后利用 R 的高级绘图函数绘制各种类型图形。

Chapter 4 第4章

高级绘图工具

高级绘图工具是相对于R的基础绘图系统而言的，包括 lattice 图形系统、ggplot2 图形系统以及各类交互式绘图工具。

本章重点介绍由 lattice 包和 ggplot2 包生成的图形。这两个包极大地扩展了R绘图的范畴，提高所绘图形的质量。本章最后还会介绍交互式图形，与图形实时交互可以加深对数据的理解，快速洞察变量间的关系。

4.1 lattice 包绘图工具

lattice 包是由 Deepayan Sarkar 基于 grid 包编写的一套统计图形系统，它的图形设计理念来自于 Cleveland 的 Trellis 图形。grid 图形系统可以容易控制图形基础单元，给予编程者创作图形极大的灵活性。lattice 包通过栅栏（trellis）图形对多元变量关系进行直观展示，为单变量和多变量数据的可视化提供全面的图形系统。一些用标准图形很难实现的功能，lattice 包却能很轻易地实现。本节介绍如何利用 lattice 包创建一些独特而实用的图形。

4.1.1 绘图特色

与 plot 函数相似，lattice 包也有可以绘制散点图的 xyplot 函数。与 plot 函数不同的是，它的绘制对象是一个表达式 y～x。

下面构建一个简单的数据集，用 lattice 包中的 xyplot 函数绘制散点图，结果如图 4-1 所示。

```
d <- data.frame(x=seq(0,14),y=seq(1,15),z=rep(c("a","b","c"),times=5))
```

```
if(!require(lattice)) install.packages("lattice")
xyplot(y~x,data=d)
```

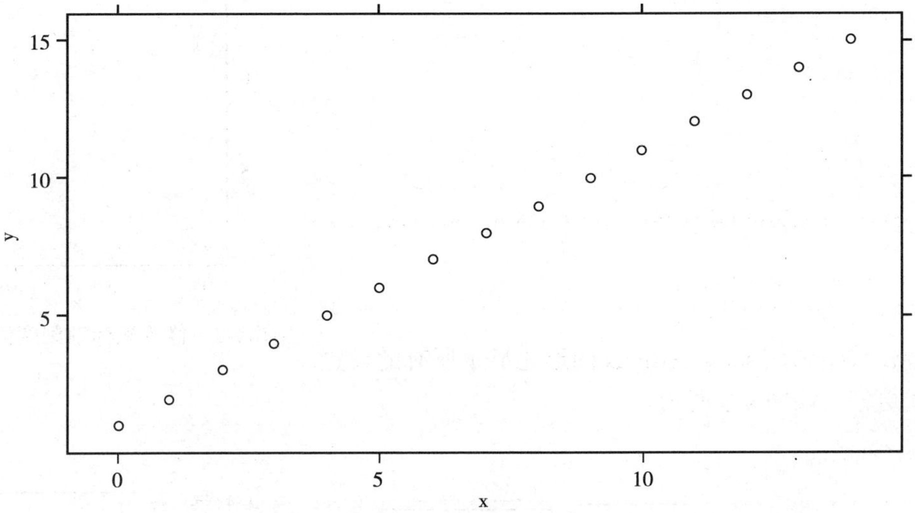

图 4-1　简单散点图

1. 图形参数

基础绘图需要设置参数来绘制漂亮的图形，而 lattice 包将默认的图形参数包含在一个很大的列表对象中，可以不用设置参数。lattice 包的图形参数可通过 trellis.par.get() 函数来获取，并用 trellis.par.set() 函数来修改。show.settings() 函数可展示当前的图形参数设置情况。

如果希望查看所有设置的列表，可以调用不带参数的 trellis.par.get 函数。

```
> names(trellis.par.get())
 [1] "grid.pars"           "fontsize"            "background"
 [4] "panel.background"    "clip"                "add.line"
 [7] "add.text"            "plot.polygon"        "box.dot"
[10] "box.rectangle"       "box.umbrella"        "dot.line"
[13] "dot.symbol"          "plot.line"           "plot.symbol"
[16] "reference.line"      "strip.background"    "strip.shingle"
[19] "strip.border"        "superpose.line"      "superpose.symbol"
[22] "superpose.polygon"   "regions"             "shade.colors"
[25] "axis.line"           "axis.text"           "axis.components"
[28] "layout.heights"      "layout.widths"       "box.3d"
[31] "par.xlab.text"       "par.ylab.text"       "par.zlab.text"
[34] "par.main.text"       "par.sub.text"
```

比如通过 trellis.par.get("axis.text") 命令查看坐标轴刻度值的参数设置。现在想将坐标轴的刻度值放大 1.5 倍，且颜色修改为蓝色。结果如图 4-2 所示。

```
> op <- trellis.par.get()
> trellis.par.get("axis.text")
```

```
$alpha
[1] 1
$cex
[1] 0.8
$col
[1] "#000000"
$font
[1] 1
$lineheight
[1] 1
> trellis.par.set(list(axis.text=list(cex=1.5, col=
"blue")))
> xyplot(y~x,data=d)
> trellis.par.set(op)
```

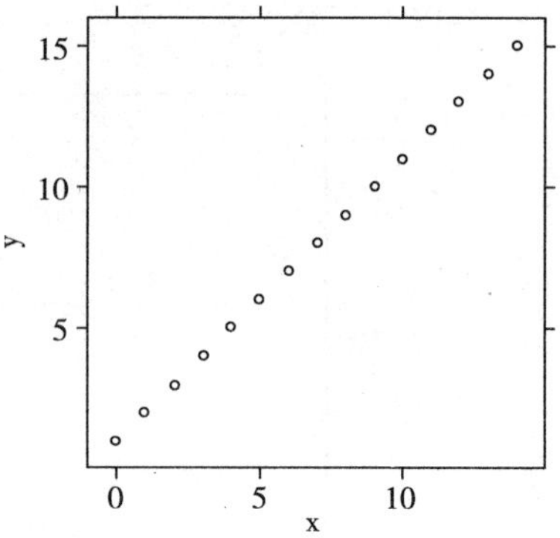

图 4-2　修改坐标轴刻度值的展示

或者，调用函数 show.settings 图形化显示所有的设置，这种方式更好，如图 4-3 所示。

```
show.settings()
```

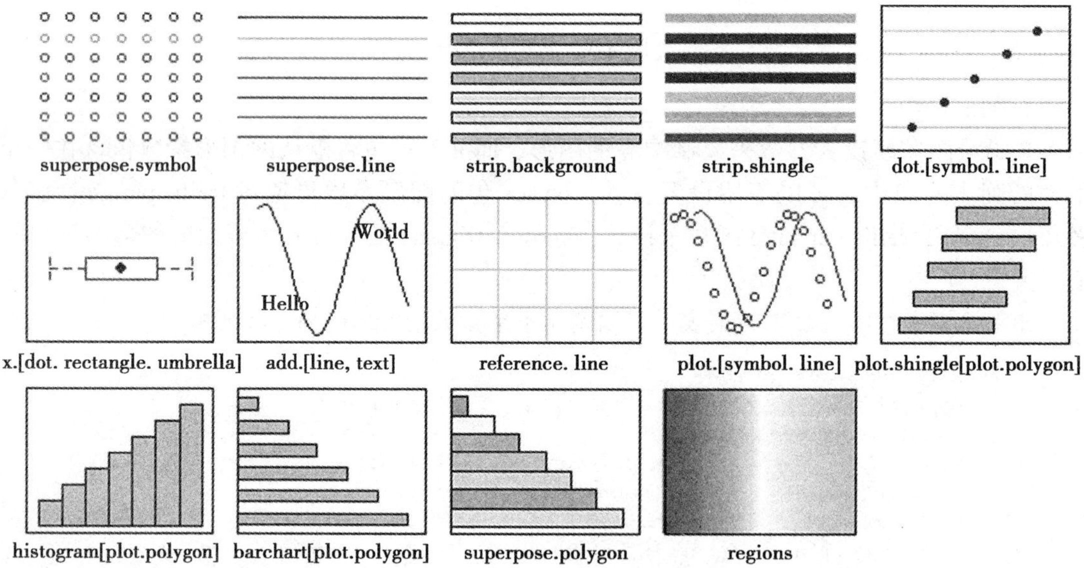

图 4-3　show.settings 的示例

lattice 图形参数是有层次的，可以将它们看作列表的列表。共有 34 个高级参数组来描述作图时用到的不同元素。lattice 包不是通过形状区分不同组别，而是通过不同的颜色。现在想将点都设置为黑色，通过形状来区分不同组别的点。执行以下代码，图形变化如图 4-4 与图 4-5 所示。

```
>xyplot(y~x,groups=z,data=d)
> mysettings <- trellis.par.get()
> mysettings$superpose.symbol$col
```

```
[1] "#0080ff"     "#ff00ff"     "darkgreen"  "#ff0000"     "orange"       "#00ff00"
"brown"
> mysettings$superpose.symbol$pch
[1] 1 1 1 1 1 1 1
> mysettings$superpose.symbol$pch <- 1:10
> mysettings$superpose.symbol$col <- "black"
> trellis.par.set(mysettings)
> xyplot(y~x,groups=z,data=d)
> trellis.par.set(op)
```

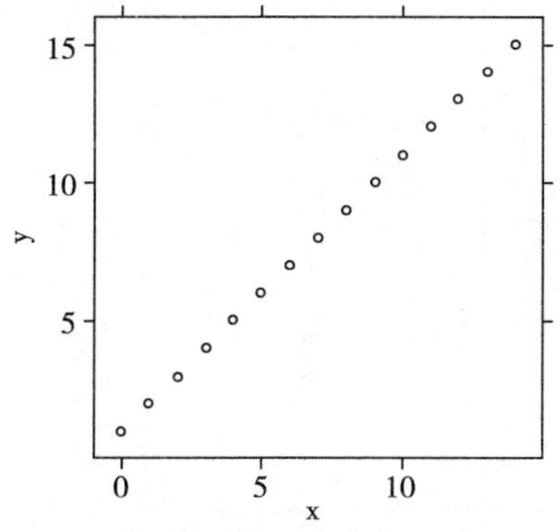

图 4-4　默认分组方式

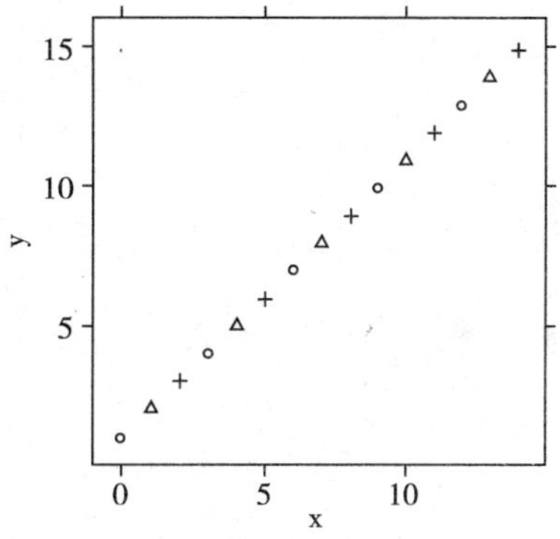

图 4-5　自定义的分组方式

2. 条件变量

lattice 包绘图工具的一个强大之处，在于可以添加条件变量，创建出条件变量各个水平下的面板。条件变量的设置通常不超过两个。一般情况下，条件变量是因子型变量，若条件变量为连续型，则需要先将连续型变量转换为离散变量，再将其设置为条件变量。添加条件变量 v 的方式为：

```
graph_function(formula|v,data=,options)
```

对数据集 d，增加条件变量 z，对 x 和 y 变量绘制分组散点图，结果如图 4-6 所示。

```
> xyplot(y~x|z,data=d,layout=c(3,1))
```

3. 面板函数

在 lattice 包中，每个高级绘图函数都调用了一个默认的函数来绘制面板，如 xyplot() 函数默认的绘图函数为 panel.xyplot。这些默认的函数服从命名惯例：panel.graph_function，其中 graph_function 是该水平绘图函数。

此外，还有对面板定义或者增加外观细节的低级面板函数，如表 4-1 所示，这些函数可以为 lattice 图形添加线、文本或者其他图形元素。可以使用自定义函数替换默认的面板函数，也可将 lattice 包中的 50 多个默认面板中的某个或多个整合到自定义的函数中。自定义面板函数具有极大的灵活性，可随意设计输出结果满足要求。

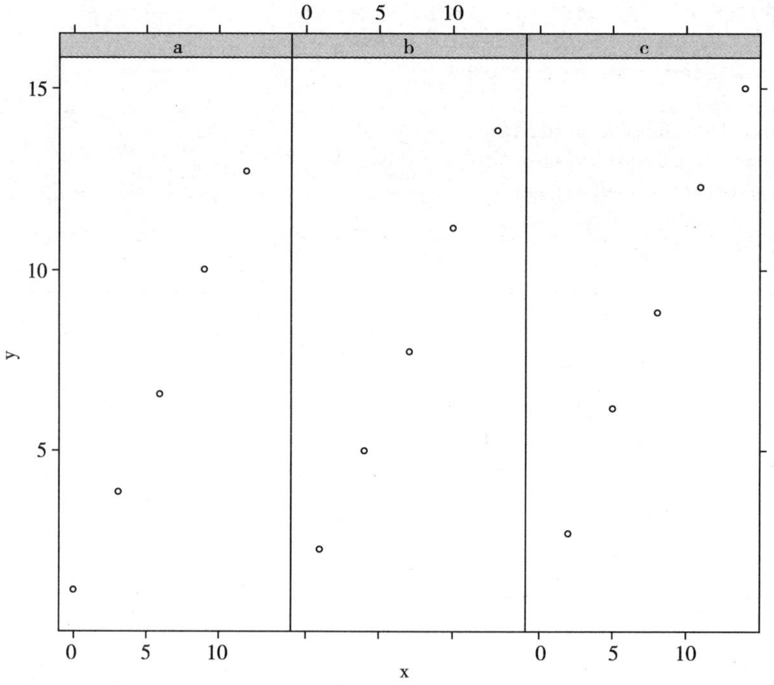

图 4-6 带有分组变量的散点图

表 4-1 低级面板函数说明

函 数	描 述
panel.abline	在面板的图表区域增加线
panel.curve	在面板的图表区域增加曲线
panel.rug	在面板上增加轴须
panel.mathdensity	给定分布函数，绘制概率分布图
panel.average	按照因子变量，绘制平均值
panel.fill	对面板填充具体的颜色
panel.grid	绘制网格线
panel.loess	增加一条光滑曲线
panel.lmline	为数据增加一条回归线
panel.refline	在面板的图表区增加一条线
panel.qqmathline	在样本和理论分布的 25 分位点和 75 分位点加一条线
panel.violin	绘制小提琴图，通常用于箱线图

假如要在图 4-5 上加一条对角线，可以通过创建新的定制面板函数来实现，它们都调用 panel.xyplot 和 panel.abline 函数。设置 panel.abline 函数中的参数 a=1 和 b=1，将得到一

条截距为 1，斜率为 1 的直线，结果如图 4-7 所示。

```
> mypanel <- function(...){
+   panel.abline(a=1,b=1)
+   panel.xyplot(...)
+ }
> xyplot(y~x|z,data=d,layout=c(3,1),
+        panel=mypanel)
```

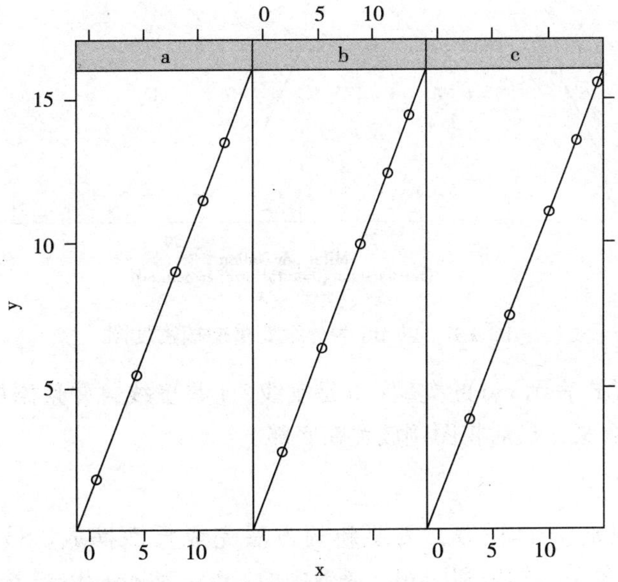

图 4-7　定制面板函数的散点图

4. 分组变量

通过添加条件变量，可以创建出条件变量各个水平下的面板。若想要把不同水平的图形结果叠加到一起，则可以将变量设定为分组变量。

分组变量 v 的设定格式为：

```
graph_function(formula,data=,qroups=v)
```

以 mtcars 数据集为例绘制分组密度图，结果如图 4-8 所示。

```
> densityplot(~mpg,data=mtcars,lty=1:2,col=1:2,lwd=2,
+             groups=factor(am),
+             main=list("MPG Distrubution by Tranamission Type",cex=1.5),
+             xlab="Miles per Gallon",
+             key=list(column=2,
+                      space="bottom",
+                      title="Transmission (0 = automatic, 1 = manual)",
+                      text=list(levels(factor(mtcars$am))),
+                      lines=list(lty=1:2,col=1:2,lwd=2)))
```

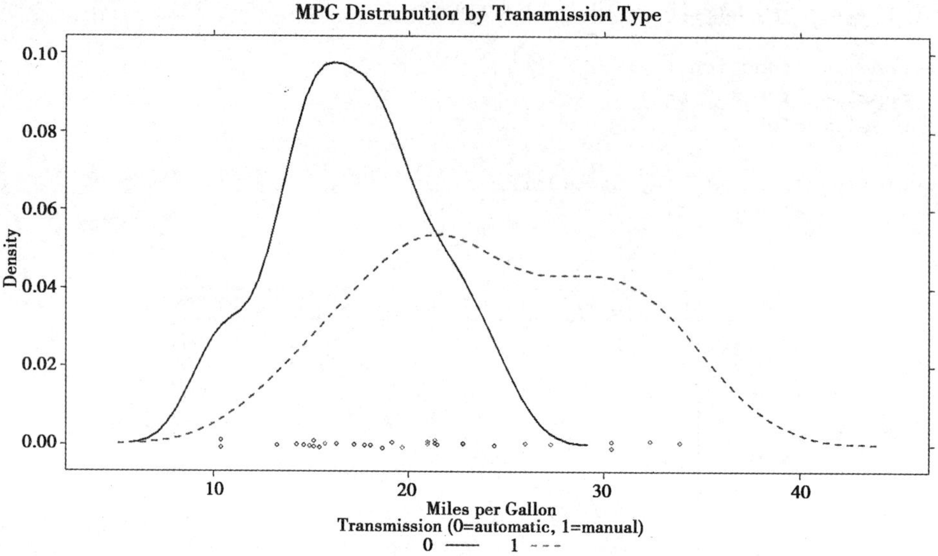

图 4-8 以 am 为分组变量的核密度图

用不同的线条样式表示 cyl 的类型：0 是实线，1 是虚线，并且添加了图例的标题，说明 0、1 分别代表的含义，最后将图例放置在底部。

5. 页面摆放

lattice 包不能识别 par() 设置，需要新的方法完成页面摆放。最简单的方法是先将 lattice 图形存储到对象中，然后利用 plot 函数中的 split= 和 position= 选项来控制。

split 的 4 个选项将页面分割为一个指定行数和列数的矩阵，然后将图形放置到该矩阵中。这 4 个选项分别为：图形所处的列、图形所处的行、列的总数、行的总数。

以 mtcars 数据集为例，执行以下代码得到结果如图 4-9 所示。其中左图绘制的是车身重量与每加仑汽油行驶英里数的散点图，右图是按照行驶距离进行分面板的散点图。

```
> graph1 <- xyplot(mpg~wt,data=mtcars,xlab="Weight",ylab="Miles Per Gallon")
> displacement <- equal.count(mtcars$disp,number=3,overlap=0)
> graph2 <- xyplot(mpg~wt|displacement,data=mtcars,layout=c(3,1),
+                  xlab="Weight",ylab="Miles Per Gallon")
> plot(graph1,split=c(1,1,2,1))
> plot(graph2,split=c(2,1,2,1),newpage = FALSE)
```

position 的 4 个选项将页面看成一个 x–y 坐标系的矩形，x 轴和 y 轴的范围都在 [0,1] 区间，矩形的左下角坐标是原点 (0,0)，右上角是 (1,1)。这 4 个选项分别是图形左下角和右下角的坐标值。执行下面代码得到与图 4-8 效果相同的图形。

```
> plot(graph1,position = c(0,0,0.5,1))
> plot(graph2,position=c(0.5,0,1,1),newpage = FALSE)
```

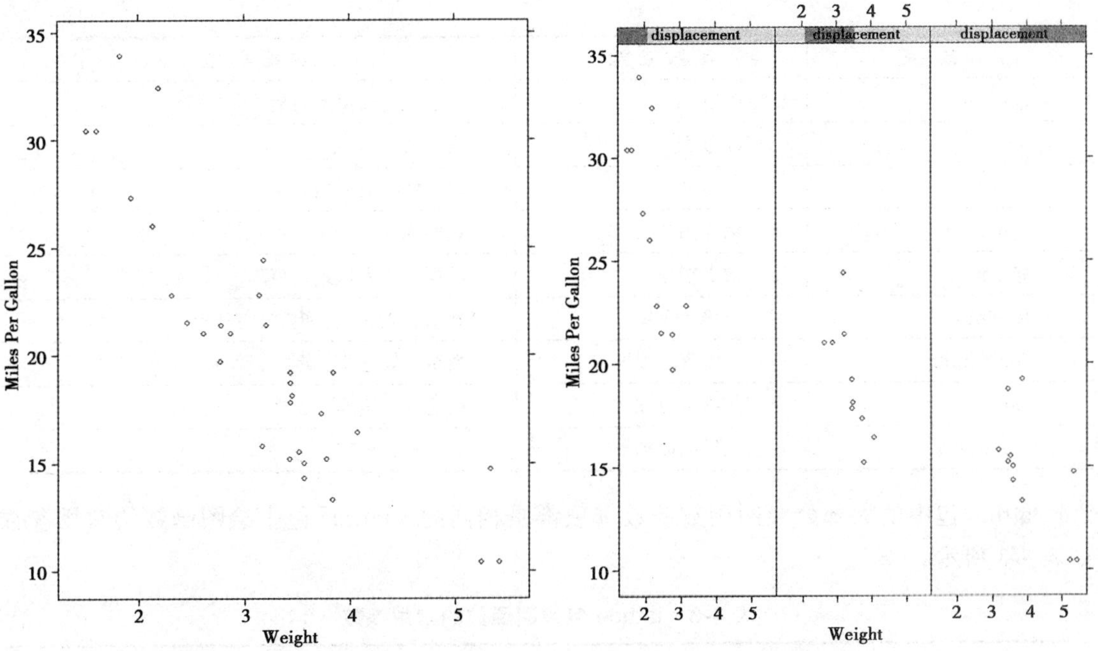

图 4-9　同一页面的散点图和添加条件变量的散点图

4.1.2　基本图形

lattice 包绘图工具用于绘制各种函数图形，包括生成单变量图形（点图、核密度图、直方图、柱状图和箱线图）、双变量图形（散点图、带状图和平行箱线图）和多变量图形（三维图和散点图矩阵）。

各种高级绘图函数都服从以下格式：

```
graph_function(formula,data=,options)
```

其中，formula 为函数形式即图形表达式，data 为对应的数据集，options 为各种绘图时的选项，用于设置图形的格式和标注等。

lattice 包的函数如表 4-2 所示。

表 4-2　lattice 包的函数

函　数　名	函 数 功 能	数 据 类 型
barchart	条形图	数组、表达式、矩阵、数值型向量、表格
dotplot	点图	数组、表达式、矩阵、数值型向量、表格
histogram	直方图	因子、表达式、数值型向量
densityplot	核密度图	表达式、数值型向量
stripplot	带状图	表达式、数值型向量

（续）

函 数 名	函数功能	数据类型
qqmath	Q-Q 图	表达式、数值型向量
qq	Q-Q 图	表达式
bwplot	箱线图	表达式、数值型向量
xyplot	散点图	表达式
splom	散点图矩阵	数据框、表达式、矩阵
levelplot	三维水平图	数组、表达式、矩阵、表格
contourplot	三维等高线图	数组、表达式、矩阵、表格
cloud	三维散点图	表达式、矩阵、表格
wireframe	三维曲面图	表达式、矩阵

lattice 包中的大部分绘图函数参数选项都是相同的、lattice 包中绘图函数的常用参数如表 4-3 所示。

表 4-3 lattice 包绘图函数的常用参数

常见参数	描 述
x	要绘制的对象，可以是表达式、数组、数值型向量或者表格
data	当 x 是表达式时，data 是函数要调用的一个数据框
allow.multiple	说明如何解释形如 $Y_1+Y_2\sim X\|Z$（X、Z 都可能是多元变量的函数）的公式。allow.multiple=TRUE 为默认状态，lattice 函数将在同一个面板上重叠绘制 $Y_1\sim X\|Z$ 和 $Y_2\sim X\|Z$；如果 allow.multiple=FALSE，将绘制 $(Y_1+Y_2)\sim X\|Z$
outer	当 allow.multiple=TRUE 以及制定多个因变量时，指定是否使用叠加图。outer=FALSE 时，绘制叠加图；outer=TRUE 时，图形在不同的面板展示
box.ratio	数值，对于以矩形图显示数据的函数 bwplot、barchart 和 stripplot，指定内部矩形空间的长宽比
horizontal	逻辑值，在 bwplot、dotplot、barchart 和 stripplot 中指定图形放置的方向：水平或垂直
panel	用户绘制的一个面板函数
aspect	指定不同面板的宽高比。默认情况下 aspect="fill"，填充可用空间；aspect="xy"，表示使用 Cleveland 45° banking 法则来计算宽高比；aspect="iso"，表示等距比例
groups	指定传递给面板函数描述数据分组的变量
auto.key	逻辑值，添加分组变量的图例符号（变量 key 和 legend 会覆盖 auto.key 的值）
prepanel	函数，其参数与函数 panel 相同，返回一个列表，其中包括 xlim、ylim、dx 和 dy（以及相对少见的 xat 和 yat）
strip	逻辑值，指定标签面板是否需要绘制
xlab、ylab	指定 x 轴、y 轴标签的字符值
scales	列表，指定 x 轴、y 轴需要怎样绘制

（续）

常见参数	描　述
subscripts	逻辑值，指定传递给面板函数的命名空间向量
subset	指定 data 的子集来绘制图形（默认包含所有的数据）
xlim、ylim	两元素数值型向量，分别设定 x 轴和 y 轴的最小值和最大值
drop.unused.levels	逻辑值，指定是否去掉未使用水平的因素
default.scales	scales 的默认值列表
lattice.options	绘制参数的列表，和标准 R 图形的 par 相似

1. 条形图

lattice 包使用 barchart 函数绘制条形图和柱状图（将 horizontal 参数设置为 FALSE），barchart 绘制条形图有如下两种方法：

```
barchart(table,…)
barchart(formula,data=data.frame,…)
```

默认情况下，通过面板函数 panel.barchart 来生成和调整 barchart 图形。

利用 R 自带的泰坦尼克号乘客生存的数据集 Titanic 绘制条形图，对 Titanic 数据集进行数据分析。利用 str 函数查看数据结构：

```
> str(Titanic)
 table [1:4, 1:2, 1:2, 1:2] 0 0 35 0 0 0 17 0 118 154 ...
 - attr(*, "dimnames")=List of 4
  ..$ Class   : chr [1:4] "1st" "2nd" "3rd" "Crew"
  ..$ Sex     : chr [1:2] "Male"  "Female"
  ..$ Age     : chr [1:2] "Child" "Adult"
  ..$ Survived: chr [1:2] "No" "Yes"
```

从上面的结果可知，Titanic 是一个四维列联表，由 4 个变量 Class、Sex、Age 和 Survived 组成。由于 barchart 可以直接对 table 类型绘制条形图，所以执行以下代码，画出的条形图如图 4-10 所示。

```
>barchart(Titanic,layout=c(4,1),auto.key=TRUE) # 对table类型画出条形图，data参数不用设置
```

将 layout 参数设置为 c(1,4)，可以将面板摆放位置变成 1 行 4 列，将 auto.key 参数设置为 TRUE，输出图例。从图 4-10 可以看出，坐头等舱的成年女性存活率最高，达到 92.2%（死亡成年女性是 4 人，存活的成年女性是 140 人）。

从图 4-10 中发现，成年人（adult）的人数远多于小孩（child），可以将 scales 参数设置为 x="free" 来优化条形图，提高图形的可读性。执行以下代码，得到的条形图如图 4-11 所示：

```
> barchart(Titanic,layout=c(4,1),
+          auto.key=TRUE,scales=list(x="free")) #将x轴坐标设置为free
```

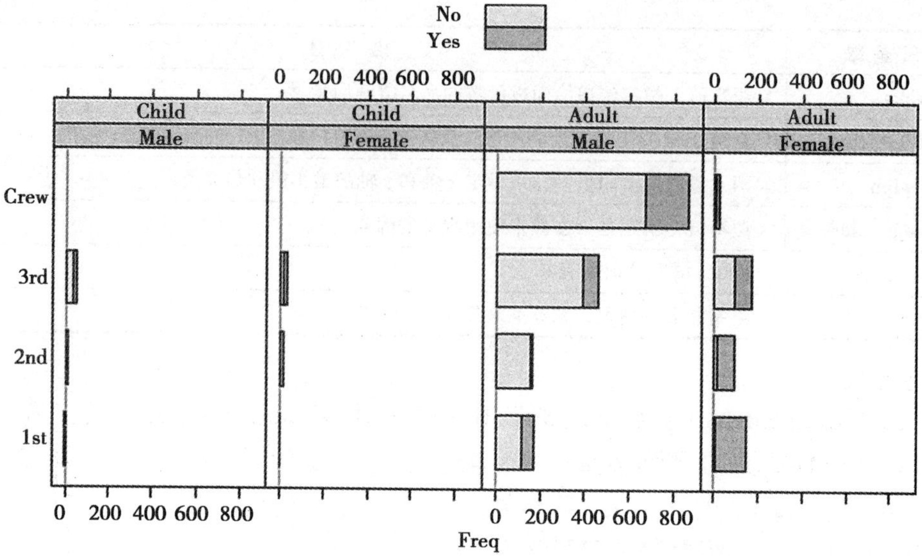

图 4-10 对 table 类型 Titanic 数据绘制条形图

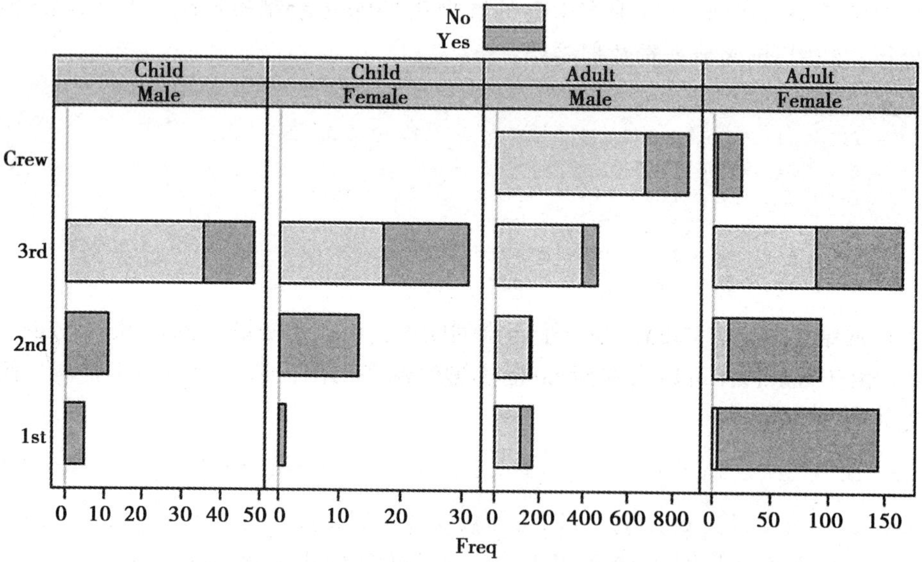

图 4-11 将 *x* 轴坐标设置为 free 绘制的条形图

也可以将表格数据 Titanic 转换成数据框，然后通过参数 x 来指定表达式，参数 data 指定数据框的方式来绘制条形图。运行以下代码绘制和图 4-10 相同的条形图。

```
> barchart(Class~Freq|Sex+Age,data=as.data.frame(Titanic),
+          groups=Survived,stack=TRUE,layout=c(4,1),
+          auto.key=TRUE,scales=list(x="free"))
```

调整 auto.key 参数，可以给图例增加标题和改变其排列方式。例如，增加图例标题 "Survived"，并将图例排列变成一行两列，可以运行以下代码实现，结果如图 4-12 所示。

```
> barchart(Class~Freq|Sex+Age,data=as.data.frame(Titanic),
+          groups=Survived,stack=TRUE,layout=c(4,1),
+          auto.key=list(title="Survived",columns=2),
+          scales=list(x="free"))
```

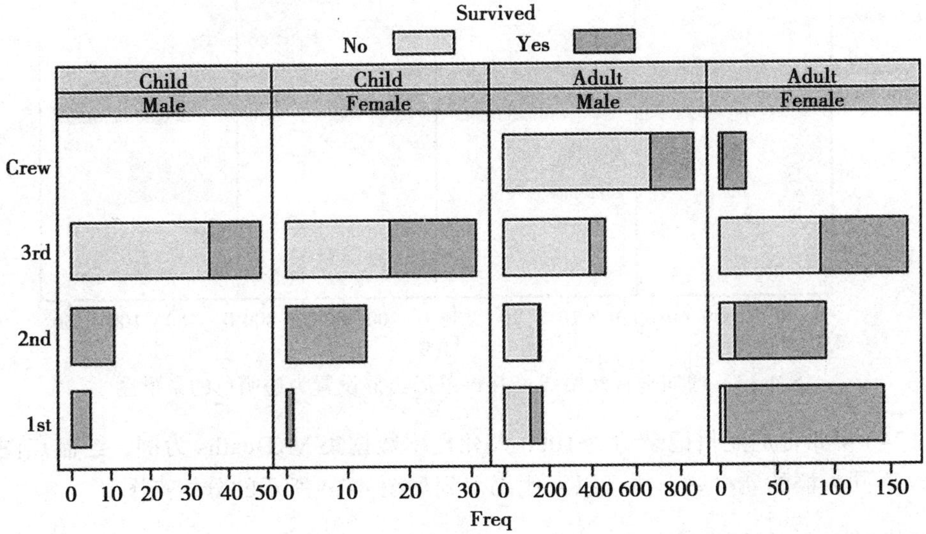

图 4-12　增加图例标题并设置为 1 行两列摆放的条形图

可以存储和操作 lattice 包中的高级绘图函数生成的图形。例如：

```
> mygraph <- barchart(Class~Freq|Sex+Age,data=as.data.frame(Titanic),
+                     groups=Survived,stack=TRUE,layout=c(4,1),
+                     auto.key=list(title="Survived",columns=2),
+                     scales=list(x="free"))
```

以上代码创建了一个栅栏图，并存储在 mygraph 对象中。但是此时不会展示任何图形，只有调用 plot(mygraph)（或 print(mygraph)、mygraph）时才会展示图形。

另外，可以使用 update( ) 函数来修改 lattice 图形对象。例如，再对 mygraph 对象增加垂直网格线，并将条形边框设置为透明色，可以利用 update( ) 函数修改面板参数 panel 实现。执行以下代码可得到图 4-13 所示的条形图。

```
> update(mygraph,
+        panel=function(...){
+            panel.grid(h=0,v=-1)
+            panel.barchart(...,border="transparent")
+        })
```

2. 点图

点图提供了一种在简单水平刻度上绘制大量有标签值的方法。可以使用 dotplot( ) 函数创建点图。和 barchart 一样，dotplot 默认通过公式和数据框指定数据。

```
dotplot(x,data,groups=TRUE,…,horizontal=TRUE)
```

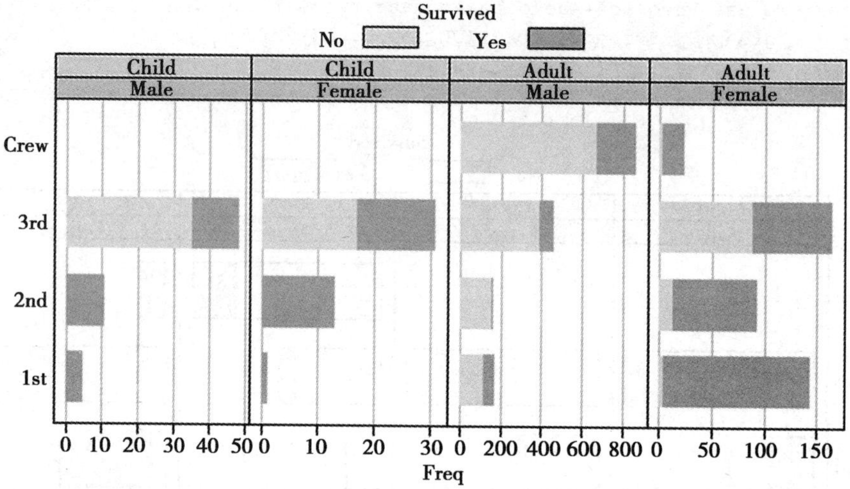

图 4-13 增加垂直网格线，并将条形边框设置为透明色的条形图

以 1940 年弗吉尼亚州记录的每 1000 人死亡率数据集 VADeaths 为例，绘制点图分析不同年龄段不同人群的死亡率。执行以下代码得到如图 4-14 所示的分组点图。

```
> dotplot(VADeaths,pch=1:4,col=1:4,
+         main = list("Death Rates in Virginia - 1940",cex=1.5),
+         xlab = "Rate (per 1000)",
+         key=list(column=4,
+                  text=list(colnames(VADeaths)),
+                  points=list(pch=1:4,col=1:4)))
```

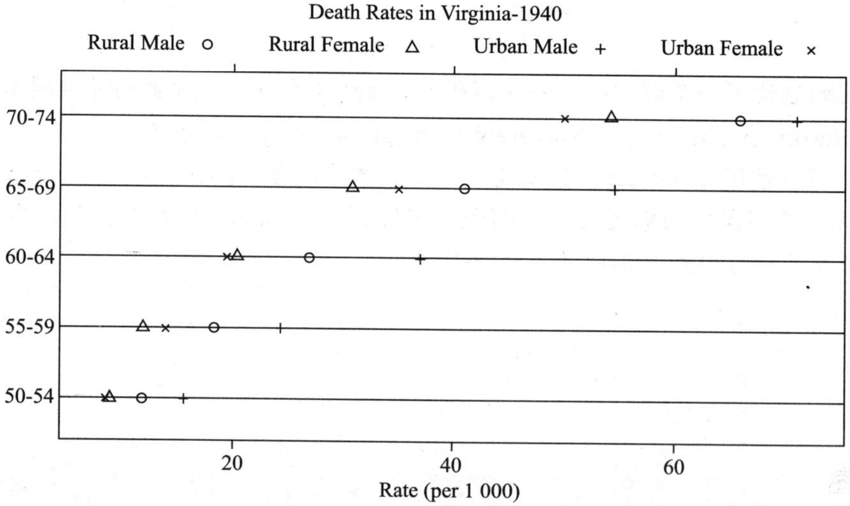

图 4-14 对 VADeaths 数据集绘制分组点图

为了提高图形的可读性，在图 4-14 中增加了主标题和 x 轴标题，并对不同人群用不同的颜色和符号区分，最后通过 key 参数设置图例的样式和摆放方式。从图 4-14 中可知，男性死亡率高于女性，其中城市男性死亡率又高于乡村男性。

将参数 groups 设置为 FALSE，可以画出面板图，执行以下代码得到如图 4-15 所示的面板点图。

```
> dotplot(VADeaths, groups = FALSE,
+         main = list("Death Rates in Virginia - 1940",cex=1.5),
+         xlab = "Rate (per 1000)")
```

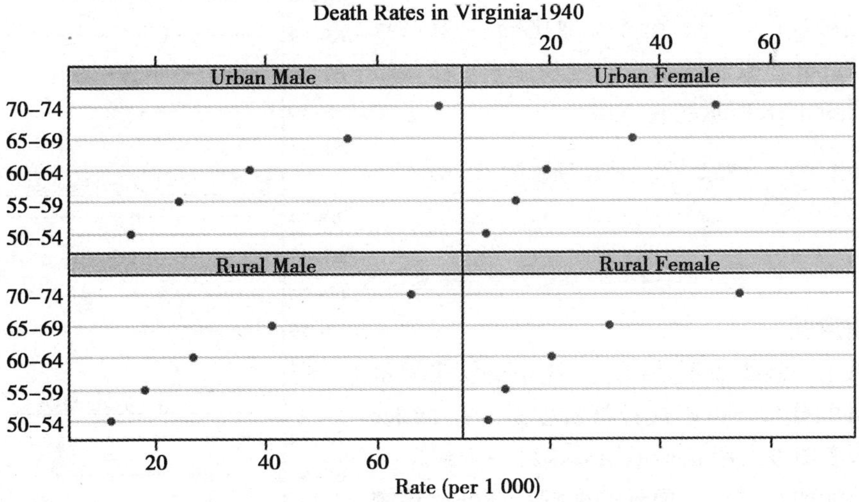

图 4-15　对 VADeaths 数据集绘制面板点图

从图 4-15 可知，不同人群都存在相同的规律，即死亡率随着年龄的增长而增大。也可以调整 type 参数来美化图 4-15。执行以下代码得到图 4-16 所示的面板点图。

```
> dotplot(VADeaths, groups = FALSE,
+         layout=c(1,4),aspect = 0.5,
+         origin = 0, type = c("p", "h"),
+         main = list("Death Rates in Virginia - 1940",cex=1.3),
+         xlab = "Rate (per 1000)")
```

3. 直方图

直方图通过在 x 轴上将值域分割为一定数量的组，在 y 轴上显示相应值的频数，展示连续型变量的分布。在 lattice 包中绘制直方图可以使用 histogram 函数。

nutshell 包中的 births2006.smpl 数据集，包含了 2006 年美国出生人口数据 10% 的样本，每一条记录有 13 个变量。通过 install.packages(“ nutshell”) 安装后就可以利用该数据集。

以 births2006.smpl 数据为例，利用直方图查看不同胎数下婴儿的平均重量。执行以下代码可得到图 4-16 所示的直方图。

```
> library(lattice)
> library(nutshell)
> data(births2006.smpl)
> histogram(~DBWT|DPLURAL,data=births2006.smpl,
+           main="Births in the United States, 2006",
+          xlab="Birth weight, in grams")
```

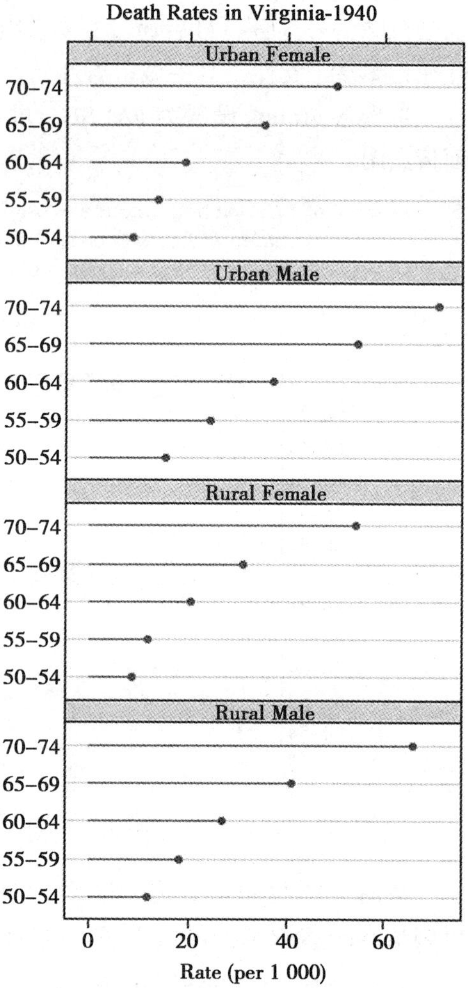

图 4-16 调整 type 参数绘制的面板点图

由图 4-17 可知，从单胞胎到多胞胎，婴儿的平均重量是减少的。为了更方便地比较不同的组，可以通过 layout 参数将图形垂直堆积起来。执行以下代码得到图 4-18 所示的直方图。

```
> histogram(~DBWT|DPLURAL,data=births2006.smpl,layout=c(1,5),
+           main="Births in the United States, 2006",
+          xlab="Birth weight, in grams")
```

4. 核密度图

如果想用一条线而不是通过一组矩形块来展示连续型变量的分布，可以选择核密度图。在 lattice 包中，核密度图可以用 densityplot 函数来绘制。

对于前面的直方图所展示的数据，此处改用密度图来说明。默认情况下，densityplot 会在每个图的下面绘制一个带状图来展示每一个数据点。但是，由于本例中的数据集非常大（427 432 个观测值），因此设置 plot.points=FALSE，不绘制数据点。执行以下代码得到图 4-19 所示的密度图。

```
> densityplot(~DBWT|DPLURAL,data=births2006.smpl,
+             layout=c(1,5),plot.points=FALSE,
+             main="Births in the United States, 2006",
+             xlab="Birth weight, in grams")
```

相比直方图，密度图的一个优势是可以在彼此上方堆放，而且结果更有可读性。将条件变量（DPLURAL）改为分组变量，可以将这些图依次叠放。通过叠加的图，很容易就可以比较不同分布的形状（和它们的中心点）。执行以下代码可得到图 4-20 所示的叠加密度图。

```
> densityplot(~DBWT,groups=DPLURAL,data=births2006.smpl,
+             plot.points=FALSE,lty=1:5,col=1:5,lwd=1.5,
+             main="Births in the United States, 2006",
+             xlab="Birth weight, in grams",
```

```
+            key=list(column=3,
+                     text=list(levels(births2006.smpl$DPLURAL)),
+                     lines=list(lty=1:5,col=1:5)))
```

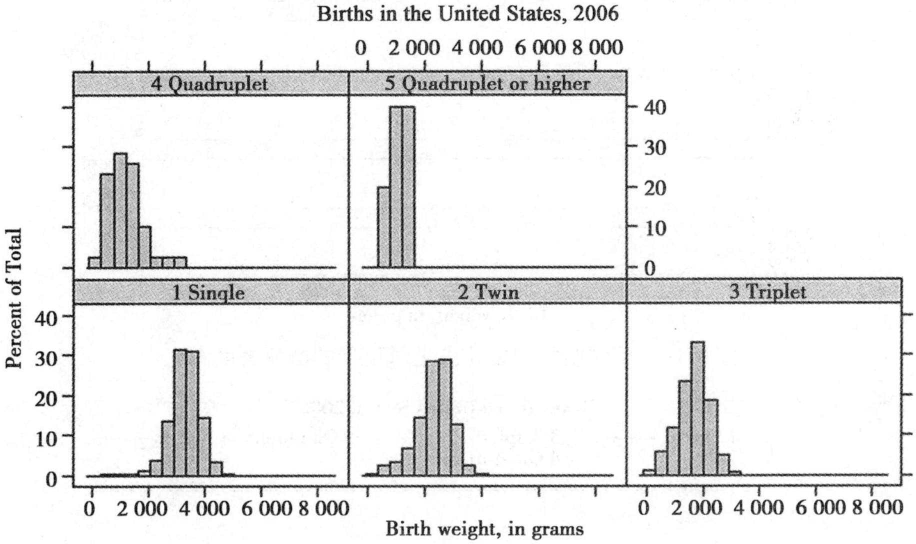

图 4-17　不同胎数的婴儿出生时重量的直方图

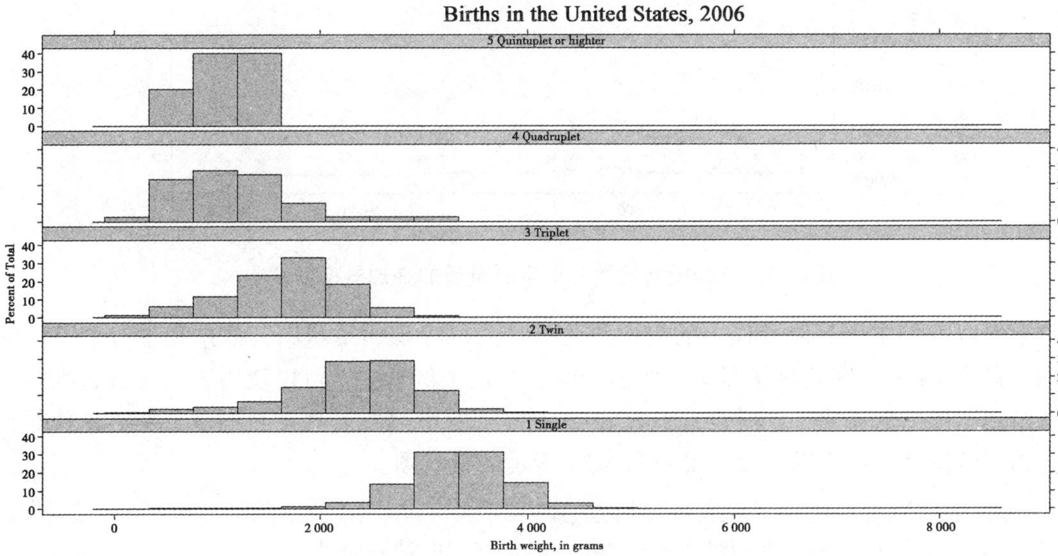

图 4-18　不同胎数的婴儿出生时重量的直方图（垂直堆积）

5. 带状图

当数量不多时，可以采用带状图代替直方图来展示数据，可以认为带状图是一维的散点图。在 lattice 包中，通过 stripplot 函数绘制带状图。

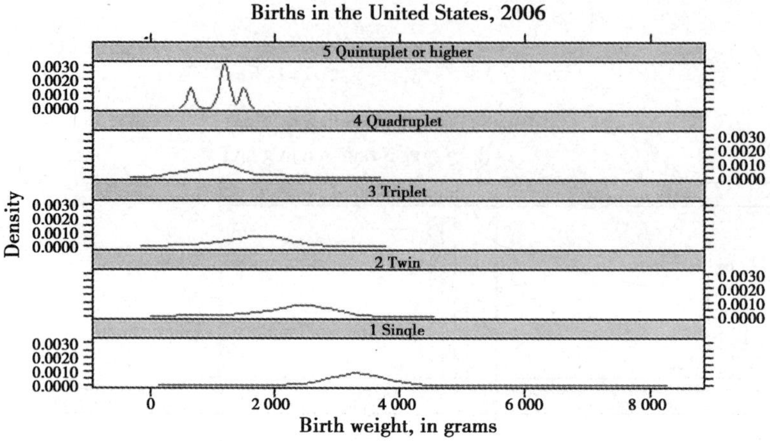

图 4-19 不同胎数的婴儿出生时重量的概率密度图

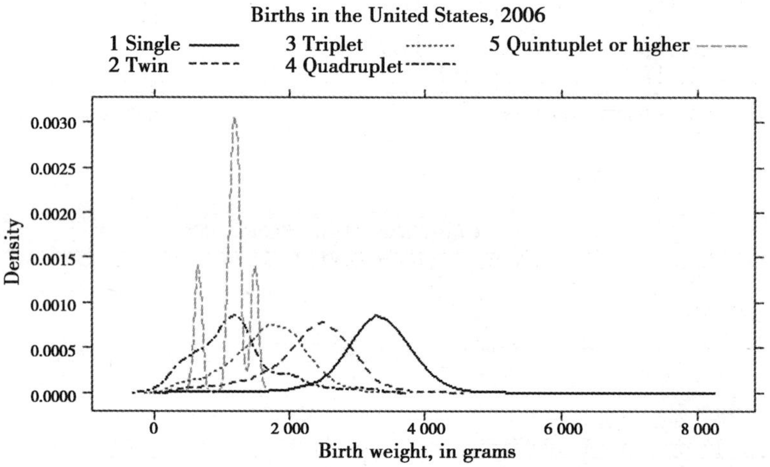

图 4-20 不同胎数的婴儿出生时重量的叠加概率密度图

下面以前例中四胞胎及以上的组的婴儿重量为例来说明带状图。数据集中符合条件的观测值只有 44 个，因此带状图适合展示密度。在这个例子中，可以使用 subset 参数来指定需要绘制图形的数据集，同时设置参数 jitter.data=TRUE 增加一些随机的垂直噪声来使数据点更具有可读性。执行以下代码得到图 4-21 所示的带状图。

```
> stripplot(~DBWT,data=births2006.smpl,
+           subset=(DPLURAL=="5 Quintuplet or highter" |
+                   DPLURAL=="4 Quadruplet"),
+           jitter.data=TRUE,
+           main="Births in the United States, 2006",
+           xlab="Birth weight, in grams")
```

6. Q-Q 图

lattice 包中另外一个很有用的图是 Q-Q 图。Q-Q 图用于比较数据的实际分布与理论分布。具体来说，它是绘制观测数据的分位与理论分布的分位图形。如果绘制的点形成了一条直的对角线（从右上到左下），说明观测数据服从理论分布。Q-Q 图是一种识别数据集与理论分布拟合程度优劣的常用技术。lattice 包中的 qqmath 函数可绘制单变量 Q-Q 图，qq 函数可生成比较两个分布的 Q-Q 图。

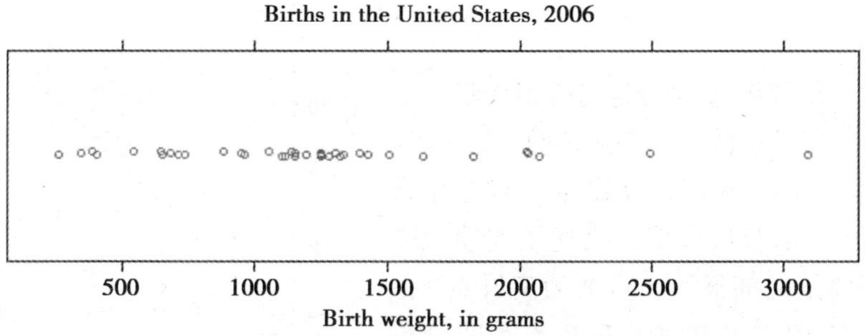

图 4-21　四胞胎及以上的婴儿出生时重量的带状图

lattice 包中的 singer 数据集包含了合唱成员的身高和声部数据。执行以下代码生成如图 4-22 所示的单变量 Q-Q 图。

```
> library(lattice)
> qqmath(~ height | voice.part, aspect = "xy", data = singer,
+         prepanel = prepanel.qqmathline,
+         panel = function(x, ...) {
+             panel.qqmathline(x, ...)
+             panel.qqmath(x, ...)
+         })
```

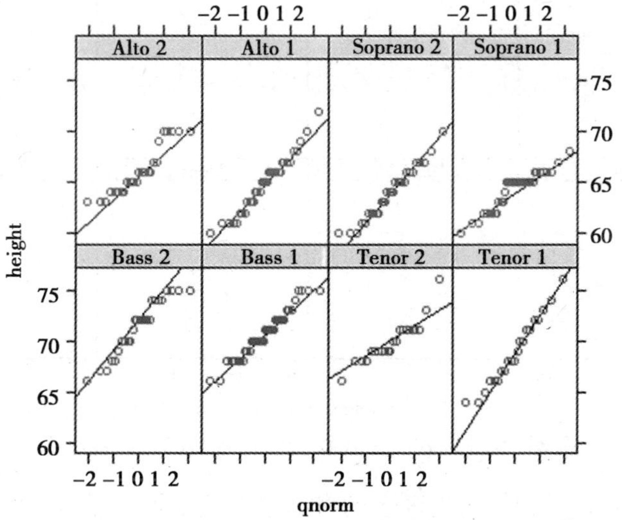

图 4-22　单变量 Q-Q 图

接下来，对声部变量选取男低音 1 和男高音 2 的子集，利用 qq 函数生成比较两个分布的 Q-Q 图。执行以下代码得到图 4-23 所示的比较两个分布的 Q-Q 图。

```
> qq(voice.part ~ height, aspect = 1,
    data = singer,
+     subset = (voice.part == "Bass 2" |
voice.part == "Tenor 1"))
```

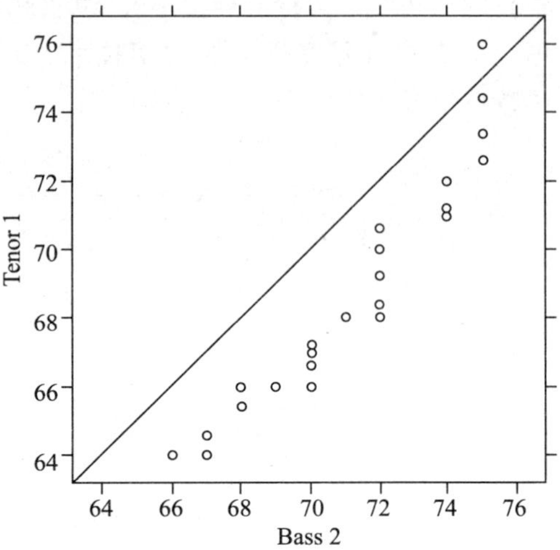

图 4-23 生成比较两个分布的 Q-Q 图

7. 箱线图

前面提到，箱线图通过绘制连续型变量，运用五数概括法，即最小值、下四分位数（第 25 百分位数）、中位数（第 50 百分位数）、上四分位数（第 75 百分位数）以及最大值，描述了连续型变量的分布。箱线图能够显示出可能为离群点（范围为正负 1.5×IQR 以外的值，IQR 表示四分位距，即上四分位数与下四分位数的差值）的观测。在 lattice 包中，绘制箱线图可以通过 bwplot 函数实现。

对于 singer 数据集，我们将 voice.part 作为条件变量，查看不同类型歌手的身高数据分布情况。执行以下代码得到图 4-24 所示的栅栏箱线图。

```
>bwplot( ~ height|voice.part, data=singer, xlab="Height (inches)")
```

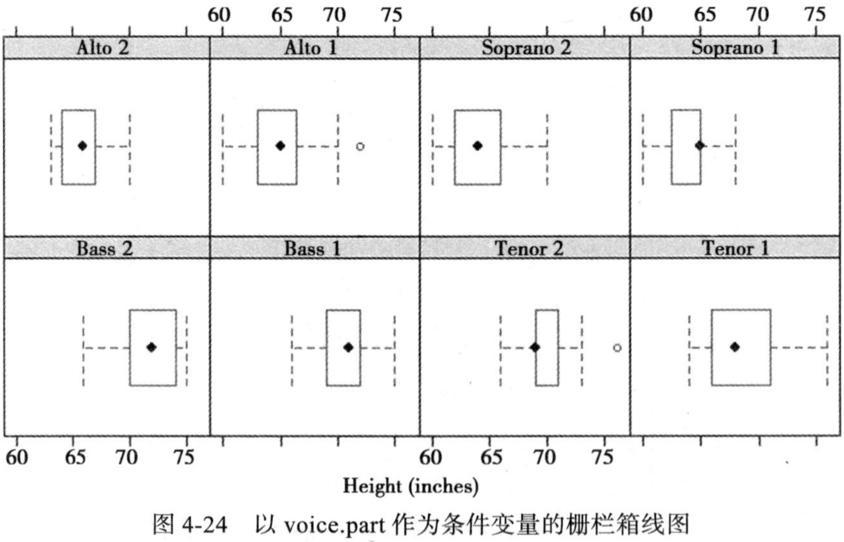

图 4-24 以 voice.part 作为条件变量的栅栏箱线图

从图 4-24 大致可以看出，男性歌手的身高整体比女性歌手高。如果将 voice.part 作为分组变量，将能更清晰地展示这一信息。执行以下代码得到图 4-25 所示的分组箱线图。

```
>bwplot(voice.part ~ height, data=singer, xlab="Height (inches)")
```

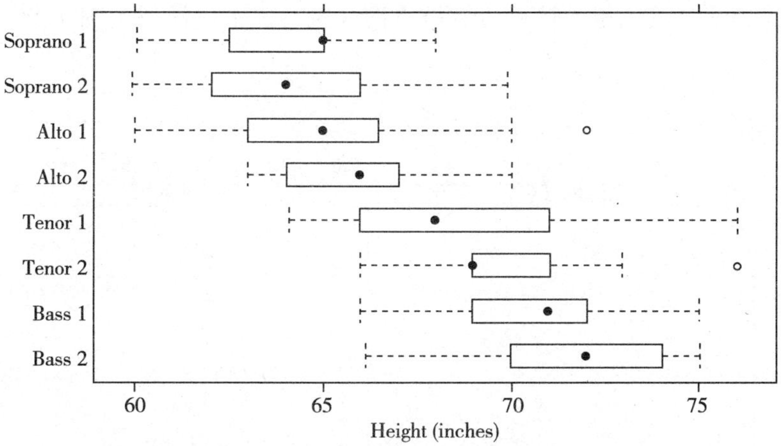

图 4-25　以 voice.part 作为分组变量的分组箱线图

从图 4-25 可以清晰地看到，不同类型歌手的整体身高有以下规律：男低音大于男高音，男高音大于女低音，女低音大于女高音。

8. 散点图

散点图可用来描述两个连续型变量间的关系。在 lattice 中，可以使用 xyplot 函数生成散点图。

利用 R 自带的鸢尾花数据集 iris，以 Species 为条件变量，研究 Sepal.Length 与 Sepal.Width 两个变量间的关系。执行以下代码得到图 4-26 所示的散点图。

```
> xyplot(Sepal.Length~Sepal.Width|Species,data=iris)
```

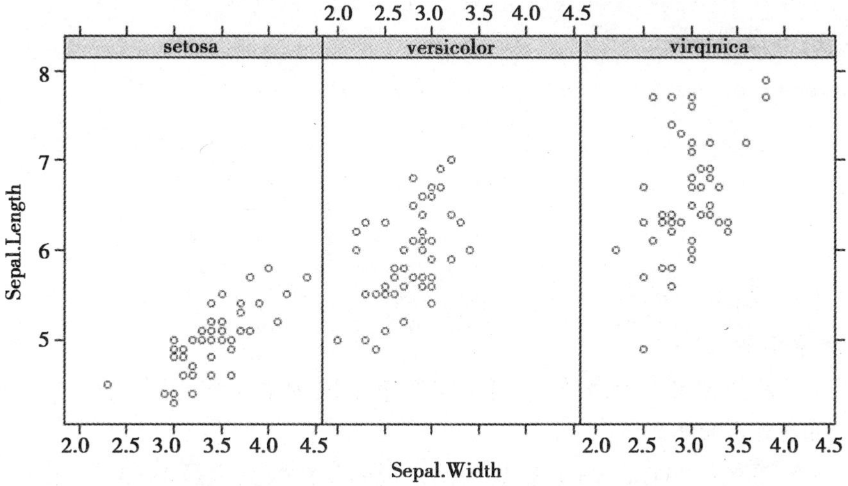

图 4-26　以 Species 作为条件变量的散点图

也可以利用 cut 函数把数值型变量进行分组，然后作为条件变量绘制栅栏散点图。例如，将 Petal.Length 分成三组，然后绘制散点图。执行以下代码得到图 4-27 所示的栅栏散点图。

```
> xyplot(Sepal.Length~Sepal.Width|cut(Petal.Length,2),data=iris)
```

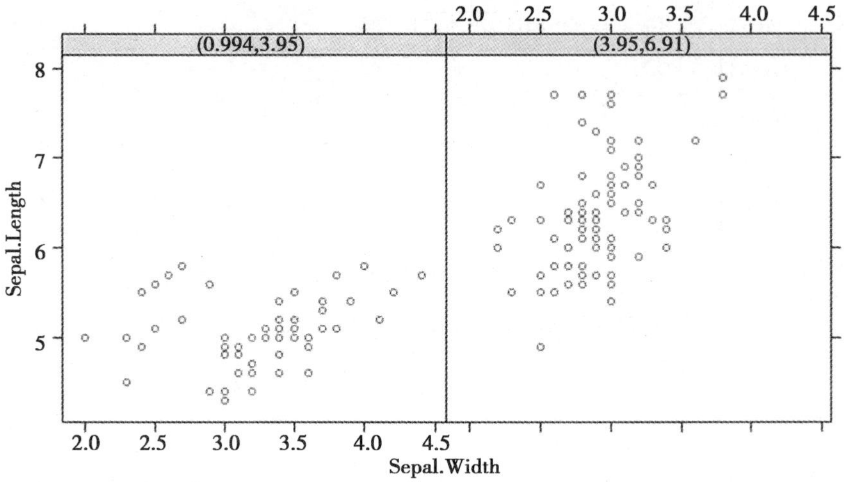

图 4-27 将 Petal.Length 分组后作为条件变量的散点图

9. 散点图矩阵

如果想对矩阵的多对变量生成散点图，在 lattice 中，可以通过 splom 函数实现。

利用 R 自带的汽车数据集 mtcars，将 cyl 变量作为分组变量，画出变量 mpg、disp、hp、drat、wt、qeec 间的散点图矩阵。

利用 pch 设置不同气缸数的点样式，并用 key 参数调整图例。执行以下代码得到如图 4-28 所示的散点图矩阵。

```
> splom(mtcars[c(1, 3:7)], groups = mtcars$cyl,
+       pscales = 0,pch=1:3,col=1:3,
+       varnames = c("Miles\nper\ngallon", "Displacement\n(cu. in.)",
+                    "Gross\nhorsepower", "Rear\naxle\nratio",
+                    "Weight", "1/4 mile\ntime"),
+       key = list(columns = 3, title = "Number of Cylinders",
+                  text=list(levels(factor(mtcars$cyl))),
+                  points=list(pch=1:3,col=1:3)))
```

10. 三维水平图

要在平面网格上绘制三维数据，用不同颜色来展示第 3 维的不同值，在 lattice 包中，可以通过 levelplot 函数实现。

以 MASS 扩展包中的 Cars93 数据集为例来说明。该数据集是 1993 年美国的 93 辆汽车销售记录，共有 93 行 27 列。先利用 cor 函数求出 Cars93 数据集中数值型向量的相关系数，并利用 levelplot 函数画出水平图，通过 scales 函数将 x 轴的标签设置为垂直于 x 轴摆放。

执行以下代码得到图 4-29 所示的三维水平图。

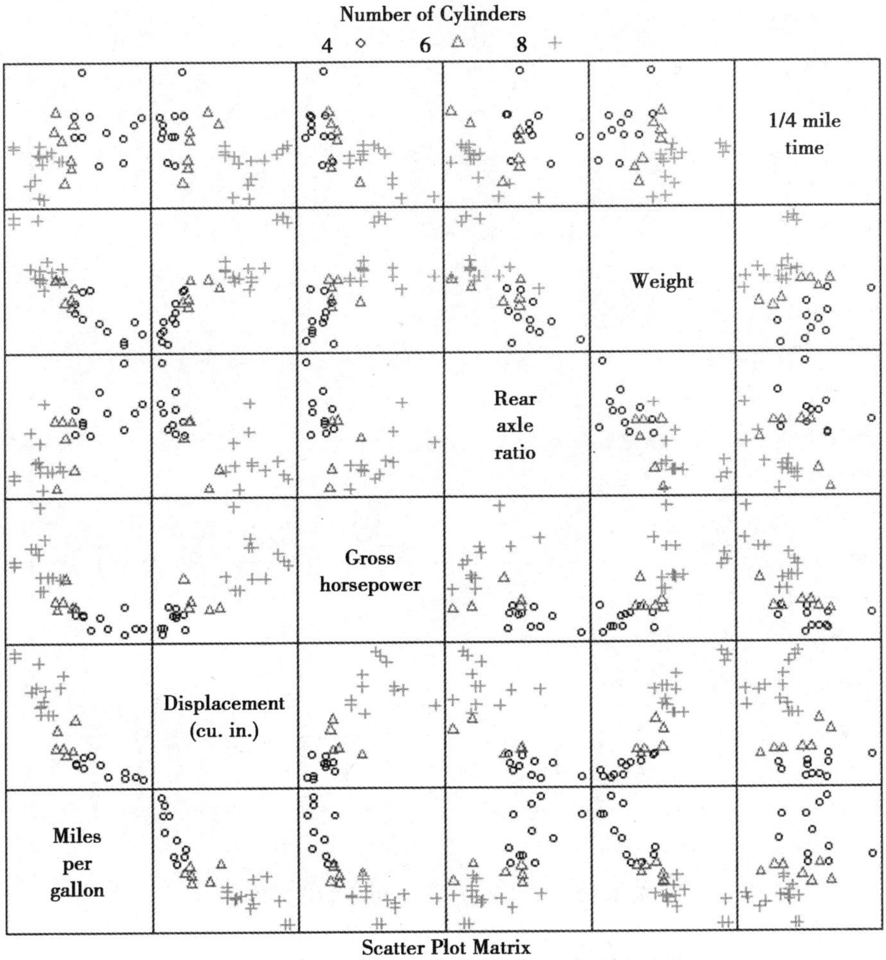

图 4-28 修改点样式的散点图矩阵

```
> data(Cars93, package = "MASS")
> cor.Cars93 <-cor(Cars93[, !sapply(Cars93, is.factor)], use = "pair")
> levelplot(cor.Cars93,scales = list(x = list(rot = 90)))
```

11. 三维等高线图

函数 contourplot 可以用 lattice 包绘制等高线图。

以火山数据集 volcano 为例进行说明。执行以下代码得到图 4-30 所示的三维等高线图。

```
>contourplot(volcano, cuts = 20, label = FALSE)
```

12. 三维散点图

绘制三维空间的点（其实是将三维空间投影到二维空间），可以通过函数 cloud 实现。

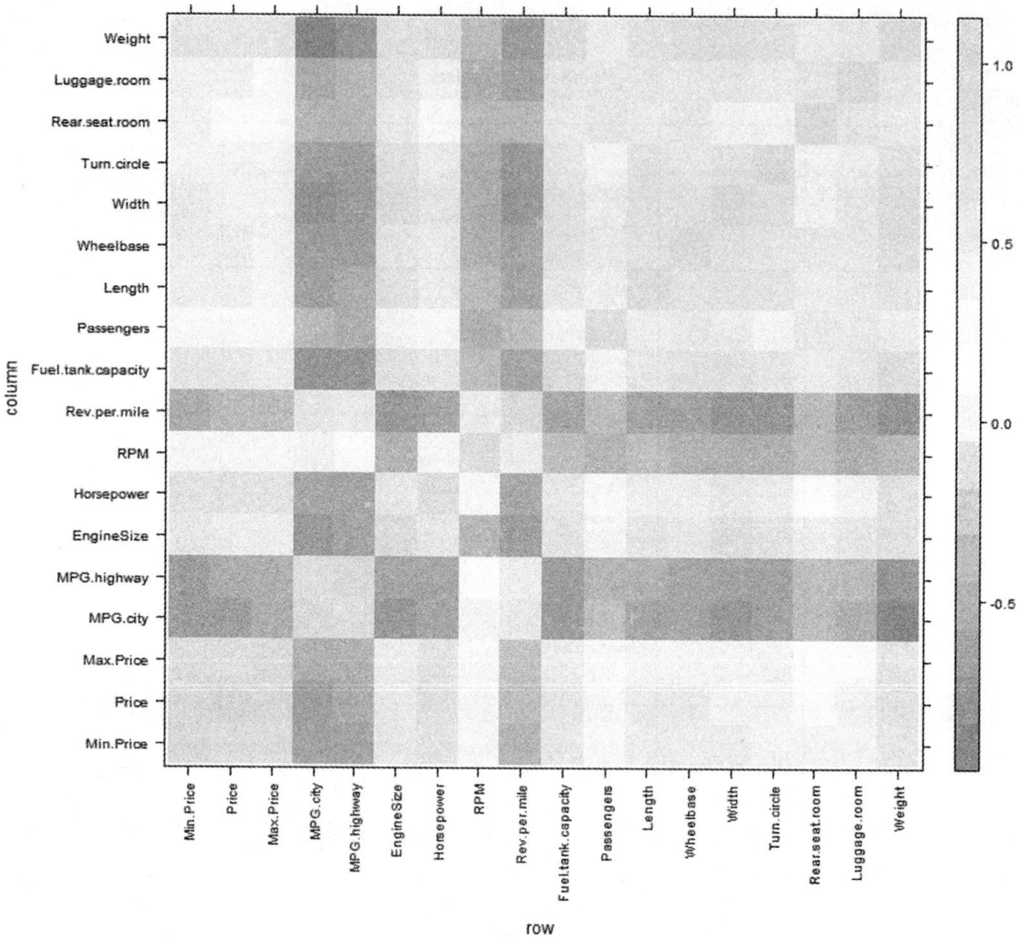

图 4-29 对 Cars93 数据集绘制水平图

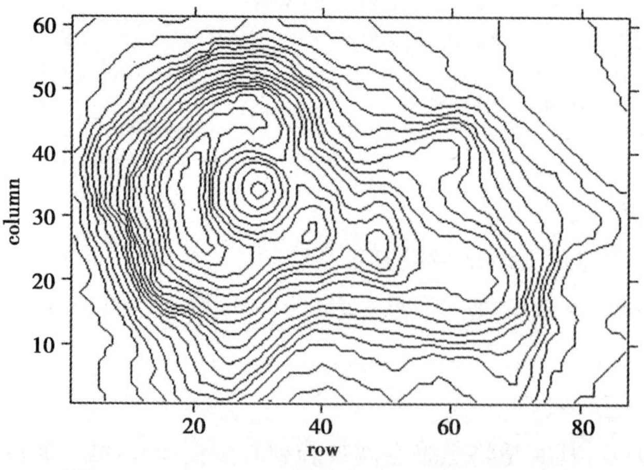

图 4-30 对 volcano 数据集绘制三维等高线图

以鸢尾花数据集 iris 为例进行说明。执行以下代码得到图 4-31 所示的三维散点图。

```
> par.set <-list(axis.line = list(col = "transparent"),
+                clip = list(panel = "off"))
> cloud(Sepal.Length ~ Petal.Length * Petal.Width,data = iris,
+       cex = .8,pch=1:3,col=c("blue","red","green"),
+       groups = Species,screen = list(z = 20, x = -70, y =0),
+       par.settings = par.set,
+       scales = list(col = "black"),
+       key=list(title="Species",
+                column=3,
+                space="bottom",
+                text=list(levels(iris$Species)),
+                points=list(pch=1:3,col=c("blue","red","green"))))
```

13. 三维曲面图

可以使用函数 wireframe 展示三维曲面图。

还是以火山数据集 volcano 为例进行说明。执行以下代码得到图 4-32 所示的三维等高线图。

```
> wireframe(volcano, shade = TRUE,
+           aspect = c(61/87, 0.4),
+           light.source = c(10,0,10))
```

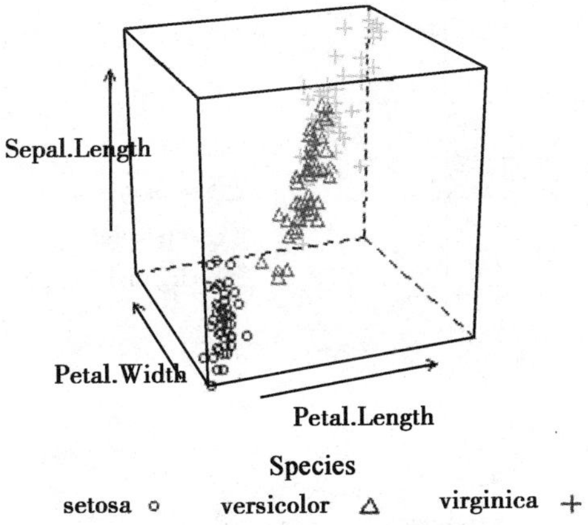

图 4-31　对 iris 绘制三维散点图

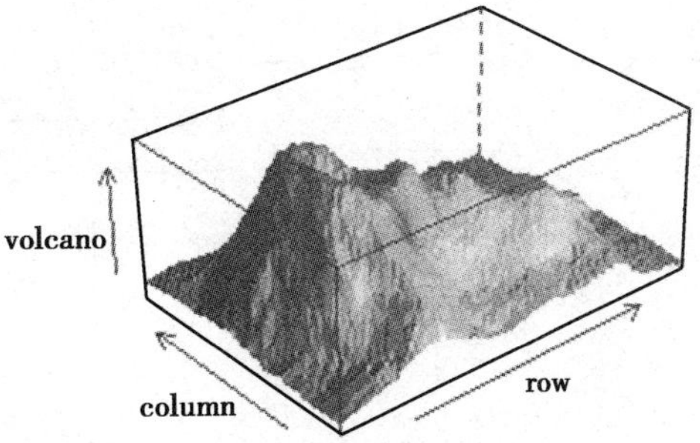

图 4-32　对 volcano 绘制三维曲面图

4.2　ggplot2 包绘图工具

ggplot2 包是包含了一套全面而连贯的语法的绘图系统。它弥补了 R 中创建图形缺乏一致性的缺点，且不会局限于一些已经定义好的统计图形，可以根据需要创造出任何有助于解决所遇到问题的图形。

4.2.1　从 qplot 开始

- 功能：快速作图（quick plot）。

❑ 使用格式：

```
qplot(x, y = NULL, ..., data, facets = NULL, margins = FALSE,geom = "auto", stat
= list(NULL), position = list(NULL), xlim = c(NA, NA), ylim = c(NA, NA), log =
"", main = NULL, xlab = deparse(substitute(x)), ylab = deparse(substitute(y)),
asp = NA)
```

其中，facets 是图形 / 数据的分面，geom 指图形的几何类型，stat 指图形的统计类型，position 可图形或者数据的位置调整，其他参数与 plot 函数类似。

下面通过一些例子来介绍 qplot( ) 的工作原理。

利用鸢尾花数据集 iris，创建一个以物种为分组的花萼长度的箱线图，箱线图的颜色依据不同的物种种类而变化。执行以下代码得到图 4-33 所示的箱线图。

```
> library(ggplot2)
> # 利用qplot绘制箱线图
> qplot(Species,Sepal.Length,data=iris,
+        geom="boxplot",fill=Species,
+        main="依据种类分组的花萼长度箱线图")
```

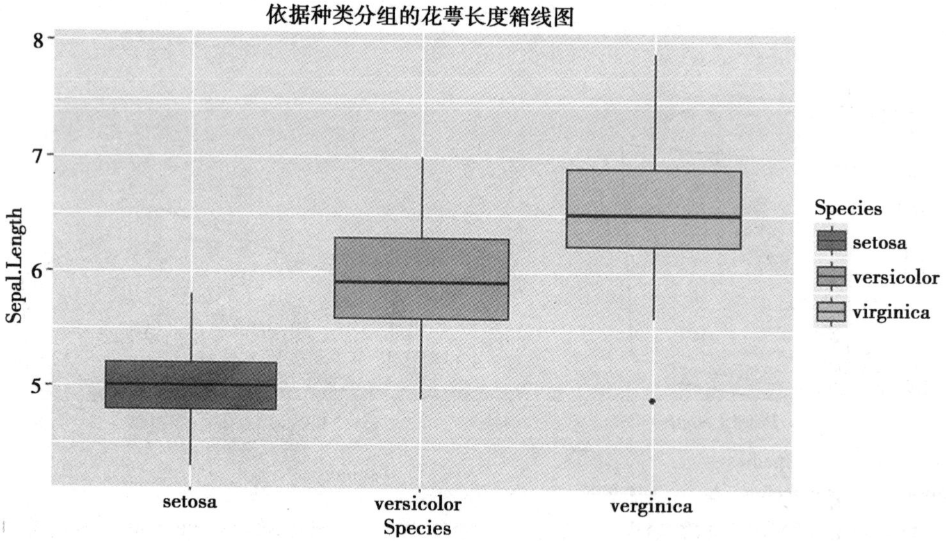

图 4-33 利用 qplot 函数绘制箱线图

也可以利用 qplot 函数画出小提琴图，将 geom 设置为 "violon"，并添加扰动以减少数据重叠。执行以下代码可以得到图 4-34 所示的小提琴图。

```
> qplot(Species,Sepal.Length,data=iris,
+        geom=c("violin","jitter"),fill=Species,
+        main="依据种类分组的花萼长度小提琴图")
```

另外一个例子，创建一个以花萼长度和花萼宽度为参数的散点图，并利用颜色和符号形状区分物种种类。执行以下代码可以得到如图 4-35 所示的散点图。

```
> qplot(Sepal.Length,Sepal.Width,data=iris,
+       colour=Species,shape=Species,
+       main="绘制花萼长度和花萼宽度的散点图")
```

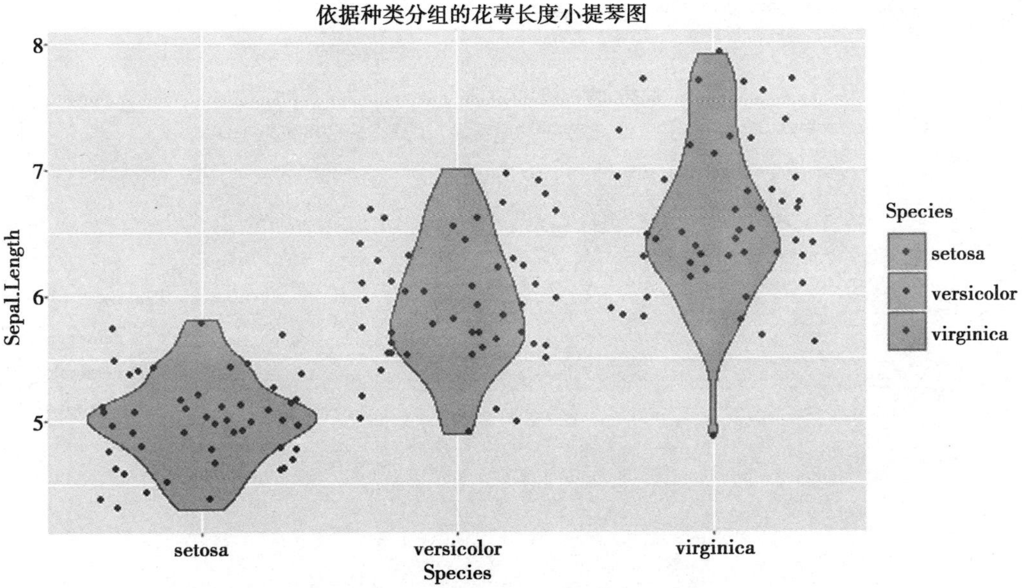

图 4-34　利用 qplot 函数绘制小提琴图

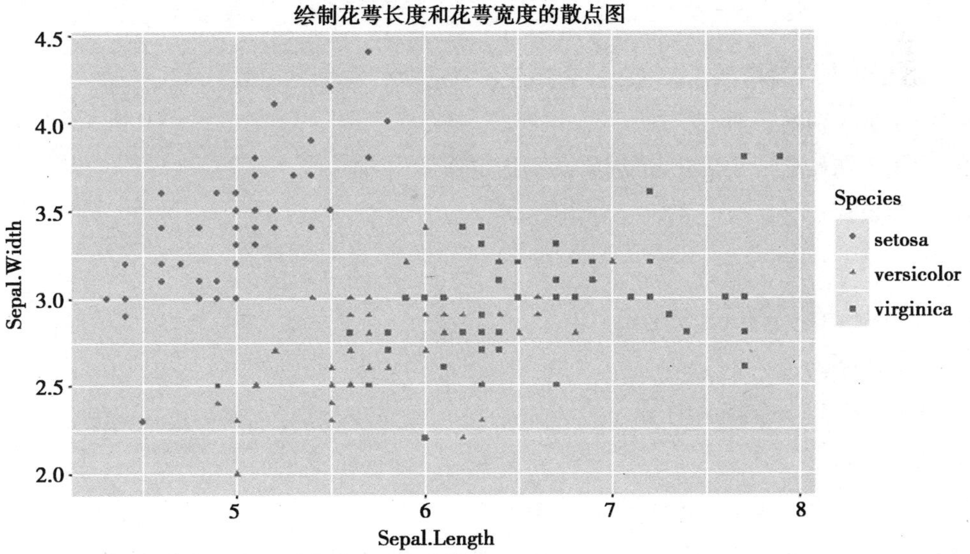

图 4-35　利用 qplot 函数绘制散点图

也可以利用 facets 参数绘制分面板散点图，并增加光滑曲线。执行以下代码得到图 4-36

所示的分面板散点图。

```
> qplot(Sepal.Length,Sepal.Width,data=iris,
+       geom=c("point","smooth"),
+       facets=~Species,colour=Species,
+       main="绘制分面板的散点图")
```

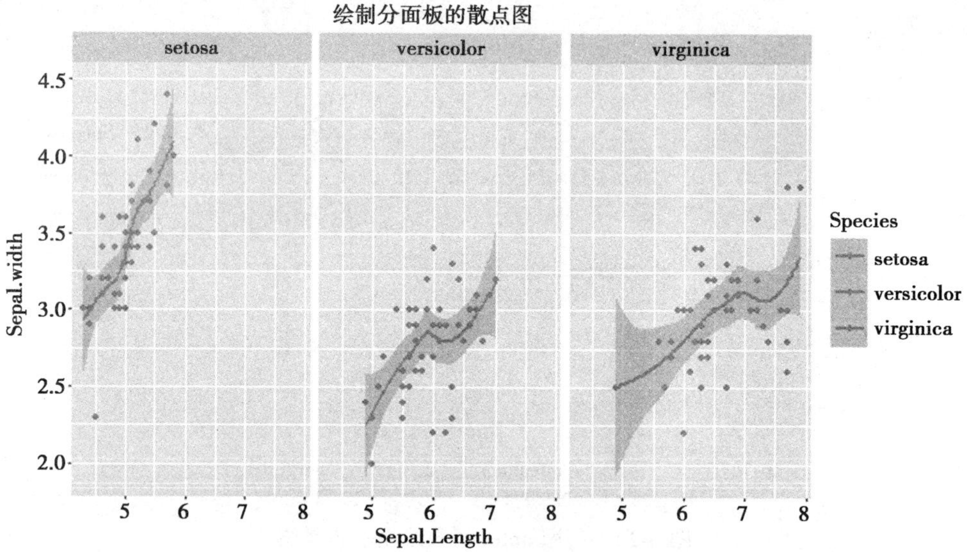

图 4-36 利用 qplot 函数绘制分面板散点图

4.2.2 ggplot 作图

1. ggplot() 函数

❑ 功能：初始化一个 ggplot 对象，不指定作图内容。

❑ 使用格式：

```
ggplot(data = NULL, ...)
```

其中，data 指数据集。

2. layer() 函数

❑ 功能：创建一个新的图层。

❑ 使用格式：

```
layer(geom,stat,data,mapping,position)
```

其中，geom 为图形的几何类型，stat 为图形的统计类型，data 指数据集，mapping 指映射，position 为图形或者数据的位置调整。

ggplot2 包的几何对象函数如表 4-4 所示。

表 4-4　ggplot2 包的几何对象函数

几何对象函数	描　　述
geom_abline	直线：由斜率和截距指定
geom_area	面积图
geom_bar	条形图
geom_bin2d	二维封箱的热图
geom_blank	空的几何对象，什么也不画
geom_boxplot	箱线图
geom_contour	等高线图
geom_crossbar	Crossbar 图（类似于箱线图，但没有触须和极值点）
geom_density	密度图
geom_density2d	二维密度图
geom_errorbar	误差线（通常添加到其他图形上，如柱状图、点图、线图等）
geom_errorbarh	水平误差线
geom_freqploy	频率多边形（类似于直方图）
geom_hex	六边形图（通常用于六边形封箱）
geom_histogram	直方图
geom_hline	水平线
geom_jitter	自动添加了扰动点
geom_line	线
geom_linerange	区间，用竖直线表示
geom_path	几何路径，由一组点按顺序连接
geom_point	点
geom_pointrange	一条垂直线，线的中间有一个点（与 Crossbar 图和箱线图有关）
geom_polygon	多边形
geom_quantile	一组分位数线（来自分位数回归）
geom_rect	二维的长方形
geom_ribbon	彩虹图
geom_rug	触须
geom_segment	线段
geom_smooth	平滑的条件均值
geom_step	阶梯图
geom_text	文本
geom_tile	瓦片（即一个个小长方形或多边形）

3. aes() 函数

- 功能：创建图形属性映射，将数据变量映射到图形中。
- 使用格式：

```
aes(x, y, colour,...)
```

这里，参数 x 和 y 是映射到图形中的数据变量，colour 是作图使用的颜色的映射。

下面通过一些例子来体会 ggplot 绘图的工作原理。

还是以鸢尾花数据集为例，利用 ggplot 函数创建一个以物种为分组的花萼长度的箱线图，箱线图的颜色依据不同的物类而变化。执行以下代码得到如图 4-37 所示的箱线图。

```
> library(ggplot2)
> ggplot(iris,aes(x=Species,y=Sepal.Length,fill=Species))+
+   geom_boxplot()+
+   labs(title="依据种类分组的花萼长度箱线图")
```

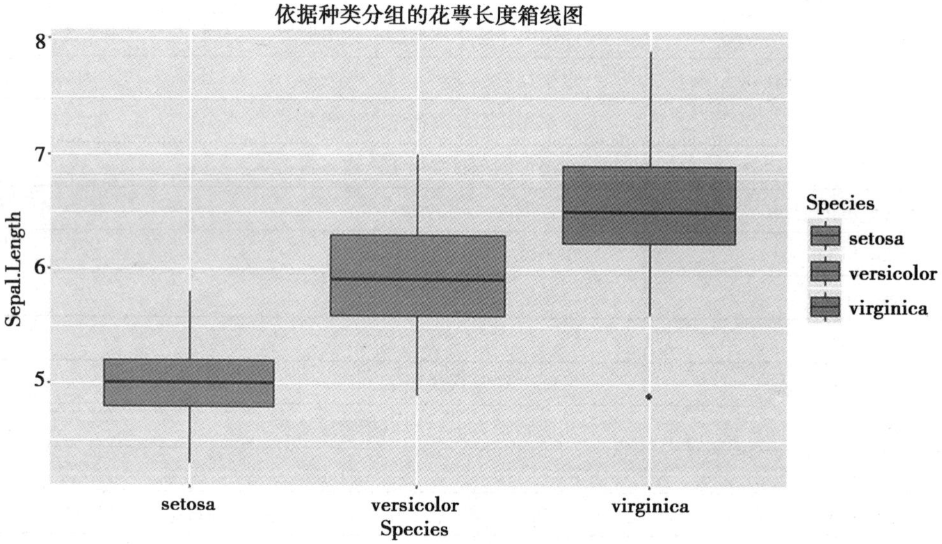

图 4-37 利用 ggplot 函数绘制箱线图

也可以利用 ggplot 函数画出小提琴图，方法为选择 geom_violin()，并添加 geom_jitter() 增加扰动以减少数据重叠。执行以下代码得到 4-38 所示的小提琴图。

```
> ggplot(iris,aes(x=Species,y=Sepal.Length,fill=Species))+
+   geom_violin()+
+   geom_jitter()+
+   labs(title="依据种类分组的花萼长度箱线图")
```

可以利用 facet_wrap 或 facet_grid 函数对图形进行分面。例如，对 lattice 包中的 singer 数据集的不同声部的身高数据绘制密度图，执行以下代码，得到如图 4-39 所示的密度图。

```
> data(singer,package = "lattice")
```

```
> ggplot(data=singer,aes(x=height,fill=voice.part))+
+   geom_density()+
+   facet_grid(voice.part~.)
```

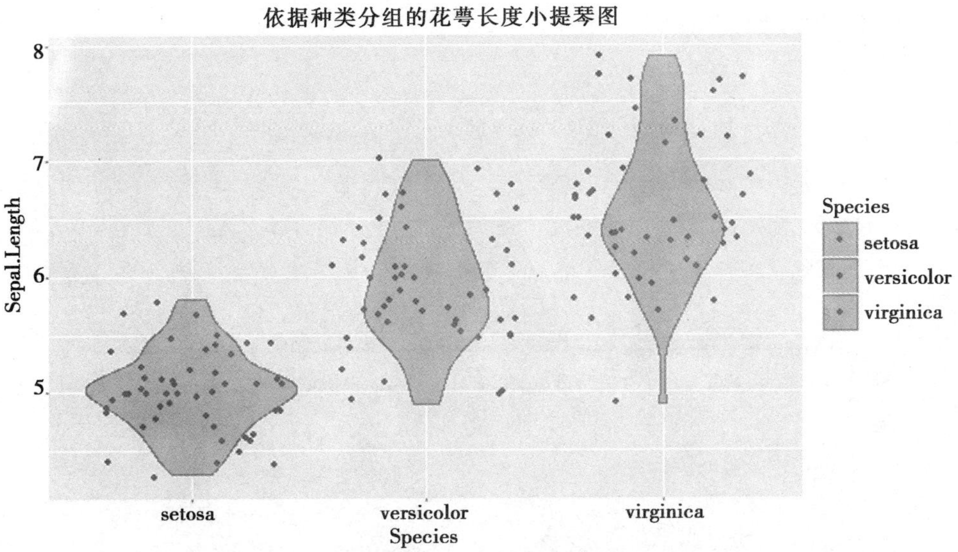

图 4-38　利用 ggplot 函数绘制小提琴图

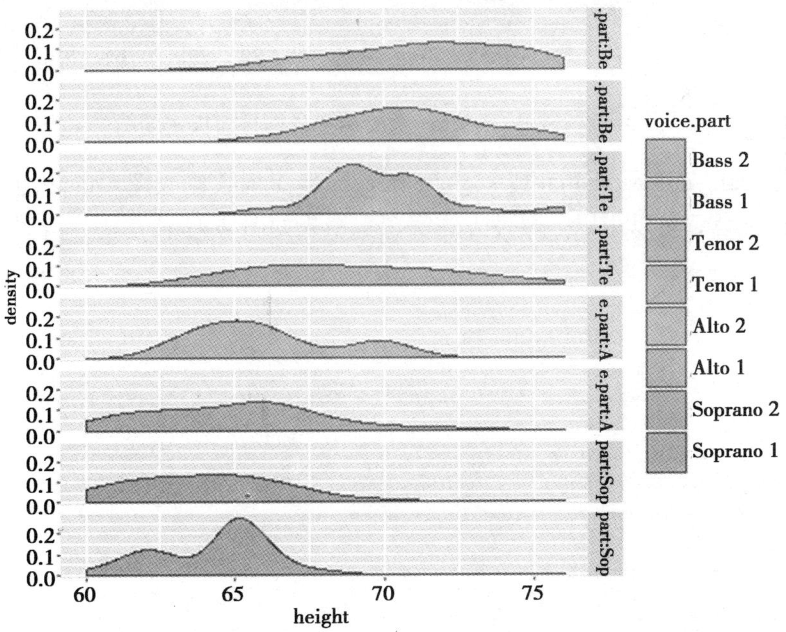

图 4-39　利用 ggplot 函数绘制分面板密度图

可以设置面板的行数或列数（通过 facet_wrap 中的 nrow 和 ncol 参数设置），并利用主题 theme 参数设置图例。执行以下代码，得到如图 4-40 所示的 4 列两行摆放，且没有图例输出的分面板密度图。

```
> ggplot(data=singer,aes(x=height,fill=voice.part))+
+   geom_density()+
+   facet_wrap(~voice.part,ncol=4)+
+   theme(legend.position="none")
```

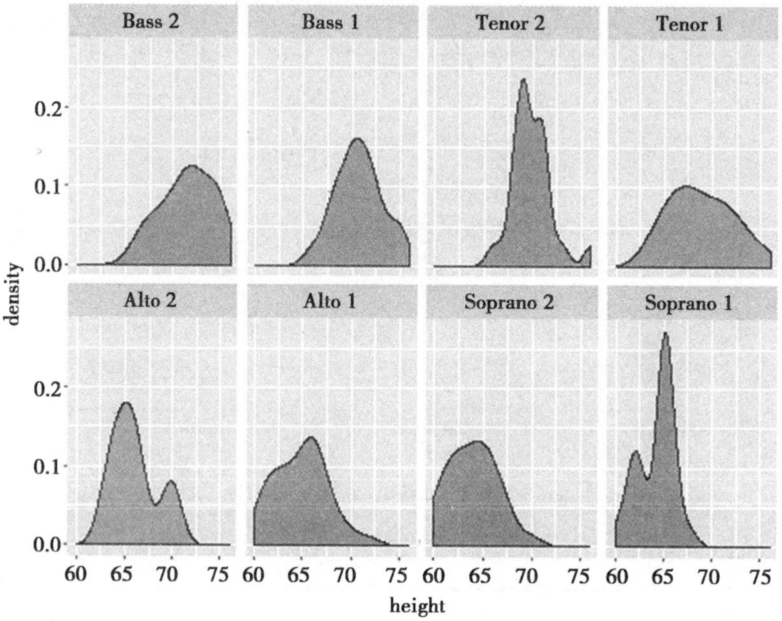

图 4-40 利用 ggplot 函数绘制 4 列两行面板密度图

可以使用 scale_color_manual 或 scale_color_brewer 函数修改图形的颜色。例如想改变散点图 4-35 的颜色，可以用以下两种方式实现。结果如图 4-41 所示。

```
> # 调整图形填充颜色
> library(gridExtra)
> # 方式一：使用scale_color_manual函数
> g1 <- ggplot(iris,aes(x=Sepal.Length,y=Sepal.Width,colour=Species,shape=Species))+
+   scale_color_manual(values=c("orange", "olivedrab", "navy"))+
+   geom_point(size=3)
> # 方式而:使用scale_color_brewer函数
> g2 <- ggplot(iris,aes(x=Sepal.Length,y=Sepal.Width,colour=Species,shape=Species))+
+   scale_color_brewer(palette="Set1")+
+   geom_point(size=3)
> grid.arrange(g1,g2,ncol=2)
```

4. ggsave() 函数

- 功能：保存图片。
- 使用格式：

```
ggsave(filename, width, height, ...)
```

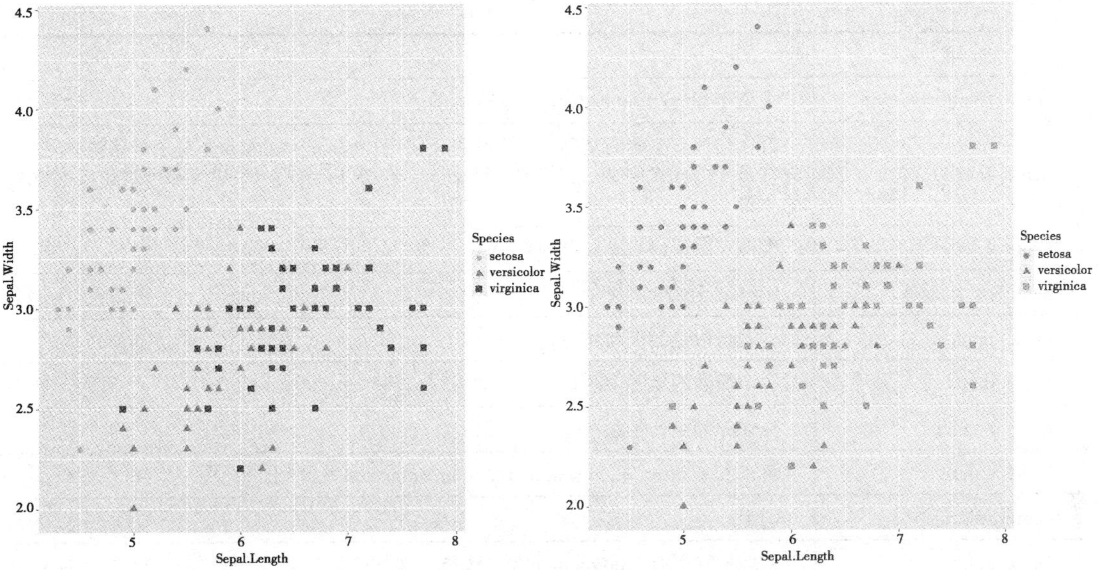

图 4-41　利用 ggplot 函数改变图形颜色

其中，filename 为保存的文件名与路径，width 指图像宽度，height 指图像高度。

例如，执行以下命令后，在当前工作目录下生成一个名为 mygraph 的 pdf 图形。

```
> ggplot(iris,aes(x=Sepal.Length,y=Sepal.Width,colour=Species))+
+   geom_point(size=2)
> ggsave(file="mygraph.pdf",width=5,height=4)
```

4.2.3 ggthemes 主题包

ggthemes 包是 ggplot2 的主题扩展包，提供了供 ggplot2 使用的新主题、尺度、几何对象和一些新函数。通过 install.packages('ggthemes', dependencies = TRUE) 命令安装 ggthemes 包。加载 ggthemes 包可以使用该包提供的 themes 快速画出不同的背景图片。ggtheme 的主题类型如表 4-5 所示。

表 4-5　ggtheme 的主题类型

主　题　名	描　　述
theme_base	类似于 ggplot 默认设置
theme_calc	类似于 LibreOffice Calc 图表
theme_economist	类似于经济类图表
theme_economist_white	类似于经济类图表
theme_excel	类似于经典 excel 图表
theme_few	简洁型

（续）

主 题 名	描 述
theme_fivethirtyeight	类似于 http://fivethirtyeight.com 的图
theme_foundation	旨在构建新主题的基础，而不是直接使用。theme_foundation 是一个完整的主题，只有最小的元素定义。它相比于 theme_gray 或 theme_bw，更容易通过扩展创建新的主题
theme_gdocs	类似于默认的 Google Docs Chart
theme_hc	Highcharts JS
theme_igary	主题与白色面板和灰色背景
theme_map	一个简洁的地图主题
theme_pander	pander 的默认主题
theme_solarized	可以参考 http://ethanschoonover.com/solarized 的介绍
theme_solarized_2	同上
theme_solid	主题删除所有 non-geom 元素（线条、文本等），这个主题只有所需的几何对象
theme_stata	基于 Stata graph schemes 的主题
theme_tufte	基于 Data-lnk 最大化和 Edward Tufte 设计的定量信息视觉可视化。这个主题没有边界、没有轴线、没有网格，与 geom_rug 或 geom_rangeframe 结合效果最好
theme_wsj	Wall Street Journal theme

现在体会不同主题绘制出来的风格。图 4-42 为 Economist 和 Solarized 主题。

```
> library(ggplot2)
> library(ggthemes)
> library(gridExtra)
> p1 <- ggplot(mtcars, aes(x = wt, y = mpg)) +
+   geom_point(size=3)
> # Economist themes
> p2 <- p1 + ggtitle("Economist theme") +
+   theme_economist() + scale_colour_economist()
> # Solarized theme
> p3 <- p1 + ggtitle("Solarized theme") +
+   theme_solarized() + scale_colour_solarized("blue")
> grid.arrange(p2,p3,ncol=2)
```

图 4-43 为 Stata 和 Excel 2003 主题。

```
> p4<- p1 + ggtitle("Stata them") +
+   theme_stata() + scale_colour_stata()
> # Excel 2003 theme
> p5<- p1 + ggtitle("Excel 2003  them") +
+   theme_excel() + scale_colour_excel()
> grid.arrange(p4,p5,ncol = 2)
```

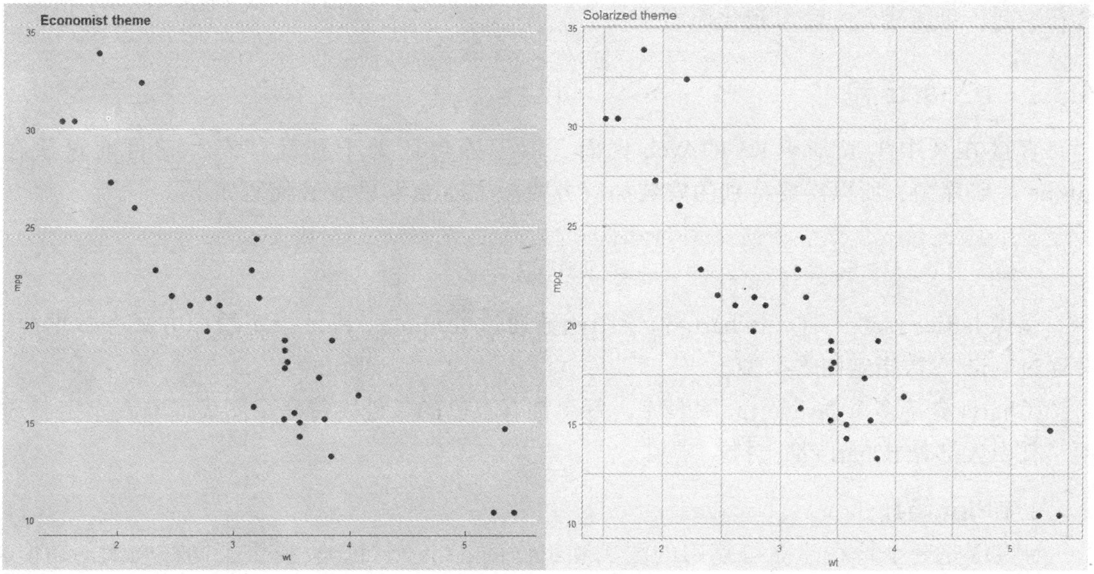

图 4-42　Economist 和 Solarized 主题

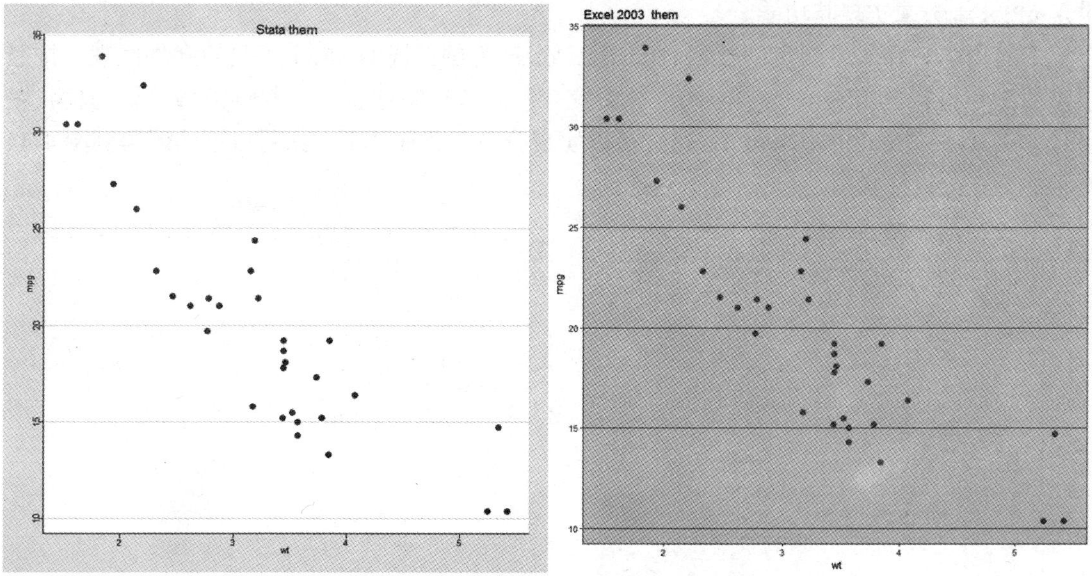

图 4-43　Stata 和 Excel 2003 主题

4.3　交互式绘图工具

前面可视化的结果就是一个静态的图形，所有信息都一目了然地放在一张图上。静态图形适合于分析报告等纸质媒介，而在网络时代，如果在网页上发布可视化，那么动态的、交互的图形则更有优势。在 R 的环境中，动态交互图的优势在于能和 knitr、shiny 等框架整合在一起，迅速建立一套可视化原型系统。

4.3.1 rCharts 包

直接在 R 中生成基于 D3 的 Web 页面。由于该包还处于开发状态，它目前存放在 github 代码库中，所以需要特别的安装加载方式。rCharts 包的安装代码如下。

```
> require(devtools)
> install_github('rCharts', 'ramnathv')
```

就像 lattice 函数一样，rCharts 包绘图函数通过 formula、data 指定绘图方式和数据源，并通过 type 参数指定图表类型。

rCharts 支持多个 javascript 图表库，每个都有自己的长处。每一个图表库有多个定制选项，其中大部分 rCharts 都支持。

1. nPlot 函数

NVD3 是一个旨在建立可复用的图表和组件的 d3.js 项目。它提供了同样强大的功能，但更容易使用。它可以让我们处理复杂的数据集来创建更高级的可视化。在 rCharts 包中提供了 nPlot 函数来实现其功能。

下面以眼睛和头发颜色的数据 (HairEyeColor) 为例，说明 nPlot 绘图的基本原理。按照眼睛的颜色进行分组 (group="Eye")，对头发颜色人数绘制柱状图，并将类型设置为柱状图组合方式 (type="multiBarChart")，这样可以实现分组和叠加效果。执行以下代码得到图 4-44 所示的交互分组柱状图。

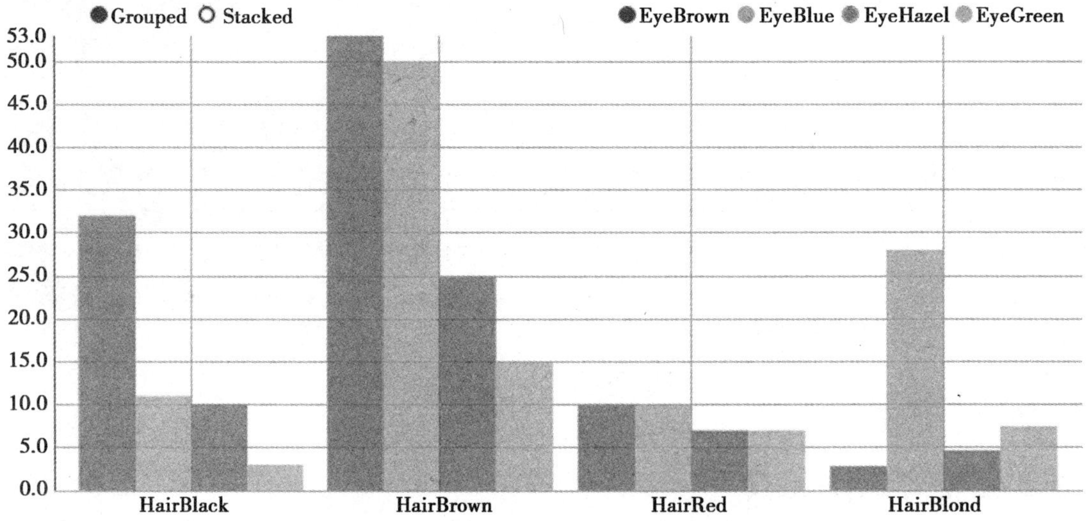

图 4-44 利用 nPlot 函数绘制交互分组柱状图

```
> hair_eye_male <- subset(as.data.frame(HairEyeColor), Sex == "Male")
> hair_eye_male[,1] <- paste0("Hair",hair_eye_male[,1])
```

```
> hair_eye_male[,2] <- paste0("Eye",hair_eye_male[,2])
> nPlot(Freq ~ Hair, group = "Eye", data = hair_eye_male, type = "multiBarChart")
```

可以在图 4-44 右上角选择需要查看或隐藏的类别（默认显示全部类别），在左上角选择柱子是按照分组还是按照叠加的方式摆放（默认是分组方式）。如果选择 Stacked，就会绘制叠加柱状图，如图 4-45 所示。

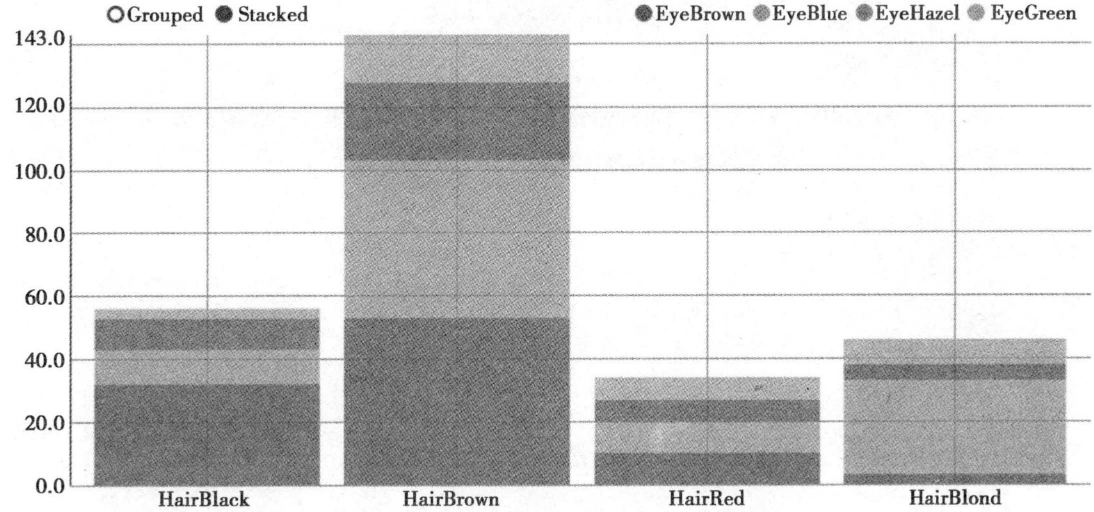

图 4-45　利用 nPlot 函数绘制交互叠加柱状图

如果想绘制交互的条形图，只需要将 type 类型改为 "multiBarHorizontalChart" 即可。执行以下代码得到图 4-46 所示的交互分组条形图。

```
> n2 <- nPlot(Freq ~ Hair, group = "Eye", data = hair_eye_male,
+             type="multiBarHorizontalChart")
> n2
```

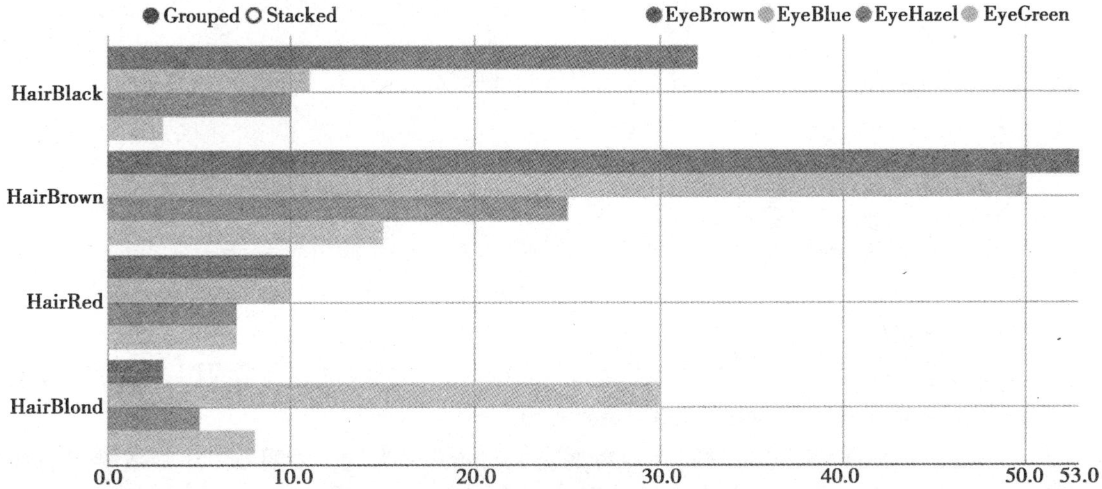

图 4-46　利用 nPlot 函数绘制交互条形图

可以将 showControls 参数设置为 FALSE，隐藏左上角的选项，此时不能对条形图进行叠加。执行以下代码得到图 4-47 所示的交互条形图。

```
> n2$chart(showControls=F)
> n2
```

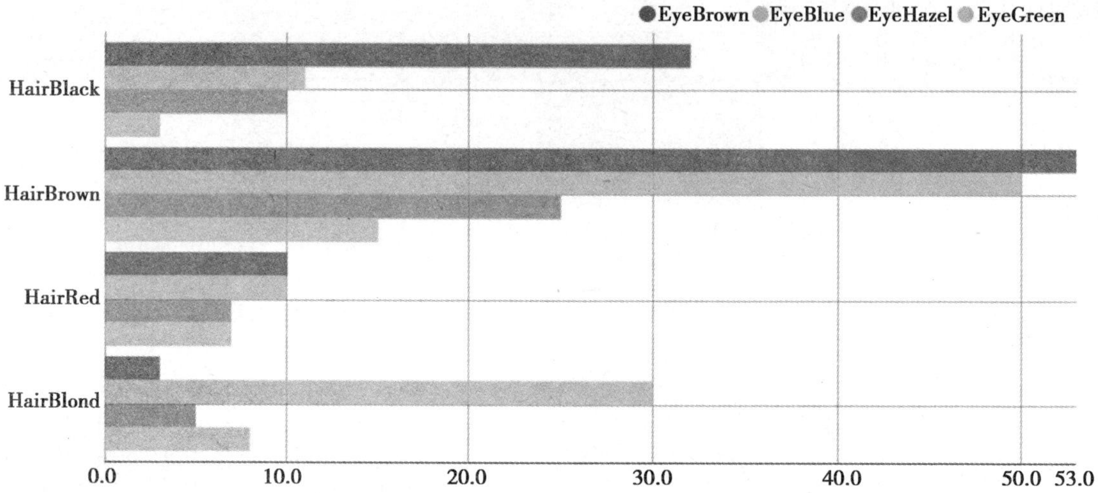

图 4-47　隐藏左上角选项的交互条形图

2. hPlot 函数

Highcharts 是一个制作图表的纯 Javascript 类库，支持大部分的图表类型：直线图、曲线图、区域图、区域曲线图、柱状图、饼状图、散布图等。rCharts 包提供了 hPlot 函数来实现这些功能。

以 MASS 包中的学生调查数据集 survery 为例，说明 hPlot 绘图的基本原理。绘制学生身高和每分钟脉搏跳动次数的散点图图，以性别变量作为分组变量。执行以下代码得到图 4-48 所示的交互散点图。

```
> a <- hPlot(Pulse ~ Height, data = MASS::survey, type = 'scatter',
+            group = 'Sex', radius = 6, group.na = "Not Available")
> a$colors('rgba(223, 83, 83, .5)', 'rgba(119, 152, 191, .5)', 'rgba(60, 179,
113, .5)')
> a$legend(align = 'right', verticalAlign = 'top', layout = 'vertical')
> a$chart(zoomType = "xy")
> a$exporting(enabled = T)
> a
```

3. mPlot 函数

Morris.js 是一个轻量级的 JS 库，能绘制漂亮的时间序列线图，包括线图、柱图、区域图、圆环图。在 rCharts 包中通过 mPlot 函数实现。

以 ggplot2 包中的美国经济时间序列数据集 economics 为例，说明 mPlot 函数绘图的基本原理。执行以下代码得到如图 4-49 所示的时间序列图。

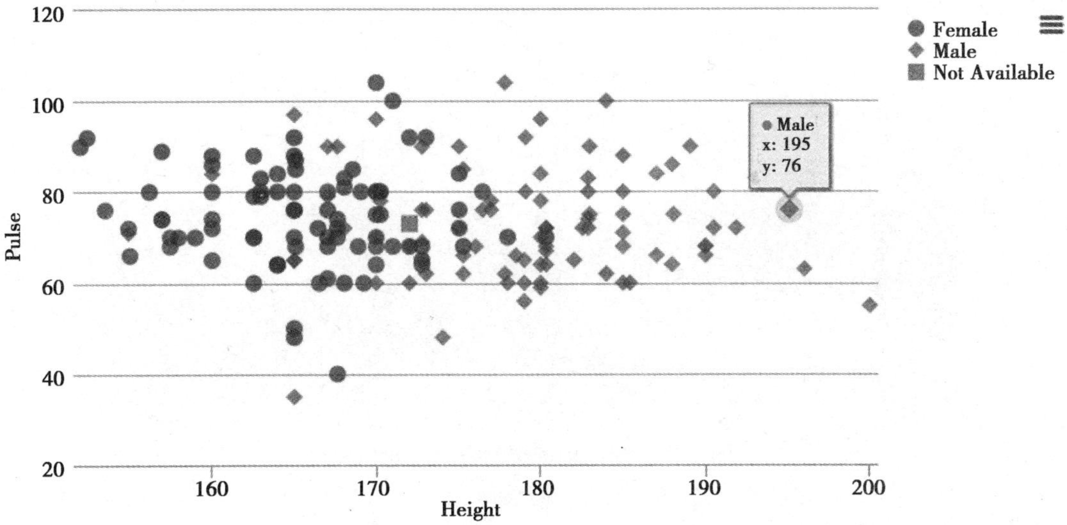

图 4-48　利用 hPlot 函数绘制交互散点图

```
> data(economics, package = 'ggplot2')
> dat <- transform(economics, date = as.character(date))
> p1 <- mPlot(x = "date", y = "psavert", data = dat, type = 'Line',
+             pointSize = 0, lineWidth = 1)
> p1
```

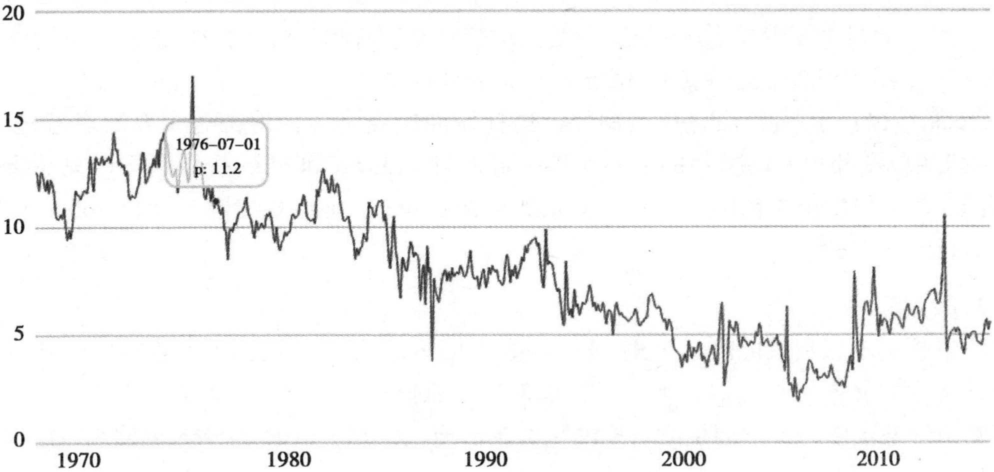

图 4-49　利用 mPlot 函数绘制时间系列图

可以通过 p1$set(type="Area") 将时间序列图变成面积图。结果如图 4-50 所示。

```
> p1$set(type="Area")
> p1
```

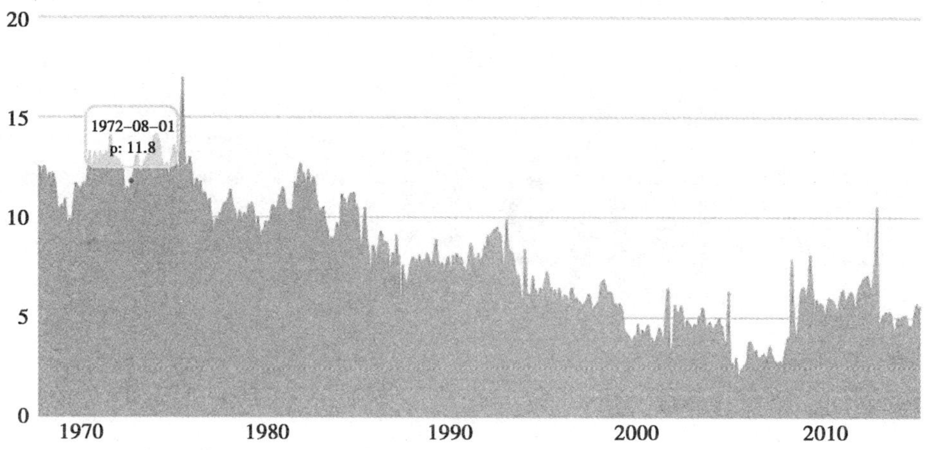

图 4-50 修改图表类型得到的面积图

4.3.2 recharts 包

recharts 加载包仍在开发完善中。recharts 基于 Echarts2 的最后一个稳定发布版（v2.2.7）开发。本书仅介绍 recharts 最新的特性（Github）。安装方式：

```
if (!require(devtools)) library(devtools)
install_github("madlogos/recharts")
```

recharts 是一个用于可视化的 R 加载包，它提供了一套面向 JavaScript 库 ECharts2 的接口。此包的目的是让 R 用户即便不精通 HTML 或 JavaScript，也能用很少的代码做出 Echarts 交互图。当然，懂一点 JavaScript 的话会如虎添翼。

recharts 包基于 htmlwidgets 包制作，这样做的优点是极大地节省了开发者管理 JavaScript 依赖包和处理不同类型的输出文档（如 R Markdown 和 Shiny）的时间。只需要创建一幅图，而如何输出这幅图（无论 R Markdown、Shiny，还是 R 控制台 /RStudio），则交由 htmlwidgets 来处理。

1. 散点图

此包的主函数是 echartr() 和 S3 通用函数 echart()。在设计宗旨上，希望它们能自动处理不同类型的 R 数据。比如，把一个数据框传入 echart()，而 x、y 变量均为数值型，函数会自动适配散点图，并自动生成对应的坐标轴。当然，也可以通过 type 参数选择需要展示的图形。

执行以下代码得到如图 4-51 所示的散点图。

```
> library(recharts)
> echartr(iris, Sepal.Length, Sepal.Width)
```

如果指定 series 参数，就生成一幅分组散点图。还可以将基本图形存为一个对象，然后不断修改它，并把这些修改用 %>% 串联起来，比如通过 setSeries 函数把散点的大小改为 8。结果如图 4-52 所示。

```
> g <- echartr(iris, Sepal.Width, Petal.Width, series =Species)
> g %>% setSeries(symbolSize=8)
```

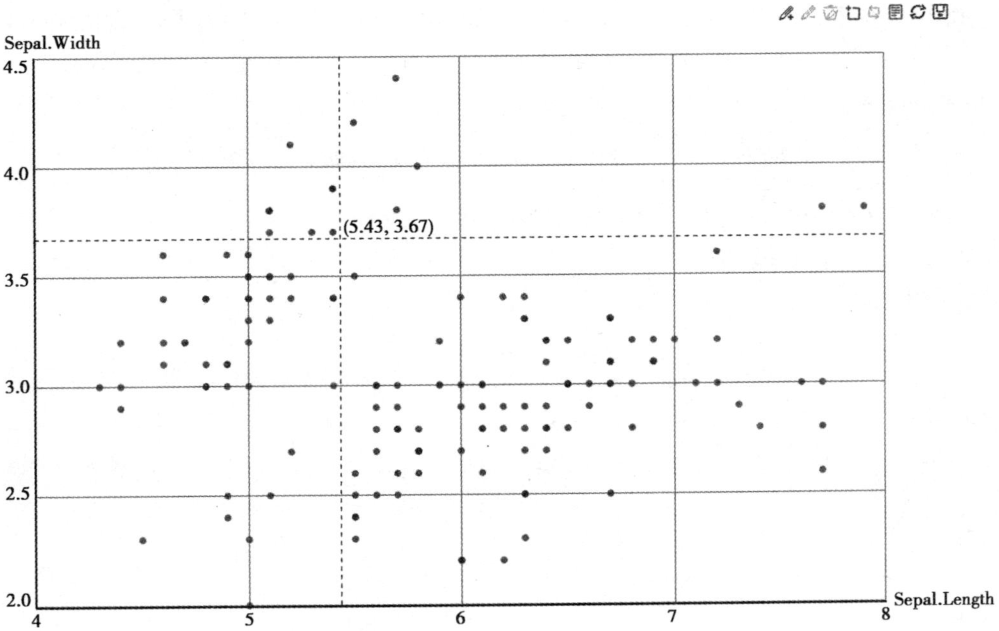

图 4-51　利用 recharts 包绘制散点图

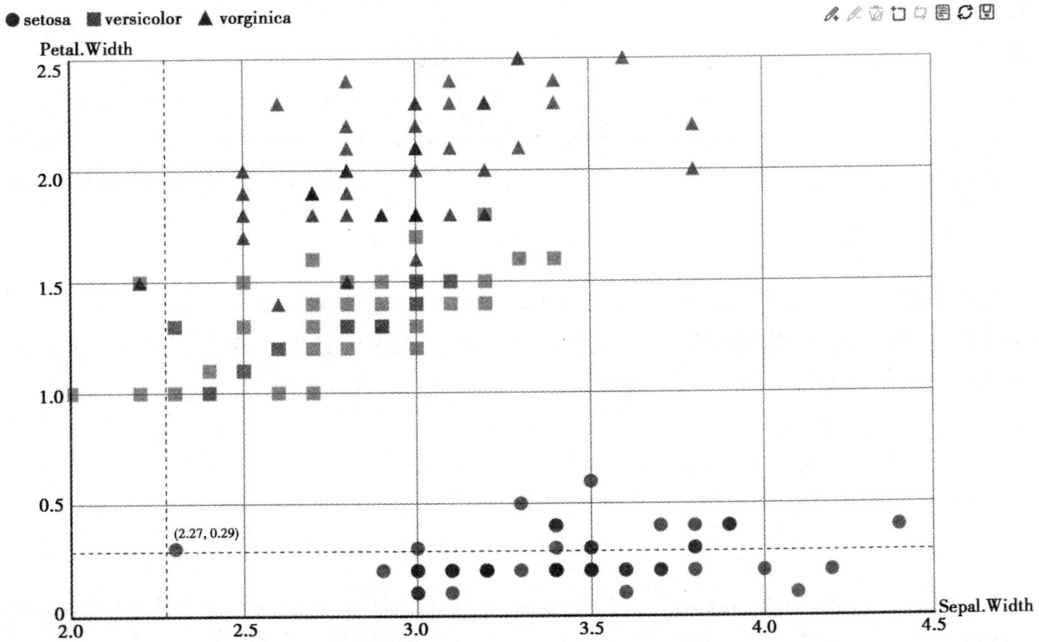

图 4-52　利用 recharts 包绘制分组散点图

如果分组散点图默认的形状不是你期望的，可以通过 setSymbols 函数来自定义不同组别散点图的样式。Echarts 默认的符号有：'circle'、'rectangle'、'triangle'、'diamond'、'emptyCircle'、'emptyRectangle'、'emptyTriangle'、'emptyDiamond'；还可以分配非标准符号，如 'heart'、'droplet'、'pin'、'arrow'、'star3'、'star4'、'star5'、'star6'、'star7'、'star8'、'star9'。如果想将图 4-51 中不同种类的点符号变成心形、箭头、钻石，只需要增加 setSymbols(c('heart', 'arrow','diamond')) 语句即可。结果如图 4-53 所示。

```
> echartr(iris, Sepal.Width, Petal.Width, series =Species) %>%
+   setSeries(symbolSize=8) %>%
+   setSymbols(c('heart', 'arrow','diamond'))
```

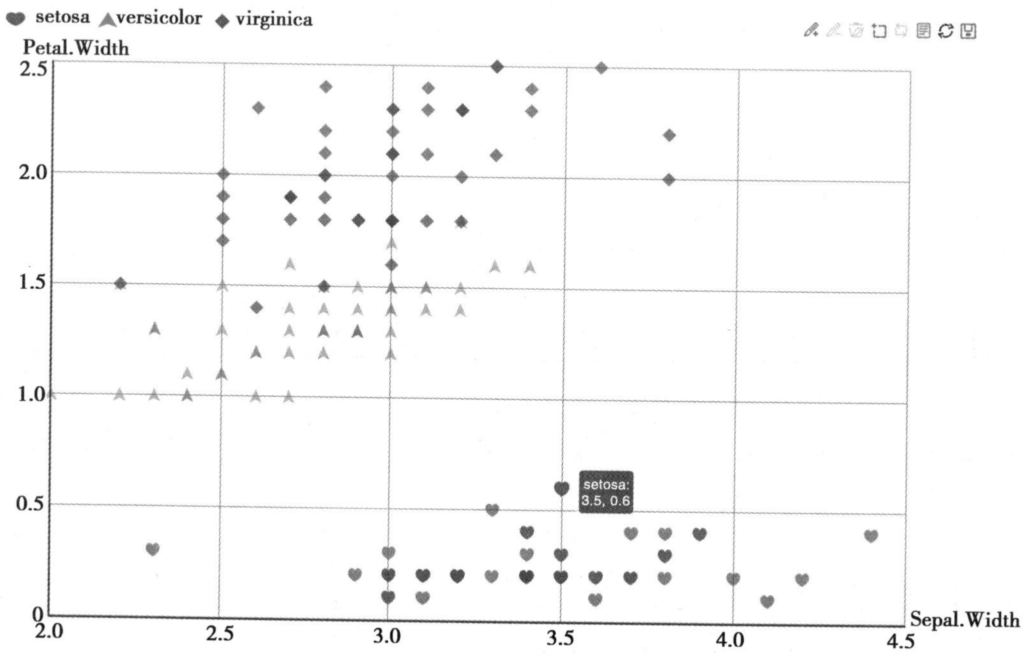

图 4-53　自定义不同组别的点符号

大家可能已经注意到 echartr 函数绘制出的图形默认右上角带有工具箱，可以通过工具箱进行交互操作，比如添加辅助线、拖放区域、数据视图、还原、保存图片等。可以通过 setToolbox(show=FALSE) 命令将工具箱关闭，结果如图 4-54 所示。

```
> g <- echartr(iris, Sepal.Width, Petal.Width, series =Species) %>%
+   setSeries(symbolSize=8) %>%
+   setSymbols(c('heart', 'arrow','diamond')) %>%
+   setToolbox(show=FALSE)
> g
```

还可以通过 addMarkPoint 函数给数据点添加标识，如标识出每个种类的最大花瓣宽度值。结果如图 4-55 所示。

```
> g %>% addMarkPoint(series=unique(iris$Species),
+                    data=data.frame(type="max",name="最大值"))
```

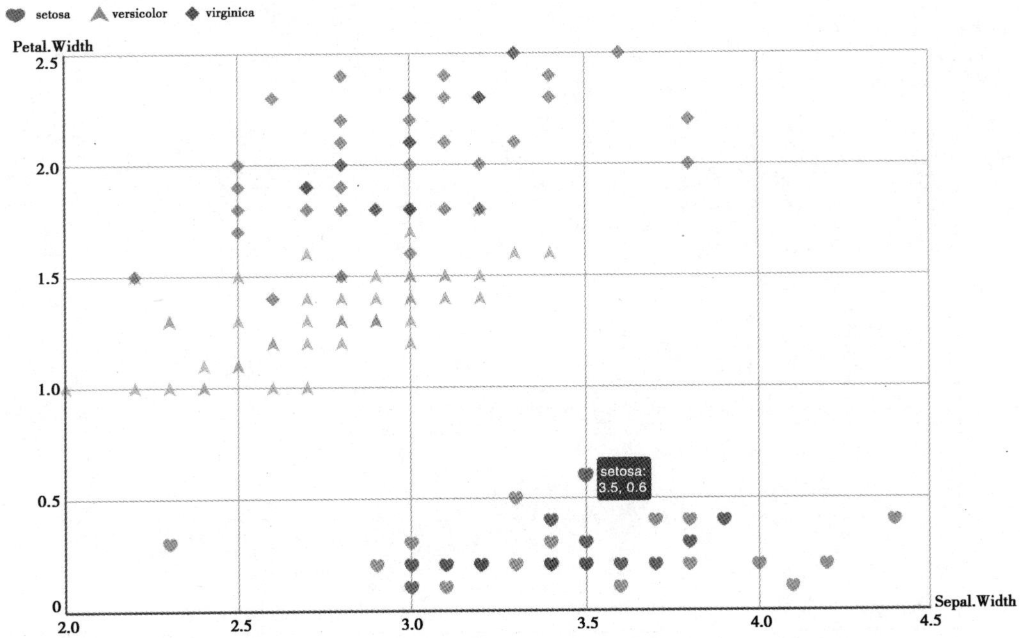

图 4-54　关闭右上角的工具箱

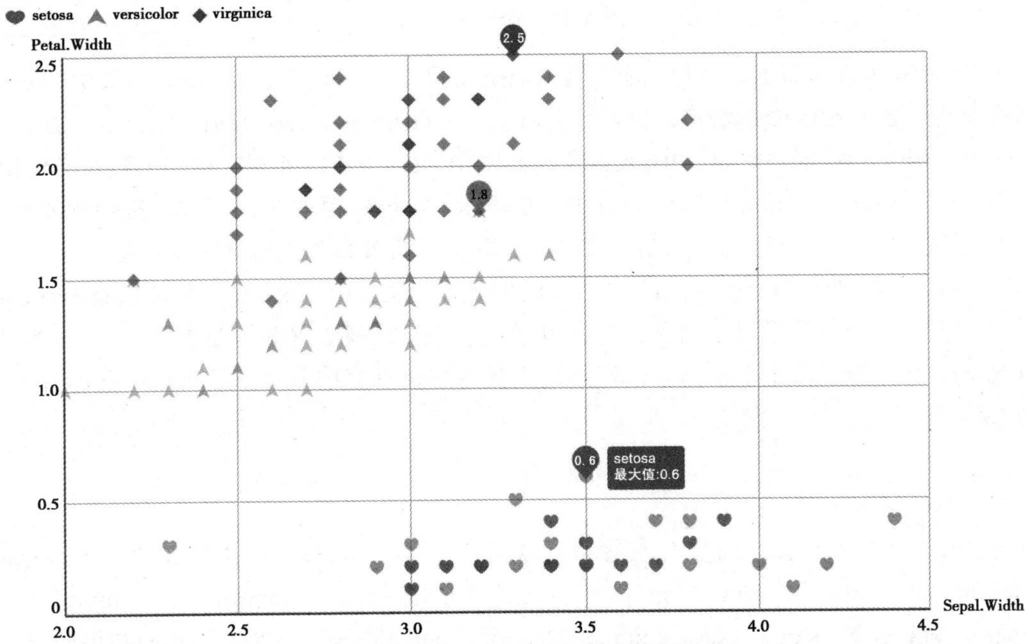

图 4-55　标识每个种类花瓣宽度最大值

和其他绘图函数一样，可通过 setTitle 函数给图形添加标题，结果如图 4-56 所示。

```
> g %>% setTitle("依据种类绘制的分组散点图")
```

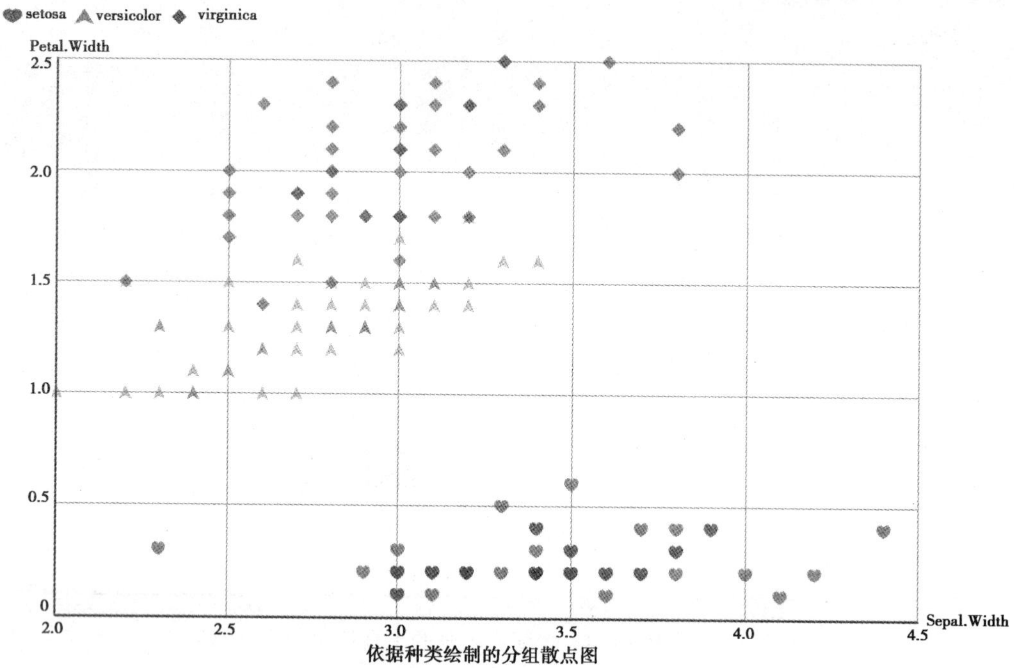

图 4-56　添加主标题

从图 4-56 可知，添加的主标题默认摆在图形正下方，可以通过 setTitle 函数中的 pos 参数摆放标题。pos 是 1~12 的数字，分别为 10(l, t, v)、11(l, t, h)、12(c, t, h)、1(r, t, h)、2(r, t, v)、9(l, c, v)、3(r, c, v)、8(l, b, v)、7(l, b, h)、6(c, b, h)、5(r, b, h)、4(r, b, v)。比如 6(c, b, h) 表示分别为 ("center", "bottom", "horizontal") 的缩写，即将标题放在正下方，按照水平摆放。欲将标题放在正上边，只需要将 pos 设置为 12 即可，结果如图 4-57 所示。

从图 4-57 可知，echartr 函数绘制图形的图例默认在左上角摆放。可以通过 setLegend 函数对图例进行个性化设置，同理，也可以通过 pos 参数调整图例的摆放位置。pos 默认为 11(l, t, h)，即在左上角水平排列。欲将图例设置为右边垂直摆放，只需将 pos 设置为 3，结果如图 4-58 所示。

```
> g %>% setTitle("依据种类绘制的分组散点图",pos=12) %>%
+   setLegend(pos=3)
```

还可以通过 setTheme 函数对主题进行美化。可以选择的自带主题包括“macarons”“infographic”“blue”“dark”“gray”“green”“helianthus”“macarons2”“mint”“red”“roma”“sakura”“shine”和“vintage”。使用“helianthus”主题，得到的结果如图 4-59 所示。

```
> g <- echartr(iris, Sepal.Length, Sepal.Width) %>%
+   setSeries(symbolSize=8)
> g %>% setTheme('helianthus', calculable=TRUE)
```

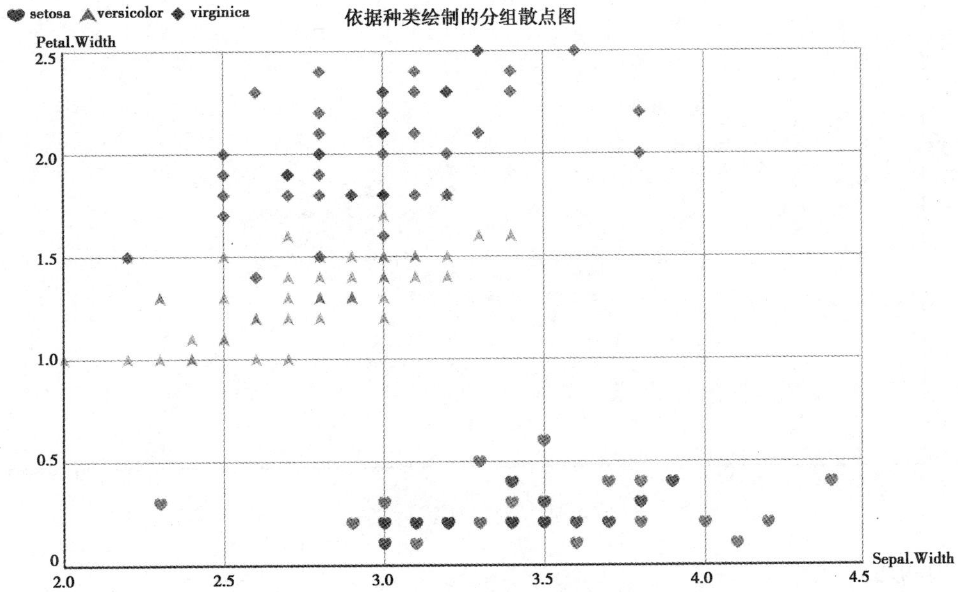

图 4-57　改变标题的摆放位置

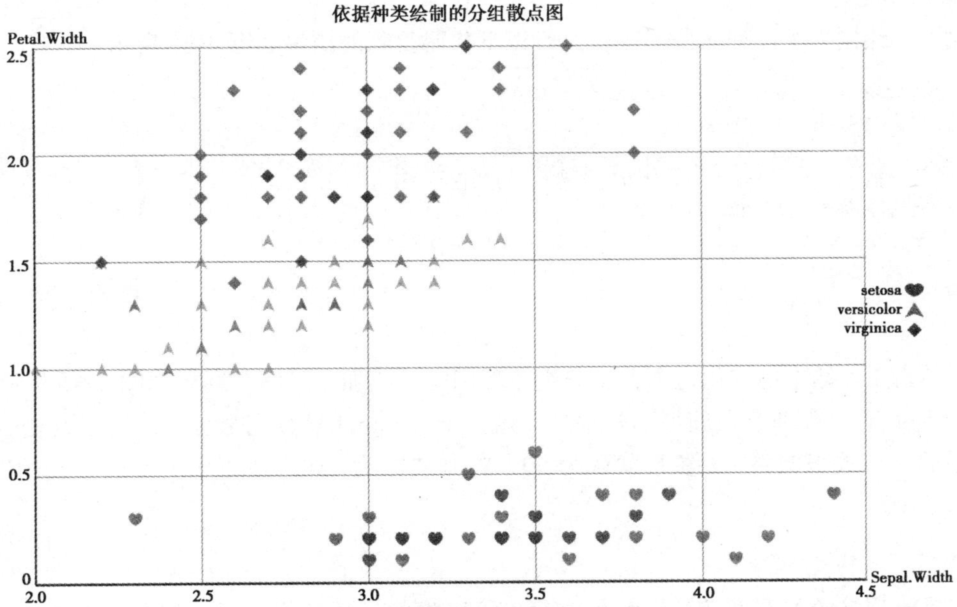

图 4-58　改变标题和图例的摆放位置

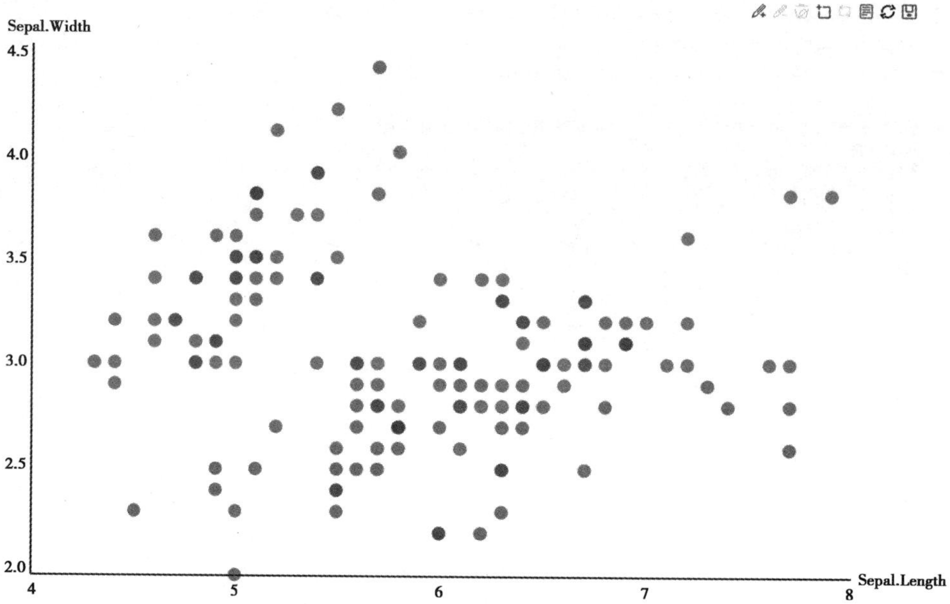

图 4-59 对主题进行美化

2. 条形图

recharts 包绘制的条形图有三种类型：条图（bar|hbar）、柱图（column|vbar）、直方图（histogram|hist）。

例如，绘制多个序列的条形图，执行以下代码得到的结果如图 4-60 所示。

```
> revenue <- read.csv("revenue.csv")
> library(reshape2)
> revenue <- melt(revenue,id="游戏名称")
> colnames(revenue) <- c("游戏名称","时间段","收入")
> # 绘制条形图，默认hbar类型
> b <- echartr(revenue,"游戏名称","收入","时间段") %>%
+   setTitle("游戏收入",pos=12) %>%
+   setLegend(pos=6)
> b
```

可单击工具箱中的堆积选项，将分组条形图变成叠加条形图，结果如图 4-61 所示。

图 4-60 有个小细节处理得不是很好，就是 y 轴 Label 没有完全显示，可以改变 setGrid 函数中的 x 参数来调整。x 参数默认为 80，将其修改为 150。执行以下代码得到的结果如图 4-62 所示。

```
> b %>% setGrid(x=150)
```

如果希望柱子的宽度随某个变量改变，可以将此变量赋予 weight 参数。执行以下代码得到的结果如图 4-63 所示。

```
> # 增加权重变量
```

```
> revenue$权重<- ifelse(revenue$时间段=='本周',2,1)
> # 绘制柱状图
> echartr(revenue,"游戏名称","收入","时间段",weight = "权重",type = "hbar") %>%
+   setTitle("游戏收入",pos=12) %>%
+   setLegend(pos=6) %>%
+   setGrid(x=150)
```

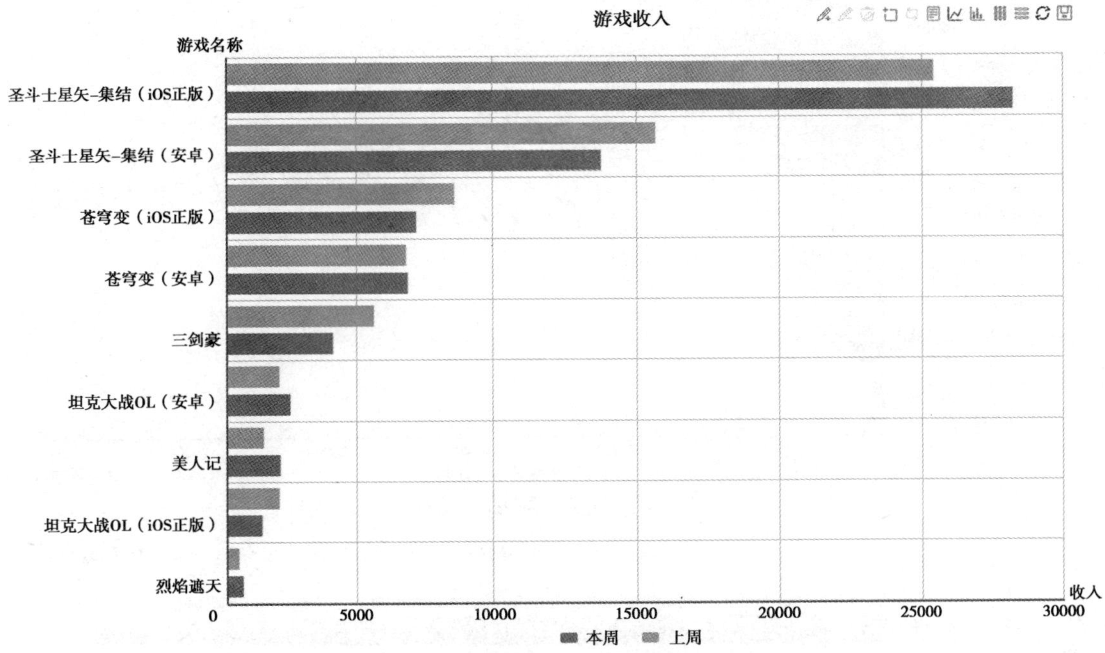

图 4-60　绘制多序列条形图

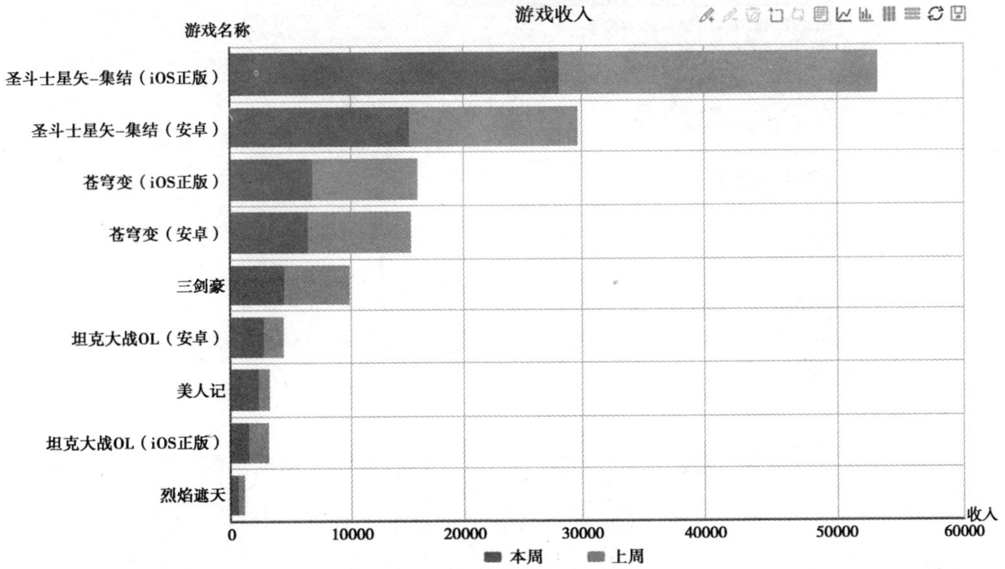

图 4-61　变成堆积条形图

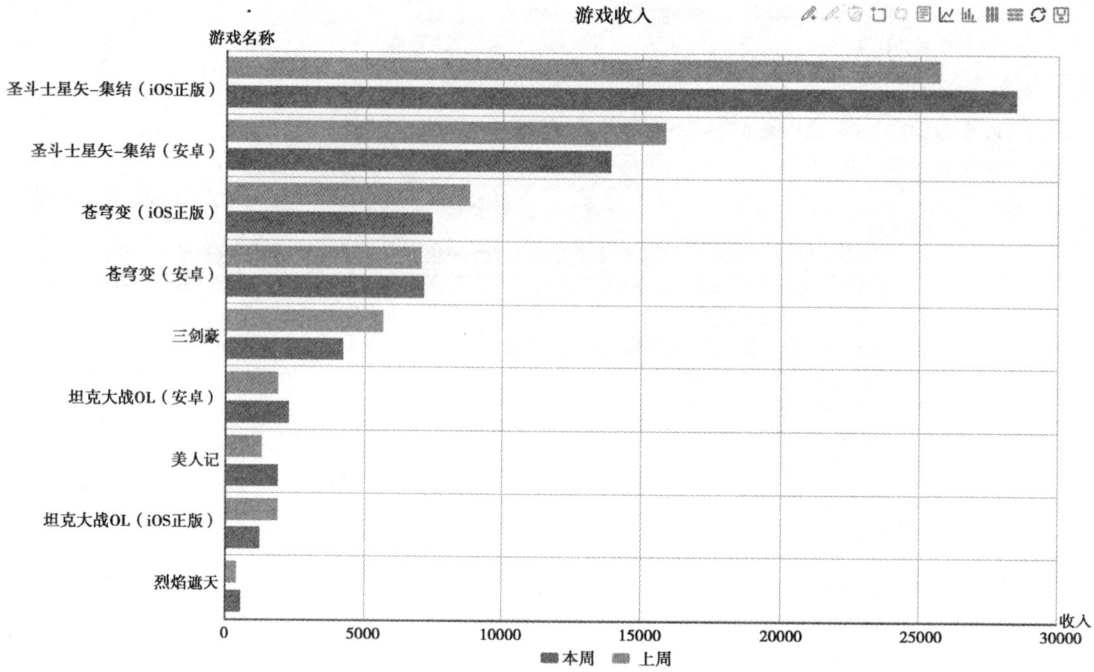

图 4-62 优化 y 轴标签显示

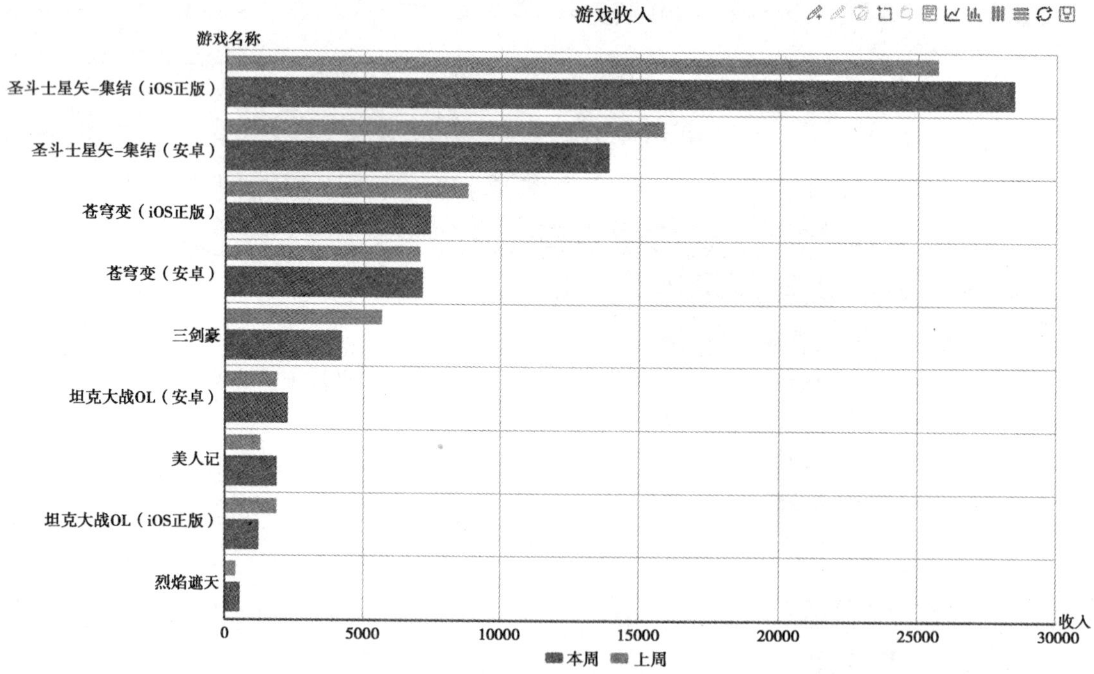

图 4-63 绘制不同宽度的条形图

当然，也可以很轻易绘制一些根据条形图演变的特殊图形，如图 4-64 所示的龙卷风图。其绘制需注意两点：提供一个全正值变量和一个全负值变量；平铺，不要堆积。

```
> # 绘制龙卷风图
> revenue_tc <- revenue
> revenue_tc$收入[revenue_tc$时间段=="上周"] <-
+   -revenue_tc$收入[revenue_tc$时间段=="上周"]
> g <- echartr(revenue_tc,"游戏名称","收入","时间段",type = "hbar") %>%
+   setTitle("游戏收入",pos=12) %>%
+   setLegend(pos=6) %>%
+   setGrid(x=150)
> g
```

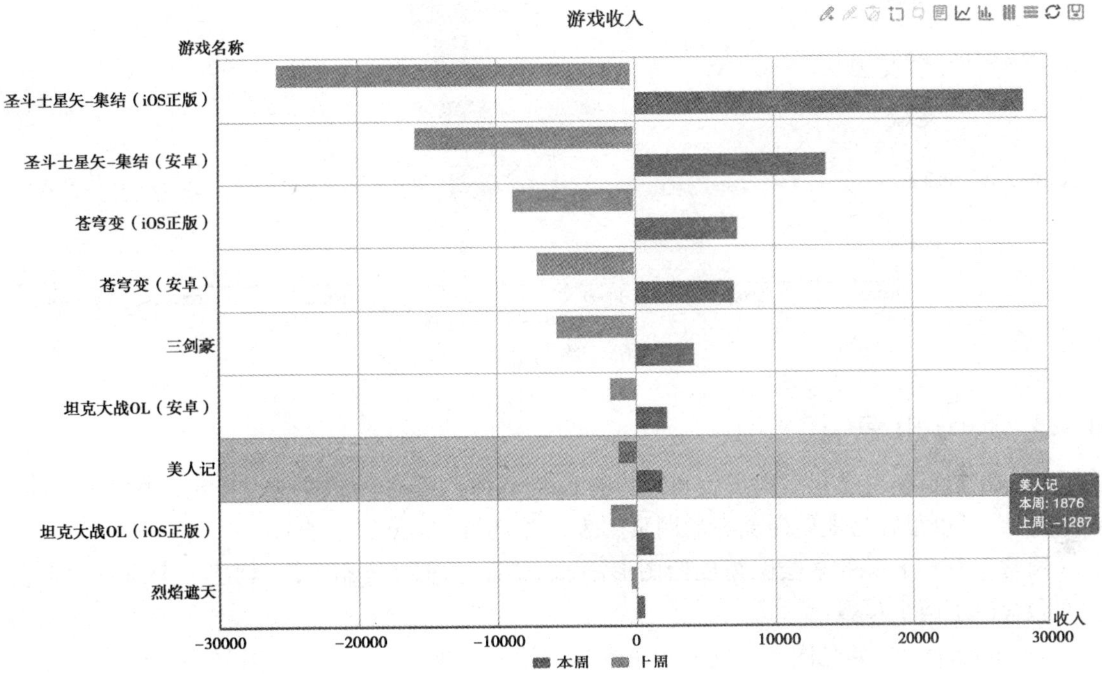

图 4-64　绘制龙卷风图

设 type 为 'hbar'，subtype 为 'stack'，就得到了社会学中常用的人口学金字塔。执行以下代码得到的结果如图 4-65 所示。

```
> # 金字塔图
> g <- echartr(revenue_tc,"游戏名称","收入","时间段",type = "hbar",subtype='stack') %>%
+   setTitle("游戏收入",pos=12) %>%
+   setLegend(pos=6) %>%
+   setGrid(x=150) %>%
+   setYAxis(axisLine=list(onZero=TRUE)) %>%
+   setXAxis(axisLabel=list(
+     formatter=JS('function (value) {return Math.abs(value);}')
+   ))
> g
```

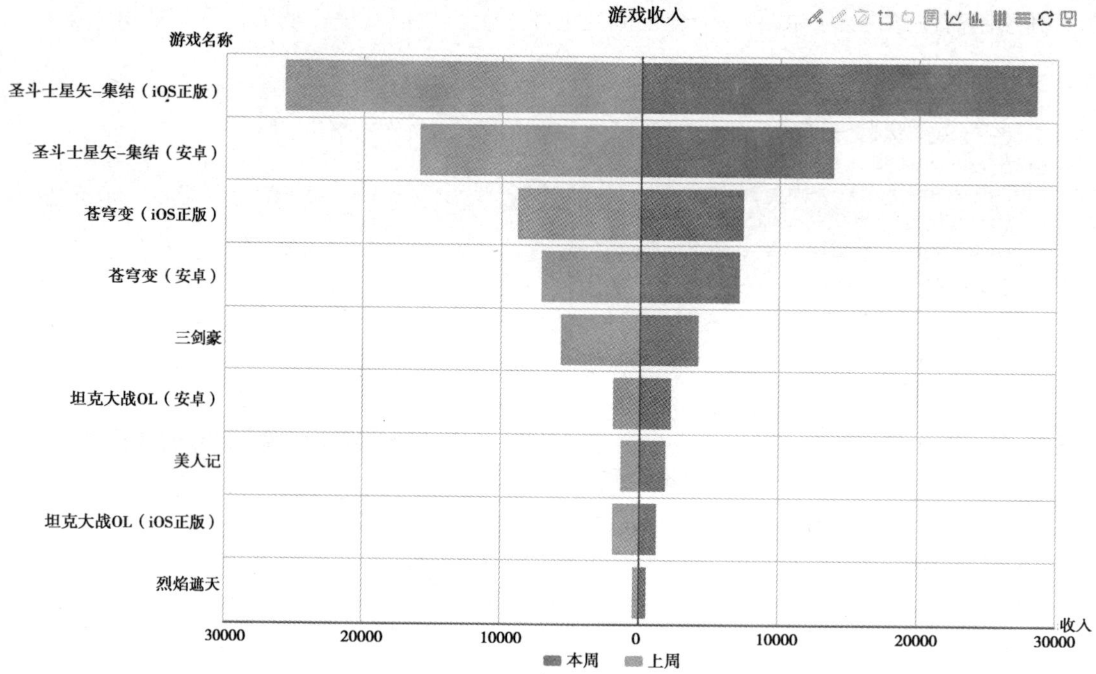

图 4-65　绘制金字塔图

4.3.3　rbokeh 包

Bokeh 是一个创建交互式图表和地图的 python 库，现在有了对应的 R 包，作者是 Ryan Hafen。它可以很容易地创建漂亮的网页图表，并且与 Shiny 完全兼容。

通常，利用 bokeh 来绘图需要给图形添加图层，类似于 ggplot2。创建一个简单的图表主要包含以下两个步骤：

- figure()：初始化图形。它有很多参数，用来设置宽度、高度、标题和坐标轴参数
- ly_geom()：指定要用到的几何类型。有多种选择：ly_points、ly_lines、ly_hist、ly_boxplot 等。这些函数中的参数可以用来指定点的大小、颜色以及哪些变量用来显示等。

rbokeh 包可以通过 install.packages("rbokeh") 命令安装。

rbokeh 包修改图形的方法与 recharts 相同，也是通过 %>% 进行。以下代码先利用 figure() 函数初始化图形，再利用 ly_geom 系列函数在图形上依次增加散点图、线性回归拟合直线和平滑拟合曲线。得到的结果如图 4-66 所示。

```
> if(!require(rbokeh)) install.packages("rbokeh")
> # 载入需要的程辑包：rbokeh
> z <- lm(dist ~ speed, data = cars)
> p <- figure(width = 600, height = 600) %>%
+   ly_points(cars, hover = cars) %>%
```

```
+   ly_lines(lowess(cars), legend = "lowess") %>%
+   ly_abline(z, type = 2, legend = "lm")
> p
```

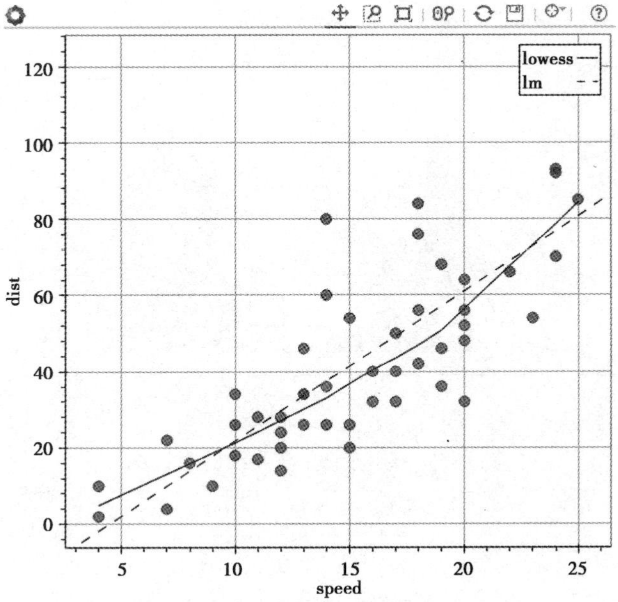

图 4-66 绘制带拟合线的散点图

接下来，通过 ly_hist 函数绘制直方图，并通过 ly_density 函数添加密度曲线。执行以下代码得到的结果如图 4-67 所示。

```
> # 绘制直方图
> h <- figure(width = 600, height = 400) %>%
+   ly_hist(eruptions, data = faithful, breaks = 40, freq = FALSE) %>%
+   ly_density(eruptions, data = faithful)
> h
```

最后，利用 ly_boxplot 函数绘制箱线图。执行以下代码得到的结果如图 4-68 所示。

```
> # 绘制箱线图
> figure(ylab = "Height (inches)", width = 600) %>%
+   ly_boxplot(voice.part, height, data = lattice::singer)
```

4.3.4 plotly 包

plotly.js 是开源的 JavaScript 图标库，它包括 20 种图表类型，包括 3D 图表、统计图表和 SVG 地图。plotly 是基于 plotly.js 创建交互式 web 图表的 R 包。它通过 HTML widgets 框架完全在本地上运行。plotly 包可以通过 install.packages("plotly") 命令安装。

plotly 图具有非常友好的交互效果。单击拖动可以放大，按下 shift 键单击可以移动，双击可自动缩放。比如想绘制各游戏本周收入的柱状图，只需将 type 参数设置为 bar 即可，结果如图 4-69 所示。

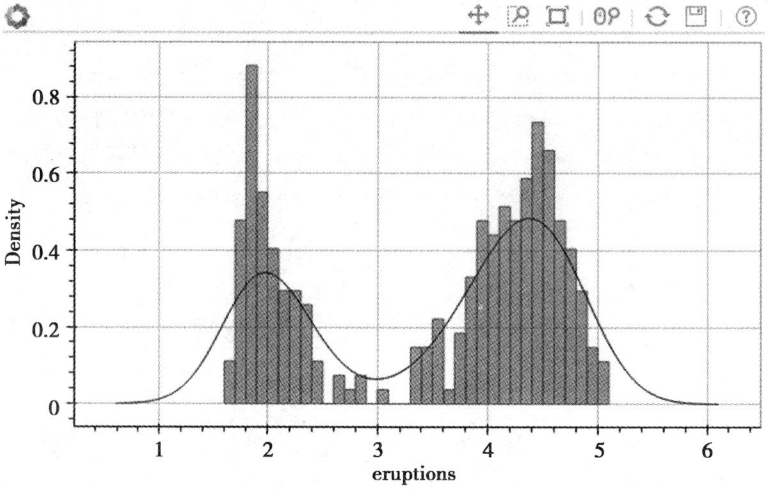

图 4-67　绘制带密度曲线的直方图

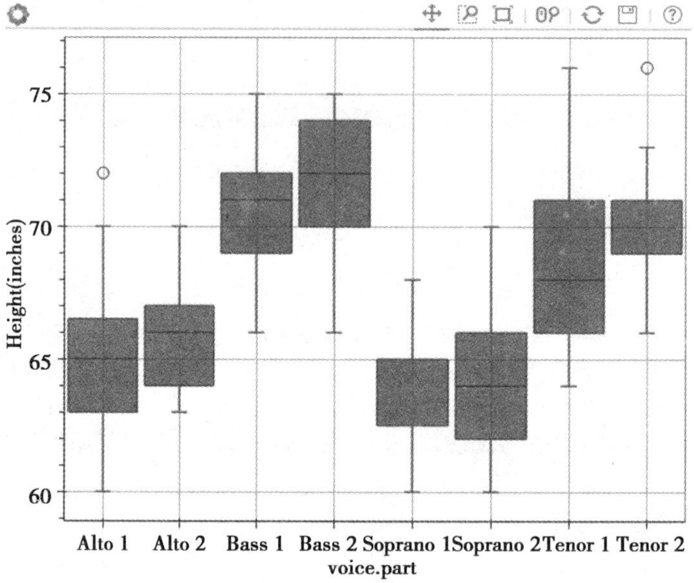

图 4-68　绘制箱线图

```
> revenue <- read.csv("revenue.csv")
> revenue
游戏名称本周上周
1                    烈焰遮天    556    400
2          坦克大战OL(ios正版)   1221   1855
3                      美人记   1876   1287
4             坦克大战OL(安卓)   2239   1870
5                      三剑豪   4213   5649
```

```
6              苍穹变（安卓）  7155   7084
7           苍穹变（iOS正版）  7443   8786
8      圣斗士星矢-集结（安卓） 13906  15849
9  圣斗士星矢-集结（ios正版） 28489  25712
> # 绘制柱状图
> if(!require(plotly)) install.packages("plotly")
> p <- plot_ly(revenue,y = ~本周,x = ~游戏名称,type = "bar",name = "本周")
> p
```

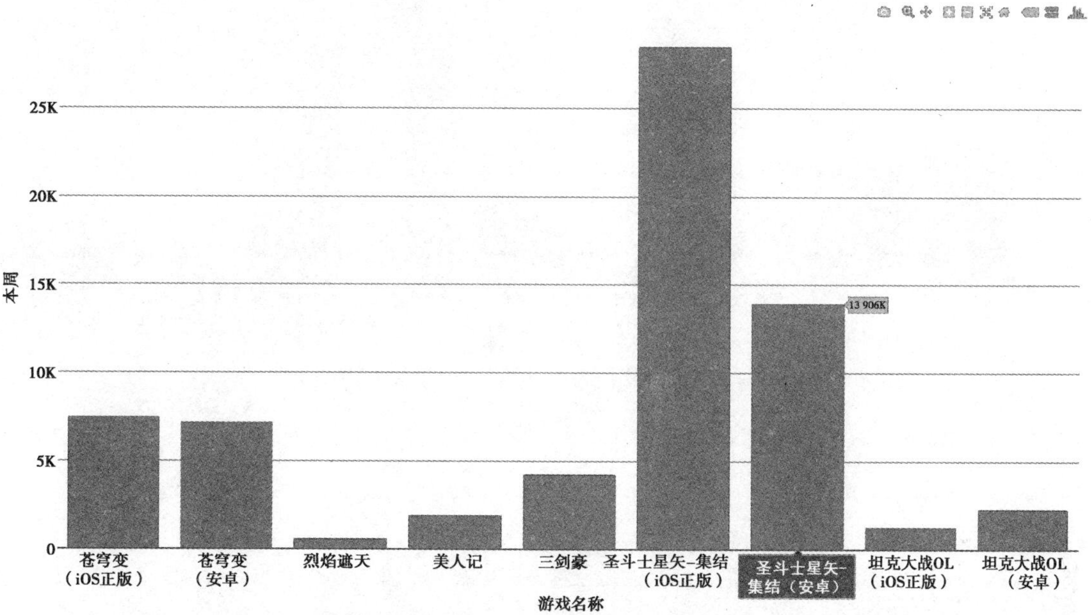

图 4-69　利用 plotly 包绘制交互柱状图

修改图形的方法与 recharts 相同，也是通过 %>% 进行。比如现在想在现有柱状图上添加上周收入的柱子，可通过 add_trace 函数进行添加，结果如图 4-70 所示。

```
>p %>% add_trace(y = ~上周,name = "上周")
```

也可通过 layout 函数来修改图形的布局、主题等。现将图 4-69 变成叠加柱状图、添加主标题，并删除 x 轴和 y 轴标签。执行以下代码得到的结果如图 4-70 所示。

```
> p %>%
+   add_trace(y = ~上周,name = "上周") %>%
+   layout(barmode = 'stack',
+          xaxis = list(title = ""),
+          yaxis = list(title = ""),
+          title = "游戏收入数据")
```

如果想绘制交互箱线图，需要将 type 参数设置为 "box"。执行以下代码得到的结果如图 4-72 所示。

```
> plot_ly(midwest, x = percollege, color = state, type = "box")
```

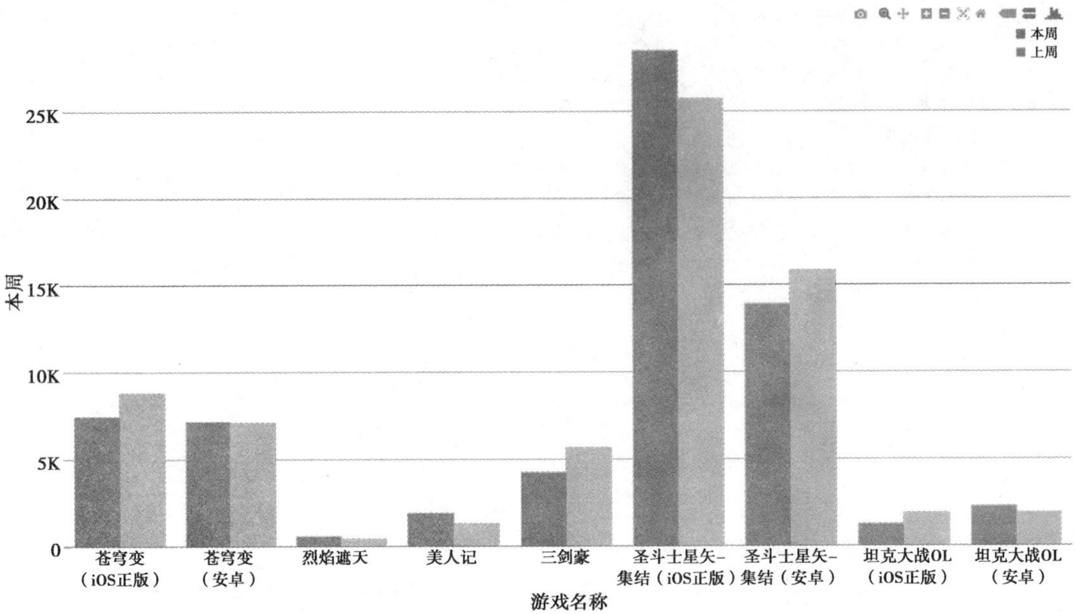

图 4-70 利用 plotly 包绘制分组柱状图

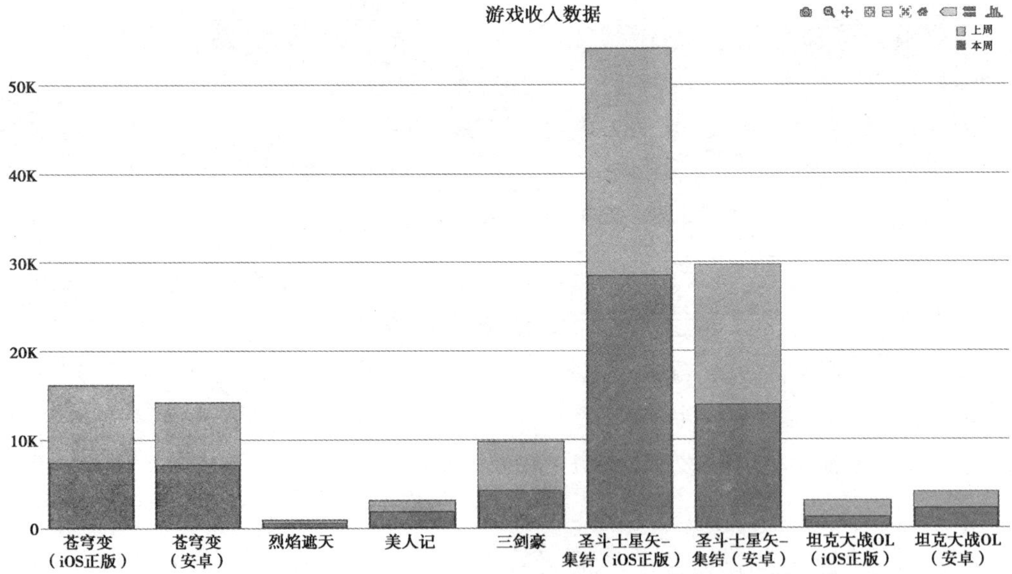

图 4-71 利用 plotly 包绘制叠加柱状图

4.3.5 googleVis 包

googleVis 是一种提供了 R 和 google visualization api 之间接口的 R 包，它允许用户无需上传数据到 google，就可以使用 Google Visulization API 对数据进行可视化处理。不过它的缺点是用户必须联网才能调用图形结果（国内还需要翻墙），通过 install.

packages("googleViz") 可完成包的安装。

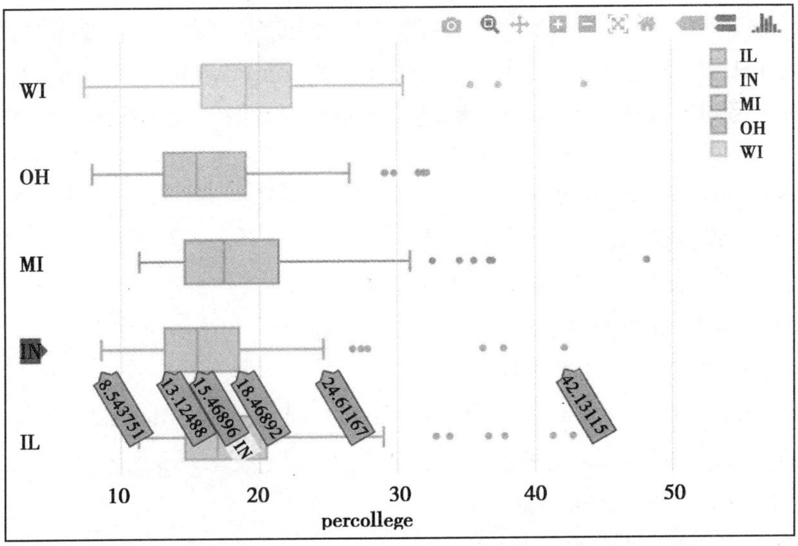

图 4-72　利用 plotly 包绘制交互箱线图

对 googleViz 自带的数据集 Fruit，利用 gvisMotionChart 函数实现功能强大的交互图。执行以下代码得到的图形如图 4-73 所示。

```
library(googleViz)
M1 <- gvisMotionChart(Fruits, idvar="Fruit", timevar="Year")
plot(M1)
```

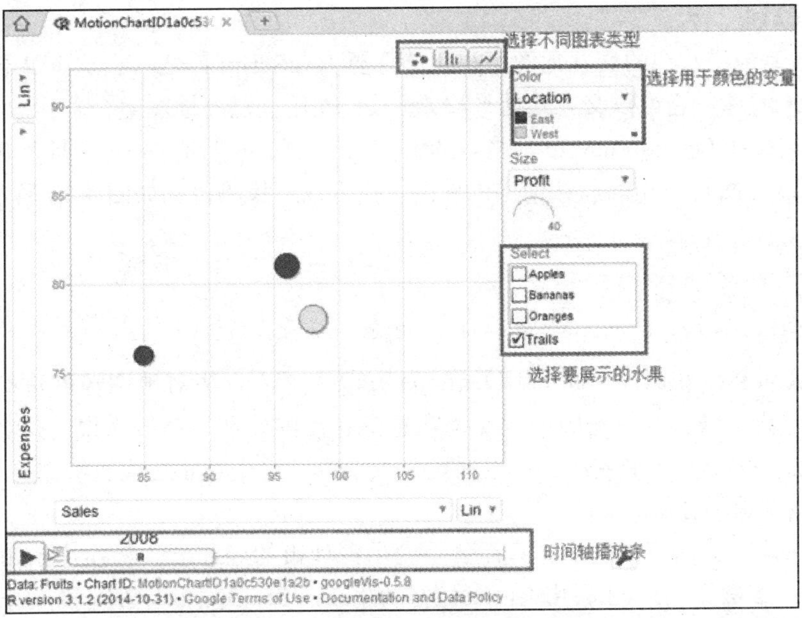

图 4-73　利用 gvisMotionChart 函数绘制功能强大的交互图

4.3.6 其他基于 htmlwidgets 包开发的交互包

htmlwidgets 包是一个专为 R 语言打造的可视化 JS 库。用户只需要编写几行 R 语言代码便可生成交互式的可视化页面。目前已经有众多基于 htmlwidgets 制作的 R 包可供用户直接使用，如前文提到的 recharts、plotly 等包。此外，还有如下的一些包。

- leaflet：互动地图，与 OpenStreeMap、Mapbox、andCartoDB 地图交互。
- dygraphs：时间序列可视化。
- DT：交互式数据表格。
- networkD3：基于 D3 JS 网络可视化。
- pairsD3：绘制 D3 散点图矩阵。
- scatterD3：绘制交互式散点图可视化。
- wordcloud2：调用一个 JS 的库（wordcloud2.js）实现 wordcloud。
- timevis：交互式时间线可视化。
- rpivotTable：交互数据透视表。
- threejs：交互式 3D 图形。
- highcharter：HighchartersJS 图形库的 R 接口。
- visNetwork：基于 vis.js 网络可视化。
- rglwidget：提供 WebGL 场景。
- DiagrammerR：创建流程图的工具。
- metricsgraphics：MetricsGraphics.js 的 htmlwidget 接口。

1. leaflet 包

leaflet 包是最受欢迎的交互地图可视化的开源 JavaScript 库之一。这个 R 包很容易控制并使用 leaflet JS 库。它可以交互式地平移 / 缩放，使用任意的地图组合。

使用 leaflet 在 OpenStreeMap 地图上标记 R 语言的诞生地——新西兰奥克兰大学。OpenStreeMap 地图是 leaflet 默认使用的地图。执行以下代码得到如图 4-74 所示的地图。

```
> library(leaflet)
> leaflet() %>%
+   addTiles() %>%
+   addMarkers(lng=174.768,lat=-36.852,popup="ThebirthplaceofR")
```

在 leaflet 包初始化时，一般调用 leaflet() 方法，这个方法对地图控件进行初始化，生成一个地图容器，以后所有的图层操作都在这个容器内处理。一般来说，这个方法都被作为其他方法的第一个参数来使用。可以通过显示参数设定或者通过管道操作符 %>% 来把这个容器传递给其他的方法。

如果想在地图上标记深圳市，只需要查找出深圳市的经纬度，替换掉 addMarkers 函数中的 lng 和 lat 参数即可。可利用 REmap 包中的 get_city_coord 函数查找某个地方的经纬度。执行以下代码得到的结果如图 4-75 所示。

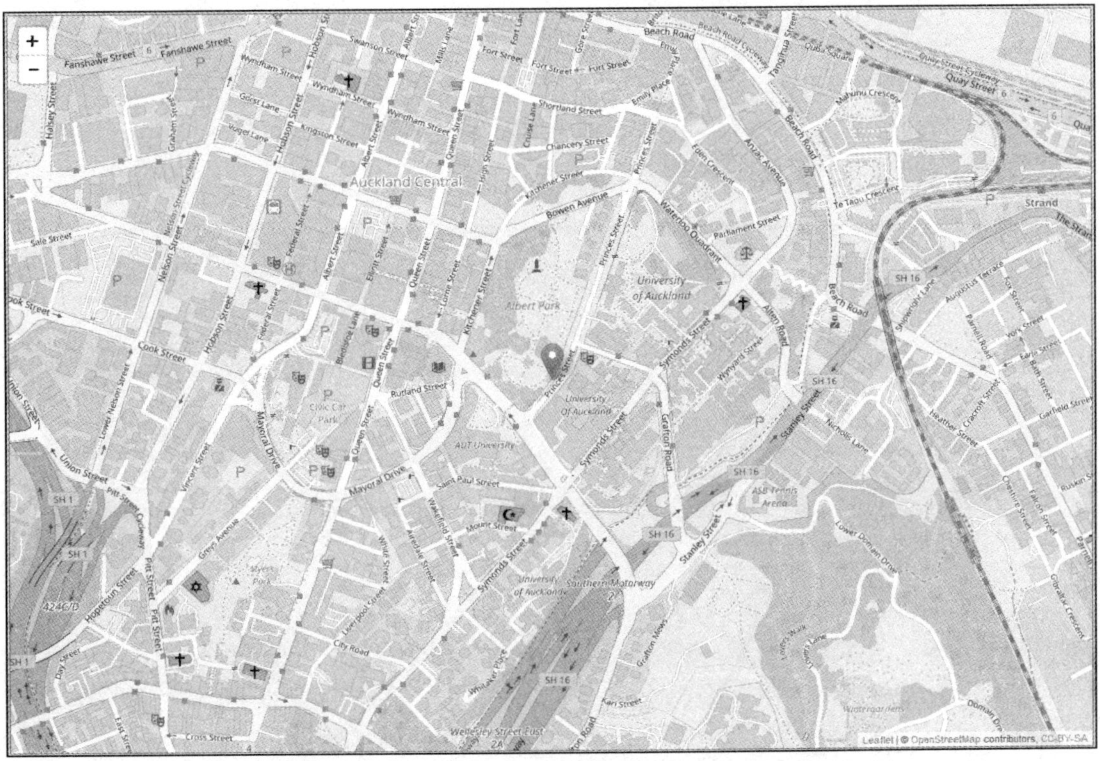

图 4-74　利用 leaflet 函数在地图上标记 R 语言的诞生地

```
> location <- REmap::get_city_coord("深圳")
> leaflet()%>%
+   setView(lng=location[1],lat=location[2],zoom=9)%>%
+   addTiles() %>%
+   addMarkers(lng=location[1],lat=location[2],popup="这里是深圳市")
```

2. dygraphs 包

dygraphs 包是一个开源的 JavaScript 库，它可以产生一个交互的、可缩放的时间序列图，尤其使用于大型数据集。dygraphs 包可以实现 dygraphs JS 库中交互的时序图，高度可配置的轴和序列显示，丰富的互动功能，上、下区域显示（如置信带），各种图形覆盖（如阴影、注释等），是 R 语言做时间序列图的很好选择。

以某款游戏在某一天的新增用户在未来 365 天的用户价值周期（LTV）数据为例，执行以下代码得到图 4-76 所示的交互时序图。

```
> if(!require(dygraphs)) install.packages("dygraphs")
> # LTV预测曲线
> LTV <- read.csv("LTV.csv")
> LTV.ts <- ts(LTV)
> dygraph(LTV.ts,main="LTV forecast") %>%
+   dySeries("V1",label="LTV",strokeWidth = 2) %>%
```

```
+    dyOptions(colors = "black",fillGraph = TRUE,fillAlpha = 0.4) %>%
+    dyHighlight(highlightCircleSize = 5,
+                highlightSeriesBackgroundAlpha = 0.2,
+                hideOnMouseOut = FALSE) %>%
+    dyAxis("x", drawGrid = FALSE) %>%
+    dyAxis("y", label = "LTV(Life Time Value)") %>%
+    dyRangeSelector()
```

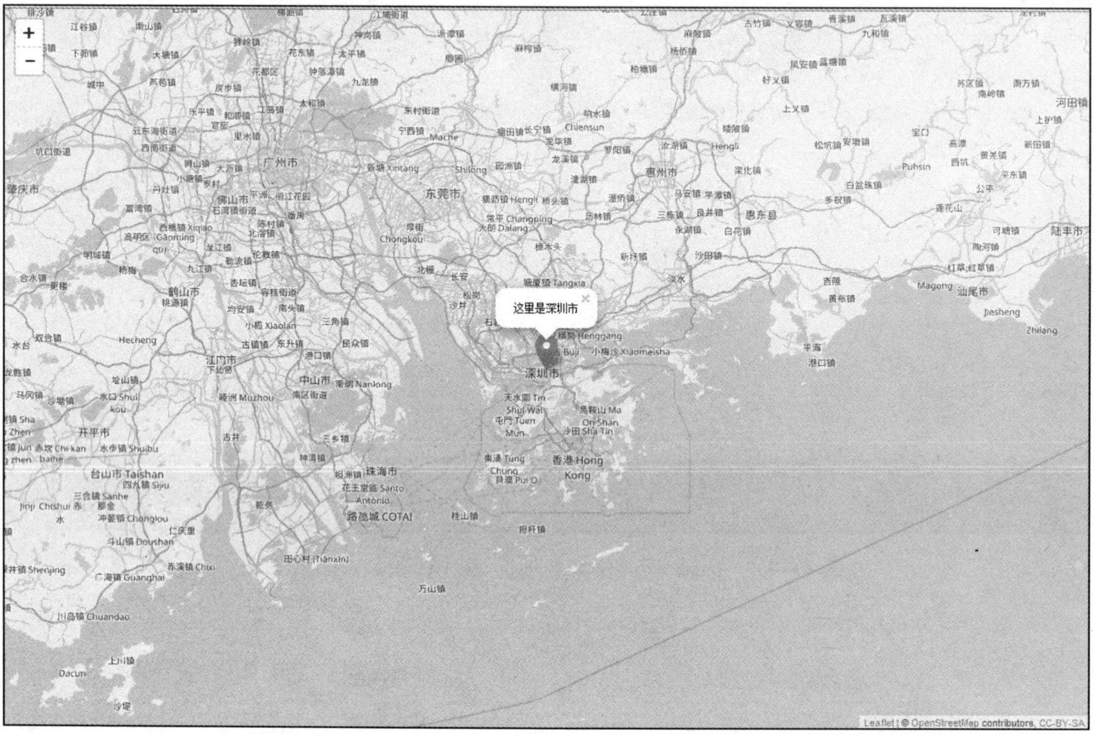

图 4-75　利用 leaflet 函数在地图上标记深圳市

3. DT 包

DT 包使 R 数据对象可以在 HTML 页面中实现过滤、分页、排序以及其他许多功能。通过 install.packages("DT") 安装 DT 包。

以鸢尾花数据集 iris 为例，执行以下代码，得到图 4-77 所示的交互数据表格。

```
> library(DT)
> datatable(iris)
```

从图 4-77 可知，鸢尾花数据集 iris 一共有 150 条记录，分为 10 页显示，可选择右下角进行翻页；默认每页显示 10 条记录，可以通过左上角选择每页的显示样本数；还可以对数据进行排序等操作。如果不想输出行号，将参数 rownames 设置为 FALSE 即可。

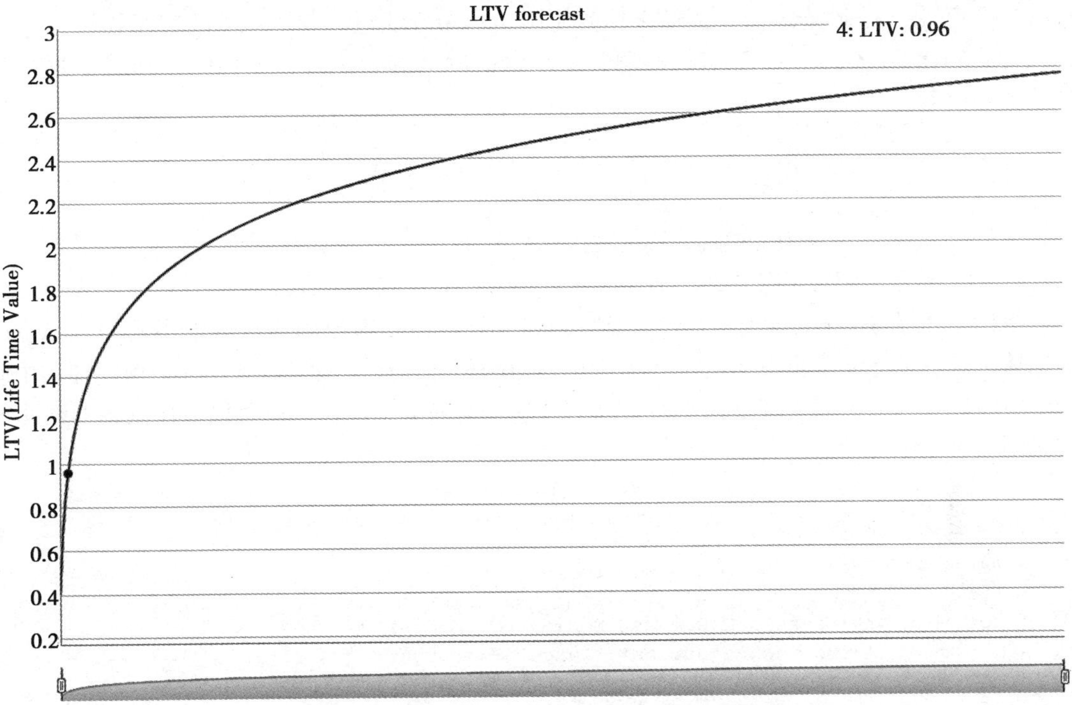

图 4-76　利用 dygraphs 函数绘制的交互时序图

Show 10 entries　　Search:

	SepalLength	SepalWidth	PetalLength	PetalWidth	Species
1	5.1	3.5	1.4	0.2	setosa
2	4.9	3	1.4	0.2	setosa
3	4.7	3.2	1.3	0.2	setosa
4	4.6	3.1	1.5	0.2	setosa
5	5	3.6	1.4	0.2	setosa
6	5.4	3.9	1.7	0.4	setosa
7	4.6	3.4	1.4	0.3	setosa
8	5	3.4	1.5	0.2	setosa
9	4.4	2.9	1.4	0.2	setosa
10	4.9	3.1	1.5	0.1	setosa

Showing 1 to 10 of 150 entries　　Previous 1 2 3 4 5 … 15 Next

图 4-77　利用 DT 包得到交互数据表格

4. networkD3 包

networkD3 包可绘制 D3 JavaScript 的网络图，networkD3 包通过 install.packages("networkD3") 安装。下面通过两个例子来体验使用 networkD3 包绘制网络图的交互效果。

首先利用 simpleNetwork 函数绘制一个简单的网络图。执行以下代码得到图 4-78 所示的简单网络图。

```
> library(networkD3)
> src <- sample(paste0("用户",1:4),9,replace = T)
> target <- sample(paste0("用户", c(1,2,3,5,6,7)),9,replace = T)
> networkData <- data.frame(src, target)
> simpleNetwork(networkData,zoom=T)
```

第二个例子是利用 forceNetwork 函数绘制力导向图。力导向算法假设不同的点是空间的球体，任意球之间都具有引力和斥力，通过力的相互作用，最终达到一种平衡。拖动中间的图里的任意节点，整个网络就会被拖动，并达到新的平衡位置。执行以下代码得到图 4-79 所示的力导向图。

```
> # 加载数据
> data(MisLinks)
> data(MisNodes)
> # 画图
> forceNetwork(Links = MisLinks, Nodes = MisNodes,
+              Source = "source", Target = "target",
+              Value = "value", NodeID = "name",
+              Group = "group", opacity = 0.8)
```

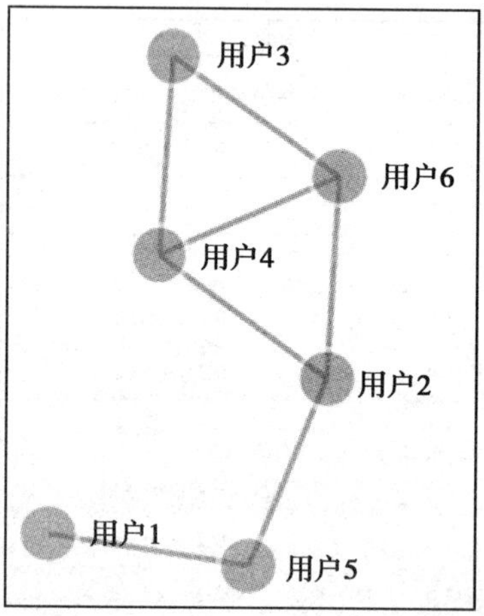

图 4-78 利用 simpleNetwork 绘制简单网络图

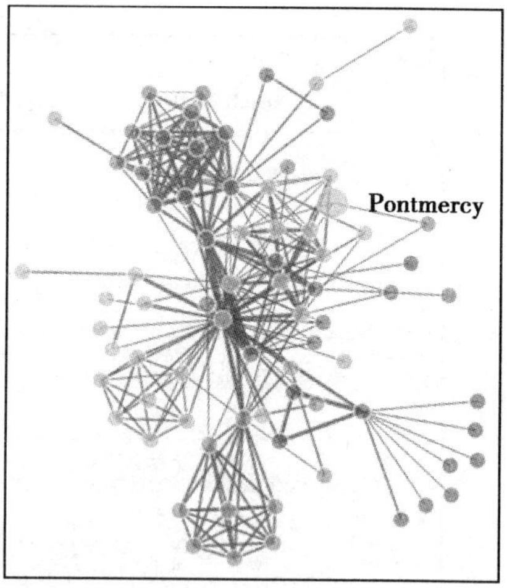

图 4-79 利用 forceNetwork 绘制力导向图

5. pairsD3 包

pairsD3 包可用于绘制 D3 散点图矩阵。直接通过 install.packages(“pairsD3”) 安装。现在对鸢尾花数据集的前四列数据绘制散点图矩阵，并按物种分组。执行以下代码得到的结果如图 4-80 所示。

```
> if(!require(pairsD3)) install.packages("pairsD3")
```

```
> pairsD3(iris[,1:4],group = iris[,5],
+         labels = c("花萼长度","花萼宽度","花瓣长度","花瓣宽度","种类"))
```

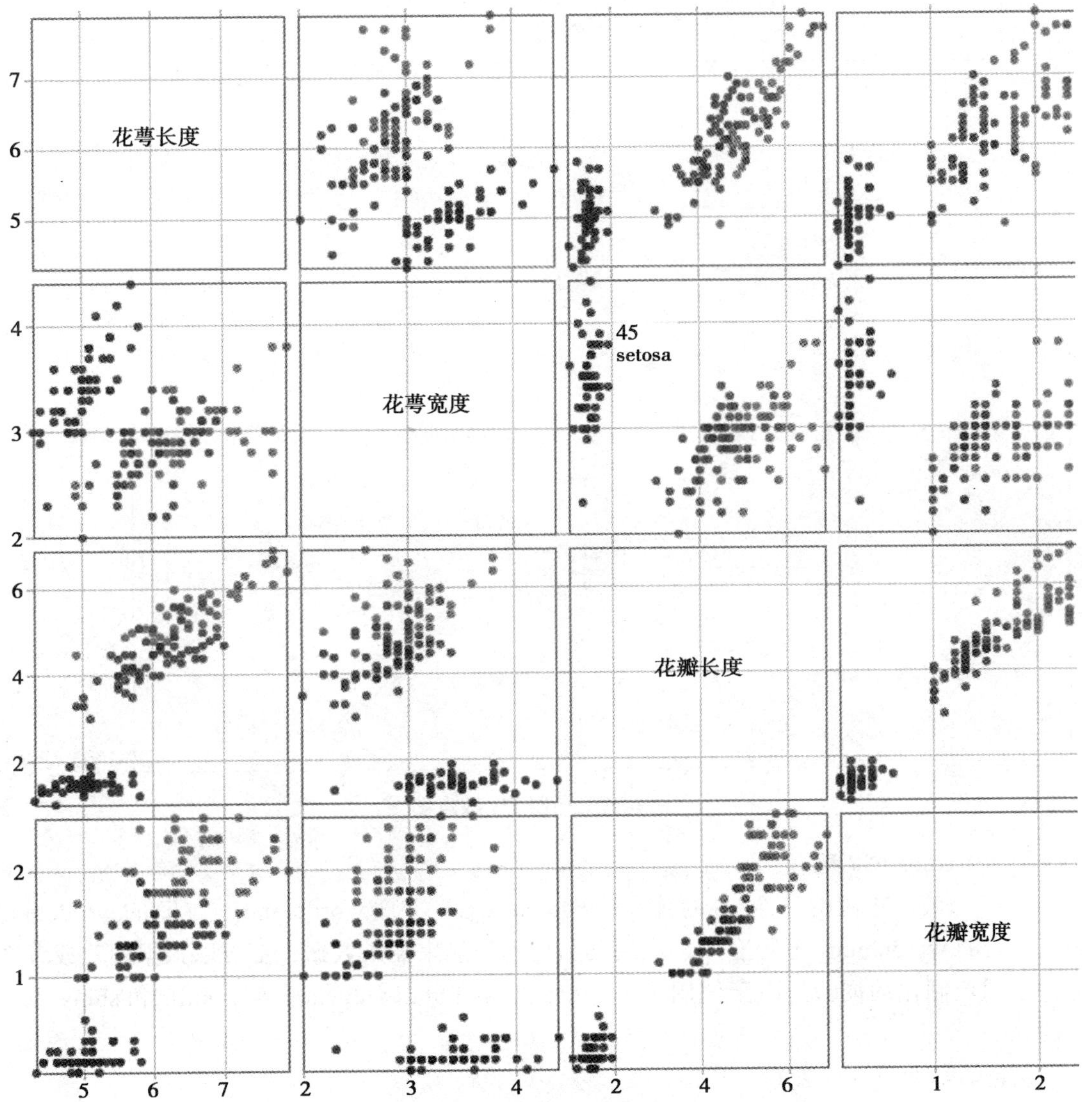

图 4-80　绘制 D3 散点图矩阵

6. scatterD3 包

scatterD3 是一个用于交互式散点图可视化的 HTML R 窗口小部件。它基于 htmlwidgets R 包和 d3.js javascript 库。直接通过 install.packages(“ scatterD3”) 安装。对 mtcars 绘制交互散点图，执行以下代码得到的结果如图 4-81 所示。

```
> if(!require(scatterD3)) install.packages("scatterD3")
> mtcars$names <- rownames(mtcars)
```

```
> scatterD3(data = mtcars, x = wt, y = mpg, lab = names,
+           col_var = cyl, symbol_var = am,
+           xlab = "Weight", ylab = "Mpg", col_lab = "Cylinders",
+           symbol_lab = "Manual transmission")
```

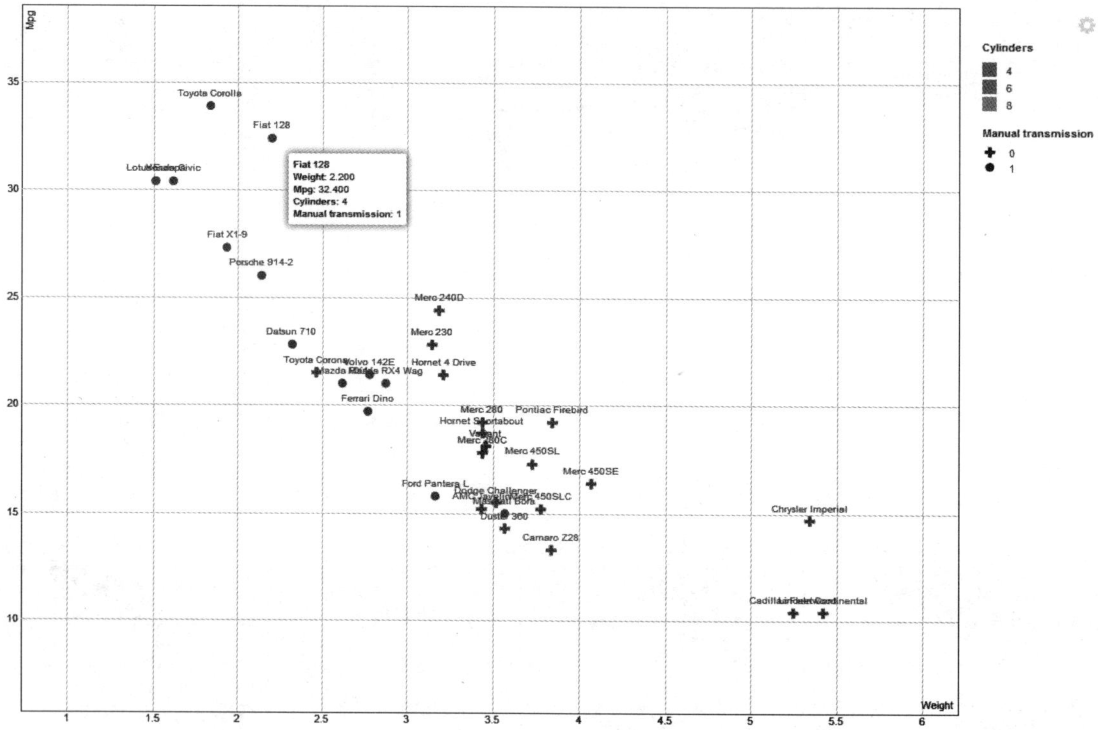

图 4-81 绘制 D3 散点图

7. wordcloud2 包

wordcloud2 包调用一个 JS 的库（wordcloud2.js）实现 wordcloud。与旧的 wordcloud 相比，新的 wordcloud2 能更有效地利用词与词的间隔来插入数据，更可以根据图片或者文字来绘制定制化的词云。由于使用了 Rstudio 出品的 htmlwidgets 框架，knitr 和 shiny 也都支持。

该包的基本函数有两个：

- wordcloud2：提供基本的词云功能。
- letterCloud：使用选定的词绘制词云。

自定义模式允许用户设定一个字符，然后根据这个字符，生成一个形状相同的词云。执行以下代码生成字符 R 的形状，结果如图 4-82 所示。

```
> if(!require(wordcloud2)) devtools::install_github("lchiffon/wordcloud2")
> letterCloud(demoFreqC[1:200,], "R", fontFamily = "微软雅黑",
+             color = "random-light")
```

8. timevis 包

timevis 包用于生成互式时间线可视化，常用于项目进度管理的甘特图，通过 install.packages("timevis") 进行安装。执行以下代码得到的结果如图 4-83 所示。

```
> # timevis包
> if(!require(timevis)) install.packages
    ("timevis")
> data <- data.frame(
+   id      = 1:4,
+   content = c("事项一"   ,  "事项二"  ,"事项三",
"事项四"),
+    start    = c("2016-11-10", "2016-11-11",
"2016-11-20", "2016-12-14 15:00:00"),
+   end = c(NA, NA, "2016-12-04", NA)
+ )
> timevis(data)
```

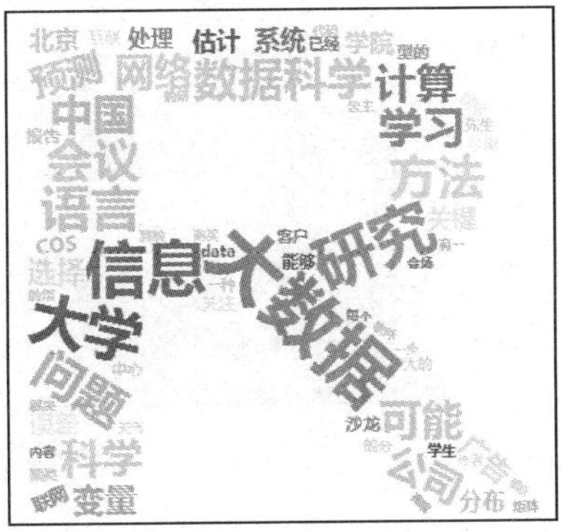

图 4-82　绘制生成一个 R 形状的词云

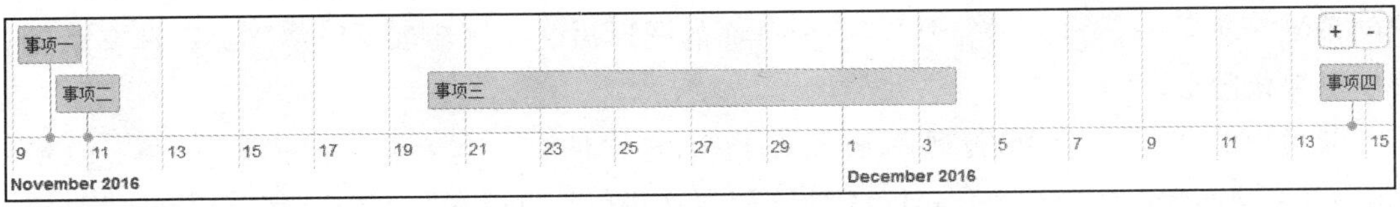

图 4-83　绘制事件管理的甘特图

9. rpivotTable 包

在 R 中也可以通过 rpivotTable 包轻松实现 Excel 中的数据透视表功能。可通过 install_github(c("ramnathv/htmlwidgets", "smartinsightsfromdata/rpivotTable")) 命令安装。执行以下代码得到的初始透视表如图 4-84 所示。

```
> library(rpivotTable)
> mtcars$vs <- factor(ifelse(mtcars$vs==0,"自动","手动"))
> colnames(mtcars)[8] <- "传输"
> rpivotTable(mtcars)
```

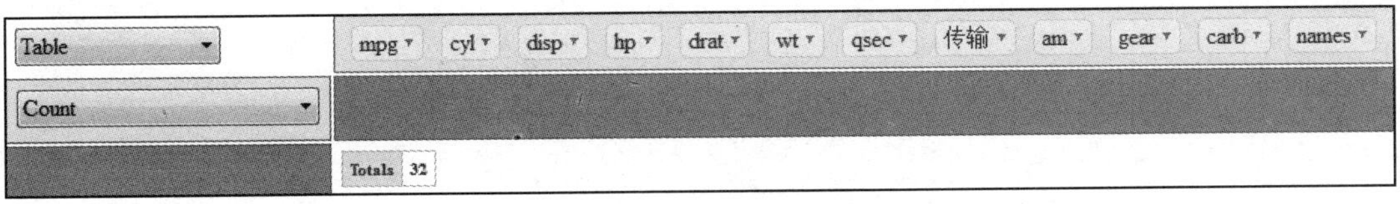

图 4-84　生成数据透视表

在图 4-84 中，与在 Excel 中操作数据透视表相似，可以通过拖曳的方式统计不同的行列数据。比如将传输拖至行、am 拖至列，并选择 Table Barchart 的展示形式，结果如图 4-85 所示。

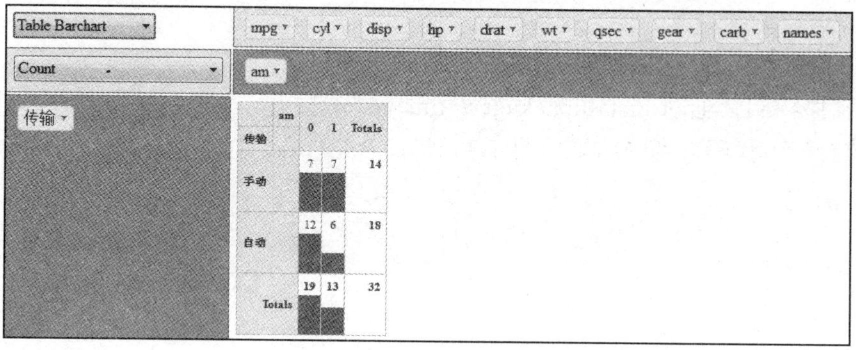

图 4-85 生成 Table Barchart 透视表

4.4 小结

本章学习了两个常用的高级绘图扩展包。首先是 lattice 包，它提供了一个可创建栅栏图的系统，然后是 ggplot2 包，它有一个全面的图形语法。两者都可以创建美观且有意义的数据可视化图形。

随后，探究了一些可实现图形动态交互的软件包，包括 rCharts、recharts、plotly、googleVis、dygraphs、DT、networkD3 等，利用这些包，可以在图形中直接与数据进行交互，更好地实现数据探索和数据可视化。

第二篇 Part 2

实 战 篇

- 第 5 章 游戏数据预处理
- 第 6 章 游戏数据分析的常用方法
- 第 7 章 漏斗模型与路径分析
- 第 8 章 留存分析
- 第 9 章 用户分析
- 第 10 章 渠道分析
- 第 11 章 收入分析

Chapter 5 第 5 章

游戏数据预处理

“垃圾进，垃圾出（garbage in，garbage out)”的意思就是在做数据分析前，不对原始数据进行数据准备而直接进行数据分析工作，很可能会得出错误的结论，错误的结论将严重误导业务方接下来的工作。因此一个数据分析项目实践中有多达 60% 的时间和精力是用来数据抽样、数据清洗和数据转换的。

5.1 数据抽样

5.1.1 数据抽样的必要性

“抽样”对于数据分析和挖掘来说是一种常见的前期数据处理技术和阶段。一个常用的需要通过抽样来解决的业务场景就是：在很多小概率事件、稀有事件的预测建模过程中，比如游戏用户付费转化率，在全部注册用户中，能转化成付费用户的只占 10% 甚至更少，这种情况属于类失衡问题，即在数据中可能会存在某个或某些类别下的样本数远大于另一些类别下样本数目的情况。如果不对数据进行处理就建模，建立的分类器就倾向于预测数据较多的一类，显然该分类器是无效的，并且这种无效是由于训练集中类别不均衡导致的。

克服类失衡问题常用的技术有以下两种：

- ❑ 偏置学习过程的方法，应用特定的对少数类更敏感的评价指标。
- ❑ 用抽样方法来操作训练数据，从而改变类的分布。

有多种抽样方法用于改变数据集中类的失衡，常用的有以下两种：

- ❑ 欠采样法，它从多数类中选择一小部分案例，并把它们和少数类个案一起构成一个有更加平衡的类分布的数据集。

- 过采样法，它采用另外的工作模式，使用某些进程来复制少数类个案。

在数据建模阶段，一般需要将样本分成独立的三部分：训练集（train set）、验证集（validation set）和测试集（test set）。其中，训练集用来估计模型，验证集用来确定网络结构或者控制模型复杂程度的参数，测试集检验最终选择最优模型的性能如何。一个典型的划分是训练集占总样本的 70%，而其他各占 15%，三部分都是从样本中随机抽取。

样本少的时候，上面的划分就不合适了，常用的是留少部分做测试集，然后对其余 *N* 个样本采用 K 折交叉验证法，即将样本打乱，然后均匀分成 *K* 份，轮流选择其中 *K*−1 份训练，剩余的一份做验证，计算预测误差平方和，最后对 *K* 次的预测误差平方和再做平均作为选择最优模型结构的依据。

5.1.2 类失衡处理方法：SMOTE

有一个系统的构造人工数据样本的方法是 SMOTE（Synthetic Minority Over-sampling Technique）。在 R 中，DMwR 包中的 SMOTE() 函数可以实现 SMOTE 方法。主要参数有如下三个：perc.over，过采样时，生成少数类的新样本个数；k，过采样中使用 K 近邻算法生成少数类样本时的 K 值，默认是 5；perc.under，欠采样时，对应每个生成的少数类样本，选择原始数据多数类样本的个数。例如，perc.over=500 表示对原始数据集中的每个少数样本，都将生成 5 个新的少数样本；perc.under=80 表示从原始数据集中选择的多数类的样本是新生的数据集中少数样本的 80%。

先利用 Thyroid Disease 数据来演示 SMOTE 算法。首先下载和清洗数据：利用 read.csv 函数从网上下载数据，并进行删除冒号和句号的清洗工作，最后重命名列。实现代码如下。

```
>下载数据
> hyper <-read.csv(
  'htt\p://archive.ics.uci.edu/ml/machine-learning-databases/thyroid-disease/
  hypothyroid.data',
+     header=F)
>names <- read.csv(
'http://archive.ics.uci.edu/ml/machine-learning-databases/thyroid-disease/
hypothyroid.names',
+  header=F, sep='\t')[[1]]
> # 对对象names删除冒号和句号
> names <- gsub(pattern =":|[.]", replacement="", x = names)
> # 对对象hyper的列进行重命名
> colnames(hyper)<-names
> colnames(hyper)
 [1] "hypothyroid, negative"      "age"
 [3] "sex"                        "on_thyroxine"
 [5] "query_on_thyroxine"         "on_antithyroid_medication"
 [7] "thyroid_surgery"            "query_hypothyroid"
 [9] "query_hyperthyroid"         "pregnant"
[11] "sick"                       "tumor"
[13] "lithium"                    "goitre"
```

```
[15] "TSH_measured"              "TSH"
[17] "T3_measured"               "T3"
[19] "TT4_measured"              "TT4"
[21] "T4U_measured"              "T4U"
[23] "FTI_measured"              "FTI"
[25] "TBG_measured"              "TBG"
```

接下来，将第一列的列名由 "hypothyroid, negative" 改成 target，并将该列中的因子水平 negative 变成 0，其他值变成 1，并检查 0、1 的结果。实现代码如下。

```
> colnames(hyper)[1]<-"target"
> colnames(hyper)
 [1] "target"                    "age"
 [3] "sex"                       "on_thyroxine"
 [5] "query_on_thyroxine"        "on_antithyroid_medication"
 [7] "thyroid_surgery"           "query_hypothyroid"
 [9] "query_hyperthyroid"        "pregnant"
[11] "sick"                      "tumor"
[13] "lithium"                   "goitre"
[15] "TSH_measured"              "TSH"
[17] "T3_measured"               "T3"
[19] "TT4_measured"              "TT4"
[21] "T4U_measured"              "T4U"
[23] "FTI_measured"              "FTI"
[25] "TBG_measured"              "TBG"
> hyper$target<-ifelse(hyper$target=="negative",0,1)
> # 检查下0、1的结果
> table(hyper$target)
   0    1
3012  151
> prop.table(table(hyper$target))
         0          1
0.95226051 0.04773949
```

可见，1 仅占数据的 5%，这显然属于严重的类失衡数据，也是罕见事件。我们在进行下一步建模前，需要对数据进行类失衡处理。

现在，利用 SMOTE 对数据 hyper 的 target 变量进行类失衡处理。设置参数 perc.over=100，表示对原始数据集中的 151 个少数样本，都将生成 1 个新的样本，一共有 151＋151＝302 个少数样本；perc.under=200 表示从原始数据集中选择的多数类的样本是新生的数据集中少数样本的 200%，即 151×200%＝302 个多数样本，达到 0、1 数据相同。

```
> # 将变量target变成因子型
> hyper$target <- as.factor(hyper$target)
> # 加载DMwR包
> if(!require(DMwR)) install.packages("DMwR")
载入需要的程辑包：DMwR
载入需要的程辑包：lattice
载入需要的程辑包：grid
> # 进行类失衡处理
```

```
# perc.over=100:表示少数样本数=151+151*100%=302
# perc.under=200:表示多数样本数(新增少数样本数*200%=151*200%=302)
> hyper_new <- SMOTE(target~.,hyper,perc.over = 100,perc.under = 200)
> # 查看处理后变量target的0、1个数
> table(hyper_new$target)
  0   1
302 302
```

为了进一步熟悉 SMOTE 参数设置的用法，将参数 perc.over 设为 200，表示对原始数据集中的 150 个少数样本，都将生成两个新的样本，一共有 151＋151×200%＝453 个少数样本；将参数 perc.under 设为 300，表示从原始数据集中选择的多数类的样本是新生的数据集中少数样本的 300%，即 151×200%×300%＝906。

```
> # perc.over=200:表示少数样本数=151+151*200%=453
> # perc.under=300:表示多数样本数(新增少数样本数*300%=151*200%*300%=906)
> hyper_new1 <- SMOTE(target~.,hyper,perc.over = 200,perc.under = 300)
> # 查看处理后变量target的0、1个数
> table(hyper_new1$target)
  0   1
906 453
```

通过上例的学习，我们已经掌握了 SMOTE 函数的基本用法。假设有一份关于本周活跃用户是否付费的数据，包括用户最近一周活跃的天数、不同时间段的登录次数以及是否付费等字段。现在，研究是否付费这个变量，分析数据是否属于类失衡数据及如何调整相同占比。实现代码如下。

```
> # 导入数据
> user <- read.csv("活跃用户是否付费数据.csv",T)
> # 查看变量名
> colnames(user)
[1] "用户id"                 "是否付费"
[3] "注册至今距离天数"       "最后一周登录天数"
[5] "最后一周登录次数"       "最后一周0.8点登录次数"
[7] "最后一周8.18点登录次数" "最后一周18.24点登录次数"
> # 查看是否付费的类别占比(0:非付费, 1:付费)
> prop.table(table(user$是否付费))
        0         1
0.8589596 0.1410404
> # 将是否付费变量转换成因子型
> user$是否付费<- as.factor(user$是否付费)
> library(DMwR)
> # 对类失衡数据进行处理
>user_new <- SMOTE(是否付费~.,data=user,perc.over=100,perc.under=200)
> # 查看处理后的结果
> table(user_new$是否付费)
    0     1
34868 34868
```

5.1.3 数据随机抽样：sample 函数

R 中的 sample() 函数可以实现数据的随机抽样。其基本表达形式为：

```
sample(x, size, replace = FALSE, prob = NULL)
```

其中 x 是数值型向量，size 是抽样个数，replace 表示是否有放回抽样，默认 FALSE 是无放回抽样，TURE 是有放回抽样。

接下来，通过一个小例子来理解 sample 函数。首先创建对象 x，由 1～10 组成。先对 x 进行无放回抽样，抽取 8 次并将结果赋予对象 a，再次对 x 进行有放回抽样，抽取 8 次并将结果赋予对象 b。执行以下代码。

```
> set.seed(1234)
> # 创建对象x，有1~10组成
> x <- seq(1,10);x
 [1]  1  2  3  4  5  6  7  8  9 10
> # 利用sample函数对x进行无放回抽样
> a <- sample(x,8,replace=FALSE);a
[1] 2 6 5 8 9 4 1 7
> # 利用sample函数对x进行有放回抽样
> b <- sample(x,8,replace=TRUE);b
[1]  7  6  7  6  3 10  3  9
```

可见，b 中抽取的元素中有重复值。如果要抽取的样本数大于 x 的长度，就需要将 replace 设置为 TRUE（有放回抽样），不然会报错。

```
> (c <- sample(x,15,replace = F))
Error in sample.int(length(x), size, replace, prob) :
  cannot take a sample larger than the population when 'replace = FALSE'
> (c <- sample(x,15,replace = T))
 [1]  3  3  2  3  4  4  2  1  3  9  6 10  9  1  5
```

在 12 万本周活跃用户的数据中，假如想随机抽取 1 万活跃用户进行探索性分析。执行以下代码，分别查看 user 与 user_sample 变量“是否付费”中的 0、1 占比。

```
> # 导入数据
> user <- read.csv("活跃用户是否付费数据.csv",T)
> # 查看数据user的行数
> nrow(user)
[1] 123610
> # 利用sample函数对user数据进行无放回抽样
> set.seed(1234)
> # 提取下标集
> index <- sample(nrow(user),10000,replace=FALSE)
> # 将抽样数据赋予对象user_sample
> user_sample <- user[index,]
> # 查看user_sample的行数
> nrow(user_sample)
[1] 10000
```

```
> round(prop.table(table(user$是否付费)),3)
    0     1
0.859 0.141
> round(prop.table(table(user_sample$是否付费)),3)
    0     1
0.861 0.139
```

可见，进行简单抽样时，sample 是在全部样本中抽取指定的样本数。如果想在抽样后让“是否付费”的 0、1 占比情况与全样本时一致，可以执行以下操作。

```
> # 计算出“是否付费”的0的占比
> rate <- sum(user$是否付费==0)/nrow(user)
> # 提取未付费用户的下标子集
> d <- 1:nrow(user)
> index1 <- sample(d[user$是否付费==0],10000*rate)
> # 提取付费用户的下标子集
> index2 <- sample(d[user$是否付费==1],10000*(1-rate))
> # 将抽样数据赋予对象user_sample1
> user_sample1 <- user[c(index1,index2),]
> # 查看“是否付费”的0、1占比
> round(prop.table(table(user_sample1$是否付费)),3)
    0     1
0.859 0.141
```

5.1.4 数据等比抽样：createDataPartition 函数

以上方法虽然实现了按照某个因子变量的类别进行等比例抽样，但是当类别多时，代码会比较烦琐。现在介绍 caret 包中的 createDataPartition 函数，它可以快速实现数据按照因子变量的类别进行快速等比例抽样。其函数基本表达形式为：

```
createDataPartition(y, times = 1,p = 0.5,list = TRUE,groups = min(5, length(y)))
```

其中 y 是一个向量，times 表示需要进行抽样的次数，p 表示需要从数据中抽取的样本比例，list 表示结果是否是 list 形式，默认为 TRUE，groups 表示如果输出变量为数值型数据，则默认按分位数分组进行取样。

以鸢尾花数据集为例，我们想按照物种分类变量进行等比例随机抽取其中 10% 的样本进行研究。实现代码如下。

```
> # 载入caret包，如果本地未安装，就在线安装caret包
> if(!require(caret)) install.packages("caret")
> # 提取下标集
> splitindex <- createDataPartition(iris$Species,times=1,p=0.1,list=FALSE)
> splitindex
      Resample1
 [1,]         7
 [2,]        15
 [3,]        28
 [4,]        41
```

```
 [5,]       48
 [6,]       59
 [7,]       66
 [8,]       80
 [9,]       95
[10,]       98
[11,]      124
[12,]      127
[13,]      128
[14,]      137
[15,]      147
> # 提取符合子集
> sample <- iris[splitindex,]
> # 查看Species变量中各类别的个数和占比
> table(sample$Species);
    setosa versicolor  virginica
         5          5          5
> prop.table(table(sample$Species))
    setosa versicolor  virginica
 0.3333333  0.3333333  0.3333333
```

times=1 表示抽样只进行一次，p=0.1 表示抽取全部样本的 10%(150×10%=15)，将 list 设置为 FALSE，splitindex 返回一个矩阵，如果将 list 设置为 TRUE，则返回列表形式。代码如下。

```
> # 提取下标集
> splitindex1 <- createDataPartition(iris$Species,times=1,p=0.1,list=TRUE)
> # 查看下标集
> splitindex1
$Resample1
 [1]  11  14  16  28  31  63  68  82  95 100 102 110 116 122 146
> # 提取子集
> iris[splitindex1$Resample1,]
    Sepal.Length Sepal.Width Petal.Length Petal.Width    Species
11           5.4         3.7          1.5         0.2     setosa
14           4.3         3.0          1.1         0.1     setosa
16           5.7         4.4          1.5         0.4     setosa
28           5.2         3.5          1.5         0.2     setosa
31           4.8         3.1          1.6         0.2     setosa
63           6.0         2.2          4.0         1.0 versicolor
68           5.8         2.7          4.1         1.0 versicolor
82           5.5         2.4          3.7         1.0 versicolor
95           5.6         2.7          4.2         1.3 versicolor
100          5.7         2.8          4.1         1.3 versicolor
102          5.8         2.7          5.1         1.9  virginica
110          7.2         3.6          6.1         2.5  virginica
116          6.4         3.2          5.3         2.3  virginica
122          5.6         2.8          4.9         2.0  virginica
146          6.7         3.0          5.2         2.3  virginica
```

将 times 设置为 2 时，将按照物种种类随机等比例抽取 10% 样本两次，执行以下代码。

```
> # 设置times=2
> splitindex2 <- createDataPartition(iris$Species,times=2,p=0.1,list=TRUE)
> splitindex2
$Resample1
 [1]   8  16  17  23  41  62  64  90  96  99 109 111 113 116 127
$Resample2
 [1]   4  10  27  34  38  60  72  76  81  94 101 108 113 134 142
```

在 12 万本周活跃用户的数据中，假如我们想按照“是否付费”的比例随机抽取 1 万活跃用户进行探索性分析。执行以下代码。

```
> # 导入数据
> user <- read.csv("活跃用户是否付费数据.csv",T)
> # 将“是否付费”改为因子型变量
> user$是否付费<- as.factor(user$是否付费)
> # 提取下标集
> ind <- createDataPartition(user$是否付费,p=10000/nrow(user),
+                            times=1,list=FALSE)
> # 查看子集中0、1占比
> prop.table(table(user[ind,'是否付费']))
        0         1
0.8589141 0.1410859
```

前文提到在做建模时需要对数据进行分区（如训练集：测试集 =70%:30%），此时可以利用 sample 函数进行无放回随机抽取 70% 的数据作为训练集，另外 30% 的数据作为测试集。

例如，把 user 数据集随机分成两部分，其中 70% 作为训练集，剩下的 30% 作为测试集。执行以下代码。

```
> # 提取训练数据集的下标
> ind <- sample(nrow(user),0.7*nrow(user),replace=F)
> # 构建训练集数据
> traindata <- user[ind,]
> # 构建测试集数据
> testdata <- user[-ind,]
```

以上抽样的方式是从全量样本中随机抽取 70% 作为训练集，剩下的 30% 作为测试集，这样就可能存在“是否付费”变量中的 0、1 占比会有所不同。现在查看它们各自的“是否付费”中 0、1 的占比情况。

```
> # 查看“是否付费”的0、1占比
> prop.table(table(user$是否付费))
        0         1
0.8589596 0.1410404
> prop.table(table(traindata$是否付费))
        0         1
0.8584026 0.1415974
```

```
> prop.table(table(testdata$是否付费))
        0         1
0.8602594 0.1397406
```

可见，三份数据的“是否付费”0、1占比有所差别。如果希望训练集和测试集中的“是否付费”中的0、1占比与全量数据中的占比相同，可以采用sample按照每个因子类别分别抽取70%再合并的方式进行数据分区，此处用createDataPartition函数按照“是否付费”变量进行等比例抽样后再分区来演示。

```
> library(caret)
> # 将“是否付费”变量转换成因子型
> user$是否付费<- as.factor(user$是否付费)
> # 构建训练数据下标集
> idx <-  createDataPartition(user$是否付费,p=0.7,list=FALSE)
> # 构建训练数据集
> train <- user[idx,]
> # 构建测试数据集
> test <- user[-idx,]
> # 查看“是否付费”的0、1占比
> prop.table(table(user$是否付费))
        0         1
0.8589596 0.1410404
> prop.table(table(train$是否付费))
        0         1
0.8589589 0.1410411
> prop.table(table(test$是否付费))
        0         1
0.8589612 0.1410388
```

5.1.5 用于交叉验证的样本抽样

有时候，我们可能需要利用N折交叉验证的方法来提高模型结果的可靠性。方法就是：随机把下标分配给1，2，3，…，*n*个数字，也就是把数据下标随机分成*N*份，然后每次提取一份作为测试集，其他*N*−1份在一起作为训练集，用模型进行拟合，记下结果和误差，如此下去，一共做*N*次，最后把误差平均起来查看模型的准确性。

下面利用sample函数构造为交叉验证服务的5个训练集和测试集。执行以下代码。

```
> # zz1为所有观测值的下标
> n <- nrow(user);zz1 <- 1:n
> # zz2为1:5的随机排列
> set.seed(1234)
> zz2 <- rep(1:5,ceiling(n/5))[1:n]
> zz2 <- sample(zz2,n)
> # 构建训练集及测试集
> for(i in 1:5){
+   m <- zz1[zz2==i]
+   train <- user[-m,]
+   test <- user[m,]
```

```
+    # 接下来就可以利用训练集建立模型，测试集验证模型，并计算5次MSE
+ }
```

以上代码进行随机抽样后，也会存在每份抽样数据的目标变量“是否付费”中的 0、1 占比不一致的情况，此时可以利用 createDataPartition 函数按照“是否付费”变量进行等比例分成 5 份再构建交叉验证的训练集和测试集，感兴趣的话可以自行尝试。

下面介绍 caret 包中的 createFolds 函数和 createMultiFolds 函数。createFolds 函数的基本形式为：

```
createFolds(y, k = 10, list = TRUE, returnTrain = FALSE)
```

其中 y 是要依据分类的变量；k 指定 k 重交叉验证的样本，默认为 10 重，每重的样本量为总量 /k ；list 表示是否以列表或矩阵的形式存储随机抽取的索引号，默认为 TRUE ；returnTrain 表示是否返回抽样的真实值，默认返回样本的索引值。

createMultiFolds 函数的基本表达式为

```
createMultiFolds(y, k = 10, times = 5)
```

其中 k 指定 k 重交叉验证的样本，默认为 10 重。每重的样本量为总量 /k ；times 指定抽样组数，默认为 5 组（每组中都有 10 重抽样）。

继续以 user 数据为例，按照“是否付费”等比例分成 5 份。执行如下代码。

```
> user$是否付费<- as.factor(user$是否付费)
> index <- createFolds(user$是否付费,k=5,list=FALSE)
> prop.table(table(user[index==1,'是否付费']))
        0         1
0.8589515 0.1410485
> prop.table(table(user[index==2,'是否付费']))
        0         1
0.8589515 0.1410485
> prop.table(table(user[index==3,'是否付费']))
        0         1
0.8589863 0.1410137
> prop.table(table(user[index==4,'是否付费']))
        0         1
0.8589515 0.1410485
> prop.table(table(user[index==5,'是否付费']))
        0         1
0.8589572 0.1410428
```

可见，每份数据都是按照“是否付费”进行等比例抽样的，然后可以按照上面的方法构建 5 折交叉验证的训练集和验证集，进行建模和评估。

5.2 数据清洗

数据质量分析是数据预处理的前提，是数据挖掘分析结论有效性和准确性的基础，其主要任务是检查原始数据中是否存在脏数据，脏数据一般是指不符合要求，以及不能直接进行相应分析的数据。在常见的数据挖掘工作中，脏数据包括：不一致的值、缺失值和异常值。

数据不一致性是指各类数据的矛盾性、不相容性，其一是数据源的描述不一致造成的，二是存在重复的记录造成的，三是不满足既定的一致性规则造成的。

本节主要分析数据中的缺失值和异常值进行分析。

5.2.1 缺失值判断及处理

1. 识别缺失值

数据的缺失主要包括记录的缺失和记录中某个字段信息的缺失，两者都会造成分析结果不准确。一般数据缺失主要是由以下几个原因造成的。

- ❑ 有些信息暂时无法获取，或者获取信息的代价太大。
- ❑ 在调查访问中，被访问者拒绝透露相关信息，导致数据缺失。
- ❑ 由于数据采集设备故障、存储介质故障、传输媒体故障等机械原因而丢失。

处理缺失值的基本步骤是：首先识别缺失值，然后检查导致数据缺失的原因，最后删除包含缺失值的记录或用合理的数值替代（插补）缺失值。

R 中的缺失值以 NA（Not Available）表示，判断数据是否存在缺失值的函数有两个，最基本的函数是 is.na()，它可以应用于向量、数据框等多种对象，返回逻辑值。当元素为缺失值时，返回 TRUE，当元素有真实值时，返回 FALSE。例如，令 y <- c(1, 2, 3, NA)，则 is.na(y) 返回向量 c(FALSE, FALSE, FALSE,TRUE)。

有一份棋牌类玩家的玩牌数据，包括玩家的性别、等级、站内好友数、登录总次数、玩牌局数等信息。首先将数据读入 R 中，由于数据中有缺失值，所以利用 read.csv 函数读入数据时，需要增加 na.strings = "NA"。

```
> # 导入玩家的玩牌游戏数据
> player <- read.csv("玩家玩牌数据.csv",T,na.strings = "NA")
> # 查看前六行
> head(player)
用户id 性别等级站内好友数经验值积分登录总次数玩牌局数赢牌局数
1 7795915    0    2          3    36    0          2     3      1
2 7795912    0    3          2    83    0          2     8      1
3 7795909    1    0          0     0    5          3    NA     NA
4 7795906    0    0          0     0    0          1    NA     NA
5 7795900    0    0          3     0    0          2    NA     NA
6 7795898    0    2          1    10    0          2    NA     NA
身上货币量
1      1000
2       800
3       800
4         0
```

```
5        800
6        760
```

可见，3、4、5、6 行的玩家有登录但没有玩牌，利用 is.na 函数判断“玩牌局数”各值是否为缺失值，TURE 为缺失值，FALSE 为非缺失值。

```
> # 利用is.na函数判断“玩牌局数”变量各值是否为缺失值
> is.na(player$玩牌局数)
[1] FALSE FALSE  TRUE  TRUE  TRUE  TRUE  TRUE FALSE FALSE FALSE  TRUE FALSE FALSE FALSE
……
[6231]  TRUE  TRUE  TRUE  TRUE  TRUE  TRUE  TRUE  TRUE  TRUE  TRUE
> # 统计缺失值与非缺失值的个数
> table(is.na(player$玩牌局数))
FALSE  TRUE
 3094  3146
```

有 3146 个玩家是有登录但是没有玩牌的。在 R 中，逻辑值 TRUE 和 FALSE 分别等价于数值 1 和 0，可用 sum() 和 mean() 函数来统计缺失值的个数和占比。

```
> # 计算缺失值个数
> sum(is.na(player$玩牌局数))
[1] 3146
> # 计算缺失值占比
> mean(is.na(player$玩牌局数))
[1] 0.5041667
```

得到的结果跟上面的一致，共有 3146 个玩家没有玩牌记录，占到总人数的 50%。

另一个判断数据缺失的函数是 complete.cases()，可用来识别矩阵或数据框中没有缺失值的行。若行都包含完整的实例，则返回 TRUE 的逻辑向量；若行有一个或多个缺失值，则返回 FALSE。

以 player 数据为例，我们想查看完整实例有多少，执行以下代码。

```
> # 利用complete.cases函数查看完整实例
> sum(complete.cases(player))
[1] 2000
```

在决定如何处理缺失数据前，了解哪些变量有缺失值、数目有多少、是什么组合形式等信息非常有用。接下来介绍探索缺失值模式的图表及相关方法。

mice 包中的 md.pattern() 函数可生成一个以矩阵或数据框形式展示缺失值模式的表格，该函数只有一个参数，就是要判断的矩阵或者数据框。

用 md.pattern 函数查看 player 数据的缺失值模式。执行以下代码。

```
> # 用md.pattern函数查看player的缺失值模式
> if(!require(mice)) install.packages("mice")
> md.pattern(player)
     用户id 性别 等级 站内好友数 经验值 积分 登录总次数 身上货币量 玩牌局数 赢牌局数
2000    1    1    1        1       1     1        1          1        1       0
```

```
1094   1    1  1    1    1    1    1     1    1     0     1
3146   1    1  1    1    1    1    1     1    0     0     2
       0    0  0    0    0    0    0     0    3146  4240  7386
```

输出结果中列中的 1 表示没有缺失值模式，0 表示存在缺失数据模式。第一列表示符合这种模式的样本数有多少。比如，第 1 行的 2000 表示有 2000 个样本是完整的，下面的 1094 表示有 1094 个样本缺少了“赢牌局数”变量的值，第一列最后一个数字 3146 表示有 3146 个样本在“玩牌局数”和“赢牌局数”都有缺失。最后一列表示该模式的缺失变量个数，第一行 0 表示没有变量有缺失值，第二行 1 表示有一个变量值缺失，第三行 2 表示有两个变量值缺失。最后一行表示各个变量缺失的样本合计，7386 表示 player 数据集中共有 7386 个元素值缺失。

另一种比较直观的方法是以图形方式描述缺失的数据，可以利用 VIM 包中的 aggr( ) 函数实现。其表达形式为：

```
aggr(x, delimiter = NULL, plot = TRUE, ...)
```

x 表示一个向量、矩阵或数据框，delimiter 用于区分插补变量，如果给出对应的值，说明变量的值已被插补，但在判断缺失模式时，这一参数默认是忽略的；plot 是逻辑值，指明是否绘制图形，默认为 TRUE。

用 aggr 函数对 player 数据的缺失值模式进行可视化。执行以下代码，结果如图 5-1 所示。

```
> if(!require(VIM)) install.packages("VIM")
> aggr(player[,-1],prop=FALSE,numbers=TRUE)
```

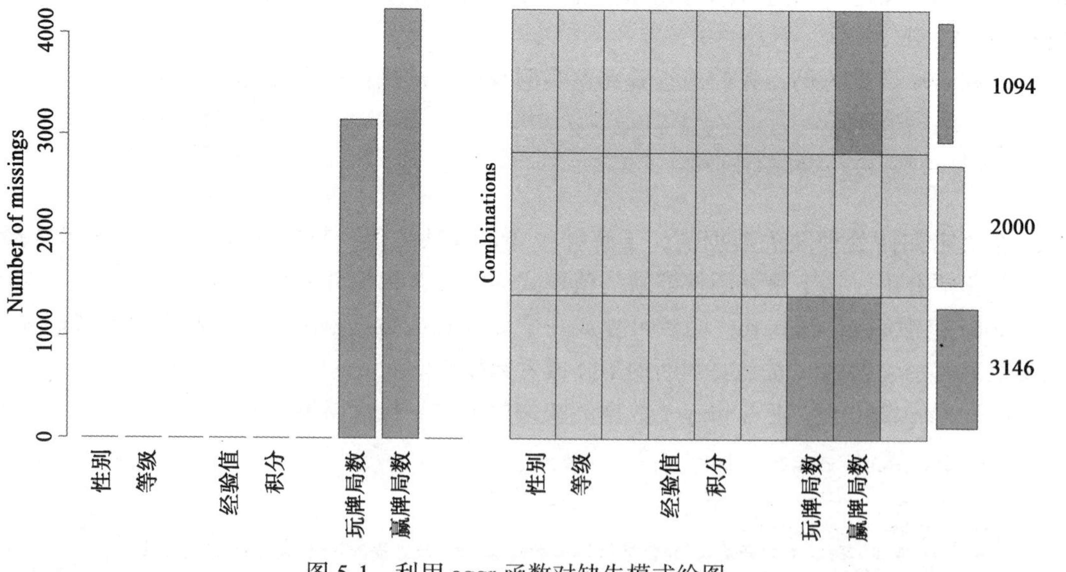

图 5-1 利用 aggr 函数对缺失模式绘图

左图的柱子高度表示各变量缺失数据的个数，右图显示了综合的缺失模式。可以与 md.pattern( ) 生成的结果对照观察，其中蓝色方框表示该变量是有值的，红色方框表示缺失值，右边的颜色框反映了相应组合的个数。由左图可知，共有 4240 个样本的“赢牌局数”数据缺失，结合右图可知，有 1904 个样本只有“赢牌局数”数据缺失，另外有 3146 个样本的“玩牌局数”和“赢牌局数”变量的数据同时缺失。

设置 prop=TRUE 将生成同样的图形，但用比例代替计数，选项 numbers 默认是 FALSE，用于删除数值型标签。

2. 缺失值处理

了解缺失值模式后，接下来要做缺失值处理的工作了。处理缺失值主要有三种方法。

（1）删除缺失样本

过滤掉缺失样本是最简单的方式，其前提是缺失数据的比例较少，而且缺失数据是随机出现的，这样删除缺失数据后对分析结果影响不大。

在 R 中使用 na.omit( ) 函数可以删除有缺失值的行，只留下完整样本。

利用 na.omit( ) 函数对 player 数据剔除缺失样本，执行以下代码。

```
> # 删除缺失样本
> player_full <- na.omit(player)
> # 计算有缺失值的样本个数
> sum(!complete.cases(player_full))
[1] 0
```

可见，经过 na.omit( ) 函数处理后的数据已经没有缺失值。

（2）替换缺失值

在数据挖掘中，面对的通常是大型的数据库，它的属性有几十甚至几百个，因为一个属性值缺失而放弃大量的其他属性值，这种删除是对信息的极大浪费，最常见的就是通过赋值来解决。用变量均值或中位数来代替缺失值，这样做的优点是不会减少样本信息，处理起来简单，但缺点是当缺失数据不是随机出现时会产生偏差。

下面以鸢尾花数据为例进行演示。执行以下代码。

```
> iris1 <- iris[,c(1,5)]
> # 将40、80、120号样本的Sepal.Length变量值设置为缺失值
> iris1[c(40,80,120),1] <- NA
> # 利用均值替换缺失值
> iris1[c(40,80,120),1] <- round(mean(iris1$Sepal.Length,na.rm = T),1)
> # 查看以前的值和现在的值
> iris[c(40,80,120),1];iris1[c(40,80,120),1]
[1] 5.1 5.7 6.0
[1] 5.8 5.8 5.8
```

第 40 号样本的实际值与预测值误差太大，我们猜测不同种类的花瓣长度是否有明显区别。绘制箱线图结果如图 5-2 所示。

```
>plot(iris$Sepal.Length~iris$Species,col=heat.colors(3))
```

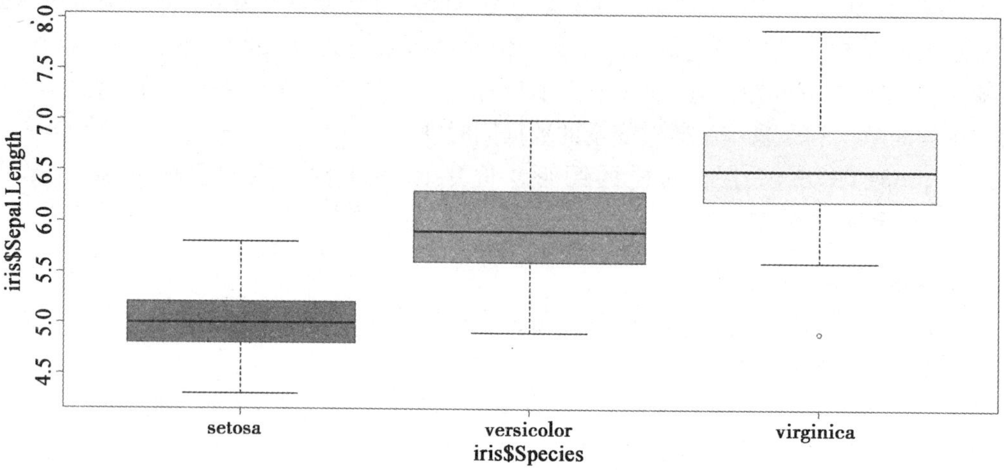

图 5-2 对花瓣长度分种类绘制箱线图

从箱线图可以看出，种类 setosa 的花瓣长度明显小于其他两个种类，所以利用全部非缺失值数据的平均值给缺失值赋值的方法可以改进。接下来，利用同类均值进行赋值的方式来填补缺失值。

```
> # 将40、80、120号样本的Sepal.Length设置为缺失值
> iris1[c(40,80,120),1] <- NA
># 利用同类均值进行赋值的方式来填补缺失值
>iris1[40,1] <- round(mean(iris1[iris1$Species=='setosa','Sepal.Length'],
+                           na.rm = T),1)
>iris1[80,1] <- round(mean(iris1[iris1$Species=='versicolor','Sepal.Length'],
+                           na.rm = T),1)
>iris1[120,1] <- round(mean(iris1[iris1$Species=='virginica','Sepal.Length'],
+                           na.rm = T),1)
># 查看以前的值和现在的值
>iris[c(40,80,120),1];iris1[c(40,80,120),1]
[1] 5.1 5.7 6.0
[1] 5.0 5.9 6.6
```

（3）对缺失值进行赋值

这种方法将通过诸如回归、决策树、袋装、贝叶斯定理、随机森林等算法来预测缺失值的最近替代值，也就是把缺失数据对应的变量当作因变量，其他变量作为自变量，为每个需要赋予缺失值的字段分别建立预测模型。

某款热门游戏做了一次问卷调查，收集了玩家的基础信息（性别、年龄、职业、收入）和游戏偏好等信息。问卷调查的题目设计如下。

```
游戏问卷调查
1.您的性别：
```

```
              男                                1
              女                                2
2.您的年龄：

              16岁及以下                        1
              17-23岁                           2
              23-30岁                           3
              31-40岁                           4
              41岁及以上                        5
3.您当前从事的职业：

              在校学生                          1
              企业/公司员工                     2
              个体经商                          3
              党政机关/事业单位工作者           4
              自由职业者                        5
              无业/待业                         6
              其他                              7
```

整理收集的近 30 万玩家数据，并存放于数据库中。整理好的问卷调研数据内容如下。

总序号	性别	年龄	职业	学历	收入	玩家游戏情况	游戏进入	游戏偏好
1	1	5	4	3	4	2	3	3
2	2	2	1	3	1	2	1	3
3	2	1	1	2	1	4	1	5
4	1	2	1	5	1	4	1	4
5	1	3	5	3	2	2	3	5
6	1	4	5	4	4	4	1	3
7	1	3	1	5	1	4	1	1
8	1	1	1	1	2	4	1	2
9	2	2	1	5	1	4	1	3

由于性别、年龄、收入等数据涉及个人隐私，部分玩家在填写问卷时不愿意填写，造成数据缺失的情况。接下来，利用玩家的游戏行为数据对这些缺失的数据进行赋值。

例如，想利用回归模型对性别变量的缺失值进行赋值。先执行以下代码查看数据缺失情况。

```
> # 导入玩家调研数据
> questionnaire <- read.csv("问卷调研数据.csv",T)
> # 查看问卷调研数据的行数和变量个数
> dim(questionnaire)
[1] 292743       9
> # 对缺失值进行可视化展示
> library(VIM)
> aggr(questionnaire[,-1],prop=FALSE,numbers=TRUE)
```

在近 30 万玩家中，有 2 万玩家的性别数据是缺失的。接下来，以职业、学历、玩家游戏情况、游戏进入和游戏偏好三个变量为自变量，以性别为因变量，建立 logit 回归模型，对性别变量的缺失值进行预测。执行以下代码。

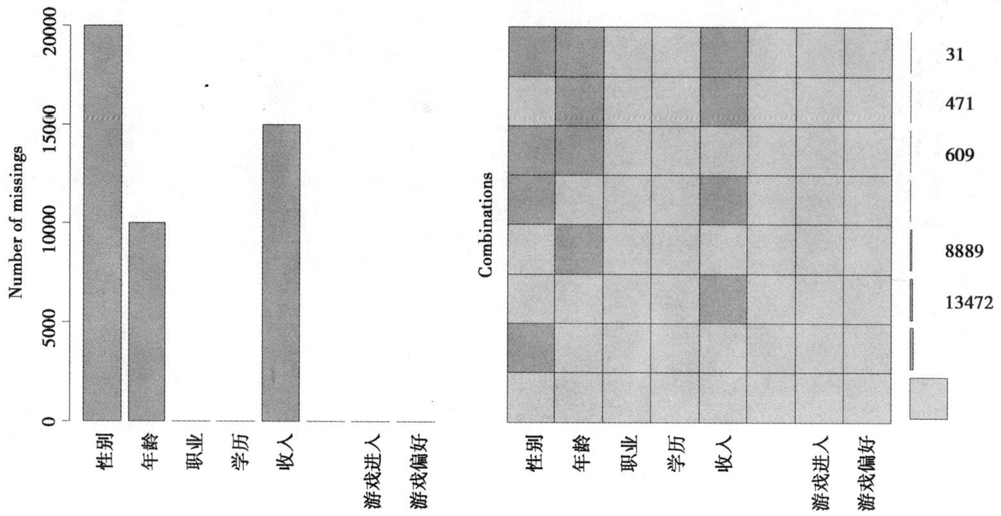

图 5-3 对数据调研数据进行缺失值可视化

```
> # 把变量转换成因子型
> str(questionnaire)
'data.frame':   292743 obs. of  9 variables:
 $ 总序号      : int  1 2 3 4 5 6 7 8 9 10 ...
 $ 性别        : int  1 2 2 1 1 1 1 1 2 1 ...
 $ 年龄        : int  5 2 1 2 3 4 3 1 2 4 ...
 $ 职业        : int  4 1 1 1 5 5 1 1 1 2 ...
 $ 学历        : int  3 3 2 5 3 4 5 1 5 4 ...
 $ 收入        : int  4 1 1 1 2 4 1 2 1 2 ...
 $ 玩家游戏情况 : int  2 2 4 4 2 4 4 4 4 4 ...
 $ 游戏进入    : int  3 1 1 2 3 2 2 2 1 3 ...
 $ 游戏偏好    : int  3 3 5 4 5 3 1 2 3 4 ...
> for(i in 2:ncol(questionnaire)){
+   questionnaire[,i] <- as.factor(questionnaire[,i])
+ }
> str(questionnaire)
'data.frame':   292743 obs. of  9 variables:
 $ 总序号      : int  1 2 3 4 5 6 7 8 9 10 ...
 $ 性别        : Factor w/ 2 levels "1","2": 1 2 2 1 1 1 1 1 2 1 ...
 $ 年龄        : Factor w/ 5 levels "1","2","3","4",..: 5 2 1 2 3 4 3 1 2 4 ...
 $ 职业        : Factor w/ 7 levels "1","2","3","4",..: 4 1 1 1 5 5 1 1 1 2 ...
 $ 学历        : Factor w/ 5 levels "1","2","3","4",..: 3 3 2 5 3 4 5 1 5 4 ...
 $ 收入        : Factor w/ 5 levels "1","2","3","4",..: 4 1 1 1 2 4 1 2 1 2 ...
 $ 玩家游戏情况 : Factor w/ 4 levels "1","2","3","4": 2 2 4 4 2 4 4 4 4 4 ...
 $ 游戏进入    : Factor w/ 5 levels "1","2","3","4",..: 3 1 1 2 3 2 2 2 1 3 ...
 $ 游戏偏好    : Factor w/ 6 levels "1","2","3","4",..: 3 3 5 4 5 3 1 2 3 4 ...
> # 对数据进行分区
> train <- na.omit(questionnaire[,c("性别","职业" ,"学历","玩家游戏情况","游戏进入","
游戏偏好")])
> test <- questionnaire[is.na(questionnaire$性别),c("职业" ,"学历","玩家游戏情况","游
```

```
戏进入","游戏偏好")]
> # 建立logit回归模型
> fit <- glm(性别~.,train,family = "binomial")
> # 由于拟合结果是给每个观测值一个概率值，下面以0.5作为分类界限：
> result <- predict(fit,test,type = "response")<0.5
> # 把预测结果转换成原先的值(1或2)
> z=rep(1,nrow(test));z[!result]=2
> # 在test集中增加预测的性别变量值
> test_new <- cbind('性别'=z,test)
> # 查看前六行数据
> head(test_new)
性别职业学历玩家游戏情况游戏进入游戏偏好
32    2    1    1          2        1        3
33    1    5    3          2        3        6
37    2    2    4          1        1        3
54    2    1    4          1        1        3
66    2    1    2          1        1        1
77    1    4    4          4        3        2
```

由于年龄、收入是多因子变量，所以可以利用决策树或贝叶斯对其缺失值进行预测。这里演示用随机森林迭代弥补所有变量缺失值的方法。只需要将问卷调研数据重新导入R中，利用missForest函数进行随机森林迭代弥补缺失值，即可插补所有变量中的缺失值。执行以下代码。

```
> # 导入数据
> questionnaire <- read.csv("问卷调研数据.csv",T)
> # 把变量转换成因子型
> str(questionnaire)
'data.frame':   292743 obs. of  9 variables:
 $ 总序号      : int  1 2 3 4 5 6 7 8 9 10 ...
 $ 性别        : int  1 2 2 1 1 1 1 1 2 1 ...
 $ 年龄        : int  5 2 1 2 3 4 3 1 2 4 ...
 $ 职业        : int  4 1 1 1 5 5 1 1 1 2 ...
 $ 学历        : int  3 3 2 5 3 4 5 1 5 4 ...
 $ 收入        : int  4 1 1 1 2 4 1 2 1 2 ...
 $ 玩家游戏情况 : int  2 2 4 4 2 4 4 4 4 4 ...
 $ 游戏进入    : int  3 1 1 2 3 2 2 2 1 3 ...
 $ 游戏偏好    : int  3 3 5 4 5 3 1 2 3 4 ...
> for(i in 2:ncol(questionnaire)){
+   questionnaire[,i] <- as.factor(questionnaire[,i])
+ }
> # 取前10000行样本进行演示
> test <- questionnaire[1:10000,]
> library(mice)
> md.pattern(test)
总序号职业学历玩家游戏情况游戏进入游戏偏好年龄收入性别
8584     1    1    1          1        1        1    1    1    1    0
 605     1    1    1          1        1        1    1    1    0    1
 309     1    1    1          1        1        1    0    1    1    1
```

```
432        1    1    1              1         1         1    1    0    1    1
 17        1    1    1              1         1         1    0    1    0    2
 36        1    1    1              1         1         1    1    0    0    2
 16        1    1    1              1         1         1    0    0    1    2
  1        1    1    1              1         1         1    0    0    0    3
           0    0    0              0         0         0  343  485  659 1487
> # 利用missForest进行缺失值赋值
> if(!require(missForest)) install.packages("missForest")
> z <- missForest(test)
  missForest iteration 1 in progress...done!
  missForest iteration 2 in progress...done!
  missForest iteration 3 in progress...done!
  missForest iteration 4 in progress...done!
> test.full <- z$ximp
> md.pattern(test.full)
总序号性别年龄职业学历收入玩家游戏情况游戏进入游戏偏好
[1,]       1    1    1    1    1    1           1        1        1 0
[2,]       0    0    0    0    0    0           0        0        0 0
```

可见，性别、年龄和收入等变量的缺失值都已经完成插补。

5.2.2 异常值判断处理

数据样本中的异常值（Outlier）通常是指一个类别型变量（Category）中某个类别值出现的次数太少，或者指一个区间型变量（Interval）中某些取值太大或太小。忽视异常值的存在是十分危险的，不加剔除地把异常值包括进数据的计算分析过程中，很可能会干扰模型系数的计算和评估，从而严重降低模型的稳定性。

区间型变量的异常值是指样本中的个别值，其数值明显偏离其余的观测值。异常值也称为离群点，因此异常值分析也称为离群点分析。对异常值的分析方法主要有：简单统计量分析、3σ 准则、箱线图分析、聚类分析。

1. 简单统计量分析

当你拿到一份数据，可以先分析数据的描述统计量，进而查看哪些数据不符合实际业务情况。常用的统计量主要是最大值和最小值，判断这个变量中的数据是否超出了合理的范围。例如，玩家付费率的正常水平是 0～1，如果超过 1 就属于异常情况，需要从数据后台排查，找出付费人数大于活跃人数的原因。

2. 3σ 准则

3σ 准则又称为拉依达准则，如果数据服从正态分布，在 3σ 准则下，异常值被定义为一组测定值与平均值的偏差超过三倍标准差的值。在正态分布中，σ 代表标准差，μ 代表均值。

3σ 准则为：数值分布在（$\mu-\sigma$，$\mu+\sigma$）中的概率为 0.6826；数值分布在（$\mu-2\sigma$，$\mu+2\sigma$）中的概率为 0.9544；数值分布在（$\mu-3\sigma$，$\mu+3\sigma$）中的概率为 0.9973。距离平均值 3σ 之外的值出现的概率小于 0.003，属于极个别的小概率事件，故称为异常值。

一款游戏发展到稳定期，其留存率、付费率、ARPU、ARPPU 等指标应该处于相对稳定的水平，也就是说指标并无明显的趋势，即不是持续上涨，也不是持续下降，同时不会出现大幅波动。对于这类型的指标，可以通过质量控制图来监控。

质量控制图通过统计均值 μ 和标准差 σ 的状况来衡量指标是否在稳定状态。同时选择 3σ 来确定一个正常波动的上下限范围（根据正态分布的结论，指标的特征值落在 $\mu\pm3\sigma$ 之间的概率是 99.73%），使用均值 μ 作为控制图的中心线（Center Line, CL），用 $\mu+3\sigma$ 作为控制上限（Upper Control Limit, UCL），用 $\mu-3\sigma$ 作为控制下限（Lower Control Limit, LCL）。其形式如图 5-4 所示。

```
> set.seed(1234)
> data <- rnorm(20)
> plot(data,type = "l",lwd=1.5,xlab = NA,ylab = NA,
+       ylim = c(-4,4),xlim = c(0,23),main="质量控制图")
> lines(rep(mean(data),20),lwd=1.8);text(21,mean(data),"均值线")
> lines(rep(mean(data)-3*sd(data),20),lty=2,col="red",lwd=1.8)
> text(21,mean(data)-3*sd(data),labels = "控制下限",col="red")
> lines(rep(mean(data)+3*sd(data),20),lty=2,col="red",lwd=1.8)
> text(21,mean(data)+3*sd(data),labels = "控制上限",col="red")
```

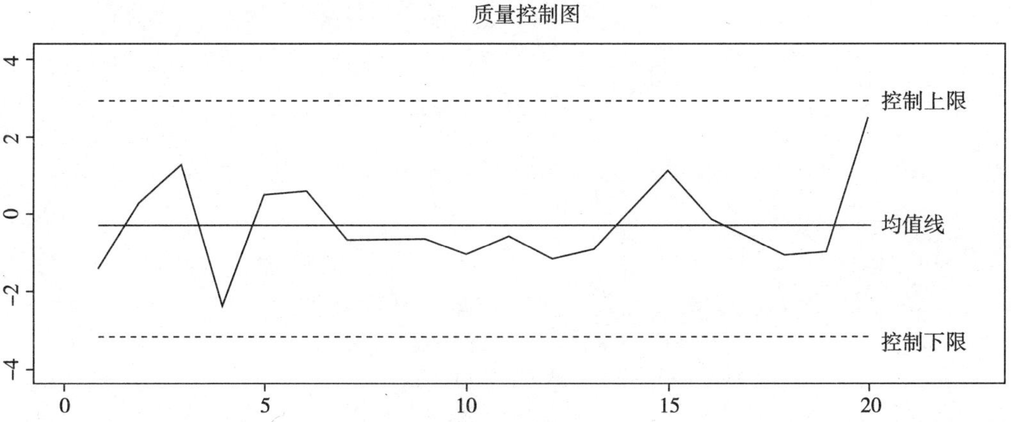

图 5-4　质量控制图

在 R 中，qcc 包是专业绘制质量监控图的算法包，其核心是 qcc 函数。该函数的基础形式如：qcc(data,type,size,nsigmas=3,plot=TRUE,…)。qcc 函数的主要参数如表 5-1 所示。

表 5-1　qcc 函数的主要参数

参　　数	描　　述
data	样本数据
type	绘制的控制图类型如下。 "xbar"：Xbar（均值控制图） "R"：Xbar-R（均值 – 极差控制图） "S"：Xbar-S（均值 – 标准差控制图）

（续）

参 数	描 述
type	"xbar.one"：单值 - 均值控制图 "p"：P（用于可变样本量的转化率） "np"：NP（用于固定样本量的转化数） "c"：U（用于固定样本量的不合格数） "u"：U（用于可变样本量的单位不合格数）
size	type="p"、"np" 和 "u" 时需要设置
nsigmas	设置用于计算异常点的上（UCL）下（LCL）限，默认是 3 倍标准差
plot	如果是 TRUE（默认），则结果绘制质量控制图 如果为 FALSE，则结果不绘制质量控制图

有一份某款游戏最近一个月的用户留存数据，包括每天的新增用户以及新增用户在第 7 日的留存率。接下来，利用 qcc 函数第 7 日留存率指标进行质量监控。执行以下代码。

```
> # 导入数据
> dailydata <- read.csv("每日付费及留存数据.csv",T)
> # 查看前六行
> head(dailydata)
日期新增用户七日留存率
1  6月1日     95648      0.0753
2  6月2日     72093      0.0881
3  6月3日     84027      0.0892
4  6月4日    130968      0.0749
5  6月5日    129277      0.0579
6  6月6日     79603      0.0497
> # 绘制付费率的单值-均值质量控制图
> library(qcc)
> attach(dailydata)
> qcc(七日留存率,type="xbar.one",labels= 日期,
+          title="新增用户第7日留存率的单值-均值质量监控图",
+          xlab="date",ylab="第七日留存率")
List of 11
 $ call       : language qcc(data = 七日留存率, type = "xbar.one", labels = 日期, title = "新增用户第7日留存率的单值-均值质量监控图",      xlab = "date", ylab = "第七日留存率")
 $ type       : chr "xbar.one"
 $ data.name  : chr "七日留存率"
 $ data       : num [1:30, 1] 0.0753 0.0881 0.0892 0.0749 0.0579 0.0497 0.0696 0.0628 0.055 0.0691 ...
  ..- attr(*, "dimnames")=List of 2
 $ statistics: Named num [1:30] 0.0753 0.0881 0.0892 0.0749 0.0579 0.0497 0.0696 0.0628 0.055 0.0691 ...
  ..- attr(*, "names")= chr [1:30] "6月1日" "6月2日" "6月3日" "6月4日" ...
 $ sizes      : int [1:30] 1 1 1 1 1 1 1 1 1 1 ...
 $ center     : num 0.076
 $ std.dev    : num 0.00454
 $ nsigmas    : num 3
```

```
$ limits    : num [1, 1:2] 0.0624 0.0896
 ..- attr(*, "dimnames")=List of 2
$ violations:List of 2
- attr(*, "class")= chr "qcc"
```

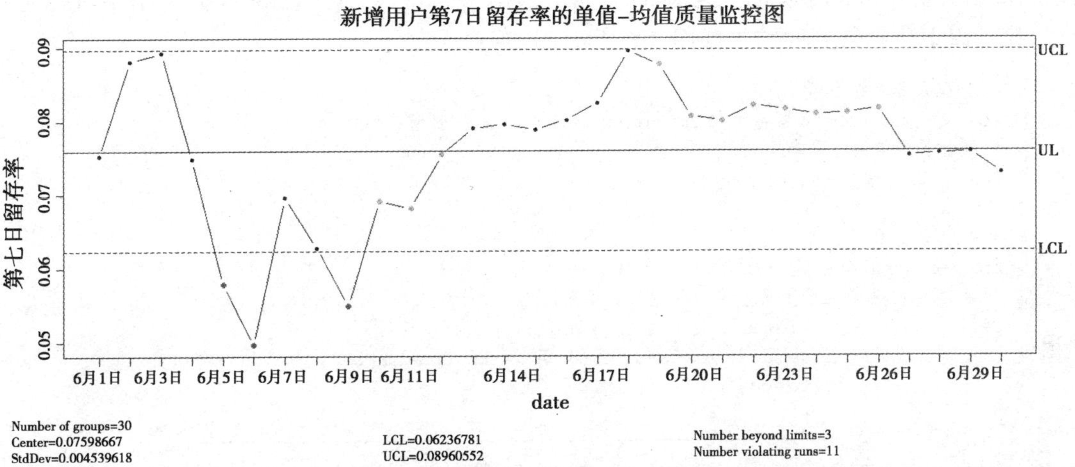

图 5-5　新增用户第七日留存率 xbar.one 图

由图 5-5 可知，该游戏六月的新增用户在第 7 日留存率一共有 3 天存在异常情况（红色点），其中在 5 日、6 日和 9 日的第 7 日留存率低于 3 倍标准差的下限（LCL），说明这些天可能存在刷量情况，导致用户在第 7 日再回来游戏的情况差于其他日期，需引起运营关注。

3. 箱线图分析

在第 3 章中，我们知道通过绘制箱线图可以查看数值变量有没有异常值。但是在箱线图中，我们只能看到该变量有无异常点，不能在图中立即识别异常点的样本号及异常值，此时可以借助 boxplot.stats( ) 函数来进行单变量的异常检测。

boxplot.stats( ) 函数可以实现单变量异常检测，并且返回产生箱线图的统计量。在返回的结果中，有一个部分是 out，它给出了异常值的列表。其表达形式为：boxplot.stats(x, coef = 1.5, do.conf = TRUE, do.out = TRUE)，参数 coef 可以控制胡须延伸到箱线图外的远近，即多少倍的 IQR。

继续以用户留存数据为例，研究 30 天的新增用户在第七日留存率的数据分布情况，通过 boxplot.stats( ) 函数识别异常值。代码如下。

```
> # 通过boxplot.stats()函数识别异常值
> boxplot.stats(七日留存率)
$stats
[1] 0.0628 0.0730 0.0789 0.0815 0.0894
$n
[1] 30
$conf
[1] 0.07644803 0.08135197
```

```
$out
[1] 0.0579 0.0497 0.0550
```

通过查看 out 部分可知，一共有三个离群点，其异常值分别为 0.057 9、0.049 7、0.055 0。接下来，通过 which 函数把异常值的下标识别出来，再通过 boxplot 函数对结果进行可视化。执行以下代码得到的结果如图 5-6 所示。

```
> # 查找异常值的下标
> idx <- which(七日留存率 %in% boxplot.stats(七日留存率)$out)
> # 查看异常值的下标集
> idx
[1] 5 6 9
> # 绘制箱线图
> boxplot(七日留存率,col='violet')
> # 通过text函数在图上显示异常值的日期和数值
> text(1.1,boxplot.stats(七日留存率)$out,
+       labels=paste(dailydata[idx,'日期'],dailydata[idx,'七日留存率']),
+       col="darkgreen")
```

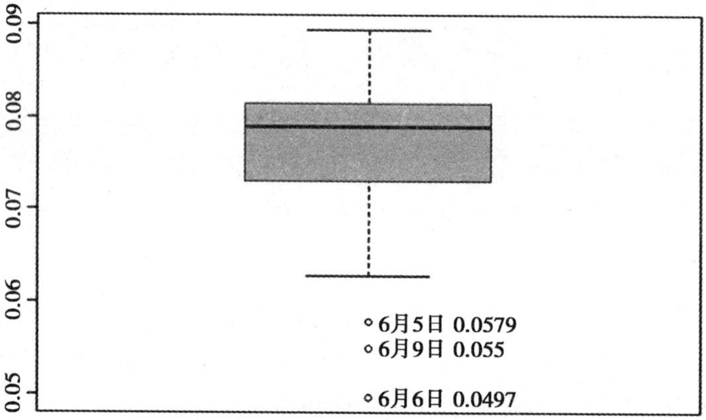

图 5-6 在箱线图上添加异常值信息

4. 聚类分析

前文所述的识别异常值的方法都是针对单个数值变量而言，如果需要利用多个数值变量来决定样本是否属于异常值的话，可以使用 k-means 算法来检测异常。使用 k-means 算法，数据被分成 k 组，把它们分配到最近的聚类中心，然后计算每个对象到聚类中心的距离（或相似性），并且选择最大的距离作为异常值。

对棋牌游戏随机抽取 135 位玩家的玩牌记录，利用聚类分析对这 135 位玩家进行分群，并找出每个对象到聚类中心的距离最大的 5 位玩家为异常玩家。执行以下代码。

```
> # 导入棋牌游戏玩家的样本数据
> w <- read.csv("玩家玩牌数据样本.csv",T)
> # w各变量的量纲不是处于同一水平，接下来进行归一化处理
> u <- round(apply(w[,-1],2,function(x) (x-min(x))/(max(x)-min(x))),4)
```

```
> # 将u变成data.frame形式
> u <- data.frame(u)
> # 将用户ID赋予对象u的行号
> row.names(u) <- w$用户id
> # 利用K-Means聚类对数据u进行分群，k选择为3
> kmeans.result <- kmeans(u,3)
> # 找出距离最大的5个玩家
> centers <- kmeans.result$centers[kmeans.result$cluster,]
> distances <- sqrt(rowSums((u-centers)^2))
> outliers <- order(distances,decreasing = T)[1:5]
> # 打印出距离最大的5个玩家的行号
> print(outliers)
[1]  5 11 76 71 67
> # 打印出异常玩家的用户ID
> rownames(u[outliers,])
[1] "7793052" "7792668" "7783392" "7784277" "7785022"
```

上面已经把离群的 5 位玩家 ID 识别出来，接下来通过可视化的手段展示结果。执行以下代码得到的结果如图 5-7 所示。

```
> # 对结果进行可视化展示
> # 绘制135位玩家的散点图
> plot(u$玩牌局数,u$正常牌局,
+       pch=kmeans.result$cluster,
+       axes=F,xlab="玩牌局数",ylab="正常牌局")
> axis(1,labels = F);axis(2,labels = F)
> # 绘制类中心点
> points(kmeans.result$centers[,c('玩牌局数','正常牌局')],pch=16,cex=1.5)
> # 绘制离群点
> points(u[outliers,c('玩牌局数','正常牌局')],pch="*",col=4,cex=1.5)
> # 把离群点的用户ID打印出来
> text(u[outliers,c('玩牌局数','正常牌局')],
+       labels=rownames(u[outliers,]))
```

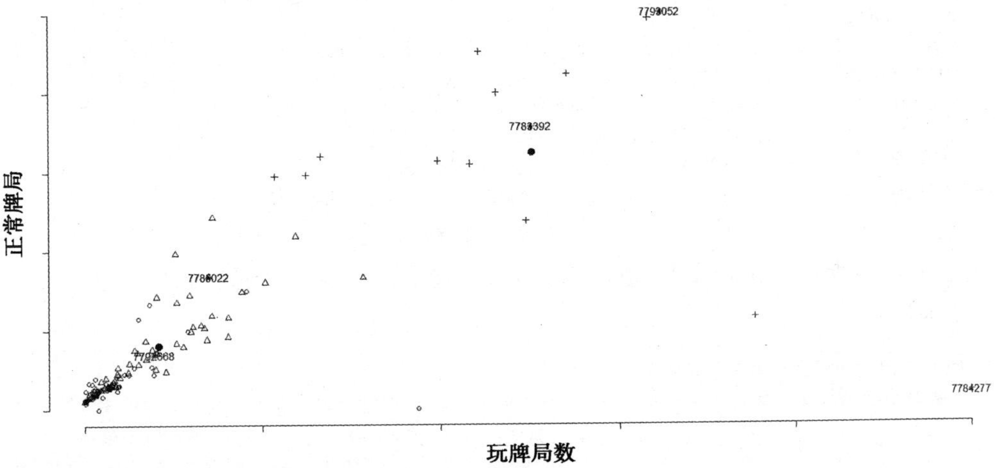

图 5-7 对聚类结果进行可视化

5.3 数据转换

对于数据分析建模来说，数据转换是最常用，也是最有效的一种数据处理技术。只有经过适当的数据转换后，才能将原始数据转换成适合建模的数据格式，模型的效果常常有明显的提升。正因如此，数据转换成了很多数据分析师在建模过程中最喜欢使用的一种数据处理手段之一。

按照采用的转换方法和转换目的的不同，数据转换常用的有以下几类。

- ❑ 产生衍生变量。
- ❑ 数据分箱。
- ❑ 数据标准化转换。

5.3.1 产生衍生变量

在做数据分析时，经常会遇到原始数据现有的属性不能满足分析需求的情况，这就需要对原始数据进行简单、适当的数学公式推导，产生更加有商业意义的新变量。例如，原始数据中有日活跃用户数和日付费用户数，可以通过付费用户数除以活跃用户数得到付费率指标；利用首次登录日期和首次付费日期可以增加是否新增首日付费的字段，等等。

现在有一份数据转换的数据包括 playerid（用户 id）、registration（注册日期）、firstpaydate（第一次付费日期）、days（登录天数）和 lifetime（生命周期）等属性。接下来，需要利用现有属性生成是否付费以及是否新增首日付费两个衍生变量。

首先，将数据导入 R 中，由于 firstpaydate 属性有大量的缺失值，所以需要设置 na.strings = NA。执行以下代码。

```
> # 导入数据
> rawdata <- read.csv("数据转换数据.csv",na.strings = NA)
> # 查看数据的前六行
> head(rawdata)
    playerid registration firstpaydate days lifetime
1 1001984428     20160408           NA    4      101
2 1002360742     20160407     20160407   12       16
3 1003943907     20160423           NA    1        1
4  100500571     20160406     20160407   10      101
5 1005541598     20160414           NA    1        1
6 1007334849     20160426           NA    2        2
```

由于注册日期和首次付费日期非日期格式，接下来对这两个属性的格式进行转换。执行以下代码。

```
> # 将注册日期变量转换成日期格式
> rawdata$registration <- as.Date(paste(substr(rawdata$registration,1,4),
+                                             substr(rawdata$registration,5,6),
+                                             substr(rawdata$registration,7,8),
+                              sep="/"),
```

```
+                                     "%Y/%m/%d")
> # 将首次付费日期转换成日期格式
> rawdata$firstpaydate <- as.Date(paste(substr(rawdata$firstpaydate,1,4),
+                                       substr(rawdata$firstpaydate,5,6),
+                                       substr(rawdata$firstpaydate,7,8),
+                                 sep="/"),
+                                 "%Y/%m/%d")
> # 查看数据的前六行
> head(rawdata)
    playerid registration firstpaydate days lifetime
1 1001984428   2016-04-08         <NA>    4      101
2 1002360742   2016-04-07   2016-04-07   12       16
3 1003943907   2016-04-23         <NA>    1        1
4  100500571   2016-04-06   2016-04-07   10      101
5 1005541598   2016-04-14         <NA>    1        1
6 1007334849   2016-04-26         <NA>    2        2
```

最后，增加 ispay 变量：0 表示非付费用户、1 表示付费用户；isnewpay 变量：0 表示非新增付费用户，1 表示新增首日付费用户。执行以下代码。

```
> # 增加ispay变量：0表示非付费用户，1表示付费用户
> rawdata$ispay <- ifelse(!is.na(rawdata$firstpaydate),1,0)
> # 增加isnewpay变量：0表示非新增首日付费用户，1表示新增首日付费用户
> rawdata$isnewpay <- ifelse(rawdata$registration==rawdata$firstpaydate,
+                            1,0)
> rawdata[is.na(rawdata$isnewpay),'isnewpay'] <- 0
> # 查看数据前10行
> head(rawdata)
    playerid registration firstpaydate days lifetime ispay isnewpay
1 1001984428   2016-04-08         <NA>    4      101     0        0
2 1002360742   2016-04-07   2016-04-07   12       16     1        1
3 1003943907   2016-04-23         <NA>    1        1     0        0
4  100500571   2016-04-06   2016-04-07   10      101     1        0
5 1005541598   2016-04-14         <NA>    1        1     0        0
6 1007334849   2016-04-26         <NA>    2        2     0        0
```

5.3.2　数据分箱

所谓“分箱”，实际上就是按照属性值划分的子区间，如果一个属性值处于某个子区间范围内，就称把该属性值放进这个子区间代表的“箱子”内。在 R 语言中可以用 cut() 函数实现。

例如，想对 rawdata 数据中的 days 和 lifetime 属性按照实际业务场景进行分箱操作，执行以下代码。

```
> # 利用cut函数对数据进行分箱
> # 对days(活跃天数)进行分箱操作
> rawdata$days_interval <- cut(rawdata$days,
+                              breaks=c(0,30,60,90,Inf),
+                              labels=c('一个月内','31~60天','61~90天','三个月以上'))
```

```
> # 对lifetime(生命周期)进行分箱操作
> rawdata$lifetime_interval <- cut(rawdata$lifetime,
+   breaks=c(0,7,21,30,90,Inf),
+   labels=c('小于一周','小于两周','小于一个月',
+                          '小于三个月','三个月以上'))
```

5.3.3 数据标准化转换

数据标准化转换也是数据分析中常见的数据转换手段之一，数据标准化转换的主要目的是消除变量之间的量刚影响，将数据按照比例缩放，使之落入一个相同范围之内，让不同的变量经过标准化处理后可以有平等分析和比较的基础。例如，层次聚类、主成分分析、K 均值聚类，一般基于距离的算法或模型都需要对原始数据进行标准化处理。常用的数据标准化转换是 Min-Max 标准化和零 – 均值标准化。

1. Min-Max 标准化

Min-Max 标准化应该是最简单的数据标准化转换，也叫离差标准化，是对原始数据的线性变换，将数值映射到 [0,1]。转换公式如下。

$$x^*=\frac{x-min}{max-min}$$

其中，*max* 为样本数据的最大值，*min* 为样本数据的最小值。

2. 零 – 均值标准化

数据符合标准正态分布，即均值为 0，标准差为 1，转换公式如下。

$$x^*=\frac{x-\mu}{\sigma}$$

其中，μ 为所有样本数据的均值，σ 为所有样本数据的标准差。

在 R 中，用 scale() 函数得到 Z-Score 标准化。其表达形式为：scale(x, center = TRUE, scale = TRUE)。

3. preProcess() 函数

caret 包中的 preProcess() 函数能非常灵活地实现数据的标准化。其函数基本形式如下：

```
preProcess(x, method = c("center", "scale"), thresh = 0.95,pcaComp = NULL,
           na.remove = TRUE,k = 5,knnSummary = mean,outcome = NULL,
           fudge = .2,numUnique = 3,verbose = FALSE,...)
```

各参数介绍如下。

- x：为一个矩阵或数据框，对于非数值型变量将被忽略。
- method：指定数据标准化的方法，默认为 "center" 和 "scale"。其中 center 表示预测变量值减去均值；scale 表示预测变量值除以标准差，故默认标准化方法就是（x-mu）/ std。如果使用 range 方法，则数据标准为 [0,1] 的范围，即（x-min）/（max-min）。
- thresh：如果使用主成分分析（PCA）方法，该参数指定累计方差至少达到 0.95。

- pcaComp：如果使用主成分分析（PCA）方法，该参数可指定保留的主成分个数，该参数的优先级高于 thresh。
- na.remove：默认剔除缺失值数据。
- k：如果使用 k- 近邻方法填补缺失值，就可以指定具体的 *k* 值，默认为 5。
- knnSummary：使用 *k* 个近邻的均值替代缺失值。
- outcome：指定数据集的输出变量，使用 BOX-COX 变换数据时，该参数需要指定输出变量。
- fudge：指定 BOX-COX 变换的 lambda 值波动范围。
- numUnique：指定多少个唯一值需要因变量 y 估计 BOX-COX 转换。
- verbose：指定是否需要输出详细的结果。

以鸢尾花数据集为例，演示 preProcess 函数的使用。

```
> #采用(x-mu)/std的标准化方法，与scale()函数效果一样
> standard <- preProcess(iris)
> head(predict(standard,iris))
  Sepal.Length Sepal.Width Petal.Length Petal.Width Species
1   -0.8976739  1.01560199    -1.335752   -1.311052  setosa
2   -1.1392005 -0.13153881    -1.335752   -1.311052  setosa
3   -1.3807271  0.32731751    -1.392399   -1.311052  setosa
4   -1.5014904  0.09788935    -1.279104   -1.311052  setosa
5   -1.0184372  1.24503015    -1.335752   -1.311052  setosa
6   -0.5353840  1.93331463    -1.165809   -1.048667  setosa
> head(scale(iris[,1:4]))
     Sepal.Length Sepal.Width Petal.Length Petal.Width
[1,]   -0.8976739  1.01560199    -1.335752   -1.311052
[2,]   -1.1392005 -0.13153881    -1.335752   -1.311052
[3,]   -1.3807271  0.32731751    -1.392399   -1.311052
[4,]   -1.5014904  0.09788935    -1.279104   -1.311052
[5,]   -1.0184372  1.24503015    -1.335752   -1.311052
[6,]   -0.5353840  1.93331463    -1.165809   -1.048667
> # 采用(x-min(x))/(max(x)-min(x))的标准化方法
> standard <- preProcess(iris, method = 'range')
> head(predict(standard,iris))
  Sepal.Length Sepal.Width Petal.Length Petal.Width Species
1   0.22222222   0.6250000   0.06779661  0.04166667  setosa
2   0.16666667   0.4166667   0.06779661  0.04166667  setosa
3   0.11111111   0.5000000   0.05084746  0.04166667  setosa
4   0.08333333   0.4583333   0.08474576  0.04166667  setosa
5   0.19444444   0.6666667   0.06779661  0.04166667  setosa
6   0.30555556   0.7916667   0.11864407  0.12500000  setosa
> fun <- function(x) (x-min(x))/(max(x)-min(x))
> head(sapply(iris[,1:4],fun))
     Sepal.Length Sepal.Width Petal.Length Petal.Width
[1,]   0.22222222   0.6250000   0.06779661  0.04166667
[2,]   0.16666667   0.4166667   0.06779661  0.04166667
[3,]   0.11111111   0.5000000   0.05084746  0.04166667
```

```
[4,]  0.08333333  0.4583333  0.08474576  0.04166667
[5,]  0.19444444  0.6666667  0.06779661  0.04166667
[6,]  0.30555556  0.7916667  0.11864407  0.12500000
```

5.4 数据哑变量处理

哑变量（dummy variable）也叫虚拟变量，引入哑变量的目的是将不能够定量处理的变量量化，如性别、年龄、职业等。这种“量化”通常是通过引入“哑变量”来完成的。根据这些因素的属性类型，构建只取“0”或“1”的人工变量，通常称为哑变量。例如，变量“性别”的取值为：男性、女性。可以增加 2 个哑变量来代替“性别”这个变量，分别为性别 . 男性（1= 男性 /0= 女性）、性别 . 女性（1= 女性 /0= 男性）。

在研究变量间关系或者建模时，可能都需要引入哑变量，例如在线性回归分析中引入哑变量的目的是可以考察定性因素对因变量的影响。

假如有一份 customers 数据集，包括 id、gender、mood 和 outcome 变量，其中 gender 和 mood 都是因子型变量，需要将它们进行哑变量处理。执行以下代码。

```
> # 构建customers数据集
> customers<-data.frame(id=c(10,20,30,40,50),
+                       gender=c("male","female","female","male","female"),
+                       mood=c("happy","sad","happy","sad","happy"),
+                       outcome=c(1,1,0,0,0))
> customers
  id gender  mood outcome
1 10   male happy       1
2 20 female   sad       1
3 30 female happy       0
4 40   male   sad       0
5 50 female happy       0
> # 对因子型变量进行哑变量处理
> # 创建新数据框customers.new
> customers.new <- customers[,c('id','outcome')]
> # 对gender变量进行哑变量处理
> customers.new$gender.male <- ifelse(customers$gender=='male',1,0)
> customers.new$gender.female <- ifelse(customers$gender=='female',1,0)
> # 对mood变量进行哑变量处理
> customers.new$mood.happy <- ifelse(customers$mood=='happy',1,0)
> customers.new$mood.sad <- ifelse(customers$mood=='sad',1,0)
> customers.new
  id outcome gender.male gender.female mood.happy mood.sad
1 10       1           1             0          1        0
2 20       1           0             1          0        1
3 30       0           0             1          1        0
4 40       0           1             0          0        1
5 50       0           0             1          1        0
```

如果进行哑变量处理的因子变量很多，且因子水平不止两个，利用以上方法处理就会显得略微麻烦。接下来介绍一个专门处理哑变量的函数，它就是caret包中的dummyVars( )函数。其表达形式为：

```
dummyVars(formula, data, sep = ".", levelsOnly = FALSE,  fullRank = FALSE, ...)
```

其中，formula表示模型公式，data是需要处理的数据集，sep表示列名和因子水平间的连接符号，levelsOnly默认是FALSE，为TRUE时，表示仅用因子水平表示新列名，fullRank默认是FALSE，为TRUE时，表示进行虚拟变量处理后，不需要出现代表相同意思的两列。

现在，利用dummyVars()函数对customers数据集进行哑变量处理。执行以下代码。

```
> # 加载caret包到内存
> library(caret)
> # 查看customers的数据结构
> str(customers)
'data.frame':   5 obs. of  4 variables:
 $ id      : num  10 20 30 40 50
 $ gender  : Factor w/ 2 levels "female","male": 2 1 1 2 1
 $ mood    : Factor w/ 2 levels "happy","sad": 1 2 1 2 1
 $ outcome: num  1 1 0 0 0
> # 利用dummyVars函数对customers数据进行哑变量处理
> dmy<-dummyVars(~.,data=customers)
> # 对自身变量进行预测，并转换成data.frame格式
> trsf<-data.frame(predict(dmy,newdata=customers))
> # 查看转换结果
> trsf
  id gender.female gender.male mood.happy mood.sad outcome
1 10             0           1          1        0       1
2 20             1           0          0        1       1
3 30             1           0          1        0       0
4 40             0           1          0        1       0
5 50             1           0          1        0       0
```

简单两行命令就完成了对customers数据哑变量转换的任务。细心的读者可能已经发现了，在我们的customers数据集中，id和outcome是数值型变量，gender和mood是因子型变量，转换结果是id和outcome没有变化，只对gender和mood进行了哑变量处理。说明dummyVars函数会自动判断变量类型，根据变量类型决定是否进行哑变量处理。假如将outcome转换成因子型变量，再次执行以下代码，查看转换结果。

```
> # 将outcome变量转换成因子型变量
> customers$outcome <- as.factor(customers$outcome)
> # 利用dummyVars函数对customers数据进行哑变量处理
> dmy<-dummyVars(~.,data=customers)
> # 对自身变量进行预测，并转换成data.frame格式
> trsf<-data.frame(predict(dmy,newdata=customers))
> # 查看转换结果
> trsf
  Id gender.female gender.male mood.happy mood.sad outcome.0 outcome.1
```

```
1 10         0        1        1        0        0        1
2 20         1        0        0        1        0        1
3 30         1        0        1        0        1        0
4 40         0        1        0        1        1        0
5 50         1        0        1        0        1        0
```

可见，outcome 已经拆分成两列：outcome.1 和 outcome.0。

当然，也可以指定 customer 数据中的某一列进行哑变量处理。例如，想对 gender 变量进行哑变量处理，其他因子变量都不转换。执行以下代码。

```
> # 只对gender变量进行哑变量转换
> dmy.gender <- dummyVars(~gender,data=customers)
> trsf.gender <- data.frame(predict(dmy.gender,newdata=customers))
> trsf.gender
  gender.female gender.male
1             0           1
2             1           0
3             1           0
4             0           1
5             1           0
```

对于两分类的因子变量，在进行虚拟变量处理后可能不需要出现代表相同意思的两列（如 gender.female 和 gender.male）。这时候可以将 dummyVars 函数中的 fullRank 参数设置为 TRUE；且新增列名只想用因子水平表示，此时将参数 levelsOnly 设置为 TRUE 即可。执行以下代码。

```
> # 将levelsOnly和fullRank设置为TRUE
> customers<-data.frame(id=c(10,20,30,40,50),
+                       gender=c("male","female","female","male","female"),
+                       mood=c("happy","sad","happy","sad","happy"),
+                       outcome=c(1,1,0,0,0))
> dmy<-dummyVars(~.,data=customers,levelsOnly=TRUE,fullRank=TRUE)
> trsf<-data.frame(predict(dmy,newdata=customers))
> trsf
  id male sad outcome
1 10    1   0       1
2 20    0   1       1
3 30    0   0       0
4 40    1   1       0
5 50    0   0       0
```

最后，我们有一份关于用户在不同时间段登录次数的数据，需要将数据先进行哑变量处理，然后可以分析不同时间段登录次数的关系。执行以下代码。

```
> # 导入用户活跃时间段数据
> load("loginhour.RData")
> dim(loginhour)
[1] 50000     7
> # 查看列名
```

```
> colnames(loginhour)
[1] "player_id"      "work_day_cnt"  "week_end_cnt"  "morning_cnt"
[5] "afternoon_cnt" "evening_cnt"   "night_cnt"
> # 利用dummyVars函数loginhour数据进行哑变量处理
> library(caret)
载入需要的程辑包：lattice
载入需要的程辑包：ggplot2
Warning message:
程辑包ggplot2是用R版本3.2.5建造的
> dmy<-dummyVars(~.,data=loginhour)
> # 对自身变量进行预测，并转换成data.frame格式
> trsf<-data.frame(predict(dmy,newdata=loginhour))
> # 查看转换后的维度
> dim(trsf)
[1] 50000    29
> # 查看转换后的列名
> colnames(trsf)
 [1] "player_id"              "work_day_cnt0"          "work_day_cnt1.5"
 [4] "work_day_cnt21.60"      "work_day_cntover_60"    "week_end_cnt0"
 [7] "week_end_cnt1.5"        "week_end_cnt21.60"      "week_end_cnt5.20"
[10] "week_end_cntover_60"    "morning_cnt0"           "morning_cnt1.5"
[13] "morning_cnt21.60"       "morning_cnt5.20"        "morning_cntover_60"
[16] "afternoon_cnt0"         "afternoon_cnt1.5"       "afternoon_cnt21.60"
[19] "afternoon_cnt5.20"      "afternoon_cntover_60"   "evening_cnt0"
[22] "evening_cnt1.5"         "evening_cnt21.60"       "evening_cnt5.20"
[25] "evening_cntover_60"     "night_cnt0"             "night_cnt1.5"
[28] "night_cnt21.60"         "night_cntover_60"
```

5.5　小结

本章学习了利用 SMOT 函数对类失衡数据处理的方法，了解了 sample 函数与 creatDataPartition 函数在数据抽样时的区别。在数据质量分析中，掌握了缺失值和异常值的判别及处理技巧。此外，还介绍了常用的数据转换和哑变量处理函数。

Chapter 6 第 6 章

游戏数据分析的常用方法

游戏数据中有很多专业的运营指标，如果以运营概要的数据表呈现给用户，他们很难在大量的数据中发现需要查看的内容。这就需要对关键指标，如收入、付费留存率、新增留存率等指标进行可视化展示，让用户可以很清晰地读懂这些指标在近期的表现情况和将来的趋势；我们也可以用数据分析技术去发现不同指标间的关系，发现影响游戏质量的主要原因等。

6.1 游戏数据可视化

有时候我们需要研究某一个指标的走势情况，此时可以借助曲线图直观展示。散点图可以很直观地发现两个指标间的关系。

6.1.1 单指标数据可视化

有时候，运营人员需要单独查看一些核心指标的近期数据情况，此时就需要对这些指标进行数据可视化展示，帮助运营人员一眼看出数据的走势或者对比。

例如，想查看近期的新增用户数据，可以利用曲线图来展示，这样就能看出每日新增用户近期的走势，从而判断新增用户是增加还是减少，有助于运营人员利用图形传递的信息实施相应的运营策略。图 6-1 是近一个月每日新增用户的趋势图。

从趋势图可以看出，步入 7 月份后，受学校放假影响，新增用户呈现逐日增长趋势。

有时候，我们可能需要统计不同特征的用户人数，此时可以借助柱状图展示。例如，图 6-2 统计了某款游戏从上线到 2016 年 6 月份的总注册用户数、半年内活跃用户数以及僵尸用户数的柱状图。

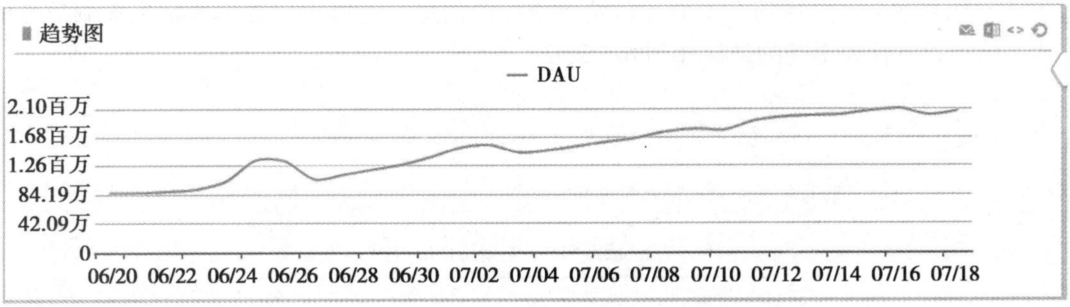

图 6-1　对近一个月的日新增用户绘制趋势图

图 6-2　统计累计用户、半年活跃用户、僵尸用户的柱状图

从柱状图可以看出，大部分的注册用户都变成了僵尸用户，大概占总注册用户的 73%。

6.1.2　双指标数据可视化

有时候，需要查看两个指标间的关系，可以绘制散点图查看其数据分布情况。有一份 6 月份的运营数据，想查看活跃用户与新增用户的关系，执行以下代码得到图 6-3 所示的散点图。

```
> # 绘制散点图
> w <- read.csv("可视化数据.csv",T)
> plot(w$活跃用户~w$新增用户,col="violetred2",pch=16,
+       main="活跃用户 vs 新增用户散点图")
```

从图 6-3 中可知，两者之间有很强的正相关性，可以建立线性回归模型利用新增用户来对活跃用户进行预测。执行以下代码在图 6-3 中添加线性拟合直线，结果如图 6-4 所示。

```
> # 添加线性拟合直线
> abline(lm(w$活跃用户~w$新增用户),col="blue",lwd=2,lty=2)
```

6.1.3　三指标数据可视化

有时候，可能需要同时查看三个指标的数据，此时可以在散点图的基础上，用第三个指标来控制散点的颜色或者大小，通过这样的方式来将三个维度的数据在二维平面展示出来。例如想在图 6-3 的基础上，增加付费率指标的信息，可以用付费率指标来控制散点的大小。执行以下代码得到的结果如图 6-5 所示。

```
> # 绘制气泡图
> plot(w$活跃用户~w$新增用户,col="violetred2",pch=16,
+       cex=w$付费率,
+       main="活跃用户 vs 新增用户气泡图")
```

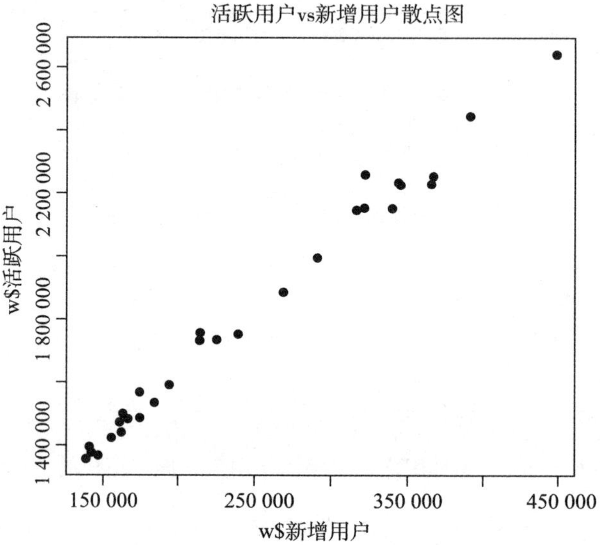

图 6-3 绘制活跃用户与新增用户的散点图

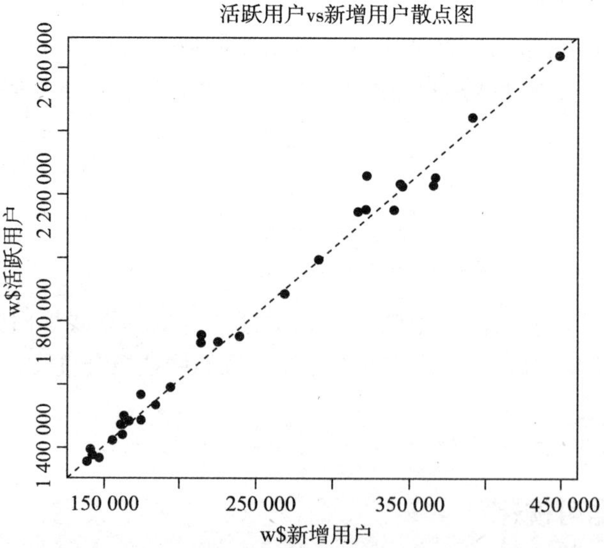

图 6-4 添加线性拟合直线的散点图

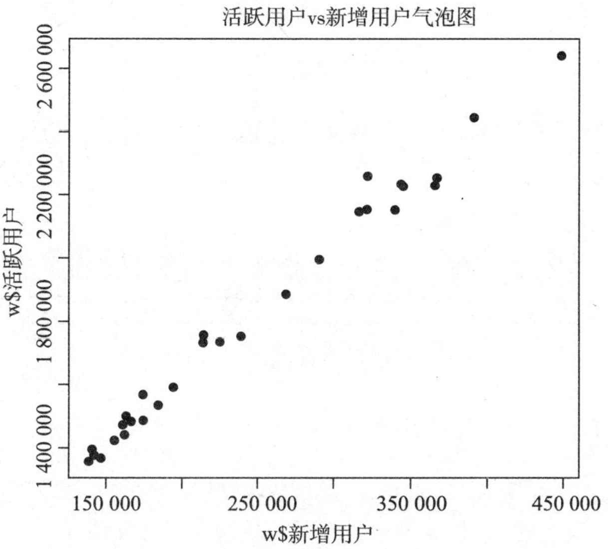

图 6-5 利用付费率指标设置散点大小

从气泡图可以得知，当天在新增用户较多的情况下，其付费率相对较高，说明新增用户首日的付费意愿较高。

6.2 游戏数据趋势分析

可以通过简单的同比、环比发现游戏数据的趋势变化，也可以利用时间序列模型对时序数据建立模型，对未来进行预测。

6.2.1 同比、环比

公司管理层有时候希望看到数据的对比，而不是简单给他们呈现数据明细。此时，可以引入同比、环比的方法。

同比增长率是为了消除数据周期性波动的影响，将本周期内的数据与上一期中相同时间点的数据进行比较。

环比增长率反映的是数据连续变化的趋势，将本期的数据与上一期的数据进行对比。

对某款游戏的日运营数据增加了同比和环比对比，可以很快看出与昨天和上周同期的数据变化，如图 6-6 所示。

从图 6-6 可知，这款游戏的用户类指标（活跃、新增、次留、七留）对比昨天和上周同期都是增长的，但是付费类指标（付费用户、付费金额、付费率、ARPU、ARPPU）对比昨天和上周同期都是下降的，这种现象是不太合理的，正常用户增长会带来收入的增加，需要查找背后的原因。后来经过对后台代码进行排查后发现，在当天的某些时间段出现订单支付问题，导致当天的付费类指标出现异常。

图 6-6 运营指标同比、环比情况

6.2.2 趋势线拟合

使用同比、环比增长率的方法解决了管理层观察关键指标总体的变化趋势；但是运营人员更希望看到数据每天的变化趋势，此时可以使用拟合技术来表现数据大体变化趋势，常见的趋势线包括线性趋势线、指数趋势线、对数趋势线。其中，线性趋势线的增长速度基本是均匀的，也是比较常见的线性拟合方式；指数趋势线用于拟合以指数形式增长的数据，即增长速度先慢后快；对数趋势线的增长数据先快后慢；幂趋势线的变化趋势与指数比较相似。

如果使用 Excel，可以直接添加各种趋势线；如果使用 R 语言，可以通过 lm 函数添加线性拟合直线，通过 glm 函数添加指数、对数拟合曲线等。

针对 6 月份运营数据中的 ARPPU（每付费用户平均收入）指标绘制柱状图，并添加线性趋势线，结果如图 6-7 所示。

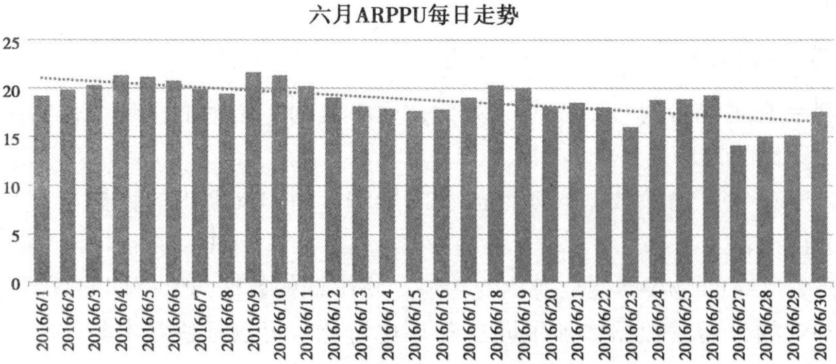

图 6-7 添加线性趋势线的 ARPPU 柱状图

如果对每日新增用户也添加线性趋势图，结果如图 6-8 所示。

很明显，对于新增用户具有周末效应，此时利用线性趋势线的拟合效果不佳，我们应该利用下面提到的时间序列模型来对这数据进行拟合。

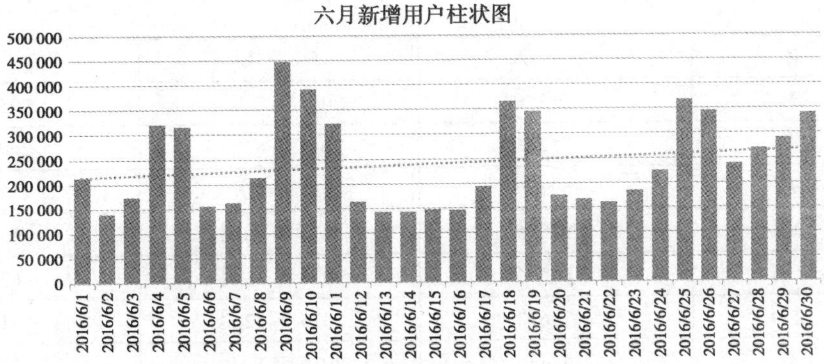

图 6-8　添加线性趋势线的新增用户柱状图

6.2.3　时间序列数据预测

前文介绍的趋势线对于比较有规律的数据而言具有较好的拟合度，但很多游戏指标的变化趋势长期来看并不可能一直保持有规律，会受到很多内外部因素的影响，所以使用时间序列来拟合数据的趋势会更加准确。

时间序列分析是一种动态数据处理的统计方法，典型的假设是相邻观测值具有某种依赖性，从而基于随机过程理论和数理统计学方法，研究随机数据序列遵从的统计规律。序列对象是一种专为分析时间序列而设计的对象类型，其中不仅包括指标的数值，还包括时间轴信息。

在 R 语言中，ts(< 向量对象 >) 可以把一个向量转化为一个时间序列对象。其表达形式为：

```
ts(data = NA, start = 1, end = numeric(), frequency = 1,
   deltat = 1, ts.eps = getOption("ts.eps"), class = , names = )
```

其中，data 是时间序列观测值对象，必须为数值类型的向量、矩阵或数据框；start 是用来指定时间序列观测值对象的第一个时间点，比如 2015 年 1 月，则设置 start=c(2015,1)；end 用来指定时间序列的终止时间点；frequency 用来指定数据在一年中的频数，如果设置为 12，即把一年分成 12 份，每个样本表示一个月。

表 6-1 是某游戏 2014 年 1 月到 2016 年 6 月的每月收入数据，将收入数据转换成时间序列对象，为建立时序模型做前期准备。

表 6-1　某游戏的收入数据

日　期	收　入	日　期	收　入
2014 年 1 月	69359	2014 年 4 月	59013
2014 年 2 月	84741	2014 年 5 月	66076
2014 年 3 月	58485	2014 年 6 月	68972

（续）

日　　期	收　　入	日　　期	收　　入
2014 年 7 月	81256	2015 年 7 月	205754
2014 年 8 月	85223	2015 年 8 月	200076
2014 年 9 月	69329	2015 年 9 月	110170
2014 年 10 月	92855	2015 年 10 月	97827
2014 年 11 月	69036	2015 年 11 月	62833
2014 年 12 月	74693	2015 年 12 月	81280
2015 年 1 月	152326	2016 年 1 月	125837
2015 年 2 月	329667	2016 年 2 月	234364
2015 年 3 月	239586	2016 年 3 月	106532
2015 年 4 月	182701	2016 年 4 月	79553
2015 年 5 月	163006	2016 年 5 月	63556
2015 年 6 月	123454	2016 年 6 月	61305

将数据导入 R 中，通过 ts 函数将收入转换成时间序列对象，并通过 is.ts 函数判断对象是否为时间序列对象。执行以下代码。

```
> revenue <- read.csv("收入数据.csv",T)       # 导入数据
> head(revenue)                               # 查看前六行
日期收入
1 2014年1月 69359
2 2014年2月 84741
3 2014年3月 58485
4 2014年4月 59013
5 2014年5月 66076
6 2014年6月 68972
> revenue.ts <- ts(revenue[,2],frequency = 12,start = c(2014,1)) # 转换成时间序列对象
> is.ts(revenue.ts)                           # 判断是否为时间序列对象
[1] TRUE
```

可以利用 start、end、frequency 函数查看开始日期、结束日期和一个周期的频数。

```
> start(revenue.ts)                           # 查看开始日期
[1] 2014    1
> end(revenue.ts)                             # 查看结束日期
[1] 2016    6
> frequency(revenue.ts)                       # 查看一个周期的频数
[1] 12
```

通过 plot.ts 函数可以绘制时间序列的时序图。执行以下代码绘制时序图，并添加线性拟合直线。结果如图 6-9 所示。

```
> plot.ts(revenue.ts,xlab="时间",ylab="收入")
> abline(lm(revenue.ts~time(revenue.ts)),col="red",lty=2,lwd=2)
```

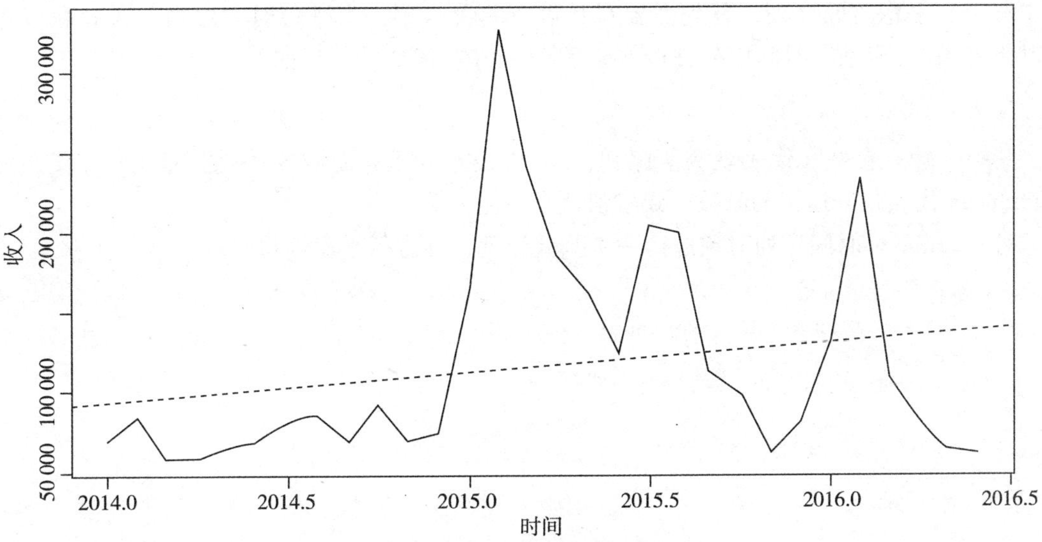

图 6-9 对时间序列对象绘制时序图

根据平稳时间序列的均值和方差都为常数的性质，平稳序列的时序图显示该序列值始终在一个常数附近随机波动，而且波动的范围有界；如果有明显的趋势性或者周期性，那它通常不是平稳序列。从图 6-9 可知，它不是一个平稳序列。

对于时间序列的平稳性检验通常使用单位根检验的方法。在 R 中，可以使用 fUnitRoots 包中的 unitrootTest 函数实现。其用法如下。

```
unitrootTest(x, lags = 1, type = c("nc", "c", "ct"), title = NULL, description = NULL)
```

其中，输入参数 x 为观测值序列，lags 为用于校正误差项的最大滞后项，type 为单位根的回归类型，返回的参数 p 值 0.05，表示满足单位根检验。

```
> library(fUnitRoots)
> unitrootTest(revenue.ts)
Title:
 Augmented Dickey-Fuller Test
Test Results:
  PARAMETER:
    Lag Order: 1
  STATISTIC:
    DF: -1.1738
  P VALUE:
    t: 0.2139
    n: 0.4314
Description:
 Tue Jul 26 20:55:45 2016 by user: Think
```

单位根检验统计量对应的 p 值为 0.2139，其显著大于 0.05，故可以判断该时间序列为非平稳序列。

对于非平稳时间序列，首先需要对其进行差分得到一个平稳时间序列。在 R 软件中，可以使用 diff() 函数对时间序列进行差分运算，diff() 函数的用法如下。

```
diff(x, lag = 1, differences = 1, ...)
```

其中，输入参数 x 代表观测值序列；lag 代表差分运算的步数，缺省值代表一步差分；differences 代表差分运算的阶数，缺省值代表一阶差分。

对 revenue.ts 时间序列对象进行一阶差分处理，并进行平稳性检验。

```
> # 进行一阶差分运算
> revenue.ts.dif <- diff(revenue.ts)
> # 验证其平稳性
> unitrootTest(revenue.ts.dif)
Title:
 Augmented Dickey-Fuller Test
Test Results:
  PARAMETER:
    Lag Order: 1
  STATISTIC:
    DF: -4.6456
  P VALUE:
    t: 4.186e-05
    n: 0.1219
Description:
 Wed Jul 27 10:30:19 2016 by user: Think
```

可见，进行一阶差分后的单位根检验统计量对应的 p 值远小于 0.05，故可以判断处理后的时间序列为平稳序列。

时间序列的变化主要受到长期趋势、季节变动、周期变动和噪声变动这 4 个因素所影响。根据序列的特点，可以构建加法模型和乘法模型，通过 decompose() 函数实现，其基本表达形式为：

```
decompose(x, type = c("additive", "multiplicative"), filter = NULL)
```

其中，x 为时间序列对象；type 指定是分解为加法模型还是乘法模型；filter 是滤波系数。

把 revenue.ts 时序对象拆分为加法模型，并绘制拆分后的时间序列分解图。结果如图 6-10 所示。

```
> revenue.ts.decompose <- decompose(revenue.ts)
> plot(revenue.ts.decompose)
```

图 6-10 包含 4 部分，自上而下依次为：原始时间序列的观测值、时间序列分解趋势图、时间序列分解季节变动图、时间序列分解噪声图。从分解的趋势图看出，收入在 2014 年中开始到 2015 年初，有大幅度的提升，主要原因是 2014 年 8 月公司在美国纳斯达克上市。从分解季节变动图看出，在暑假和寒假期间收入会有明显增长，这与游戏特性有关，休闲类手游的玩家主要是年轻人，故在放假期间，游戏的用户和付费都有明显增长。

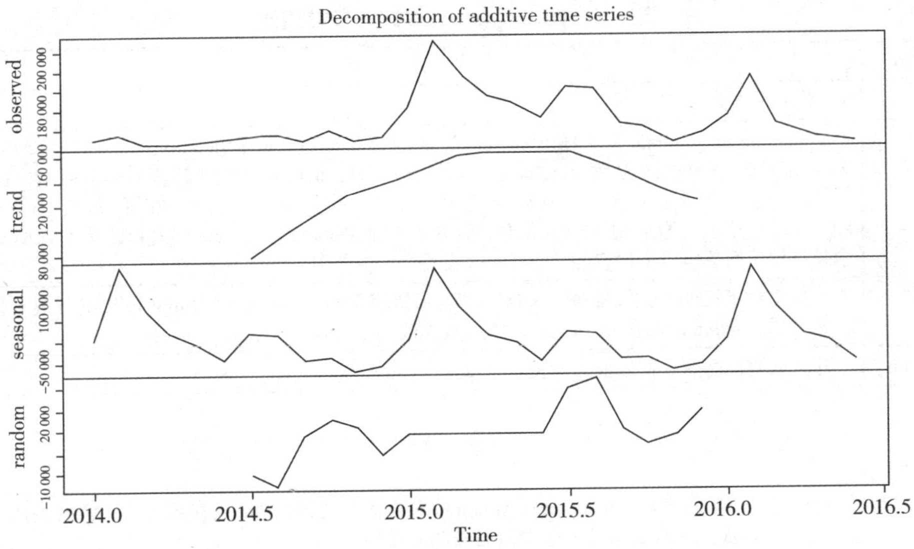

图 6-10　decompose 季节性时间序列分解图

可以查看 decompose() 分解出来的某一部分内容，如查看季节变化数据。

```
> revenue.ts.decompose$seasonal
             Jan          Feb         Mar         Apr         May         Jun
2014   -206.2309  167161.8108  70593.5608  11799.6858  -7844.0226 -47412.0226
2015   -206.2309  167161.8108  70593.5608  11799.6858  -7844.0226 -47412.0226
2016   -206.2309  167161.8108  70593.5608  11799.6858  -7844.0226 -47412.0226
             Jul          Aug         Sep         Oct         Nov         Dec
      15756.3108   10607.0399 -46411.0851 -42248.4809 -72030.3976 -59766.1684
      15756.3108   10607.0399 -46411.0851 -42248.4809 -72030.3976 -59766.1684
```

可见，每年的 2 月、3 月、7 月、8 月是收入高峰期。

指数平滑法和 ARIMA 模型是时下较为流行的时间序列分析模型。指数平滑预测的数值不仅可以体现指标的长期变化趋势，还能体现其周期性变化趋势。ARIMA 模型则是通过对白噪声的组合来建立模型，并保证模型和实际数据的残差也是一个均值很小的正态分布数据。

在 R 中，简单指数平滑法、Holt 双参数线性指数平滑法、Winters 线性和季节性指数平滑法可以通过 HoltWinters() 函数实现。该函数的用法如下。

```
HoltWinters(x, alpha = NULL, beta = NULL, gamma = NULL,
            seasonal = c("additive", "multiplicative"),
            start.periods = 2, l.start = NULL, b.start = NULL,
            s.start = NULL,
            optim.start = c(alpha = 0.3, beta = 0.1, gamma = 0.1),
            optim.control = list())
```

具体的参数描述如表 6-2 所示。

表 6-2 HoltWinters 函数的参数描述

参 数	描 述
x	x 为时间序列对象
alpha beta gamma	alpha、beta、gamma 都是 HoltWinters 算法的过滤系数。beta 和 gamma 是 Holt 指数平滑法或 Winters 指数平滑法的参数。alpha 是一次平滑系数，beta 是二次（趋势）平滑系数，gamma 是三次（周期）平滑系数；如果 beta 设置为 FALSE，该函数将做指数平滑；如果 gamma 指定为 FALSE，那么该函数适用于拟合非季节性模型；如果 gamma 与 beta 同时指定为 FALSE，那么该函数适用于简单指数平滑模型
seasonal	三次指数平滑的方式：取值为 additive 表示使用累加方式，取值为 multiplicative 表示使用累乘方式。如果 gamma 取值为 FALSE，则参数无效
start.periods	计算周期长度前的初始值，不能小于 2
l.start b.start s.start	l.start、b.start、s.start 分别表示启动值、趋势值和季节分量的初始值
optim.start	设置向量命名的组件 alpha、beta、gamma 包含优化的初始值，必须指定唯一需要的值，在只使用 alpha、beta、gamma 中的一个参数时忽略本参数

从图 6-9 和图 6-10 已知，该游戏的收入数据存在明显的趋势性和季节性。因此可以采用 Winters 线性和季节性指数平滑法进行建模预测，并利用 plot 函数绘制模型拟合图，结果如图 6-11 所示。

```
> HoltWintersModel <-  HoltWinters(revenue.ts,alpha=TRUE,beta=TRUE,gamma=TRUE)
> HoltWintersModel
Holt-Winters exponential smoothing with trend and additive seasonal component.
Call:
HoltWinters(x = revenue.ts, alpha = TRUE, beta = TRUE, gamma = TRUE)
Smoothing parameters:
 alpha: TRUE
 beta : TRUE
 gamma: TRUE
Coefficients:
           [,1]
a   104684.7986
b    37317.0000
s1    -172.3819
s2   -9867.5903
s3  -43512.7153
s4  -32686.2569
s5  -65697.6736
s6  -66349.5069
s7    3825.9931
s8  171194.0347
s9   74625.7847
s10  15831.9097
s11  -3811.7986
s12 -43379.7986
> plot(HoltWintersModel ,lty= 1,lty.predicted = 2)
```

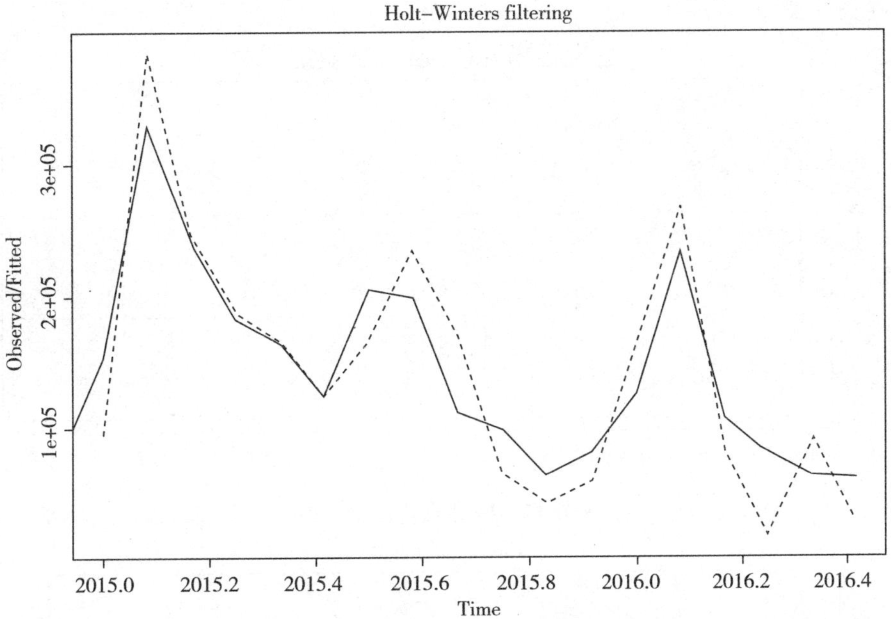

图 6-11 通过 HoltWinters 建立的模型拟合图

HoltWinters() 函数仅得到预测模型，如果要预测未来的时间，需要调用 forecast 扩展包中的 forecast.HoltWinters() 函数。

```
> # 利用forecast.HoltWinters函数对未来6个月进行预测
> library(forecast)
> HoltWintersForecast <- forecast.HoltWinters(HoltWintersModel,h=6,level
=c(80,95))
> HoltWintersForecast
         Point Forecast       Lo 80     Hi 80       Lo 95    Hi 95
Jul 2016       141829.4    93129.42 190529.4   67349.199 216309.6
Aug 2016       169451.2    60554.70 278347.7    2908.378 335994.0
Sep 2016       173123.1    -9095.62 355341.8 -105556.374 451802.5
Oct 2016       221266.5   -45474.33 488007.4 -186678.413 629211.5
Nov 2016       225572.1  -135596.72 586741.0 -326787.955 777932.2
Dec 2016       262237.3  -202331.07 726805.7 -448258.705 972733.3
```

第一列是对 2016 年下半年的收入预测，中间两列是 80% 的置信区间，最后两列是 95% 的置信区间。可以通过 acf() 函数绘制模型残差自相关图，结果如图 6-12 所示。

```
> # 对残差进行检验
> acf(HoltWintersForecast$residuals,lag.max = 20)
```

由模型残差自相关图可知，各阶的残差系数都没有超过置信区间，可以判断该残差是不相关的，模型对该游戏的收入数据拟合效果不错。

通过 plot 函数绘制出原始值与预测值的图形，以便更直观地观察未来半年游戏收入的变化趋势。结果如图 6-13 所示。

```
> plot(HoltWintersForecast)
```

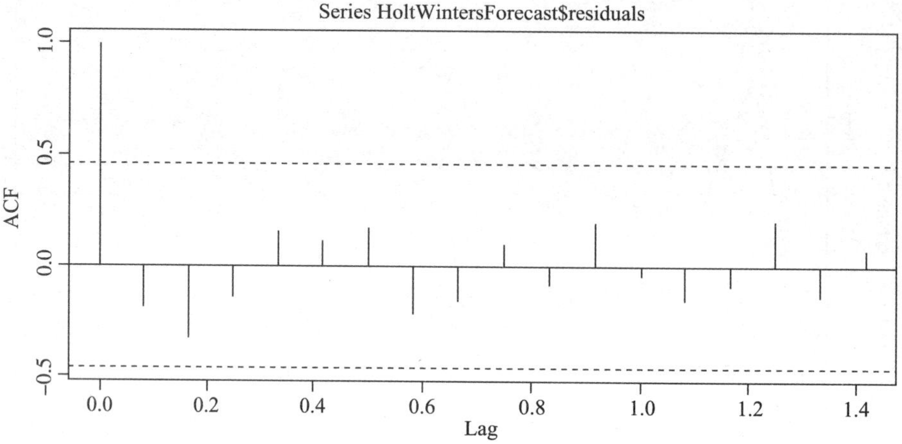

图 6-12 模型残差自相关图

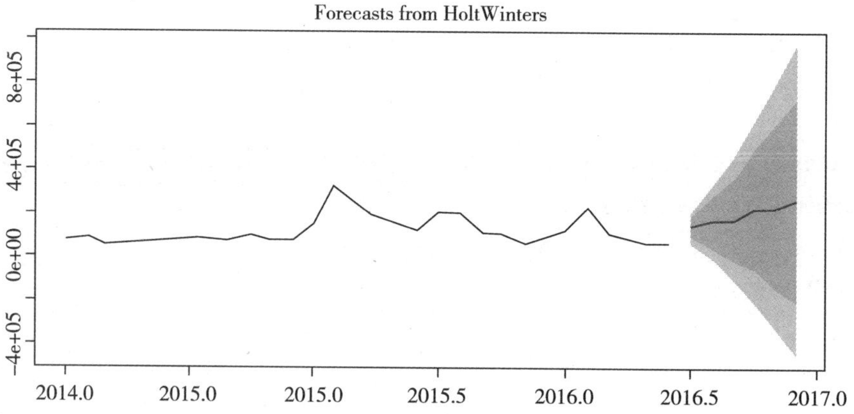

图 6-13 利用 HoltWinters 函数绘制的模型预测图

图 6-13 中的前半段曲线表示历史真实值，末尾曲线表示未来半年的预测值，阴影面积分别表示 80%、95% 的置信区间。

在 R 中，arima() 函数设置时序模式的建模参数，创建 ARIMA 时序模型或者把一个回归时序模型转换为 ARIMA 模型。其形式为：

```
arima(x, order, seasonal, period,method, ...)
```

其中，x 为观测值序列，order 为构建的 ARIMA(p,d,q) 模型的参数，seasonal 为模型的季节性参数，period 为观测值序列的周期，method 为估计模型参数使用的方法。

可以利用 diff 函数、acf 函数、pacf 函数确定 ARIMA 模型中的 d、q、p 值，从而建立预测模型对未来进行预测。由于确定这三个值需要具备一定的统计学背景知识，这里利用 forecast 包中的 auto.arima 函数，默认利用 AIC 准则，自动寻找最优的 p、d、q，建立预测模型；并通过 forecast 函数对未来 6 个月进行预测，利用 plot 函数绘制模型预测图，结果如

图 6-14 所示。

```
> library(forecast)
> fit <- auto.arima(revenue.ts)
> fit
Series: revenue.ts
ARIMA(0,1,0)(0,1,0)[12]

sigma^2 estimated as 3.395e+09:  log likelihood=-210.66
AIC=423.32   AICc=423.59   BIC=424.15
> fit.forecast <- forecast(fit,h=6)
> fit.forecast
         Point Forecast       Lo 80    Hi 80      Lo 95    Hi 95
Jul 2016         143605    68929.78 218280.2   29399.10 257810.9
Aug 2016         137927    32320.29 243533.7  -23584.53 299438.5
Sep 2016          48021   -81320.28 177362.3 -149789.42 245831.4
Oct 2016          35678  -113672.44 185028.4 -192733.79 264089.8
Nov 2016            684  -166294.87 167662.9 -254688.15 256056.1
Dec 2016          19131  -163785.19 202047.2 -260615.17 298877.2
> plot(fit.forecast)
```

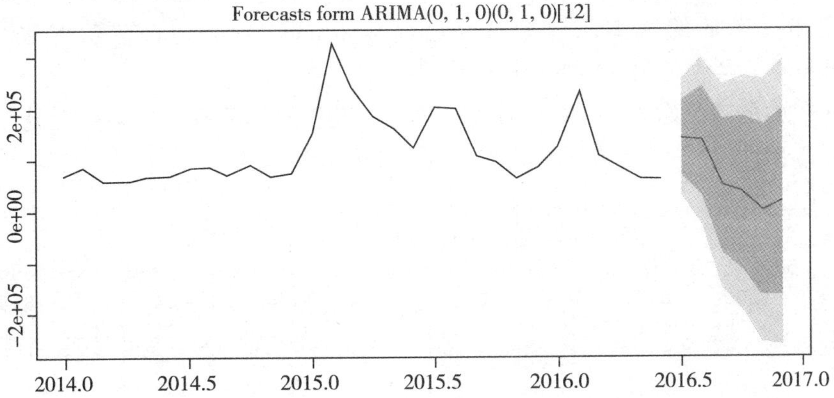

图 6-14 利用 auto.arima 函数进行的模型预测图

6.3 游戏数据相关分析

游戏各个指标之间存在某些关系，比如付费用户数可能会随着活跃用户数的增加而增加，随着活跃用户数的减少而减少。男性和女性玩家也许存在游戏登录时间段差异性，等等。这时可以借助相关性分析，发现不同指标间的内在关系，并将其量化和可视化。

6.3.1 相关分析基本原理

前面的趋势分析是针对单变量研究的，有时候需要研究不同变量间的关系。例如由在数据可视化中的每日活跃用户与新增用户散点图可知，活跃用户会随着新增用户的增大而增大，随着新增用户的减少而减少，但是这个关系如何将其量化出来，就需要利用多元数据的相关分析技术。

相关分析就是分析连续变量之间线性相关程度的强弱，并用适当的统计指标表示出来的过程。相关系数可以用来描述连续变量之间的关系，相关系数的符号（正负）表明关系的方向（正相关或负相关），数值大小表示关系的强弱（完全不相关时为 0，完全相关时为 1）。

在二元变量的相关分析过程中，比较常用的有 Pearson 相关系数、Spearman 秩相关系数和 Kendall's Tau 相关系数。Pearson 相关系数一般用于对定距变量的数据进行计算，即分析两个连续性变量之间的关系；Spearman 秩相关系数用于描述分类或等级变量之间、分类或等级变量与连续变量之间的关系；Kendall's Tau 相关系数也是一种非参数的等级相关的度量。

在 R 中，cor() 函数可以计算这三种关系，其函数的主要参数为：

```
cor(x,use=,method=)
```

其中，x 是数值型变量的矩阵或数据框；use 指定缺失值的处理方式：all.obs（假设不存在缺失数据，如遇到缺失数据时会报错）、everything（遇到缺失值时，相关系数的计算结果将被设为 missing）、complete.obs（行删除）以及 pairwise.complete.obs（成对删除）；method 指定相关系数的类型，包括 pearson、spearman、kendall。在默认情况下，参数 use="everything"，参数 method= "pearson"。

以 VIM 包中的睡眠数据集 sleep 为例，研究各变量间的关系。因某些变量存在缺失值，所以在使用 cor 函数时，将参数 use 设置为 complete.obs。

```
> data(sleep,package = "VIM")
> round(cor(sleep,use="complete.obs"),3)
         BodyWgt BrainWgt  NonD Dream Sleep  Span   Gest   Pred   Exp Danger
BodyWgt    1.000    0.956 -0.394 -0.075 -0.343  0.470  0.714  0.096  0.406  0.259
BrainWgt   0.956    1.000 -0.387 -0.074 -0.337  0.629  0.734 -0.015  0.323  0.151
NonD      -0.394   -0.387  1.000  0.518  0.968 -0.372 -0.606 -0.353 -0.580 -0.535
Dream     -0.075   -0.074  0.518  1.000  0.717 -0.268 -0.409 -0.398 -0.504 -0.572
Sleep     -0.343   -0.337  0.968  0.717  1.000 -0.382 -0.614 -0.405 -0.621 -0.604
Span       0.470    0.629 -0.372 -0.268 -0.382  1.000  0.646 -0.170  0.316  0.015
Gest       0.714    0.734 -0.606 -0.409 -0.614  0.646  1.000  0.091  0.573  0.306
Pred       0.096   -0.015 -0.353 -0.398 -0.405 -0.170  0.091  1.000  0.626  0.927
Exp        0.406    0.323 -0.580 -0.504 -0.621  0.316  0.573  0.626  1.000  0.790
Danger     0.259    0.151 -0.535 -0.572 -0.604  0.015  0.306  0.927  0.790  1.000
```

变量 BodyWgt（身体重量）与 BrainWgt（脑重量）的相关系数是 0.956，说明两者具有很强的正相关性。接下来，利用 cor.test() 函数对这两个变量相关性进行显著性检验。

```
> sleepClean <- na.omit(sleep)
> attach(sleepClean)
> cor.test(BodyWgt,BrainWgt)
        Pearson's product-moment correlation
data:  BodyWgt and BrainWgt
t = 20.572, df = 40, p-value < 2.2e-16
alternative hypothesis: true correlation is not equal to 0
```

```
95 percent confidence interval:
 0.9188566 0.9761860
sample estimates:
      cor
0.9558487
```

以上代码检验了体重与脑重的 pearson 相关系数为 0 的原假设。由于 t 检验的 p 值远小于 0.05，说明这种情况几乎不可能发生，从而拒绝原假设，接受体重和脑重之间的相关度不为 0。

但是 cor.test 函数每次只能检验一种相关关系。可以利用 psych 包中的 corr.test() 函数计算 pearson、spearman 或 kendall 的相关矩阵和显著性水平。

```
> library(psych)
> corr.test(sleepClean)
Call:corr.test(x = sleepClean)
Correlation matrix
        BodyWgt BrainWgt NonDDream Sleep  Span  Gest  Pred  Exp Danger
BodyWgt    1.00     0.96 -0.39 -0.07 -0.34  0.47  0.71  0.10  0.41   0.26
BrainWgt   0.96     1.00 -0.39 -0.07 -0.34  0.63  0.73 -0.02  0.32   0.15
NonD      -0.39    -0.39  1.00  0.52  0.97 -0.37 -0.61 -0.35 -0.58  -0.53
Dream     -0.07    -0.07  0.52  1.00  0.72 -0.27 -0.41 -0.40 -0.50  -0.57
Sleep     -0.34    -0.34  0.97  0.72  1.00 -0.38 -0.61 -0.40 -0.62  -0.60
Span       0.47     0.63 -0.37 -0.27 -0.38  1.00  0.65 -0.17  0.32   0.01
Gest       0.71     0.73 -0.61 -0.41 -0.61  0.65  1.00  0.09  0.57   0.31
Pred       0.10    -0.02 -0.35 -0.40 -0.40 -0.17  0.09  1.00  0.63   0.93
Exp        0.41     0.32 -0.58 -0.50 -0.62  0.32  0.57  0.63  1.00   0.79
Danger     0.26     0.15 -0.53 -0.57 -0.60  0.01  0.31  0.93  0.79   1.00
Sample Size
[1] 42
Probability values (Entries above the diagonal are adjusted for multiple tests.)
      BodyWgt BrainWgt NonD Dream Sleep Span Gest Pred  Exp Danger
BodyWgt    0.00     0.00  0.20  1.00  0.39 0.04 0.00 1.00 0.18   0.88
BrainWgt   0.00     0.00  0.22  1.00  0.41 0.00 0.00 1.00 0.48   1.00
NonD       0.01     0.01  0.00  0.01  0.00 0.26 0.00 0.35 0.00   0.01
Dream      0.64     0.64  0.00  0.00  0.00 0.86 0.17 0.19 0.02   0.00
Sleep      0.03     0.03  0.00  0.00  0.00 0.22 0.00 0.18 0.00   0.00
Span       0.00     0.00  0.02  0.09  0.01 0.00 0.00 1.00 0.50   1.00
Gest       0.00     0.00  0.00  0.01  0.00 0.00 0.00 1.00 0.00   0.53
Pred       0.55     0.92  0.02  0.01  0.01 0.28 0.57 0.00 0.00   0.00
Exp        0.01     0.04  0.00  0.00  0.00 0.04 0.00 0.00 0.00   0.00
Danger     0.10     0.34  0.00  0.00  0.00 0.93 0.05 0.00 0.00   0.00

 To see confidence intervals of the correlations, print with the short=FALSE option
```

BodyWgt（体重）与 Dream（做梦）的相关系数是 -0.07，并不显著为 0（p=0.64）。

6.3.2　相关关系可视化

相关系数矩阵可以很直观地展示各变量间的关系强弱，但是随着变量的增加，想从相关系数矩阵中快速发现不同变量间的关系和强弱变得困难，此时可以利用相关图可视化展示相关系数矩阵。

在 R 中，绘制相关图的方式有很多种，最常用的是 corrgram 扩展包中的 corrgram 函数，以及魏太云开发的 corrplot 包中的 corrplot 函数。

首先，利用 corrgram 函数对 sleepClean 数据集绘制相关系数图。结果如图 6-15 所示。

```
> library(corrgram)
> corrgram(sleepClean,order=T,lower.panel=panel.shade,
+             upper.panel=panel.pie,text.panel=panel.txt,
+          main="利用corrgram函数绘制相关系数图")
```

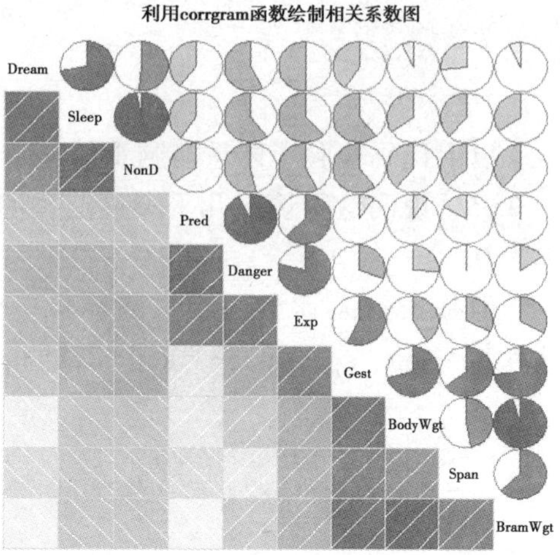

图 6-15 利用 corrgram 函数绘制相关系数图

在图 6-15 中，上三角用饼图表示各变量间的相关系数，从 12 点方向顺时针进行面积填充表示正相关，从 12 点方向逆时针进行面积填充表示负相关，也可从颜色深浅进行区分，深色表示正相关，浅色表示负相关；颜色由浅到深表示相关系数的值由小到大，也可以从填充面积了解相关系数值的大小，填充面积越大，说明相关系数值越大。下三角用阴影面积表示各变量间的相关系数，深色表示正相关，浅色表示负相关，颜色从浅到深表示相关系数值由小到大，此外，也可以从图形中的白线区分相关系数的正负性，白线由左上角到右下角绘制表示负相关，白线由左下角到右上角绘制表示正相关。

从图 6-14 可以查看各变量的相关系数方向和大小，但是不能直接读出相关系数值，可以通过参数 lower.panel=panel.cor 展示相关系数值。结果如图 6-16 所示。

```
> corrgram(sleepClean,order=T,lower.panel=panel.cor,
+          upper.panel=panel.pie,text.panel=panel.txt,
+          main="利用corrgram函数绘制相关系数图")
```

在图 6-16 中，上三角的变量 Sleep 和 NonD 两者间的饼图深色面积几乎填充了整个圆，说明两者有很强的正相关，在下三角找到其对应的相关系数是 0.97，说明存在超强正相关。

接下来，利用 corrplot 函数对 sleepClean 数据集绘制相关系数图。由于 corrplot 的对象是相关系数矩阵，所以需要先求出 sleepClean 数据集中的相关系数矩阵再绘图。结果如图 6-17 所示。

```
> library(corrplot)
> M <- cor(sleepClean)
> corrplot(M,main="利用corrplot函数绘制相关系数图")
```

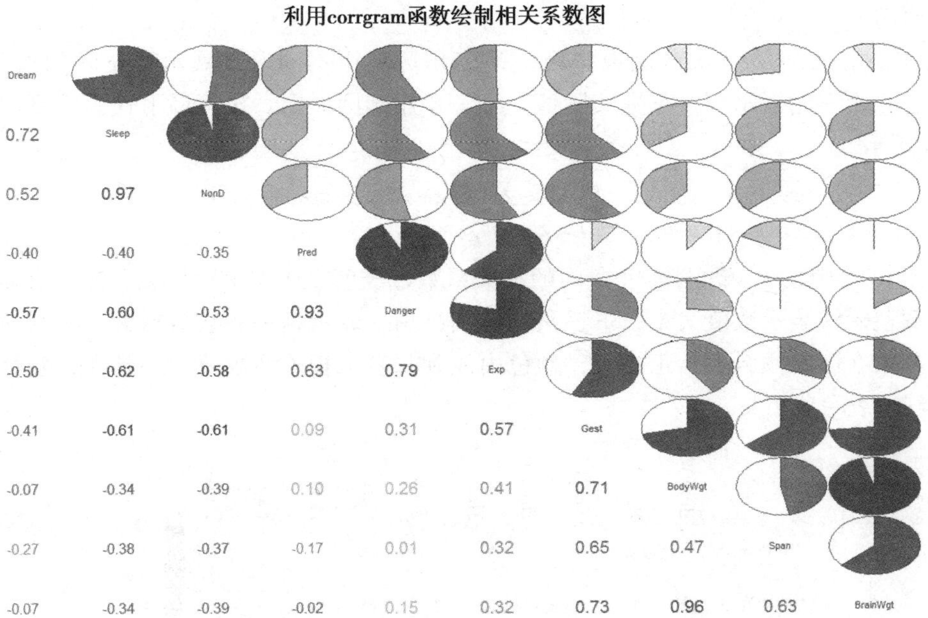

图 6-16　利用 corrgram 函数绘制相关系数图，下三角显示相关系数

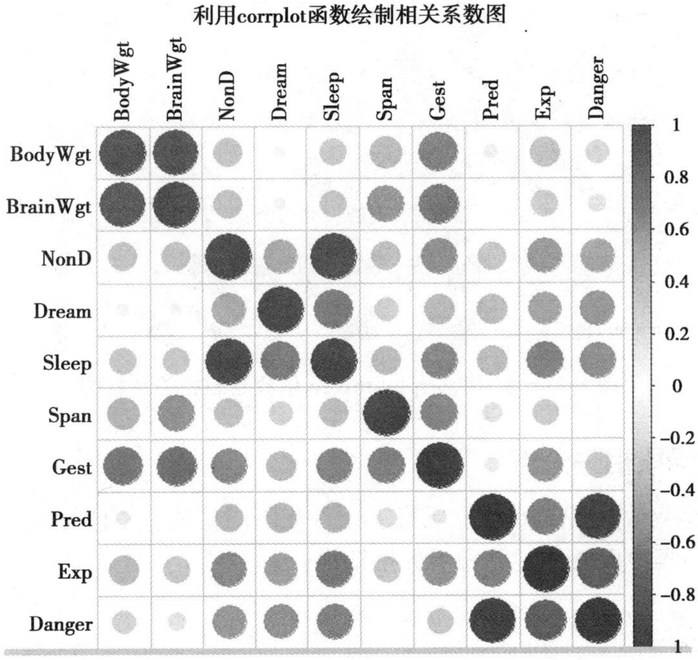

图 6-17　利用 corrplot 函数绘制相关系数图

在图 6-17 中，右边的色度条说明深色代表正相关，浅色代表负相关，颜色由浅到深表示相关系数值由小到大；图中的圆圈大小也能反映相关系数值的大小，圆圈越大，说明相

关系数值越大。

也可以用 corrplot.mixed 函数实现上下三角区域用不同形式展示变量间的相关系数。例如，想在上三角展示相关系数实际值，下三角用椭圆展示。执行以下代码得到的结果如图 6-18 所示。

```
> corrplot.mixed(M, lower = "ellipse", upper = "number",
+               tl.pos="lt",diag="u")
```

在图 6-18 中，上三角显示变量间的相关系数，浅色字体表示正相关，深色字体表示负相关，颜色深浅表示数值大小；下三角的椭圆越扁，表示相关系数值越大，椭圆向左倾斜表示负相关，向右倾斜表示正相关，颜色由浅到深表示相关系数值由小到大，蓝色表示正相关，红色表示负相关。

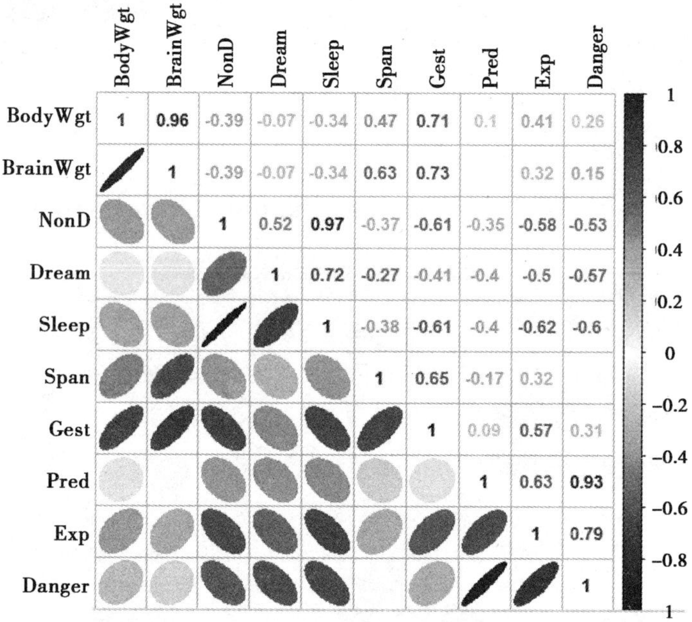

图 6-18 利用 corrplot.mixed 函数绘制相关系数图

6.3.3 活跃时间段相关分析

logindata 数据集收录了 30000 位玩家上个月在不同渠道、不同游戏的登录天数和登录次数的数据。将数据导入 R 中，并查看数据结构。

```
> logindata <- read.csv("data\\logindata.csv")
> str(logindata)
'data.frame':   30000 obs. of  7 variables:
 $ 渠道名称: Factor w/ 15 levels "渠道A","渠道B",..: 2 5 7 7 11 5 9 5 11 5 ...
 $ 游戏名称: Factor w/ 7 levels "游戏A","游戏B",..: 5 3 1 3 3 3 4 3 5 3 ...
 $ 是否付费: Factor w/ 2 levels "否","是": 1 1 1 1 1 1 1 2 2 2 ...
 $ 性别    : Factor w/ 2 levels "男","女": 1 1 1 1 2 2 2 1 2 1 ...
```

```
 $ 年龄    : int  39 50 38 53 28 37 49 52 31 42 ...
 $ 登录天数: Factor w/ 5 levels "1天","2天","3天",..: 5 5 5 3 3 5 3 5 5 5 ...
 $ 登录次数: Factor w/ 9 levels "100次以上","11至20次",..: 9 8 6 6 6 6 6 8 6 6 ...
> dim(logindata)
[1] 30000     7
```

可见，除了年龄变量是数值型变量外，其他变量均为因子型变量。由于cor函数要求是数值型变量，所以需要先将这些变量进行哑变量处理，再求出新变量间的相关系数值。利用前文提到的caret包中的dummyVars函数进行哑变量处理。

```
> library(caret)
> dmy<-dummyVars(~.,data=logindata)
> dmyTsrf<-data.frame(predict(dmy,newdata=logindata))
> dim(dmyTsrf)
[1] 30000    41
> str(dmyTsrf)
'data.frame':   30000 obs. of  41 variables:
 $ 渠道名称.渠道A     : num  0 0 0 0 0 0 0 0 0 0 ...
 $ 渠道名称.渠道B     : num  1 0 0 0 0 0 0 0 0 0 ...
 $ 渠道名称.渠道C     : num  0 0 0 0 0 0 0 0 0 0 ...
……
 $ 登录次数.41至50次  : num  0 0 0 0 0 0 0 0 0 0 ...
 $ 登录次数.51至60次  : num  0 1 0 0 0 0 0 1 0 0 ...
 $ 登录次数.61至100次: num  1 0 0 0 0 0 0 0 0 0 ...
```

可见，经过哑变量处理后，所有变量都已经转换成数值型变量。利用自定义函数求出变量间的相关系数值及其显著性检验的P值，并对结果按照相关系数绝对值进行降序排列。

```
> # 导入自定义的求相关系数函数
> source("code//CorrelationFunction.R")
> corMasterList<-flattenSquareMatrix(cor.prob(dmyTsrf))
> # 按照相关系数的绝对值进行降序排列
> corList<-corMasterList[order(-abs(corMasterList$cor)),]
> print(head(corList,10))
                      i                j        cor p
276         是否付费.否是否付费.是 -1.0000000 0
325             性别.男性别.女 -1.0000000 0
562     渠道名称.渠道A        登录次数.1次  0.9984244 0
495       登录天数.3天登录天数.5天以上 -0.7887687 0
189     游戏名称.游戏C     游戏名称.游戏E -0.6439172 0
345     游戏名称.游戏E                 年龄 -0.5335248 0
249     游戏名称.游戏C          是否付费.否 -0.4442365 0
271     游戏名称.游戏C          是否付费.是  0.4442365 0
779  登录次数.31至40次登录次数.51至60次 -0.4431728 0
494       登录天数.2天登录天数.5天以上 -0.4390142 0
```

我们发现，渠道A与登录次数只有一次的相关系数高达0.998，存在超强正相关，说明渠道A的用户黏性很差，用户在首次注册登录后就绝大部分流失了；游戏E与年龄的相关系数是-0.533，存在明显的负相关，说明游戏E是适合年纪较小的青少年的小孩休闲益智类游戏；游戏 C 与“是否付费 . 是”的相关系数是 0.444，存在正相关，说明游戏 C 的用户付费意愿相对较高，从活跃用户到付费用户的付费率高于其他游戏。

最后，提取与“是否付费 . 是”的相关系数大于 0.04 的记录，并绘制相关系数图，结果如图 6-19 所示。

```
> # 提取与“是否付费.是”的相关系数大于0.04的记录
> selectedSub <- subset(corList,(abs(cor)>0.04 & i %in%  c('是否付费.是')))
> bestsub <- as.character(selectedSub$j)
> # 绘制相关系数图
> library(corrplot)
> corrplot.mixed(cor(dmyTsrf[,c('是否付费.是',bestsub)]),
+          lower = "ellipse", upper = "number",
+          tl.pos="lt",diag="u")
```

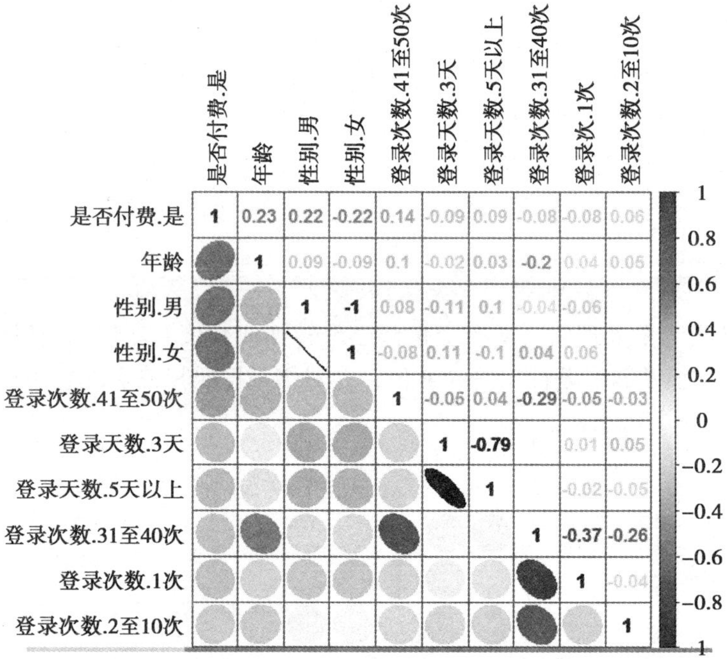

图 6-19 利用 corrplot.mixed 函数对 logindata 绘制相关系数图

6.4 游戏数据中的降维技术

游戏指标存在某些复杂的关系，有时候需要利用降维技术消除这些指标间的共线性因素，再进行下一步的研究，或利用对应分析（Correspondence analysis，也称为 R-Q 型因子分析）进行统计分析。

6.4.1 主成分及因子分析基本原理

主成分分析及因子分析的目的都是降维，就是减少相关的变量数目，用较少的变量来取代原始变量，而这些新变量为原始变量的线性组合。这种转变可以降低原始数据的维度，也在此过程中发现原始数据属性之间的关系。

主成分分析的主要步骤如下。

1）通常要先对各变量进行标准化处理，消除量纲的影响。

2）选择协方差或者相关矩阵计算特征根及对应的特征向量。

3）计算方差贡献率与累积方差贡献率：每个主成分的贡献率代表了原数据总信息量的百分比。

4）确定主成分：设 P_1，P_2，…，P_n 为 n 个主成分，其中前 m 个主成分包含的数据信息总量（即其累积方差贡献率）不低于 80% 时，可取前 m 个主成分来反映原指标。

用原变量的线性组合来计算各主成分得分：以各主成分对原变量的相关系数（即载荷系数）为权，将各主成分表示为原变量的线性组合。

因子分析是主成分的推广和延伸，是寻找公共因子的模型分析方法，它是在主成分的基础上构筑若干意义较为明确的公因子，以它们为框架分解原始变量，以此考察原始变量间的联系与区别。

主成分分析是因子分析的一个特例，两者的区别和联系主要表现在以下方面。

1）主成分分析会把主成分表示成各个原始变量的线性组合，因子分析则把原始变量表示成各个因子的线性组合。

2）主成分分析的重点在于解释原始变量的总方差，而因子分析的重点在于解释原始变量的协方差。

3）在主成分分析中，有几个原始变量就有几个主成分，而在因子分析中，因子个数可以根据业务场景的需要人为指定。

在 R 中，可以用 princomp( ) 函数实现主成分分析。其使用格式为：

```
princomp(x, cor = FALSE, scores = TRUE, covmat = NULL,
        subset = rep_len(TRUE, nrow(as.matrix(x))), ...)
```

其中，x 是用于主成分分析的数据，以数值矩阵或数据框的形式给出。cor 是逻辑变量，cor=TRUE 时，表示用样本的相关矩阵作主成分分析，cor=FALSE（默认值）时，表示用样本的协方差阵作主成分分析。covmat 是协方差阵。

碎石图是帮助确定主成分合适个数的常用手段，其将特征值从大到小排列，选取一个拐弯点（一般以特征值 1 为分界点）对应的序号，此序号前的特征值已经能解释大部分解释方差，序号后的特征值全部较小且彼此大小差不多，这样选出的号码作为主成分的个数。screeplot( ) 函数是画出主成分的碎石图，其使用格式为：

```
screeplot(x, npcs = min(10, length(x$sdev)),
          type = c("barplot", "lines"),
          main = deparse(substitute(x)), ...)
```

其中 x 是由 princomp 函数得到的对象，npcs 是画出主成分的个数，type 是描述画出的碎石图的类型。

可以用 factanal( ) 函数实现因子分析，其使用格式为：

```
factanal(x, factors, data = NULL, covmat = NULL, n.obs = NA,
         subset, na.action, start = NULL,
         scores = c("none", "regression", "Bartlett"),
         rotation = "varimax", control = NULL, ...)
```

其中 x 为数值矩阵或数据框，factors 为因子个数，scores 为因子得分的计算方法，包括 "regression"，"Bartlett"，rotation 为因子旋转方法。

6.4.2 对应分析基本原理

对应分析是在因子分析的基础上发展起来的。对应分析把 R 型因子分析和 Q 型因子分析统一起来，通过 R 型因子分析直接得到 Q 型因子分析的结果，同时把变量和样本反映到相同的坐标轴（因子轴）的一张图上，以此来说明变量与样本之间的对应关系。对应分析基本原理主要应用在市场细分、产品定位、竞争分析、用户偏好分析和广告研究等领域。

在 R 中，实现对应分析有 3 个包：ca、MASS、FactoMineR。其中 ca 包专门用于计算并可视化简单对应分析、多重及联合对应分析。ca 包中的主要函数有：ca 函数用于计算简单对应分析；mjca 函数用于计算多重对应分析和联合对应分析；print 和 summary 函数用于打印和汇总；plot 和 plot3d.ca 函数用于绘图。

6.4.3 玩家偏好分析

下面分析不同类型的玩家在某款休闲游戏购买物品的偏好，表 6-3 统计了 5 类玩家购买过的各种道具的人数。

表 6-3 5 类玩家购买道具的人数统计

道 具	A 类玩家	B 类玩家	C 类玩家	D 类玩家	E 类玩家
8 个钻	181	391	36	2270	4
感恩大礼包	124	314	200	285	2
快速复活	136	313	125	166	10
5 个大师精灵球	15	257	89	247	3
圣诞驯鹿	101	125	800	229	3
双倍金币	38	218	247	260	3
8000 个金币	4600	373	93	292	8
博尔特	26	4600	256	142	6
20 000 个金币	1350	139	38	201	1
美洲豹	28	359	960	150	4

（续）

道　具	A 类玩家	B 类玩家	C 类玩家	D 类玩家	E 类玩家
50 个钻	107	391	200	320	8
20 个钻	0	290	31	400	5
50 000 个金币	350	175	183	298	0
李小龙	152	6000	152	290	9
一代宗师 - 叶问	49	7500	194	171	10
2 个钻	60	379	147	1070	5
金燕年	184	244	133	246	6
春丽	111	2580	144	177	10
霸天虎	130	261	153	206	9
正版激活	164	230	87	290	400

利用 ca 包中的 ca 函数进行对应分析，结果如下。

```
> w <- read.csv("玩家喜好分析数据.csv",T) # 导入不同类别玩家的购物数据
> rownames(w) <- w[,1]  #将道具名称赋予行名称
> library(ca)
> w.ca <- ca(w[,-1])      # 建立简单对应分析
> w.ca                    # 查看结果
 Principal inertias (eigenvalues):
          1        2        3        4
Value     0.637375 0.409408 0.259153 0.234414
Percentage 41.38%  26.58%   16.82%   15.22%
 Rows:
          8个钻感恩大礼包快速复活 5个大师精灵球圣诞驯鹿双倍金币 8000个金币博尔特
Mass       0.063300    0.020317   0.016473          0.013420   0.027631   0.016824
0.117859  0.110479
ChiDist   1.649666    0.609828   0.326181          0.719335   1.888178   0.975577
1.806001  0.739795
Inertia   0.172265    0.007556   0.001753          0.006944   0.098510   0.016013
0.384414  0.060465
Dim. 1     0.320120    0.144121   0.164461         -0.168978   0.195293  -0.001303
2.098402 -0.809544
Dim. 2    -1.951358   -0.830042  -0.398949         -1.034013  -1.644570  -1.304568
1.053059  0.561628
        20000个金币美洲豹    50个钻     20个钻  50000个金币李小龙一代宗师-叶问
Mass            0.037976   0.032968   0.022535   0.015946        0.022096   0.145028
0.174043
ChiDist         1.614781   1.878514   0.557594   1.051324        0.789323   0.718103
0.794963
Inertia         0.099023   0.116338   0.007006   0.017625        0.013766   0.074787
0.109989
Dim. 1          1.919622  -0.115794   0.035719  -0.159502        0.822755  -0.754639
-0.839328
```

```
Dim. 2       0.783111 -1.404214 -0.820395 -1.268845    -0.557815  0.597548
0.662234
           2个钻金焘年春丽霸天虎正版激活
Mass      0.036482  0.017857  0.066375  0.016671  0.025720
ChiDist   1.279342  0.537729  0.610970  0.514024  3.178487
Inertia   0.059711  0.005163  0.024777  0.004405  0.259842
Dim. 1    0.120028  0.409876 -0.663136  0.224755  0.454375
Dim. 2   -1.692717 -0.625129  0.474609 -0.675912 -1.538615
 Columns:
          A类玩家   B类玩家   C类玩家   D类玩家   E类玩家
Mass      0.011114 0.173648  0.552154  0.093742  0.169343
ChiDist   4.836399 1.689369  0.671841  1.624648  1.304444
Inertia   0.259960 0.495584  0.249226  0.247431  0.288149
Dim. 1    0.448497 1.993700 -0.728786  0.022681  0.289885
Dim. 2   -2.002533 0.883860  0.518653 -1.347444 -1.720111
```

输出结果分为三部分：第一部分是 Principal inertias（eigenvalues），表示各特征根的值及其贡献率，其中，第一特征根值为 0.637375，贡献率为 41.38%，第二特征根值为 0.409408，贡献率为 26.58%，说明两个维度可以解释数据 68% 的信息量，虽然不算太好，但对于实际数据，这样的结果也是可以接受的；第二部分和第三部分包括 ChiDist 是列联表的卡方检验结果；Inertia 是惯量，也就是我们所说的特征根；Dim. 1 和 Dim. 2 是提取的两个因子对行、列变量的因子载荷。可通过 names() 查看因子分析输出的对象列表。

```
> names(w.ca)              # 查看因子分析输出的对象列表
 [1] "sv"         "nd"         "rownames"   "rowmass"    "rowdist"    "rowinertia"
 [7] "rowcoord"   "rowsup"     "colnames"   "colmass"    "coldist"    "colinertia"
[13] "colcoord"   "colsup"     "N"          "call"
```

例如，以下语句可以得到两个因子对应的列的名称和标准坐标。

```
> w.ca$colnames            # 查看列名称
[1] "A类玩家" "B类玩家" "C类玩家" "D类玩家" "E类玩家"
> w.ca$colcoord            # 查看列的标准坐标
Dim1        Dim2        Dim3         Dim4
A类玩家  0.4484967 -2.0025331  8.41104110 -3.74451069
B类玩家  1.9937000  0.8838605 -0.03290217 -0.04073525
C类玩家 -0.7287858  0.5186533  0.07566403  0.07235520
D类玩家  0.0226814 -1.3474435 -1.49574696 -2.36941939
E类玩家  0.2898847 -1.7201110  0.06301785  1.36323214
```

下面使用 plot 函数绘制对应分析的散点图，结果如图 6-20 所示。

```
> # 绘制对应分析的散点图
> plot(w.ca$rowcoord[,1],w.ca$rowcoord[,2],pch = 16,col = rgb(0.6,0.3,0.2),
+      xlim = c(min(w.ca$rowcoord[,1]),max(w.ca$rowcoord[,1])+0.3),
+      main = "玩家购买物品偏好分析")
> text(w.ca$rowcoord[,1],w.ca$rowcoord[,2],labels = w.ca$rownames,
+      cex = 0.8,pos = 4,col = rgb(0.6,0.3,0.2))
> points(w.ca$colcoord[,1],w.ca$colcoord[,2],pch = 17,col = "#007e7e")
> text(w.ca$colcoord[,1],w.ca$colcoord[,2],labels = w.ca$colnames,
```

```
+       cex = 0.8,pos = 4,col = "#007e7e")
```

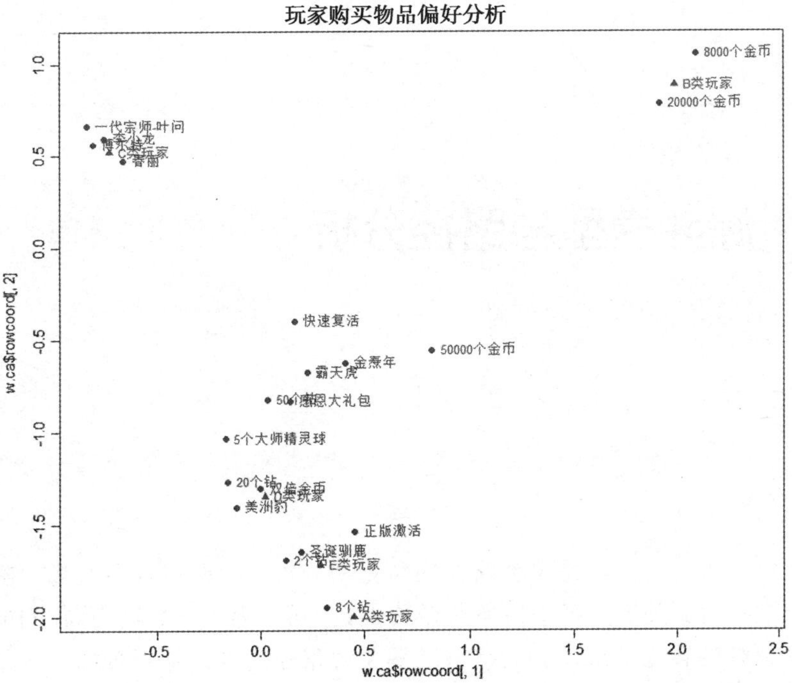

图 6-20　绘制因子分析的散点图

对应分析散点图由玩家类别和购买道具的因子坐标值组成。物品离各类玩家越近，玩家越喜欢。从图 6-20 中可以看出，B 类玩家明显属于金币类购买玩家，明显偏好于购买 8000 个金币和 20000 个金币；C 类玩家属于角色扮演类玩家，明显偏好于购买春丽、叶问、博尔特等人物角色。

6.5　小结

本章首先学习了游戏数据指标分析的常用方法：对指标进行可视化、同比、环比、利用实际序列对时序数据进行拟合预测。然后学习了分析连续性变量关系的相关分析及相关关系可视化技术，对活跃时间段数据进行相关分析，发现有用的知识。最后学习了常用的降维技术原理，并通过对应分析对玩家的偏好进行分析。

Chapter 7 第7章

漏斗模型与路径分析

游戏分析中很重要的部分是关键路径的转化率分析。分析过程主要为：确定分析的关键路径，收集数据得到关键路径中每条路径的人数（或次数），以及各路径间的转化率，最后用路径展示清晰的转化结果，从而整体了解关键路径的设计是否合理，各路径转化的优劣，是否存在优化空间等。例如在通过漏斗模型查看游戏新手教程的转化率情况，可以方便查看新手在每一环节的流失情况，更好地进行新手教程优化，将玩家更好地推送到游戏中，不至于在新手教程过程中就流失。而路径分析的范围更加广泛，除了对游戏运营进行监控和管理外，还包括游戏用户频繁路径模式识别、用户特征分析。

7.1 漏斗模型与路径分析的主要区别和联系

漏斗模型是路径分析的特殊形式，是专门针对关键环节进行的路径分析，两者都是针对用户路径和轨迹所进行的发现、分析与提炼，而且两者的主要分析思路也是相同的，即都是以上下环节转化率的计算为核心，这就是两者的主要联系和共同点。

两者的区别主要表现在分析角度、侧重点和分析技术的不同。

1. 分析角度不同

漏斗模型中的每一个环节都是由经过抽象汇总后的玩家人数或点击次数的数据产生的，属于宏观层面的角度考察每一环节的整体流失情况；而路径分析是以每个玩家的点击行为数据为研究基础，通过算法识别出频繁的路径模式，从而发现用户的行为特征。

2. 侧重点不同

漏斗模型更多、更主要用于游戏的运营和管理中，主要是针对游戏中的关键节点和关键环节所进行的分析、监控和管理。例如，利用漏斗模型分析监控玩家的任务等级，从而得出游戏关卡的用户流失率，进而对游戏关卡数值策划提供改进建议。而路径分析的用户更加广泛，除了对用于游戏的运营进行监控和管理外，还包括游戏用户频繁路径模式识别、用户特征分析等。

3. 分析技术不同

相对来说，漏斗模型的分析技术更直观、更直接、更容易理解，就是根据关键环节的先后顺序，计算出每一步的转换率即可。这种转换率的计算可以基于用户的人数，或者是不同按钮的点击次数，依具体的业务分析场景而定，这种分析通常不需要专业的分析软件就可以进行；而路径分析采用的分析技术相对来说更为多样化，也更具有一定的难度，如后面要介绍的时序关联模式发现、sunburst 事件路径图、社会网络图等，这些都需要借助一些专业的挖掘工具（如 R 语言）才可以更加有效地完成分析工作。

7.2　漏斗模型

漏斗模型是指多个自定义事件序列按照指定顺序依次触发的流程中的量化转化模型。也就是从起点到终点有多个环节，每个环节都会产生用户流失，依次递减，每一步都会有一个转化率。

7.2.1　漏斗模型的主要应用场景

通常我们会分析应用中的一些关键路径，比如点击流程、购买流程等。通过分析关键路径转化率，来确定整个流程的设计是否合理、各步骤的优劣、是否存在优化的空间等，进而提高最终目标的转化率。漏斗模型是基于自定义事件创建的。想要分析关键流程的转化率，就需要先添加并集成自定义事件。一旦用户触发了初始事件，他就有一定的时间来完成漏斗。

图 7-1 是一款棋牌游戏新手教程的漏斗图，它是新玩家注册后进入游戏弹出新手教程后一系列关键节点的效果总结和描述。从该漏斗模型可以看出，新手教程第一步是点击比牌（给牌），有 13% 的玩家在比牌规则还没结束就离开了新手教程，一共有 83% 的玩家去观看游戏规则教程，最后有 73% 的玩家在看完新手教程后返回大厅。

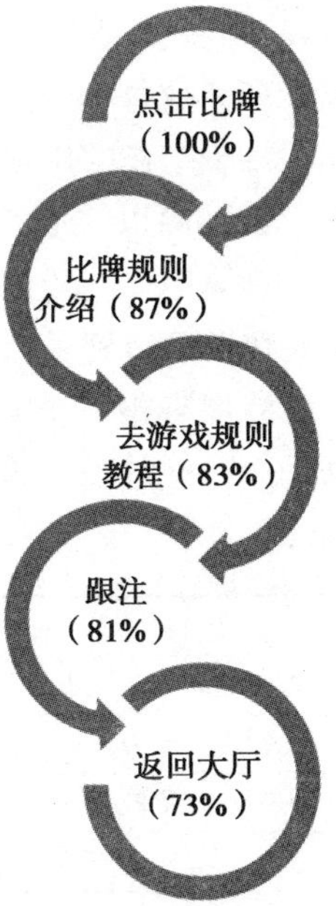

图 7-1　棋牌游戏新手教程的关键路径漏斗模型

通过分析上述漏斗模型，再结合数据比较标的相应转化，就可以发现本次发布的新手教程哪些环节的效果不好，然后在后续版本中改进，最终提升整体的转化率。因此，漏斗模型常常会作为数据化运营中最基本的管理工具和分析思路。

7.2.2 分析案例：新手教程漏斗模型

某款棋牌游戏的新手教程的点击事件步骤如图 7-2 所示。

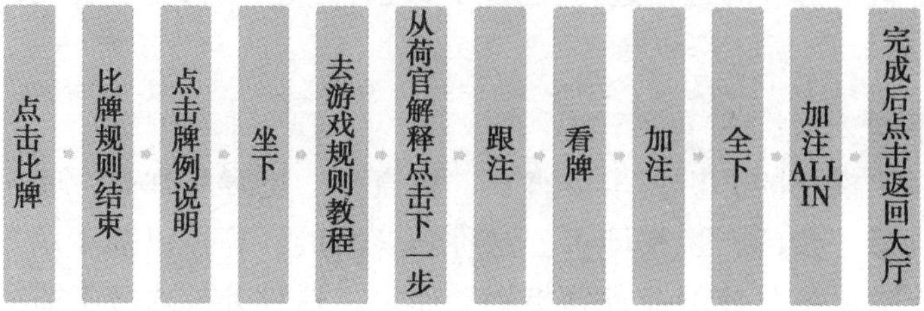

图 7-2 棋牌游戏新手教程点击事件步骤

统计新手教程的关键步骤用户数，得到的关键路径转化数据如表 7-1 所示。

表 7-1 关键路径转化数据表

事件行为	用户数	总体转换率	上一步转化率
点击比牌	567	100%	—
比牌规则结束	473	83.42%	83.42%
去游戏规则教程	454	80.07%	95.98%
跟注	454	80.07%	100%
加注 ALLIN	425	74.96%	93.61%
完成后点击返回大厅	408	71.96%	96%

表 7-1 中，我们按天计算了用户转化路径中各步的数据，根据转化路径中的每一步动作，计算完成每个动作的用户数，进而计算用户从进入到每一步动作的“总体转化率”，用的是“每步动作的用户数”除以“进入的用户数”；而“上一步的转化率”是用“当前动作的用户数”除以“上一步动作的用户数”计算得到的。通过这两个转化率指标，即可看到每一步总体用户的转化情况，也可以看到从上一步过来的用户转化情况。

现在已经得到了想要的转化数据，可以利用 Excel 的绘图功能，经过一些简单的变化处理，就能展现出一个简单的转化漏斗模型图。首先需要增加一组数据进行占位，这组占位数据是：（1－每一步的总体转化率）÷2，如表 7-2 所示。

表 7-2 增加占位符的关键路径转化数据表

事件行为	占位符	总体转换率	上一步转化率
点击比牌	—	100%	—
比牌规则结束	8.29%	83.42%	83.42%
去游戏规则教程	9.96%	80.07%	95.98%
跟注	9.96%	80.07%	100%
加注 ALLIN	12.52%	74.96%	93.61%
完成后点击返回大厅	14.02%	71.96%	96.00%

在得到这组数据之后就可以绘制堆积条形图，让占位数据在左侧，总体转化率在右侧，然后适当调整每个条形之间的间隔以及横坐标的刻度选项，将纵坐标做“逆序”放置，隐藏横坐标，得到的漏斗模型图如 7-3 所示。

最后，还可以插入右侧的箭头图形来标记每一步来源于上一步的转化率，使漏斗图的内容更加丰富。结果如图 7-4 所示。

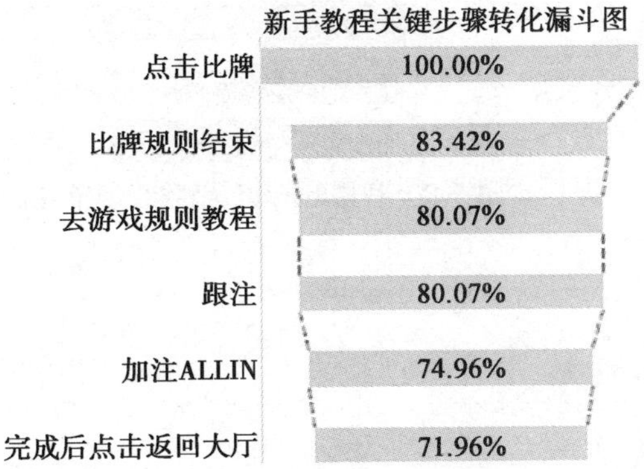

图 7-3　新手教程漏斗模型图

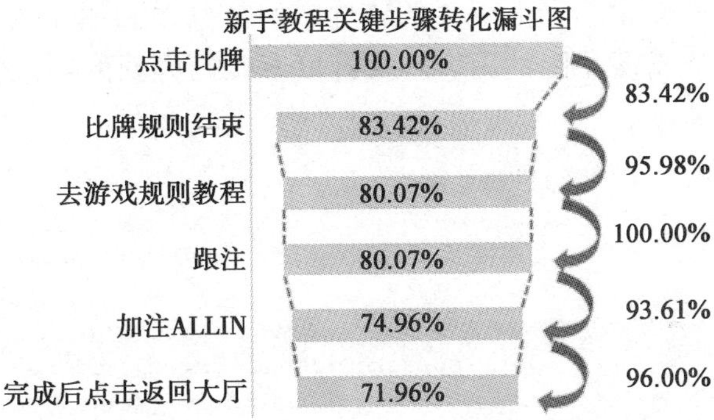

图 7-4　增加上一步转化率的漏斗模型图

可以从漏斗模型图得到很多有价值的信息。例如，从点击比牌到比牌规则结束的转化率是 83.42%；从比牌规则结束到去游戏规则教程的上一步转化率是 95.98%，到这步的整体转化率是 80.07%；完成后点击返回大厅的总体转化率为 71.96% 等。可以根据步骤转化率对新手教程进行调优。

当然，使用 R 语言也能绘制漏斗模型图，但制作过程比 Excel 相对繁琐。现在使用 R 语言绘制漏斗图。首先，将新手教程关键路径的用户数导入 R 中。执行以下代码。

```
> # 导入新手教程关键路径用户数
> funnel <- read.csv("新手教程路径留存人数统计.csv",T)
> # 查看funnel数据集
> funnel
事件行为用户数
1           点击比牌     567
2       比牌规则结束     473
3     去游戏规则教程     454
4               跟注     454
5          加注ALLIN     425
6   完成后点击返回大厅   408
```

为了让生成的条形从上到下逐渐变短，需要将 funnel 数据集进行升序排序，然后利用 barplot 函数绘制漏斗图右边的条形，并设置 add = TRUE 来加上漏斗图的左边条形。执行以下代码得到如图 7-5 所示的漏斗模型图。

```
> # 对数据进行降序排序
> funnel_order <- funnel[order(funnel$用户数),]
> # 绘制漏斗图
```

```
> barplot(funnel_order$用户数,horiz = T,axes=F,border=F,space=0.5,
+         col="steelblue1",xlim=c(-700,700),
+         main="新手教程关键路径漏斗图")
> bagfrplot(-funnel_order$用户数,horiz=T,add=T,
border=F,space=0.5,
+         axes=F,col="steelblue1")
```

图 7-5 利用 barplot 函数绘制漏斗图

然后，利用 text 函数将每一步骤的路径名称、总体的转化率和上一步的转化率的信息在添加在漏斗图上，丰富漏斗图的内容。执行以下代码得到的结果如图 7-6 所示。

```
> # 增加步骤名称
> text(x=rep(-600,6),y=seq(1,8.5,length.out = 6),
+      labels=funnel_order$事件行为, cex=0.8,font=3,col="black")
> # 增加总体的转化率
> text(x=rep(0,6),y=seq(1,8.5,length.out = 6),
+      labels=paste0(round(funnel_order$用户数*100/max(funnel_order$用户数),2),"%"),
+      cex=0.8,font=3,col="violetred3")
> # 增加上一步的转化率
> text(x=rep(max(funnel$用户数),6),y=seq(2,7.5,length.out = 5),
+      labels=paste0(round((1-(-diff(funnel$用户数)/funnel$用户数[1:5]))*100,2),"%"),
+      cex=0.8,font=4,col="red3")
```

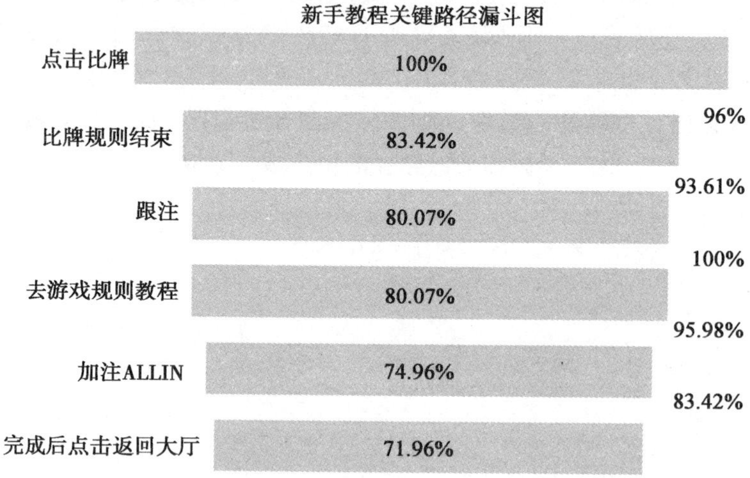

图 7-6 利用 text 函数丰富漏斗图的内容

有时候，我们可以选取某一段时间的日均转化率作为数据对标，利用数据对标来对统计的路径转化率判断优劣。例如，以 6 月日均值的新手教程每步路径转化率为数据对标，对比 7 月 29 日当日的注册用户在新手教程的留存情况。利用 Excel 的绘图功能，通过图形叠加的方式即可实现。实现效果如图 7-7 所示。

从图 7-7 可知，7 月 29 日的新手教程每步转化率均低于 6 月的数据对标，此种情况应该引起产品人员的警惕。新手教程是否在 7 月新版中改动较大，导致新用户对教程的兴趣减弱，应该对比新旧版本，总结失败经验，在下一个版本中优化。

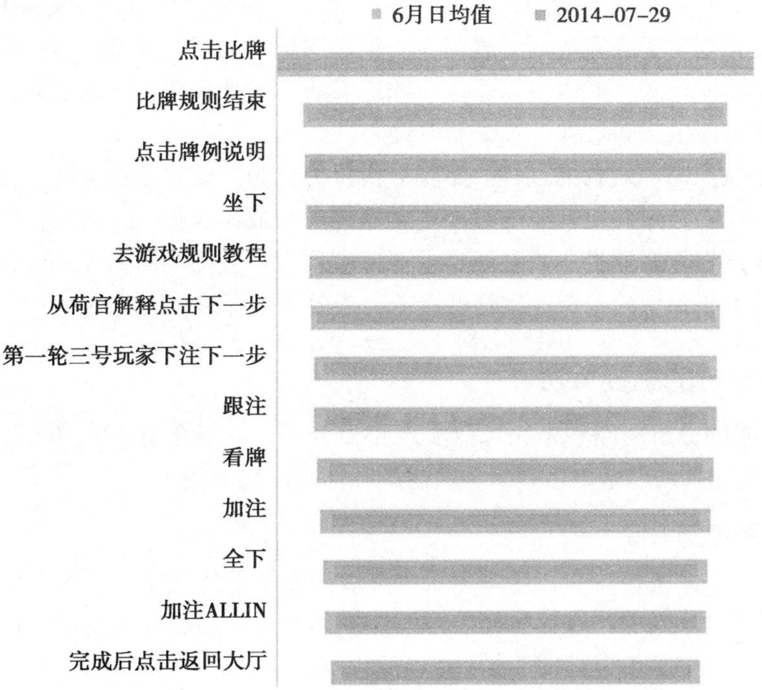

图 7-7 增加数据对标的漏斗模型图

7.3 路径分析

路径分析更加基础、全面、丰富，更能真实再现玩家在游戏中的行为轨迹。可以根据不同的应用场景选择不同的算法实现，比如利用 sunburst 事件路径图识别玩家典型的、频繁的模式，利用基于时序的关联规则发现前后路径的关系。

7.3.1 路径分析的主要应用场景

路径分析有以下典型的应用场景。

- 识别玩家典型的、频繁的路径模式。通过路径分析，可以有效发现用户典型的频繁路径模式（主流的路径、典型的路径），这些发现是对游戏版本更新迭代最基础、最可靠的信息参考之一。
- 识别玩家行为特征。路径本身是指玩家在游戏中的轨迹，轨迹背后反映的是玩家的行为特征，而这些行为特征对于游戏的运营、管理、客户服务等诸多方面都有重要的参考价值，能够起到借鉴作用。

- ❑ 作为游戏产品设计和优化的依据和参考。路径分析对于游戏产品设计和优化的价值是显而易见的，并且是设计和优化的基础和核心来源。游戏数值策划正是通过对用户行为轨迹的观测和分析，来真正从源头上了解和把握玩家在游戏中的实际情况。例如，发现玩家在完成新手教程后先推送到棋牌大厅，再由棋牌大厅进入房间会造成部分玩家流失，此时可以相应地改进策略，譬如在新玩家完成新手教程后，直接推送到相应的房间玩牌，减少无谓流失。
- ❑ 监控游戏产品和运营的过程。路径分析作为更为广泛、更加全面、更加基础的漏斗模型，可以通过关键环节的转换率来监控产品或运营指标。例如，不同时期的留存转换率可以用来监控用户黏性，发现异常用户；监控不同关卡的通过率，自动识别通过率低于预期的关卡，运营可重新调整关卡难度的数值。

7.3.2 路径分析的主要算法

有多种不同的分析思路和算法可以实现路径分析，下面介绍最常用的几种分析思路和算法：最朴素的遍历法、基于序列的关联规则和社会网络方法。

1. 最朴素的遍历方法

之所以称这类方法最朴素，是因为它没有运用到复杂的算法，直接分析主要路径的流向，因此最直观、最直接、最容易让人理解。根据遍历的思想，从新增用户进入游戏的那一刻开始，把每一个点击事件的流量大小整理出来，就是一个常见的、通过典型的遍历方法进行的路径分析。

例如，在德州规则小测试的路径流程中，玩家提交测试后，会出现“答对了”和“答错了”两个路径，在“答对了”分路径中，又有“马上玩牌”和“关闭测试”(右上角叉按钮)两种选择，在“答错了”分路径中，有“再做一遍”“去看新手教程”和“关闭测试”三种选择，如图 7-8 所示。图 7-9 是用户“进入测试”后的完整路径流程图。

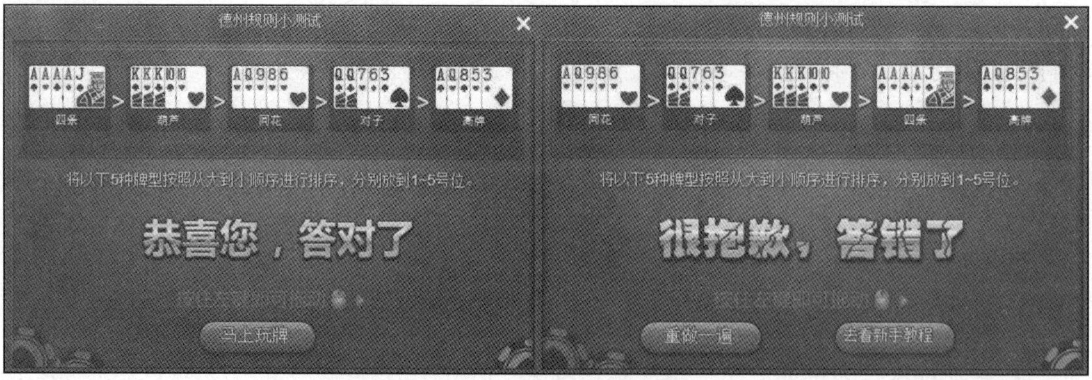

图 7-8 “提交测试”后的路径流向

统计“进入测试”后的每个点击事件的人数，可以根据路径流程图，轻松利用 Excel 设计出基于遍历思想的“进入测试”用户路径与转化分析。某个小渠道在 8 月 1 日用户进入测试后的人数统计路径转化分析如图 7-10 所示。

从图 7-8 可知，进入测试的玩家中，只有 44.7% 的玩家提交了测试，在提交测试的玩家中，仅有 32% 的人全部答对，说明测试题目难度偏大，需要在新版本中调整题目难度。在回答错误的玩家中，仅有 32.6% 玩家愿意去看新手教程学习德州规则，从侧面也反映了在完成新手教程后的奖励对玩家的吸引不够，可以加大玩家完成新手教程的奖励。

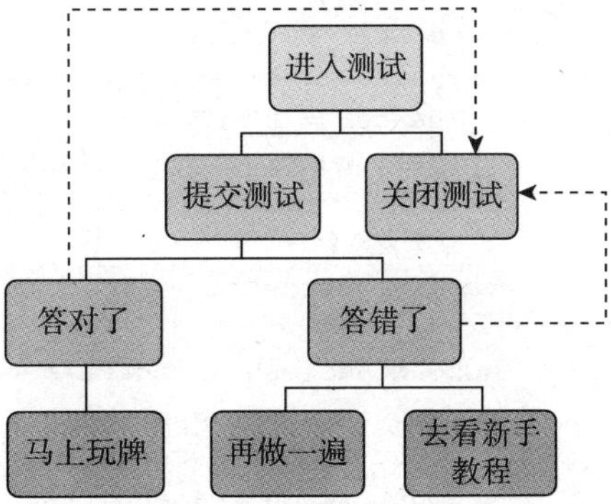

图 7-9　用户“进入测试”路径流程图

当用户行为路径比较复杂时，以上用 Excel 自己构建路径图的方法就显得力不从心了。此时可以借助当前最流行的数据可视化 D3.js 库中的 Sunburst Partition 来刻画用户群体的事件路径点击状况。从该图的圆心出发，层层向外推进，代表了用户从开始使用产品到离开的整个行为统计。sunburst 事件路径图可以快速定位用户的主流使用路径。提取特定人群或特定模块之间的路径数据，并使用 sunburst 事件路径图进行分析，可以定位到更深层次的问题。灵活使用 sunburst 路径统计图，是路径分析的一大法宝。

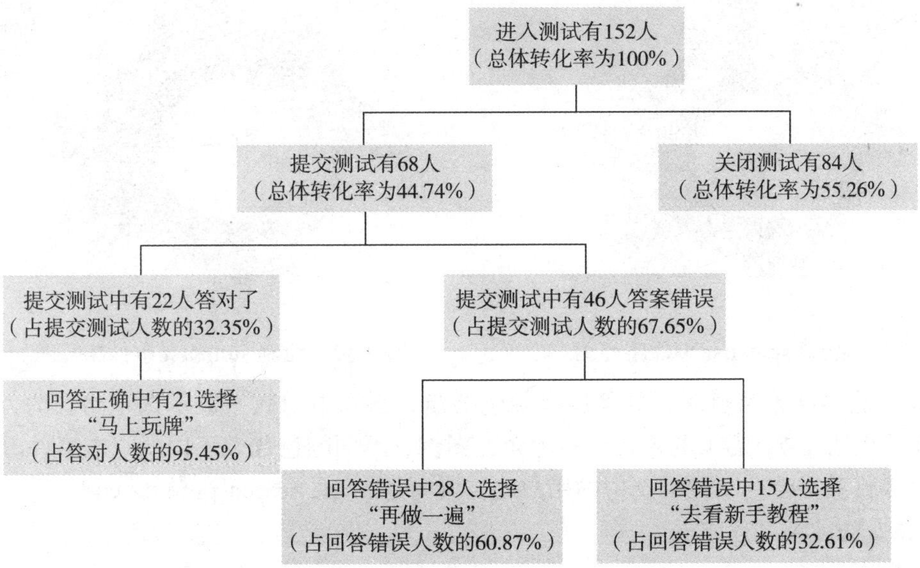

图 7-10　“进入测试”用户路径分析

在 R 中，可以利用 sunburstR 包中的 sunburst 函数实现 sunburst 事件路径图，由于该包目前在 github 上面，可以通过 devtools::install_github("timelyportfolio/sunburstR") 命令完成安装。以 sunburstR 包中自带的 visit-sequences.csv 数据集为例进行演示，利用 sunburst 函数绘制 sunburst 事件路径图。结果如图 7-11 所示。

```
> if(!require(sunburstR)) devtools::install_github("timelyportfolio/sunburstR")
> # 导入sequences数据
> sequences <- read.csv(
+   system.file("examples/visit-sequences.csv",package="sunburstR")
+   ,header = FALSE
+   ,stringsAsFactors = FALSE
+ )
> # 查看前六行
> head(sequences)
                                              V1    V2
1 account-account-account-account-account-account 22781
2 account-account-account-account-account-end  3311
3 account-account-account-account-account-home   906
4 account-account-account-account-account-other 1156
5 account-account-account-account-account-product  5969
6  account-account-account-account-account-search   692
# 绘制sunburst事件路径图
> sunburst(sequences)
```

由于调用了 D3.js 库，该事件路径图有很好的交互效果。可以选择某一条路径占比查看人数，如图 7-12 所示。

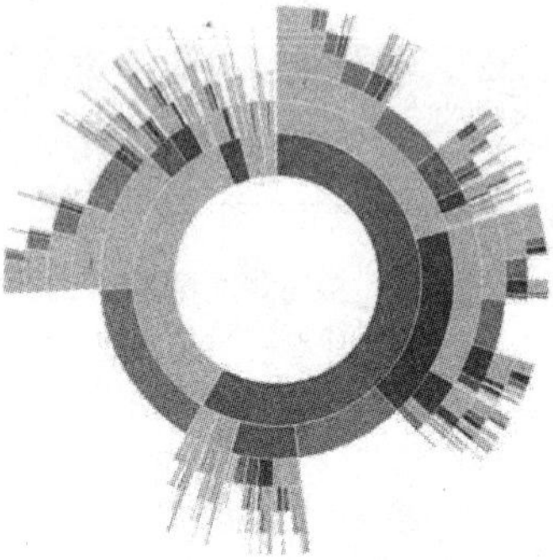

图 7-11　绘制 sunburst 事件路径图

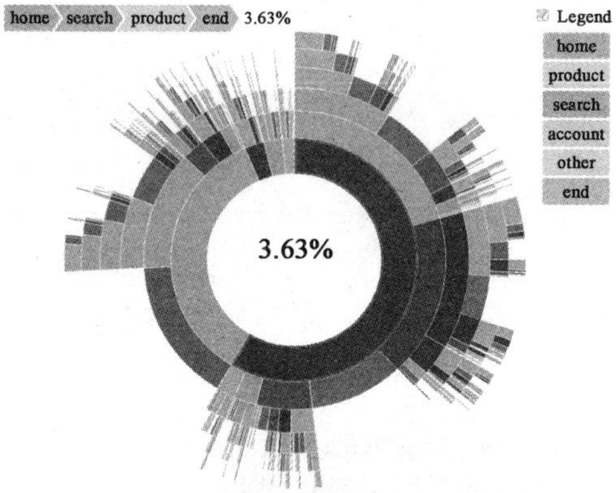

图 7-12　绘制 sunburst 事件路径图

可见，选中某条路径时，其他路径颜色变暗，圆圈中的数字表示选中路径的人数（或次数）在总人数（或次数）的占比。右上角是图例，不同颜色代表不同的点击事件。左上角是选中的事件路径流向，此时选中的用户路径流向是 home-search-product-end，占总人数的 3.6%。3.6% 的计算过程如下。

```
> # 计算某一路径的占比
> # 查看选中路径的点击次数
> (targetclick <- sequences[sequences$V1=="home-search-product-end","V2"])
[1] 1515532
> # 统计所有路径的点击次数
> (allclick <- sum(sequences$V2))
[1] 41768062
> # 计算目标路径的占比
```

```
> paste0(round(targetclick/allclick,4)*100,"%")
[1] "3.63%"
```

2. 基于序列的关联规则

基于序列的关联规则（sequence analysis）又称序列分析，这种方法是在关联规则分析（association analysis）的基础上，进一步考虑了关联物品之间的先后顺序，即数据集中的每个序列的条目都是有序排序的，且输出的结果也是有序的。例如一个用户在一段时间内，发生了三次交易，第一次购物为 A 和 B，第二次购物为 A 和 C，第三次为 D，故该用户的序列为 <{A,B},{A,C},{D}>，这与 <{A,B}{D}{A,C}> 是不同的，表示这个完整的信息流称为序列（sequence），如序列 <{A,B},{A,C},{D}>；序列中最小组成单位的集合称为数据项（item），如 {A,B} 就是一个数据项；用于标识同一个序列内不同数据项之间的前后顺序关系称为事件（event），通常用时间戳来表示。

基于序列的关联规则常用的算法为由 zaki 提出的可以使用各种约束限制的 cSPADE 算法。在 R 中，可以使用 arulesSequences 包中的核心函数 cspade 实现。其基本表达式为：

```
cspade(data, parameter = NULL, control = NULL, tmpdir = tempdir())
```

其中，data 是事务型数据，parameter 用于设置各类约束限制。cspade 函数的参数 parameter 说明如表 7-3 所示。

表 7-3　cspade 函数的 parameter 参数说明

参　数	说　明
support	支持度阈值（最小值），取值范围是 [0,1]，默认值为 0.1
maxlen	返回的结果序列中包含数据项的最大数，默认值为 10
maxsize	返回结果序列的数据项中包含商品的最大数，默认值为 10
maxgap	同一序列内前后事件（event）间隔的最大值
mingap	同一序列内前后事件间隔的最小值
maxwin	同一序列内任意事件间隔的最大值

对于序列分析，因为考虑了事物关联关系的先后顺序，所以与游戏中的玩家点击事件的先后顺序分析有很大的相似性，可以加以借鉴，它也成为游戏路径分析中的一种重要分析方法。

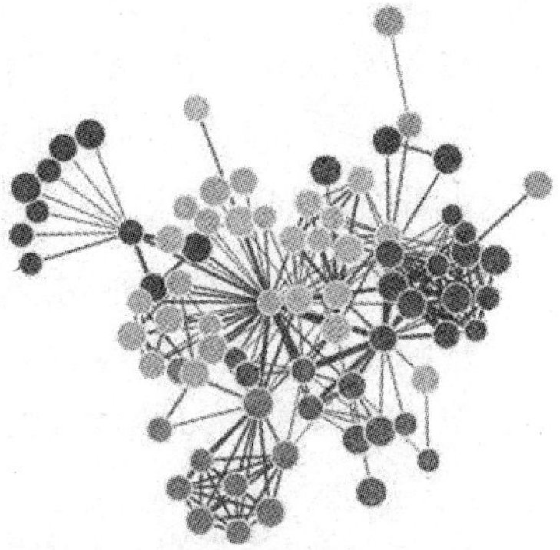

图 7-13　社会网络关系图

3. 社会网络方法

社会网络分析（social network analysis）作为一个单独的分析领域，目前已经得到了快速的发展。其初衷是研究社会实体，即组织中的人以及他们之间的活动和关系，这种网络关系可以用图来表示，如图 7-13 所示。其中，每个节点（小圆圈）表示一个参与者，每条线的链接表示两个参与者之间的关系，线的粗细表示参与者之间关系的强弱。

在游戏里，社会网络图分析有极其重要的作用，如游戏内社交系统分析、玩家与玩家之间的交易分析以及玩家不同点击事件关系分析等。

R 语言中的 igraph 包是处理复杂网络的分析包，将在第 9 章详细介绍其用法。

7.3.3 分析案例：游戏点击事件路径分析

1. 数据准备

玩家从进入游戏到玩牌的点击路径是：欢迎界面操作→大厅界面点击操作→进入房间玩牌，如图 7-14 所示。

图 7-14 玩家从进入游戏到玩牌的路径流向

进入欢迎界面有："学习新手教程""规则小测试""关闭欢迎界面"三个选择。前面已经介绍了"学习新手教程"和"规则小测试"的点击事件。接着进入游戏大厅界面，大厅界面点击操作主要包括："个人信息""房间列表""好友列表""halltool"四大板块，各个版块的主要功能点按钮如下。

- 个人信息：头像、签到、信息向上按钮、信息向下按钮、打开详情、保险箱、打开系统通知、商城、VIP。
- 房间列表：游戏场、比赛场、淘汰赛、淘金赛、锦标赛、新手场、初级场、中级场、高级场、快速场。
- 好友列表：好友、动态、房间。
- halltool：点击快速游戏、点击进入房间、点击更新按钮、点击帮助按钮。

data_click.csv 数据收录了 5000 位玩家在某一天的点击事件数据，希望通过研究发现哪些点击事件是引导玩家触发开始玩牌的重要按钮，及其引导能力问题。数据格式如表 7-4 所示。

表 7-4 data_click 数据示例

1	1	11008
1	2	11001
1	3	11034
1	4	11002
2	1	11017
……	……	……
5000	1	11158
5000	2	10034
5000	3	11004

第一列是用户 id，第二列是事件 event，用于标识同一个玩家不同点击事件数据之间的前后顺序关系。第三列是各个点击事件的 id，其中 11034 是开始玩牌事件的 id。

2. 利用时序关联规则对点击事件进行路径分析

理解点击行为数据后，接下来把 data_click 数据导入 R 语言中，并通过 head 函数查看前六行。

```
> data_click <- read.csv("data_click.csv",header=F) # 导入点击事件数据
> head(data_click) # 查看前六行
  V1 V2    V3
```

```
1  1  1 11008
2  1  2 11001
3  1  3 11034
4  1  4 11002
5  2  1 11017
6  2  2 11004
```

因为要寻找哪些点击事件会触发玩家的开始玩牌按钮及其贡献度和能力，所以下面先筛选出 5000 位玩家中有触发开始玩牌“11034”按钮的用户数据。

```
# 提取有过11034点击行为的用户数据
targetuserid <- unique(data_click[data_click$V3=="11034","V1"])
data_click_new <- data_click[data_click$V1 %in% targetuserid,]
```

接下来，将 arulesSequences 包加载到 R 中，并将 data_click_new 数据转换成 cspade 函数可用的事务型数据 data_click_tran。

```
> library(arulesSequences)
> tmp_data <- data.frame(click=data_click_new$V3)
> tmp_data$click <- as.factor(tmp_data$click)
> data_click_tran <- as(tmp_data,'transactions')
> transactionInfo(data_click_tran)$sequenceID <- data_click_new$V1
> transactionInfo(data_click_tran)$eventID<-data_click_new$V2
> data_click_tran
transactions in sparse format with
 24338 transactions (rows) and
 250 items (columns)
```

可见，data_click_tran 已经是事务型数据，可以通过 summary 函数查看更详细的信息。

```
> summary(data_click_tran)
transactions as itemMatrix in sparse format with
 24338 rows (elements/itemsets/transactions) and
 250 columns (items) and a density of 0.004

most frequent items:
click=11034 click=11008 click=11017 click=11004 click=11018     (Other)
       4806        3319        1371        1321        1194       12327
......
```

第一部分中的 24338 是行数，250 是列数，是指点击事件按钮，密度（density）值 0.004 是指非零矩阵单元的比例；第二部分列出了事务型数据中最常点击的按钮，共有 4806 位玩家点击了开始玩牌按钮，占总玩家的 96.12%（4806/5000）。

可以通过 inspect 函数查看稀疏矩阵的内容，或者通过 as 函数先转换成数据框再查看。前六条点击数据如下。

```
> # 查看事务型数据的前六行
> inspect(data_click_tran[1:6])  # 或者head(as(data_click_tran,"data.frame"))
  items         transactionID sequenceID eventID
1 {click=11008} 1             1          1
```

```
2 {click=11001} 2            1          2
3 {click=11034} 3            1          3
4 {click=11002} 4            1          4
5 {click=11017} 5            2          1
6 {click=11004} 6            2          2
```

itemFrequencyPlot 函数可以生成一个用于描绘所包含的特定商品的交易比例的柱状图，可以通过 support 参数设置最小的支持度，或者通过 topN 参数提取支持度由大到小排序后的前 *N* 个商品。例如，想绘制支持度前 20 的点击事件的柱状图，执行以下代码得到的结果如图 7-15 所示。

```
# 绘制商品的频率图
itemFrequencyPlot(data_click_tran, topN=20)
```

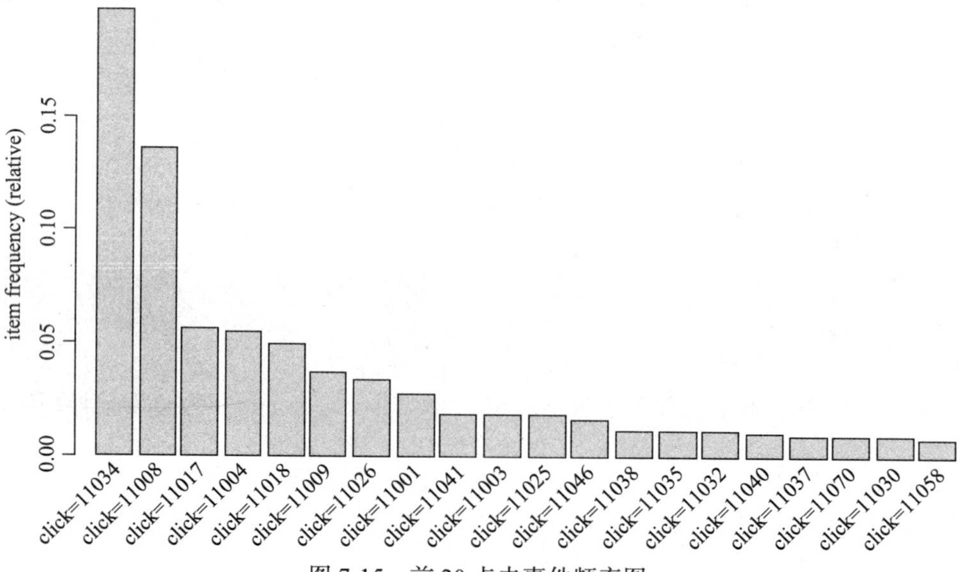

图 7-15 前 20 点击事件频率图

利用 arulesSquences 包中的 cspade 函数实现 cSPADE 算法。由于要找出所有到达开始打牌的路径，所以将支持度阈值 support 设置为 0，且欲返回点击开始打牌和前一次的点击事件，即返回序列的数据项数最大为 2，所以 maxlen 设置为 2。

```
> myrules <-  cspade(data_click_tran,parameter=list(support=0,maxlen=2),
+  control=list(verbose=TRUE))

parameter specification:
support :  0
maxsize : 10
maxlen  :  2

algorithmic control:
bfstype  : FALSE
```

```
verbose  :  TRUE
summary  : FALSE
tidLists : FALSE

preprocessing ... 1 partition(s), 0.56 MB [0.12s]
mining transactions ... 0.16 MB [0.2s]
reading sequences ... [0.82s]

total elapsed time: 1.14s
```

然后使用 sort 函数将 myrules 按照支持度的数值进行降序排序，并设置规则表达式，筛选出序列中最后一个数据项为 {click=11034} 的序列。

```
> myrules <- sort(myrules,by="support") # 按照support进行排序
> targetclick <- paste0(".*click=11034","[^\\}]*\\}>") # 设置规则表达式
> finalrules <-myrules[grep(targetclick ,as(myrules,"data.frame")$sequence)]
> inspect(finalrules[1:3]); # 查看序列的前三条
   items              support
 1 <{click=11034}> 1.0000000
 2 <{click=11008},
    {click=11034}> 0.6791511
 3 <{click=11017},
{click=11034}> 0.2769455
> nrow(finalrules) # 计算序列个数
[1] 235
```

其中序列 1 为 <{click=11034}> 没有实际的业务意义，之后的 234 个序列是我们希望得到的时间序列 <{click=i},{click=11034}> 的信息。例如，序列 2 中的 <{click=11008},{click=11034}> 表示点击行为顺序是 11008 → 11034，支持度为 0.679。

最后，筛选关键点击按钮，衡量其对 11034 的贡献度。首先计算各点击事件支持度的百分比，使用 cumsum() 函数计算支持度 support 的累计百分比，并把累计百分比达到 75% 以上的点击事件作为引导用户点击玩牌 11034 的重要事件触发点。

```
> #转换成数据框
> finalrules.data.frame <- as(finalrules[-1],"data.frame")
> # 查看前三行数据
> head(finalrules.data.frame)
                   sequence          support
5789 <{click=11008},{click=11034}> 0.6791511
5798 <{click=11017},{click=11034}> 0.2769455
5790 <{click=11009},{click=11034}> 0.1874740
5807 <{click=11026},{click=11034}> 0.1593841
5782 <{click=11001},{click=11034}> 0.1375364
5785 <{click=11004},{click=11034}> 0.1342072
> # 计算支持度的占比
> finalrules.data.frame$percentage <- finalrules.data.frame$support/
+ sum(finalrules.data.frame$support)
> # 计算支持度的累计百分比
> finalrules.data.frame$sum.percentage <- cumsum(finalrules.data.frame$percentage)
```

```
> # 筛选累计百分比小于75%的序列数据
> finalrules.data.frame <- finalrules.data.frame[
+  finalrules.data.frame$sum.percentage <=0.75,]
> # 查看符合结果的序列个数
> nrow(finalrules.data.frame)
[1] 24
> # 查看前六行数据
> head(finalrules.data.frame)
                    sequence       support  percentage sum.percentage
5789 <{click=11008},{click=11034}> 0.6791511 0.19456366      0.1945637
5798 <{click=11017},{click=11034}> 0.2769455 0.07933953      0.2739032
5790 <{click=11009},{click=11034}> 0.1874740 0.05370768      0.3276109
5807 <{click=11026},{click=11034}> 0.1593841 0.04566047      0.3732713
5782 <{click=11001},{click=11034}> 0.1375364 0.03940153      0.4126729
5785 <{click=11004},{click=11034}> 0.1342072 0.03844778      0.4511206
```

finalrules.data.frame 包含了点击路径的序列信息（sequence）、支持度（support）、支持度占比（percentage）以及支持度的累计百分比（sum.percentage）。前 24 条支持度最大的序列的累计占比达到 74.8%，最后，利用文本处理函数提取关键点击按钮事件 id，并计算关键点击按钮的引导能力 conf（conf(i =>11034)= 按钮 i 引导玩家进入点击玩牌按钮 11034 的次数 / 按钮 i 的点击次数），用于衡量按钮 i 引导玩家进入点击玩牌 11034 的能力。最后结合支持度的占比组合成新的数据框 result。

```
> # 提取关键点击按钮的事件id
> clickid <- substr(finalrules.data.frame$sequence,9,13)
> # 查看关键事件id
> clickid
 [1] "11008" "11017" "11009" "11026" "11001" "11004" "11018" "11003" "11041"
[10] "11025" "11046" "11035" "11032" "11038" "11040" "11037" "11058" "11070"
[19] "11030" "11007" "11045" "11000" "11020" "11027"
> # 计算关键点击按钮i的引导能力conf
> conf <- rep(1,length(clickid))
> for(i in 1:length(clickid)) {
+ n <- myrules@info$nsequences
+ nclickid_support <- finalrules.data.frame[i,"support"]
+ conf[i] <- nclickid_support*n/
+ nrow(data_click[data_click$V3==clickid[i],])
+ }
>
> # 将关键事件id和支持度占比组成新数据框result
> result <- data.frame(click=clickid,
+    percentage=round(finalrules.data.frame$percentage,3),
+    conf=conf)
> # 查看前六行
> head(result)
  click percentage      conf
1 11008      0.195 0.9417196
2 11017      0.079 0.8999324
3 11009      0.054 0.8974104
```

```
4 11026        0.046 0.8344227
5 11001        0.039 0.8507079
6 11004        0.038 0.4523142
```

对于 result 数据集，利用 reshape 包的 melt 函数对其进行重组，并将其进行数据转换。利用 recharts 包的 echartr 函数绘制垂直的金字塔图。结果如图 7-16 所示。

```
> # 绘制支持度占比的垂直金字塔图
> library(reshape)
> md <- melt(result,id="click") # 对result数据进行重组
> md$value[md$variable == "conf"] <- -md$value[md$variable == "conf"]
> md <- md[order(md$variable,decreasing=T),] # 按照variable变量进行降序排序
> # 绘制垂直金字塔图
> library(recharts)
> echartr(md,click,value,variable,type="vbar",subtype="stack") %>%
+         setTitle("引导用户进入开始打牌11034的重点事件id分析") %>%
+         setXAxis(axisLine=list(onZero=TRUE)) %>%
+         setYAxis(axisLabel=list(
+                 formatter=JS('function (value) {return Math.abs(value);}')))
```

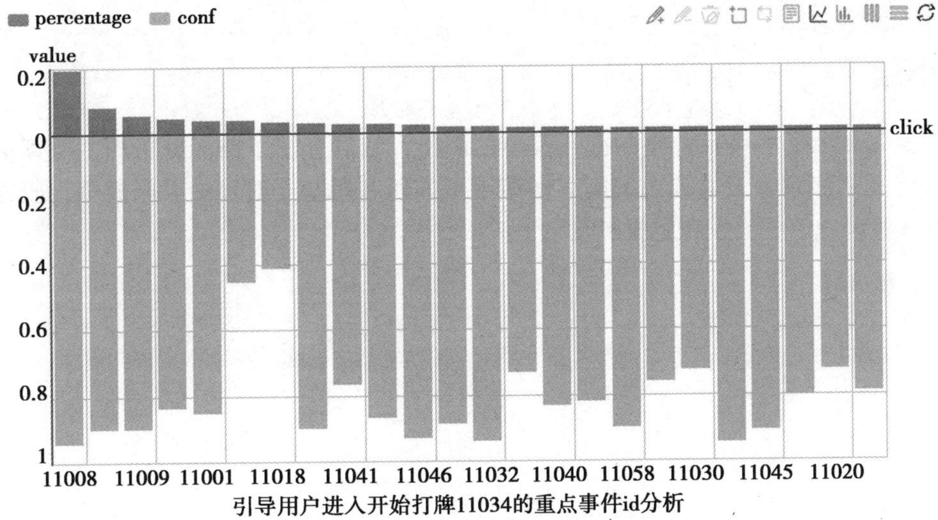

图 7-16 关键引导按钮分析图

图 7-16 具有很好的交互效果，可以点击左上角的图例隐藏或显示某一类别的数据，点击右上角的区域缩放按钮详细查看某一区域。比如想单独查看 percentage 的柱状图，点击 conf 隐藏此类别数据即可，如图 7-17 所示。

主要结论：11008 是为按钮 11034 的点击贡献最大的引流按钮，support 占比为 19.5%，接近全部引流按钮的五分之一；其次是 11017、11009 等，占比分别为 7.9% 和 5.4%。而在引导能力上，按钮 11004、11018 不足 50%，鉴于这两个引流按钮对 11034 的点击贡献度较大，但引流能力较低，因此要重点优化该页面。

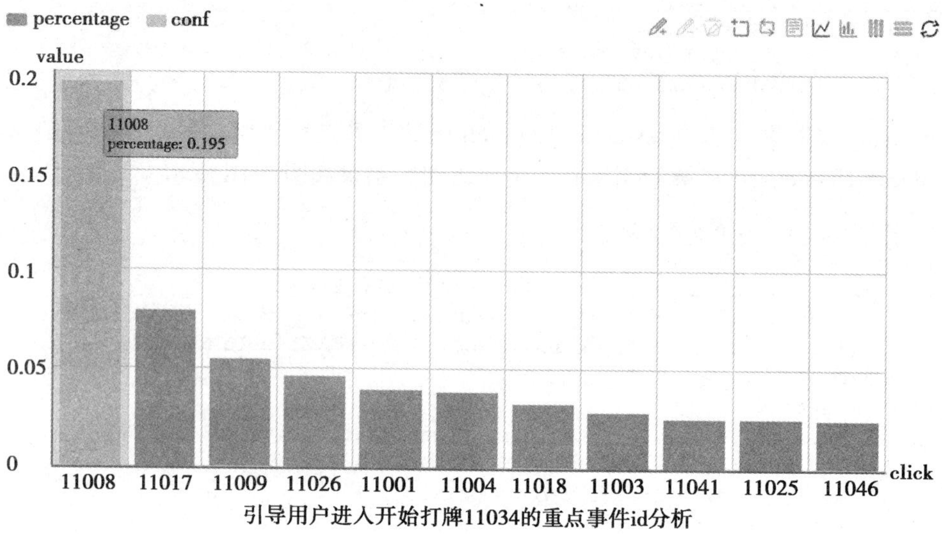

图 7-17 支持度占比（percentage）柱状图

7.4 小结

本章首先介绍了单路径分析的漏斗模型的制作，然后介绍了路径分析的主要算法原理及如何通过 R 来实现，最后通过实际案例演示了如何利用基于时序的关联规则，研究推送玩家点击开始玩牌的主要按钮的贡献度。

第 8 章 Chapter 8

留存分析

在移动游戏中，用户在某段时间内开始登录游戏，经过一段时间后，仍然继续登录游戏的用户，被认为是留存用户。这部分用户占当时新增用户的比例即是留存率，会按照一段单位时间（如日、周、月）来统计。顾名思义，留存就是指“有多少用户留下来了”。留存用户和留存率体现了游戏的质量和保留用户的能力。留存率从一定意义上代表了新登用户对游戏的满意度，关注留存率的同时需要关注用户流失节点。流失率在游戏进入稳定期是值得关注的，稳定期的活跃和收入都比较理想，如果流失率波动较大，就需要引起警惕。需要仔细关注是哪一部分用户离开了游戏，流失率作为一个风向标，具有预警作用。

8.1 指标概述

留存分析是指在统计时间区间内，新登用户在随后不同时期的登录情况。游戏留存率已经成为从业者关注的重要指标，无论是对推广效果分析，还是对产品质量把控，留存率都扮演着非常重要的角色。在关注留存率的同时，也要关心流失率的分析。留存率更加关心的是从用户获取的角度综合分析获取用户的渠道方式是否合理，产品用户规模能否增长。而流失率则关心为什么有些用户离开游戏，是渠道用户质量问题，还是版本更新导致用户流失。

8.1.1 用户留存

留存率的计算可以按照统计的时间区间来划定，但新增当日是不计入计算的，也就是说我们提到的留存用户，指的是新增用户新增后的第 N 日留存。下面是新增用户的次日留存率、7 日留存率、14 日留存率以及 30 日留存率的定义。

- ❑ 次日留存率：统计所选时期内，当日成功登录游戏的新增用户中，第二日再次登录游戏的用户数量占当日游戏新增用户数量的比例。次日留存率可用于评估其首次用户体验，即它对用户的吸引力如何，外观和玩法带给玩家怎样的第一印象。
- ❑ 7 日留存率：统计所选时期内，当日成功登录游戏的新增用户中，往后推第 7 日（当日不计入天数），登录游戏的用户数量占当日游戏新增用户数量的比例。
- ❑ 14 日留存率：统计所选时期内，当日成功登录游戏的新增用户中，往后推第 14 日（当日不计入天数），登录游戏的用户数量占当日游戏新增用户数量的比例。
- ❑ 30 日留存率：统计所选时期内，当日成功登录游戏的新增用户中，往后推第 30 日（当日不计入天数），登录游戏的用户数量占当日游戏新增用户数量的比例。

图 8-1 是 6 月新增用户的次留、7 留、14 留、30 留的曲线图。

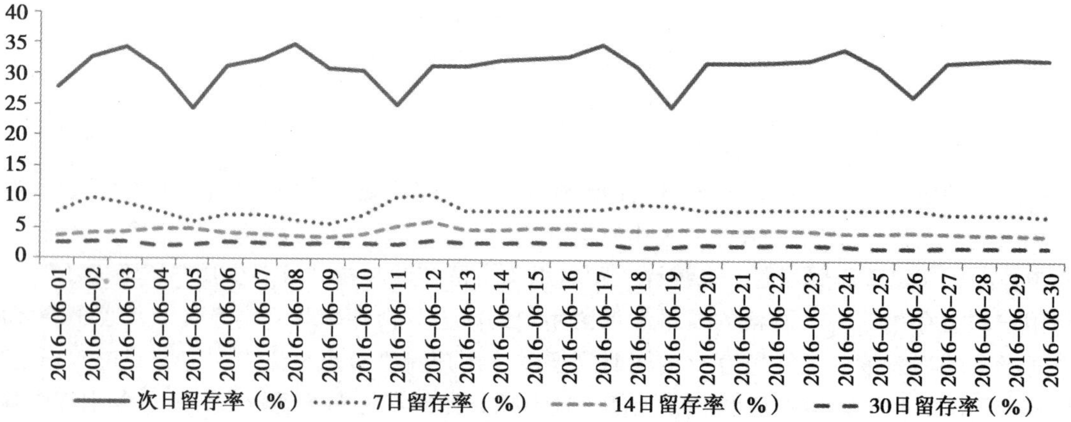

图 8-1　不同时间点的留存率曲线图

通过分析留存率，可以解决以下问题。

- ❑ 用户对游戏的适应性如何；
- ❑ 评估渠道用户质量；
- ❑ 评估投放渠道效果；
- ❑ 用户对于游戏的黏性如何；
- ❑ 新增用户什么时期流失加剧。

统计某一天新增用户在接下来 10 天的留存率，绘制留存漏斗，如图 8-2 所示。

从图 8-2 中的留存漏斗可知，次日留存率仅有 30%，第 4 日留存率就不足 10% 了，到第 7 日仅有 6% 的玩家回来游戏。运营需从以下方面研究造成玩家前期未留存的原因，对游戏进行优化，提高前期留存。

- ❑ 是否美术 / 玩法不喜欢，造成一次登录玩家人数高。
- ❑ 是否新手引导设计不合理，造成新手引导各环节转化率低。
- ❑ 是否关卡通过难度高造成玩家挫败感。
- ❑ 是否升级难度高，造成玩家停滞等级分布。

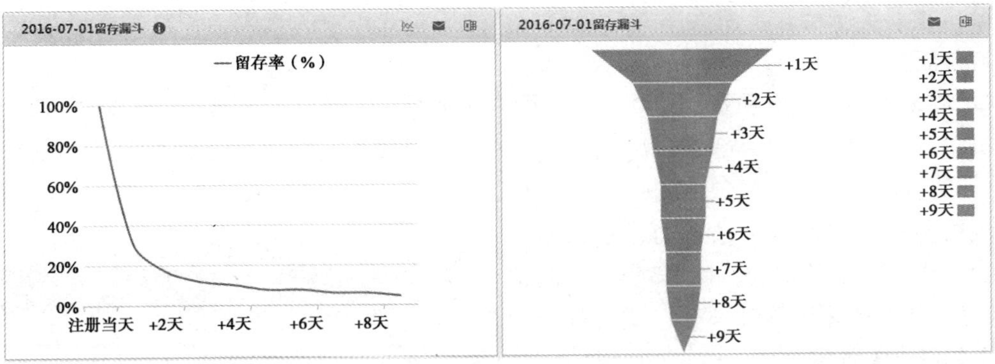

图 8-2　新增用户留存漏斗

留存率的统计和计算也可以按照自然周和自然月进行分析，如上月新增用户在随后月份的留存情况。

- 次月留存用户：统计所选时期内，每自然月成功登录游戏的新增用户中，第二月再次登录游戏的用户数量。
- 次月留存率：统计所选时期内，每自然月成功登录游戏的新增用户中，第二月再次登录游戏的用户数量占当月游戏新增用户数量的比例。
- 次次月留存用户：统计所选时期内，每自然月成功登录游戏的新增用户中，第三月再次登录游戏的用户数量。
- 次次月留存率：统计所选时期内，每自然月成功登录游戏的新增用户中，第三月再次登录游戏的用户数量占当月游戏新增用户数量的比例。

图 8-3 是某款游戏近半年的次月留存率、次次月留存率曲线图。

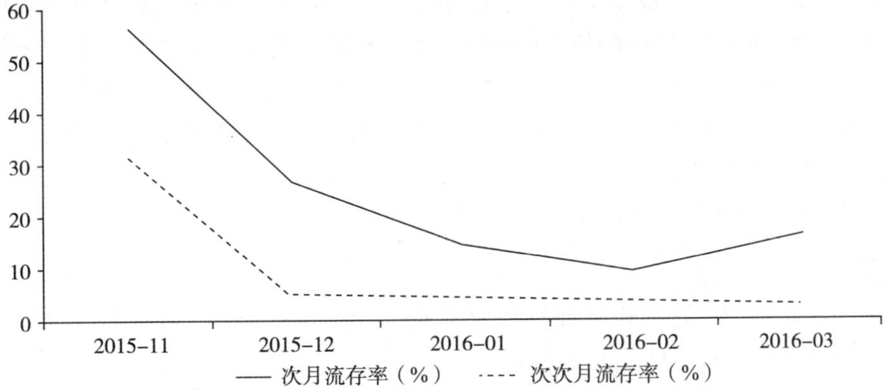

图 8-3　自然月留存率曲线图

8.1.2　流失分析

用户流失指的是在统计时间区间内，用户在不同时期离开游戏的情况。从宏观上讲，流失分析主要是围绕几个流失率指标进行的。关于游戏用户的流失，普遍的衡量指标有周流失与月流失。

- 周流失率：上周登录过游戏，但本周未登录游戏的用户占上周周活跃用户的比例。
- 月流失率：上个月登录过游戏，但本月未登录过游戏的用户占上个月月活跃用户的比例。

流失分析其实是一个系列的过程，不仅仅是找到流失的原因（这是我们做得最多的部分），还有其他的流失管理部分，流失分析的流程图如图 8-4 所示。

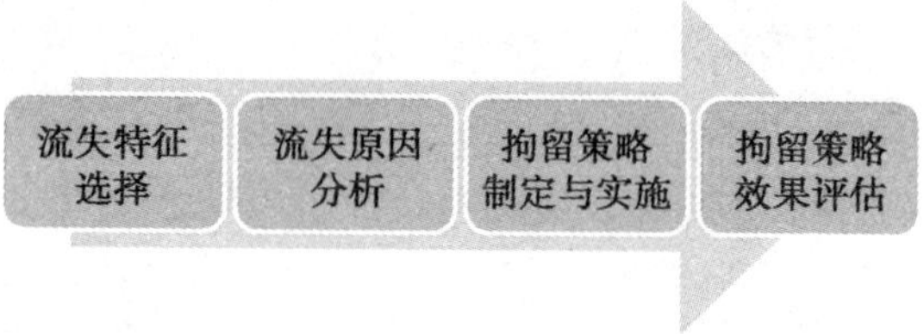

图 8-4 流失分析流程图

1. 流失特征选择

准确地说这是提取玩家流失的特征，哪些玩家有流失的倾向，比如玩家处在何等级可能流失加剧，在线时长达到多少可能会有游戏疲倦加剧流失，与哪部分系统交互较多的玩家易流失，哪个角色的玩家群体流失倾向明显。这个阶段我们做的大多是一种预警性质的工作，通过对数据处理分析得到玩家可能流失的特征。

2. 流失原因分析

分析流失的原因，首先要从前期提取特征的方面分析，先把提取的流失特征进行整合分析，归结是否是玩家流失的原因。如果流失原因不是我们前期提取的预警流失的特征，且玩家依旧流失，就需要找到新的流失因素，并把这些因素归结到流失特征提取环节，这样流失特征会积攒大量的流失预警的提取数据点。

3. 挽留策略制定与实施

其实挽留策略在流失特征提取时就已经制定了，在玩家非流失阶段就做好流失的预防措施是防流失最好的办法，如果已经发生流失了，从某种意义上说是我们制定的策略效果不佳或者未考虑的因素促使流失上升，挽留策略是提升人气，降低流失的关键之举。但是不意味着好的策略就一定会有好的结果。挽留策略制定好了，还需要整个运营团队、营销团队、程序、策划的共同配合执行和实施，才能达到良好的效果，而这也不是绝对的，往往会受制于某些因素的影响，如实施难度、排期等。

4. 挽留策略效果评估

与做一个活动相同，这里也需要有针对性地进行评估和分析，从而不断修正我们的策略，不断适应游戏玩家和产品的发展需求。

8.2 留存率的分析及预测

留存率是转化率的一种，是研究新增用户在未来一段时间的生命周期情况，因此可以利用留存率数据得到用户生命周期 LT 值，帮助了解游戏的黏性和质量情况。

8.2.1　留存率曲线

留存率是转化率的一种，即由初期的不稳定用户转化为活跃用户、稳定用户、忠诚用户的过程，随着留存率统计过程的不断延展，能看到不同时期的用户变化情况。这是因为留存是以研究新登用户为目标对象的，即我们研究某一天的一批用户在随后的一段时间内的生命周期情况，这样可以从宏观上把握用户的生命周期长度以及可以改善的余地。

因此这里就引申出一个问题：我们为什么要研究的是新登用户？如刚才所说的，宏观观察用户生命进程情况的最佳办法就是从用户导入期开始。在导入期，用户刚刚进入游戏，这个地方的分析其实大有作为，因为进入游戏的用户来源于不同的渠道，通过不同的营销手段拉入游戏，这样交叉分析，通过用户的后期留存情况就能从一个层面把握渠道质量，如付费、黏性、价值量、CAC 成本。

2016 年 7 月 1 日新增用户在随后 30 天的留存率变化情况如图 8-5 所示。

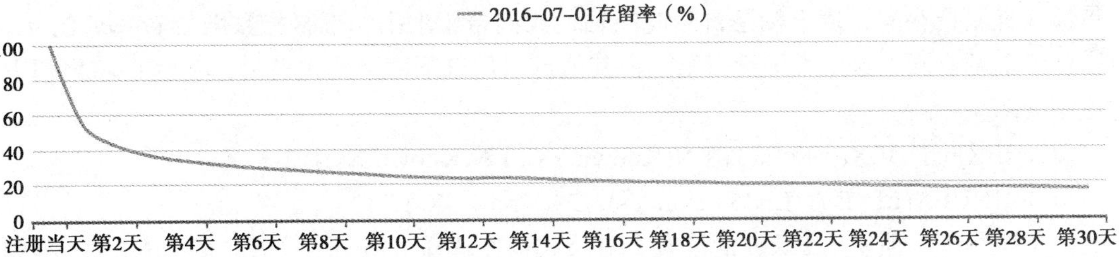

图 8-5　新增用户随后 30 天的留存率走势图

图 8-5 是跟踪了 7 月 1 日新增用户在随后 30 天的数据，我们发现留存率的初期震荡比较厉害，但是随后开始逐步趋于平稳，下一个时期就开始逐渐稳定，保持在一个水平上，如果持续观察下去，随后开始逐渐衰退，并最终无限趋于 0。

一般来说留存率这类指标是需要长期持续跟踪的，且要结合版本更新、推广等诸多因素来分析，试图找到玩家的最佳周期，制定相应的策略提升质量。

8.2.2　留存率预测曲线

在游戏数据分析中，经常会遇到的一个名词就是“生命周期”（life time，LT），这个指标指的是玩家从第一次登录游戏到最后一次登录游戏过程中活跃的天数，即不同玩家在新增首日随后日期的留存率之和，这种定义可以快速找到玩家的生命周期长度。利用生命周期可以帮助我们发现游戏的黏性和质量情况。

在市场投放时，需要预测新增玩家在给定的自然时间内的生命周期，即预测玩家在未来时间里的留存率。这样可以根据玩家生命周期，结合玩家的价值指标 ARPU，得到用户生命周期价值，对比投放成本与用户生命周期价值可以估算出回本周期和预期收益。

可见，根据前期已经留存率对给定自然时间内的留存率进行预测是问题的关键。我们已经知道，一批新增玩家的留存率随自然时间的增长必然无限趋近于 0，用几何图形表示就是一条幂减的指数曲线，如图 8-6 所示。

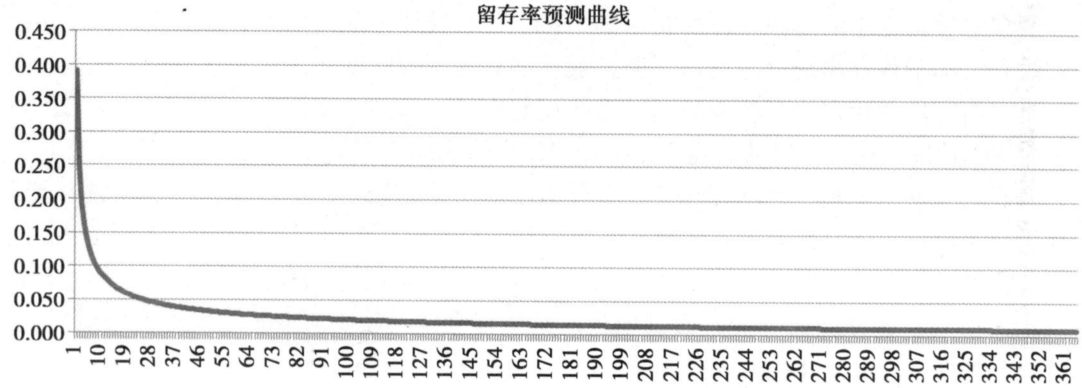

图 8-6 新增用户留存率预测曲线

纵坐标是留存率，横坐标是自然时间轴，我们希望求出如下幂指数函数 $y=ax^b$ 的 a、b 值。由于篇幅有限，这里直接给出结论，其值可以用以下两个公式表示，熟悉 Excel 的用户应该不会陌生：

- a=EXP(INDEX(LINEST(LN(Known Ys), LN(Known Xs)), 2))
- b=INDEX(LINEST(LN(Known Ys), LN(Known Xs)), 1)

为了照顾不习惯使用 Excel 的读者，对公式稍作解释，第一个公式中的 LINEST 函数是对已知的坐标集合返回线性回归方程的参数，也就是取与该坐标集合拟合最好的一条直线，LN 为自然对数函数。INDEX(LINEST(LN(Known Ys), LN(Known Xs)), 2) 是指取这条曲线的 Y 轴截距（$X=0$ 时的函数值），EXP 是自然导数函数 e。

如果利用 R 语言求幂函数的 a、b 值，使用非线性回归 nls 函数可以轻松求出 a、b 值，该函数的主要表达式为 nls(formula,start,…)，其中 formula 是非线性回归模型的表达形式，即 $y=ax^b$，start 是参数初始值。

假设市场部在 LT 预测平台上填写了某款游戏前 7 日实际留存率的数据，如图 8-7 所示。

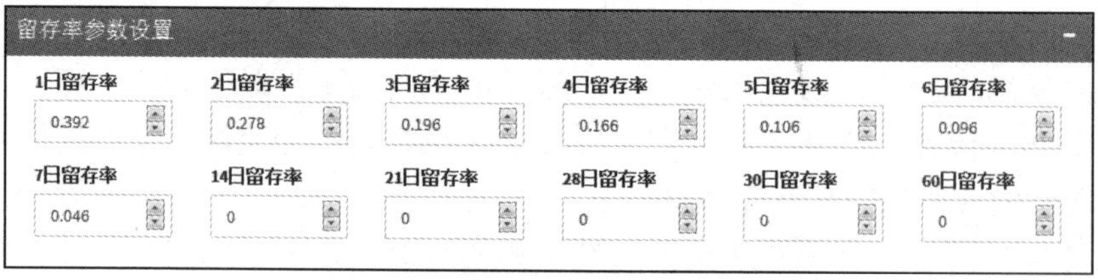

图 8-7 新增用户前期留存率填写

然后根据填写的真实留存率值，利用 nls 函数，求出系数 a、b 的值。

```
> # 前期实际留存率数据
> (day <- seq(1:7)) # 天数
```

```
[1] 1 2 3 4 5 6 7
> (ratio <- c(0.392,0.278,0.196,0.166,0.106,0.096,0.046)) # 留存率值
[1] 0.392 0.278 0.196 0.166 0.106 0.096 0.046
> # 利用nls函数求出幂指数函数y=a*x^b的系数a、b
> fit <- nls(ratio~a*day^b,start = list(a=1,b=1))
> # 查看模型结果
> summary(fit)
Formula: ratio ~ a * day^b
Parameters:
Estimate Std. Error t value Pr(>|t|)
a  0.40994    0.03007  13.633 3.81e-05 ***
b -0.75564    0.08882  -8.507 0.000369 ***
---
Signif. codes:  0  '***'  0.001  '**'  0.01  '*'  0.05  '.'  0.1  ''  1
Residual standard error: 0.03167 on 5 degrees of freedom
Number of iterations to convergence: 8
Achieved convergence tolerance: 2.166e-06
```

利用summary函数查看非线性回归模型的结果，参数 a 为0.41，b 为 −0.75，两者 P 值远小于0.05，说明其系数估计值极其显著，Residual standard error（残差平方误差率）值为0.032，说明模型整体预测效果好。

接下来，利用建立的预测模型，用predict预测函数对新增用户接下来365日每天的留存率进行预测。

```
> # 对新增用户接下来365日每天的留存率进行预测
> predicted <- predict(fit,data.frame(day=seq(1,365)))
> # 查看预测结果
> predicted
  [1] 0.409943205 0.242802493 0.178727508 0.143807849 0.121493608 0.105857309
……
……
[361] 0.004788140 0.004778142 0.004768192 0.004758291 0.004748436
```

该游戏在未来时间里的留存率很低，在最后5天里的留存率不足0.5%。

使用dygraphs包中的dygraph函数绘制交互留存率预测曲线，如图8-8所示。

```
library(dygraphs)
data <- as.data.frame(predicted)
data <- ts(data)
dygraph(data,main="留存了预测曲线") %>%
  dySeries("predicted",label="留存率",strokeWidth = 2) %>%
  dyOptions(colors = "green",fillGraph = TRUE,fillAlpha = 0.4) %>%
  dyHighlight(highlightCircleSize = 5,
              highlightSeriesBackgroundAlpha = 0.2,
              hideOnMouseOut = FALSE) %>%
  dyAxis("x", label = "日期",drawGrid = FALSE) %>%
  dyAxis("y", label = "留存率") %>%
  dyRangeSelector()
```

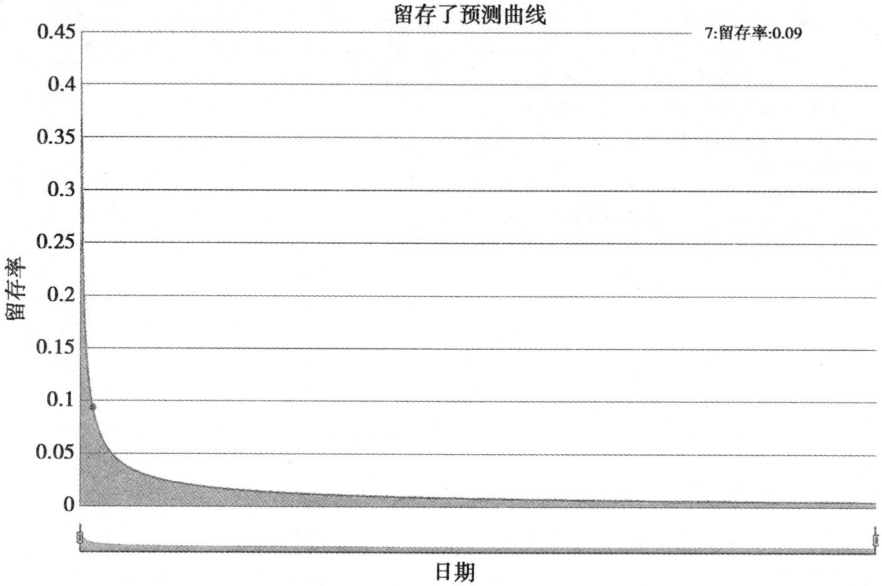

图 8-8　留存率预测曲线

8.2.3　优化预测曲线

真实的留存率曲线并不是完全贴近预测曲线，会存在锯齿情况，不如幂函数拟合得那么平滑。现在希望利用游戏的实际留存率对比留存率预测曲线，找出差异所在，并通过实际值对预测模型进行调优。经过对比发现，不同游戏大致可以分为两类：一类是利用前期留存率预测未来 365 天，出现前期预测准，后期预测误差大的问题；另一类是预测结果与实际结果偏差不大，只需略微调整。通过研究得出规律：后期预测值大于实际值，通过预测的留存率乘以一个比例系数，让预测的留存率降低，更接近实际值；且发现，留存率降低的比例并不是一成不变的，而是表现出，越到后期留存率降低的比例就越高，需要乘以的比例系数（*T*）也应该越小。两类的比例系数 *T* 值如图 8-9 所示。

I类

（1-70日）	T值	（71-xxx日）	T值
01-07日	1	071-090日	0.45
08-14日	0.9	091-110日	0.42
15-21日	0.85	111-150日	0.35
22-28日	0.8	151-190日	0.3
29-35日	0.75	191-230日	0.25
36-42日	0.7	231-270日	0.2
43-49日	0.65	271-310日	0.15
50-56日	0.6	311-350日	0.1
57-63日	0.55	351日以后	0.05
64-70日	0.5		

II类

（1-70日）	T值	（71-xxx日）	T值
01-07日	1	071-110日	0.45
08-14日	0.9	111-150日	0.4
15-21日	0.85	151-190日	0.35
22-28日	0.8	191-230日	0.3
29-35日	0.75	231-270日	0.25
36-42日	0.7	271-310日	0.2
43-49日	0.65	311-350日	0.15
50-56日	0.6	351日以后	0.1
57-63日	0.55		
64-70日	0.5		

图 8-9　不同时期的 T 值对应表

现在有两种不同类型游戏的历史留存率数据，利用前 7 日留存率的实际值数据对未来一年的留存率进行预测。

```
> # 导入实际留存率数据
> actual <- read.csv("实际留存数据.csv")
> # 预测类型1的游戏的留存率
> type1 <- actual[1:7,2]
> day <- seq(1:7)
> fit1 <- nls(type1~a*day^b,start = list(a=1,b=1))
> fit1
Nonlinear regression model
  model: type1 ~ a * day^b
   data: parent.frame()
      a       b
 0.3819 -0.5085
 residual sum-of-squares: 2.76e-05

Number of iterations to convergence: 7
Achieved convergence tolerance: 9.236e-08
> predicted1 <- round(predict(fit1,data.frame(day=seq(1,365))),3)
> # 预测类型2的游戏的留存率
> type2 <- actual[1:7,3]
> day <- seq(1:7)
> fit2 <- nls(type2~a*day^b,start = list(a=1,b=1))
> fit2
Nonlinear regression model
  model: type2 ~ a * day^b
   data: parent.frame()
      a       b
 0.3132 -0.6577
 residual sum-of-squares: 5.67e-06

Number of iterations to convergence: 6
Achieved convergence tolerance: 8.196e-07
> predicted2 <- round(predict(fit2,data.frame(day=seq(1,365))),3)
> # 将预测值与原始值合并在一起
> result <- data.frame(actual,predicted1,predicted2)
> head(result)
  day Type1 Type2 predicted1 predicted2
1   1 0.383 0.313      0.382      0.313
2   2 0.268 0.200      0.268      0.199
3   3 0.216 0.151      0.218      0.152
4   4 0.187 0.125      0.189      0.126
5   5 0.167 0.108      0.168      0.109
6   6 0.156 0.097      0.154      0.096
```

将不同类型的 *T* 值导入 R 中，计算调整后的预测值。

```
> # 导入T值
> tvalue <- read.csv("T值.csv")
> # 对type1类型的游戏计算调整预测值
```

```
> result$adjust.predicted1 <- tvalue$T1*result$predicted1
> # 对type2类型的游戏计算调整预测值
> result$adjust.predicted2 <- tvalue$T2*result$predicted2
> # 查看数据前六行
> head(result)
  day Type1 Type2 predicted1 predicted2 adjust.predicted1 adjust.predicted2
1   1 0.383 0.313      0.382      0.313             0.382             0.313
2   2 0.268 0.200      0.268      0.199             0.268             0.199
3   3 0.216 0.151      0.218      0.152             0.218             0.152
4   4 0.187 0.125      0.189      0.126             0.189             0.126
5   5 0.167 0.108      0.168      0.109             0.168             0.109
6   6 0.156 0.097      0.154      0.096             0.154             0.096
```

利用 result 结果集，绘制类型 1 和类型 2 的留存率预测曲线，如图 8-10 所示。

```
# 绘制留存率曲线
# 绘制类型1的预测曲线
# 绘制实际留存率曲线
plot(Type1~day,data=result,col="slateblue2",main="类型1的留存率曲线",
     type="l",xaxt="n",lty=1,lwd=2)
# 绘制留存率预测曲线
lines(predicted1~day,dat=result,col="violetred3",type="l",lty=2,lwd=2)
# 绘制留存率调整预测曲线
lines(adjust.predicted1~day,data=result,col="yellowgreen",type="l",lty=3,lwd=2)
#  增加图例
legend("top",legend=colnames(result)[c(2,4,6)],lty = 1:3,
       col=c("slateblue2","violetred3","yellowgreen"),bty = "n")
# 绘制类型2的预测曲线
# 绘制实际留存率曲线
plot(Type2~day,data=result,col="slateblue2",main="类型2的留存率曲线",
     type="l",xaxt="n",lty=1,lwd=2)
# 绘制留存率预测曲线
lines(predicted2~day,dat=result,col="violetred3",type="l",lty=2,lwd=2)
# 绘制留存率调整预测曲线
lines(adjust.predicted2~day,data=result,col="yellowgreen",type="l",lty=3,lwd=2)
#  增加图例
legend("topright",legend=colnames(result)[c(3,5,7)],lty = 1:3,
       col=c("slateblue2","violetred3","yellowgreen"),bty = "n")a)
```

从图 8-10 中可以看出，在没有乘以比例系数 *T* 前，类型 1 的预测曲线存在越后期离实际曲线越远的情况，在各自乘以比例系数 *T* 后，两种类型的调整预测曲线都很好地贴近实际曲线，很好地预测了未来留存率。

8.3 用户流失预测

游戏运营者如果能够尽早发现可能流失的用户，尽早有针对性对这些用户进行适当干预，就能最大限度延长用户在游戏中的停留时间，使游戏运营者获得更大的收益。游戏用户的流失分为登录流失和付费流失两种。周登录流失的定义为本周有过登录行为的用户在接下来的一周未登录过游戏。周付费流失的定义为本周充值用户在下周不再有付费行为，但有可能还有登录行为，这部分用户被称为沉默付费用户。

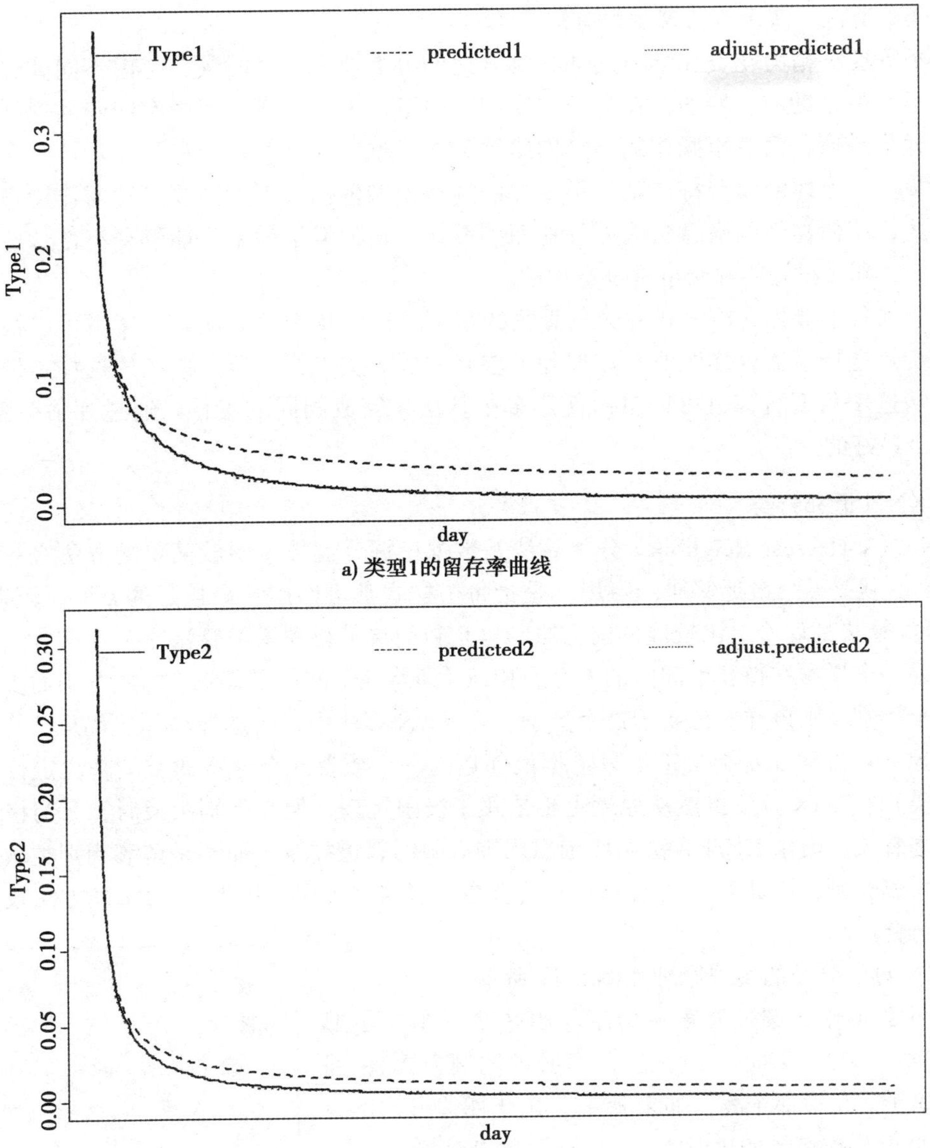

a) 类型1的留存率曲线

b）类型2的留存率曲线

图 8-10　不同类型的留存率曲线

对于用户是否流失的预测方法，通常是对已知样本利用分类算法先建立模型，再对其他用户进行流失预测。可见，做流失预测最核心的工作是构建分类模型以及选择最优模型。接下来先学习常用的分类模型以及模型评估方法。

8.3.1 分类及模型评估

分类算法是基于类标号的训练集数据建立分类模型并使用其对新观测值（测试数据集）进行分类的算法，属于有监督学习方法。

分类需要把精力花费在学习问题找到合适的分类器上。这时候，考虑不同算法间的各种差异是很有帮助的。例如，在分类问题中，决策树因在建模过程中有明确的规则输出而使模型通俗易懂，而黑箱操作的神经网络得到的模型则很难解释。如果要设计一个欺诈用户甄别模型，上述的模型特点就是很重要的选择模型依据，因为需要发现欺诈用户的异常行为模式，即使神经网络算法能更好地甄别欺诈用户，但是如果不能解释清楚这些预测背后的模式，那么再好的预测也是没有用的。

接下来各小节都会给出各种分类算法的基本原理以及 R 语言实现，读者可以根据各种算法的特点选择最适合你的业务数据和需求来完成分类工作。但是模型的选择是带有随机性的，从这个角度看，也可以自由使用多个算法来完成相同的工作，通过评估模型效果，选择一个最好的。

1. KNN 近邻分类

KNN（k-Nearest Neighbor）分类算法是数据挖掘分类技术中较简单的方法之一。所谓 k 最近邻，就是 k 个最近邻居的意思，是指每个样本都可以用它最接近的 k 个邻居来代表。KNN 分类算法是理论上比较成熟的方法，也是较简单的机器学习算法之一。该方法的思路是：如果一个样本在特征空间中的 k 个最相似（即特征空间中最邻近）的样本中的大多数属于某一个类别，则该样本也属于这个类别。在 KNN 算法中，所选择的邻居都是已经正确分类的对象。该方法在定类决策上只依据最邻近的一个或者几个样本的类别来决定待分样本所属的类别。KNN 方法虽然从原理上也依赖于极限定理，但在类别决策时，只与极少量的相邻样本有关。由于 KNN 方法主要依靠周围有限的邻近样本，而不是依靠判别类域的方法来确定所属类别，因此对于类域的交叉或重叠较多的待分样本集来说，KNN 方法较其他方法更为适合。

KNN 算法分类的实现原理如图 8-11 所示。

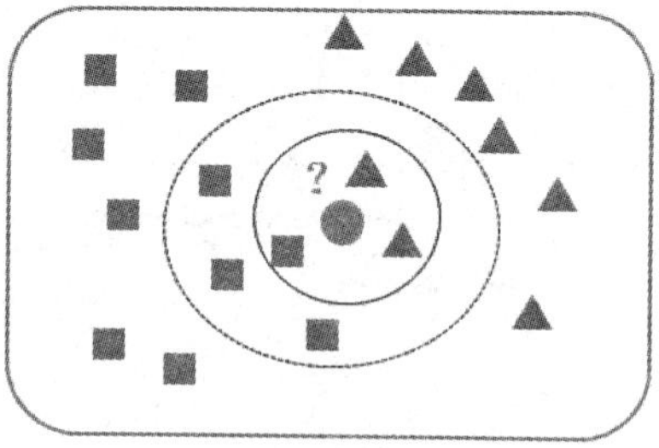

图 8-11 近邻算法示意图

在图 8-10 中，圆形要被决定赋予哪个类，是三角形还是四方形？如果 $k=3$，由于三角形所占比例为 2/3，圆形将被赋予三角形那个类，如果 $k=5$，由于四边形比例为 3/5，因此圆形被赋予四边形类。

在 R 语言中，有多种方法实现 KNN 算法，常用的有以下三种：一是通过 class 包中的 knn() 函数；二是通过 kknn 包中的 kknn() 函数；三是通过 caret 包中的 train() 函数。

（1）knn() 函数

```
knn(train, test, cl, k = 1, l = 0, prob = FALSE, use.all = TRUE)
```

其中，train 为训练集中的自变量 X_i；test 为测试集中的自变量 X_i；cl 为训练集中的因变量 Y_i；k 为邻居个数；prob 为是否计算预测组别的概率，默认为 FALSE 表示不计算，如果为 TRUE，则结果中的 prob 属性存放该概率的数值。

（2）kknn() 函数

```
kknn(formula = formula(train), train, test, na.action = na.omit(), k = 7, distance = 2,…)
```

其中，formula 模型为表达式；train 为训练集数据，test 为测试集数据，na.action 表示缺失值处理，默认为去掉缺失值；k 为设置邻居个数，默认为 7；distance 为闵可夫斯基距离，默认 2 为欧式距离。

kknn() 函数对于基本的 knn() 函数有很大程度的扩展。它可以结合核函数，利用距离进行加权计算。

（3）train() 函数

```
train(x, y, method = "knn", weights = NULL, trControl = trainControl(), …)
```

其中，x 为训练集中的自变量 X_i；y 为训练集中的因变量 Y_i；method 指定使用的分类或回归模型。为 knn 时就是进行近邻算法；weights 为权重向量；trControl 为模型参数设置，用于进一步控制模型的创建。

利用 KNN 算法对鸢尾花的种类进行预测，并通过自定义函数解释 KNN 算法的实现原理。

```
> # 随机抽取1/2的样本作为训练集，另外一半的样本作为测试集来验证模型的效果
> iris1<-iris
> set.seed(1234)
> # 利用caret包的createDataPartition函数按不同类别等比例抽取50%
> library(caret)
> ind <- createDataPartition(iris1$Species,times=1,p=0.5,list=F)
> traindata <-iris1[ind,]  #构建训练集
> testdata <- iris1[-ind,] #构建测试集
> # 利用class包中的knn函数对测试集的分类进行预测。
> library(class)
> a=knn(traindata[,1:4],testdata[,1:4],traindata[,5],k=3) #指定k值为3
> a[1];a[75] # 查看第一条和最后一条测试数据的预测结果
[1] setosa
Levels: setosa versicolor virginica
[1] virginica
Levels: setosa versicolor virginica
> # KNN算法流程验证：
> ceshi <- function(n=1,k=3){
+   # 计算第n个测试集样本与训练集样本的距离
+   x <- (traindata[,1:4]-testdata[rep(n,75),1:4])^2
+   traindata$dist1 <- apply(x,1,function(x) sqrt(sum(x)))
+   # 对距离进行升序排序，选择最近的K个邻居
+   mydata <- traindata[order(traindata$dist1)[1:k],5:6]
+   # 统计不同类别的频数
```

```
+   result <- data.frame(sort(table(mydata$Species),decreasing = T))
+   # 给出最后的预测结果
+   return(result[1,1])
+ }
> ceshi() # 第一个样本的预测结果
[1] setosa
Levels: setosa versicolor virginica
> ceshi(n=75) # 最后一个样本的预测结果
[1] virginica
Levels: virginica setosa versicolor
```

对象 a 是利用 knn() 函数对测试集数据的预测结果，第一个样本的预测类别为 setosa，最后一个样本的预测结果为 virginica，与实际值相同。ceshi 函数是实现 KNN 算法的基本原理：首先计算测试样本与训练样本集的欧式距离，然后对距离进行升序排序，统计最近 k 个邻居的所属类别，将占比最大的类别赋予预测结果。经过验证，ceshi 函数与 knn 函数的预测结果相同。

2. 朴素贝叶斯分类

朴素贝叶斯分类（Naive Bayes Classifier）是一种十分简单的分类算法，是一个基于概率的分类器，它源于贝叶斯理论，假设样本属性之间相互独立。它的思路非常简单：对于给出的待分类项，求解在此项出现的条件下各个类别出现的概率，哪个最大，就认为此待分类项属于哪个类别。

（1）朴素贝叶斯分类的阶段。

整个朴素贝叶斯分类分为三个阶段。

第一阶段——准备工作阶段。这个阶段的任务是为朴素贝叶斯分类做必要的准备，主要工作是根据具体情况确定特征属性，并适当划分每个特征属性，然后由人工对一部分待分类项进行分类，形成训练样本集合。这一阶段的输入是所有待分类数据，输出是特征属性和训练样本。这一阶段是整个朴素贝叶斯分类中唯一需要人工完成的阶段，其质量对整个过程有重要影响。

第二阶段——分类器训练阶段。这个阶段的任务就是生成分类器，主要工作是计算每个类别在训练样本中的出现频率及每个特征属性划分对每个类别的条件概率估计，并记录结果。其输入是特征属性和训练样本，输出是分类器。

第三阶段——应用阶段。这个阶段的任务是使用分类器对待分类项进行分类，其输入是分类器和待分类项，输出是待分类项与类别的映射关系。

（2）朴素贝叶斯分类算法

在 R 语言中，朴素贝叶斯分类算法有三种实现方式：一是借助程序包 e1071 中的 naiveBayes() 函数；二是借助程序包 klaR 中的 NavieBayes() 函数；三是将程序包中的 train() 函数中的 method 方法设置为 nb 即可。

- naiveBayes() 函数

```
naiveBayes(formula, data, laplace = 0, ..., subset, na.action = na.pass)
```

其中，formula 为建模公式；data 为训练数据集；laplace 为拉普拉斯估计值，默认为 0；na.action 设置对缺失值的处理，默认为 na.pass，即不删除含有缺失数据的行，但在计算概率时不考虑此类数据。

❑ NaiveBayes() 函数

```
NaiveBayes(formula,data,…,subset,na.nation=na.pass)
```

可以发现，这两个函数的用法相同。该函数可以输入先验概率，另外在正态分布基础上增加了核平滑密度函数。

现有一份汽车满意度 car 数据集，数据内容如下。

❑ buy: buying price（购买价格，分为 low, med, high, vhigh）

❑ main: price of the maintenance（保养价格，分为 low, med, high, vhigh）

❑ doors: number of doors（门的个数，分为 2, 3, 4, 5 or more）

❑ capacity: capacity in terms of persons to carry（载人个数）

❑ lug_boot: the size of luggage boot（车身的大小，分为 small, med, big）

❑ safety: estimated safety of the car（安全程度，分为 low, med, high）

❑ accept: car acceptability（被接受程度，四个等级：unacc, acc, good, vgood）

根据 buy、main、doors、capacity、lug_boot、safety 来预测 accept 的值，其中自变量和因变量均为因子变量。以 naiveBayes() 函数构建朴素贝叶斯分类器，预测汽车被接受程度。

```
> # 导入car数据集
> car <- read.table("car.data",sep = ",")
> # 重命名变量
> colnames(car) <- c("buy","main","doors","capacity",
+                    "lug_boot","safety","accept")
> # 随机选取75%的数据作为训练集建立模型，25%的数据作为测试集用来验证模型
> library(caret)
> # 构建训练集的下标集
> ind <- createDataPartition(car$accept,times=1,p=0.75,list=FALSE)
> # 构建测试集数据和训练集数据
> carTR <- car[ind,]
> carTE <- car[-ind,]
> # 使用naiveBayes函数建立朴素贝叶斯分类器
> library(e1071)
> naiveBayes.model <- naiveBayes(accept~.,data=carTR)
> # 预测结果
> carTR_predict <- predict(naiveBayes.model,newdata=carTR) # 训练集数据
> carTE_predict <- predict(naiveBayes.model,newdata=carTE) # 测试集数据
> # 构建混淆矩阵
> tableTR <- table(actual=carTR$accept,predict=carTR_predict)
> tableTE <- table(actual=carTE$accept,predict=carTE_predict)
```

```
> # 计算误差率
> errTR <- paste0(round((sum(tableTR)-sum(diag(tableTR)))*100/sum(tableTR),
+                       2),"%")
> errTE <- paste0(round((sum(tableTE)-sum(diag(tableTE)))*100/sum(tableTE),
+                       2),"%")
> errTR;errTE
[1] "12.03%"
[1] "12.53%"
```

可见，对训练集和测试集的预测误差率在 12%，说明模型拟合效果不错。

3. 决策树模型

决策树（decision tree）是一种树状分类结构模型。它是一种通过拆分变量值建立分类规则，又利用树形图分割形成概念路径的数据分析技术。

（1）决策树的基本思想

决策树的基本思想由两个关键步骤组成。

1）对特征空间按变量对分类效果影响大小选择变量和变量值。

2）用选出的变量和变量值对数据区域进行矩阵划分，在不同的划分区间比较效果和模型复杂度，从而确定最合适的划分，分类结果由最终划分区域的优势类确定。

决策树主要用于分类，也可以用于回归，与分类的主要差异在于选择变量的标准不是分类的效果，而是预测误差。当决策树的输出变量（因变量）是分类变量时，叫分类树，当决策树的输出变量为连续变量时，称为回归树。虽然回归树的因变量是连续变量，但叶节点数据是有穷的，因此输出的值也是在这个叶节点上的平均观测值。回归树不用假定经典回归中的诸如独立性、正态性、线性等特性，无论自变量是数量变量还是定性变量，都同样适用。

和经典回归不同，决策树不需要对总体假设分布。而且决策树对于预测很容易解释，这是其优点。此外，决策树很容易计算，但有必要设定不使其过分生长的停止规则或者修剪方法。决策树的一个缺点是每次分叉只和前一次分叉有关，而且并不考虑对以后的影响。因此，每个节点都依赖于前面的节点，如果一开始的划分不同，结果也可能很不一样。

（2）决策树的构建过程

决策树的构建过程可以概括为如下 4 个步骤。

1）决策树的生成。这一过程将初始的包含大量信息的数据集，按照一定的划分条件逐层分类至不可再分或不需再分，充分生成树。具体地，在每一次分类中，先找出各个可以作为分类变量的自变量所有可能的划分条件，再比较每一个自变量在各个划分条件下所得分支的差异大小，选出使得分支差异最大的划分条件作为该自变量的最优划分；再比较各个自变量在最优划分下所得分支的差异大小，选出差异最大者作为该节点的分类变量，并采用该变量的最优划分。

2）生成树的剪枝。利用决策树算法构建初始的树之后，为了有效地分类，还要对其进行剪枝。这是因为数据表示不当、有噪声等原因，会造成生成的决策树过大或过度拟合。所以为了简化决策树，寻找一棵最优的决策树，剪枝是必不可少的过程。不同算法的剪枝方法也不尽相同。常用的剪枝方法有预剪枝和后剪枝两种。例如 CHILD 和 C5.0 采用预剪枝，CART 采用后剪枝。

- 预剪枝：是指在构建决策树之前，先指定好生长停止准则（如指定某个评估参数的阈值），此做法适合应用于大规模问题。
- 后剪枝：是指待决策树完全生长结束后，再根据一定的规则，剪去决策树中那些不具一般代表性的叶子节点或者分支。

3）生成规则。生成一棵最优的决策树之后，就可以根据这棵决策树来生成一系列规则。这些规则采用"if…then…"的形式。从根节点到叶子节点的每一条路径，都可以生成一条规则。这条路径上的分裂属性和分裂谓词形成规则的前件（if 部分），叶子节点的类标号形成规则的后件（then 部分）。

4）模型性能和预测。建立好模型后，可以利用测试数据测试生成的决策树，常用混淆矩阵和预测误差率来验证模型的性能。选择最优模型后，可以预测新数据的分类。

决策树常用的算法有以下几种。

- ID3 算法是最有影响力的决策树算法之一，由 Quinlan 提出。ID3 算法的某些弱点被改善之后得到了 C4.5 算法，C5.0 则进一步改进了 C4.5 算法，使其综合性能大幅度提高。
- CART（分类回归树）顾名思义是既可以建立分类树，也可以构建回归树的算法。
- 条件推理决策树算法（conditional inference trees）是以自变量与目标变量的相关性（一些统计检验）为分裂度量指标的算法。

各种决策树算法在 R 语言均有对应的函数实现。可以通过 RWeka 包中的 J48 函数来调用 weka 的 C4.5 算法；通过 C50 扩展包中的 C5.0 函数实现 C5.0 算法；通过 rpart 包中的 rpart 函数实现 CART 算法；通过 party 包中的 ctree 函数实现条件推理决策树算法。

- J48() 函数

```
J48(formula,data,subset,na.action,control=Weka_control())
```

其中，formula 为建模公式；data 为包含 formula 参数变量的数据框；subset 为子数据集；na.action 为缺失数据的处理方法，默认是删除目标变量的数据，保留自变量的数据；control 为 C4.5 算法的参数，使用 Weka_control() 函数设置。

- C5.0() 函数

```
C5.0(x, y, trials = 1, rules= FALSE, weights = NULL,costs = NULL, ...)
```

其中，x 为一个包含训练数据的自变量；y 为包含训练数据的因变量；trials 为一个可选值，用于控制自助法循环的次数（默认为 1）；costs 为一个可选矩阵，用于给出与各种类型错误相对应的成本。

❑ rpart() 函数

```
rpart(formula,data,subset,na.action=na.rpart,method,parms,control,…)
```

其中，formula 为建模公式；data 为包含 formula 参数变量的数据框；subset 为子数据集；na.action 为缺失数据的处理方法，默认是删除目标变量的数据，保留自变量的数据；method 为变量分割方法，该参数有 4 种取值：连续型对应 anova，分类型（因子）对应 class，计数型对应 poisson（泊松），生存分析型对应 exp，一般情况下，函数会自动检验目标变量的数据类型，自动匹配合适的取值；control 为模型建立时用于停止分裂的一些参数，其值是 rpart.control 函数的输出对象。

❑ ctree() 函数

```
ctree(formula, data, subset = NULL, weights = NULL,
      control = ctree_control(),…)
```

其中，formula 为建模公式；data 为包含 formula 参数变量的数据框；subset 为子数据集；control 为模型建立时用于停止分裂的一些参数，其值是 ctree.control 函数的输出对象。

接下来，利用决策树算法对 carTR 数据集建立分类模型，并利用构建的模型预测 carTR、carTE 数据集。

```
> # 使用决策树算法建立分类树
> # 使用C50函数实现C5.0算法
> library(C50)
> C5.0.model <- C5.0(accept~.,data=carTR)
> # 使用rpart函数实现CART算法
> library(rpart)
> rpart.model <- rpart(accept~.,data=carTR)
> # 使用ctree函数实现条件推理决策树算法
> library(party)
> ctree.model <- ctree(accept~.,data=carTR)
> # 预测结果，并构建混淆矩阵，查看准确率
> # 构建result，存放预测结果
> result <- data.frame(arithmetic=c("C5.0","CART","ctree"),
+                      errTR=rep(0,3),errTE=rep(0,3))
> for(i in 1:3){
+   # 预测结果
+   carTR_predict <- predict(switch(i,C5.0.model,rpart.model,ctree.model),
+                            newdata=carTR,
+                           type=switch(i,"class","class","response")) # 训练集数据
+   carTE_predict <- predict(switch(i,C5.0.model,rpart.model,ctree.model),
+                            newdata=carTE,
+                           type=switch(i,"class","class","response")) # 测试集数据
+   # 构建混淆矩阵
+   tableTR <- table(actual=carTR$accept,predict=carTR_predict)
+   tableTE <- table(actual=carTE$accept,predict=carTE_predict)
+   # 计算误差率
+   result[i,2] <- paste0(round((sum(tableTR)-sum(diag(tableTR)))*100/sum(tableTR),
+                        2),"%")
```

```
+   result[i,3] <- paste0(round((sum(tableTE)-sum(diag(tableTE)))*100/sum(tableTE),
+                         2),"%")
+ }
> # 查看结果
> result
arithmetic errTR errTE
1      C5.0 2.16% 3.94%
2      CART 5.55%  5.8%
3     ctree 5.24% 6.03%
```

使用C5.0、CART和条件推理决策树算法构建了三种决策树分类器；再利用predict函数预测训练集、测试集的汽车满意度结果。for循环中的switch(i,C5.0.model,rpart.model, ctree.model)语句表达选择的模型对象，当$i=1$时，利用C5.0算法构建的模型预测数据，$i=2$时，利用CART算法构建的模型预测数据，$i=3$时，利用条件推理算法构建的模型预测数据，type=switch(i,"class","class","response")语句表示采用不同算法模型时输出的结果类型；最后构建混淆矩阵和计算各自的预测误差率。从result结果来看，对于car数据集，决策树算法明显优于前面的朴素贝叶斯算法，且C5.0算法又优于其他两种决策树算法。

4. 集成学习与随机森林

在实际应用中，只使用单一模型决定一组数据的分类常常并不可行，因为用一个模型清晰描述数据分类会使其异常复杂，且只使用一种准则建立的模型很难避免不出现过度拟合。因而，一个更好的方法是采用投票方法从这些分类器的结果中选择最优的模型，换句话说，如果对不同算法的预测结果取平均，相比只使用一个分类器，可能会得到更好的分类模型。

目前，bagging、boosting和随机森林是应用最为广泛的三类集成学习算法。其中，

- bagging是投票式算法，首先使用Bootstrap产生不同的训练数据集，然后分别基于这些训练数据集得到多个基础分类器，最后组合基础分类器的分类结果得到一个相对更优的预测模型。bagging算法的优点在于它是一个容易理解、易于实现且功能强大的学习算法，但得到的结果很难解释则是该算法的主要缺点。
- boosting与bagging相似，主要差别在于在boosting算法中，基础分类器的学习是顺序进行的，后一轮分类器的学习与之前分类器的分类结果有关，即在错分样本基础上学习。boosting算法通过这样一种补偿学习的方式，达到了利用前一轮分类误差来调整后轮基础分类器的目的，以获得更好的分类性能。
- 随机森林（random forests）和使用决策树作为基本分类器的bagging有些类似，也是进行多次自助法放回抽样。随机森林与bagging的关键区别在于，在生成每棵树时，每个节点都仅仅在随机选出的少数变量中产生。因此，不但样本是随机的，就连每个节点变量的产生都有相当大的随机性。如果是分类问题，则输出为所有树中预测概率总和最大的那个类，如果是回归问题，则输出为所有树的输出平均值。

R的adabag包对boosting和bagging两种方法都提供了支持。其中，对于bagging算

法，adabag 包提供了 Breiman bagging 算法；对于 boosting 算法，adabag 包实现了 AdaBoost.M1 和 SAMME 两个算法。R 的 randomForest 包中的 randomForest 函数实现随机森林算法，并提供了 importance 和 varImpPlot 两个函数用来评估每个属性的重要性，其中 importance 函数以列表展示模型中每个属性的重要性，varImpPlot 函数可以通过绘制平均精确率下降及平均基尼下降曲线实现属性重要性的可视化。

❑ bagging() 函数

```
bagging(formula, data, mfinal = 100, control)
```

其中，formula 为用于建模的公式；data 为待定训练数据集；mfinal 为算法的迭代次数，即基分类器的个数，默认值为 100 ；control 与 rpart() 函数中的相同，用于控制基分类器的参数。

❑ boosting() 函数

```
boosting(formula, data, boos = TRUE, mfinal = 100, coeflearn = 'Breiman',
        control, …)
```

其中，formula 为用于建模的公式；data 为待定训练数据集；mfinal 为算法的迭代次数，即基分类器的个数，默认值为 100；coeflearn 为选择权重更新系数 alpha 的计算方式，默认为 Breiman，即 alpha=1/2ln((1-err)/err) ；control 与 rpart() 函数中的相同，用于控制基分类器的参数。

❑ randomForest() 函数

```
randomForest(formula, data=NULL, ..., subset, na.action=na.fail)
```

其中，formula 为用于建模的公式；data 为待定训练数据集；subset 为指定一个子集的观测值用于建模；na.action 为缺失值处理方式，默认是 na.fail。

接下来，利用集成学习及随机森林算法对 carTR 数据集建立分类模型，并利用构建的模型预测 carTR、carTE 数据集。

```
> # 使用adabag包中的bagging函数实现bagging算法
> library(adabag)
> bagging.model <- bagging(accept~.,data=carTR)
> # 使用adabag包中的boosting函数实现boosting算法
> boosting.model <- boosting(accept~.,data=carTR)
> # 使用randomForest包中的randomForest函数实现随机森林算法
> library(randomForest)
> randomForest.model <- randomForest(accept~.,data=carTR)
> # 预测结果，并构建混淆矩阵，查看准确率
> # 构建result，存放预测结果
> result <- data.frame(arithmetic=c("bagging","boosting","随机森林"),
+                     errTR=rep(0,3),errTE=rep(0,3))
> for(i in 1:3){
+   # 预测结果
+   carTR_predict <- predict(switch(i,bagging.model,boosting.model,randomForest.model),
```

```
+                              newdata=carTR) # 训练集数据
+   carTE_predict <- predict(switch(i,bagging.model,boosting.model,randomForest.model),
+                              newdata=carTE) # 测试集数据
+   # 构建混淆矩阵
+   tableTR <- table(actual=carTR$accept,
+                  predict=switch(i,carTR_predict$class,carTR_predict$class,carTR_
predict))
+   tableTE <- table(actual=carTE$accept,
+                  predict=switch(i,carTE_predict$class,carTE_predict$class,carTE_
predict))
+   # 计算误差率
+   result[i,2] <- paste0(round((sum(tableTR)-sum(diag(tableTR)))*100/sum(tableTR),
+                         2),"%")
+   result[i,3] <- paste0(round((sum(tableTE)-sum(diag(tableTE)))*100/sum(tableTE),
+                         2),"%")
+ }
> # 查看结果
> result
arithmetic errTR errTE
1   bagging 4.86% 6.03%
2   boosting   0% 0.93%
3   随机森林 0.15% 2.78%
```

从上面的结果可以看出，最适合 carTR 和 carTE 数据集的预测模型是 boosting 算法，其中对训练集全部预测正确，对测试集的预测错误率也仅有不到 1%。

5. 人工神经网络与支持向量机

在应对复杂的生产数据时，人工神经网络（Artificial Neural Network，ANN）和支持向量机（Support Vector Machine,SVM）都是功能强大的分类工具，可以广泛应用于各种领域。与前述基于树和基于概率的分类算法不同，在 ANN 和 SVM 训练中，从输入数据到输出结果的过程并不清晰，也难以解释，因此，这两种算法都属于黑箱方法。

人工神经网络对一组输入信号和一组输出信号之间的关系建模，使用的模型来源于人类大脑对来自感觉输入的刺激是如何反应的理解。就像大脑使用一个称为神经元（neuron）的相互连接的细胞网络来创建一个巨大的并行处理器一样，人工神经网络使用人工神经元或者节点（node）的网络来解决学习问题。从广义上讲，人工神经网络是可以应用于几乎所有学习任务的多功能学习方法：分类、数值预测，甚至是无监督的模式识别。人工神经网络最好应用于下列问题：输入数据和输出数据都很好理解或者至少相对简单，但其涉及从输入到输出的过程是极其复杂的。作为一种黑箱方法，对于这些类型的黑箱问题，它们运行得很好。

支持向量机可以想象成一个平面，该平面定义了各个数据点之间的界限，而这些数据点代表根据它们的特征绘制多维空间中的样本。支持向量机的目标是创建一个称为一个超平面（hyperplane）的平面边界，它使得任何一边的数据划分都是相当均匀的。支持向量机几乎可以适用于所有的学习任务，包括分类和数值预测两个方面。

R 语言中的 nnet 包用来建立单隐藏层的前馈人工神经网络模型，以及建立多项对数线性模型。在 R 语言中，可以用 e1071 软件包的 svm() 函数来建立支持向量机的基础模型，并且辅助使用 predict() 函数及 fitted() 函数来利用所建立的模型进行分类；另一个 kernlab 包则包含了更多的核方法函数，ksvm() 函数使用高斯 RBF 核函数，也提供了一些其他的选项。

```
nnet(formula, data, weights, ..., subset, na.action, contrasts = NULL)
```

其中，formula 为用于建模的公式；data 为待定训练数据集；weights 为各类样本在模型中所占的权重，该参数的默认值为 1，即以各类样本原始比例建立模型；subset 为指定一个子集的观测值用于建模；na.action 为缺失值处理方式，默认为 na.fail。

```
ksvm(target~ predictors, data=mydata, kernel="rbfdot", c=1)
```

其中，target 为数据框 mydata 中需要建模的因变量；predictors 为数据框 mydata 中的自变量；data 为建模数据框；kernel 给出一个非线性映射（mapping），如 "rbfdot"（径向基函数），"polydot"（多项式函数），"tanhdot"（双曲正切函数），"vanilladot"（线性函数）；c 用于给出违反约束条件时的惩罚，即对于“软边界”的惩罚大小，较大的 c 值将导致较窄的边界。

接下来，利用人工神经网络及支持向量机算法对 carTR 数据集建立分类模型，并利用构建的模型预测 carTR、carTE 数据集。

```
> # 使用nnet包中的nnet函数建立人工神经网络模型
> library(nnet)
> # 隐藏层有3个节点，初始随机权值在[-0.1,0.1]，权值是逐渐衰减的,最大迭代数是200
> nnet.model <- nnet(accept~.,data=carTR,size=3,rang=0.1,decay=5e-4,maxit=200)
> # 使用kernlab包中的ksvm函数建立支持向量机模型
> library(kernlab)
> # 使用rbfdot选项制定径向基核函数
> svm.model <- ksvm(accept~.,data=carTR,kernel="rbfdot")
> # 利用模型预测结果
> # 构建混淆矩阵
> nnet.t0 <- table(carTR$accept,predict(nnet.model,carTR,type="class"))
> nnet.t <- table(carTE$accept,predict(nnet.model,carTE,type="class"))
> svm.t0 <- table(carTR$accept,predict(svm.model,carTR,type="response"))
> svm.t <- table(carTE$accept,predict(svm.model,carTE,type="response"))
> # 查看各自错误率
> nnet.err0 <- paste0(round((sum(nnet.t0)-sum(diag(nnet.t0)))*100/sum(nnet.t0),
+                         2),"%")
> nnet.err <- paste0(round((sum(nnet.t)-sum(diag(nnet.t)))*100/sum(nnet.t),
+                         2),"%")
> svm.err0 <- paste0(round((sum(svm.t0)-sum(diag(svm.t0)))*100/sum(svm.t0),
+                         2),"%")
> svm.err <- paste0(round((sum(svm.t)-sum(diag(svm.t)))*100/sum(svm.t),
+                        2),"%")
> nnet.err0;nnet.err;svm.err0;svm.err
```

```
[1] "1.77%"
[1] "1.86%"
[1] "3.39%"
[1] "5.1%"
```

从预测结果来看，人工神经网络的效果要优于支持向量机。

6. 模型评估

为了确保模型能够正确预测未知对象，需要评估模型性能，避免模型出现可能存在的过拟合问题。可以利用包括 caret、rminer 和 rocr 这类算法包来评估模型性能以防止过拟合问题。进一步评估模型性能还有助于得到更优、健壮性的模型，以便准确预测未知数据。在数据挖掘过程中，每个模型和算法具有不同的适用场景，但最终评价的结果一定是以业务价值为导向，而非模型自身的评价指标，因此，在选取模型时，将更多地采取一些机器学习算法。

k 折交叉验证技术能够解决过拟合问题，因此被广泛应用于分类器性能评估领域。它是一种统计学上将数据样本切割成较小子集的实用方法，目的是得到可靠稳定的模型。先在一个子集上分析，其他子集则用来确认及验证分析。初始子集被称为训练集，剩余的子集被称为验证集。重复执行完 *n* 次 k 折交叉验证后，就能够根据 *n* 次检验的平均正确率真实评估模型性能。

这里以准确率为度量指标，将 car 数据集分成 10 份，利用决策树算法构建分类器，并最终查看平均准确率。

```
> # 构建10折交叉验证
> #下面构造10折下标集
> library(caret)
> ind<-createFolds(car$accept,k=10,list=FALSE,returnTrain=FALSE)
> # 下面再做10折交叉验证，这里仅给出训练集和测试集的分类平均误判率
> E0=rep(0,10);E1=E0
> library(C50)
> for(i in 1:10){
+   n0=nrow(car)-nrow(car[ind==i,]);n1=nrow(car[ind==i,])
+   a=C5.0(accept~.,car[!ind==i,])
+   E0[i]=sum(car[!ind==i,'accept']!=predict(a,car[!ind==i,]))/n0
+   E1[i]=sum(car[ind==i,'accept']!=predict(a,car[ind==i,]))/n1
+ }
> (1-mean(E0));(1-mean(E1))
[1] 0.9877829
[1] 0.9727981
```

可见，经过 10 折交叉验证后，模型的预测准确率也有所提升，比之前的 C5.0 算法准确率提升 1% 左右。

手工编写交叉验证略微麻烦，也可以使用 caret 包的 train 函数来建模并自动实施 10 折交叉验证。首先，设置训练控制参数，进行重复 3 次的 10 折交叉验证。

```
> library(caret)
> control <- trainControl(method="repeatedcv",number=10,repeats=3)
```

调用 rpart 处理 car 数据集产生分类模型。

```
> library(caret)
> control <- trainControl(method="repeatedcv",number=10,repeats=3)
> model <- train(accept~.,data=car,method="rpart",
+                 trControl=control)
> model
CART

1728 samples
   6 predictor
   4 classes: 'acc', 'good', 'unacc', 'vgood'

No pre-processing
Resampling: Cross-Validated (10 fold, repeated 3 times)
Summary of sample sizes: 1556, 1556, 1554, 1555, 1555, 1555, ...
Resampling results across tuning parameters:

  cp          Accuracy   Kappa
  0.04633205  0.7802949  0.5310309
  0.05598456  0.7756762  0.5484961
  0.07528958  0.7453673  0.3379084

Accuracy was used to select the optimal model using  the largest value.
The final value used for the model was cp = 0.04633205.
> plot(model)
```

先使用 trainControl 设置检验的控制参数，确定为 10 折交叉验证，反复进行 3 次，目的是减少模型评价的不稳定性，这样得到 30 次检验结果。训练过程完成后，模型将输出 3 次重新采用的结果，其中，cp 值为 0.04633205 的模型准确率最高（0.7802949），因此被确定为分类最优模型。利用 plot 函数绘制的图 8-12 也可以直观选择参数。

此外，混淆矩阵和 ROC 曲线也常用来评估模型的预测能力。如果要评估分类模型的性能，可以首先基于预测结果和实际分类结果产生一个分类表，然后基于混淆矩阵来获取诸如模型的精确度、召回率、特异性以及准确率等性能指标。前文已经使用了 table 函数生成混淆矩阵。受试者工作特征曲线（Receiver Operating Characteristic，ROC）是一种常见的二元分类系统性能展示的图形，在曲线上分别标注了不同切点的真正率以及假正率。ROC 曲线来源于信号检测理论，它显示了给定模型的灵敏性（sensitivity）真正率与假正率（false positive rate）之间的比较评定。给定一个二元分类问题，通过对测试数据集的不同部分显示的模型可以正确识别“1”实例的比例与模型将“0”实例错误地识别为“1”的比例进行分析，来评定不同模型的准确率。真正率的增加是以假正率的增加为代价的，ROC 曲线下面的面积（Area Under Curve，AUC）就是比较模型准确度的指标和依据。面积大的模型对应的模型准确度要高，也就是要择优应用的模型。面积越接近 0.5，对应模型的准确率就越低。

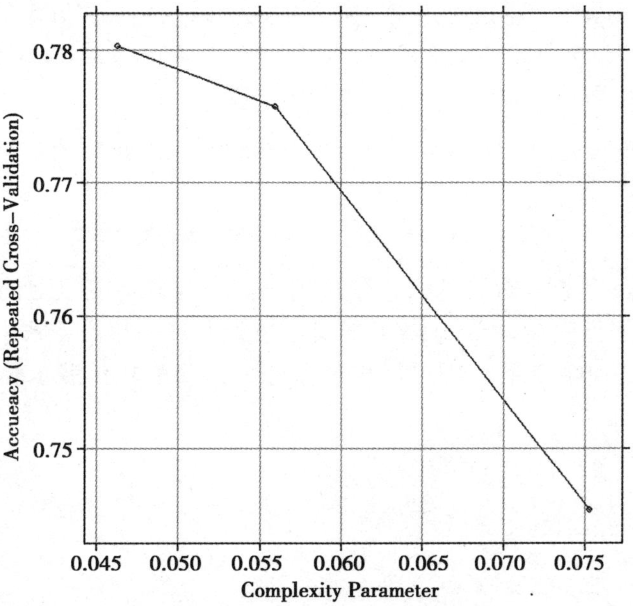

图 8-12　使用交叉验证来选择参数

8.3.2　活跃用户流失预测

1. 数据准备

仍以棋牌类游戏为例，影响活跃用户流失的普遍判断有：在线活跃、用户账号属性（性别、好友数、等级、积分等）和玩牌情况（玩牌局数、赢牌局数、输牌局数、最高牌型等）。详细指标如下：

- 用户 id
- 是否流失
- 性别
- 登录总次数
- 站内好友数
- 等级
- 积分
- 玩牌局数
- 赢牌局数
- 输牌局数
- 正常牌局
- 非正常牌局
- 最高牌类型

可以在现有指标基础上再进行丰富，如增加周活跃度和玩牌胜率等衍生指标。周活跃度＝登录总次数/7；玩牌胜率＝赢牌局数/玩牌局数。现在从数据库导出某一周用户的基本指标数据，先将数据导入R语言中，并增加衍生字段。

```
> w <- read.csv("用户流失预测数据.csv") # 导入数据
> w <- w[,-1] # 剔除用户ID
> w$活跃度<- round(w$登录总次数/7,3) #增加活跃度字段
> w$玩牌胜率<- round(w$赢牌局数/w$玩牌局数,3) # 增加玩牌胜率字段
```

接下来，先对玩家数据进行探索，分析用户流失与其他变量之间是否有关系。由于是否流失字段是因子型变量，cor函数只能对数值型变量求相关系数，故利用前面介绍的dummyVars()函数处理哑变量后再进行相关性分析，并可视化展示相关系数，如图8-13所示。

```
> # 对数据进行哑变量处理，进行相关性分析
> library(caret)
载入需要的程辑包：lattice
载入需要的程辑包：ggplot2
> dmy <- dummyVars(~.,data=w) # 构建哑变量对象
> trsf <- data.frame(predict(dmy,newdata=w))     # 对数据进行虚拟化处理
> M <- round(cor(trsf[,1:2],trsf[,c(-1,-2)]),3) # 进行相关性分析
> M
性别.男性别.女登录总次数站内好友数等级积分玩牌局数赢牌局数
是否流失.否  -0.019   0.019     0.779    0.112   0.547   0.405    0.306    0.305
是否流失.是   0.019  -0.019    -0.779   -0.112  -0.547  -0.405   -0.306   -0.305
输牌局数正常牌局非正常牌局最高牌类型活跃度玩牌胜率
是否流失.否    0.296     0.28      0.186      0.561   0.778   -0.123
是否流失.是   -0.296    -0.28     -0.186     -0.561  -0.778    0.123
> library(corrplot)
> corrplot(M,method="ellipse",col = c("green","black"))   # 对相关系数进行可视化
```

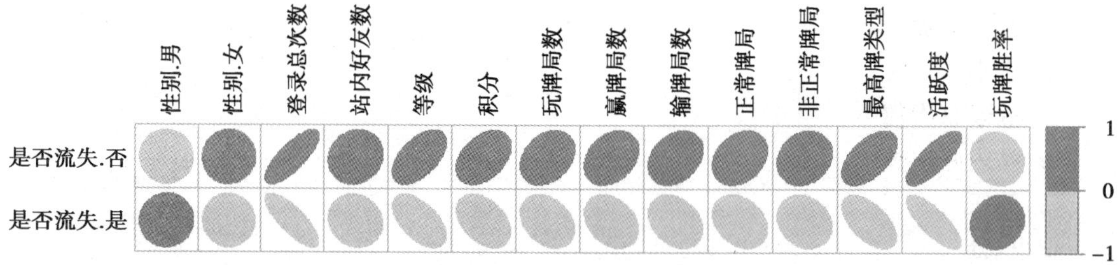

图8-13 相关系数图

图8-13中的椭圆表示变量两两间的相关系数值，其中椭圆的颜色代表正负，绿色表示负相关，黑色表色正相关；椭圆的形状表示相关系数值的大小，椭圆越扁说明相关系数值越大。从图8-12可以看出，性别对用户是否流失几乎没有什么影响，但是登录总次数和活跃度变量对用户是否流失有强相关性，说明这两个变量是影响玩家流失的主要因素。

可以利用随机森林模型中的varImpPlot()函数查看每个属性的重要性，如图8-14所示。

```
> model <- randomForest(是否流失~.,data=w,importance=TRUE)        # 建立随机森林模型
> varImpPlot(model,main="Variable Importance Random Forest")     # 查看变量重要性
```

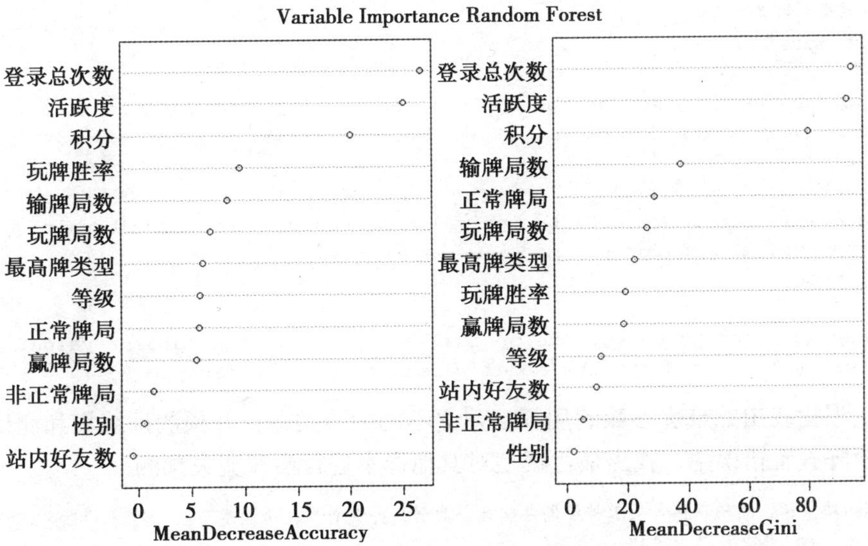

图 8-14 利用随机森林查看变量重要性

MeanDecreaseAccuracy 是从精确度来衡量变量重要性，MeanDecreaseGini 则是从 Gini 指数来衡量变量重要性。变量重要性由高到低从上到下排序。可见，玩家的登录总次数、活跃度和积分等变量是决定活跃用户是否流失的重要因素，与通过相关性分析得出的结论一致。

最后按照是否流失变量进行等比例随机抽样，将 75% 的数据作为训练集训练模型，另外 25% 的数据作为测试集用来验证模型效果。

```
> library(caret)
> # 构建训练集的下标集
> ind <- createDataPartition(w$是否流失,times=1,p=0.75,list=FALSE)
> # 构建测试集数据及训练集数据
> traindata<- w[ind,]
> testdata<- w[-ind,]
```

2. 数据建模

前面已经做完建模前的数据准备工作，接下来就可以进行数据建模了。在建模之前，也可以利用 10 折交叉验证方法来对参数进行最优选择，此处以决策树、随机森林和人工神经网络算法的参数选择为例进行演示。

```
> # 利用10折交叉验证来选择最优参数
> control <- trainControl(method="repeatedcv",number=10,repeats=3)
> rpart.model <- train(是否流失~.,data=w,method="rpart",
+                  trControl=control)
> rf.model <- train(是否流失~.,data=w,method="rf",
```

```
+             trControl=control)
> nnet.model <- train(是否流失~.,data=w,method="nnet",
+               trControl=control)
> # 查看模型结果
> rpart.model
……
Accuracy was used to select the optimal model using  the largest value.
The final value used for the model was cp = 0.0137457.
> rf.model
……
Accuracy was used to select the optimal model using  the largest value.
The final value used for the model was mtry = 2.
> nnet.model
……
Accuracy was used to select the optimal model using  the largest value.
The final values used for the model were size = 1 and decay = 0.1.
```

最后，根据找出的最优参数利用算法建立不同的分类器，并预测训练集和测试集数据，通过混淆矩阵查看错误率，找出最优模型对其他样本进行活跃流失预测。

```
> # 利用决策树、随机森林、人工神经网络构建分类器，并查看预测错误率
> # 利用rpart函数建立分类树
> rpart.model <- rpart::rpart(是否流失~.,data=traindata,control=(cp=0.0137457))
> # 利用randomForest函数建立随机森林
> rf.model <- randomForest::randomForest(是否流失~.,data=traindata,mtry=2)
> # 利用nnet函数建立人工神经网络
> nnet.model <- nnet::nnet(是否流失~.,data=traindata,size = 1,decay = 0.1)
> # 构建result，存放预测结果
> result <- data.frame(arithmetic=c("决策树","随机森林","人工神经网络"),
+                      errTR=rep(0,3),errTE=rep(0,3))
> for(i in 1:3){
+   # 预测结果
+   traindata_predict <- predict(switch(i,rpart.model,rf.model,nnet.model),
+                           newdata=traindata,type="class") # 对训练集数据预测
+   testdata_predict <- predict(switch(i,rpart.model,rf.model,nnet.model),
+                           newdata=testdata,type="class") # 对测试集数据预测
+   # 构建混淆矩阵
+   tableTR <- table(actual=traindata$是否流失,traindata_predict)
+   tableTE <- table(actual=testdata$是否流失,testdata_predict)
+   # 计算误差率
+   result[i,2] <- paste0(round((sum(tableTR)-sum(diag(tableTR)))*100/sum(tableTR),
+                     2),"%")
+   result[i,3] <- paste0(round((sum(tableTE)-sum(diag(tableTE)))*100/sum(tableTE),
+                     2),"%")
+ }
> # 查看结果
> result
 arithmeticerrTR errTE
1       决策树   5.49%   8.9%
2     随机森林    0.1%  7.06%
3 人工神经网络   6.92%  9.51%
```

从训练集和测试集的预测错误率可以看出，随机森林对于活跃用户流失预测效果最优，但随机森林的训练集误差很小，而测试集误差相对较大，有人以为有过拟合。接下来，用不同数目（1～500棵）树的随机森林来拟合，给出训练集合测试集的预测误差率图，研究误差率的走势。执行以下代码得到的结果如图8-15所示。

```
> n = 500
> NMSE  = NMSE0 <- rep(0,n)
> for(i in 1:n){
+   a <- randomForest(是否流失~.,data=traindata,ntree=i)
+   y0 <- predict(a,traindata)
+   y1 <- predict(a,testdata)
+   NMSE0[i] <- sum(traindata[,'是否流失']!=y0)/nrow(traindata)
+   NMSE[i] <- sum(testdata[,'是否流失']!=y1)/nrow(testdata)
+ }
> plot(1:n,NMSE,type="l",ylim=c(min(NMSE,NMSE0),max(NMSE,NMSE0)),
+      xlab="树的数目",ylab="误差率",lty=2)
> lines(1:n,NMSE0)
> legend("topright",lty=1:2,c("训练集","测试集"))
```

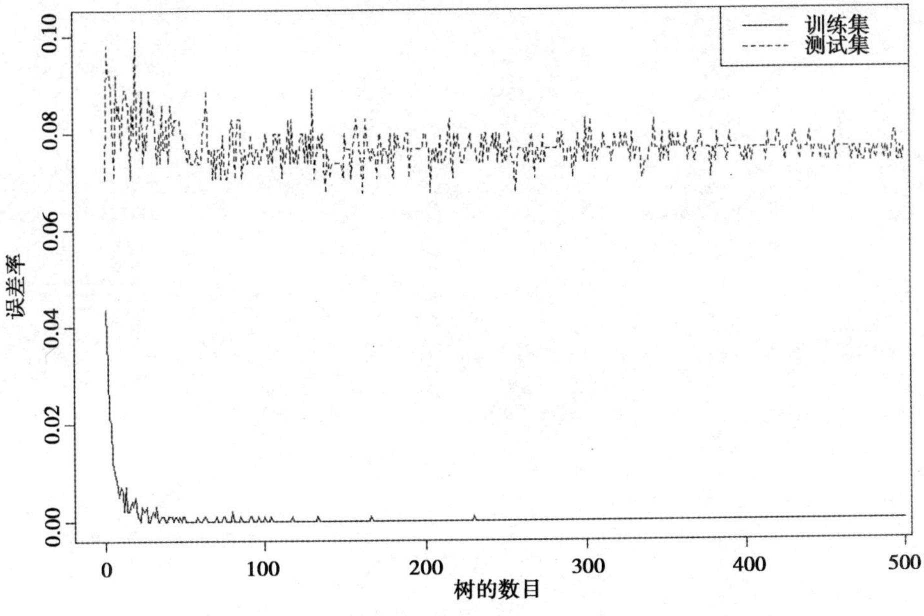

图8-15 不同数目树的随机森林对训练集和测试集的误差率影响

从图8-15可知，随着树的数目的增长，随机森林训练集和测试集的误差率都稳定地下降，而且最终稳定在各自的水平上。实际上，只要测试集的误差不随着模型的发砸星增加而增长就不是过拟合，这里的计算过程还没有出现过拟合现象。可以选择随机森林作为预测模型对其他用户进行预测。运营可以根据预测结果对用户执行挽留策略，延长用户在游戏中的生命周期。

8.4 小结

本章首先简单介绍了留存率的计算及预测方式；然后介绍了各种常见的分类算法基本原理及R语言实现，并通过K折交叉验证、混淆矩阵和ROC曲线寻找最优模型；最后通过一个活跃用户流失预测的案例进行算法最优参数选择，算法模型的建立及评估等工作。

第 9 章　Chapter 9

用户分析

传统行业一直都崇尚“用户至上”“用户中心论”的理念，如今此理念在手游领域同样适用。随着对用户了解的不断加深，很多公司开始认识到自身的想法和用户的预期往往存在差距，提供的游戏功能和服务有时并不是用户真正想要的。于是，基于用户的分析研究显得越发重要。

目前针对手游玩家的分析主要集中在三个方面，如图 9-1 所示。

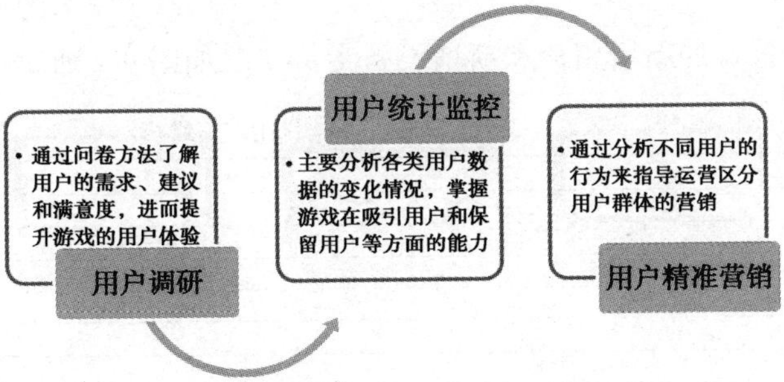

图 9-1　针对手游玩家进行分析的三个方面

用户调研中的方法不在本书的研究范围，感兴趣的读者可以查找其他相关资料。本章主要介绍用户统计监控和用户精准营销这两方面的内容。

9.1　用户分类

在游戏数据分析中，根据用户的基本信息和行为特征可以将用户分为许多类别，衍生出各种各样的用户指标。用户总体的统计可以让我们明确用户的整体变化情况；用户各分类的统计分析，可以让我们看到用户每个细分群体的变化情况，进而掌握游戏用户的全面情况。

某些分类对于游戏用户的现状和发展趋势具有特殊意义，可以重点对这些用户分类进行更加具体的分析和研究，而首先要做的是清晰地定义这些用户的分类规则和用户指标。

随着游戏分析的不断发展，对用户的分析也越来越广泛，根据用户的行为表现可以定义很多相关指标，如新增用户、活跃用户、有效用户、流失用户、留存用户、僵尸用户等。

9.1.1 新老用户

新增用户指的是第一次登录游戏的用户，那么非首次登录游戏的用户就是老用户。新增又可以分为用户新增和设备新增，具体定义如下。

- 新增用户：统计所选时期内，第一次登录游戏的用户数，这里的时间周期为日、自然周、自然月。(注："新增"具有唯一性，不重复累计)
- 新增设备：统计所选时期内，玩家激活游戏，自动或者手动注册后，有 ID 信息或者账户信息的玩家设备数量，每台设备只计算一次，这里的时间周期为：日、自然周、自然月。
- 设备新增 / 用户新增：统计所选时期内，新增设备占新增用户数的比值，这里的时间周期为：日、自然周、自然月。该指标可反映游戏是否有小号现象及小号现象是否严重。

某款游戏在 8 月每日的新增用户和新增设备走势情况如图 9-2 所示。

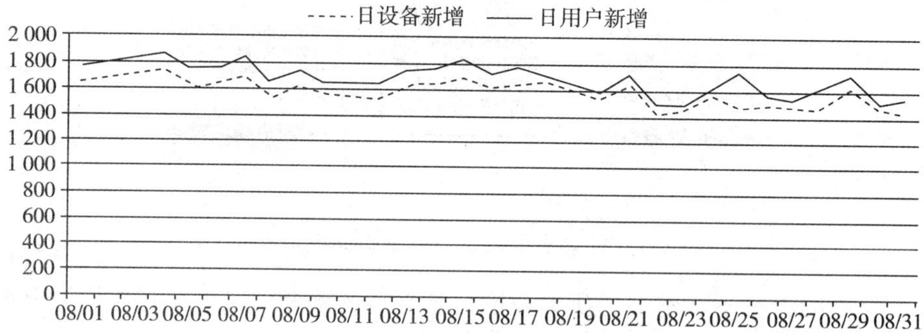

图 9-2 新增用户每日走势图

从走势图可以得出，日设备新增和日用户新增的走势基本一致，说明这款游戏的用户质量相对较好，不存在小号现象。

也可查看统计所选时期内，玩家新增的 TOP5 品牌设备分布情况，如图 9-3 所示。

可见，新增设备的品牌中，排前三的分别是 OPPO、Xiaomi 和 vivo 手机。

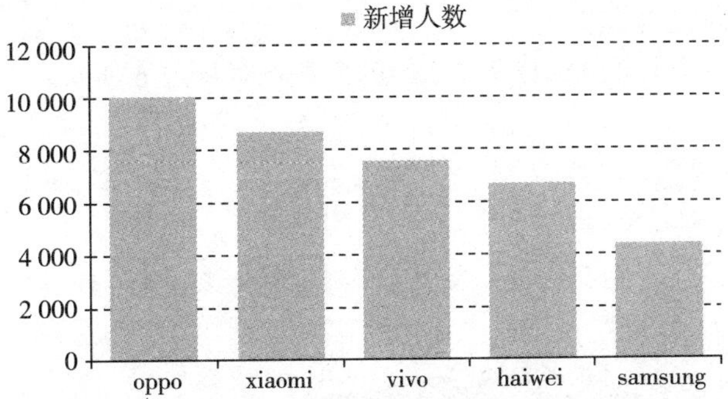

图 9-3 设备品牌新增统计

9.1.2 活跃用户

基于新老用户的分析是为了让游戏更好地保留老用户、发掘新用户。通过分析游戏的活跃用户则可以洞悉游戏当前真实的运营状况。该指标具有重要意义，可以说明游戏核心用户的规模。

活跃用户（active user）是指统计所选时期内，登录游戏的用户。这里的时间周期为日（DAU）、自然周（WAU）、自然月（MAU）。（注："活跃"具有唯一性，不重复累计。）

图 9-4 是某款游戏从 8 月至今的 DAU 走势图。

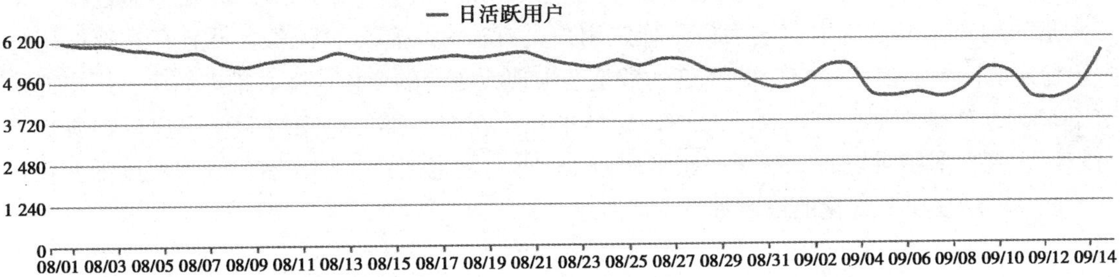

图 9-4 DAU 走势图

由图 9-4 可见，随着暑假效应的结束，9 月份的 DAU 呈现下降趋势。

DAU 由 DNU（Daily New User）和 DOU（Daily Old User）两部分构成，如图 9-5 所示。

DNU：每日注册并登录游戏的用户数，即日新增用户数。新增用户具有唯一性，不重复累计。该指标可以查看渠道贡献新用户数份额情况，以及宏观走势，判断是否需要投放推广，是否存在渠道作弊行为。

DNU/DAU：新增用户占比，也可称为活跃度指数，其中 DAU — DNU 为老用户数，老用户比例越多，相对的留存质量就会好一些，游戏的玩家自循环系统逐步成立，推广期间的大部分玩家在次日之后都留在了游戏中。在老用户足够多的情况下，DNU 新增影响是有限的，但如果一段时间内 DNU 不能转化为老

图 9-5 DAU 的构成

用户，则此比值会不断提升。

某款新游戏上线一个月的 DAU 和 DNU 的面积图如图 9-6 所示。

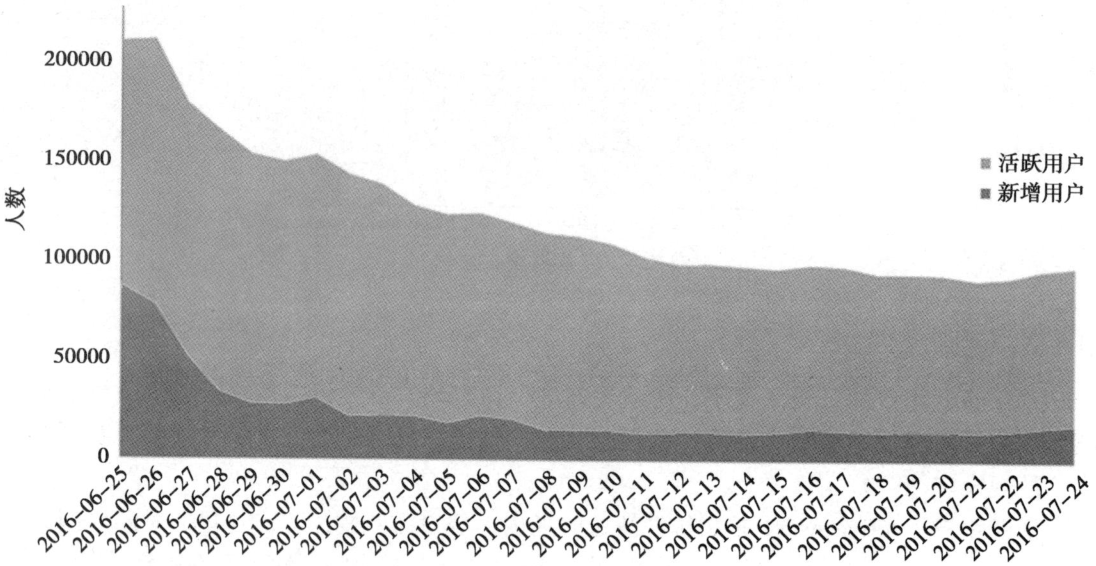

图 9-6 DAU 与 DNU 面积图

由图 9-6 可知，游戏在 6 月 25 日全平台上线，6 月份属于游戏推广时期，通过推广得到大量的用户，但是其中存在大量不稳定用户，有很大一部分会流失，并且存在新增用户数不稳定的问题，因此 DAU 和 DNU 的数量会出现大幅度的变化。随着推广结束，用户群稳定下来，也就是 7 月份，DAU 和 DNU 变得平稳。在游戏推广结束以后，用户留存质量相对较好，留存率相对较高，新增占比平均为 15.4%，新老用户比例没有出现大幅度的变化。

DNU/DAU 比值变化曲线图如图 9-7 所示。

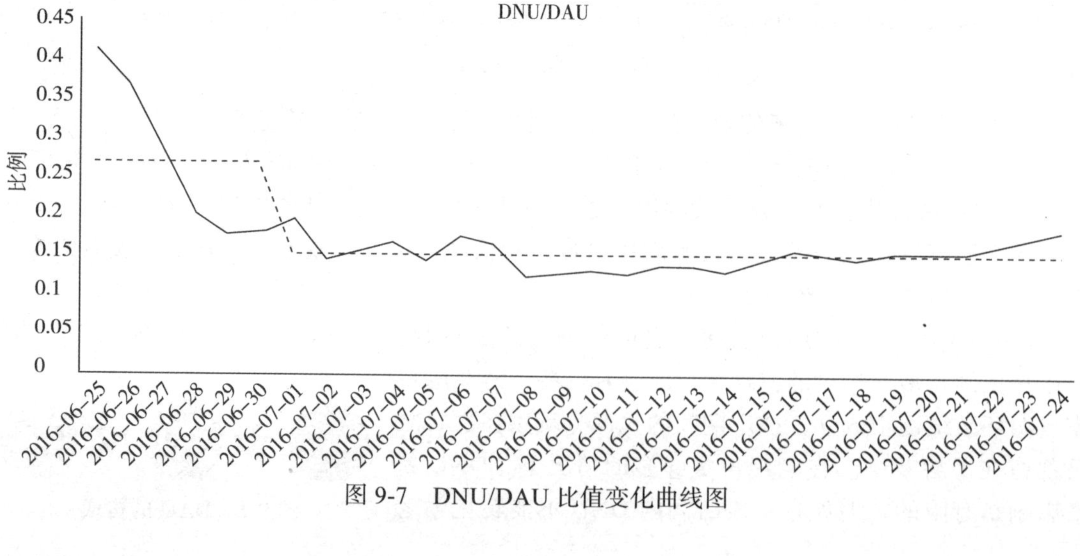

图 9-7 DNU/DAU 比值变化曲线图

在图 9-7 中，实线表示 2016-06-25～2016-07-24 的 DNU/DAU 的比值曲线，虚线表示 DNU/DAU 均值。可见，六月份这个比例波动变化很明显，而且比值很高，均值达到了 27.2%；进入 7 月份后比例变化平稳，在七月份均值 15.4% 附近波动。

也可以用新增用户最后一次登录日期距离统计日的间隔天数来考察用户的活跃度。以下定义了几个不同时间段的用户群。

- 僵尸用户：一年内不活跃的用户。
- 年活跃用户：最近一年内活跃的用户，即向前推算 12 个自然月。
- 半年活跃用户：最近半年内活跃的用户，即向前推算 6 个自然月。
- 三个月活跃用户：最近 3 个月内活跃的用户，即向前推算 3 个自然月。

9.1.3　用户习惯

也可以统计分析活跃用户的登录次数、使用时长，还可以结合付费用户、新增用户来对比分析登录次数、在线使用时长。

活跃用户、付费用户和新增用户在 8 月每日的登录次数统计如图 9-8 所示。三个用户群在 8 月的每日在线时长统计如图 9-9 所示。

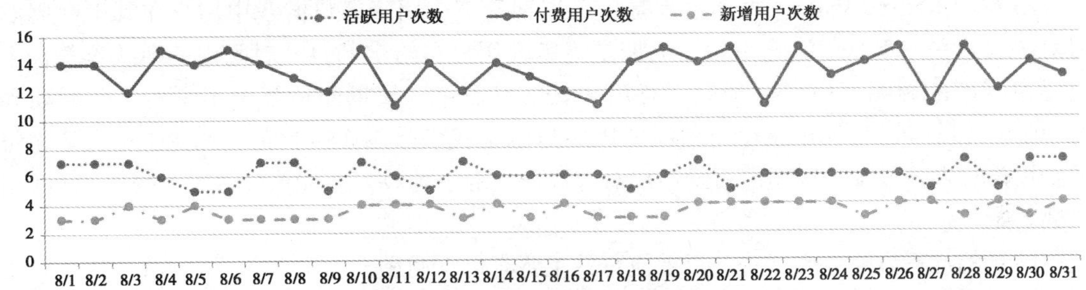

图 9-8　三个用户群的登录次数统计

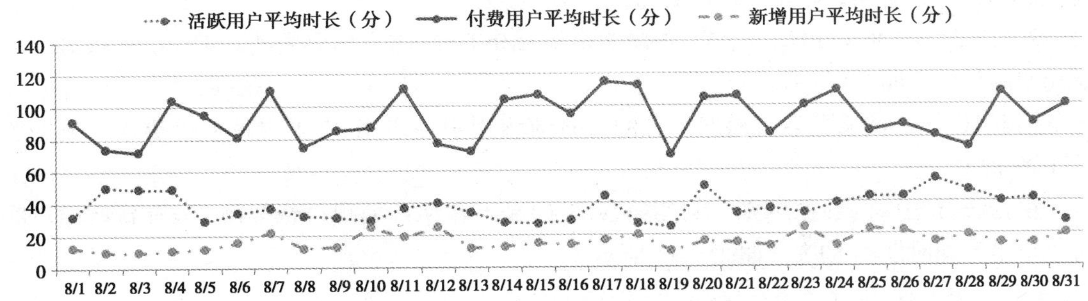

图 9-9　三个用户群的在线时长统计

由图 9-8 可知，活跃用户的每日登录次数多于新增用户的登录次数，但是低于付费用户登录次数。由图 9-9 得出的结论也相似，付费用户平均时长会高于活跃用户，活跃用户又高于新增用户。这说明活跃用户中的 DOU 质量优于 DNU，活跃用户中的付费用户质量又优于其他用户。“登录次数”和“在线时长”两个指标可以归到黏性的分类，主要关注用户在一段时间内持续访问和进行游戏的情况。

9.2 LTV

在游戏各项指标的统计中，有很多是考察玩家质量的，尤其是考察新用户的质量。近年来兴起的新统计指标 LTV 就是在新用户留存分析的基础上进一步研究每个用户的质量。LTV 的主要作用有以下几点。

- 对比各日（或各批次）新注册用户的质量，为日后导入做决策依据（所有会影响导入用户质量的因素，如导入时间、渠道、地域等，都可以通过 LTV 评估）。
- 通过曲线异常分析游戏问题并加以解决，各批次用户的曲线大体趋势应一致。
- 观测及预估用户的成本回收情况，如难以收回成本则考虑回炉大改或放弃。
- 作为控制用户导入成本的依据。

9.2.1 LTV 的定义

LTV（Lifetime Value）直译过来是生命周期价值，用于衡量游戏中用户在其生命周期内对游戏的平均贡献值。这里生命周期是指新增用户在给定的自然时间内的活跃天数，主要受留存率的影响。用户的价值主要用 ARPU 来衡量。如果能估算出用户的生命周期和 ARPU 值，就可以估算出某个自然时间内用户能给我们带来多少价值。ARPU 是指平均每活跃用户收入，即统计区间内活跃用户对游戏产生的平均收入。计算公式为：收入 / 活跃用户数。

LTV 的计算方法并不唯一，目前流行的主要有以下两种。

1）记录某一天新增用户从注册当天起，累计的收入（平均值）。如 LTV-3 为某批用户在注册起第三天的累计收入（平均值）。

2）LTV＝LT×ARPU：公式中的 LT 是指 Lift-Time 用户生命周期，ARPU 是指每个活跃用户的付费金额。

图 9-10 所示收录了某款游戏 7 月的每日新增用户在未来 30 天内每天付费金额数据统计（部分）。

根据统计表中的数据可知，利用第 *N* 日 LTV＝第 *N* 日累积付费金额 / 当日新增用户数可以求出不同时期的 LTV，如图 9-11 所示。

9.2.2 LTV 的预测

前面讲的 LTV 是根据已知的留存率、付费金额等指标计算得到的，属于事后统计 LTV 值。有时候，我们可能需要了解在未来一段时间内的用户生命周期价值（LTV），通过对比 LTV 与 CPA，计算单个用户的 ROI，进一步辅助市场广告投放决策。

注册日期	新增用户数	30日付费总额	第1天(注册当天)	第2天	第3天	第4天	第5天	第6天	第7天	第8天	第9天	第10天	第11天
2015/7/1	36764	63184	13788	7015	4047	3968	3287	2342	1894	2404	2147	1287	845
2015/7/2	34207	58986	15024	5865	4031	3639	3084	2082	2267	2159	1383	768	1050
2015/7/3	43979	72250	16709	8035	5585	3712	3859	2652	2603	1559	992	1475	2183
2015/7/4	51897	85850	19590	9258	7275	4836	3066	3355	2678	1413	1502	3068	2634
2015/7/5	51457	85751	21239	9723	6859	3869	4662	2682	1325	1903	2701	2917	2718
2015/7/6	47720	81711	23263	9110	5395	3795	3013	1690	1681	2773	3313	2209	2141
2015/7/7	50211	80807	22401	8744	5943	3843	1822	2058	2985	3916	2535	1959	1697
2015/7/8	40376	66310	14953	8000	3818	1770	2137	3265	3974	3505	1827	2698	1905
2015/7/9	42108	70666	20014	6692	3001	2742	4287	3761	2674	2180	1518	2077	1312
2015/7/10	46579	72786	16954	5039	5048	5216	4653	4010	2693	2668	2087	1916	1900
2015/7/11	49478	76596	8995	8263	7244	8064	3674	2789	2688	2499	2970	2166	2347
2015/7/12	53970	89525	13855	12873	9662	5791	4811	3871	4158	2987	2949	1781	2282
2015/7/13	47527	90085	20498	14826	8136	4838	3381	3267	3506	2672	2244	2181	2265
2015/7/14	41472	77466	21934	10427	6225	4077	3417	3234	2469	2041	1953	1712	1438
2015/7/15	45368	81353	21368	8871	5877	5121	4006	3298	3500	2259	2469	1754	2198

图 9-10　新增用户在未来 30 天的付费金额统计表（部分）

注册日期	注册当天	+1日	+2日	+3日	+4日	+5日	+6日	+7日	+8日	+9日	+10日	+11日	+12日	+13日	+14日	+15日
2015/7/1	0.38	0.57	0.68	0.78	0.87	0.94	0.99	1.05	1.11	1.15	1.17	1.20	1.24	1.28	1.33	1.37
2015/7/2	0.44	0.61	0.73	0.83	0.93	0.99	1.05	1.12	1.16	1.18	1.21	1.25	1.29	1.34	1.37	1.40
2015/7/3	0.38	0.56	0.69	0.77	0.86	0.92	0.98	1.02	1.04	1.07	1.12	1.17	1.22	1.25	1.28	1.31
2015/7/4	0.38	0.56	0.70	0.79	0.85	0.91	0.96	0.99	1.02	1.08	1.13	1.17	1.20	1.25	1.29	1.32
2015/7/5	0.41	0.60	0.74	0.81	0.90	0.95	0.98	1.02	1.07	1.12	1.18	1.22	1.24	1.29	1.32	1.35
2015/7/6	0.49	0.68	0.79	0.87	0.93	0.97	1.00	1.06	1.13	1.18	1.22	1.26	1.31	1.34	1.38	1.40
2015/7/7	0.45	0.62	0.74	0.82	0.85	0.89	0.95	1.03	1.08	1.12	1.15	1.19	1.22	1.25	1.29	1.31
2015/7/8	0.37	0.57	0.66	0.71	0.76	0.84	0.94	1.03	1.07	1.14	1.19	1.23	1.25	1.28	1.32	1.35
2015/7/9	0.48	0.63	0.71	0.77	0.87	0.96	1.03	1.08	1.11	1.16	1.19	1.24	1.27	1.32	1.36	1.39
2015/7/10	0.36	0.47	0.58	0.69	0.79	0.88	0.94	0.99	1.04	1.08	1.12	1.16	1.19	1.22	1.26	1.29
2015/7/11	0.18	0.35	0.50	0.66	0.73	0.79	0.84	0.89	0.95	1.00	1.04	1.09	1.13	1.16	1.19	1.22
2015/7/12	0.26	0.50	0.67	0.78	0.87	0.94	1.02	1.07	1.13	1.16	1.20	1.24	1.27	1.31	1.35	1.38
2015/7/13	0.43	0.74	0.91	1.02	1.09	1.16	1.23	1.29	1.33	1.38	1.43	1.46	1.49	1.52	1.56	1.59
2015/7/14	0.53	0.78	0.93	1.03	1.11	1.19	1.25	1.30	1.34	1.39	1.42	1.46	1.50	1.52	1.56	1.59
2015/7/15	0.47	0.67	0.80	0.91	1.00	1.07	1.15	1.20	1.25	1.29	1.34	1.38	1.41	1.45	1.49	1.53

图 9-11　新增用户的 LTV

预测 LTV 常用的方法有两种。

1. 利用已知的留存率和 ARPU

利用已知的留存率和 ARPU 来预测未来 LTV 的具体步骤如下。

1）利用指数函数预测未来的留存率。

2）计算用户生命周期 LT 值：$LT_{(n)}=R_{(1)}+R_{(2)}+\cdots+R_{(n)}$。

3）计算出玩家的价值 ARPU，由于玩家不同日期的 ARPU 值可能不同，所以可以求出一段时间内每日 APRU 值的平均值，例如取玩家 14 天的平均 ARPU，即 $ARPU=(ARPU_{(1)}+ARPU_{(2)}+\cdots+ARPU_{(14)})/14$。

4）计算出玩家的生命周期价值 $LTV=LT\times ARPU=(R_{(1)}+R_{(2)}+\cdots+R_{(n)})\times ARPU$。

表 9-1 是某款游戏前 7 日的留存率和 ARPU 值。

表 9-1　某游戏前 7 日的留存率和 ARPU 值

+1 留存率	36.5%	+2 留存率	24.4%	+5 留存率	13.5%	+6 留存率	12.0%
+3 留存率	19.0%	+4 留存率	15.7%	+7 留存率	10.8%	ARPU	0.32

第 8 章学习了如何预测留存率，这里不再赘述。根据前期的实际留存率得到的预测曲线方程为 $y=0.3718x^{-0.6275}$。根据方程求出未来 365 天的留存率值，并绘制留存率预测曲线，如图 9-12 所示。

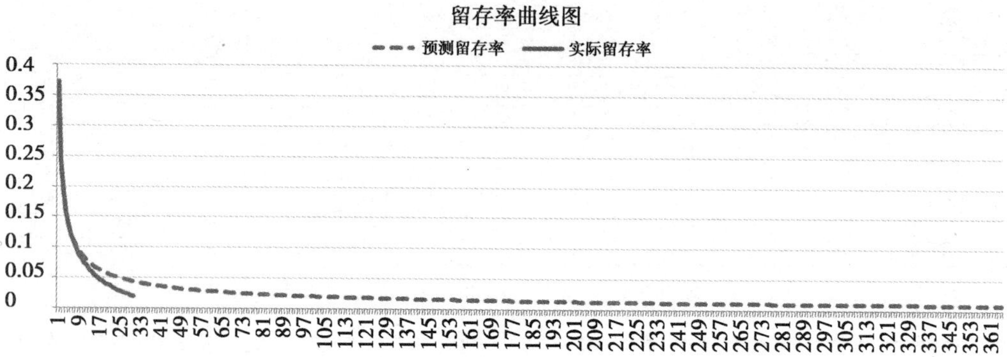

图 9-12 实际留存率和预测留存率曲线

根据留存率预测值，可以计算出不同时期的 LT 值，再结合 ARPU，就可得到用户不同时期的 LTV。表 9-2 给出了 14 天、21 天、30 天、60 天和 180 天的 LTV 预测值。

表 9-2 不同时期的 LTV 值

14 天 LTV（预测值）	￥0.92	14 天 LTV（实际值）	￥0.99
21 天 LTV（预测值）	￥1.06	21 天 LTV（实际值）	￥1.11
30 天 LTV（预测值）	￥1.20	30 天 LTV（实际值）	￥1.20
60 天 LTV（预测值）	￥1.53		
180 天 LTV（预测值）	￥2.26		

2. 利用前期的 LTV

利用前期的 LTV 对未来 LTV 进行预测的基本原理是：对某日新用户的总收入跟踪时，可以发现，随着时间的增长，收入增长会逐渐放缓，可以想象，在未来足够长的时间里总收入会趋近一个估值，这个值可以被认为是某日新用户的总生命周期价值，当然也可以很容易得出其平均生命周期价值（LTV）。

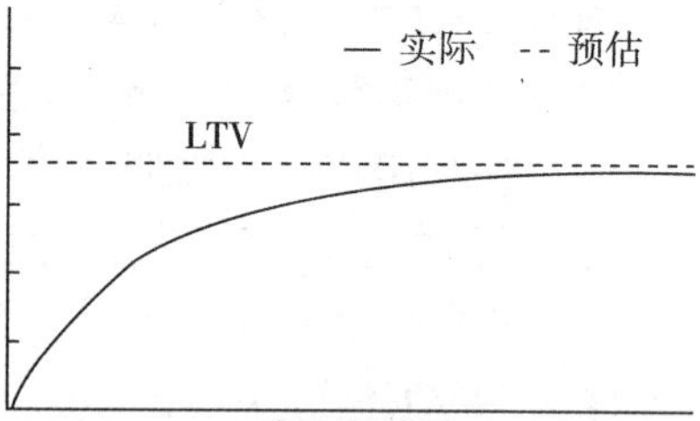

图 9-13 LTV 预测曲线

如图 9-13 所示，总收入逐渐逼近某个值，这样对于 LTV，可以近似地用一个 log 函数曲线来反映 LTV 变化趋势，例如，用以下函数来表示：

$$y=c\times \text{LN}(x)+b$$

现在问题就是转化为求出函数的系数 c，b。也可以利用 Excel 轻松实现。

- ❑ c= INDEX(LINEST(Known Ys, LN(Known Xs)), 1)

- ❑ b= INDEX(LINEST(Known Ys, LN(Known Xs)), 2)

表 9-3 所示是某款游戏新增用户在前 7 日的实际 LTV。

表 9-3 某游戏前 7 日的实际 LTV

$LTV_{(1)}$	0.412	$LTV_{(2)}$	0.543	$LTV_{(5)}$	0.743	LTV(6)	0.792
$LTV_{(3)}$	0.603	$LTV_{(4)}$	0.694	$LTV_{(7)}$	0.826		

根据上面的公式求出 $c=0.214$，$b=0.403$，因此 LTV 的预测函数为 $y=0.214\times\text{LN}(x)+0.403$。

图 9-14 所示是实际 LTV 和预测 LTV 曲线。

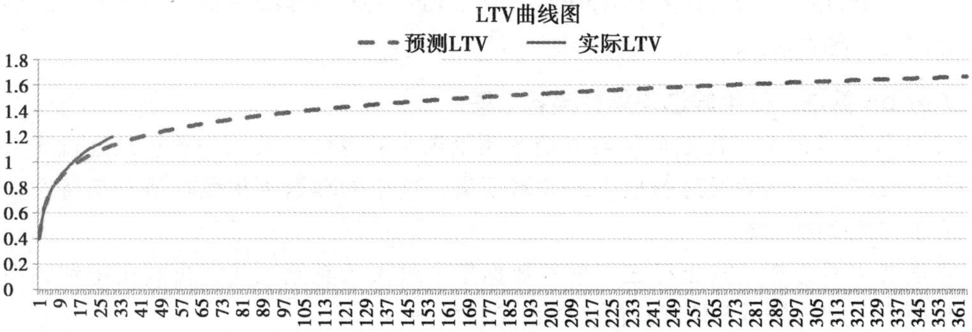

图 9-14 LTV 实际值与预测曲线

表 9-4 所示给出了 14 天、21 天、30 天、60 天和 180 天的 LTV。

表 9-4 利用方法二求出的不同时期 LTV

14 天 LTV（预测值）	￥0.97	14 天 LTV（实际值）	￥0.99
21 天 LTV（预测值）	￥1.05	21 天 LTV（实际值）	￥1.11
30 天 LTV（预测值）	￥1.13	30 天 LTV（实际值）	￥1.20
60 天 LTV（预测值）	￥1.28		
180 天 LTV（预测值）	￥1.51		

9.3 用户物品购买关联分析

关联规则是从事务数据库、关系数据库和其他信息存储中的大量数据项集之间发现有趣的、频繁出现的模式、关联和相关性。更确切地说，关联规则通过量化的数字描述物品甲的出现对物品乙的出现有多大的影响。关联规则模式属于描述型模式，发现关联规则的算法属于无监督学习的方法。

关联规则分析也称为购物篮分析，最早是为了发现超市销售数据库中不同商品之间的关联关系。可以将这个分析思路很好地移植到游戏的道具销售分析中。例如，想研究一款游戏的用户购买喜好，如“哪组商品可能会在一次购物中同时购买？”或者“某用户购买了 5000 金币的道具，那么该用户在以后一段时间里购买 8000 金币的概率有多大？”我们可能发现购买了 5000 金币的用户同时很有可能购买了 8000 金币，这就导出了一条关联规则“5000 金币 ⇒ 8000 金币”，其中 5000 金币称为规则的前项，也叫左项或条件项；8000 金币则称为后项，也叫右项或结果项。对 5000 金币降低售价进行促销，而适当提高 8000 金币的售价，关联销售的 8000 金币就有可能增加游戏的整体收入；也可以将 5000 金币和 8000 金币进行捆绑打折销售，通过提升销量的方式增加游戏收入。

9.3.1 常用关联规则算法

常见的关联规则算法有多种：Apriori 算法、FP- 树频集算法和基于划分的算法等，下面简单介绍这三种算法。

1. Apriori 算法：使用候选项集找频繁项集

Apriori 算法是最常用也是最经典的挖掘频繁项集的算法，其核心思想是通过连接产生候选项及其支持度，然后通过剪枝生成频繁项集，这里的频繁项集是指所有支持度大于等于给定最小支持度的项集。

该算法的主要思想是找出存在于事务数据集中最大的频繁项集，再利用得到的最大频繁项集与预先设定的最小置信度阈值生成强关联规则。

（1）Apriori 的性质

频繁项集的所有非空子集也必须是频繁项集。根据该性质可以得出：向不是频繁项集 I 的项集中添加事务 A，新的项集 $I \cap A$ 一定也不是频繁项集。

（2）Apriori 算法实现的两个过程

1）找出所有的频繁项集（支持度必须大于等于给定的最小支持度阈值），在这个过程中，连接步和剪枝步互相融合，最终得到最大频繁项集 L_k。

连接步的目的是找到 k 项集。对给定的最小支持度阈值，分别对 1 项候选集 C_1，剔除小于该阈值的项集得到 1 项频繁项集 L_1；下一步由 L_1 自身连接产生 2 项候选集 C_2，保留 C_2 中满足约束条件的项集得到 2 项频繁集，记为 L_2；再下一步由 L_2 与 L_1 连接产生 3 项候选集 C_3，保留 C_2 中满足约束条件的项集得到 3 项频繁集，记为 L_3……这样循环下去，得到最大频繁项集 L_k。

剪枝步紧接着连接步，在产生候选项 C_k 的过程中起到减少搜索空间的作用。由于 C_k 是 L_{k-1} 与 L_1 连接产生的，根据 Apriori 的性质，频繁项集的所有非空子集也必须是频繁项集，所以不满足该性质的项集将不会存在于 C_k 中，该过程就是剪枝。

2）由频繁项集产生强关联规则：由过程 1）可知，未超过预定的最小支持度阈值的项集已经被剔除，如果剩下这些规则又满足了预定的最小置信度阈值，就挖掘出了强关联规则。

Apriori 算法是一种最有影响的挖掘布尔关联规则频繁项集的算法。该关联规则在分类上属于单维、单层、布尔关联规则。在这里，所有支持度大于最小支持度的项集称为频繁项集。

可能产生大量的候选集，以及可能需要重复扫描数据库，是 Apriori 算法的两大缺点。

2. FP- 树频集算法

针对 Apriori 算法的固有缺陷，J. Han 等提出了不产生候选挖掘频繁项集的方法：FP-树频集算法。采用分而治之的策略，在经过第一遍扫描之后，把数据库中的频集压缩进一棵频繁模式树（FP-tree），同时保留其中的关联信息，随后再将 FP-tree 分化成一些条件库，每个库和一个长度为 1 的频集相关，然后再分析挖掘这些条件库。当原始数据量很大时，也可以结合划分的方法，使得一个 FP-tree 可以放入主存中。实验表明，FP-growth 对不同长度的规则都有很好的适应性，同时在效率上较 Apriori 算法有巨大的提高。

3. 基于划分的算法

Savasere 等设计了一个基于划分的算法。这个算法先把数据库从逻辑上分成几个互不相交的块，每次单独考虑一个分块并对它生成所有的频繁项集，然后合并产生的频繁项集，用来生成所有可能的频繁项集，最后计算这些项集的支持度。这里分块的大小选择要使每个分块可以被放入主存，每个阶段只需扫描一次。该算法是可以高度并行的，可以把每一个分块分别分配给某一个处理器生成频集。产生频繁项集的每一个循环结束后，处理器之间进行通信来产生全局的候选 k- 项集。通常这里的通信过程是算法执行时间的主要瓶颈；而另一方面，每个独立的处理器生成频繁项集的时间也是瓶颈。

本节重点介绍 Apriori 算法，可以从支持度（support）、置信度（confidence）和提升度（lift）三个指标来评估关联规则效果。

以上面道具购买的例子来说明这三个度。假设共有 1000 人购买了物品（事务集 W），其中购买了 5000 金币的有 100 人，购买了 8000 金币的有 150 人，同时购买了 5000 金币和 8000 金币的有 80 人。

1）支持度是交易集同时包含 X 和 Y 的交易数与事务集 W 之比。

```
support(X⇒Y)=count(X∩Y)/W=80/1000=8%
```

2）置信度是指包含 X 和 Y 的交易数与包含 X 的交易数之比。

```
confidence(X⇒Y)=support(X⇒Y)/support(X)=80/100=80%
```

也就是说有 80% 的用户在购买了 5000 金币之后还会购买 8000 金币。

3）提升度就是在购买 X 物品的前提下，购买 Y 物品的可能性与没有购买 X 物品的情况下购买 Y 物品的可能性之比。

```
lift(X⇒Y)=confidence(X⇒Y)/support(Y)=80%/15%=5.34
```

当提升度等于 1 时，说明 X 和 Y 是相互独立的，只是一个随机事件，提升度越大，引导规则比随机推荐要有效得多。

在建模过程中需要调整参数，包括最小支持度、最小置信度、最小项集和最大项集。其中，最小支持度是用户定义的衡量支持度的一个阈值，表示项目集在统计意义上的最低重要性；最小置信度是用户定义的衡量置信度的一个阈值，表示关联规则的最低可靠性。同时满足最小支持度阈值和最小置信度阈值的规则称作强规则。

9.3.2 R中的实现

在R语言中，可以用于关联分析的程序包主要有arules和arulesViz包。利用arules程序包中的相关函数可以实现关联规则算法，包括Apriori算法、Eclat算法和weclat算法。arulesViz包可以实现关联规则的可视化。关联规则主要包括对频繁数据集的探索、建立关联规则和查看与分析关联规则。在arules包中，建立关联规则三种算法的函数实现如表9-5所示。

表9-5 arules包中的关联规则函数

算 法	实现函数
apriori	apriori(data,parameter=NULL,appearance=NULL,control=NULL)
eclat	eclat(data,parameter=NULL,control=NULL)
weclat	weclat(data,parameter=NULL,control=NULL)

这三个函数的使用格式很类似，主要区别在于内部算法和关联规则输出形式不同，同时eclat()和weclat较apriori()少了一个参数appearance。以apriori函数为例，解释各参数。

其中data为用于进行关联分析的数据集，为事务型数据，可以通过as函数进行转化。parameter为用于设置关联规则的参数，如支持度和置信度等参数。在默认情况下，parameter=list(support=0.1,confidence=0.8,maxlen=10,minlen=1,target= "rules")。parameter常用的参数说明如表9-6所示。

表9-6 parameter常用参数说明

参 数	说 明
support	一个项集的最小支持度，默认为0.1，可简写为supp
minlen	每项集最小项目数，默认为1
maxlen	每项集最大项目数，默认为10
target	用户指定挖掘关联的类型，选项包括：frequent itemsets、maximally frequent itemsets、closed frequent itemsets、rules（仅适用apriori）、hyperedgesets（仅适用apriori），默认为rules
ext	表示是否生成关于quality measures（如lhs.support）的额外信息，默认为FALSE
confidence	一个项集的最小置信度，默认为0.8，可简写为conf。对于"frequent itemsets"，置信度为NA

appearance 参数用于指定 items 项在规则中出现的位置。appearance 参数的命名列表包含如下元素：lhs、rhs、both、items、none、default。lhs、rhs、both 分别表示 items 出现在规则的前项、后项、前项或后项。none 指定不能出现在 rule 规则或 itemset 项集中的 items 项。default 指定列表中其他元素没有提及的 items 项出现的位置，可以是 both、lhs、rhs 和 none 中的一个，默认项是 both。

arules 包中其他用于 Apriori 关联规则分析的关联函数如表 9-7 所示。

表 9-7　关联规则分析的关联函数

函　　数	说　　明
inspect()	查看事务型数据或关联规则
quality()	提取规则中的支持度、置信度、提升度等信息
itemFrequency()	计算各个项集出现的频率（支持度）
itemFrequencyPlot()	绘制所包含的特定商品的交易比例的柱状图
image()	绘制稀疏矩阵图
interestMeasure()	计算规则的各种附加信息
sort()	对规则列表重新排序，默认是降序排序
subset()	提取符合一定条件的关联规则

arulesViz 包中的 plot 函数可以实现关联规则可视化，其表达式为：

```
plot(rules,method,measure,shading,interactive)
```

其中，rules 是通过关联规则分析得到的规则。

method 设置图形的类型，选项包括：scatter（散点图）、graph（关联图形）、grouped（分组矩阵）、paracoord（平行坐标图）、matrix（矩阵图）、matrix3D（3D 矩阵图）。

measure 的选项包括："support"、"confidence"、"lift"、"order"。有的图形需要设置一个 measure 参数，有的需要设置两个 measure 参数（如 "scatter"），有的不需要设置 measure 参数（如 "graph"）。

shading 的选项包括："support"、"confidence"、"lift"。

interactive 用于图形的交互式探索，默认为 FALSE，可以使用 interactive=TURE 来实现图形的选择和缩放。

9.3.3　案例：对用户购买物品进行关联分析

从数据库中导出一份用户物品购买数据，包括用户 ID、商品名称和购买数量三个变量。表 9-8 所示是玩家物品购买数据样例。

表 9-8 用户物品购买数据

player_id	product_name	qty
107204535	感恩大礼包	1
107204535	新手礼包	1
213666611	8 条钥匙	1
278620434	15 000 金币	1
278620434	70 000 金币	1
278620434	快速复活	2
……	……	……

将数据导入 R 中，并对数据进行重组，转换成行为用户 ID，列为各种道具名称的矩阵。

```
> data <- read.csv("玩家购物数据.csv",T)
> # 利用cast函数对数据进行重组
> library(reshape)
> data_matrix <- cast(data,player_id~product_name,value = "qty")
> # 查看前三行五列数据
> data_matrix[1:3,1:5]
  player_id    0.1元大礼包 10块滑板 15000金币 15元大礼包
1 107204535         NA        NA        NA         NA
2 213666611         NA        NA        NA         NA
3 226500629          1        NA        NA         NA
```

可见，如果该用户没有购买某种道具，则用 NA 表示。接下来，需要将 NA 转化为 0，其他数字都转化为 1，为事务型数据构建稀疏矩阵。利用 as 函数将稀疏矩阵转换成事务型数据，利用 inspect 查看转换结果。

```
> # 进行替换，将NA转化为0，其他数字为1
> data_matrix_new <- apply(data_matrix[,-1],2,function(x) {ifelse(is.na(x),0,1)})
> # 对矩阵行名称、列名称赋值
> data_matrix_new <- matrix(data_matrix_new,nrow=dim(data_matrix_new)[1],
                    ncol=dim(data_matrix_new)[2],
+                    dimnames = list(data_matrix[,1],colnames(data_matrix)[-1]))
> # 查看前三行前五列的数据
> data_matrix_new[1:3,1:5]
           0.1元大礼包 10块滑板 15000金币 15元大礼包 1条钥匙
107204535       0        0        0         0        0
213666611       0        0        0         0        0
226500629       1        0        0         0        0
> # 利用as函数将矩阵转换成事务型
> library(arules)
> data_class <- as(data_matrix_new,"transactions")
> inspect(data_class[1:6])# 查看前六条交易记录
  items                          transactionID
1 {感恩大礼包,新手礼包}           107204535
2 {8条钥匙}                      213666611
```

```
3 {0.1元大礼包,8条钥匙,限量版角色}      226500629
4 {38000金币,限量版角色,新手礼包}       230329140
5 {50条钥匙}                            264162836
6 {15000金币,70000金币,快速复活}        278620434
```

ID 为 107204535 的用户购买了感恩大礼包和新手礼包，ID 为 213666611 的用户购买了 8 条钥匙，ID 为 226500629 的用户购买了 0.1 元大礼包、8 条钥匙、限量版角色。也可以通过 summary 函数查看事务型数据的一些汇总信息。

```
> summary(data_class) # 查看汇总信息
transactions as itemMatrix in sparse format with
 6252 rows (elements/itemsets/transactions) and
 26 columns (items) and a density of 0.05526847

most frequent items:
    8条钥匙    15000金币  0.1元大礼包限量版角色      50条钥匙       (Other)
      2171        1161         796      732          634          3490

element (itemset/transaction) length distribution:
sizes
   1    2    3    4    5    6    7    8    9
4510 1126  392  132   60   17    7    5    3

   Min. 1st Qu.  Median  Mean 3rd Qu.    Max.
  1.000   1.000   1.000  1.437   2.000   9.000

includes extended item information - examples:
       labels
1  0.1元大礼包
2     10块滑板
3   15000金币

includes extended transaction information - examples:
  transactionID
1     107204535
2     213666611
3     226500629
```

summary 结果的解释如下。

第一部分：共有 6252 条交易记录 transaction，26 个商品 item，密度（density）值 0.05526847（5.5%）是指非零矩阵单元的比例。

第二部分：最频繁出现的商品 item 及其出现的次数。例如，8 条钥匙出现了 2171 次，说明在 6252 次交易中有 2171 次交易包含了 8 条钥匙。

第三部分：每笔交易包含的商品数目及其对应的 5 个分位数和均值的统计信息。例如，有 4510 位用户只购买了一个商品，仅有 3 位用户购买了 9 件商品。第三四分位数（3rd Qu.）为 2，意味着 75% 的用户购买的商品 item 数不超过 2。

第四、五部分：包含 labels（item 名字）和 transactionID（玩家 ID）。

利用itemFrequency()函数计算各个项集的出现频率（支持度）。例如，可通过itemFrequency[,1:3]命令查看data_class数据中前3件道具的支持度，也可以直接给定道具名称查看支持度。

```
> itemFrequency(data_class[,1:3]) # 查看前三件道具的支持度
 0.1元大礼包     10块滑板    15000金币
 0.12731926     0.01071657 0.18570058
> itemFrequency(data_class[,c('8条钥匙','15000金币','0.1元大礼包')])#查看指定道具的支持度
     8条钥匙   15000金币    0.1元大礼包
  0.3472489  0.1857006   0.1273193
```

可见，8条钥匙的出现频率（支持度）为0.3472489，在前面分析中已经知道8条钥匙出现的次数为2171，从而可以计算出8条钥匙的支持度为2171/6252＝0.3472489，与用itemFrequency函数得到的结果相同。

为了直观地呈现各项集的支持度，可使用itemFrequencyPlot( )函数生成一个用于描绘所包含的特定商品交易比例的柱状图。因为事务型数据包含了非常多的项，所以常常需要限制出现在图中的项，以便产生一幅清晰的图。执行以下代码得到的结果如图9-15所示。

```
> par(mfrow=c(2,1))
> # 输出支持度support大于0.05的项集的支持度频率图
> itemFrequencyPlot(data_class,support=0.05,main="support大于0.05的项集支持度频率图")
> # 输出支持度support最大的前20个项集的支持度频率图
> itemFrequencyPlot(data_class,topN=20,main="support最大的前20个项集的支持度频率图")
> par(mfrow=c(1,1))
```

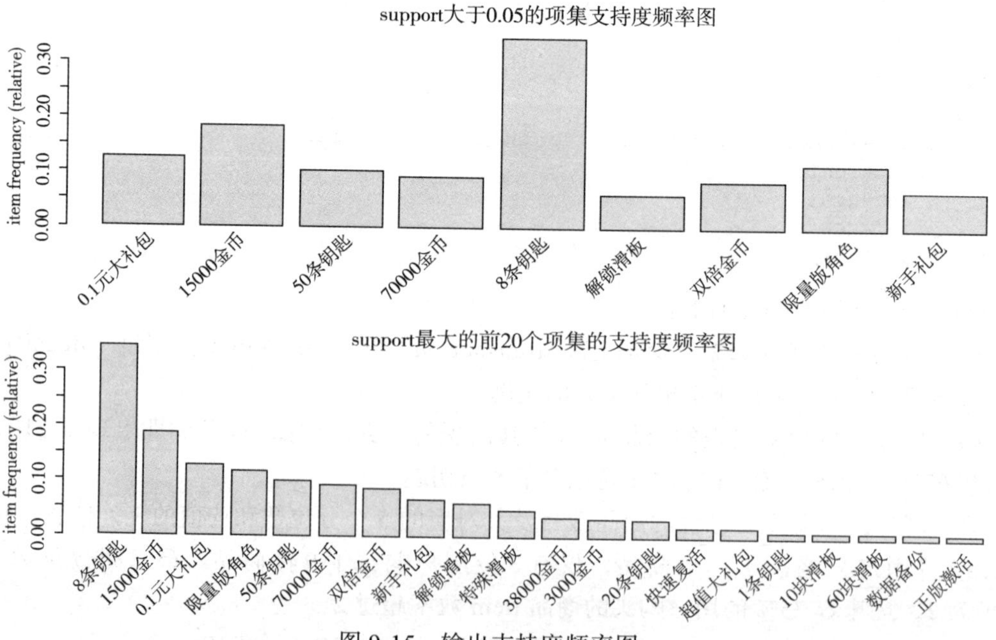

图9-15 输出支持度频率图

完成数据探索后，利用arules函数建立关联规则rules，设定最小支持度阈值为0.005，最小置信度阈值为0.1，每项集最小项目数为2，并通过summer函数查看规则的汇总信息。

```
> rules <- apriori(data_class,
+                  parameter=list(support=0.005,confidence=0.1,target="rules",mi
nlen=2))
Apriori

Parameter specification:
 confidence minval smax arem  aval originalSupport maxtime support minlen maxlen
 target   ext
        0.1    0.1    1 none FALSE            TRUE       5   0.005      2     10
        rules FALSE

Algorithmic control:
 filter tree heap memopt load sort verbose
    0.1 TRUE TRUE  FALSE TRUE    2    TRUE

Absolute minimum support count: 31

set item appearances ...[0 item(s)] done [0.00s].
set transactions ...[26 item(s), 6252 transaction(s)] done [0.00s].
sorting and recoding items ... [21 item(s)] done [0.00s].
creating transaction tree ... done [0.00s].
checking subsets of size 1 2 3 done [0.00s].
writing ... [48 rule(s)] done [0.00s].
creating S4 object  ... done [0.00s].
> summary(rules) # 查看规则汇总信息
set of 48 rules

rule length distribution (lhs + rhs):sizes
 2  3
42  6

   Min. 1st Qu.  Median    Mean 3rd Qu.    Max.
  2.000   2.000   2.000   2.125   2.000   3.000

summary of quality measures:
support              confidence          lift
 Min.   :0.005278   Min.   :0.1034   Min.   : 0.3979
 1st Qu.:0.007678   1st Qu.:0.1540   1st Qu.: 0.8391
 Median :0.011916   Median :0.1764   Median : 1.3211
 Mean   :0.012939   Mean   :0.2179   Mean   : 2.0827
 3rd Qu.:0.016115   3rd Qu.:0.2363   3rd Qu.: 2.2325
 Max.   :0.040787   Max.   :0.9009   Max.   :13.1907

mining info:
       data ntransactions support confidence
 data_class          6252   0.005        0.1
```

summary 一开始给出了符合条件的规则数目，一共有 48 条规则。其他结果解释如下。

第一部分：规则的长度分布（前项＋后项）及其对应的 5 个分位数和均值的统计信息。len=2 有 42 条规则，len=3 有 6 条规则。

第二部分：支持度、置信度和提升度的描述统计信息。

第三部分：挖掘的相关信息。

可以通过 inspect 函数查看关联规则，quality 函数提取每条规则的支持度、置信度和提升度信息。以下代码给出了前六条规则的相关信息。

```
> inspect(rules[1:6]) # 查看前六条规则
    lhs            rhs          support      confidence  lift
[1] {超值大礼包}  => {新手礼包}   0.015994882  0.9009009  13.190708
[2] {新手礼包}    => {超值大礼包} 0.015994882  0.2341920  13.190708
[3] {3000金币}    => {新手礼包}   0.007677543  0.2330097   3.411655
[4] {新手礼包}    => {3000金币}   0.007677543  0.1124122   3.411655
[5] {3000金币}    => {15000金币}  0.008957134  0.2718447   1.463887
[6] {38000金币}   => {70000金币}  0.007517594  0.2061404   2.210617
> quality(rules[1:6]) # 提取前六条规则信息
      support confidence      lift
1 0.015994882  0.9009009 13.190708
2 0.015994882  0.2341920 13.190708
3 0.007677543  0.2330097  3.411655
4 0.007677543  0.1124122  3.411655
5 0.008957134  0.2718447  1.463887
6 0.007517594  0.2061404  2.210617
```

根据购物篮分析的目标，最有用的规则或许是那些具有最高支持度、置信度和提升度的规则。sort() 函数可以用来对规则列表重新排序，从而那些具有最高或者最低质量度量值的规则将会排在第一位。需要注意的是，sort() 函数排序结果是递减的，并且只能实现对关联规则排序的功能，不能显示排序后的结果，想要查看排序后的结果，还是要通过 inspect() 函数来实现。

```
> # 对规则按照提升度排序，并输出提升度最大的前六条规则
> inspect(sort(rules,by="lift")[1:6])
   lhs                        rhs          support     confidence lift
6  {超值大礼包}            => {新手礼包}   0.015994882 0.9009009  13.190708
7  {新手礼包}              => {超值大礼包} 0.015994882 0.2341920  13.190708
50 {双倍金币,限量版角色}   => {解锁滑板}   0.005918106 0.3523810   5.737202
48 {解锁滑板,双倍金币}     => {限量版角色} 0.005918106 0.4933333   4.213552
49 {解锁滑板,限量版角色}   => {双倍金币}   0.005918106 0.3083333   3.524132
8  {3000金币}              => {新手礼包}   0.007677543 0.2330097   3.411655
```

规则 6、规则 7 都是指用户购买过超值大礼包和新手礼包的支持度是 0.0159，提升度是 13.19，由此说明 apriori 算法是不考虑物品购买前后顺序的。如果需要考虑物品购买顺序因素，可以利用 arulesSequences 包中的 cspade 函数实现 cSPADE 算法。

有时候，我们需要提取符合一定条件的关联规则，可以通过设置 subset(rules,subset) 函

数来实现，其中 subset 参数为逻辑表达式，用于设置规则提取的条件。常用的条件有两种，一个条件是限定输出的前项和后项为具体的某些项，另一个条件是限定支持度、置信度、提升度的过滤条件。

限定输出的前项和后项常用到以下三个符号。

- %in%：精确匹配。例如，items %in% c(" 超值大礼包 "," 新手礼包 ") 表示在前项和后项的并集中，至少有一个 item 等于 " 超值大礼包 " 或 " 新手礼包 "。如果仅仅想搜索前项或后项，那么用 lhs 或者 rhs 替换 items 即可。
- %pin%：部分匹配。例如，items %pin% c(" 超值大礼包 "," 新手礼包 ") 表示在前项和后项的并集中，至少有一个 item 包含 " 超值大礼包 " 或 " 新手礼包 "。
- %ain%：完全匹配。例如，items %ain% c(" 超值大礼包 "," 新手礼包 ") 表示在前项和后项的并集中，同时存在 " 超值大礼包 " 或 " 新手礼包 "。

如需要设置多个条件可通过条件运算符 (&,|,!) 添加。

```
> # 提取前项包含"超值大礼包"或"新手礼包"的规则
> inspect(subset(rules,subset=lhs %in% c("超值大礼包","新手礼包")))
lhs          rhs            support     confidence lift
[1] {超值大礼包} => {新手礼包}     0.015994882 0.9009009  13.1907083
[2] {新手礼包}   => {超值大礼包}   0.015994882 0.2341920  13.1907083
[3] {新手礼包}   => {3000金币}     0.007677543 0.1124122   3.4116550
[4] {新手礼包}   => {0.1元大礼包}  0.010396673 0.1522248   1.1956151
[5] {新手礼包}   => {15000金币}    0.010556622 0.1545667   0.8323439
[6] {新手礼包}   => {8条钥匙}      0.009436980 0.1381733   0.3979086
> # 提取前项包含"超值大礼包"或"新手礼包"且lift大于1的规则
> inspect(subset(rules,subset=lhs %in% c("超值大礼包","新手礼包") & lift>1))
    lhs          rhs            support     confidence lift
[1] {超值大礼包} => {新手礼包}     0.015994882 0.9009009  13.190708
[2] {新手礼包}   => {超值大礼包}   0.015994882 0.2341920  13.190708
[3] {新手礼包}   => {3000金币}     0.007677543 0.1124122   3.411655
[4] {新手礼包}   => {0.1元大礼包}  0.010396673 0.1522248   1.195615
```

最后，通过 arulesViz 包中的 plot() 函数对关联规则进行可视化。例如，相对提升度大于 2 的规则绘制关联图形 (method="graph")。执行以下代码得到的结果如图 9-16 所示。

```
> rules_lift <- subset(rules,subset=
lift>2)
> library(arulesViz)
载入需要的程辑包：grid
> #绘制关联图形
> plot(rules_lift,method="graph",
+       control = list(nodeCol = grey.
colors(10),
+                     edgeCol = grey(.7),
alpha = 1))
```

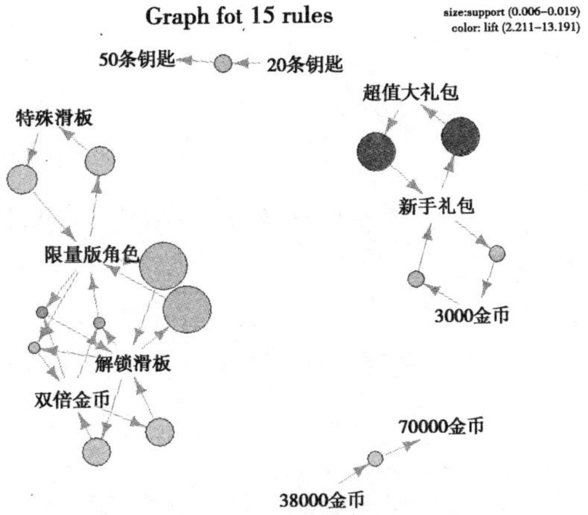

图 9-16　关联规则关联图形

图 9-16 所示圆圈表示规则的支持度（0.006～0.019），圆圈越大表示支持度越大；圆圈的颜色表示规则的提升度（2.211～13.191），颜色由灰色到黑色表示提升度由小到大；箭头方向表示从 lhs => rhs。由图 9-15 可知，{ 超值大礼包 } => { 新手礼包 } 和 { 新手礼包 } => { 超值大礼包 } 的颜色是黑色，说明这两条规则的提升度最大；{ 解锁滑板 } => { 限量版角色 } 和 { 限量版角色 } => { 解锁滑板 } 的圆圈最大，说明这两条规则的支持度最大。

将 method 设置为 "grouped"，可以绘制分组矩阵。执行以下代码得到的结果如图 9-17 所示。

```
> #绘制分组矩阵
> plot(rules_lift,method = "grouped",
+       control = list(col = grey.colors(10)))
```

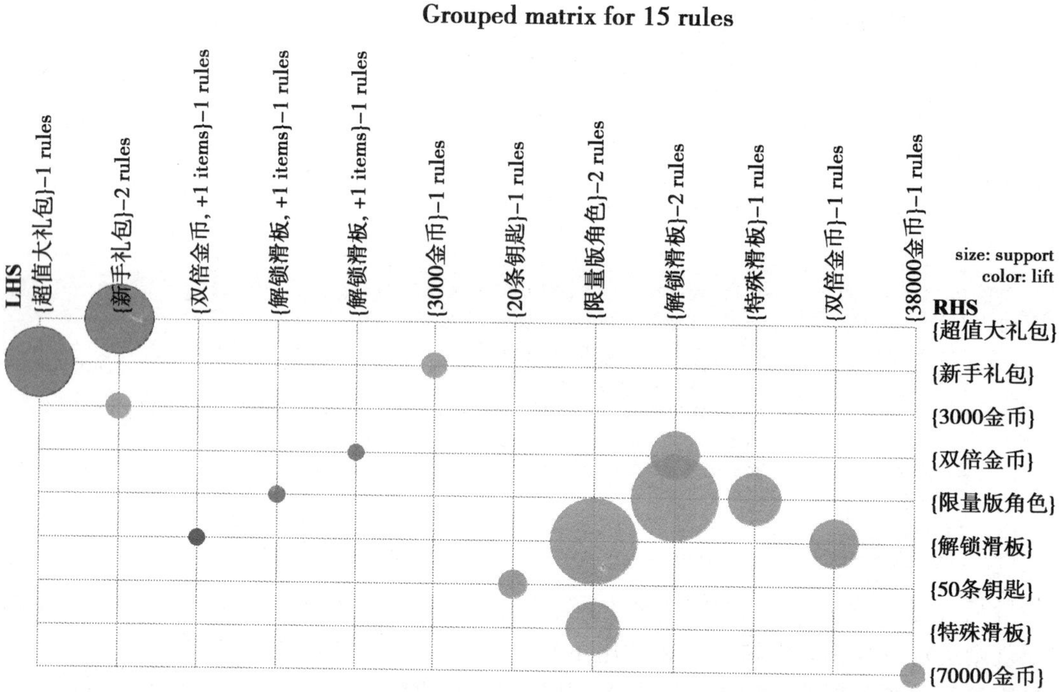

图 9-17 关联规则分组矩阵

图 9-17 所示圆圈表示支持度，圆圈越大表示支持度越大；颜色代表提升度，颜色由灰色到黑色表示提升度由小到大。上面（column）是 lhs（前项），是道具名称和规则数目；右边（row）是 rhs（后项），是道具名称。

也可以通过 write 函数把生成的规则导出到本地，以便进一步分析。导出结果如图 9-18 所示。

```
> # 将规则导出到本地
> write(rules,"rules.txt",sep="|",row.names=F)
```

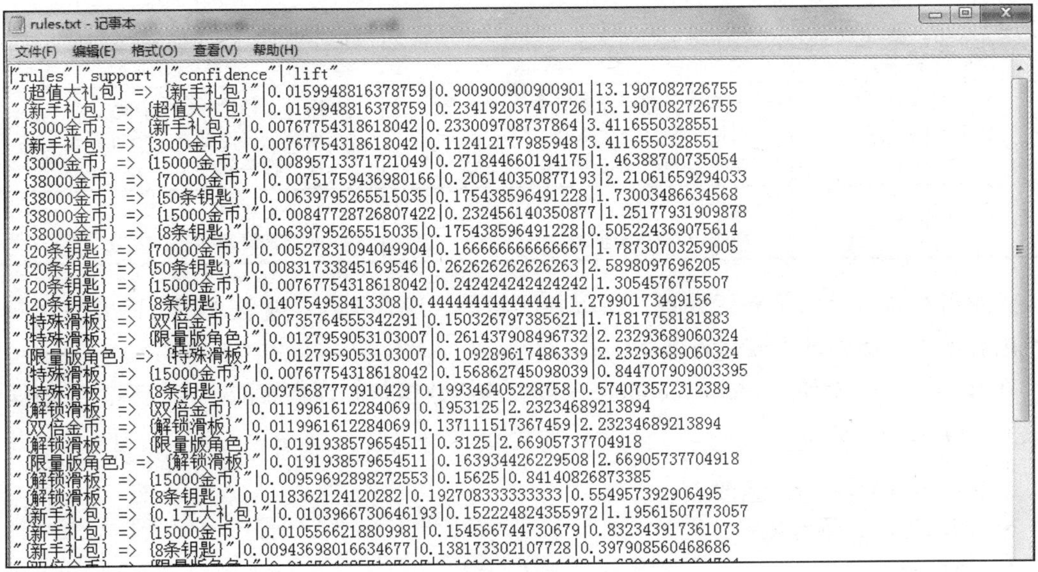


```
"rules"|"support"|"confidence"|"lift"
"{超值大礼包} => {新手礼包}"|0.0159948816378759|0.900900900900901|13.1907082726755
"{新手礼包} => {超值大礼包}"|0.0159948816378759|0.234192037470726|13.1907082726755
"{3000金币} => {新手礼包}"|0.00767754318618042|0.233009708737864|3.4116550328551
"{新手礼包} => {3000金币}"|0.00767754318618042|0.112412177985948|3.4116550328551
"{3000金币} => {15000金币}"|0.0089571337172l049|0.271844660194175|1.46388700735054
"{38000金币} => {70000金币}"|0.00751759436980166|0.206140350877193|2.21061659294033
"{38000金币} => {50条钥匙}"|0.00639795265515035|0.175438596491228|1.73003486634568
"{38000金币} => {15000金币}"|0.00847728726807422|0.232456140350877|1.25177931909878
"{38000金币} => {8条钥匙}"|0.00639795265515035|0.175438596491228|0.505224369075614
"{20条钥匙} => {70000金币}"|0.00527831094049904|0.166666666666667|1.78730703259005
"{20条钥匙} => {50条钥匙}"|0.0083173384516954б|0.262626262626263|2.5898097696205
"{20条钥匙} => {15000金币}"|0.00767754318618042|0.242424242424242|1.3054576775507
"{20条钥匙} => {8条钥匙}"|0.0140754958413308|0.444444444444444|1.27990173499156
"{特殊滑板} => {双倍金币}"|0.00735764555342291|0.150326797385621|1.71817758181883
"{特殊滑板} => {限量版角色}"|0.0127959053103007|0.261437908496732|2.23293689060324
"{限量版角色} => {特殊滑板}"|0.0127959053103007|0.109289617486339|2.23293689060324
"{特殊滑板} => {15000金币}"|0.00767754318618042|0.156862745098039|0.844707909003395
"{特殊滑板} => {8条钥匙}"|0.00975687779910429|0.199346405228758|0.574073572312389
"{解锁滑板} => {双倍金币}"|0.0119961612284069|0.1953125|2.23234689213894
"{双倍金币} => {解锁滑板}"|0.0119961612284069|0.137111517367459|2.23234689213894
"{解锁滑板} => {限量版角色}"|0.0191938579654511|0.3125|2.66905737704918
"{限量版角色} => {解锁滑板}"|0.0191938579654511|0.163934426229508|2.66905737704918
"{解锁滑板} => {15000金币}"|0.00959692898272553|0.15625|0.84140826873385
"{解锁滑板} => {8条钥匙}"|0.0118362124120282|0.192708333333333|0.554957392906495
"{新手礼包} => {0.1元大礼包}"|0.0103966730646193|0.152224824355972|1.19561507773057
"{新手礼包} => {15000金币}"|0.0105566218809981|0.154566744730679|0.832343917361073
"{新手礼包} => {8条钥匙}"|0.00943698016634677|0.138173302107728|0.397908560468686
```

图 9-18 将关联规则导出到本地

9.4 基于用户物品购买智能推荐

关联规则只能反映一个事物与其他事物之间的关联性，有时候，可根据用户的兴趣特点和购买行为，向用户推荐他们感兴趣的信息和道具。一个好的推荐系统能够为用户提供个性化服务，增强用户黏性。

9.4.1 智能推荐模型构建及评估

智能推荐的方法有很多，包括基于内容推荐、协同过滤推荐、基于规则推荐、基于效用推荐和基于知识推荐。各种推荐算法都有其优缺点，如表 9-9 所示。

表 9-9 各种推荐算法的优缺点

推荐算法	优点	缺点
基于内容推荐	推荐结果直观，容易解释； 不需要领域知识	新用户问题； 复杂属性不好处理； 要有足够数据构造分类器
协同过滤推荐	新异兴趣发现、不需要领域知识； 随着时间推移性能提高； 推荐个性化、自动化程度高； 能处理复杂的非结构化对象	可扩展性问题； 新用户问题； 质量取决于历史数据集； 系统开始时推荐质量差
基于规则推荐	能发现新兴趣点； 不需要领域知识	规则抽取难、耗时； 产品名同义性问题； 个性化程度低

（续）

推荐算法	优　点	缺　点
基于效用推荐	无冷启动和稀疏问题； 对用户偏好变化敏感； 能考虑非产品特性	用户必须输入效用函数； 推荐是静态的，灵活性差； 属性重叠问题
基于知识推荐	能把用户需求映射到产品上； 能考虑非产品属性	知识难获得； 推荐是静态的

由于各种推荐算法都有优缺点，所以在实践中，组合推荐经常被采用，研究应用最多的是内容推荐和协同过滤推荐的组合。

在 R 语言中，常使用 recommenderlab 包中的函数构建和评估智能推荐模型。下面详细介绍 recommenderlab 包。

1. Recommender() 函数

- 功能：构建推荐模型。
- 使用格式：

```
Recommender(data, method, parameter=NULL)
```

其中 data 为一个 ratingMatrix。ratingMatrix 有两种：realRatingMatrix 和 binaryRatingMatrix。realRatingMatrix 是一个评分矩阵，以真实的评分数据反映在矩阵中，binaryRatingMatrix 为布尔矩阵，相当于把 realRatingMatrix 中大于 0 的数值赋值为 1。

method 的选项包括包括 IBCF（基于物品的协同过滤推荐）、UBCF（基于用户的协同过滤推荐）、SVD（矩阵因子化）、PCA（主成分分析）、RANDOM（随机推荐）、POPULAR（基于流行度的推荐）。

parameter 的参数有很多，执行以下代码可以得到不同 method 下参数的默认设置：

```
recommenderRegistry$get_entries(dataType="realRatingMatrix")
```

此处以 IBCF 为例简单介绍各参数的含义。

```
$IBCF_realRatingMatrix
Recommender method: IBCF for realRatingMatrix
Description: Recommender based on item-based collaborative filtering。
Reference: NA
Parameters:
   k  method normalize normalize_sim_matrix alpha na_as_zero
 30 "Cosine"  "center"          FALSE     0.5     FALSE
```

k：取多少个最相似的 item，默认为 30。

method：相似度算法，默认采用余弦相似算法 Cosine。

normalize：采用何种归一化算法，默认为均值归一化 center。

normalize_sim_matrix：是否对相似矩阵归一化，默认为 FALSE。

alpha：alpha 值，默认为 0.5。

na_as_zero：是否将 NA 作为 0，默认为 FALSE。

2. predict() 函数

- 功能：预测推荐模型，得到模型的 topN 列表或者用户的预测评分。
- 使用格式：

```
predict(object, newdata, n = 10, data=NULL, type="topNList", ...)
```

其中 object 为 Recommender 函数生成的推荐模型；newdata 为待预测的数据；n 为 topN 的值，默认为 10，表示 top10 推荐；type 的参数有 "topNList" 和 "ratings"，当 type="topNList" 时，predict 函数直接返回用户评分最高的前 *N* 个 item，当 type="ratings" 时，predict 函数预测用户对所有未评分的 item 打分，返回一个 RatingMatrix 对象。

3. evaluationScheme() 函数

- 功能：创建一个数据集的评价方案。该方案可以简单地分为训练数据和测试数据，以进行 n 折交叉验证或 bootstrap 重复抽样。
- 使用格式：

```
evaluationScheme(data, method="split", train=0.9, k=NULL, given, goodRating = NA)
```

其中，data 为一个 RatingMatrix 对象；method 为评估方法，选项有 split（默认），即简单的训练集 / 测试集分开验证，bootstrap 即重复抽样，cross-validation 即 n 折交叉验证；train 划分为训练集的数据比例，method 为 split 时，默认为 0.9 ；k 是运行评估的折数或倍数，method 为 split 时，默认值为 NULL ；given 是用来评价模型的 itmes 数量，默认值为 3，given 越大，标准误差越小；goodRating 为预测成功的最小评分，默认为 NA，data 为 realRatingMatrix 时，goodRating 为必须的参数。

4. evaluate() 函数

- 功能：评价一个或一系列的推荐模型，给出一个评价方案。
- 使用格式：

```
evaluate(x, method, type="topNList",n=1:10, parameter=NULL,…)
```

其中，x 为一个 evaluationScheme 对象；method 为字符串或列表，定义用于评价的推荐方法及其对应参数，如果给定一个字符串，它定义了一个用于评价的推荐方法，如果几个推荐方法需要比较，则 method 为一个嵌套列表；type 选项包括 "topNList"、"ratings" ；n 为 top-N 列表生成；parameter 为推荐算法的参数列表。

5. calcPredictionAccuracy() 函数

- 功能：计算预测精度、均方根误差、均方误差和平均绝对误差。对于 topnlist，结果返回二分类变量。

❑ 使用格式：

```
calcPredictionAccuracy(x, data, ...)
```

其中，x 为模型的预测值，data 为模型数据。

6. getData() 函数

❑ 功能：通常与 evaluationScheme 函数配合使用，用于生成 evaluationScheme 的数据。

❑ 使用格式：

```
getData(x,parm)
```

其中，x= "evaluationScheme"，parm 可选项有 "train"、"known"、"unknown"。

7. plot() 函数

❑ 功能：绘制 ROC 曲线和 PR 曲线，用于评价推荐模型。

❑ 使用格式：

```
plot(x, y,xlim=NULL, ylim=NULL, col = NULL, pch = NULL, lty = 1,
avg = TRUE, type = "b", annotate= 0, legend="bottomright", ...)
```

其中，x 为画图对象；y 为画图的类型，可选 "ROC" (ROC 曲线)or "prec/rec"(PR 曲线)；avg 默认为 TRUE，绘制平均值；annotate 为注释，默认没有注释，若 annotate=n，则第 *n* 条线有注释；legend 可设置图例的位置，默认在底部右侧，其他选项包括 "bottom"、"bottomleft"、"left"、"topleft"、"top"、"topright"、"right" 和 "center" ；其他参数与普通的 plot 函数参数类似。

9.4.2 案例：对用户物品购买进行智能推荐

由于用户物品购买数据 data_matrix_new 矩阵中的 0 表示未购买，1 表示购买，所以需要利用 as 函数将其转换成 binaryRatingMatrix 布尔矩阵。

```
> library(recommenderlab)
> # 将矩阵转化为binaryRatingMatrix对象
> data_class <- as(data_matrix_new,"binaryRatingMatrix")
> as(data_class,"matrix")[1:3,1:5] #显示部分物品购买情
0.1元大礼包 10块滑板 15000金币 15元大礼包 1条钥匙
107204535        FALSE     FALSE      FALSE       FALSE    FALSE
213666611        FALSE     FALSE      FALSE       FALSE    FALSE
226500629         TRUE     FALSE      FALSE       FALSE    FALSE
```

建立基于流行度、基于用户的协同过滤和基于物品的协同过滤推荐模型，并对这 3 个模型进行评价，绘制的 ROC 曲线和 PR 曲线如图 9-19 所示。

```
> # 创建一个评分方案(10折交叉验证)
> scheme <- evaluationScheme(data_class, method="cross-validation",
+                             k=10, given=-1)
> ## 创建用于评估模型的算法列表
```

```
> algorithms <- list(
+   POPULAR = list(name = "POPULAR", param = NULL),
+   UBCF=list(name="UBCF",param=NULL),
+   IBCF=list(name="IBCF",param=NULL)
+ )
> # 对模型进行评价
> result <- evaluate(scheme,algorithms,n=1:5)
> # 输出ROC曲线和precision-recall曲线
> par(mfrow=c(1,2))
> plot(result,annotate=1:3,lty=1:3,legend="topleft") # ROC
> plot(result,"prec/rec",lty=1:3,annotate=1:3) #precision-recall
> par(mfrow=c(1,1))
> # 按照评价方案建立推荐模型
> model.popular <- Recommender(getData(scheme,"train"),method="POPULAR")
> model.ubcf <- Recommender(getData(scheme,"train"),method="UBCF")
> model.ibcf <- Recommender(getData(scheme,"train"),method="IBCF")
> # 预测推荐模型
> predict.popular <- predict(model.popular,getData(scheme,"known"),type="topNList")
> predict.ubcf <- predict(model.ubcf,getData(scheme,"known"),type="topNList")
> predict.ibcf <- predict(model.ibcf,getData(scheme,"known"),type="topNList")
> # calcPredictionAccuracy()的参数"know"和"unknow"表示对测试集的进一步划分:
> # "know"表示用户已经评分的，要用来预测的items;
> # "unknow"表示用户已经评分，要被预测以便于进行模型评价的item
>predict.err<-rbind(calcPredictionAccuracy(predict.popular,getData(scheme,"unkno
w"),given=3),
+calcPredictionAccuracy(predict.ubcf,getData(scheme,"unknow"),given=3),
+              calcPredictionAccuracy(predict.ibcf,getData(scheme,"unknow"),given=3))
> rownames(predict.err) <- c("POPULAR",'UBCF','IBCF')
> round(predict.err,3)
           TP    FP    FN     TN precision recall   TPR   FPR
POPULAR 0.207 2.233 0.037 20.523     0.085  0.850 0.850 0.101
UBCF    0.126 2.314 0.118 20.442     0.052  0.516 0.516 0.105
IBCF    0.156 1.292 0.088 21.464     0.126  0.641 0.641 0.059
```

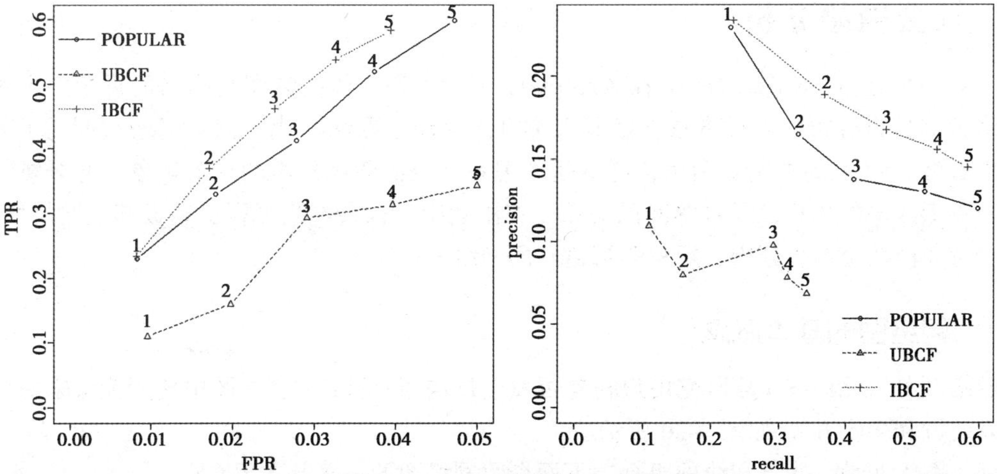

图 9-19 ROC 曲线和 PR 曲线

图 9-19 所示是运行以上代码得到的 3 个推荐模型的 ROC 曲线和 PR 曲线。ROC 曲线越凸向左上角效果越好，有时不同分类算法的 ROC 曲线存在交叉，可用 AUC（Area Under Curve，曲线下的面积）值作为算法好坏的评价标准，AUC 越大算法效果越好；与 ROC 曲线左上凸不同的是，PR 曲线是右上凸效果好。可见，无论是 ROC 曲线还是 PR 曲线，基于 IBCF（物品的推荐模型）的 AUC 都是最大的，因此认为基于物品的推荐模型比其他两个模型的效果更好。

最后，选择 IBCF 建立推荐模型，对用户进行 top3 推荐。

```
> #选择IBCF作为最优模型
> model.best <- Recommender(data_class,method="IBCF")
> # 使用precict函数，对玩家进行Top3推荐
> data.predict <- predict(model.best,newdata=data_class,n=5)
> recom3 <- bestN(data.predict,3)
> as(recom3,"list")[1:5] #查看前五个玩家的Top3推荐
$`107204535`
[1] "超值大礼包" "3000金币"    "超级大礼包"
$`213666611`
[1] "15000金币" "20条钥匙"
$`226500629`
[1] "解锁滑板" "双倍金币" "特殊滑板"
$`230329140`
[1] "超值大礼包" "解锁滑板"    "双倍金币"
$`264162836`
[1] "70000金币" "20条钥匙"   "15000金币"
```

从推荐结果可知，107204535 用户购买过 " 感恩大礼包 " 和 " 新手礼包 " 这两件物品，此时向他推荐 " 超值大礼包 " "3000 金币 " 和 " 超级大礼包 " 这三种新的物品，避免了重复推荐，实现个性化推荐。

9.5 社会网络分析

社会网络分析（Social Network Analysis，SNA）是在传统的图与网络的理论之上对社会网络数据进行分析的一种方法。随着人类进入移动互联网时代，社会网络数据成了重要的数据资源。SNA 的本质是利用各样本间的关系来分析整体样本的群落现象，并分析样本点在群落形成中的作用以及群落间的关系。在游戏中，社会网络分析也有极其重要的作用，如用于游戏内社交系统分析、用户购买道具的网络分析等。

9.5.1 网络图的基本概念

网络图分为无向图（只研究用户间是否发生过沟通）和有向图（图中使用箭头来标识行为的发起方和接收方），如图 9-20 所示。

网络图无非是一些点和线的组合，下面介绍网络图的一些基本概念。

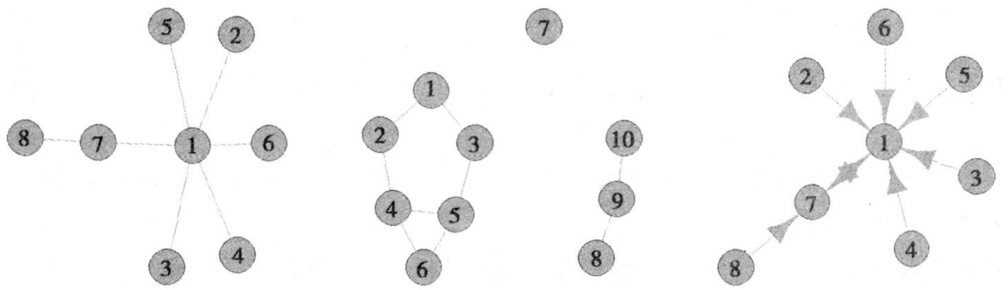

a) 无向图g1　　b) 无向图g2　　c) 有向图g3

图 9-20　网络图示例

- 无向图：点之间连接的边没有方向性，如图 9-20 a、b 所示。
- 有向图：点之间的边具有方向性，如图 9-20 c 所示。
- 点：一个点即某一样本，如果分析目标是游戏用户，每一个点就代表每一个用户。在 R 中用 igraph 包中的 vcount 函数统计点的个数。例如，vcount(g1) 结果为 8，说明 g1 有 8 个顶点，也可以用 V(g1) 输出 g1 顶点集合。
- 边：两点之间的连线称为网络图的“边”，“边”可以代表两个点之间的行为信息传递，如游戏中两个好友间的经验赠送。在 R 中用 igraph 包中的 ecount 函数统计边条数。例如，ecount(g1) 结果为 7，说明 g1 一共有 7 条边。用 E 函数输出边集合，例如，E(g1) 无向图边的输出格式为：1--2 1--3 1--4 1--5 1--6 1--7 7--8，E(g3) 有向图边的输出格式为：2->1 3->1 4->1 5->1 6->1 7->1 1->7 8->7。
- 度：每个点都有相应的度。度是指与节点连接的边数。在 R 中用 degree 函数统计节点的度。例如，无向图 g1 中，节点 1 的度为 6(degree(g1,v=1))。如果是有向图，度又分为入度和出度，入度是有向图中节点收到边指向的个数，出度是有向图中节点发出边的个数。在 R 中，degree 函数的 mode 参数用来设置计算入度 (mode= "in") 和出度 (mode="out")。例如，有向图 g3 中节点 1 的入度为 6(degree (g3,v=1,mode="in"))，出度为 1(degree(g3,v=1,mode="out"))。
- 最短路径：图中从一个节点到另一个节点之间的最短路径，又称测地线。在 R 中，用 igraph 包中的 get.shortest.paths 函数可以读取两点间的最短路径。例如，在无向图 g2 中，节点 4 到节点 5 的最短路径是 4--5(get.shortest.paths(g2,from = 4,to = 5) [[1]])。
- 连通图：每个节点都有路径连通的图，这种图即为连通图，反之为非连通图。例如，网络图 g1、g3 是连通图，网络图 g2 是非连通图。
- 连通分支：网络图中每一个连通部分为图的一个连通分支。例如，网络图 g2 共有 3 个连通分支，8--9--10 则为网络图中一个连通分支。
- 割点：如果在网络图中去掉一个顶点后，该网络图的连通分支数增加，则该顶点为网络图的割点。例如，网络图 g2 中的顶点 9 为割点。

9.5.2 网络图的 R 语言实现

在 R 中，igraph 包是专门用来处理网络图的。使用前先通过 install.packages("igraph") 下载安装。

igraph 包非常容易创建各种常规图，其中包括无边图 (make_empty_graph 函数)、星形图 (make_star 函数)、环形图 (make_ring 函数)、完全图 (make_full_graph 函数)、树状图 (make_tree 函数) 等图形。这些函数的用法都非常简单，读者请查阅帮助文档。

还有另外一种创建各种布局网络图的通用方法，就是先创建一个 graph 对象，然后利用 plot 函数绘制网络图，并设置 layout 参数来实现不同布局的效果。以下代码首先创建一个简单的无向图 g，然后绘制不同布局的网络图，结果如图 9-21 所示。

```
> library(igraph)
> g <- graph(c(2,1,3,1,4,1,5,1,6,1,7,1),directed = F) #创建无向图g
> par(mfrow=c(2,3))
> plot(g,vertex.size=40,layout=layout_on_grid,main="简单的网格布局") # 简单的网格布局
> plot(g,vertex.size=40,layout=layout.auto,main="自动布局") #自动布局
> plot(g,vertex.size=40,layout=layout_as_star,main="星形布局") #星形布局
> plot(g,vertex.size=40,layout=layout.circle,main="环形布局") # 环形布局
> plot(g,vertex.size=40,layout=layout_randomly,main="随机布局") # 随机布局
> plot(g,vertex.size=40,layout=layout_as_tree(g),main="树状布局") # 树状布局
> par(mfrow=c(1,1))
```

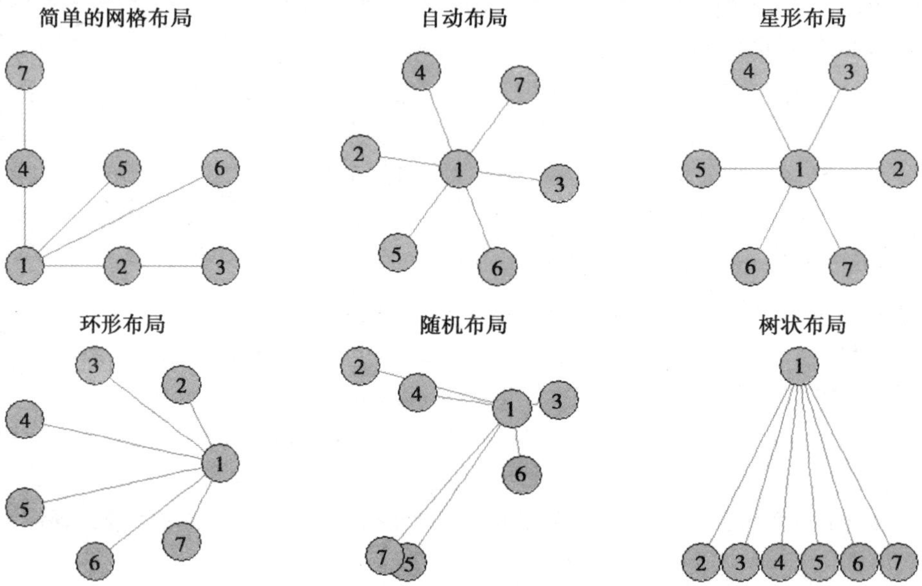

图 9-21 不同布局的网络图

网络关系图包括三大元素：点、边、点与边的标识。表 9-10 所示为顶点与边的常用参数。

表 9-10 网络图绘图参数描述

绘图元素	参数	描述
点	size	点的大小
	color	点的填充颜色
	frame.color	点边框颜色，默认为 "black"，输入 NA 则不显示边框
	label	点标签，设置为 NA 则不显示标签
	label.font	点标签的字体
	label.color	点标签的颜色
	label.size	点标签字体大小
	label.dist	点标签距离点的圆心距离，默认为 0
边	color	边颜色，默认值 "darkgrey"
	width	边的粗细，默认为 1
	lty	边样式，默认为 1，表示实线
	arrow.size	箭头大小，默认为 1
	arrow.width	箭头宽度，默认为 1
	label	边标签
	label.cex	边标签字体大小
	label.color	边标签颜色

这些参数的设置一般有两种方法。第一种可以用 V(g)$parameter="value" 来设置点的参数；利用 E(g)$parameter="value" 来设置边的参数。第二种方法是直接在 plot 函数中设置参数，美化网络图。例如，想对网络图 g 的点和线做一些调整，有两种方法实现。执行以下代码得到的结果如图 9-22 所示。

```
> # 对网络图g进行美化
> library(RColorBrewer)
> weight <- seq(1,3,length.out=ecount(g)) #生成边的权重
> # 方法一
> V(g)$color <- brewer.pal(9,"Set1")[1:vcount(g)]          # 设置点的填充颜色
> V(g)$frame.color <- NA                                    # 不显示点边框
> V(g)$label.color <-"white"                                # 设置点标签颜色为白色
> V(g)$label.font <- 2                                      # 设置点标签的字体为粗体
> V(g)$label.cex <- 2                                       # 设置点标签字体大小
> E(g)$width <- weight                                      # 根据边的权重设置边的粗细
> E(g)$color <- "steelblue4"                                # 设置边的颜色
> E(g)$lty <- 2                                             # 设置边为虚线
> plot(g,main="对网络图g进行美化")
> # 方法二
> plot(g,vertex.color=brewer.pal(9,"Set1")[1:vcount(g)],
+      vertex.frame.color=NA,vertex.label.color="white",
+      vertex.label.font=2,vertex.label.cex=2,
```

```
+        edge.width=weight,edge.color="steelblue4",edge.lty=2,
+        main="对网络图g进行美化")
```

除了 plot() 函数绘图之外，还可以使用函数 tkplot() 与 rglplot() 来制作交互图与 3D 图。交互图可通过界面直接设置相应点与边的颜色、大小等属性，还可以方便地拖动点来布局。当然，也可以设置自带的 layout 参数来布局。rglplot() 函数源于 rgl 包，3D 作图可以让社交网络关系图更加清晰。

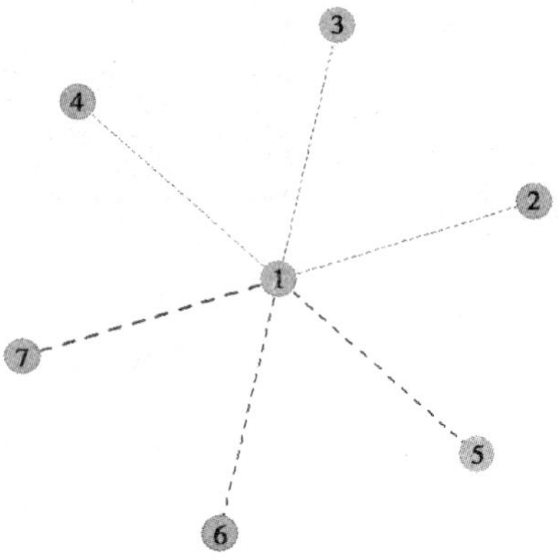

图 9-22　对网络图 g 进行美化

通过 tkplot(g) 对网络图 g 绘制交互图，并通过 layout 选择不同的布局，如图 9-23 所示。

通过 rglplot(g) 对网络图 g 绘制 3D 图，通过鼠标滚轮对图进行放大或缩小，拖曳鼠标可以从不同角度观察网络图，如图 9-24 所示。

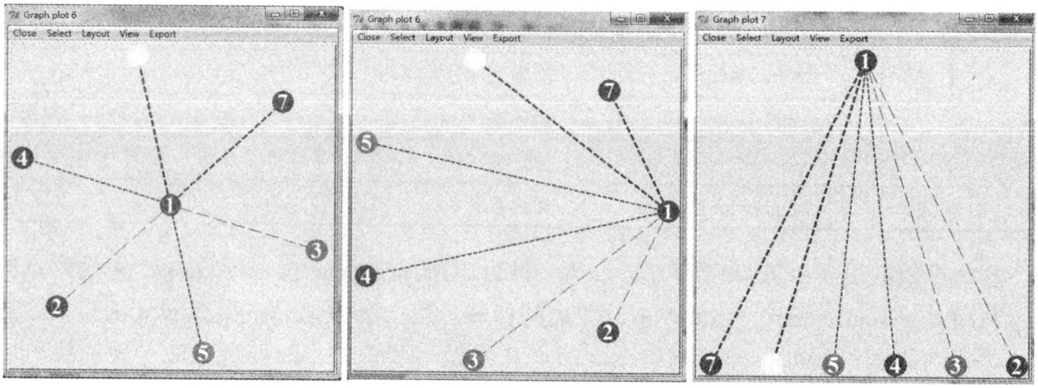

图 9-23　利用 tkplot(g) 绘制交互图，选择不同布局

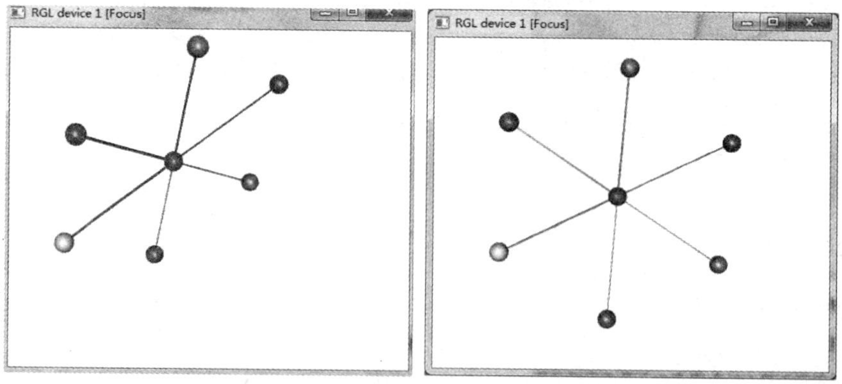

图 9-24　利用 rglplot(g) 绘制 3D 图

在游戏社交中，总有一部分人之间的社交较为密切，比如经常一起组队玩副本，可以

利用用户的社交行为数据划分社群结构，社群结构的特点为：社群内边密度要高于社群间边密度，社群内部连接相对紧密，各个社群之间连接相对稀疏。社群发现可以让我们更好地改善游戏社交，此发现对于游戏内物品交易也有一定的适用性。

igraph包在社群发现上有比较完善的算法支持，包括社群发现常用的5种算法：点连接、随机游走、自旋玻璃、中间中心度和标签传播等。表9-11所示是各种算法的原理及R实现。

表9-11 不同社群划分算法

算　法	原　　理	R实现	效　　果
点连接	如果一个点和某社群之间有线连接，则把此点归于该社群中	clusters	最差，常常是某一大类超级多
随机游走	利用距离相似度，用合并层次聚类方法建立社群	walktrap.community	运行时间短，但是效果不是特别好
自旋玻璃	关系网络看成是随机网络场，利用能量函数来进行层次聚类	spinglass.community	耗时长，适用较为复杂的情况
中间中心度	找到并删除中间中心度最弱，并以此分裂直到划分不同的大群落	edge.betweenness.community	耗时长，参数设置很重要
标签传播	通过相邻点给自己打标签，相同的标签一个类	label.propagation.community	可以与特征向量组合应用，适用于话题类

对玩家划分社群结构后，可以通过plot对结果进行可视化。执行下面代码得到的结果如图9-25所示。

```
> library(igraphdata)
> data(karate)
> fc1 <- multilevel.community(karate)              # 多层次聚类
> fc2 <- edge.betweenness.community(karate)        # 边中间性聚类
> fc3 <- walktrap.community(karate)                # 随机游走聚类
> fc4 <- infomap.community(karate)                 # infomap算法聚类
> fc5 <- fastgreedy.community(karate)              # 快速贪婪聚类
> fc6 <- label.propagation.community(karate)       # 标签传播
> fc_list <- list(fc1,fc2,fc3,fc4,fc5,fc6)
> algorithm_list <- c("multilevel","edge.betweenness","walktrap",
+                    "infomap","fastgreedy","label.propagation")
> par(mfrow=c(2,3),mar=c(1,1,2,1))
> for(i in 1:6){
+   plot(fc_list[[i]],karate,main=algorithm_list[[i]])
+ }
```

由图9-25可知，不同群体的节点用不同的颜色填充，相同社群的节点也用线圈在一起，容易识别社群。虽然不同算法分类社群个数有所区别，但是5、6、7、11、17这5个节点在6种算法中都聚为一类，说明这5个节点的社交性很强，从而可以结合业务知识对发现的社群设定策略方案。

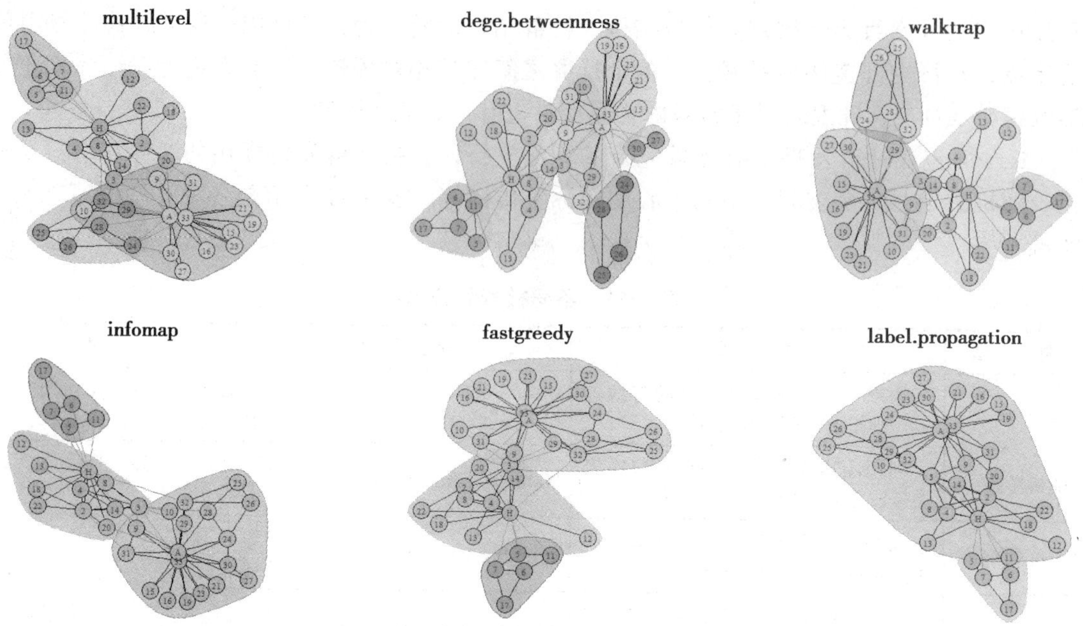

图 9-25 利用社交群体划分

9.5.3 R 与 Gephi 的结合

Gephi 是专业的复杂网络分析软件，因为基于 Java 开发，使用 OpenGL 作为可视化引擎，所以需要在本机安装 jre1.7 以上版本，才能正常使用 Gephi。在其主页 http://gephi.org/ 上可以下载最新的版本，其针对 Windows、Linux、Mac X 系统都提供了发布版可以直接安装。

近几年手机端网游越来越重视游戏用户社交性设计。下面这款游戏的玩法设计特别强调强社交性：用户可以在游戏内组建家族，家族成员有不同的职务等级，用户也可以在游戏内给好友赠送道具。社交设计界面如图 9-26 所示。

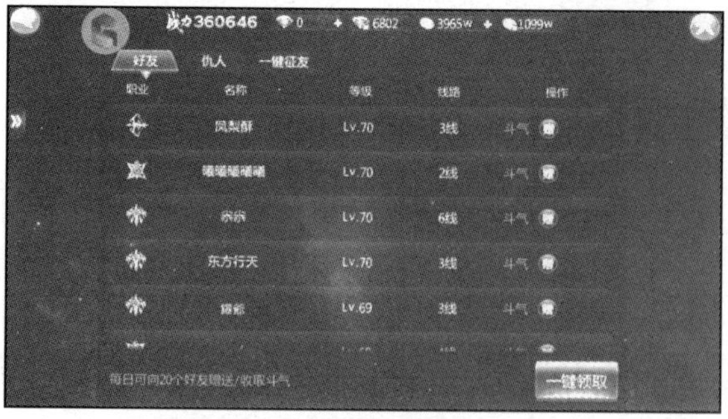

图 9-26 游戏玩家社交性设计

我们从数据库中收集抽取了部分用户的家族数据（Nodes）和好友沟通数据（Links）。其中 Nodes 数据集包括 ID（用户 ID）、Label（用户名称）、Group（所属家族）、Level（等级）

等信息；Links 数据集包括 Source（发起方）、Target（接收方）和 Weight（斗气数量）等信息。接下来，分别利用 R 语言和 Gephi 工具对这款游戏的社交性进行分析。

在 R 中，利用 graph.data.frame 函数可以很轻松地将 data.frame 转换为 graph.object，利用 as.data.frame 函数可以查看 graph.object 中的顶点、边的数据情况。现在需要将 graph.object 对象的顶点大小设置为 10，顶点颜色按照 Group 进行填充，顶点标签显示玩家名称，顶点标签字体大小设置为 0.7；并将边宽度设置为 Weight 变量归一化后值的 5 倍，箭头大小设置为 0.5。通过 plot 函数绘制出来的网络图如图 9-27 所示。

```
> # 导入社交数据
> Links <- read.csv("Links.csv")
> Nodes <- read.csv("Nodes.csv")
> # 转换成graph.object对象
> library(igraph)
> g <- graph.data.frame(Links,directed = T,vertices = Nodes)
> g
IGRAPH DN-- 77 254 --
+ attr: name (v/c), Label (v/c), Group (v/n), Level (v/n), Weight (e/n)
+ edges (vertex names):
  [1] 1 ->0  2 ->0  3 ->0  3 ->2  4 ->0  5 ->0  6 ->0  7 ->0  8 ->0  9 ->0  11->10
  11->3  11->2  11->0  12->11 13->11 14->11
 + ... omitted several edges
> # 绘制网络图
> # 对顶点进行美化
> V(g)$size <- 10
> V(g)$color <- Nodes$Group
> V(g)$label <- as.character(Nodes$Label)
> V(g)$label.cex <- 0.7
> # 对边进行美化
> E(g)$width <- (Links$Weight-min(Links$Weight))*5/(max(Links$Weight)-min(Links$-
Weight))
> E(g)$arrow.size <- 0.5
> plot(g,main="用户社会网络图")
```

从图 9-27 所示的网络图中可以看出，不同家族的成员基本紧密联系在一起，并通过一些关键成员与其他家族成员联系。例如我们发现右下角的那个社群的成员先通过 user1 用户，再通过 user12 用户与其他社团成员联系在一个大网络图中。接下来，尝试移除 user12 用户，看看此时的网络图会变成什么样子。执行以下代码得到的网络图如图 9-28 所示。

```
> # 移除某个用户后的网络图
> remove.u <- "user12"
> remove.v <- which(V(g)$Label!=remove.u)
> g.new <- induced.subgraph(g,remove.v)
> plot(g.new,vertex.size=10,
+       vertex.color=Nodes[-which(Nodes$Label==remove.u),"Group"],
+       vertex.label=as.character(setdiff(Nodes$Label,remove.u)),
+       vertex.label.cex=0.7,
+       main=paste0("移除",remove.u,"用户后的网络图"))
```

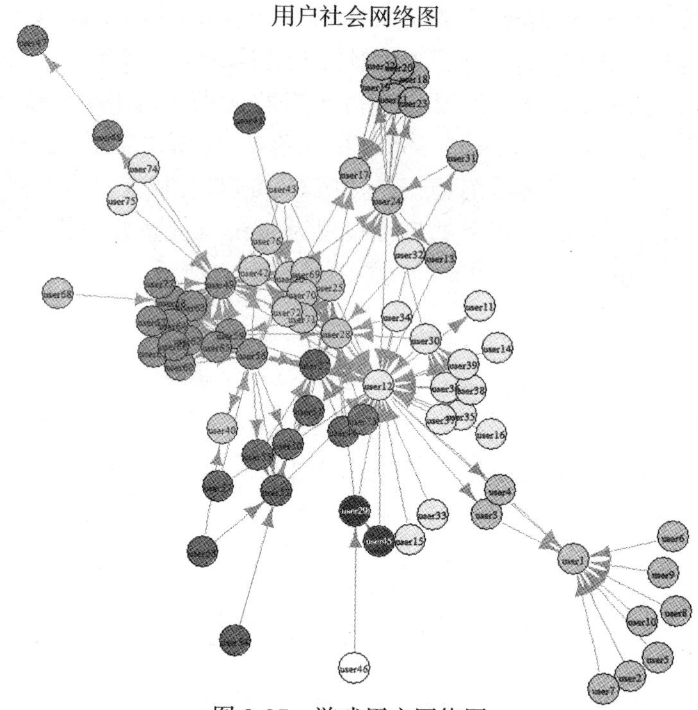

图 9-27 游戏用户网络图

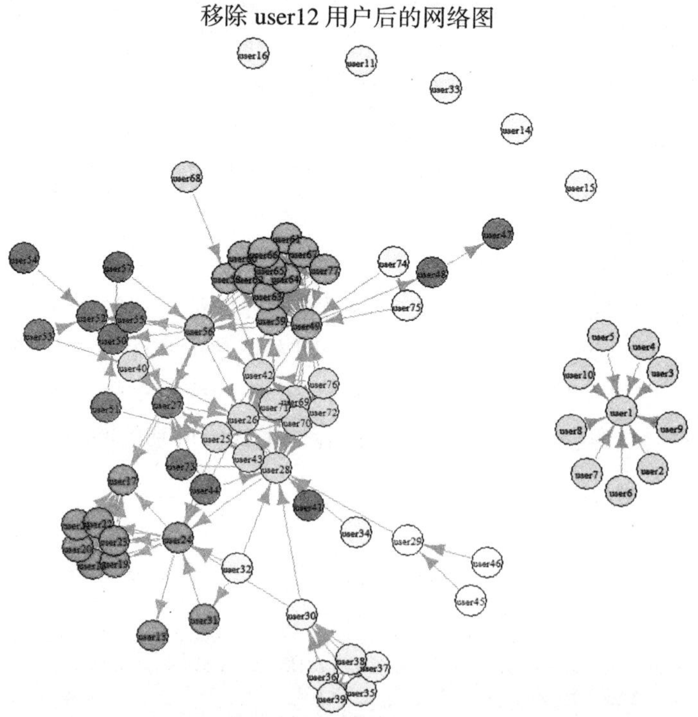

图 9-28 移除 user12 用户后的网络图

从图 9-28 所示的网络图中可知，当 user12 在游戏中流失后，图中上方社群的部分玩家成为无组织状态，游离在网络图外；右侧社群的玩家虽然还跟 user1 联系在一起，但是 user1 已经失去了跟整体游戏网络的联系。此时运营要想把这个小社团拉回到大网络图中，只需要对 user1 下工夫即可。

现在，通过 Gephi 工具来分析该款游戏的社交性。首先新建一个项目，然后在数据资料选择中点击输入电子表格，将节点数据集 Nodes 和边数据集 Links 导入 Gephi 中，如图 9-29 所示。

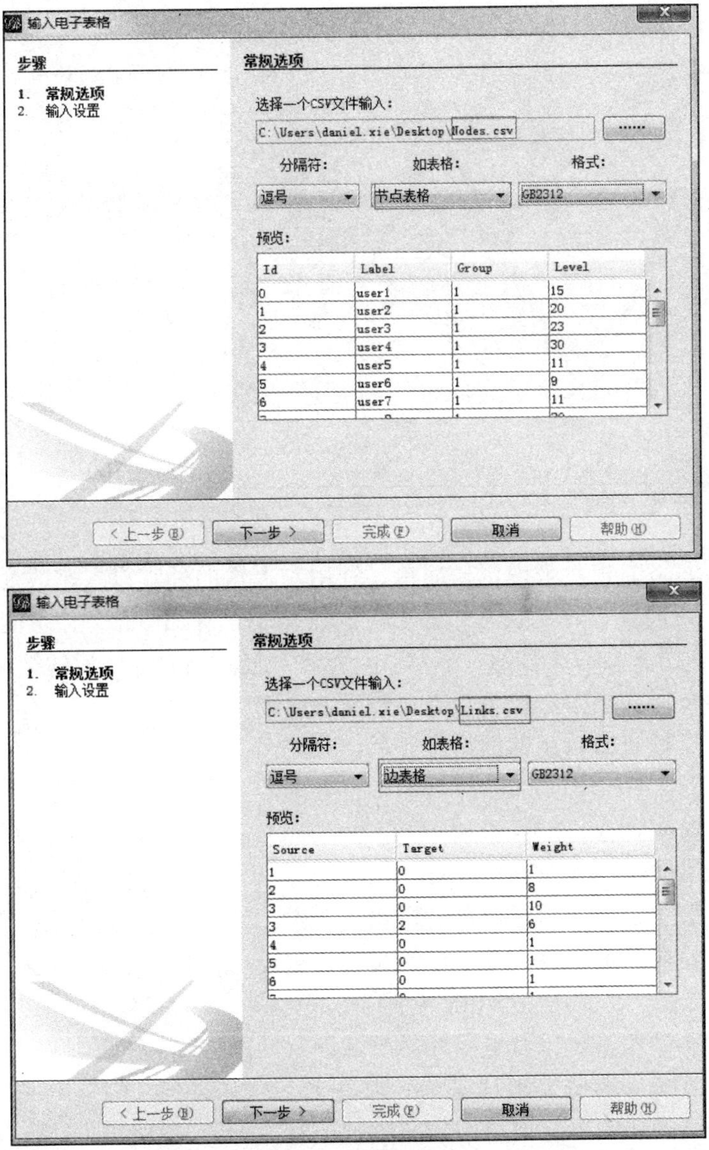

图 9-29 将外部的 csv 数据导入 Gephi 中

把数据导入 Gephi 后，在概览的图窗口已生成一个简单网络图，右上角显示一共有 77 个节点和 254 条边，创建的是有向图，如图 9-30 所示。

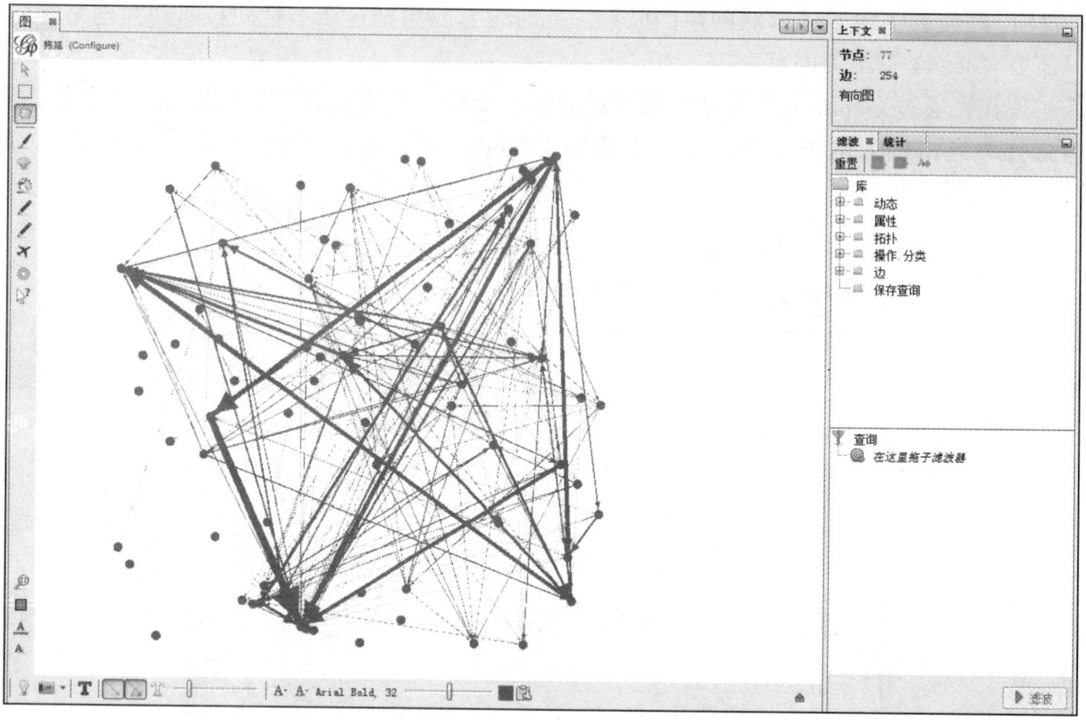

图 9-30 导入边数据后生成的网络图

自动生成的网络图相对来说比较简单，利用左上角的外观设置来改变节点颜色。方法是在数值设定下的选择一种渲染方式的下拉列表框中选择 Group，让不同组别节点用不同颜色表示；并单击图下方的 T 按钮，显示节点标签。经过简单美化后的结果如图 9-31 所示。

在左下角的布局功能中选择一个布局选项，可以在下拉列表框选择自己希望的网络图布局，并调整布局参数。Gephi 中比较有特点的是基于力导向的 Force Atlas、ForeAtlas2 布局和胡一凡的 Yifan Hu、Yifan Hu 比例的布局。选择 Yifan Hu 布局后单击运行，待网络生成稳定后选择预览模块，在左边的预览设置中勾选显示标签，调整标签文字大小后单击“刷新”按钮，得到网络图如图 9-32 所示。

结果跟 R 操作的差不多，右上角的橘色社群紧密围绕在 user1 周围。最后，想移除 user12 用户，查看变化后的网络图。在概览模块中的图中，选择 user12 节点，通过单击鼠标右键将其移除。此时的

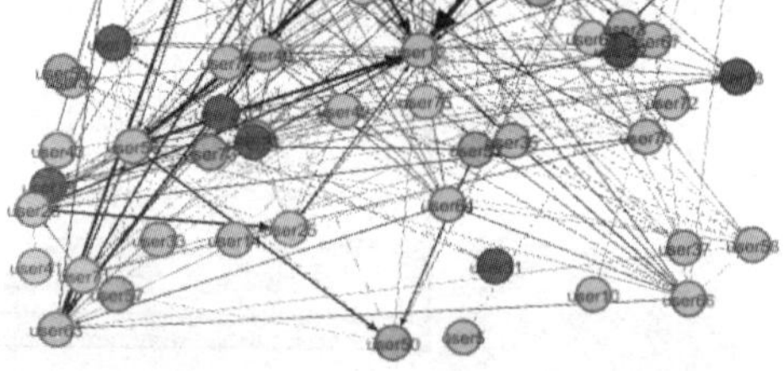

图 9-31 经过初步美化后的网络图

网络图如图 9-33 所示。

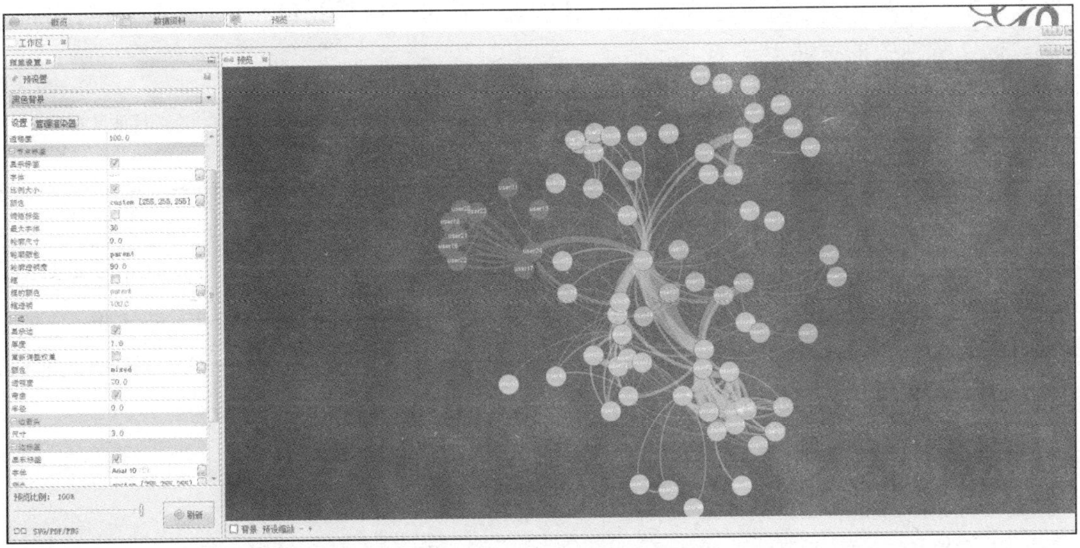

图 9-32　在预览中的网络图

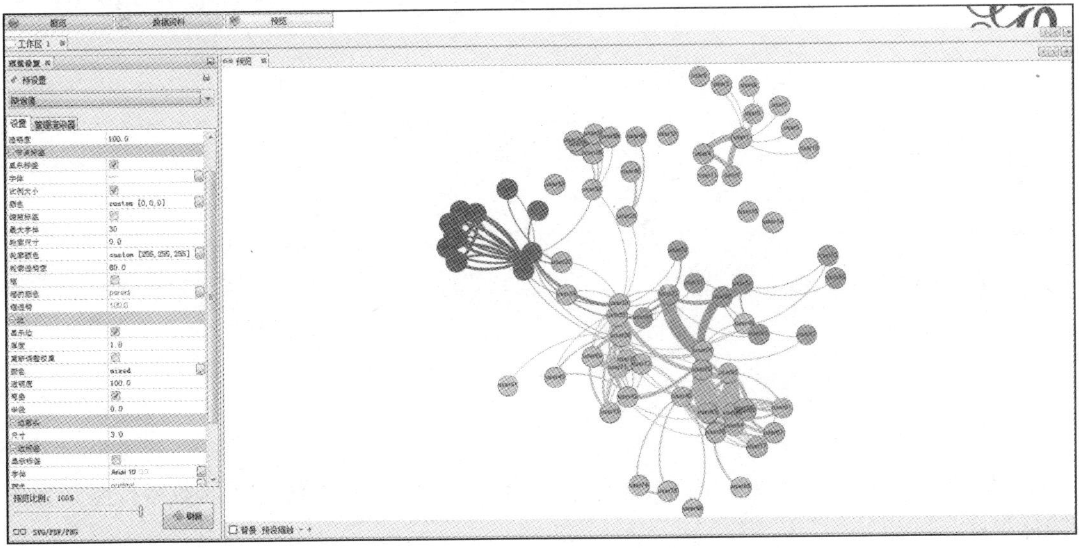

图 9-33　移除 user12 玩家后的网络图

在右下角有 SVG/PDF/PNG 字样，单击可以调出输出窗口，把生成的网络图以 PDF/PNG/PDF 的格式保存到本地。

9.5.4　案例：分析用户物品购买分类

对 9.3 节中用户购买道具的 data_matrix_new 数据集，利用社会网络分析技术分析用户物品购买分类。需要先将 data_matrix_new 数据集转换成 graph.data.frame 函数能识别的格式类型。例如，某一位用户如果购买过感恩大礼包、新手礼包和 0.1 元大礼包，data_matrix_new 数据中的存储形式如下。

	感恩大礼包	新手礼包	0.1 元大礼包	其他礼包
107204535	1	1	1	0

需要将 1072044535 用户购买数据变成以下格式。

感恩大礼包	新手礼包
感恩大礼包	0.1 元

执行以下代码，完成数据转换工作。

```
> # 将data_matrix_new数据转换成from、to的形式
> data_new <- c()
> for(i in 1:nrow(data_matrix_new)){
+   item.i <- colnames(data_matrix_new)[which(data_matrix_new[i,]==1)]
+   item.i.num <- length(item.i)
+   from <- c();to <- c()
+   for(m in 1:(item.i.num-1)){
+     from <- c(from,item.i[-c((item.i.num-m+1):item.i.num)])
+     to <- c(to,item.i[-c(1:m)])
+   }
+   data_new <- rbind(data_new,matrix(c(from,to),ncol = 2))
+ }
> data_new <- as.data.frame(data_new)
> head(data_new)
           V1          V2
1      感恩大礼包新手礼包
2  0.1元大礼包     8条钥匙
3       8条钥匙限量版角色
4    0.1元大礼包限量版角色
5     38000金币限量版角色
6      限量版角色新手礼包
```

数据转换完成后，还需要利用 sqldf 包汇总相同的记录，再对统计后的数据按照频数进行降序排序。

```
> # 对转换后的数据进行汇总，并按照频数进行降序排序
> library(sqldf)
> data_count <- sqldf("select V1,V2,count(*) from data_new group by V1,V2")
Loading required package: tcltk
> colnames(data_count) <- c("from","to","qty")
>
> data_count <- data_count[order(data_count$qty,decreasing = T),]
> head(data_count)
          from          to qty
```

```
43  15000金币     8条钥匙 255
167   8条钥匙限量版角色 141
42  15000金币   70000金币 120
189   解锁滑板限量版角色 120
40  15000金币     50条钥匙 108
54  15000金币限量版角色 108
```

选取 data_count 前 100 行数据进行社群结构分析，通过 garph.data.frame 函数将数据框转换成 graph.object，利用多种聚类算法进行用户分群，通过 plot 函数绘制的图形结果如图 9-34 所示。

```
> # 将数据转换为graph.object，并利用多种聚类算法发现社群结构
> library(igraph)
> G <- graph.data.frame(data_count[1:100,],directed = F)
> E(G)$weight <- data_count[1:100,"qty"]
> fc1 <- multilevel.community(G) # 多层次聚类
> fc2 <- edge.betweenness.community(G) # 边中间性聚类
> fc3 <- walktrap.community(G) #随机游走聚类
> fc4 <- infomap.community(G) #infomap算法聚类
> fc5 <- spinglass.community(G) # 自旋玻璃社群聚类
> fc6 <- label.propagation.community(G) # 标签传播
> fc_list <- list(fc1,fc2,fc3,fc4,fc5,fc6)
> algorithm_list <- c("多层次聚类","边中间性聚类","随机游走聚类",
+                     "infomap算法聚类","自旋玻璃社群聚类","标签传播")
> par(mfrow=c(2,3))
> for(i in 1:6){
+   plot(fc_list[[i]],G,main=algorithm_list[[i]])
+ }
> par(mfrow=c(1,1))
```

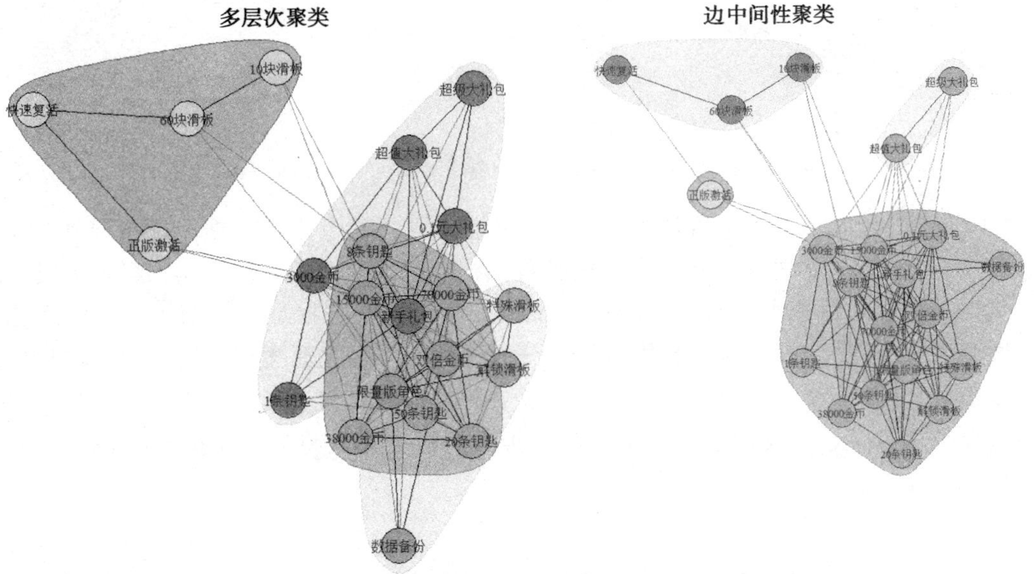

图 9-34　对玩家物品购买数据进行社群发现

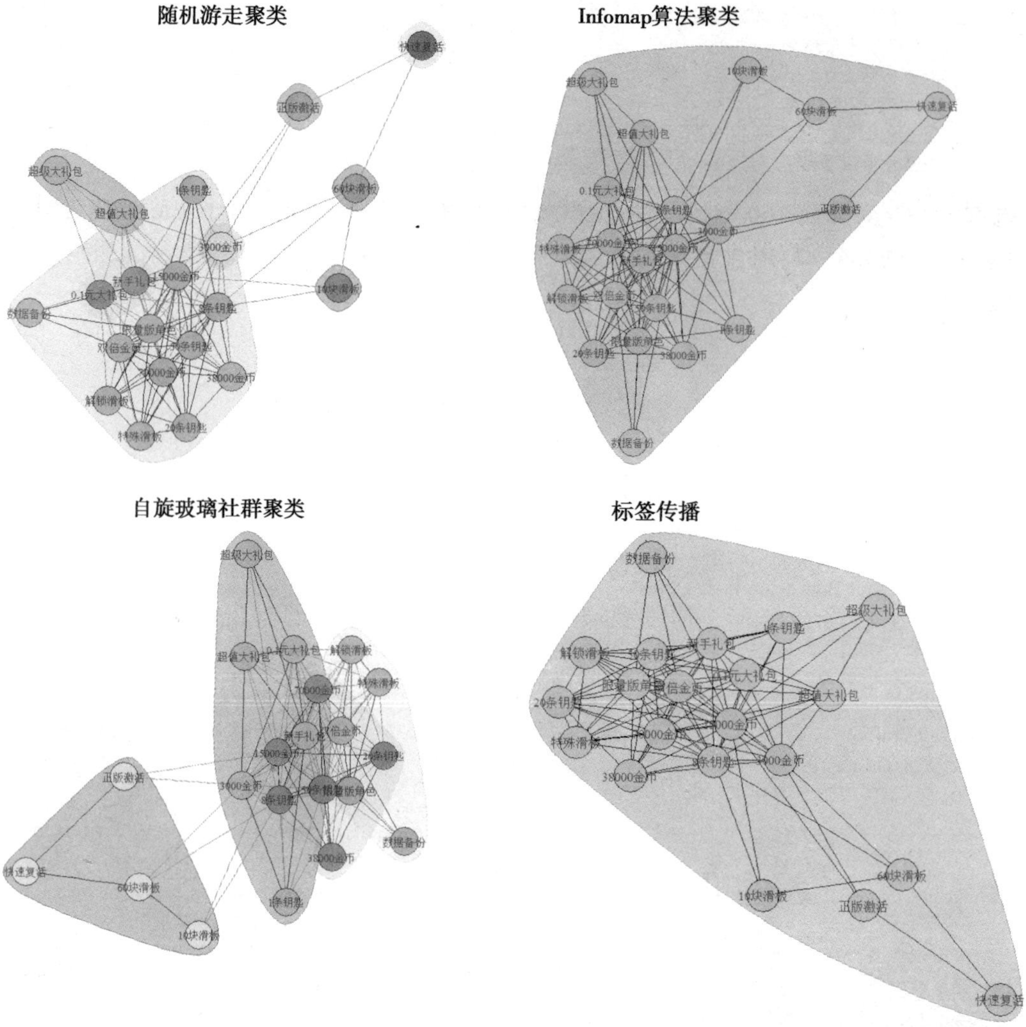

图 9-34 （续）

从图 9-34 可知，infomap 算法聚类和标签传播算法不适合于该数据，这两种算法都把用户聚为一类；通过另外 4 种算法发现的社群结构能帮助我们了解用户购物喜好分类。多层次聚类、边中间性聚类和自旋玻璃社群聚类算法均把所有物品分为四类，边中间性聚类算法把 10 块滑板、60 块滑板和快速复活分为一类；多层次聚类和自旋玻璃社群聚也把这三件商品分在一起，另外还把正版激活也分在一块。说明快速复活和正版激活用户也会购买滑板类道具，运营在玩家快速复活时，推送滑板类道具将有助于提升滑板类的购买数量。

9.6 小结

本章详细介绍了用户分析的常用指标及算法模型。首先介绍了常用的分类指标及 LTV 指标的计算及预测；接着介绍了关联规则 Apriori 算法的基本原理及实现，对用户购买的道具进行关联规则分析；然后详细介绍了 R 语言中用于智能推荐的程序包 recommenderlab，并利用基于物品的推荐模型对单个用户进行个性化推荐；最后介绍了社会网络图的基本原理及 R 语言实现，还结合 Gephi 对用户社会网络数据进行可视化展示，探索用户物品购买分类。

Chapter 10 第 10 章

渠道分析

渠道是最有效的获取潜在用户的方式。如何获取有效的推广渠道并加以维护，进一步挖掘渠道用户的潜力，将是所有游戏公司要不断进行的工作。我们需要搭建渠道数据分析指标体系，对核心指标进行质量监控，及时发现渠道异常情况，研究如何对不同渠道用户质量建立统一的评价标准，进而对不同渠道进行用户评级，使市场推广做到有的放矢。

10.1 渠道分析的意义

渠道从广义上讲就是游戏向玩家转移过程的具体通道或路径。渠道本身聚合了大量的用户群体，构成可以使游戏向用户转移的平台，类似大超市提供货架给供应商进行商品陈列销售。目前很多手游公司已经从粗放式转向精细化运营，因为粗放式运营的搭建和维护成本高，用户质量参差不齐，性价比差。因此，如何获取有效的推广渠道并加以维护，进一步挖掘渠道用户的潜力，将是我们需要不断进行的工作。

渠道分析是把渠道数据与运营数据相结合进行分析，进而对未来运营方向做决策时提供判断依据。可以从渠道用户的活跃、新增、留存、付费等指标分析渠道的吸量和用户黏性，寻找出适合游戏的最佳渠道，并能识别出核心目标用户，建立忠诚关系。例如，可以利用日新增用户和日活跃用户指标构建一项比值（每日新增 / 每日活跃）用于简单判断玩家忠诚度。这个比值的区间是 [0,1]，比值越接近于 1，说明新增用户占比越高，玩家忠诚度低；反之则说明玩家的忠诚度高。

表 10-1 是一款游戏在 10 个渠道一个月的每日平均数据表现。

表 10-1　某游戏渠道数据

渠道名称	活跃用户	新增用户	日新增 / 日活跃	ARPPU	次日留存率
渠道 1	386421	53712	13.90%	18.1	32.95%
渠道 2	342286	80033	23.38%	19.12	30.98%
渠道 3	300085	66267	22.08%	18.7	31.95%
渠道 4	213464	49684	23.28%	18.39	29.52%
渠道 5	191074	65930	34.50%	19.66	27.86%
渠道 6	164305	20282	12.34%	18.93	31.81%
渠道 7	160536	24361	15.17%	16.59	35.55%
渠道 8	157983	33623	21.28%	21.09	32.36%
渠道 9	144279	47191	32.71%	19.87	30.04%
渠道 10	8907	1048	11.77%	19.59	40.17%

利用活跃用户、新增用户和日新增 / 日活跃这三个指标绘制图形，查看不同渠道的吸量和用户忠诚度。

由图 10-1 可知，渠道 1、渠道 2、渠道 3 是该款游戏活跃用户的主要来源，可以认为是一级渠道，渠道 5 和渠道 9 的用户忠诚度较低，渠道 6 和渠道 10 虽然用户量没有一级渠道大，但用户忠诚度高，说明这些小渠道有适合该款游戏的忠诚用户。

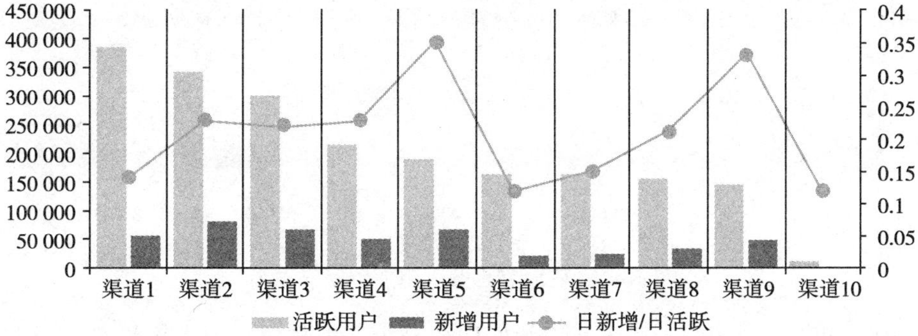

图 10-1　某款游戏渠道用户数据柱状图

接下来对新增用户、ARPPU、次日留存率绘制气泡图，查看不同渠道的新增用户质量。

```
> # 绘制气泡图
> channeldata <- read.csv("data_10.1.csv",T)
> # 选取新增用户、ARPPU、次日留存率这三列数据
> channeldata1 <- channeldata[,c(1,3,5,6)]
> # 设置不同渠道的颜色
> library(RColorBrewer)
> col <- brewer.pal(11,"Spectral")[2:11]
> # 设置气泡的最大值和最小值
```

```
> cex.max <- 15
> cex.min <- 10
> # 设置散点大小
> a <- (cex.max-cex.min)/(max(channeldata1$ARPPU)-min(channeldata1$ARPPU))
> b <- cex.min-a*min(channeldata1$ARPPU)
> cex <- a*channeldata1$ARPPU+b
> # 绘制气泡图
> attach(channeldata1)
> plot(新增用户,次日留存率,cex=cex,col=col,pch=20,
+          main="各渠道新增用户-次日留存率-ARPPU",
+          xlab="日均新增用户",
+          ylab="新增用户次日留存率")
> text(新增用户,次日留存率,渠道名称,col="black")
> detach(channeldata1)
```

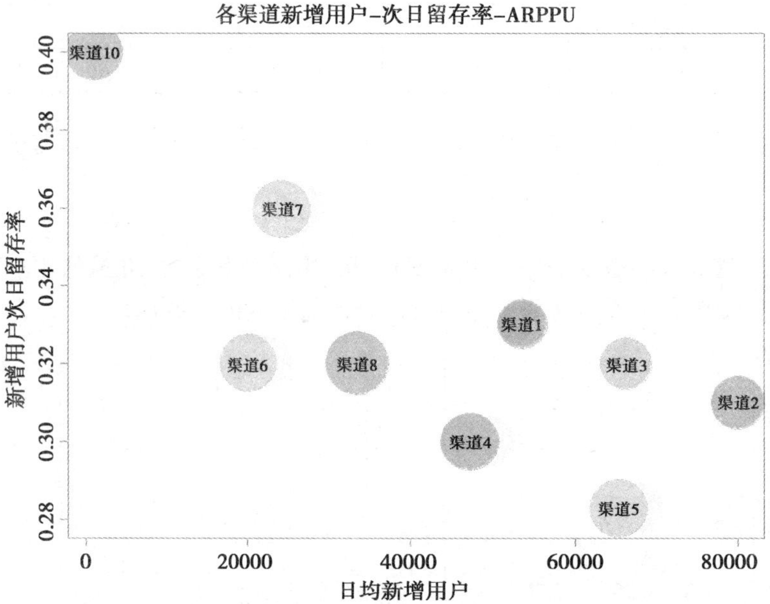

图 10-2 某款游戏渠道用户数据气泡图

由图 10-2 可知，渠道 10 虽然日均新增用户最少，但是次日留存率最高，说明渠道 10 的用户黏性高于其他渠道，渠道 8 的气泡最大，说明其 ARPPU 大于其他渠道，该渠道的付费能力最强。渠道 5 的次日留存率只有 27.86%，渠道的用户回头率低，且 ARPPU 处于中下水平，说明该游戏在渠道 5 的用户质量较差。

10.2 建立渠道数据监控体系

说到数据分析监控体系，游戏厂家需要根据自己的业务模式建立一套数据分析指标体系，建立适宜的数据分析模型来优化渠道投放和策略。根据数据分析指标监控渠道用户

LTV，利用渠道指导用户的生命周期价值渠道指导投放策略。

10.2.1　构建数据分析指标

俗话说，“巧妇难为无米之炊”，无论是做用户分析，还是行为预测，都需要利用数据来支撑。但是如何在海量复杂的原始数据中获取可用的分析数据，则需要根据自己的商业逻辑，建立数据分析指标体系，明确分析的方法和模型。指标体系最终还是要服务于业务分析，因此从分析的初衷来看，要服务于渠道评估。最佳的渠道评估策略分为 3 部分：数量、质量和收入。

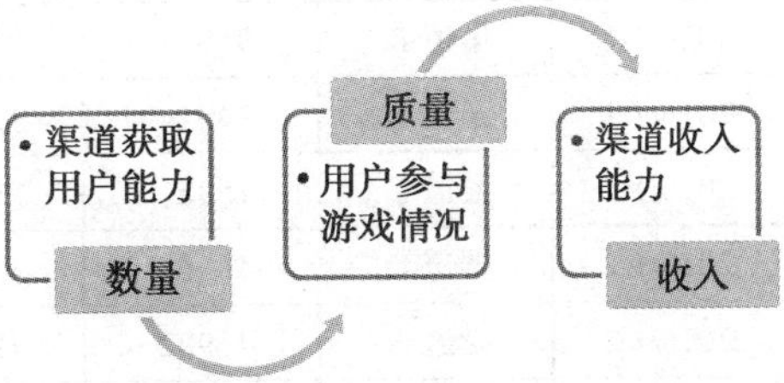

图 10-3　评估渠道质量的 3 部分

数量是衡量用户获取能力的关键所在。一般从安装量、注册量、注册转化率、渠道份额这 4 个指标衡量渠道获取用户能力。例如通过注册转化率的表现，可以看出某个渠道的用户是否更贴近于此游戏的目标用户，然而这只是分析目标用户的第一步，这个转化率的表现会带来很多实际的问题，需要进一步分析。

质量维度的分析主要集中在用户参与游戏情况的指标。日活跃、一日用户比例、次日留存率、7 日留存率等指标是质量维度分析的基础。可以看出这 4 个指标都是偏前期关注的指标，也是推广初期需要重点关注的指标，与数量维度分析的几个指标相比，更偏重解决投放的质量问题。

收入维度是分析渠道的盈利能力情况，这也是开发者最关心的部分。分析收入最常见的分析维度主要有收入、付费人数、付费率、ARPU、ARPPU 等。对收入的监控是一个持续的过程，需要不断监控和衡量渠道的收益能力，做好用户获取成本和用户收益之间的平衡，即 ROI（投资回报率）。

表 10-2 是 10 个渠道在 2016 年 1 月的日运营数据（渠道日概况 .csv），包括每日新增用户、活跃用户、付费用户、新增付费用户、收入、新增次日留存率和渠道收入占比等信息。

表 10-2　某游戏渠道日运营数据

日　期	渠道名称	新增用户	活跃用户	付费用户	收　入	渠道收入占比	新增次日留存率
2016/1/1	渠道 D	39861	214859	6135	108079	25.00%	30.10%
2016/1/1	渠道 E	44578	193292	4788	82938	19.19%	29.40%
2016/1/1	渠道 B	69525	170573	2477	44455	10.28%	21.70%
2016/1/1	渠道 J	74646	170497	2928	57087	13.21%	24.60%
2016/1/1	渠道 A	42694	149968	3264	60599	14.02%	30.40%
2016/1/1	渠道 C	29349	121022	2810	49376	11.42%	30.80%
2016/1/1	渠道 G	30431	50167	346	8323	1.93%	18.60%

（续）

日 期	渠道名称	新增用户	活跃用户	付费用户	收 入	渠道收入占比	新增次日留存率
2016/1/1	渠道 F	9588	27850	359	10249	2.37%	32.20%
2016/1/1	渠道 H	3491	13999	641	7168	1.66%	16.90%
2016/1/1	渠道 I	1535	7940	228	3968	0.92%	30.60%
2016/1/2	渠道 D	36968	199509	5531	96265	24.11%	28.60%
2016/1/2	渠道 E	41902	181541	4291	74468	18.65%	28.10%
……	……	……	……	……	……	……	……

先从用户数量的角度来分析这 10 个渠道，选取新增用户、活跃用户和付费用户，对 2016 年 1 月份 31 天数据绘制箱线图，结果如图 10-4 所示。

```
> # 导入渠道日运营数据
> channel <- read.csv("渠道日概况.csv",header=TRUE,fill=TRUE)
> # 对新增用户、活跃用户、付费用户分渠道绘制箱线图
> par(mfrow=c(3,1))
> boxplot(新增用户~渠道名称,data=channel,ylab="新增用户",
+             col=colorspace::rainbow_hcl(10),varwidth=TRUE)
> boxplot(活跃用户~渠道名称,data=channel,ylab="活跃用户",
+             col=colorspace::heat_hcl(10),varwidth=TRUE)
> boxplot(付费用户~渠道名称,data=channel,ylab="付费用户",
+             col=colorspace::terrain_hcl(10),varwidth=TRUE)
> par(mfrow=c(1,1))
```

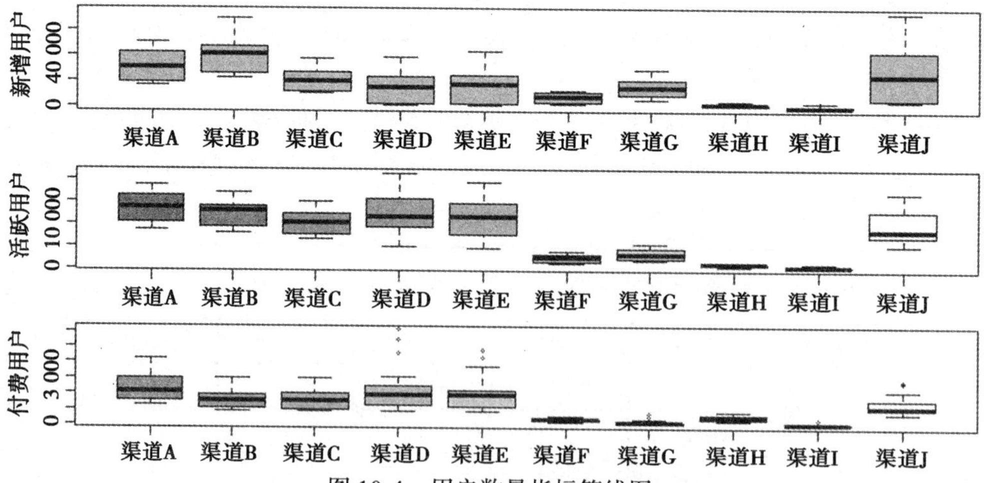

图 10-4 用户数量指标箱线图

由图 10-4 可知，渠道 A、渠道 B 都属于大渠道，为该款游戏提供了大量的用户，不过渠道 B 的用户质量略低于渠道 A，因为从箱线图可以看出，渠道 B 的新增用户指标的中位数大于渠道 A，但是在活跃用户和付费用户指标上却低于渠道 A，说明渠道 B 的新增用户

进来后的活跃度和付费意愿低于渠道 A；渠道 D、渠道 E 在拉新能力方面差于渠道 A、渠道 B；渠道 J 也为该款游戏贡献了大量的用户，但是在 1 月份的新增用户数据波动较大；渠道 H、渠道 J 属于小渠道。

现在，绘制各渠道的一月收入曲线图，查看各渠道在一月份的收入情况，如图 10-5 所示。

```
> # 将日期变量转换为日期格式
> channel$日期<- as.Date(channel$日期)
> # 绘制分面板曲线图
> library(lattice)
> xyplot(收入~日期|渠道名称,data=channel,type="l",
+         lwd=2,layout=c(5,2),
+         xlim=c(min(channel$日期)-1,max(channel$日期)+1),
+         main="渠道收入一月曲线图")
```

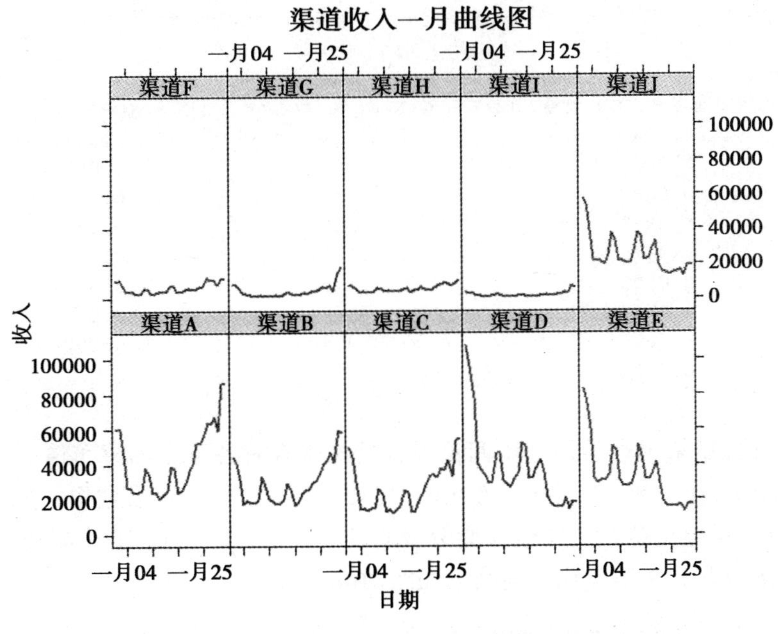

图 10-5 各渠道收入曲线图

由图 10-5 可知，渠道 A、渠道 B、渠道 C 在一月份后半段上升明显，处于收入上升阶段；渠道 D、渠道 E 由于新增用户逐渐减少，老用户付费意愿低于新用户，所以一月份的收入都处于下滑阶段；渠道 F～渠道 I 属于小渠道，收入稳定但份额不大。

最后，利用 Median-IQR 方法分析 ARPPU、ARPU、新增次日留存率和新增七日留存率等指标，查看不同渠道在一月份数据的集中及离散程度。这里使用中位数作为衡量中心的统计量，应用四分位距（IQR）作为离散指标的统计量更有意义。与更常用的均值和标准差相比，这些统计量在有离群值存在时更加稳健。计算每个渠道所有数据的这两个统计量的代码如下。

```
> # 自定义求中位数和四分位距函数
>mystats<- function(x) c(Median=median(x,na.rm=T),IQR=IQR(x,na.rm=T))
> # 求出各指标的统计值
> library(doBy)
> result <- summaryBy(ARPPU+ARPU+新增次日留存率+新增7日后留存率~渠道名称,
+          data=channel,FUN = mystats)
> result
    渠道名称ARPPU.Median ARPPU.IQR ARPU.Median ARPU.IQR 新增次日留存率.Median
1     渠道A        17.54     1.800        0.28    0.115                0.324
2     渠道B        18.10     1.505        0.23    0.045                0.270
3     渠道C        16.00     2.505        0.23    0.075                0.328
4     渠道D        16.59     1.160        0.26    0.070                0.309
5     渠道E        16.14     1.420        0.27    0.050                0.311
6     渠道F        17.24     4.115        0.26    0.090                0.322
7     渠道G        21.35     3.305        0.09    0.060                0.224
8     渠道H        11.03     1.295        0.51    0.100                0.191
9     渠道I        17.12     3.530        0.28    0.095                0.314
10    渠道J        17.97     1.555        0.25    0.055                0.263
     新增次日留存率.IQR 新增7日后留存率.Median 新增7日后留存率.IQR
1              0.0745                  0.115              0.011
2              0.0250                  0.066              0.005
3              0.0380                  0.114              0.008
4              0.0995                  0.100              0.037
5              0.0475                  0.103              0.042
6              0.0205                  0.075              0.012
7              0.0540                  0.048              0.012
8              0.0095                  0.054              0.008
9              0.0285                  0.089              0.017
10             0.0345                  0.064              0.010
```

各指标的统计结果出来后，利用四象限分析法来查看各渠道的分布情况。其中横轴是中位数（Median），代表数据的中心，纵轴是IQR（四分位距），代表数据的分散情况，并在横轴上增加10个渠道中位数的均值作为分界直线，在纵轴上增加10个渠道IQR的均值作为分界直线。运行以下R语言代码的结果如图10-6所示。

```
> # 将需要绘制四象限图的指标赋予name对象
> name <- c("ARPPU","ARPU","新增次日留存率","新增7日留存率")
> # 利用for循环绘制四个四象限分布图
> par(mfrow = c(2,2))
> for(i in 1:4){
+   plot(result[,2*i],result[,2*i+1],type = "n",
+        xlim=c(0.95*min(result[,2*i]),1.05*max(result[,2*i])),   # 设置横轴坐标轴范围
+       ylim=c(0.95*min(result[,2*i+1]),1.05*max(result[,2*i+1])), # 设置纵轴坐标轴范围
+        main = paste0(name[i],"四象限图"),
+        xlab = "中位数值",ylab = "四分位距值")                        #绘制散点图
+   abline(v = mean(result[,2*i]),lty = 2,col = "green")             # 添加垂直直线
+   abline(h = mean(result[,2*i+1]),lty = 2,col = "blue")            # 添加水平直线
+   text(result[,2*i],result[,2*i+1],result[,1],
```

```
+         col = "black",cex = 0.8,font=2)                # 在图中打印出渠道名称
+ }
> par(mfrow=c(1,1))
```

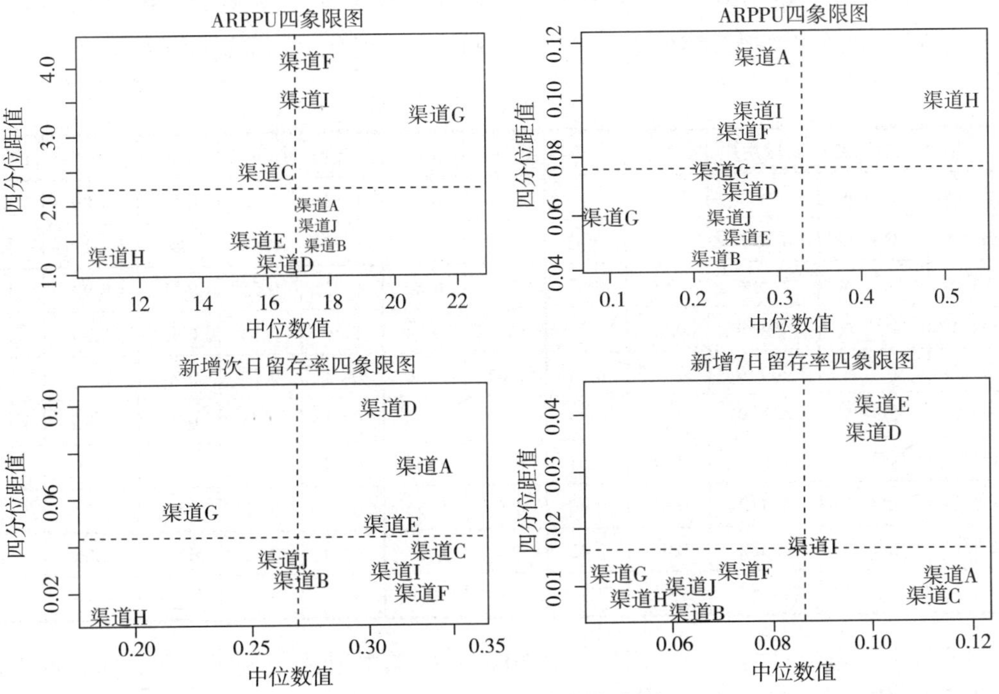

图 10-6　各指标四象限分布图

由图 10-6 可知，渠道 H 属于低价值用户，该渠道的 ARPPU、新增次日留存率和新增 7 日留存率均低于其他渠道，说明该渠道的付费用户的人均付费额不高，且新增用户的黏性也低于其他渠道，虽然 ARPU 的中位数高于其他渠道，但是波动性也大，说明不同日期的活跃用户人均付费额变化大，可能由于运营在该渠道做活动导致，但是也不排除有部分用户有刷道具行为，需要引起警惕。

渠道 A 和渠道 C 同属于用户黏性高的渠道，因它们在新增用户次日留存率和新增 7 日留存率的中位数均高于其他渠道，且 IQR 值相对较小（但渠道 A 在新增次日留存率波动略大），综合来说这两个指标数据表现稳定；渠道 D 在新增次日留存率和新增 7 日留存率的 IQR 值很大，说明波动大，可能存在某些天数有用户刷量导致留存率异常。

10.2.2　建立渠道数据监控体系

1. 监控渠道 LTV

通过统计渠道用户的生命周期价值（LTV）来衡量渠道玩家对游戏所产生的价值，可以看成是一个长期累积的 ARPU，LTV 被定为是能否取得高利润的重要参考指标。

LTV 的统计逻辑是：记录某一天新增的用户从注册当天起，累计的收入（平均值）。例

如，LTV-3 为某批用户在注册起第三天的累计收入（平均值），即 LTV－N＝N 日累计收入 / 新增玩家数。

表 10-3 是 10 个渠道在 2016 年 1 月的每日新增用户的 LTV 统计（渠道用户 LTV 统计 .csv），可以利用该数据监控渠道用户的生命周期，并对比不同渠道的用户质量。

表 10-3 渠道用户 LTV 统计

日　期	渠道名称	新增用户	LTV-1	LTV-2	LTV-3	LTV-4	LTV-5	LTV-6	LTV-7	LTV-14	LTV-30
2016/1/31	渠道 A	49438	0.52	0.66	0.72	0.77	0.81	0.85	0.88	1.09	1.25
2016/1/30	渠道 A	49946	0.48	0.62	0.69	0.74	0.79	0.83	0.87	1.11	1.29
2016/1/29	渠道 A	51694	0.36	0.52	0.6	0.66	0.71	0.75	0.78	0.99	1.17
2016/1/28	渠道 A	46469	0.4	0.51	0.58	0.64	0.69	0.73	0.75	0.96	1.19
2016/1/27	渠道 A	44970	0.41	0.54	0.61	0.66	0.71	0.75	0.79	0.97	1.21
2016/1/26	渠道 A	42179	0.43	0.54	0.62	0.66	0.71	0.76	0.8	0.96	1.21
2016/1/25	渠道 A	41615	0.38	0.51	0.57	0.61	0.64	0.69	0.73	0.89	1.15
2016/1/24	渠道 A	45112	0.32	0.42	0.5	0.56	0.6	0.63	0.68	0.84	1.1
2016/1/23	渠道 A	49382	0.33	0.43	0.5	0.55	0.59	0.63	0.66	0.86	1.16
……	……	……	……	……	……	……	……	……	……	……	……

监控每个渠道每日的 LTV，例如，对 2016/1/31 的渠道 A 绘制条形图，执行以下代码得到的结果如图 10-7 所示。

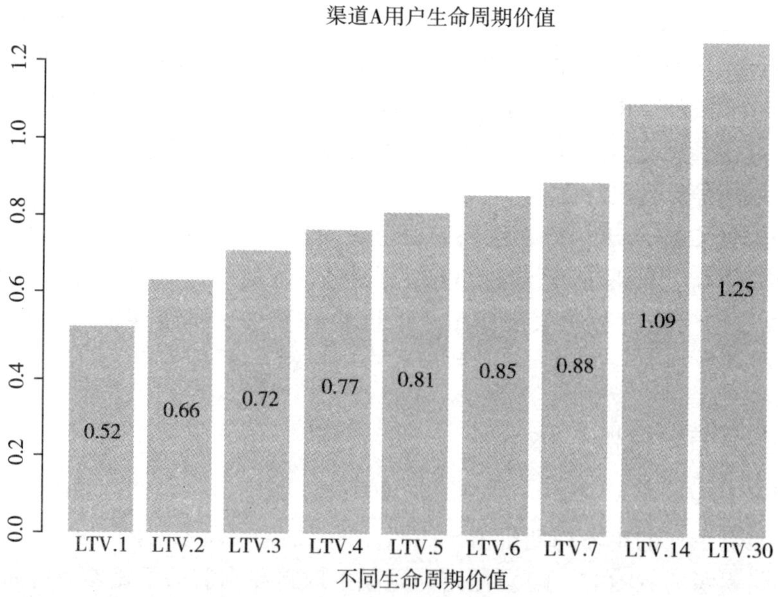

图 10-7 渠道 A 的 LTV 条形图

```
> LTV <- read.csv("渠道用户LTV统计.csv",header = T)
> # 对31日的渠道A LTV数据绘制条形图
> data1 <- LTV[LTV$日期=='2016/1/31' & LTV$渠道名称=="渠道A",4:12] # 提取数据
> # 绘制渠道A用户在不同时期的LTV柱状图
> barplot(as.matrix(data1),col = "grey",border = F,
+         main="渠道A用户生命周期价值",xlab="不同生命周期价值")
> # 添加LTV值
> text(seq(0.6,10.4,length.out = 9),as.
matrix(data1)/2,
+      labels = as.matrix(data1),
+      col="black",font = 2)
```

接下来对不同的渠道绘制点图，对比渠道间的付费能力，选取2015/1/31，对第1日LTV、第3日LTV、第7日LTV、第14日LTV和第30日LTV等指标绘图。执行以下代码得到的结果如图10-8所示。

```
> # 绘制点图
> x <- LTV[LTV$日期=='2016/1/31', c(4,6,
10:12)]
> rownames(x) <- LTV[LTV$日期=='2016/1/1',2]
> x <- as.matrix(x)
> library(lattice)
> dotplot(x,groups = FALSE,layout = c(1,5),
+         aspect=0.5,origin=0,type=c("p","h"),
+         main="不同渠道的LTV对比",
+         xlab="LTV")
```

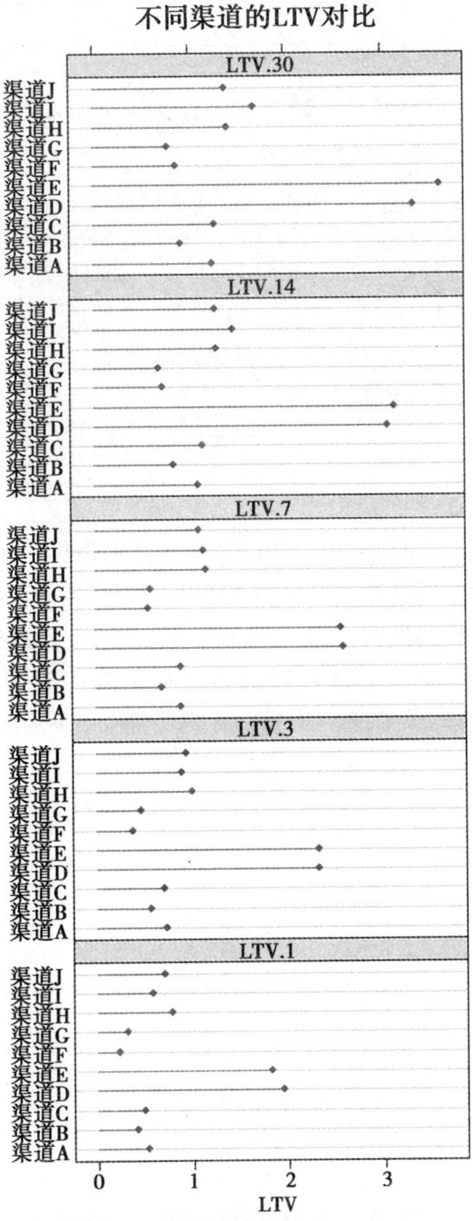

图10-8 不同渠道的LTV点图

由图10-8可知，渠道D、渠道E的LTV高，其中渠道E用户在后期的付费金额会大于渠道D，渠道F和渠道G的人均付费金额处于较低水平。

2. 渠道新增用户留存监控

针对某天登录的活跃用户群，持续跟踪用户的登录行为进行，通过跟踪曲线可以了解到不同批次用户的留存情况（可以用来指导营销和推广），同时也能够反映游戏的品质。

新注册第N天留存用户数定义：各渠道新注册用户从注册之日起，在这批用户中往后推第N天（当日不计入天数）同一渠道登录过游戏的用户总数，记为渠道在××注册日期第N天留存用户数。例如1月1日A渠道新注册用户数为1000人，那么1月1日的注册当天留存用户会记录为1000。接下来观察1月1日A渠道注册的1000用户在

1月2日的登录情况（同渠道），我们假设1000人中，有700人在1月2日同渠道登录了，那么会记录A渠道1月1日注册用户的第1天留存人数为700。同理，当这1000人在1月3日有300人在同渠道登录时，会记录A渠道1月1日的新注册用户的第2天留存用户数为300。接下来会跟踪90天，计算方法和原理是一样的。从这个例子也可以看出，留存用户是可以重复的，就是说1月2号登录的700人中，可能在1月3号也登录了，这个在1月3号中不会重复处理。某个渠道在2016年1月每天新增注册用户留存监控界面如图10-9所示。

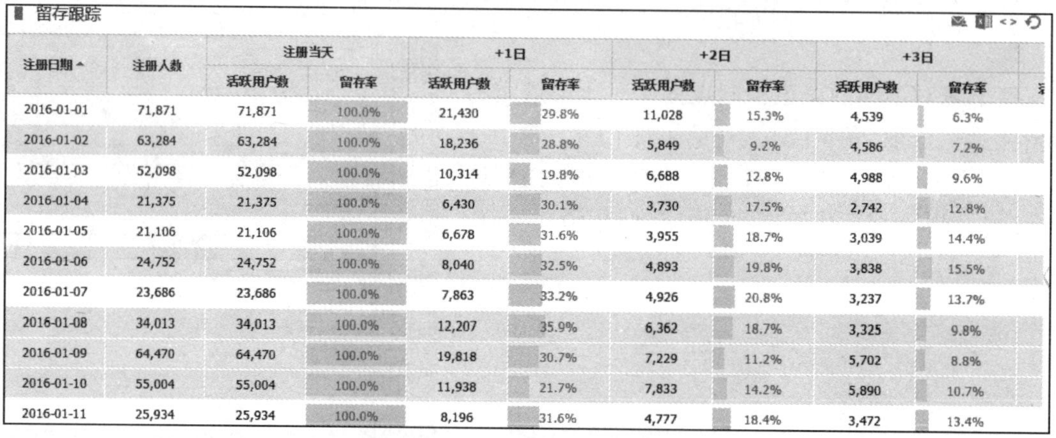

留存跟踪

注册日期	注册人数	注册当天		+1日		+2日		+3日	
		活跃用户数	留存率	活跃用户数	留存率	活跃用户数	留存率	活跃用户数	留存率
2016-01-01	71,871	71,871	100.0%	21,430	29.8%	11,028	15.3%	4,539	6.3%
2016-01-02	63,284	63,284	100.0%	18,236	28.8%	5,849	9.2%	4,586	7.2%
2016-01-03	52,098	52,098	100.0%	10,314	19.8%	6,688	12.8%	4,988	9.6%
2016-01-04	21,375	21,375	100.0%	6,430	30.1%	3,730	17.5%	2,742	12.8%
2016-01-05	21,106	21,106	100.0%	6,678	31.6%	3,955	18.7%	3,039	14.4%
2016-01-06	24,752	24,752	100.0%	8,040	32.5%	4,893	19.8%	3,838	15.5%
2016-01-07	23,686	23,686	100.0%	7,863	33.2%	4,926	20.8%	3,237	13.7%
2016-01-08	34,013	34,013	100.0%	12,207	35.9%	6,362	18.7%	3,325	9.8%
2016-01-09	64,470	64,470	100.0%	19,818	30.7%	7,229	11.2%	5,702	8.8%
2016-01-10	55,004	55,004	100.0%	11,938	21.7%	7,833	14.2%	5,890	10.7%
2016-01-11	25,934	25,934	100.0%	8,196	31.6%	4,777	18.4%	3,472	13.4%

图10-9 某渠道留存明细监控

渠道用户的第N日留存率指标正常情况下并无明显的趋势，既不是持续上涨，也不是持续下降，同时不会经常出现大幅波动，理论上应服从正态分布。所以可以对某个渠道一段时间内的第N日留存率（如+1日留存率）进行正态性检验，查看是否存在明显趋势。

以渠道A和渠道H在2016年1月每日新增用户在注册后的第七天留存率（7日留存率）的数据（7日留存率明细.csv）为例，检验两个渠道的正态性。R语言实现代码如下。

```
> # 导入7日留存率明细数据
> retention <- read.csv("7日留存率明细.csv",header = T)
> head(retention)
日期渠道名称第7日留存率
1 2016/1/1     渠道A        0.080
2 2016/1/1     渠道H        0.037
3 2016/1/2     渠道A        0.107
4 2016/1/2     渠道H        0.059
5 2016/1/3     渠道A        0.116
6 2016/1/3     渠道H        0.052
> # 对渠道A做7日留存率的正态性检验
> shapiro.test(retention[retention$渠道名称=="渠道A","第7日留存率"])

Shapiro-Wilk normality test

data:  retention[retention$渠道名称 == "渠道A", "第7日留存率"]
W = 0.8418, p-value = 0.0003402
```

```
> # 对渠道H做7日留存率的正态性检验
> shapiro.test(retention[retention$渠道名称=="渠道H","第7日留存率"])

Shapiro-Wilk normality test

data:  retention[retention$渠道名称 == "渠道H", "第7日留存率"]
W = 0.9722, p-value = 0.5812
```

渠道 A 的 Shapiro-Wilk 正态性检验的 p 值为 0.0003402，说明在 0.05 的显著性水平下，拒绝 7 日留存率来自正态总体的假定，说明渠道 A 的 7 日留存率不服从正态分布；渠道 H 的 Shapiro-Wilk 正态性检验的 p 值为 0.5812，说明在 0.05 的显著性水平下，不能拒绝 7 日留存率来自正态总体的假定，说明渠道 H 的 7 日留存率服从正态分布。

也可以利用 QQ 图对数据正态性进行检验。执行以下代码得到的结果如图 10-10 所示。

```
> # 绘制QQ图
> par(mfrow=c(1,2))
> # 绘制渠道A的QQ图
> qqnorm(retention[retention$渠道名称=="渠道A","第7日留存率"],
+        pch=7,
+        main="Channel A Normal Q-Q plot")
> qqline(retention[retention$渠道名称=="渠道A","第7日留存率"],
+        col="red",lty=2)
> # 绘制渠道H的QQ图
> qqnorm(retention[retention$渠道名称=="渠道H","第7日留存率"],
+        pch=7,
+        main="Channel H Normal Q-Q plot")
> qqline(retention[retention$渠道名称=="渠道H","第7日留存率"],
+        col="red",lty=2)
> par(mfrow=c(1,1))
```

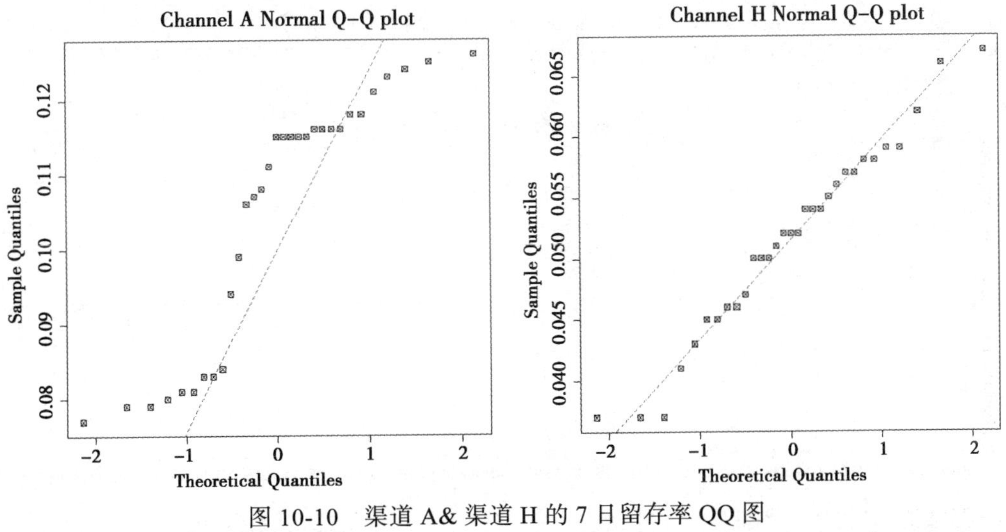

图 10-10 渠道 A& 渠道 H 的 7 日留存率 QQ 图

由图 10-10 可知，渠道 A 的 7 日留存率（左图）不服从正态分布，渠道 H 的 7 日留存率（右图）服从正态分布。

接下来利用P控制图对渠道H的新增用户在第7日的留存用户进行质量监控。数据（新注册用户第7日留存用户统计.csv）包括5个变量：date、channel_name、newuser、actionuser、retention_rate，如表10-4所示。

表 10-4 变量描述

变量名	变量类型	变量描述
date	日期型	统计日期
channel_name	因子型	渠道名称
newuser	数值型	当天注册用户数
actionuser	数值型	当天注册用户在第7日的活跃用户数
retention_rate	数值型	7日留存率，等于actionuser除以newuser

将数据读入R中，并利用qcc包中的qcc函数绘制7日留存率的P质量图。执行以下代码得到的结果如图10-11所示。

```
> # 绘制P质量监控图
> # 导入渠道H新增用户在第7日的留存统计数据
> residentuser <- read.csv("渠道H新增第7日留存用户统计.csv",header=T)
> # 绘制渠道A的7日留存率质量监控图
> library(qcc)
Package 'qcc', version 2.6
Type 'citation("qcc")' for citing this R package in publications.
> residentuser$date <- as.Date(residentuser$date)
> attach(residentuser)
> sol <- qcc(actionuser,newuser,labels=date,
+            type="p",nsigmas = 3,
+            title="渠道H新增第7日留存率质量监控图",
+            xlab="date",ylab="7日留存率")
> detach(residentuser)
```

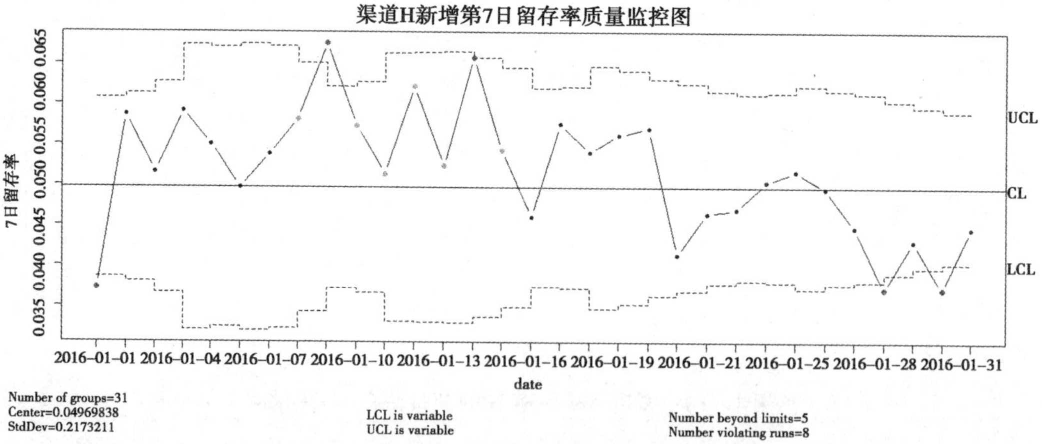

图10-11 渠道H的7日留存率质量监控图

由图 10-11 可知，渠道 H 在一月份的新增 7 日留存用户中，一共有 5 天存在异常情况（红色点），其中在 1 日、28 日和 30 日的新增用户在第 7 日的留存率低于 3 倍标准差的下限（LCL），说明这些天可能存在刷量情况，导致用户质量差于平时，需引起运营关注。

10.3　渠道用户质量评级

渠道数据监控体系是单独查看各指标，这样就割裂了各指标间的联系。很多指标其实是相互影响的，具有很强的相关性，我们希望能找到综合考虑各指标的方法，通过统一标准对不同渠道的用户质量进行打分，从而能根据得分对渠道用户质量进行评级。

10.3.1　渠道用户质量评级的背景和目的

渠道数据监控体系主要是单独查看各渠道的关键指标，不能很好地体现渠道的整体质量，也不容易进行不同游戏在某一渠道的横向对比。因此，需要利用渠道运营数据中的关键指标，构建通用的渠道用户质量评价体系，对渠道质量进行综合打分评级。

构建渠道用户质量指标的目的是利用业务模型的算法在短期内综合判断渠道的用户质量，该指标需要同时满足一定的效度和信度要求，如图 10-12 所示。

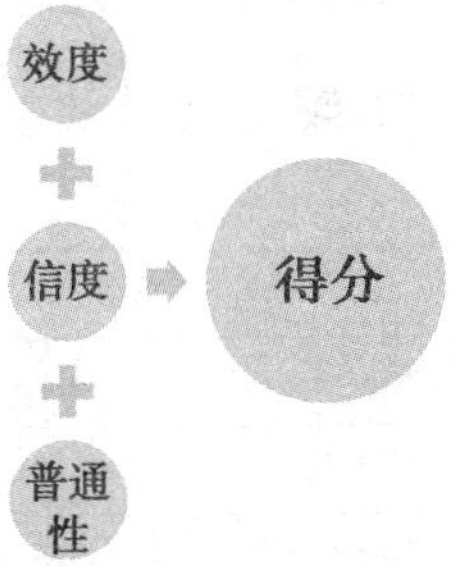

图 10-12　渠道用户质量打分原则

- 指标需要一定的效度：能够准确代表渠道品质，对于日后的用户量级和收入量级具有一定的预测性。
- 指标需要一定的信度：在不同的阶段和时间内保持稳定，需要排除干扰因素，如过客型用户对指标表现的影响。
- 指标需要一定的普适性：对不同游戏如 ARPG、跑酷躲避类、消除类、休闲益智类等产品采用同一算法，指标表现需要排除差异。

10.3.2　渠道用户质量打分模型

根据以上原则，以自然周为研究周期，选取周收入、周活跃、周 ARPPU、周付费渗透率、第 7 日留存率作为五大基础指标，通过计算各个指标的信度和效度，对渠道用户的基础指标进行打分，打分规则如下。

1）选取某一周作为起始周，假设全部渠道都处于同一起跑线，默认都是 10 分。

2）波动性得分＝5×（本周实际值－上周实际值）/ 最近四周的最大值

3）量级得分＝5× 渠道本周值 / 所有渠道本周总值（只有周收入、周活跃有量级指标，其他三个指标不用考虑量级得分）

4）各指标得分＝上周得分＋波动性得分＋量级得分

每个渠道起始周均以10分开始计算；以波动性得分来衡量指标的效度，考虑到游戏在不同阶段的用户质量会有所不同，所以选用最近四周的最大值作为分母，通过$\frac{\text{本周实际值}-\text{上周实际值}}{\max\text{（最近四周的实际值）}}$得到波动性得分；对于周收入和周活跃指标，增加量级得分用来衡量指标的效度，以渠道自身值除以所有渠道总和得到量级得分；最后基础指标本周得分＝上周得分＋本周波动性得分＋量级得分。

假如以2016年第1周为研究的起始周，初始得分是10。以渠道A的周收入为例，计算第2周的收入指标得分。第1周渠道A的收入是200529，第2周渠道A的收入是194369，第1周的总收入是1236529，由此得到第2周的波动变化得分是−0.03((194369−200529)/200529)，量级得分是0.16, 所以渠道A第2周的收入指标得分＝10−0.03＋0.16＝10.13。

然后将各指标得分乘以相应的指标权重，得到渠道用户的得分。各指标权重如表10-5所示，各业务部门也可以根据自己的商业模式调整权重值。

表10-5 各指标权重

指　标	权　重	指　标	权　重
周收入	0.3	周ARPPU	0.15
周活跃	0.2	第7日留存率	0.15
周付费率	0.2		

渠道得分＝收入得分 × 收入权重＋活跃得分 × 活跃权重＋付费渗透率得分 × 渗透率权重＋ARPPU得分 ×ARPPU权重＋7日留存率得分 ×7日留存率权重

最后，利用计算得到的渠道每周得分，绘制出每个渠道的生存曲线，以便查看渠道的生存值变化情况，并根据渠道最新得分进行划分，得分在12分以上的渠道为表现优异区，10～12分的产品为表现中上区，6～10分为表现中等区，4～6为表现中下区，0～4分为危险区，小于0分为死亡区。

10.3.3 分析案例：渠道用户质量打分

图10-13是各款游戏在不同渠道的周数据概况，包含周收入、周活跃用户数、第7日留存率、周付费率和周ARPPU这5个需要用来构建打分指标的原始指标。

先自定义函数channel_score来计算各指标得分。因为只有周收入和周活跃需要同时考虑效度和信度，周付费率、周ARPPU和新增7日留存率这三个指标只需要考虑信度，所以在channel_score函数中增加amount参数，利用amount参数指定是否考虑效度，为TRUE时，说明指标得分需要考虑不同渠道的量级因素，为FALSE时，仅考虑指标的波动性。channel_score函数的脚本如下。

Show 10 entries Search:

	游戏名称	渠道名称	自然周	周收入	周活跃用户数	第7日留存率	周付费率	周ARPPU
1	游戏C	渠道A	第1周	311	989	0.114	0.024	0.315
2	游戏A	渠道A	第1周	814	740	0.149	0.012	1.1
3	游戏B	渠道A	第1周	37040	85714	0.105	0.017	0.432
4	游戏F	渠道A	第1周	21592	66074	0.059	0.015	0.327
5	游戏E	渠道A	第1周	64420	46371	0.094	0.055	1.389
6	游戏D	渠道A	第1周	27211	20316	0.073	0.041	1.339
7	游戏G	渠道A	第1周	6847	23407	0.056	0.015	0.292
8	游戏C	渠道A	第2周	40	644	0.153	0.026	0.061
9	游戏A	渠道A	第2周	482	870	0.122	0.014	0.554
10	游戏G	渠道A	第2周	9014	24516	0.063	0.017	0.368

Showing 1 to 10 of 830 entries Previous 1 2 3 4 5 … 83 Next

图 10-13 周渠道概况数据

```
# 自定义channel_score( )实现指标打分模型
# 渠道得分函数
channel_score <- function(data,amount=T){
  # 进行指标的波动性打分
  library(reshape)
  data <- cast(data,渠道名称~自然周)
  # 利用apply函数分渠道求出当前周与上周的差值
  x <- t(apply(data[,-1],1,diff))
  # 利用as.data.frame函将x转换成数据框形式
  x <- as.data.frame(x,row.names = as.character(data[,1]))
  # 利用colnames函数对x列名重新赋值
  colnames(x) <-  colnames(data[3:ncol(data)])
  # 找出最近四周的最大值
  # 自定义函数mystat求最近四周的最大值
  mystat <- function(x){
    m <- rep(0,(ncol(data)-1))
    for(i in 1:(ncol(data)-1)){
      if(i <=3){
        m[i] <- max(x[1:i])
      } else {
        m[i] <- max(x[(i-4):i])
      }
    }
    return(m)
  }
  # 利用apply函按分渠道求最近四周的最大值
  y <- t(apply(data[,-1],1,mystat))
  # 利用as.data.frame函数将y转换成数据框形式
  y <- as.data.frame(y,row.names = as.character(data[,1]))
  # 利用colnames函数对y列名重新赋值
  colnames(y) <-  colnames(data[2:ncol(data)])
  # 计算波动变化得分
  reliability_score <- 5*round(x/y[,-1],3)
  reliability_score
```

```
  if(amount) {
    # 进行指标的量级打分
    # 利用colSums函数按列求和
    x <- colSums(data[,-1])
    x <- as.data.frame(matrix(rep(x,nrow(data)),nrow = nrow(data),byrow = T))
    amount_score <- 5*round(data[,-1]/x,3)
    rownames(amount_score) <- rownames(reliability_score)
    amount_score
    # 计算指标得分
    # 利用cumsum函数对波动变化值进行累积求和
    rs_cumsum <- apply(reliability_score,1,cumsum)
    rs_cumsum <- as.data.frame(t(rs_cumsum))
    score <- 10+rs_cumsum+amount_score[,-1] #起始分+波动变化得分+量级得分
    score[,colnames(data)[2]] <- 10
    score <- score[,c(ncol(score),1:ncol(score)-1)] # 改变列的顺序
  } else {
    # 利用cumsum函数对波动变化值进行累积求和
    rs_cumsum <- apply(reliability_score,1,cumsum)
    rs_cumsum <- as.data.frame(t(rs_cumsum))
    score <- 10+rs_cumsum #起始分+波动变化得分
    score[,colnames(data)[2]] <- 10
    score <- score[,c(ncol(score),1:ncol(score)-1)] # 改变列的顺序
  }
  return(score)
}
```

将数据导入 R 中，并将自然周变量转换成有序因子。实现代码如下。

```
> # 导入周渠道概况数据
> load("rawdata.RData")
> str(rawdata)
'data.frame':      830 obs. of  8 variables:
 $ 游戏名称     : Factor w/ 7 levels "游戏A","游戏B",..: 3 1 2 6 5 4 7 3 1 7 ...
 $ 渠道名称     : Factor w/ 12 levels "渠道A","渠道B",..: 1 1 1 1 1 1 1 1 1 1 ...
 $ 自然周       : Ord.factor w/ 27 levels "第1周"<"第2周"<..: 1 1 1 1 1 1 1 2 2 2 ...
 $ 周收入       : int  311 814 37040 21592 64420 27211 6847 40 482 9014 ...
 $ 周活跃用户数 : int  989 740 85714 66074 46371 20316 23407 644 870 24516 ...
 $ 第7日留存率  : num  0.114 0.149 0.105 0.059 0.094 0.073 0.056 0.153 0.122 0.063 ...
 $ 周付费率     : num  0.024 0.012 0.017 0.015 0.055 0.041 0.015 0.026 0.014 0.017 ...
 $ 周ARPPU      : num  0.315 1.1 0.432 0.327 1.389 ...
> # 对字段自然周转化成有序因子变量
> levels <- c(paste0("第",1:length(unique(rawdata$自然周)),"周"))
> rawdata$自然周 <- factor(rawdata$自然周,
+                         levels = levels,
+                         ordered = T)
> str(rawdata)
'data.frame':      830 obs. of  8 variables:
 $ 游戏名称     : Factor w/ 7 levels "游戏A","游戏B",..: 3 1 2 6 5 4 7 3 1 7 ...
 $ 渠道名称     : Factor w/ 12 levels "渠道A","渠道B",..: 1 1 1 1 1 1 1 1 1 1 ...
 $ 自然周       : Ord.factor w/ 10 levels "第1周"<"第2周"<..: 1 1 1 1 1 1 1 2 2 2 ...
 $ 周收入       : int  311 814 37040 21592 64420 27211 6847 40 482 9014 ...
```

```
 $ 周活跃用户数: int  989 740 85714 66074 46371 20316 23407 644 870 24516 ...
 $ 第7日留存率 : num  0.114 0.149 0.105 0.059 0.094 0.073 0.056 0.153 0.122 0.063 ...
 $ 周付费率    : num  0.024 0.012 0.017 0.015 0.055 0.041 0.015 0.026 0.014 0.017 ...
 $ 周ARPPU     : num  0.315 1.1 0.432 0.327 1.389 ...
```

选取游戏A为研究对象，以第1周为起始周，利用自定义的channel_score函数计算出各指标得分。实现代码如下。

```
> # 对游戏A的渠道得分进行计算
> # 计算周收入得分
> channel_revenue <- channel_score(rawdata[rawdata$游戏名称=="游戏A",
+                                          c("渠道名称","自然周","周收入")])
Using 周收入 as value column.  Use the value argument to cast to override this choice
> # 计算周活跃用户得分
> channel_active <- channel_score(rawdata[rawdata$游戏名称=="游戏A",
+                                         c("渠道名称","自然周","周活跃用户数")])
Using 周活跃用户数 as value column.  Use the value argument to cast to override this
choice
> # 计算第7日留存率得分
> channel_newretation <- channel_score(rawdata[rawdata$游戏名称=="游戏A",
+                                         c("渠道名称","自然周","第7日留存率")])
Using 第7日留存率 as value column.  Use the value argument to cast to override
this choice
> # 计算周付费率得分
> channel_payrate <- channel_score(rawdata[rawdata$游戏名称=="游戏A",
+                                              c("渠道名称","自然周","周付费率")])
Using 周付费率 as value column.  Use the value argument to cast to override this choice
> # # 计算ARPU得分
> channel_arppu <- channel_score(rawdata[rawdata$游戏名称=="游戏A",
+                                         c("渠道名称","自然周","周ARPPU")])
Using 周ARPPU as value column.  Use the value argument to cast to override this choice
```

将各指标得分乘以相应权重，得到游戏A在各渠道从第1周到第10周的综合得分。实现代码如下。

```
> # 计算综合得分
> channel_total  <-  round(0.3*channel_revenue+0.2*channel_active+0.2*channel_
payrate+
+                          0.15*channel_arppu+0.15*channel_newretation,2)
> # 查看综合得分结果
> channel_total
      第1周  第2周 第3周  第4周  第5周 第6周  第7周 第8周  第9周  第10周
渠道A    10  9.27 11.18  9.25  9.20  9.53  9.89 10.08  9.83  10.06
渠道B    10 11.37 10.19  9.30 11.00 11.77 11.36 11.99 11.18  10.93
渠道C    10 12.65 11.35 10.97 12.21 12.40 11.28 11.34 11.14  12.21
渠道D    10 11.67 11.46 11.58 12.31 13.34 12.08 11.16 12.37  12.17
渠道E    10 11.35  9.50 10.82 12.63 11.44 10.59 12.19 10.63  11.90
渠道F    10 10.46 10.32 10.71 11.65 12.62  9.74 10.69 12.48  11.89
渠道G    10  8.48  8.92 11.51 11.87 12.13 13.29 11.40 13.42  13.24
渠道I    10 11.73  8.90 11.28 10.76 11.25  9.20  9.40  9.43   9.18
```

```
渠道J     10 10.25 10.12  8.62  7.83  9.20  8.27  8.10  9.07   9.05
渠道K     10 11.41 11.13  9.45  9.46 10.75  9.26  8.30  8.58   9.81
渠道L     10 10.42  9.75  9.02  9.82 11.11  9.89  9.83 10.45  10.71
```

根据综合得分，绘制游戏 A 在各渠道的生存曲线，运行结果如图 10-14 所示。

```
> # 绘制游戏A在各渠道的生存曲线
> channel_total$渠道名称 <- rownames(channel_total) # 增加渠道名称变量
> library(reshape)
> md <- melt(channel_total,id="渠道名称") #对数据进行重塑
> md$week <- ifelse(nchar(as.character(md$variable))==4,
+                   substr(md$variable,2,3),substr(md$variable,2,2)) #增加周数变量
> md$week <- as.numeric(md$week)
> library(lattice)
> xyplot(value~week|渠道名称,data=md,type=c("l","g"),
+        lwd=2,layout=c(6,2)) #绘制面板曲线图
```

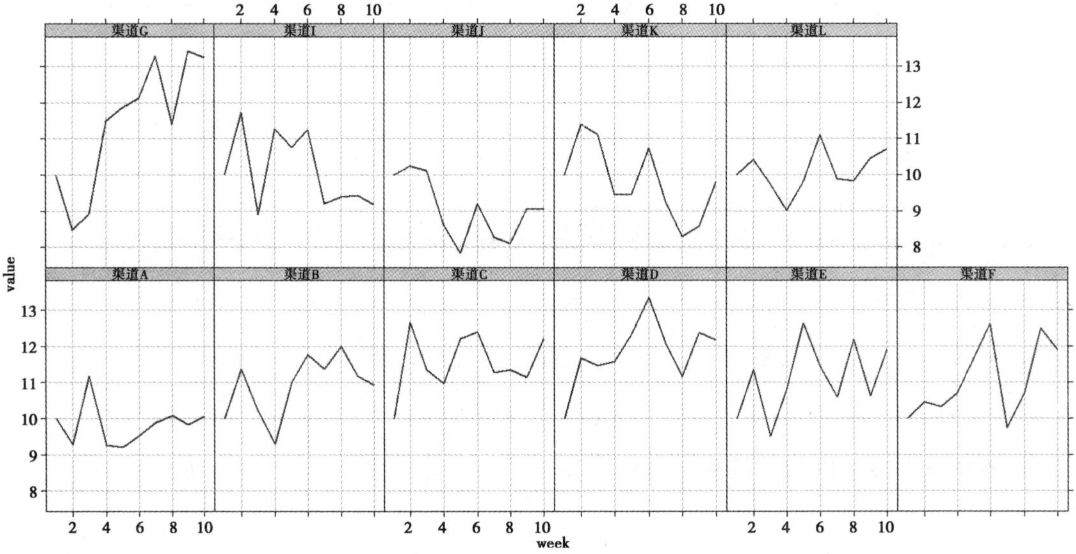

图 10-14　渠道用户生存曲线

由图 10-14 可知，渠道 G 从第 2 周开始，用户得分一直呈现增长趋势，在第 10 周得分达到 13 分，属于表现优异的渠道；渠道 J 和渠道 K 用户得分整体下滑明显，近期表现中等，需要持续关注或优化。

10.4 小结

本章首先介绍了渠道分析的重要性，并且根据业务需求搭建渠道数据监控体系，然后介绍了如何利用收集到的指标数据，根据合理的算法计算指标得分，从数量、质量和收入三大角度综合考虑渠道用户，对不同渠道用户进行评级。

第 11 章 Chapter 11

收入分析

基本上所有的游戏都需要盈利，目前移动游戏创收有三种形态：付费下载、应用内广告、应用内付费。付费下载指的是玩家需要付费后才能下载该游戏。应用内广告是指一些大 DAU 游戏可以在游戏内嵌入广告。例如，在玩家死亡后通过观看其他游戏视频广告复活，该游戏通过此手段赚取广告费。应用内付费是指玩家在游戏过程中为金币、钻石、道具、骑乘等用人民币进行购买的行为。本章重点对第三种情况定义指标，如游戏收入、付费用户数、付费转换率等。我们经常需要对付费用户进行划分，识别不同价值的用户。识别用户价值应用最广泛的模型是通过三个指标：最近消费时间间隔（Recency)、消费频率(Frequency)、消费金额（Monetary）进行划分，识别出高价值的用户，简称 RFM 模型。

11.1 宏观收入分析

宏观收入分析是日常游戏数据分析工作中最为基础，也是最重要的一环，体现在各种日报、周报以及月报中，在一些专项的分析报告中也会有所体现。

如果按照每日的计算，游戏收入有以下三种方式。

```
Reveune=DAU*ARPU=DAU*P%*ARPPU=APA*ARPPU
```

其中,Revenue 是游戏收入，休闲游戏用户大多通过短代支付，所以又分为应收和实收；DAU 是日活跃用户数；ARPU 是平均每活跃用户收入；P% 是付费转换率；APA 是日付费用户数；ARPPU 是平均每付费用户收入。以下是各指标的定义及计算方式。

- 应收：统计区间内游戏中所有付费用户付费金额的总和。(注：此处“付费”仅指人民币付费，不包括代币支付。)

- 实收：网游实收即为应收，休闲游戏实收为运营商收入。
- ARPPU：平均每付费用户收入，是指统计区间内付费用户对游戏产生的平均收入。计算公式为：收入 / 付费用户数。
- ARPU：平均每活跃用户收入，是指统计区间内活跃用户对游戏产生的平均收入。计算公式为：收入 / 活跃用户数。

现在有某款游戏在 8 月 1 日到 8 月 31 日的应收、实收、ARPU、ARPPU 的每日数据。执行以下代码得到的结果如图 11-1 所示。

```
> # 收入指标日总况
> revenue <- read.csv("付费总况.csv")
> head(revenue)
日期应收实收 ARPU.应收. ARPPU.应收. ARPU.实收. ARPPU.实收.
1 08/01 5137.5 2936.5        0.83        42.46        0.48        24.27
2 08/02 3196.0 1871.8        0.53        25.17        0.31        14.74
3 08/03 3068.3 1320.9        0.50        26.45        0.22        11.39
4 08/04 3111.9 1707.4        0.52        25.10        0.29        13.77
5 08/05 4334.4 2573.4        0.73        37.05        0.44        21.99
6 08/06 2330.9  190.2        0.40        21.78        0.03         1.78
> library(reshape)
> md <- melt(revenue,id='日期')
> head(md)
日期  variable  value
1 08/01      应收 5137.5
2 08/02      应收 3196.0
3 08/03      应收 3068.3
4 08/04      应收 3111.9
5 08/05      应收 4334.4
6 08/06      应收 2330.9
> library(recharts)
> echartr(md,日期,value,variable,type=c(rep('vbar',2),rep('line',4))) %>%
+   setY1Axis(series=3:6) %>%      # 设置Y轴副坐标轴
+   setSymbols('emptycircle') %>%
+   setToolbox(show=FALSE)
```

由图 11-1 可知，8 月 6 日、8 月 13 日的实收数据是异常的，存在大量用户恶意刷道具的行为或者是运营商的收入数据没能传输过来等原因。需引起相关人员重视，优化反刷分机制。

如果能收集到玩家的手机终端信息，了解玩家使用手机的品牌、手机机型、分辨率、操作系统、运营商等信息，在游戏的版本迭代时，可以根据用户的终端情况进行相应的优化，提高玩家玩游戏的流畅度和付费体验。图 11-2 是该款游戏各种终端品牌的付费人数统计。

```
> # 终端品牌的付费人数统计
> brand <- data.frame(
+   '品牌'= c("OPPO","HUAWEI","vivo", "Xiaomi", "samsung", "HONOR",
+             "Meizu","GIONEE","LeEco","Coolpad"),
```

```
+    '付费人数'=c(711, 519, 486, 477, 388, 260, 156,
+            57, 53, 46))
> echartr(brand,品牌,付费人数,type = "vbar") %>%
+   setToolbox(show=FALSE)
```

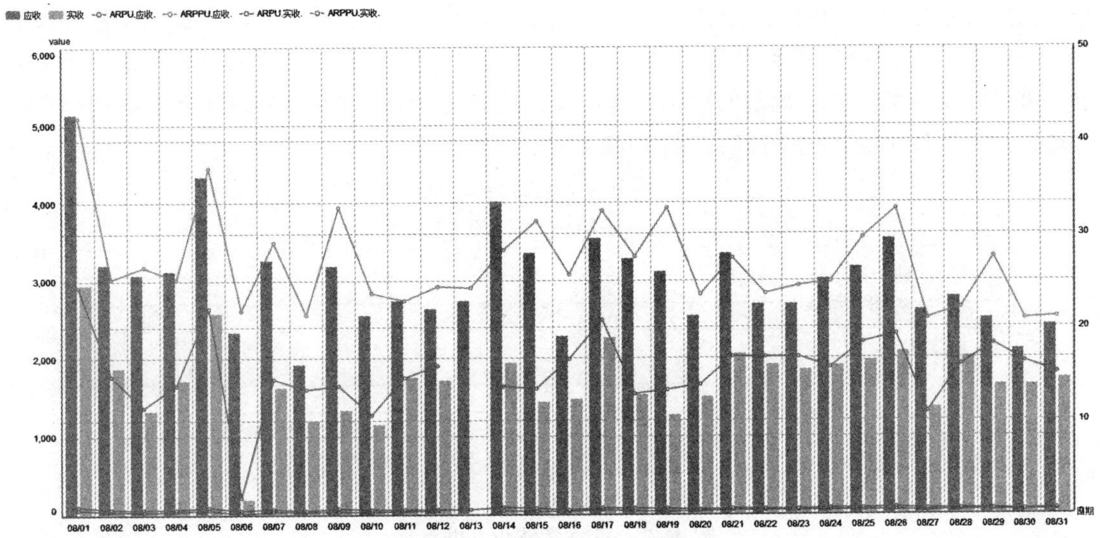

图 11-1　收入指标日总况

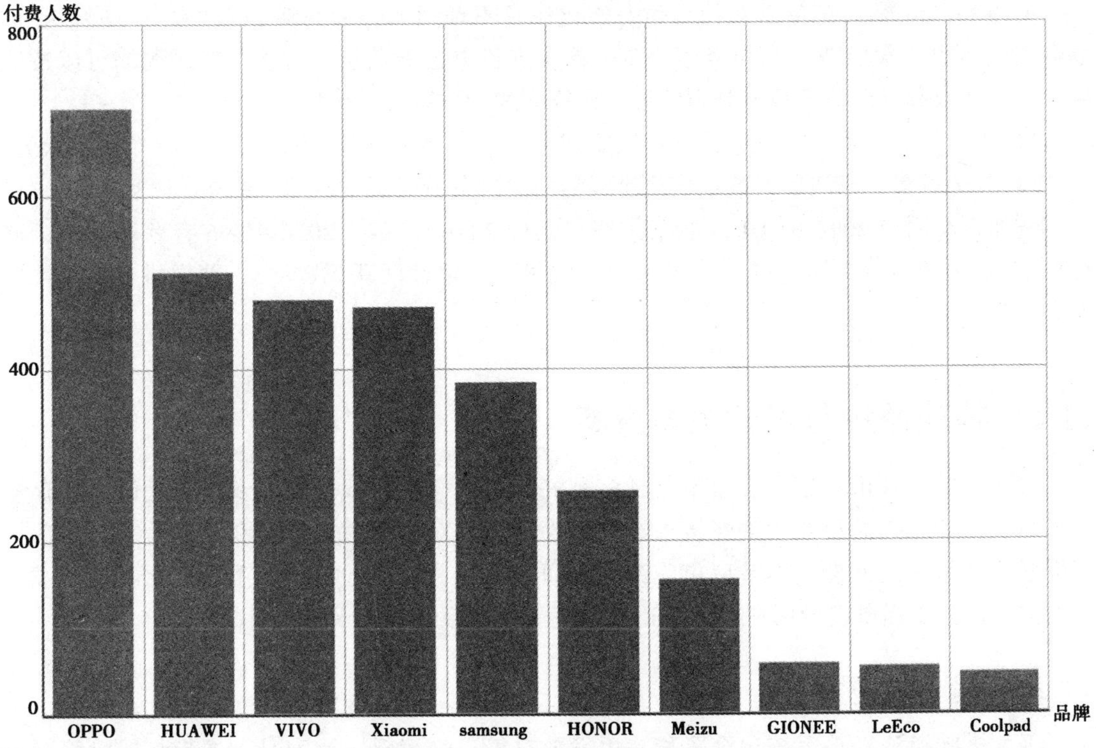

图 11-2　设备付费人数统计

由图 11-2 可知，前四品牌分别是：OPPO、HUAWEI、VIVO、Xiaomi。由于 OPPO 手机的用户消费能力不如三星和华为荣耀，所以我们在商业化设计时可考虑推出一些性价比高的优惠套餐，增加这些终端用户的消费意愿，提高付费转化率。

付费转化率也称为付费渗透率，是非常重要的游戏收益考核指标。该指标实际上在新增用户获取方面也扮演着非常重要的作用。从狭义上讲，所谓付费转化率就是在一款游戏中，付费玩家占整个活跃玩家的比例，其计算公式是付费玩家数 / 活跃玩家数。执行以下代码得到的 8 月日付费转化率曲线如图 13-3 所示。

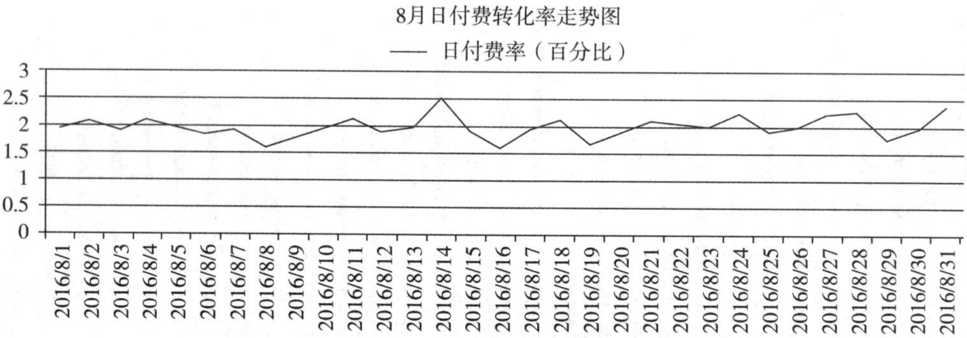

图 11-3 日付费转化率曲线图

由图 11-3 可知，该款游戏的日付费转化率是不理想的，大约在 2% 左右。有时候我们也会关注玩家首次付费周期和金额分布、首次支付渠道等信息。首次付费的周期可以按照累计活跃天数和已注册天数来分别统计。计算方式如下。

- 首次付费 - 累计活跃天数：从注册到第一次付费间所累计活跃的时间（单位：天）。
- 首次付费 - 已注册天数：从注册到第一次付费所经历的时间（单位：天）。

例如，A 用户 2016-01-01 注册某游戏，其中 2016-01-04、2016-01-06 有登录游戏，并且在 2016-01-06 购买物品 P1，则 A 用户首次付费 - 累计活跃天数＝3，首次付费 - 已注册天数＝5。

11.2 游戏经济与用户关系分析

游戏内的游戏币和道具发放不是越多越好，这样会因游戏币不能及时消耗而导致存量越积越多。如何判断游戏内的经济系统平衡性，从而对游戏币的发放和消耗策略提供数据支撑是亟待解决的问题。本节以棋牌游戏为研究目标，希望寻找出货币量指标与用户类指标的关系，尝试提供引导用户行为来达到游戏内经济系统生态平衡的目的。

11.2.1 背景及数据

某款棋牌游戏经济系统包含了游戏币发放总量、纯消耗、玩家身上携带与保险箱结余等货币量信息。但是这些数据都没能很好地利用起来，运营人员不清楚游戏整个经济系统现状，无法判断目前处于游戏币发放过少还是过剩状态。本次研究希望通过货币类指标与用户类指标相结合，利用用户行为数据研究关键货币量指标，找到阈值判断当前外网货币库存量的健康状况。

收集了2015年2月1日至2015年11月30日期间每日的货币类指标、用户类指标和运营类指标。经研究发现，最近30天内没有登录过的用户再回流的可能性很低，将这批用户定义为沉睡用户，在最近30天内有过登录行为的用户定义为活跃用户。具体指标如表11-1所示。

表11-1 数据指标定义

指标类型	指标名称	指标类型	指标名称
货币量指标	沉睡保险箱结余	用户类指标	日活跃用户
	沉睡身上携带		月活跃用户数
	活跃保险箱余额		日活跃/月活跃
	活跃身上携带		登录用户数
	游戏币发放		日新增用户
	纯消耗		累增用户
运营类指标	日充值总额		日付费用户数
	日ARPPU		首付用户数
	在线均值		付费次数
	在玩均值		玩牌人数
	最高在线		没玩牌人数
	在玩峰值		破产用户数

根据这些数据实现以下目标。

- 利用相关性分析研究沉睡货币量/活跃货币量与用户关键维度的关系。
- 利用主成分分析对高维数据进行降维处理，利用聚类分析模型对各指标进行分群。
- 利用DAU/MAU＝0.2临界点作为风险值依据，研究衡量外网货币库存量的健康指标。

11.2.2 数据探索分析

1. 相关性分析

利用相关性分析研究货币量数据与用户属性间的关系，发现对沉淀货币量的变化影响大（通过相关系数体现）的用户行为指标，通过业务运营方式调整对应的用户行为指标，达到减少沉淀货币量的效果；发现对活跃货币量的变化影响大的用户行为指标，通过运营手段提高活跃货币量。

首先研究货币量与活跃用户、新增用户间的关系，运行以下代码计算其相关系数，并通过 corrplot 函数绘制相关系数图，结果如图 11-4 所示。

```
> w <- read.csv("经济系统数据.csv",T)                    # 导入数据
> w <- w[,-1]                                           # 删除日期
> w1 <- w[,c(1:10,16:17)]          # 选择货币量类与活跃用户类、新增用户类等字段的数据
> (r1 <- round(cor(w1[,1:6],w1[,7:12]),2))              # 计算相关系数
日活跃用户月活跃用户数日活跃.月活跃登录用户数日新增用户累增用户
沉睡保险箱结余       -0.86        -0.90        -0.52       -0.14       -0.41      0.88
沉睡身上携带         -0.92        -0.94        -0.55       -0.24       -0.36      0.96
活跃保险箱余额        0.82         0.80         0.51        0.27        0.13     -0.90
活跃身上携带         -0.35        -0.28        -0.27       -0.68        0.07      0.51
游戏币发放           -0.53        -0.53        -0.31       -0.34       -0.20      0.61
纯消耗               -0.72        -0.74        -0.37       -0.45       -0.29      0.83
> library(corrplot)
> corrplot(r1,method = "ellipse")                       # 绘制相关系数图
```

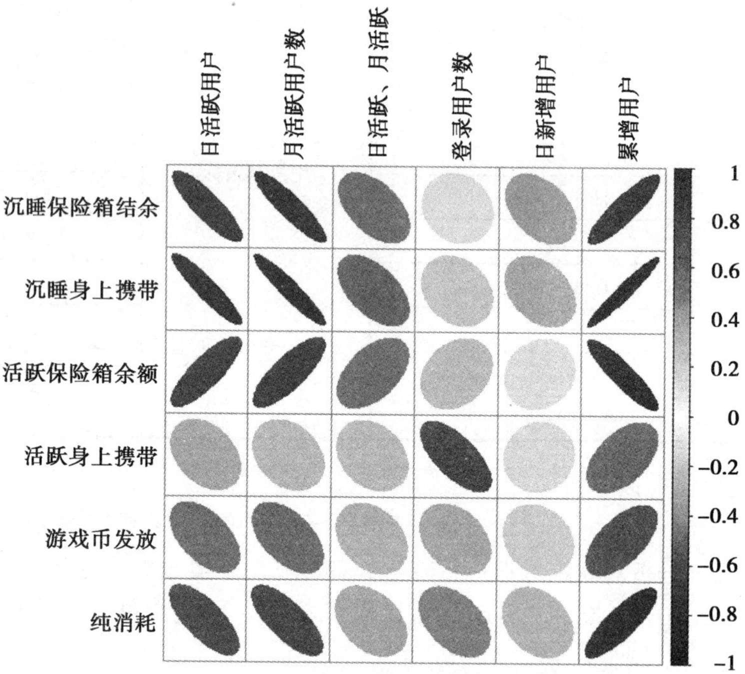

图 11-4 货币类与活跃类指标相关系数图

由图 11-4 可知，沉淀货币量（沉睡保险箱结余、沉睡身上携带）与活跃用户数的相关系数小于 −0.85，说明存在强负相关性，即随着用户活跃数的增加，沉淀货币量呈明显下降趋势；沉淀货币量（沉睡保险箱结余、沉睡身上携带）与累增用户（即总注册用户量）的相关系数大于 0.8，说明存在强正相关性，即随着总注册用户的增加，沉淀货币量也会明显增加；活跃保险箱余额与活跃用户的相关系数大于 0.8，说明存在强的正相关性，即活跃用户

的增加使活跃保险箱余额明显增加。

接下来研究货币量与付费用户间的关系，运行以下代码计算其相关系数并绘制相关系数图，结果如图 11-5 所示。

```
> w2 <- w[,c(1:6,11:15)]                              # 选择货币量与付费用户的字段数据
> (r2 <- round(cor(w2[,1:6],w2[,7:11]),2))            # 计算相关系数
日ARPPU 日充值总额日付费用户数首付用户数付费次数
沉睡保险箱结余        0.26      -0.29        -0.74       -0.48     -0.81
沉睡身上携带          0.27      -0.31        -0.79       -0.47     -0.86
活跃保险箱余额       -0.28       0.31         0.83        0.49      0.84
活跃身上携带          0.05      -0.08        -0.28        0.16     -0.24
游戏币发放            0.70       0.45        -0.39       -0.18     -0.33
纯消耗                0.17      -0.21        -0.56       -0.21     -0.61
> corrplot(r2,method = "ellipse")                     # 绘制相关系数图
```

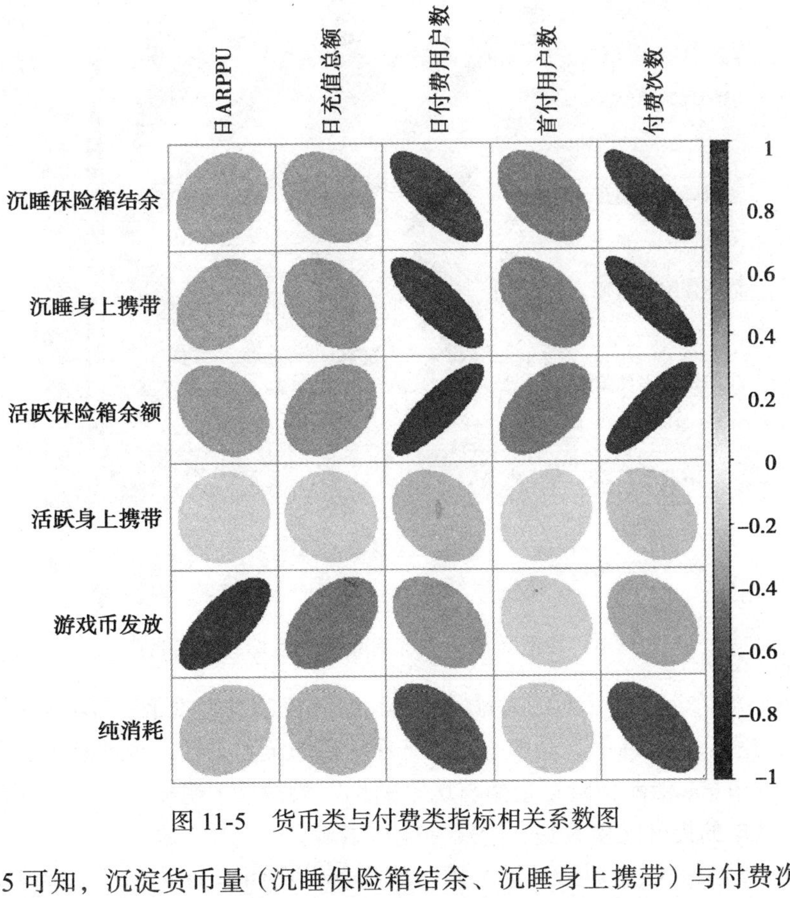

图 11-5 货币类与付费类指标相关系数图

由图 11-5 可知，沉淀货币量（沉睡保险箱结余、沉睡身上携带）与付费次数的相关系数小于 -0.8，说明存在强负相关性，即随着付费次数的人数增多，沉淀货币量显著减少；活跃保险箱余额与付费次数的相关系数超过 0.8，说明存在强正相关性，即随着付费次数的人数增多，活跃保险箱余额增加明显。

最后研究货币量与用户玩牌数据间的关系，运行以下代码计算其相关系数并绘制相关系数图，结果如图 11-6 所示。

```
> w3 <- w[,c(1:6,18:26)]                        # 选择货币量与用户玩牌数据的字段数据
> (r3 <- round(cor(w3[,1:6],w3[,7:11]),2))      # 计算相关系数
在线均值在玩均值最高在线在玩峰值玩牌人数
沉睡保险箱结余         -0.89     -0.88     -0.68     -0.86     -0.82
沉睡身上携带           -0.95     -0.95     -0.71     -0.92     -0.89
活跃保险箱余额          0.86      0.86      0.70      0.84      0.82
活跃身上携带           -0.44     -0.47     -0.54     -0.48     -0.49
游戏币发放             -0.58     -0.59     -0.45     -0.55     -0.57
纯消耗                 -0.78     -0.79     -0.62     -0.78     -0.75
> corrplot(r3,method = "ellipse")               # 绘制相关系数图
```

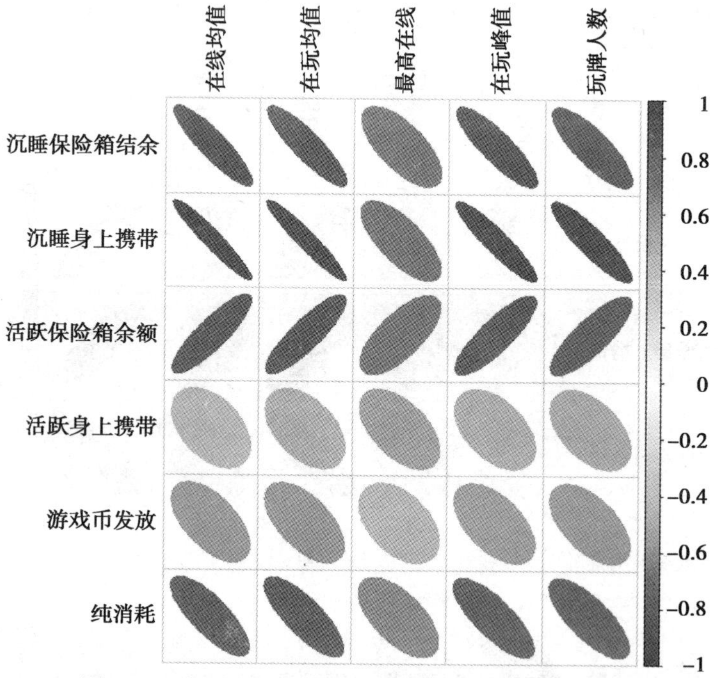

图 11-6 货币类与用户玩牌数据类指标相关系数图

由图 11-6 可知，沉淀货币量（沉睡保险箱结余、沉睡身上携带）与玩家的玩牌数据（在线均值、在玩均值、在玩峰值、玩牌人数）呈现明显的负相关性，说明玩牌各项数据提升能大幅减少沉淀货币量；活跃保险箱余额与玩家的玩牌数据呈现明显正相关性的系数大于 0.8，说明玩牌各项数据的提升能极大提高活跃保险箱余额。

相关性分析结果表明货币量指标与用户类指标存在明显的关系，证明利用用户行为数据研究关键货币量指标，找到阈值判断当前外网货币库存量的健康状况的思路是可行的。

2. 降维及聚类分析

首先利用主成分分析进行降维处理。利用 scale 函数对数据做 z-score 处理，princomp

函数建立主成分分析模型，通过 summary 函数查看主成分信息，如图 11-7 所示。

```
> w.sc<-scale(w)                # 将数据标准化
> w.pr<-princomp(w.sc)          # 建立主成分分析模型
> summary(w.pr)                 # 查看主成分信息
```

```
> summary(w.pr) # 提取主成分信息
Importance of components:
                          Comp.1    Comp.2     Comp.3     Comp.4     Comp.5     Comp.6     Comp.7     Comp.8
Standard deviation     3.8788764 1.6093337 1.49179429 1.19157538 1.01305446 0.98508873 0.77701315 0.70490478
Proportion of Variance 0.5805962 0.0999435 0.08587766 0.05479051 0.03960299 0.03744666 0.02329802 0.01917446
Cumulative Proportion  0.5805962 0.6805397 0.76641740 0.82120792 0.86081090 0.89825756 0.92155558 0.94073005
                           Comp.9    Comp.10     Comp.11     Comp.12     Comp.13    Comp.14     Comp.15     Comp.16
Standard deviation     0.58530098 0.55535963 0.464224682 0.419628910 0.360658202 0.31092930 0.295496274 0.203862199
Proportion of Variance 0.01321968 0.01190175 0.008316083 0.006795058 0.005019425 0.00373066 0.003369507 0.001603747
Cumulative Proportion  0.95394972 0.96585148 0.974167559 0.980962616 0.985982041 0.98971270 0.993082208 0.994685955
                           Comp.17     Comp.18      Comp.19      Comp.20      Comp.21      Comp.22      Comp.23
Standard deviation     0.197541931 0.184266910 0.1461837665 0.1261963135 0.0989769140 0.0804500782 0.0654912091
Proportion of Variance 0.001505847 0.001310259 0.0008246329 0.0006145478 0.0003780334 0.0002497556 0.0001655116
Cumulative Proportion  0.996191802 0.997502061 0.9983266934 0.9989412413 0.9993192746 0.9995690303 0.9997345418
                            Comp.24      Comp.25      Comp.26
Standard deviation     0.0602583171 4.900990e-02 2.908777e-02
Proportion of Variance 0.0001401188 9.268939e-05 3.264999e-05
Cumulative Proportion  0.9998746606 9.999674e-01 1.000000e+00
```

图 11-7　提取主成分信息

其中 Standard deviation 标准差的平方为方差特征值；Proportion of Variance 是方差贡献率；Cumulative Proportion 是方差累计贡献率。由结果显示，前五个主成分的累计贡献率已经达到 86% 可以舍弃其他主成分达到降维的目的。

也可以利用 screeplot 函数，绘制主成分的碎石图，值大于 1 的主成分代表绝大部分信息，可以舍弃其他主成分达到降维的目的，如图 11-8 所示。

```
> screeplot(w.pr,type="line") # 绘制主成分的碎石图
> abline(h=1)
```

由图 11-8 可知，第五个主成分对应的值也大于 1，因此选择前五个主成分，舍弃其他主成分达到降维目的。

最后利用聚类分析模型对加工后的数据根据欧氏距离进行层次聚类，从聚类结果中发现与货币量聚在一起的关键用户行为指标。利用 dist 函数计算欧氏距离矩阵，并利用 hclust 函数建立层次聚类模型，最后通过 plot 函数绘制聚类树形图。执行以下代码得到的聚类树形图如图 11-9 所示。

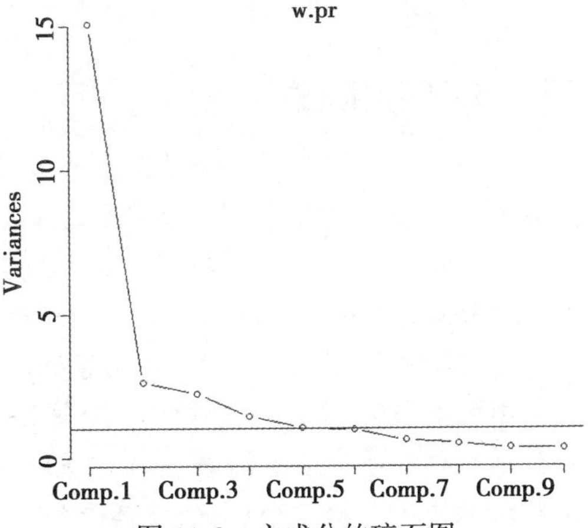

图 11-8　主成分的碎石图

```
> x<-data.frame(w.pr$loadings[,1:5])                # 计算其欧氏距离矩阵
> dist.e=dist(x,method="euclidean")                 # 建立系统聚类模型
> model1=hclust(dist.e,method="complete")           # 画聚类树形图
> plot(model1,main='聚类树图')
```

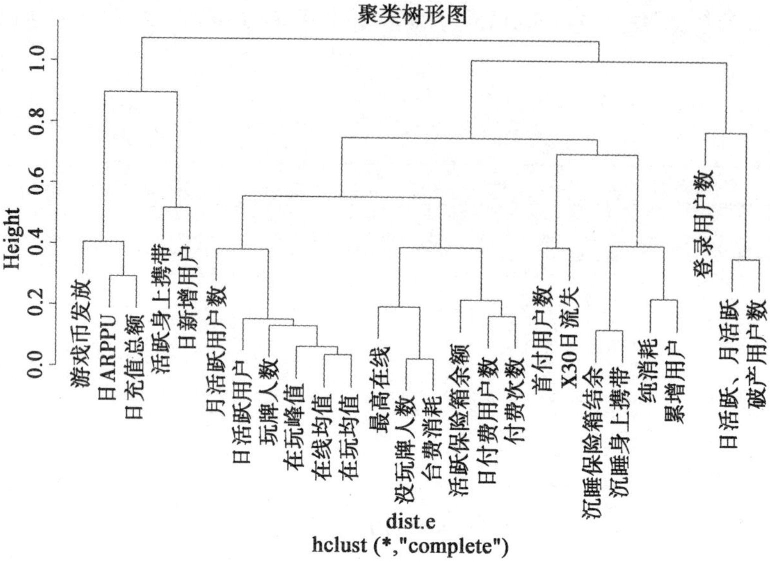

图 11-9 聚类树形图

由图 11-9 可知，主要聚类结果如下（仅解读与货币量有关的类）。

I 类：活跃身上携带货币量与日新增用户分在一类。

II 类：活跃保险箱余额与日付费用户数、付费次数分在一类。

III 类：沉淀货币量（沉睡保险箱结余和沉睡身上携带）与累积用户、纯消耗分在一类。

通过登录奖励、充值优惠等策略提升日新增用户、日付费用户数、付费次数等措施，提高活跃身上携带货币量和活跃保险箱余额。

11.2.3 模型构建

DAU/MAU 指数用于衡量用户的黏性、留存率、游戏收益情况。这在社交游戏中使用率非常高，可以认定为用户活跃度指数，理论上可以接受的风险值是 0.2，也就是说当值低于 0.2 时，游戏的整体服务进入衰退的阶段。利用 DAU/MAU＝0.2 临界点作为风险值依据，研究衡量外网货币库存量的健康指标。通过货币健康度来对游戏币发放进行策略指导。

首先研究各关键货币和用户信息的历史趋势，如图 11-10 所示。

由图 11-10 可知，沉睡货币、累增用户随着时间推移有明显增加趋势；月活跃用户数随着时间推移有明显下滑趋势。但是 DAU/MAU 的历史趋势呈现不规则波动变化，我们需要消除沉睡货币、累增用户、月活跃用户数指标的趋势性。接下来通过指标组合产生以下衍生指标。

- 纯消耗 / 发放（cadr）：纯消耗 / 游戏币发放
- 沉睡货币人均值（smpc）：（沉睡保险箱结余＋沉睡身上携带）/（累增用户－月活跃用户数）

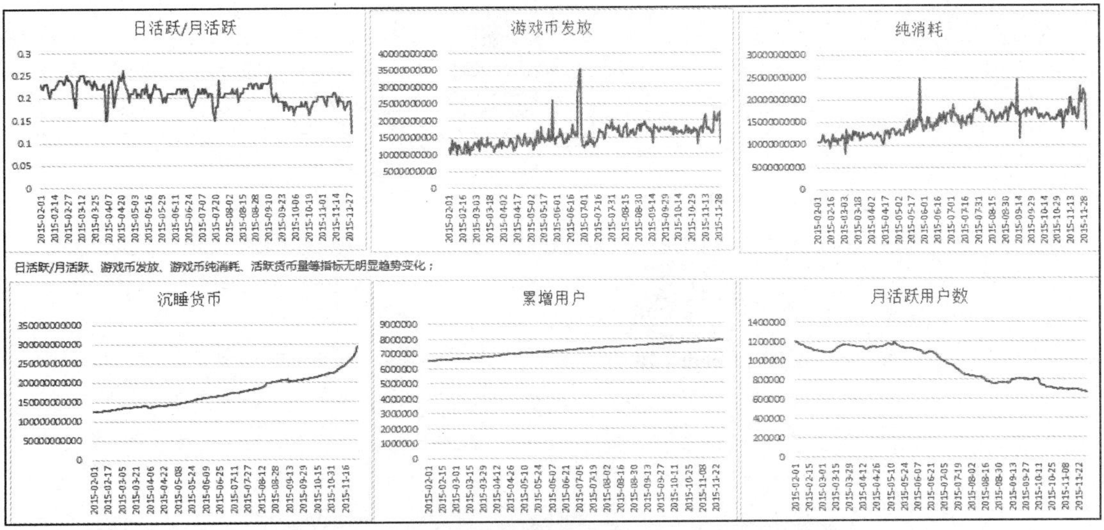

图11-10 关键货币和用户历史趋势

- 活跃货币量均值（afam）：（活跃保险箱余额＋活跃身上携带）/ 月活跃用户数
- Sleep/Active（slac）：沉睡货币人均值 / 活跃货币量人均值
- 是否异常（unusual）：以 DAU:MAU＝0.2 为判定标准，大于 0.2 时，认为正常，小于等于 0.2 时认为异常

选取纯消耗 / 发放、Sleep/Active、是否正常三个字段的历史数据进行模型研究，以是否正常为因变量，其他两个变量为自变量建立决策树模型。生成的决策树如图 11-11 所示。

```
> # 构建衍生指标
> cadr <- round(w$纯消耗/w$游戏币发放,2)
> smpc <- (w$沉睡保险箱结余+w$沉睡身上携带)/(w$累增用户-w$月活跃用户数)
> afam <- (w$活跃保险箱余额+w$活跃身上携带)/w$月活跃用户数
> slac <- round(smpc/afam,2)
> unusual <- ifelse(w$日活跃.月活跃>0.2,"正常","异常")
> u <- data.frame(cbind(cadr,slac,unusual))
> u$cadr <- as.numeric(u$cadr)
> u$slac <- as.numeric(u$slac)
> # 建立决策树模型
> library(rpart)
> r<-rpart(unusual ~ .,data=u,method="class",parms=list(split="information"))
> r
n= 303
node), split, n, loss, yval, (yprob)
      * denotes terminal node
1) root 303 116 正常 (0.3828383 0.6171617)
2) slac< 3.5 147  65 异常 (0.5578231 0.4421769)
4) cadr< 27.5 111  42 异常 (0.6216216 0.3783784) *
5) cadr>=27.5 36  13 正常 (0.3611111 0.6388889) *
3) slac>=3.5 156  34 正常 (0.2179487 0.7820513) *
>rattle:: fancyRpartPlot(r)
```

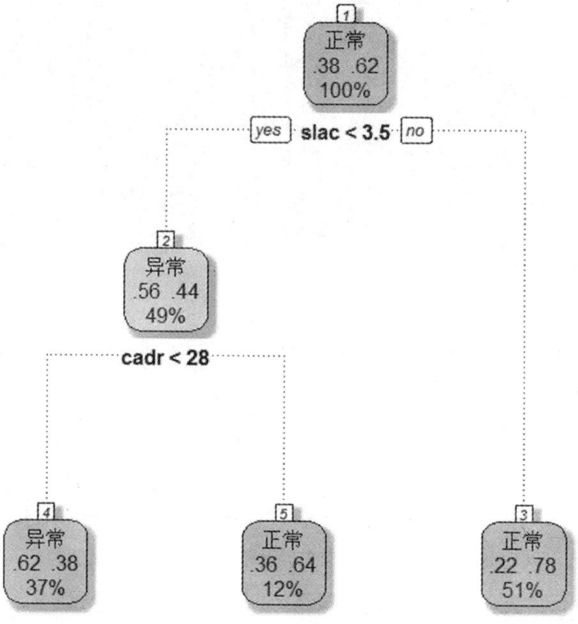

图 11-11 决策树图

由图 11-11 的决策树左边规则可知，当 slac（即沉睡货币人均值 / 活跃货币量均值指标）小于 3.5 且 cadr（即纯消耗 / 游戏币发放指标）小于 27.5 时，符合条件的共有 111 条记录，其中有 69 条记录属于异常情况，占比是 62.2%，可以将该条规则作为用户衡量外网货币库存量的健康度准则，当出现此规则情况时应该给予预警。

11.3 RFM 模型研究

基于客户消费行为的 RFM 细分模型可以为公司营销决策提供依据，已广泛应用于众多的客户关系管理分析模式。本节介绍 RFM 模型的背景及不同用户群特征，并利用 R 语言实现 RFM 模型。鉴于 RFM 模型固有的缺点，提出了 RFM 模型的改进方法。

11.3.1 RFM 模型研究背景及原理

客户是公司最宝贵的资源，面对客户需求的差异性和公司资源的有限性，公司只能将有限的资源用于最有价值和最需服务的客户，因此，进行有效的客户细分和客户识别是很有必要的。基于客户消费行为的 RFM 细分模型可以为公司营销决策提供依据，已广泛应用于众多的客户关系管理分析模式。以往的客户分析仅仅根据付费总金额对用户进行划分，这里的 RFM 模型则是从三个维度对付费用户进行细分，该模型通过客户的最近付费时间间隔（R，Recency）、付费总次数（F，Frequency）和付费总金额（M，Monetary）三项指标衡量客户价值。R 表示距离客户最近一次付费日期有多久，R 值越低，客户的价值越高；F 代表客户的购买频率，表示一段时间内客户发生交易的次数，F值越高，客户的价值越高；M表示客户在公司的消费金额，是一段时间内利润的度量，M值越高，客户的价值也越高。通过某个客户近期的购买行为、购买频率和消费金额这三个指标来描述客户的价值状态，如图11-12所示。

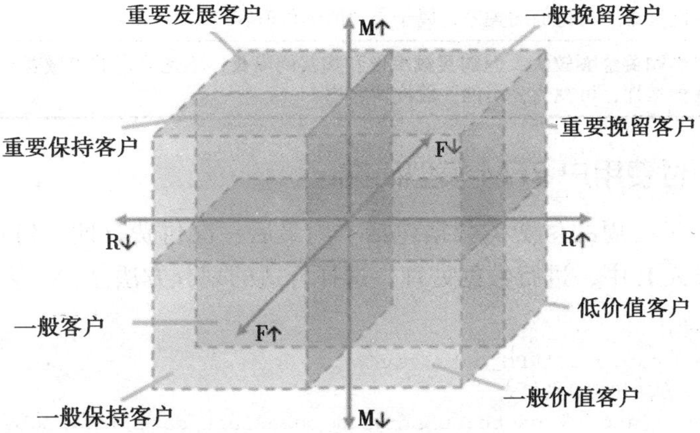

图11-12 用户分群RFM模型

根据RFM模型可以将付费用户细分为8种类型，分别是重要保持客户、重要发展客户、一般保持客户、一般客户、重要挽留客户、一般挽留客户、低价值客户和一般价值客户。8种类型的特征如表11-2所示。

表11-2 RFM类型解释

用户类型	特征
重要保持客户	这类客户**购买频繁**、**购买金额**大且最近一次交易**时间间隔短**，客户实际贡献的价值很高，且具有很高的潜在价值，是游戏中最优质的客户群，游戏利润的主要贡献者，因此可视为公司的重要保持客户，继续维持与这类客户的关系是公司利润的重要保障
重要发展客户	这类客户最近一次交易**时间间隔短**、**购买金额大**，**购买频率较低**，对公司的利润贡献不及“重要保持”型客户；但是，这类客户具有很高的潜在价值，如果公司分析、了解、满足他们的需求，利用针对性的营销手段吸引他们，提高购买频率，将给公司带来更多利润，因此这类客户可视为公司重要的发展客户
一般保持客户	这类客户最近一次交易**时间间隔短**，**购买频率高**，属于活跃客户，但累计购买**交易金额较少**，公司利润也较少。这类客户有可能购买力有限，也可能购买力强，但对公司的一些产品不感兴趣。加大这类客户的营销投入存在一定的失败风险，但适当维持与这些客户的关系又能使公司获得一定利润。因此，这类客户属于公司的一般保持客户
一般客户	这类客户最近一次交易**时间间隔短**，但**购买频率和购买量都较低**，无法立即给公司带来丰厚利润；如果他们属于新客户，那么是公司扩大客户量和市场份额的重要客户源，属于重要发展客户；如果属于老客户，则是低价值客户。所以这一类统称为一般客户
重要挽留客户	这类客户与公司的**购买频率很高**、**购买量也很多**，但**长时间没有与公司交易**，存在流失风险。对这类客户，公司应尽量挽留，通过营销手段提高客户忠诚度，让客户继续留在公司。因此可视为公司的重要挽留客户，是公司利润的潜在来源之一

（续）

用户类型	特 征
一般价值客户	这类客户**购买频率较高，但长时间没有与公司交易**，而且**购买量很低**，公司已很难从他们身上获取更多利润，因此，只能看作公司的一般价值客户
低价值客户	从购买频率、购买量及购买近度三方面分析，这类客户都属于“劣质”客户，公司没有任何必要继续维持与他们的关系，属于公司的低价值客户
一般挽留客户	虽然**购买金额较大**，但**购买频率低和购买间隔长**，不是公司的忠诚客户，他们与公司的交易存在偶然性，可视为公司的一般挽留客户

11.3.2 案例：付费用户 RFM 模型研究

有一款游戏最近一周的付费类数据包括本周最后一次付费日期、付费次数、付费金额等。现在将数据导入 R 中，进行数据处理，选择合适的划分方法。

```
> # 导入RFM数据
> rfm_data <- read.csv("RFM_data.csv")
> # 将最后付费日期转换成日期格式
> rfm_data$last_date <- paste(substr(rfm_data$last_date,1,4),substr(rfm_data$last_
date,5,6),
+                            substr(rfm_data$last_date,7,8),sep="/")
> rfm_data$last_date <- as.Date(rfm_data$last_date,"%Y/%m/%d")
> # 增加距离统计日的相隔天数
> rfm_data$time_internal <- max(rfm_data$last_date)-rfm_data$last_date
> # 查看数据的前六行
> head(rfm_data)
  player_id  last_date pay_cnt pay_mnt time_internal
1         1 2016-10-02       2      48        0 days
2         2 2016-10-02       2       7        0 days
3         3 2016-10-02       1       6        0 days
4         4 2016-09-27       2      31        5 days
5         5 2016-09-28       1       6        4 days
6         6 2016-10-02       5      73        0 days
> # 查看不同指标的10%数据情况
> quantile(rfm_data$time_internal,probs = seq(0,1,0.1))
Time differences in days
  0%  10%  20%  30%  40%  50%  60%  70%  80%  90% 100% 
   0    0    0    0    0    0    0    0    1    2    6 
> quantile(rfm_data$pay_mnt,probs = seq(0,1,0.1))
0%        10%       20%       30%       40%       50%       60%       70%
0.03      1.00      1.00      6.00      6.00      6.00      7.00     18.00
     80%       90%      100% 
 30.00     57.00 11206.00 
> quantile(rfm_data$pay_cnt,probs = seq(0,1,0.1))
  0%  10%  20%  30%  40%  50%  60%  70%  80%  90% 100% 
   1    1    1    1    1    1    1    2    2    3   42 
```

从百分比结果可以看出，不同指标的数据存在明显左偏现象，用传统的按照平均数进行分箱的方法不适合此数据。选择按照百分比的实际结果作为划分标准，确定各个维度基准值。其中R的基准值取70%分位数0天，F的基准值取60%分位数的1次，M的基准值取50%分位数的6元。由此产生新的三个衍生变量：tagR、tagF、tagM。当值大于基准值时，tagR为0，tagF、tagM为1，当值小于等于基准值时，tagR为1，tagF、tagM为0。

```
> # 建立新的衍生指标
> rfm_data$tagR <- ifelse(rfm_data$time_internal <= 0,1,0)
> rfm_data$tagF <- ifelse(rfm_data$pay_cnt <= 1,0,1 )
> rfm_data$tagM <- ifelse(rfm_data$pay_mnt <= 6,0,1)
> head(rfm_data)
player_id  last_date pay_cnt pay_mnt time_internal tagR tagF tagM
1         1 2016-10-02       2      48        0 days    1    1    1
2         2 2016-10-02       2       7        0 days    1    1    1
3         3 2016-10-02       1       6        0 days    1    0    0
4         4 2016-09-27       2      31        5 days    0    1    1
5         5 2016-09-28       1       6        4 days    0    0    0
6         6 2016-10-02       5      73        0 days    1    1    1
```

这样每个用户就有3个标识，分别为tagR、tagF、tagM，每个标识有0和1两种取值，因此用户类型可以分为$2^3=8$种。根据前面的RFM分类，给每位用户打上相应的类型标签，统计不同RFM类型的用户人数和付费金额，并绘制柱状图，如图11-13所示。

```
> # 给用户打上类型标签
> rfm_data$type <- "一般挽留用户"
> rfm_data[rfm_data$tagR==1 & rfm_data$tagF==1 & rfm_data$tagM==1,'type'] <- "重要保持客户"
> rfm_data[rfm_data$tagR==1 & rfm_data$tagF==0 & rfm_data$tagM==1,'type'] <- "重要发展客户"
> rfm_data[rfm_data$tagR==1 & rfm_data$tagF==1 & rfm_data$tagM==0,'type'] <- "一般保持客户"
> rfm_data[rfm_data$tagR==1 & rfm_data$tagF==0 & rfm_data$tagM==0,'type'] <- "一般客户"
> rfm_data[rfm_data$tagR==0 & rfm_data$tagF==1 & rfm_data$tagM==1,'type'] <- "重要挽留客户"
> rfm_data[rfm_data$tagR==0 & rfm_data$tagF==1 & rfm_data$tagM==0,'type'] <- "一般客户"
> rfm_data[rfm_data$tagR==0 & rfm_data$tagF==0 & rfm_data$tagM==0,'type'] <- "低价值客户"
> head(rfm_data)
player_id  last_date pay_cnt pay_mnt time_internal tagR tagF tagM  type
1       1  2016-10-02       2      48        0 days    1    1    1  重要保持客户
2       2  2016-10-02       2       7        0 days    1    1    1  重要保持客户
3       3  2016-10-02       1       6        0 days    1    0    0      一般客户
4       4  2016-09-27       2      31        5 days    0    1    1  重要挽留客户
5       5  2016-09-28       1       6        4 days    0    0    0   低价值客户
6       6  2016-10-02       5      73        0 days    1    1    1  重要保持客户
> # 统计不同用户群的人数
> library(sqldf)
> rfm_data_sum <- sqldf("select type,count(distinct player_id) as usr_cnt,
+                  sum(pay_mnt) as pay_mnt_sum from rfm_data group by type")
> # 按照付费金额进行降序排列
> rfm_data_sum <- rfm_data_sum[order(rfm_data_sum$pay_mnt_sum,decreasing = T),]
> rfm_data_sum$usr_cnt_rate <- paste0(round(rfm_data_sum$usr_cnt*100/
+                                     sum(rfm_data_sum$usr_cnt),2),"%")
> rfm_data_sum$pay_mnt_sum_rate <- paste0(round(rfm_data_sum$pay_mnt_sum*100/
+                                     sum(rfm_data_sum$pay_mnt_sum),2),"%")
> knitr::kable(rfm_data_sum)
```

```
|    |type          | usr_cnt| pay_mnt_sum|usr_cnt_rate |pay_mnt_sum_rate |
|:--|:------------|-------:|-----------:|:------------|:----------------|
|5  |重要保持客户   |    1098|   143775.00|29.03%       |81.24%           |
|6  |重要发展客户   |     378|    16717.00|9.99%        |9.45%            |
|7  |重要挽留客户   |     231|     7567.00|6.11%        |4.28%            |
|3  |一般客户       |    1313|     4715.03|34.72%       |2.66%            |
|4  |一般挽留用户   |      41|     2072.00|1.08%        |1.17%            |
|1  |低价值客户     |     601|     1876.00|15.89%       |1.06%            |
|2  |一般保持客户   |     120|      243.00|3.17%        |0.14%            |
>> # 绘制柱状图
> library(RColorBrewer)
> par(mfrow=c(2,1))
> barplot(rfm_data_sum$pay_mnt_sum,col=brewer.pal(12,"Set3")[1:8],
+         border = F,main="付费金额统计")
> barplot(rfm_data_sum$usr_cnt,col = brewer.pal(9,"Set1")[1:8],
+         border = F,names.arg = rfm_data_sum$type,
+         main="付费人数统计")
> par(mfrow=c(1,1))
```

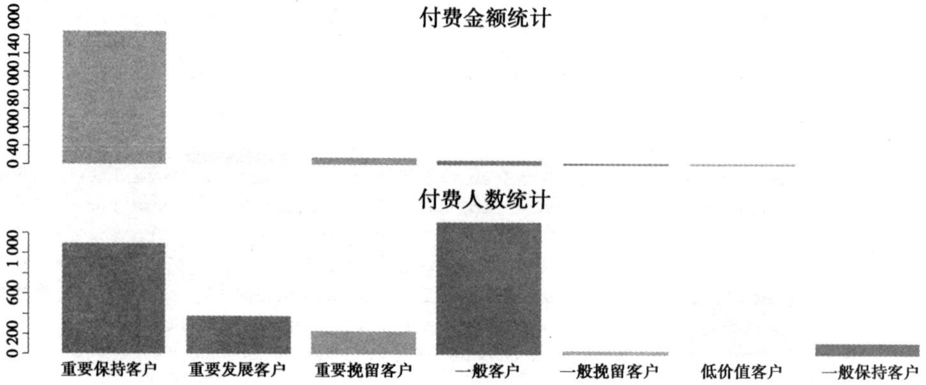

图 11-3　RFM 分群人数和金额统计

由图 11-13 可知，重要保持客户占了全部付费用户人数的 29%，贡献了 81% 的周收入，是该款游戏收入的主要贡献人群，需要重点维护好这批客户，提供 VIP 服务策略。一般客户虽然占了全部付费人数的 34.7%，但是付费金额只占到 2.66%。我们需要对一般客户再进一步细分研究，如果是新用户，可以给他们推荐新的玩法和角色，更进一步激发他们的付费能力，如果是老玩家，那么他们可能付费能力有限，更关注一些超值大礼包，做活动促销时可以对他们进行推广，提高整体付费渗透率。

11.3.3　RFM 模型的不足及改进

传统 RFM 分析简单有效，但这种细分方法也存在一定的缺点。传统 RFM 模型的劣势如图 11-14 所示。

- 用户评分过于简单：评分标准是根据选择阈值划分用户群，这种通过简单经验值分类的方法容易受到分析者主观经验影响；而且如果将指标从两个等级划分为 5 个等级，就会得到 125 个用户群，以至于难以形成对每个客户群的准确理解，也难以针对每个细分用户群指定有效的营销策略。

- ❑ 用户行为变化无法追踪：传统的 RFM 模型仅仅是利用统计周期内的数据对指标进行分级，无法体现用户的以前行为，不能发现用户不同时期的状态变化。
- ❑ 无法消除指标间的相互影响：这是因为统计周期内的消费频率（F）与消费金额（M）这两个指标存在共线性问题。
- ❑ RFM 权重困难：不同指标间的权重正常来说是不同的，比如付费金额应该会比付费频率和最后一次付费时间相对更重一些，但是如何确定权重，不同的分析者都会有不同的做法。

利用数据分析的方法，针对传统 RFM 模型的不足进行相应优化，得到改进的 RFM 模型，如图 11-15 所示。

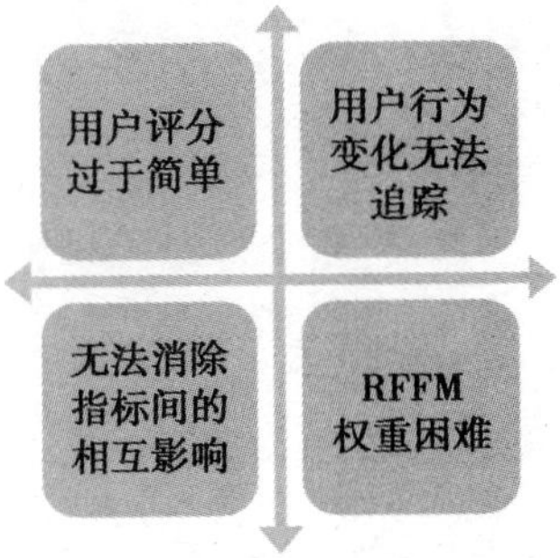

图 11-14 传统 RFM 模型的劣势

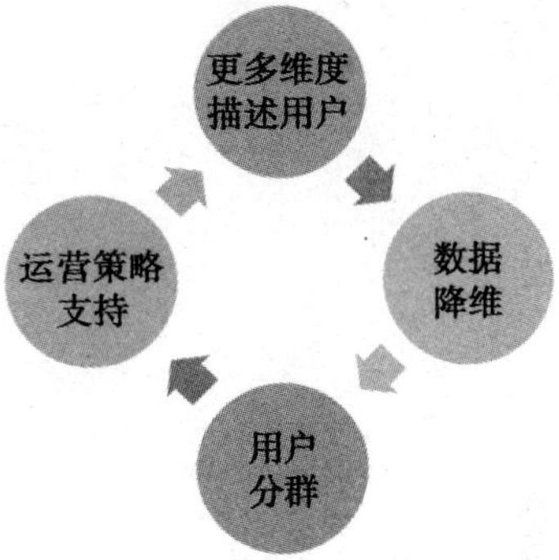

图 11-15 RFM 改进模型

- ❑ 更多维度描述用户：可以增加用户的本周付费失败总次数、本周付费失败总金额、历史付费总次数、历史付费总金额、本周平均付费金额等维度，可利用相关性分析查看各变量间的关系。
- ❑ 数据降维：利用主成分分析进行降维处理，消除各指标间的线性影响。
- ❑ 用户分群：利用聚类分析对用户进行划分，可以分为超 R、大 R、中 R、小 R 等。
- ❑ 运营策略支持：运营可以利用用户分群进行精细化运营，甚至可以结合关联推荐、智能推荐系统发现不同用户群的购物习惯，对道具进行捆绑打折销售，或者利用协同过滤的推荐算法对个体玩家进行个性化推荐。

改进 RFM 模型具有以下优势。

- ❑ 用户评分不是离散型值，而是连续的忠诚度评分。
- ❑ 用户分类通过实际数据（聚类）来决定，而不是简单经验值分类。
- ❑ 支持灵活可扩展的运营策略。
- ❑ 方便以更有效的方式选择策略来挽留用户。

11.4 小结

本章介绍了用于衡量游戏收入的常用指标，货币类指标与活跃类指标间的关系，针对付费用户最常用的 FRM 模型原理及 R 语言实现，并针对传统 RFM 模型的固有缺点提出改进方法。

第三篇 Part 3

提 高 篇

Chapter 12 第 12 章

Rattle：可视化数据挖掘工具

R 语言提供的众多扩展包极大地丰富了 R 语言的功能，同时也给数据分析员使用 R 语言带来了苦恼。数据分析人员在想实现某一个数据挖掘工作时，反而不知道如何下手。本章希望通过对 R 语言的数据挖掘可视化工具——Rattle 的详细介绍，帮助数据分析人员利用 R 语言快速完成数据探索、数据可视化、数据建模、模型评估等一系列数据挖掘工作，并通过学习 Log 文件，迅速提升使用 R 语言工具的能力。

12.1 Rattle 简介及安装

作为优秀的统计软件包，R 语言也提供了强大的数据挖掘工具，但是这些工具分散在数以万计的 R 包之中，而且编写脚本往往也会成为快速解决问题的障碍。Rattle 包的出现很好地解决了这个问题。

12.1.1 Rattle 简介

Rattle 是一个用于数据挖掘的 R 图形交互界面（GUI），可用于快捷处理常见的数据挖掘问题。从数据的整理到模型的评价，Rattle 给出了完整的解决方案。Rattle 和 R 平台良好的交互性，又为用户使用 R 语言解决复杂问题开启了方便之门。Rattle 易学易用，不要求很多的 R 语言基础，被广泛应用于数据挖掘实践和教学之中。

在 R 中，Rattle 使用 RGtk2 包提供的 Gnome 图形用户界面，可以在 Windows、MAC OS/X、Linux 等多个系统中使用。

Rattle 不仅仅是一个所见即所得的 GUI 工具，它还具有很多扩展功能。pmml 包是在

Rattle 基础上发展起来的一个 R 包，它使用基于 PMML 的开放标准 XML 或预测模型标记语言。按这种方式由 R 导出的模型可以输入类似于由云计算机驱动的 ADAPA 决策引擎的工具，从而可以在多个平台上运行。

12.1.2 Rattle 安装

以在 Windows 系统中安装 Rattle 为例，安装步骤如下。

在 R 控制台键入即可完成 Rattle 的安装：

```
install.packages( "RGtk2" )
install.packages( "rattle" )
```

通过 library(rattle) 载入该包，并通过 rattle() 命令调出 Rattle 界面。

```
library(rattle)
rattle( )
```

Rattle 初始界面如图 12-1 所示。

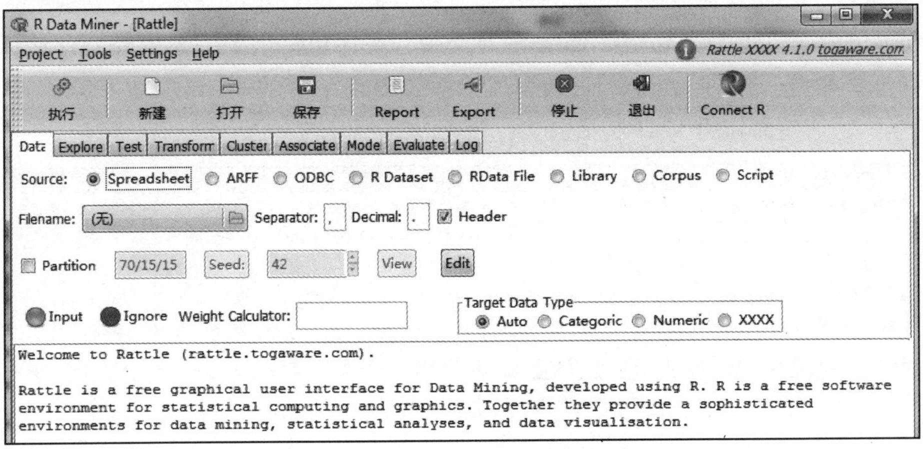

图 12-1 Rattle 初始界面

12.2 功能预览

Rattle 的界面依次排列的是菜单栏、工具栏和标签栏，如图 12-1 所示。

标签栏中的标签各自完成数据挖掘工作中的一个相关步骤。

1）Data：选择数据源，输入数据。

2）Explore：执行数据探索，理解数据分布情况。

3）Test：提供各种统计检验。

4）Transform：变换数据的形式。

5）Cluster：数据聚类，包括 k- 均值聚类、系统聚类和双聚类（biclustering）。

6）Associate：关联规则方法。

7）Model ：内容最丰富的一个标签，提供多种算法：决策树、随机森林、组合算法、支持向量机、线性模型、人工神经网络、生存分析。如果想简单了解各种算法的基本介绍，只需要将鼠标指针停留在上面即可，如图 12-2 所示。

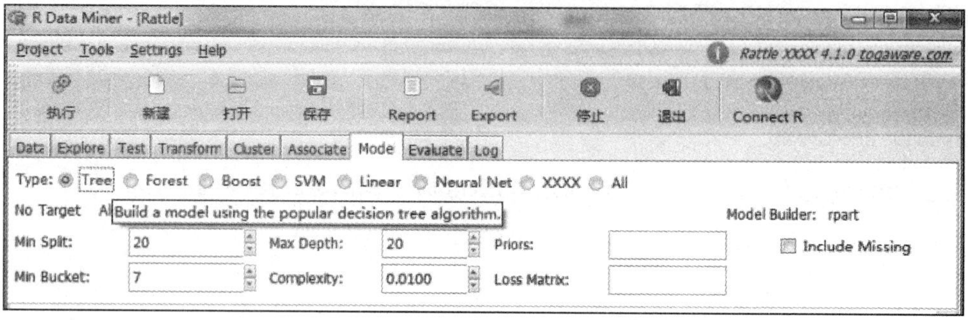

图 12-2 Model 界面

8）Evaluate ：模型评估，在 Evaluate 界面中，程序包提供了一系列模型评估标准，包括其中有混淆矩阵（Error Matrix）、模型风险表（Risk）、模型 ROC 曲线（ROC）、得分表（Score）等。评估界面如图 12-3 所示。

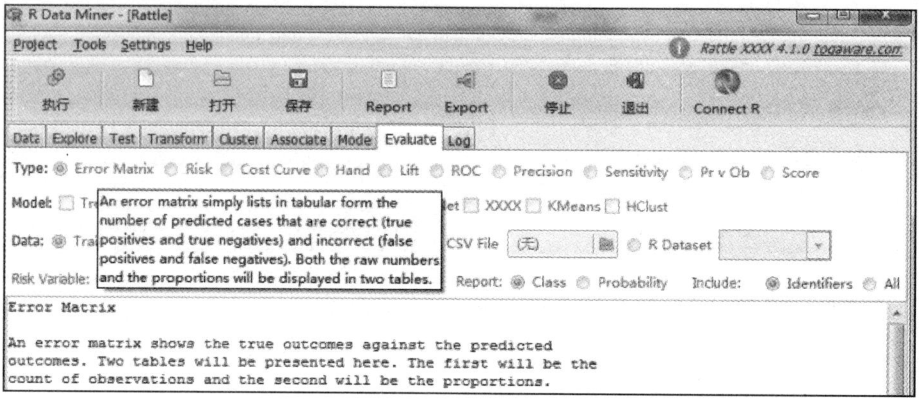

图 12-3 Evaluate 界面

9）Log ：数据挖掘过程的记录。主要用于记录以上介绍的所有功能的具体执行情况，并给出所进行 Rattle 操作的 R 代码。

12.3 数据导入

数据的来源可以有很多。R 内置有许多数据集，也能从各式各样的来源中读取数据，而且支持大量的文件格式。利用 R 语言强大的数据导入能力，Rattle 也可以直接访问这些数据。

12.3.1　导入 CSV 数据

有众多的格式和文本文件标准可用于存储数据。最常用于存储数据的通用格式为分隔符值（即 CSV 或制表符分隔文件）。

使用 Data 标签中的 Spreadsheet 按钮，可以轻松将 CSV 文件导入 Rattle 中，如图 12-4 所示。

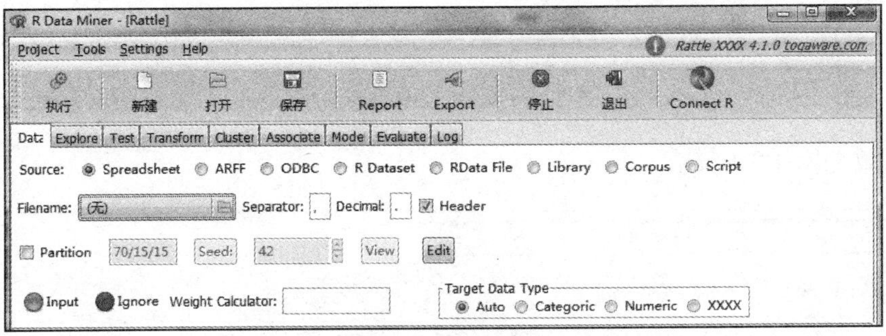

图 12-4　Data 标签

单击 Filename 可以打开“选择文件”对话框，选择需要导入的 CSV 文件。例如，导入 Rattle 包自带的天气数据集 weather.csv，如图 12-5 所示。

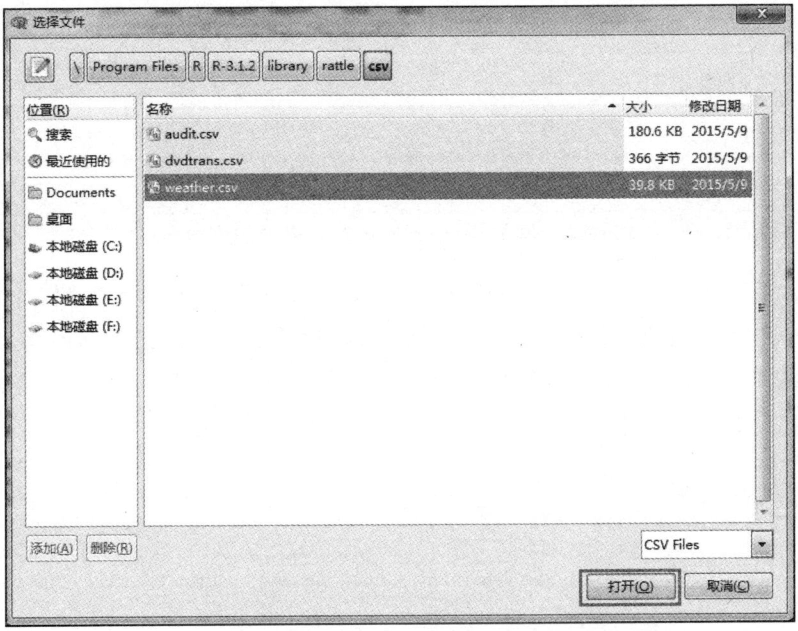

图 12-5　打开 rattle 包自带的 weather.csv 数据集

现在需要将数据从文件中导入 Rattle 中，通常单击执行按钮（或者按 F2 键），如图 12-6 所示。

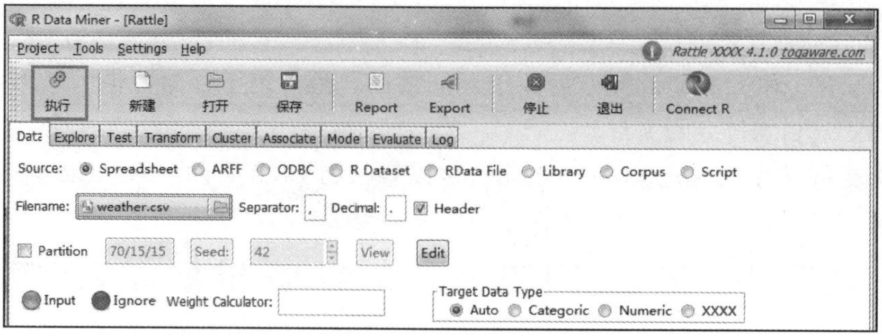

图 12-6 单击执行按钮，导入数据到 Rattle 中

导入结果如图 12-7 所示。

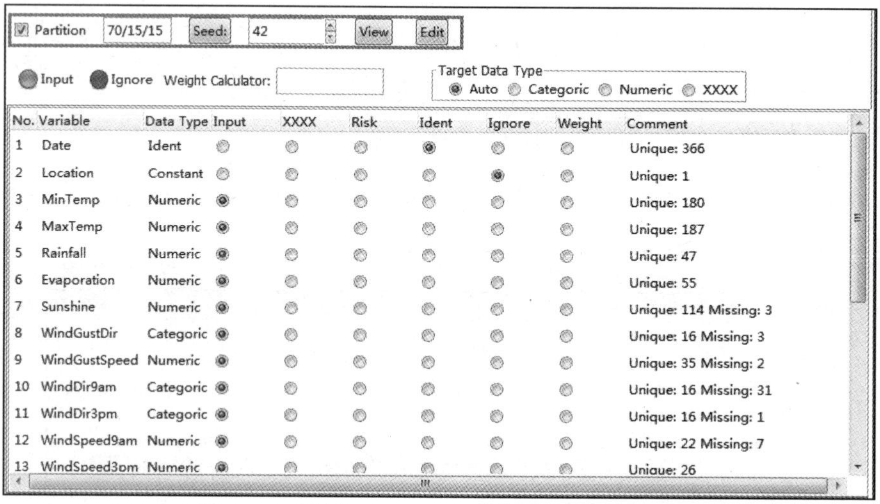

图 12-7 显示 weather.csv 数据集中的变量名

数据导入后，Rattle 会利用 sample 函数进行随机抽样，将样本按照 70:15:15 的比例分成训练集、验证集和测试集，可以通过 Partition 调整各部分数据集的占比，也可以通过 Seed 改变随机种子。查看 Log 的记录如下。

```
set.seed(crv$seed)
crs$nobs <- nrow(crs$dataset) # 366 observations
crs$sample <- crs$train <- sample(nrow(crs$dataset), 0.7*crs$nobs) # 256 observations
crs$validate <- sample(setdiff(seq_len(nrow(crs$dataset)), crs$train), 0.15*crs$nobs)
# 54 observations
crs$test <- setdiff(setdiff(seq_len(nrow(crs$dataset)), crs$train), crs$validate) # 56
observations
```

通过分区的脚本可以看出，weather 数据集一共有 366 个样本，其中训练集有 256 个样本，验证集有 54 个样本，测试集有 56 个样本。

还可以通过 View 或 Edit 按钮，查看或修改 weather 数据集，如图 12-8 所示。

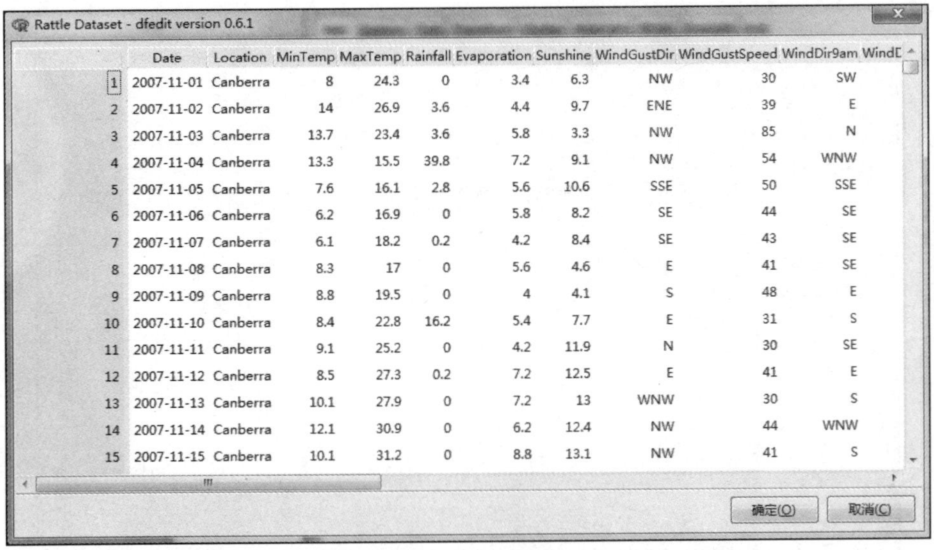
Rattle Dataset - dfedit version 0.6.1

	Date	Location	MinTemp	MaxTemp	Rainfall	Evaporation	Sunshine	WindGustDir	WindGustSpeed	WindDir9am	WindD
1	2007-11-01	Canberra	8	24.3	0	3.4	6.3	NW	30	SW	
2	2007-11-02	Canberra	14	26.9	3.6	4.4	9.7	ENE	39	E	
3	2007-11-03	Canberra	13.7	23.4	3.6	5.8	3.3	NW	85	N	
4	2007-11-04	Canberra	13.3	15.5	39.8	7.2	9.1	NW	54	WNW	
5	2007-11-05	Canberra	7.6	16.1	2.8	5.6	10.6	SSE	50	SSE	
6	2007-11-06	Canberra	6.2	16.9	0	5.8	8.2	SE	44	SE	
7	2007-11-07	Canberra	6.1	18.2	0.2	4.2	8.4	SE	43	SE	
8	2007-11-08	Canberra	8.3	17	0	5.6	4.6	E	41	SE	
9	2007-11-09	Canberra	8.8	19.5	0	4	4.1	S	48	E	
10	2007-11-10	Canberra	8.4	22.8	16.2	5.4	7.7	E	31	S	
11	2007-11-11	Canberra	9.1	25.2	0	4.2	11.9	N	30	SE	
12	2007-11-12	Canberra	8.5	27.3	0.2	7.2	12.5	E	41	E	
13	2007-11-13	Canberra	10.1	27.9	0	7.2	13	WNW	30	S	
14	2007-11-14	Canberra	12.1	30.9	0	6.2	12.4	NW	44	WNW	
15	2007-11-15	Canberra	10.1	31.2	0	8.8	13.1	NW	41	S	

确定(O)　取消(C)

图 12-8　单击 View 或 Edit 按钮调出 weather 数据集

如果是通过 Edit 按钮调出的窗口，可以直接在上面修改数据再单击“确定”按钮，完成数据的修改（依赖于 RGtk2Extras 扩展包，第一次打开时会提示是否安装，直接确定安装即可）。

细心的读者估计已经留意到，图 12-5 的右下角有个选择文本文件格式的下拉列表（默认情况下是 CSV Files），从中可以选择 TXT、Excel、Excel 2007 格式的文件，如图 12-9 所示。

假设在我的文档目录下已经包括三个文件：iris.txt、iris.xls、iris.xlsx，接下来演示如何将这三个文件分别导入 Rattle 中。

由于 TXT 文件是由制表符分隔（Tab-Delimited）的，所以需要将分隔符（Separator）设置为“无”（删掉逗号，因默认是导入 CSV 格式的文件），才能将 TXT 文件导入 Rattle 中，如图 12-10 所示。

可以通过 View 查看导入的数据。

将 iris.xls（见图 12-11a））、iris.xlsx（见图 12-11b））分别导入 Rattle 中。

通过 Log 查看记录可以发现，导入 xls 和 xlsx 文件都是使用 readxl 包中的 read_excel 函数。

```
library(readxl, quietly=TRUE)
crs$dataset <- read_excel("C:/Users/daniel.xie/Documents/iris.xls")
crs$dataset <- read_excel("C:/Users/daniel.xie/Documents/iris.xlsx")
```

readxl 包不同于其他读取 Excel 数据的包，如 XLConnect、xlsx 等包的安装需要依赖于本地的 jre 环境和 rJava 包，故 readxl 包可作为读取 Excel 数据的首选。

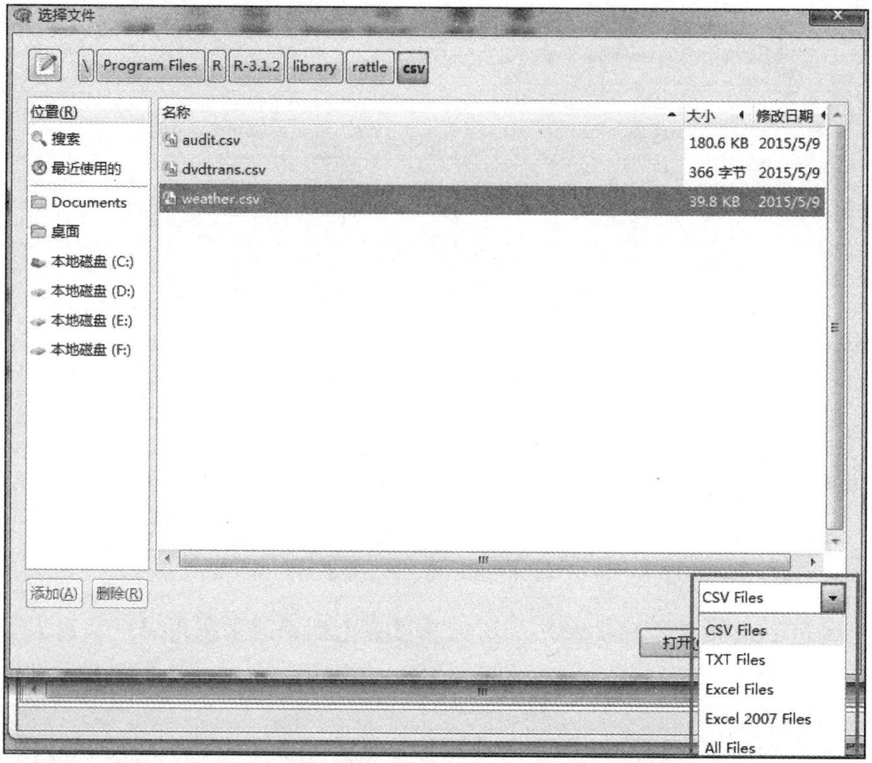

图 12-9 导入的电子表格可以是 CSV、TXT、Excel、Excel 2007 等格式

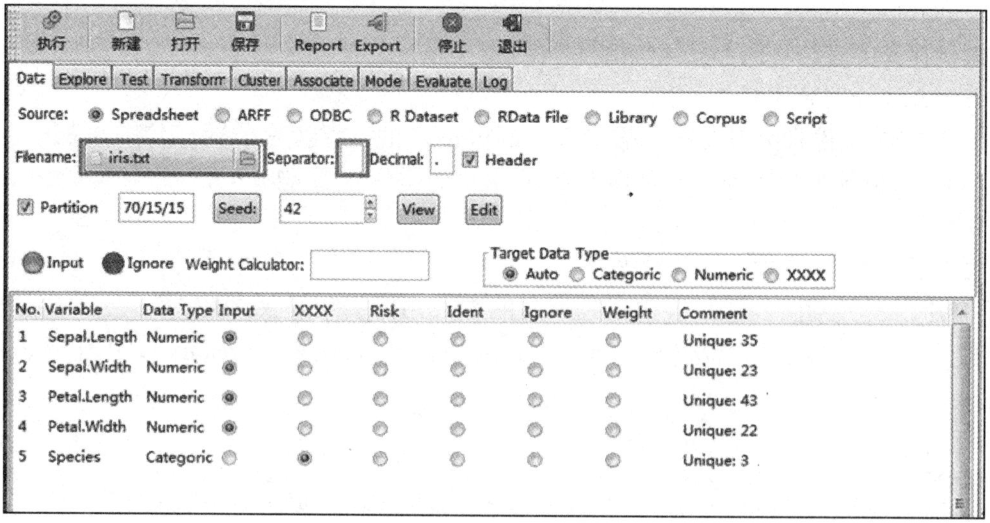

图 12-10 导入 TXT 文件

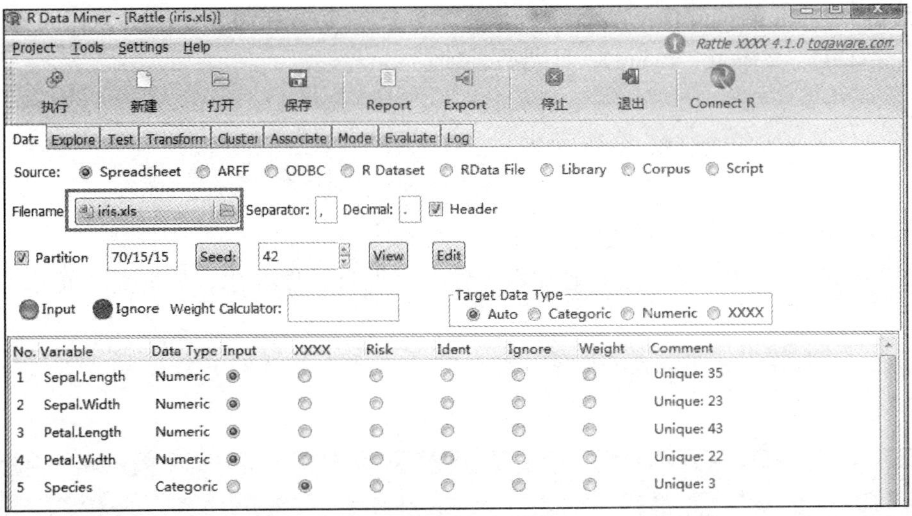

a) 导入 xls 文件

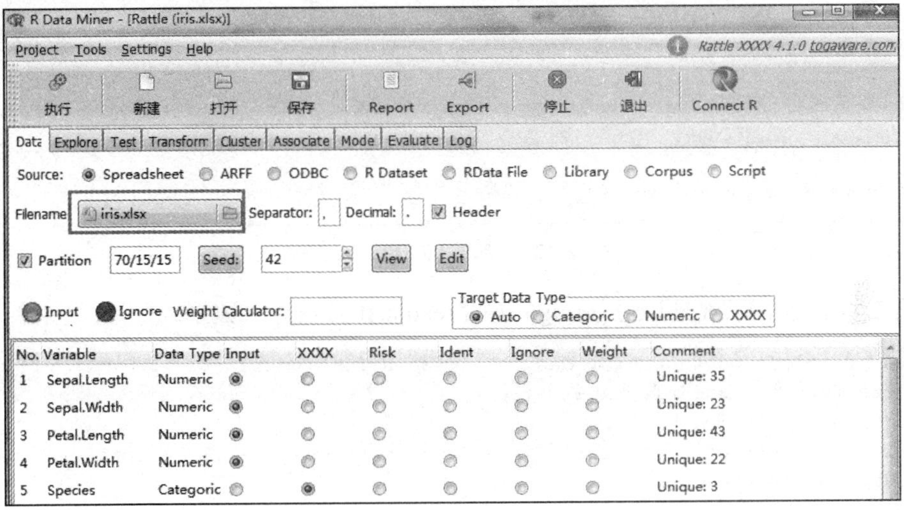

b) 导入 xlsx 文件

图 12-11 导入 xls 和 xlsx 文件

12.3.2 导入 ARFF 数据

ARFF（Attribute-Relation File Format）文件是 Weka 默认的储存数据集文件，主要由两部分组成：文件头和数据。

以 Rattle 包自带的数据集 weather.arff 为例进行辅助说明。文件头包括 relation 说明和属性说明。@relation weather@attribute Date date "yyyy-MM-dd"@attribute MinTemp numeric @attribute RainTomorrow {'No','Yes'} 属性部分声明属性名称和类别（如果为枚举型，则说

明预设数据值）。数据部分由 @data 引导。主要处理的数据类型有枚举型（nominal）、数值型（integer real）、文本型（string）、日期型（date）。

```
@data
'2007-11-01','Canberra',8,24.3,0,3.4,6.3,'NW',30,'SW','NW',6,20,68,29,1019.7,101
5,7,7,14.4,23.6,'No',3.6,'Yes'
'2007-11-02','Canberra',14,26.9,3.6,4.4,9.7,'ENE',39,'E','W',4,17,80,36,1012.4,1
008.4,5,3,17.5,25.7,'Yes',3.6,'Yes'
```

ARFF 格式文件的特点：各个记录相互独立，没有顺序要求，同时各个记录间不存在关系。

通过 Data 标签下的 Source 来源选择 ARFF 格式，将 ARFF 数据导入 Rattle 中。如图 12-12 所示。

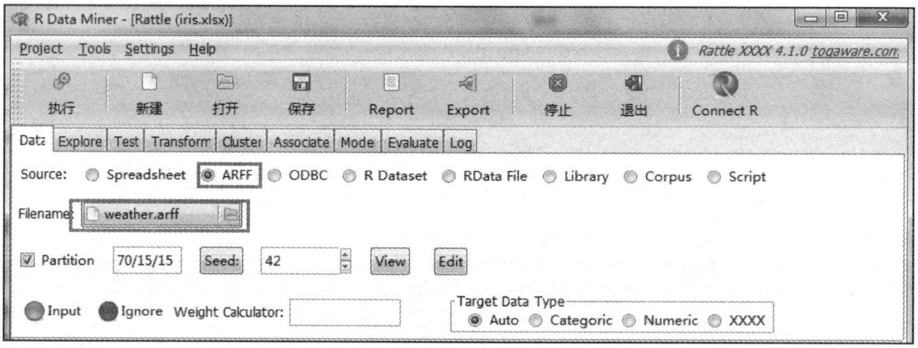

图 12-12 导入 ARFF 格式数据

查看 Log 记录，发现是通过 foreign 包的 read.arff 函数导入数据。

```
# The 'foreign' package provides the 'read.arff' function.
require(foreign, quietly=TRUE)
# Load an ARFF file.
crs$dataset <- read.arff("file:///C:/Program Files/R/R-3.1.2/library/rattle/arff/
weather.arff")
```

12.3.3 导入 ODBC 数据

很多数据储存在数据库和数据仓库中。开放数据库连接（ODBC）标准已经发展为从数据库中访问数据的常用方法，该技术是基于结构化查询语言（SQL）用于查询关系数据库。

这里讨论如何直接从数据库中访问数据。Rattle 通过 ODBC 选项能获取任意一种拥有 ODBC 驱动的数据库，其实几乎就是市面上的所有数据库，如图 12-13 所示。

假设已经在 Windows 下安装了 MySQL，并通过 ODBC 数据源管理器配置好 MySQL 的 ODBC 驱动，如图 12-14 所示。

在 R 的控制台用 RODBC 包的 odbcConnect( ) 函数连接数据库。

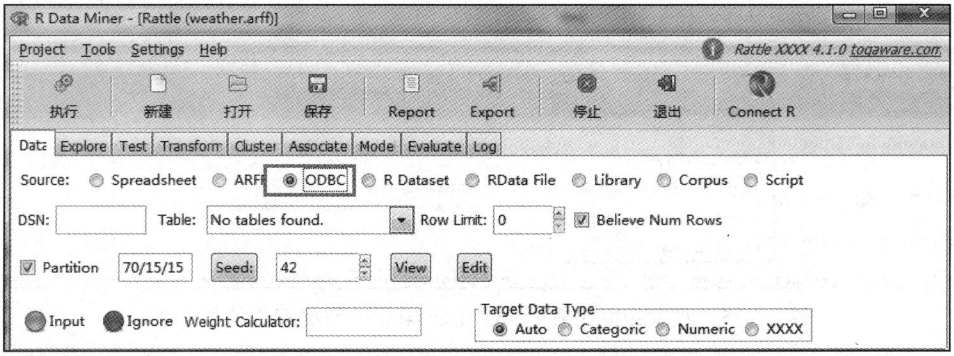

图 12-13　通过 ODBC 连据库数据导入数据

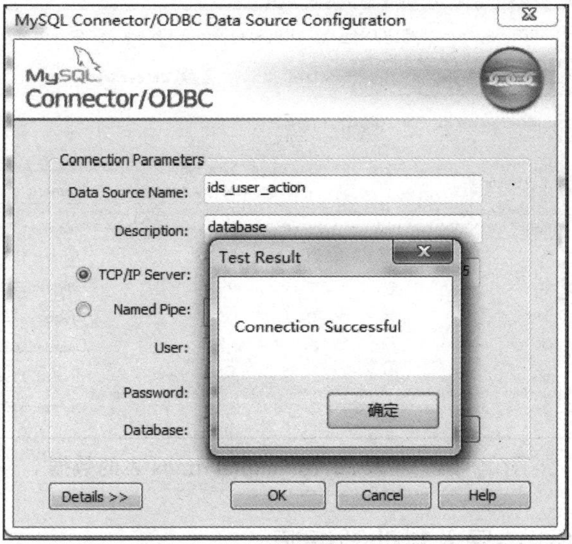

图 12-14　通过 ODBC 数据源管理器安装 ODBC 驱动

```
> library(RODBC)
> odbcConnect("ids_user_action","Daniel.xie","xie@iedlan")
RODBC Connection 1
Details:
  case=tolower
  DSN=ids_user_action
  UID=Daniel.xie
  PWD=******
```

接下来，在 Rattle 的 DSN 中输入连接的数据库名，就可以在 Table 显示 ids_user_action 库中的所有数据表，如图 12-15 所示。

如果想导入 ad_rpt_adplat_trans 的数据，只需要选中此表，然后单击执行按钮，即可将该表导入 Rattle 中，如图 12-16 所示。

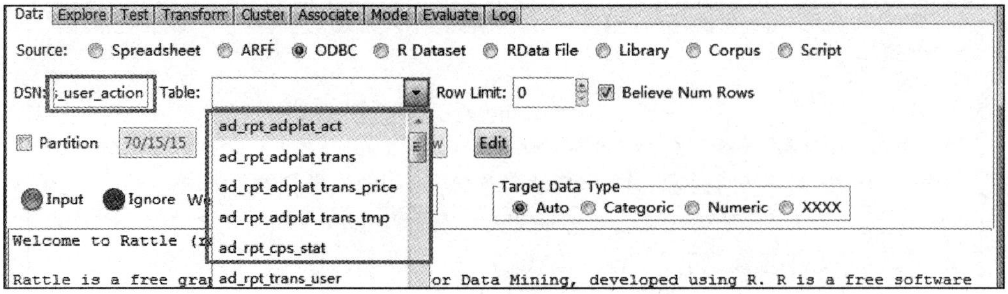

图 12-15 在 Rattle 中查看 ids_user_action 数据库中的数据表

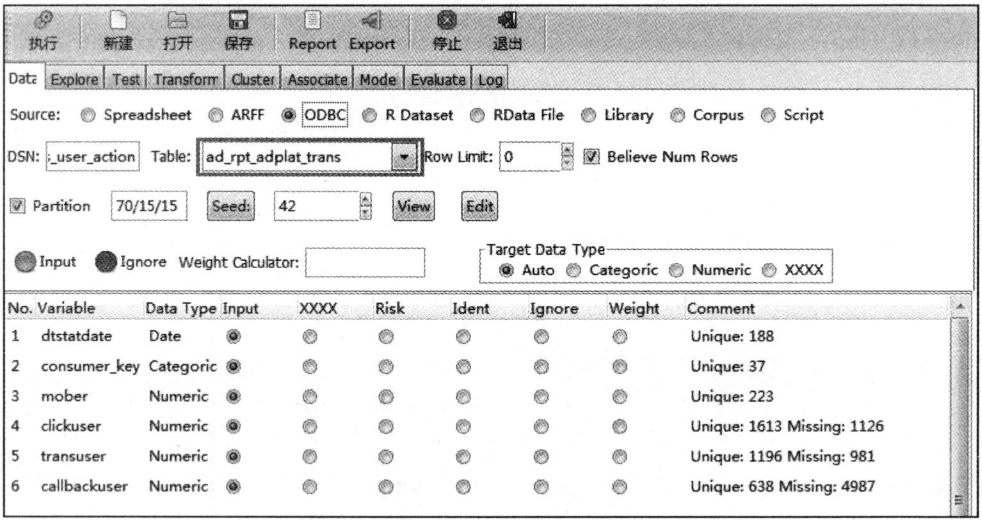

图 12-16 导入 ad_rpt_adplat_trans 表的数据

12.3.4 R Dataset——导入其他数据源

前面介绍了如何导入文本文件、ARFF 文件、数据库的数据，然而 R 支持从更多的数据源导入数据。例如，可以从剪贴板、其他专业的数据挖掘工具（SPSS、SAS）等导入数据，接下来演示如何将 R 当前环境中的数据对象导入 Rattle 中。

1. 从剪贴板读取数据

本地有一份关于用户活跃情况的数据，如图 12-17 所示。

通过 read.table(" clipboard" ,header = T) 命令将剪贴板的数据导入 R，并保存到数据对象 actionuser 中。

```
> actionuser <- read.table("clipboard",header = T)
> dim(actionuser)
[1] 19  7
> head(actionuser)
用户id 是否付费总登录天数总登录次数日均登录次数工作日登录次数周末登录次数
```

```
1 14581052      0       1       1       1.0       1       0
2 30956813      0       2       5       2.5       5       0
3 31212114      0       2       3       1.5       3       0
4 37557610      0       1       2       2.0       0       2
5 40446697      0       1       3       3.0       0       3
6 44095085      0       2       5       2.5       5       0
```

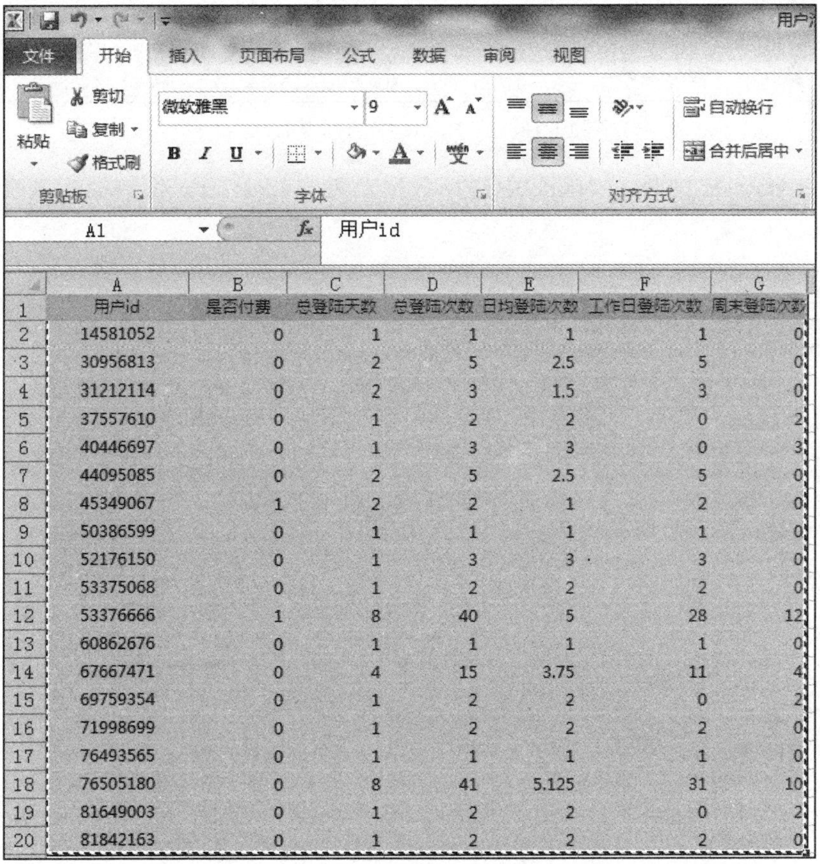

	A	B	C	D	E	F	G
1	用户id	是否付费	总登陆天数	总登陆次数	日均登陆次数	工作日登陆次数	周末登陆次数
2	14581052	0	1	1	1	1	0
3	30956813	0	2	5	2.5	5	0
4	31212114	0	2	3	1.5	3	0
5	37557610	0	1	2	2	0	2
6	40446697	0	1	3	3	0	3
7	44095085	0	2	5	2.5	5	0
8	45349067	1	2	2	1	2	0
9	50386599	0	1	1	1	1	0
10	52176150	0	1	3	3	3	0
11	53375068	0	1	2	2	2	0
12	53376666	1	8	40	5	28	12
13	60862676	0	1	1	1	1	0
14	67667471	0	4	15	3.75	11	4
15	69759354	0	1	2	2	0	2
16	71998699	0	1	2	2	2	0
17	76493565	0	1	1	1	1	0
18	76505180	0	8	41	5.125	31	10
19	81649003	0	1	2	2	0	2
20	81842163	0	1	2	2	2	0

图 12-17 选中数据并复制到剪贴板

接下来，在 R Dataset 的 Data Name 中选择数据对象 actionuser，如图 12-18 所示。

单击执行按钮后，可以将 actionuser 数据导入 Rattle 中，可通过 View 按钮查看数据。

2. 加载 SPSS 数据集

利用 foreign 扩展包的 read.spss 函数可以将 SPSS 数据集读入 R 中。假如桌面有一份关于居民储蓄调查的数据，先将数据读入 R 中。

```
library(foreign)
mydataset <- read.spss("C:\\Users\\Think\\Desktop\\居民储蓄调查数据.sav")
mydataset <- as.data.frame(mydataset)
```

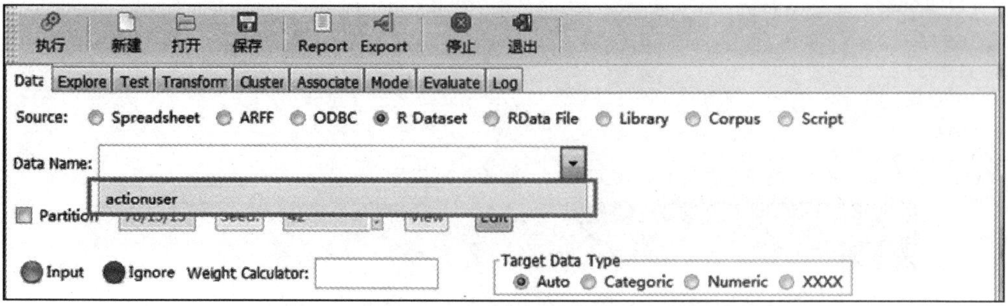

图 12-18 在 Rattle 中选择 R Dataset

然后在 R Dataset 的 Data Name 中选择数据对象 mydataset，将数据读入 Rattle 中，如图 12-19 所示。

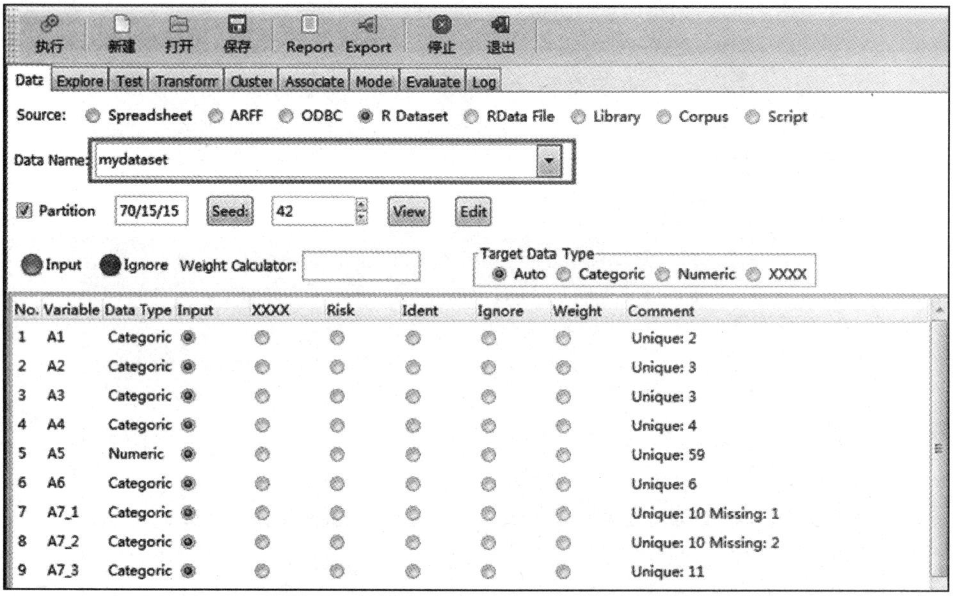

图 12-19 将居民储蓄调查数据导入 Rattle 中

单击 View 查看导入的居民储蓄调查数据，如图 12-20 所示。

12.3.5 导入 RData File 数据集

利用 RData File 选项可以将二进制的数据（通常是 RData File 的扩展）直接读入 Rattle 中，这些文件通常包含多个数据集。

假如桌面有一个 user.RData 数据，里面包括不同平台的用户信息，先在 Filename 中选择 user.RData，然后可以选择里面包含的数据表，如图 12-21 所示。

例如，选中 android 表，查看安卓用户信息，单击 View 查看导入的数据，如图 12-22 所示。

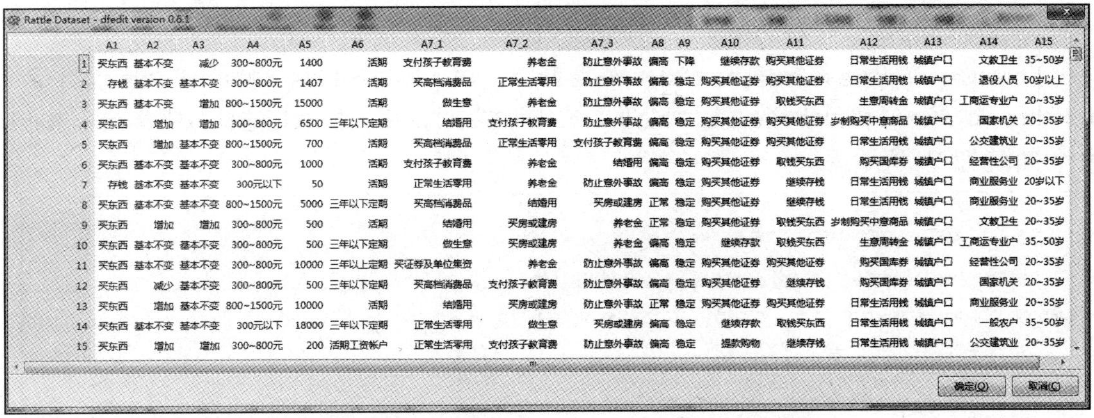

图 12-20　单击 View 查看导入的居民储蓄调查数据

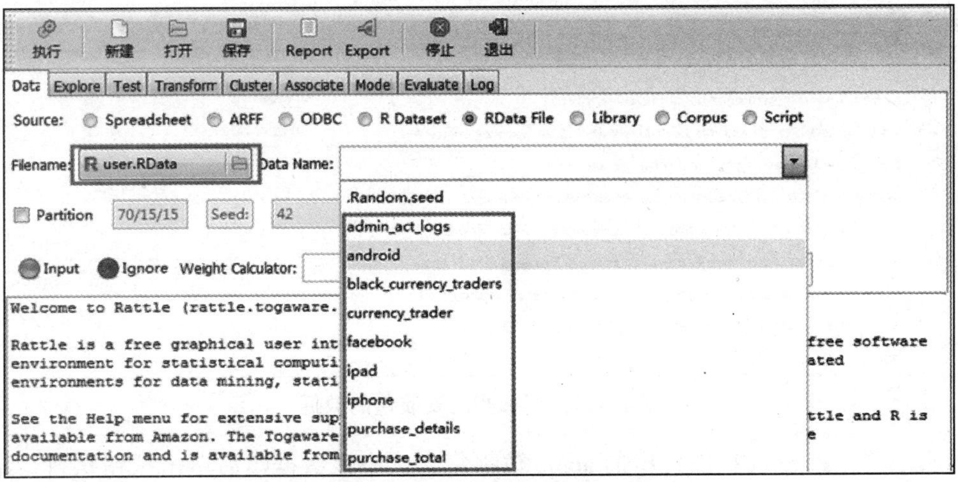

图 12-21　从 RData file 选择数据表

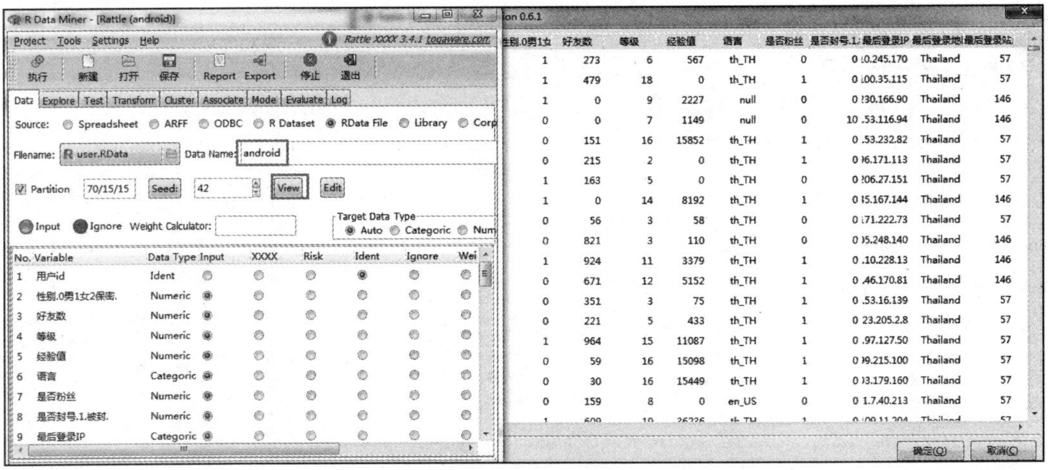

图 12-22　导入并查看安卓平台用户信息

12.3.6 导入 Library 数据

几乎每一个 R 包都提供了一些示例数据集，用于演示功能。例如，Rattle 包自带了 weather、dvdtrans 和 audit 数据集，通过 Library 选项可以很轻松地把这些数据集导入 Rattle 中，如图 12-23 所示。

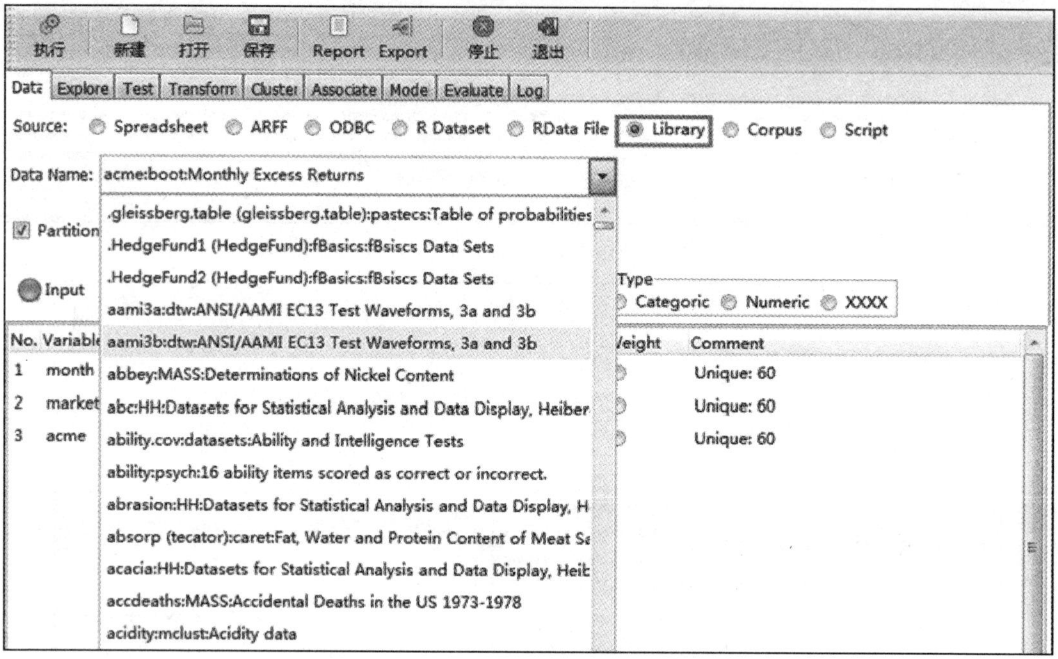

图 12-23 可选择已安装包的数据

例如，需导入 boot 扩展包中的 acme 数据集，选中该数据集后单击按钮执行，结果如图 12-24 所示。

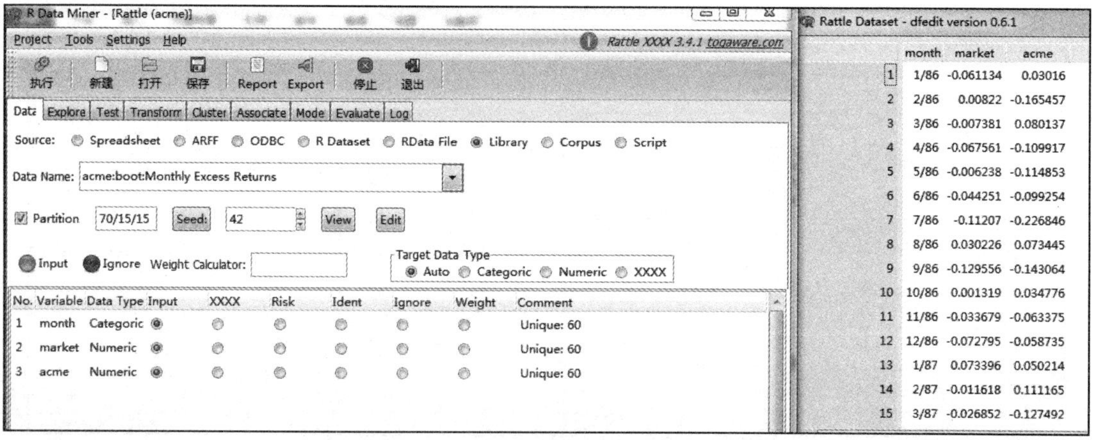

图 12-24 导入 boot 包中的 acme 数据集

12.4 数据探索

Explores 标签主要用于数据探索，其界面如图 12-25 所示。

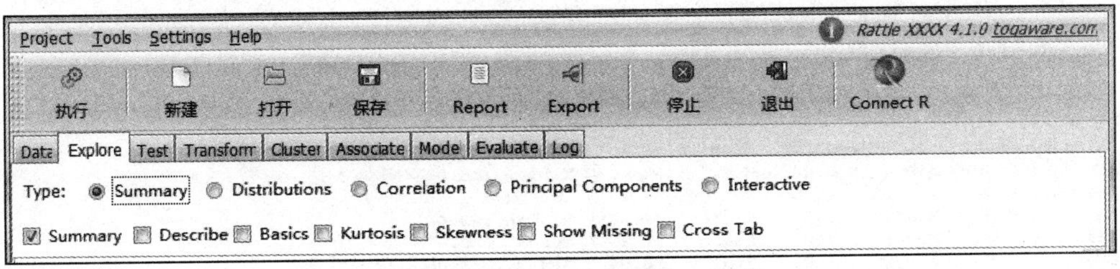

图 12-25 Rattle 的 Explore 界面

Explore 界面主要能根据数据集输出以下信息：数据总体概况（Summary）、数据分布情况（Distributions）、数据的相关系数矩阵（Correlation）、数据主成分分析（Principal Components）以及各变量之间的交互作用（Interactive）。

12.4.1 数据总体概况

从数据总体概况（Summary）开始我们的数据探索。虽然一图胜千言，但是数据总体概况在我们理解数据时扔扮演着重要的角色。

1. 基本概要

利用基础 base 包中的 sumarry() 函数来获取描述统计量。summary() 函数对数值型变量提供了最小值、第一四分位数、中位数、均值、第三四分位数和最大值，对因子型或逻辑型变量提供了频数统计。

对 rattle 包中自带的 weather 数据集进行演示，结果如图 12-26 所示。

从结果可知，Temp9am（在 9 点温度）的最小值是 0.10，第一四分位数是 7.20，中位数是 12.45，均值是 12.16，第三四分位数是 16.93，最大值是 24.70；RainTomorrow（明天是否下雨）有 215 天是晴天（No），41 天是雨天（Yes）。

2. 更详细的概要

利用 Hmisc 包中的 describe() 函数返回变量和观测的数量、缺失值和唯一值的数目、平均值、分位数，以及 5 个最大的值和 5 个最小的值，如图 12-27 所示。

由图 12-27 可知，训练数据集共有 256 条记录、22 个变量。其中 MinTemp（最小温度）共有 256 条记录，没有缺失值，唯一值数目是 154，均值是 7.011，接下来是各分位数值以及 5 个最小值和最大值。

如果是因子型变量，则返回的是观测的数目、缺失值和因子数，且计算各因子的数目及占比。如 RainTomorrow 变量的结果如下。

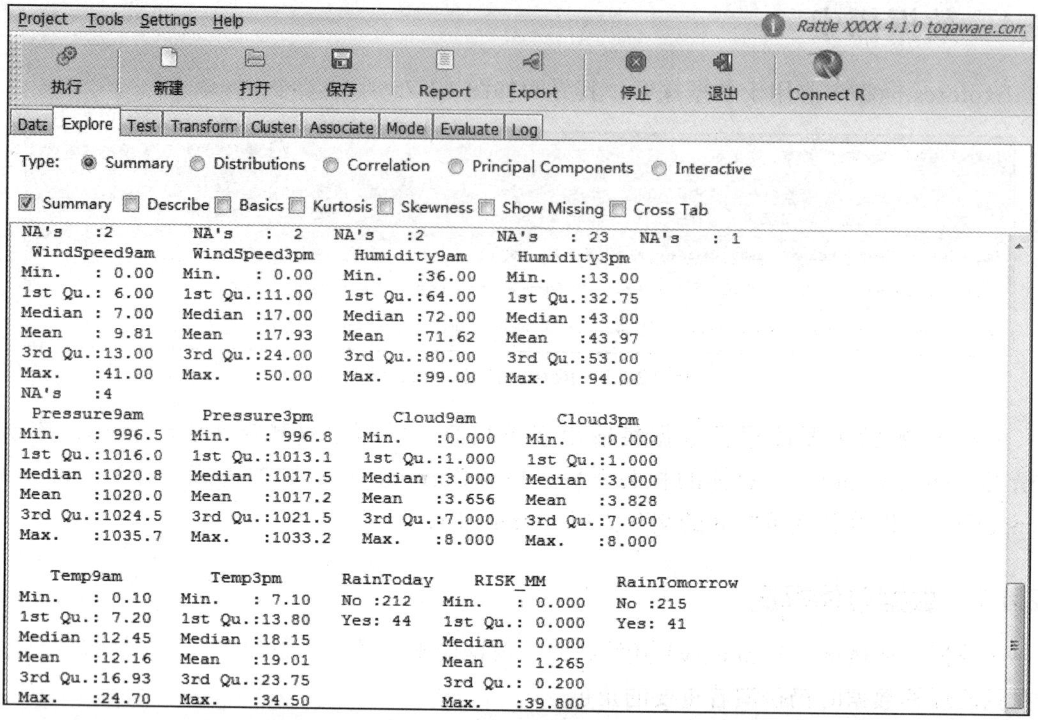

图 12-26 利用 base 包的 summary 函数对数据进行描述性统计分析

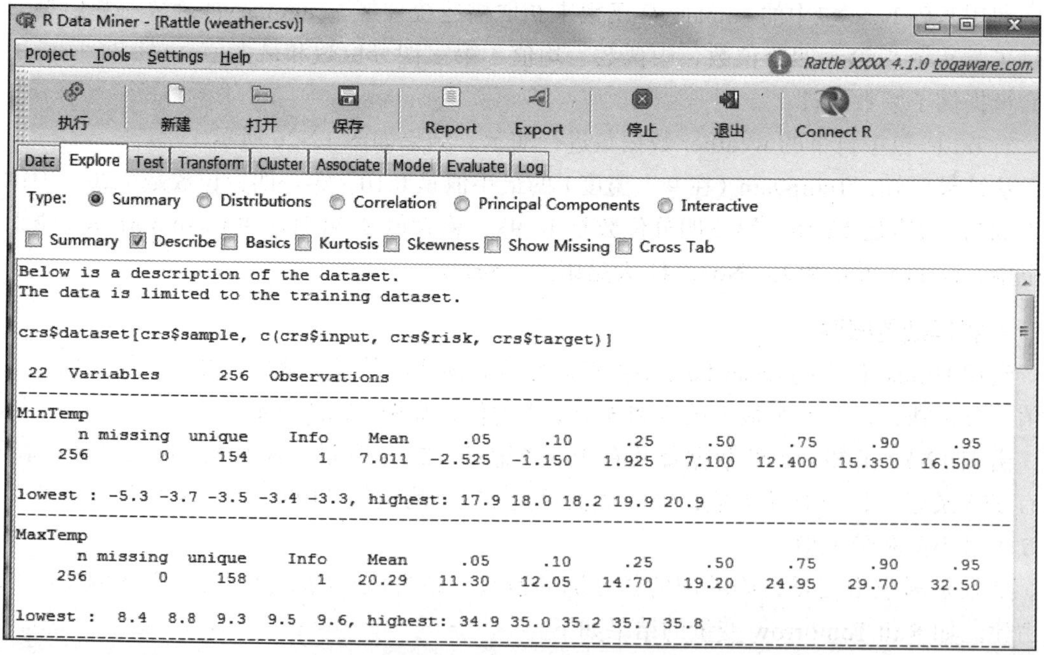

图 12-27 利用 Hmisc 包的 describe 函数对数据进行描述性统计分析

```
RainTomorrow
n    missing  unique
256    0        2
No (215, 84%), Yes (41, 16%)
```

RainTomorrow 变量共有 256 条记录，没有缺失值，有两个因子，分别是 No 和 Yes，其中 No 的数目是 215，占总记录数的 84%，Yes 的数目是 41，占总记录数的 16%。

3. 数值型变量更详细概要

fBasics 包中的 basicsStats() 函数对数值型变量提供了更详细的描述性统计，包括以下统计指标：记录数、缺失值个数、最小值、最大值、第一四分位数、第三四分位数、均值、中位数、求和、均值标准误、均值 95% 置信区间的上下限、方差、偏度和峰度。MinTemp 变量的统计结果如图 12-28 所示。

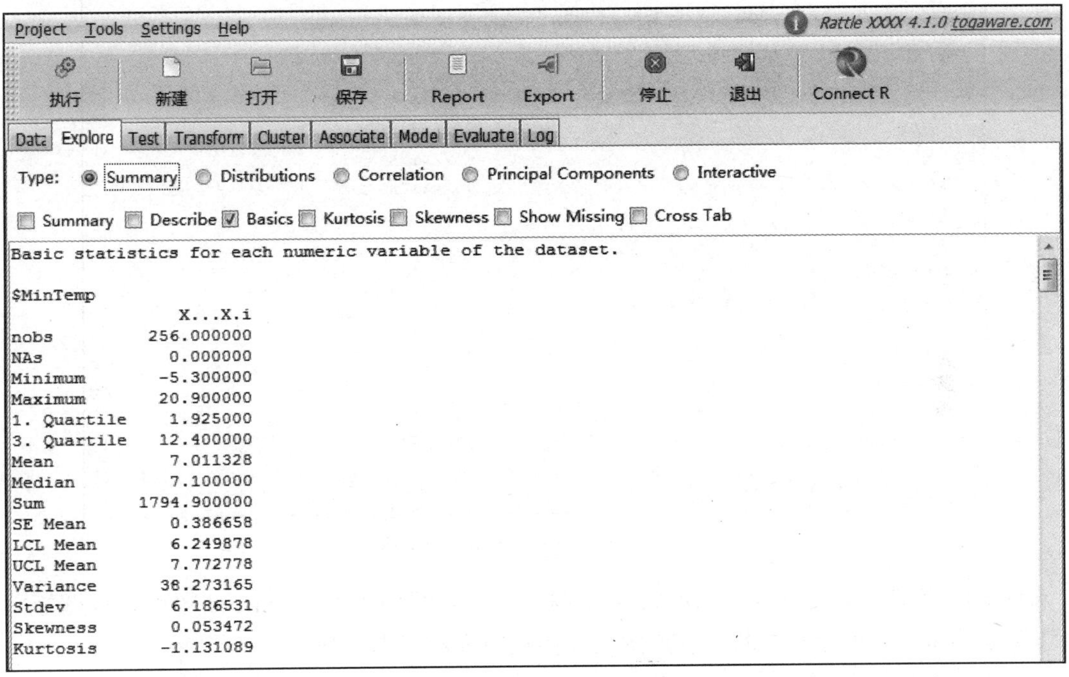

图 12-28 利用 fBasics 包的 basicStats 函数对数值型变量进行详细描述统计

除了以上 3 种常用的数据概要统计方法外，还有 Kurtosis（偏度）、Skewness（峰度）、ShowMissing（显示缺失值）和 Cross Tab（交叉表），如图 12-29 所示，请读者自行研究。

12.4.2 数据分布探索

利用 Rattle 的 Distributions 选项，可以用可视化的方式给出各个变量的分布特征。可以勾选相应的图形选项，单击执行按钮绘图，如图 12-30 所示。

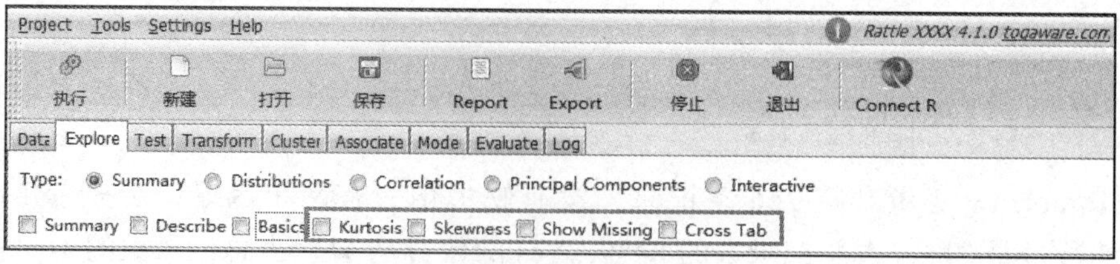

图 12-29 数据概要的其他统计方法

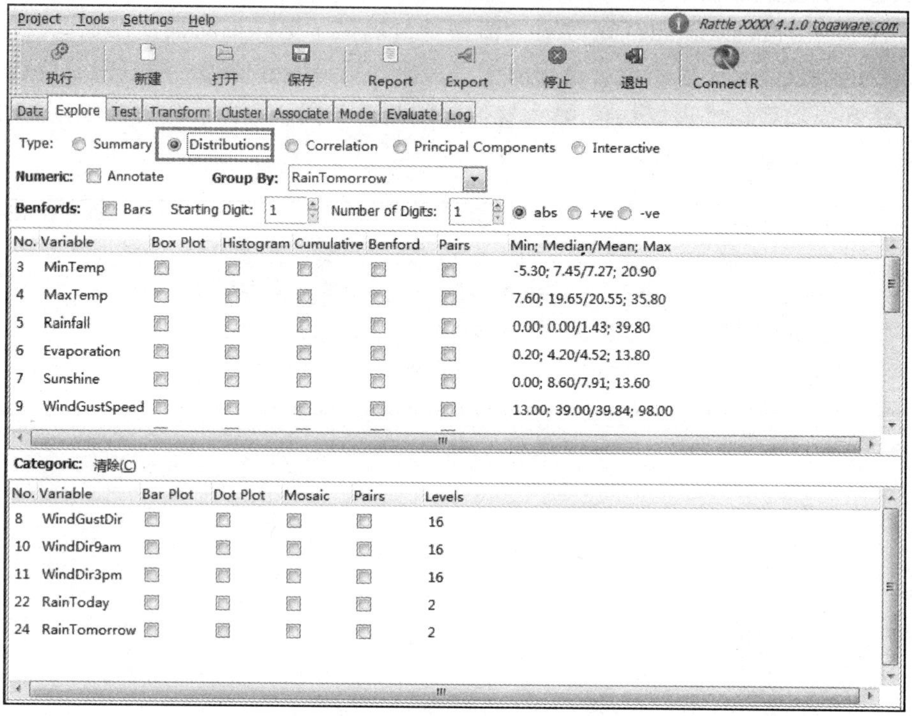

图 12-30 Distributions 选项

对于数值型变量，可以绘制箱线图、直方图、累积分布图、benford 图和散点图矩阵，对于类别变量，可以绘制柱状图、点图、马赛克图和散点图矩阵。

1. 数值型变量可视化

Rattle 绘制的箱线图比 R 基础包中绘制的普通箱线图多了一个表示数据均值的星号，对比中位数和均值，可以得知数据的偏态情况。

Rattle 绘制直方图的步骤为：首先是通过 x 轴将值域分割为一定数量的组，在 y 轴上显示相应值的频数，展现连续型变量分布的直方图，然后在直方图上叠加核密度图和轴须图。

累积分布图是观察数据分布情况的另一种较常用的图形类型。该图形中每个点 (x, y) 的含义为：共有 y(百分数）的数据小于或等于该 x 值，因此，数据中 x 最大值对应的 y 值为 1，即 100%。

benford 图来自 Benford 法则，给出数字首位数 1~9 在这些数字中的经验分布（近似幂律）。

散点图矩阵是绘制各变量间的散点图示，Rattle 利用 Ggally 包的 ggpairs 函数实现。

利用 weather 数据集，以 RainTomorrow 为分组变量，绘制 MinTemp 变量的箱线图、直方图、累积分布图和 benford 图，如图 12-31 与图 12-32 所示。

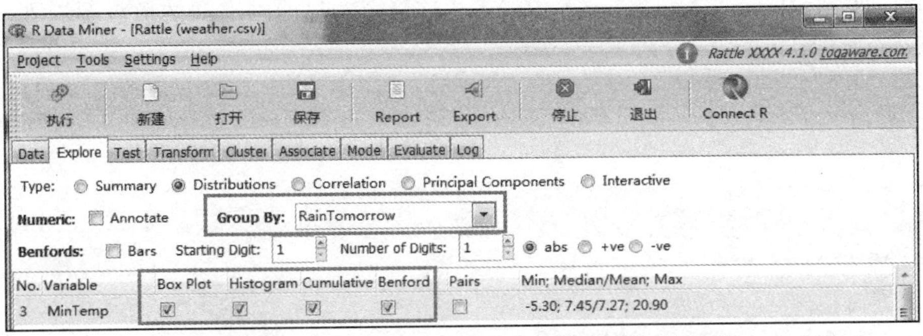

图 12-31　按照 RainTomorrow 分组变量绘制图形

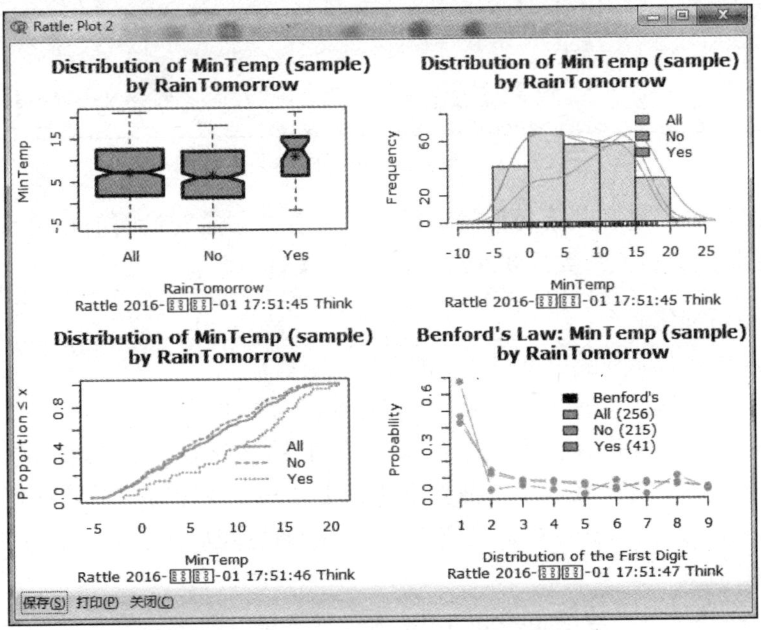

图 12-32　Rattle 对数值型变量数据可视化

箱线图（见图 12-32）的中间横线表示中位数，* 表示均值，从图 12-31 中可以看出，当 RainTomorrow 为 No 时，均值大于中位数，说明数据处于正偏态分布（右偏分布），当 RainTomorrow 为 Yes 时，均值小于中位数，说明数据处于负偏态分布（左偏分布）。

直方图（见图 12-32）的柱状图表示将变量 MinTemp 分组后，在 y 轴显示相应值的频数，三条曲线表示变量 MinTemp 按照分组变量 RainTomorrow 画出的核密度图，可知当

RainTomorrow 为 No 时，处于右偏，当 RainTomorrow 为 Yes 时，处于左偏，与箱线图得出的结论一致。

在累积分布图中，当 RainTomorrow 为 Yes 的曲线低于为 ALL、NO 的曲线时，说明为 Yes 的 MinTemp 数据大于为 NO 的数据。

如果想利用 rattle 绘制各变量间的相关系数图，只需要选中变量后面的 Pairs 即可。比如想查看变量 MinTemp、MaxTemp 和 Rainfall 这三个变量两两之间的散点图矩阵，操作和结果如图 12-33 所示。

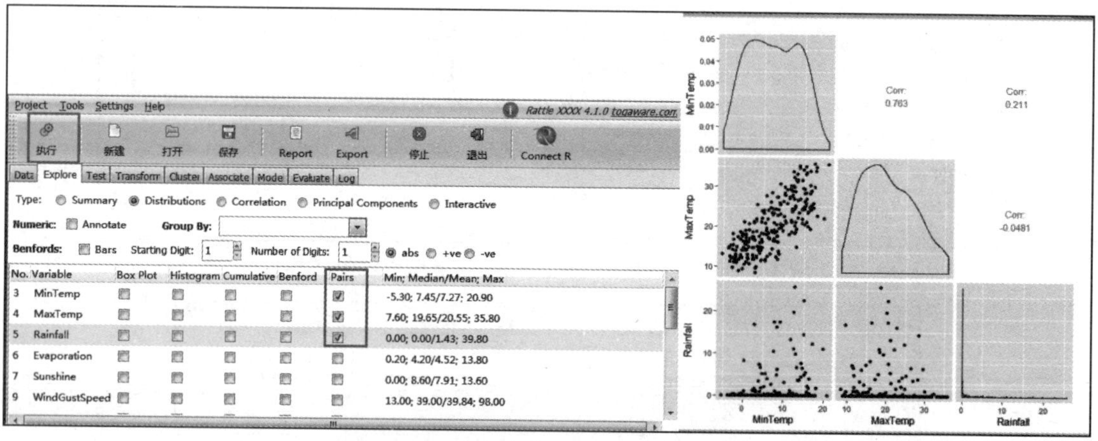

图 12-33 绘制各变量间的相关系数图

由图 12-33 可知，左下方是变量间的散点图，右上方是变量间的相关系数，MinTemp 和 MaxTemp 变量间的相关系数是 0.763，具有强相关性。

2. 类别变量可视化

柱状图通过竖立的柱子展示类别变量的分布（频数）。

点图提供了在简单水平刻度上绘制大量有标签值的方法。

马赛克图是表现多维列联表数据的一个工具。它的表现形式为与频数成比例的矩形块，整幅图形看起来就像是若干块马赛克放置在平面上。马赛克图背后的统计理论是对数线性模型（log-linear model）。Rattle 中的马赛克图是某个属性变量各水平关于另一个变量（一般是目标变量）的图形。

利用 weather 数据集，以 RainTomorrow 为目标变量，画出分类变量 WindGustDir 的柱状图、点图和马赛克图，如图 12-34 所示。

从三种图形都得知，类别变量 WindGustDir 的各方位晴天的频数均高于雨天。

12.4.3 相关性

利用 Rattle 的 Correlation 选项，计算数值变量间的相关系数，并对结果进行可视化展示。

计算相关系数采用 Pearson、Kendall、Spearman 三种方法，默认是 Pearson，如图 12-35

所示。

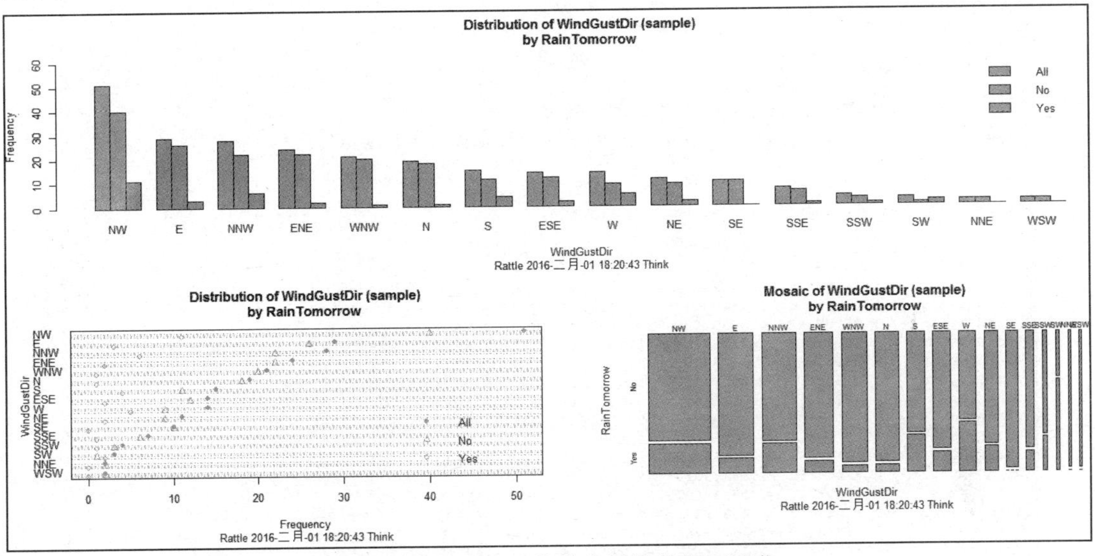

图 12-34 Rattle 对分类变量的数据可视化

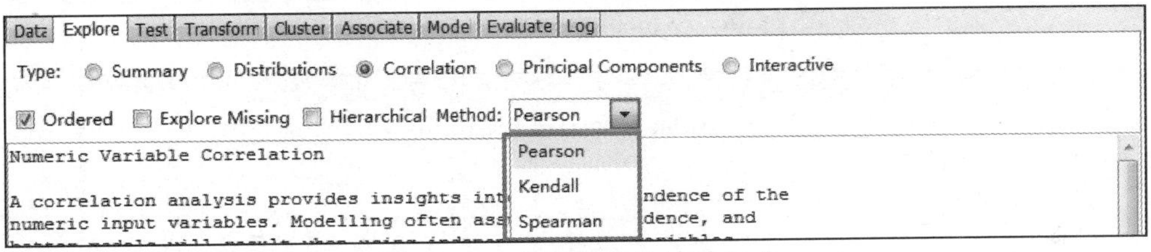

图 12-35 相关系数的计算方式

计算 weather 数据集中数值型变量的相关系数，结果如图 12-36 所示。

Pressure9am 与 Pressure3pm 之间的相关系数是 0.96789，具有强的正相关性。Rattle 计算相关系数的同时输出相关系数图，如图 12-37 所示。

在图 12-36 中，红色表示负相关，蓝色为正相关，颜色越浅相关系数（绝对值）越小，椭圆越扁，相关系数（绝对值越大）。变量 Pressure9am 与 Pressure3pm 交叉的椭圆蓝色很深，说明两者具有强的正相关性。

这个选项还可以探索缺失值的相关性。

数据集当中常有这样的情况：一个在某个变量上有缺失值的观测在其他变量上也很可能有缺失值。选择 ExploreMissing 并执行后，会输出相关系数矩阵，这里的相关性表示两个变量在缺失值的数量上的联系，如图 12-38 所示。

Hierarchical 选框用于计算层次相关性，输出一个可视化结果，如图 12-39 所示。

这个图形就是使用变量间的相关性按照层次聚类法（系统聚类法）来对变量进行分类，聚类的距离是变量间的相关性。从聚类结果可知，强正相关的变量 Pressure9am 与 Pressure3pm 被聚在一类。

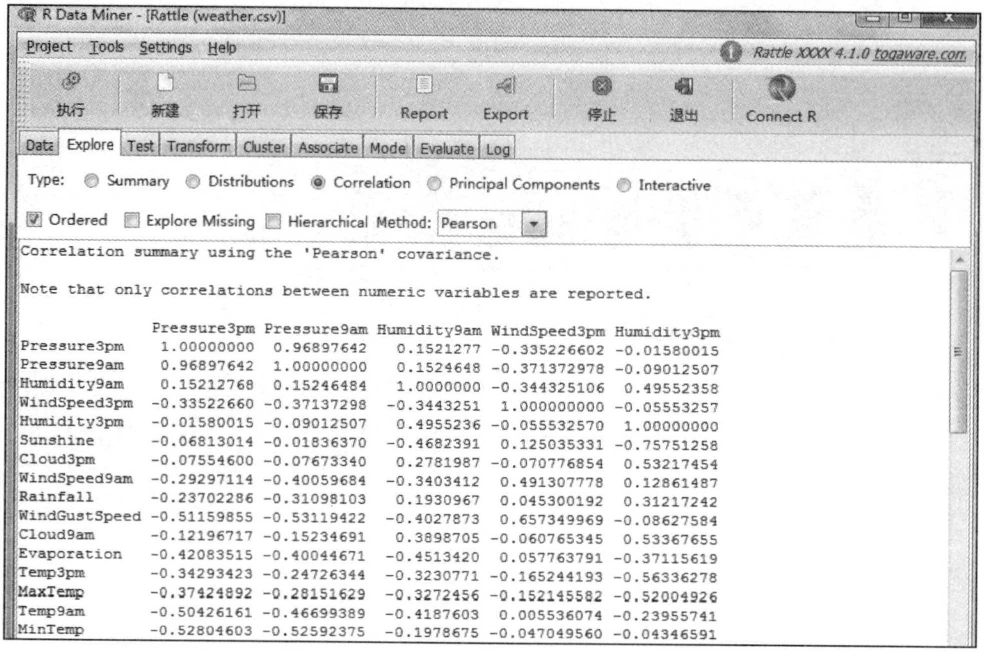

图 12-36 weather 数值变量的相关系数

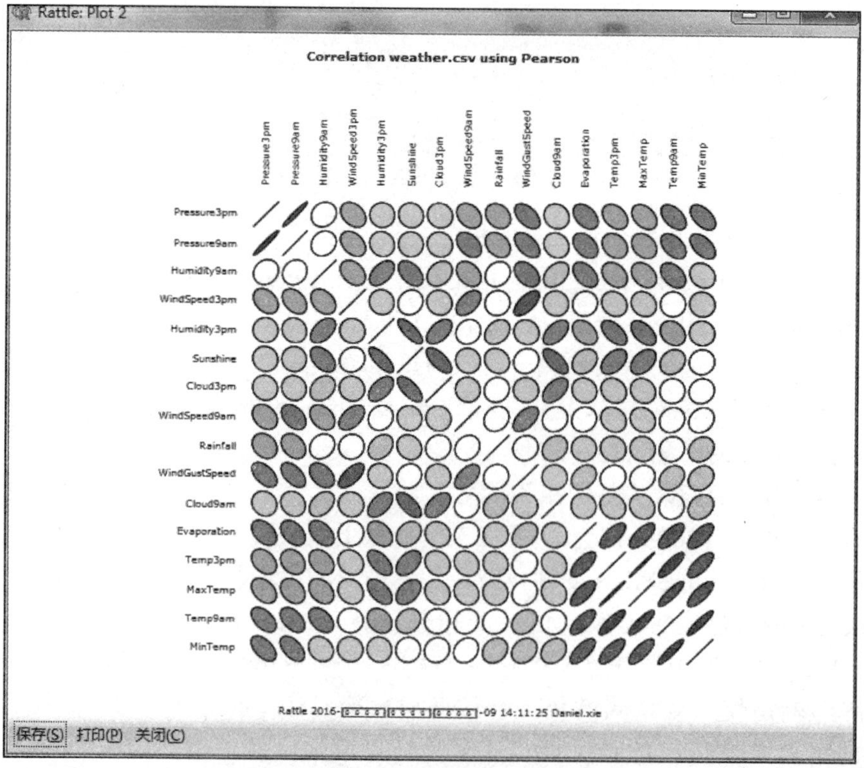

图 12-37 相关系数可视化

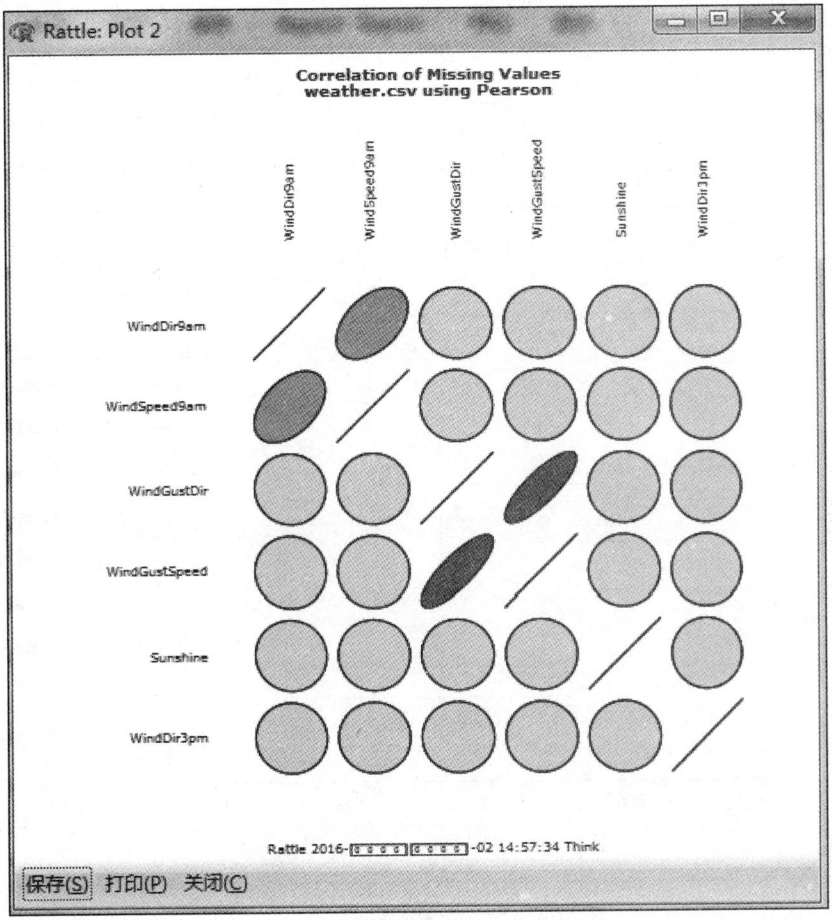

图 12-38 缺失值相关性可视化

12.4.4 主成分

Principal Components 选项提供了主成分分析来探索数据。

通常主成分分析作为一种数据降维的方法。在数据探索当中，使用主成分可以发现数据集中用来解释样本方差的重要变量。样本的各个主成分就是用来描述数据最大方差的互不相关的原始变量的线性组合。

Rattle 计算主成分有两种方法，一种是计算样本协方差矩阵的特征值和特征向量（Eigen）。另一种方法是对数据矩阵进行奇异值分解（SVD）。在 SVD 方法中，结果给出标准差、主成分系数和贡献率、累计贡献率。在 Eigen 方法中，结果只给出标准差和贡献率、累计贡献率。两种计算的结果是有差异的，但两种结果都会画出碎石图和 biplot 图。

下面以洛杉矶街区数据（LA.Neighborhoods.csv）为例，使用 SVD 方法计算主成分，结果如图 12-40 所示。

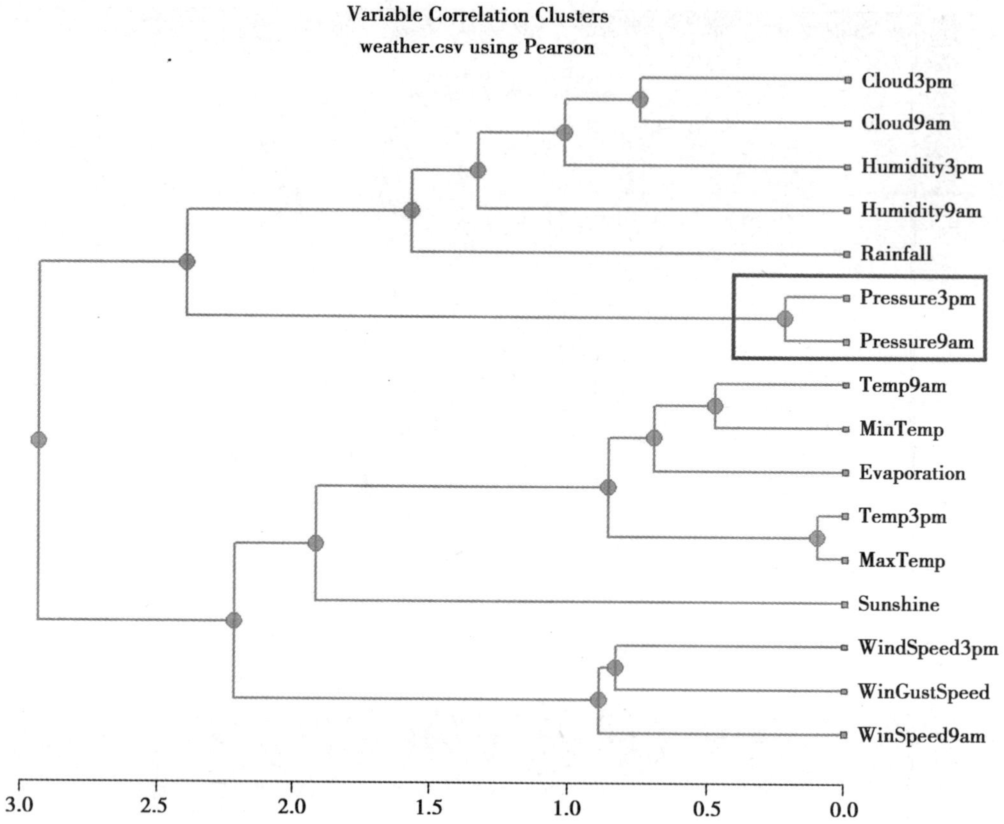

图 12-39 变量间的相关性层次聚类

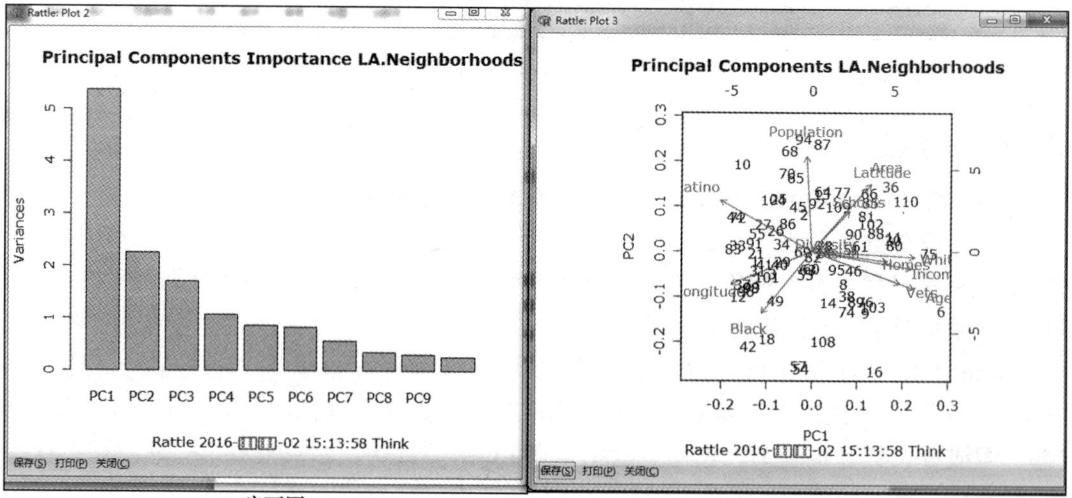

a) 碎石图 b) biplot图

图 12-40 碎石图和 biplot 图

碎石图（见图 12-40a）用来表示各个主成分的相对重要程度，可以作为选择主成分的一种直观依据。可以看出，第一主成分的贡献率较大，而其他主成分的贡献率都不那么大，一直到第四主成分时，累积贡献率才超过 74%。

biplot 图（见图 12-40b）给出了样本点在第一主成分和第二主成分坐标系下的位置（即主成分得分），以及这些样本点在原始变量坐标系中的相对位置。图中红色箭头即表示原始变量坐标系，原始变量以红色标出，黑色为样本点。

12.4.5 交互图

可以用 latticist 和 GGobi 两种方法，以交互的方式探索数据。其中 latticist 依赖 R 的 lattice 作图系统，而 GGobi 依赖同名的软件。需要安装 GGobi 软件，以及相应的 rggobi 包。

1. latticist

latticist 包可通过栅栏图方式探索数据集，CRAN 上现在没有 latticist 包，不过可以在 https://cran.r-project.org/src/contrib/Archive/latticist/ 下载历史版本来进行本地安装。

需对 mtcars 数据集进行交互图操作，执行如下代码，生成的界面如图 12-41 所示。

```
library(latticist)
mtcars$cyl <- factor(mtcars$cyl)
mtcars$gear <- factor(mtcars$gear)
latticist(mtcars)
```

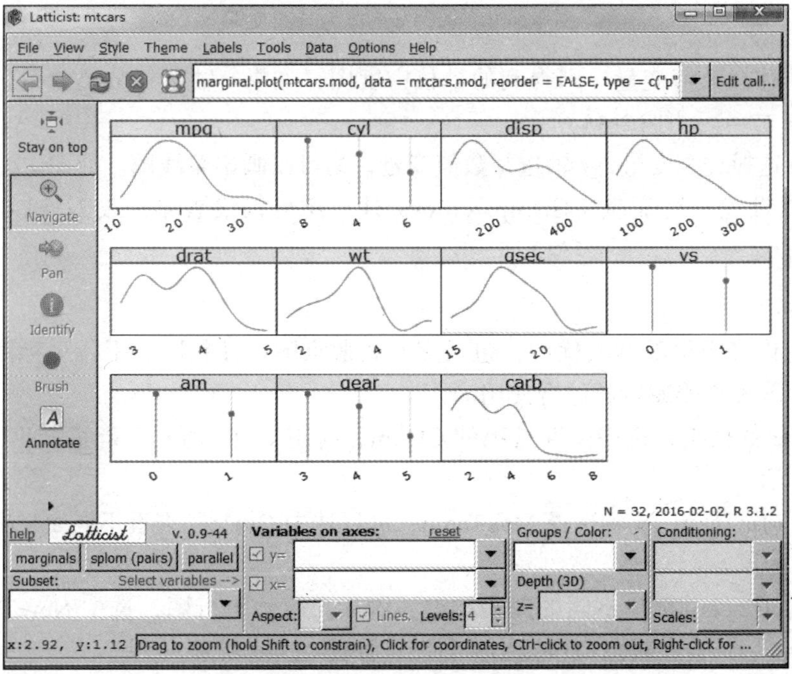

图 12-41 拥有 latticist 函数功能的 playwith 窗口

可以通过下拉菜单和按钮直接创建 lattice 图形。例如，想将变量 cyl 作为分组变量，可以在 Groups/Color 下拉菜单中选择 cyl，如图 12-42 所示。

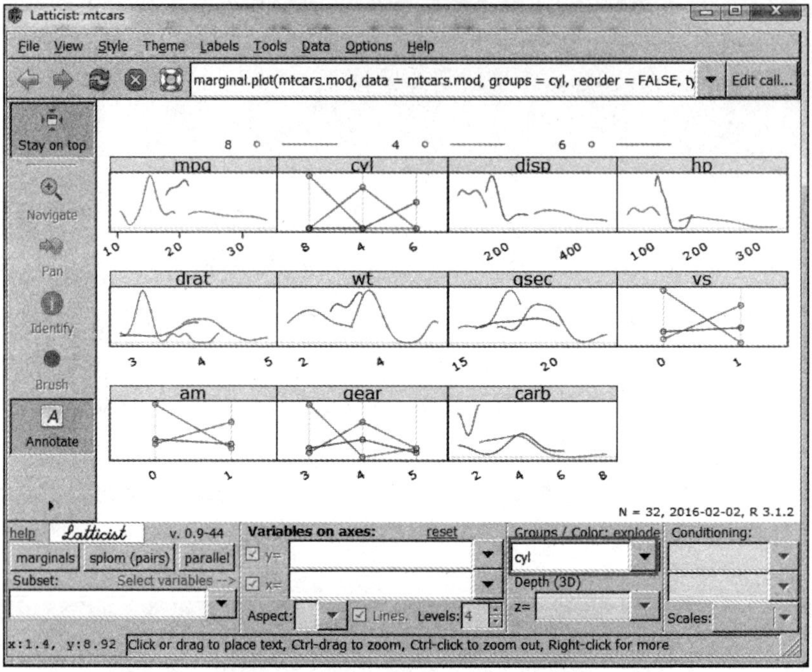

图 12-42　选择 cyl 作为分组变量

如果 x 轴选择数值变量，则得到的是核密度图，如果 x 轴选择分类变量，则得到的是柱状图，如图 12-43、图 12-44 所示。

如果 x 轴选择分类变量，y 轴选择数值变量，则可以画出箱线图。如图 12-45 所示。

除了可以设置分组变量（Groups/color）外，还可以设置条件变量（Conditioning），如图 12-46 所示。

2. GGobi

GGobi 有许多吸引眼球的优点，包括交互式散点图、柱状图、平行坐标图、时间序列图、散点图矩阵和三维旋转的综合使用。

对 weather 数据集，选中交互选项的 GGobi，如图 12-47 所示，即可调出 GGobi 界面，如图 12-48 所示。

x 轴选择 MinTemp，y 轴选择 MaxTemp，可以选中 Cycle，查看不同变量间的散点图分布情况。

可以通过 Display 选择不同的图表类型，例如，想画平行图，选中 New Parallel Coordinates Display 后，会在新窗口中输出平行图，如图 12-49 所示。

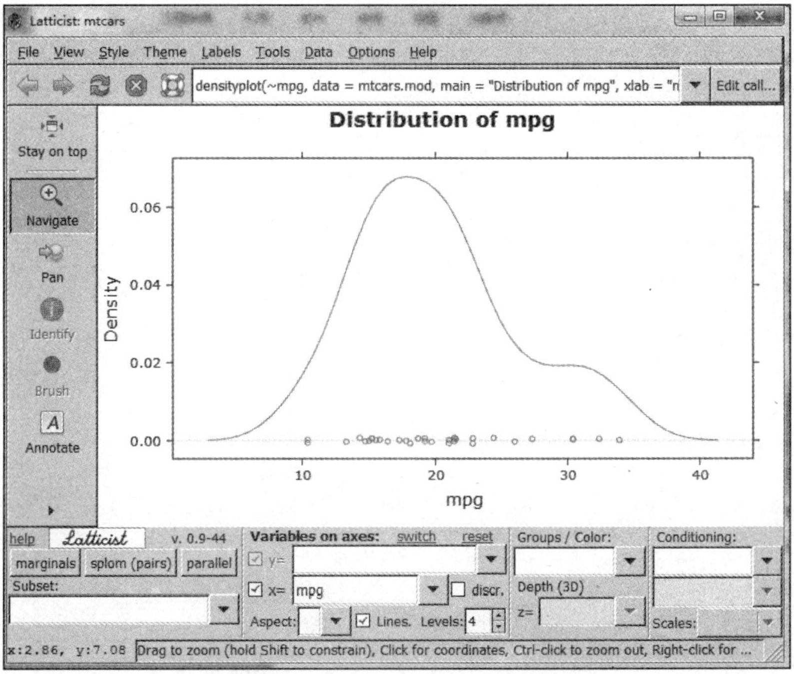

图 12-43　*x* 轴选择 mpg 画出的核密度图

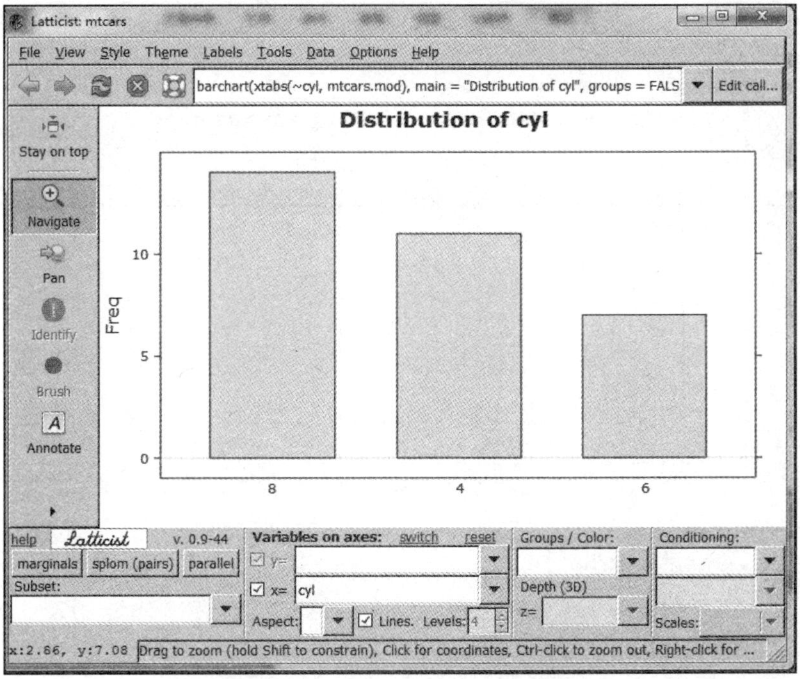

图 12-44　选择 cyl 画出的柱状图

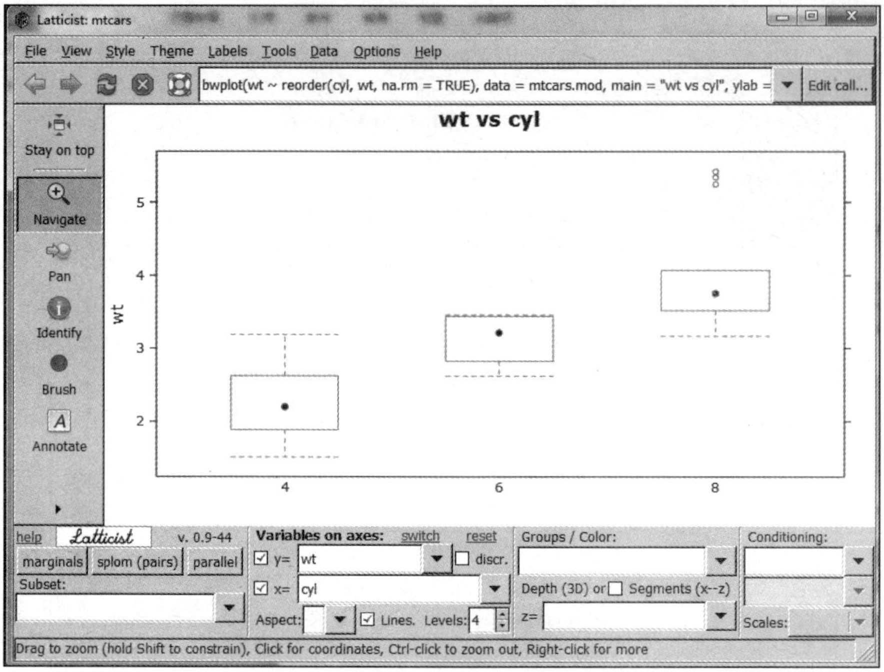

图 12-45 *x* 轴选择 cyl、*y* 轴选择 wt 的箱线图

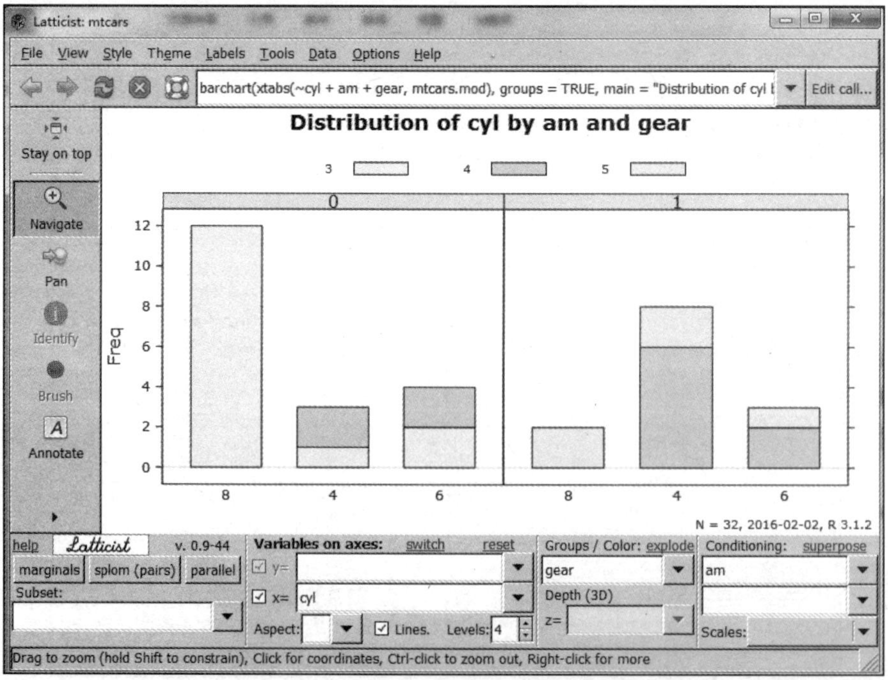

图 12-46 以 am 为条件，gear 为分组时与 cyl 的栅栏图

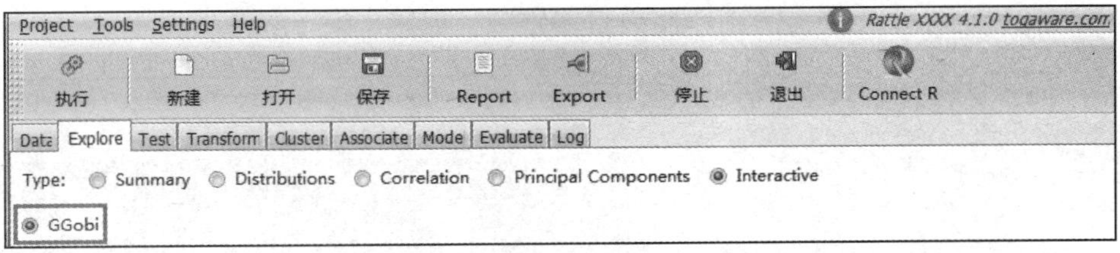

图 12-47　在 Rattle 中调出 GGobi 界面选项

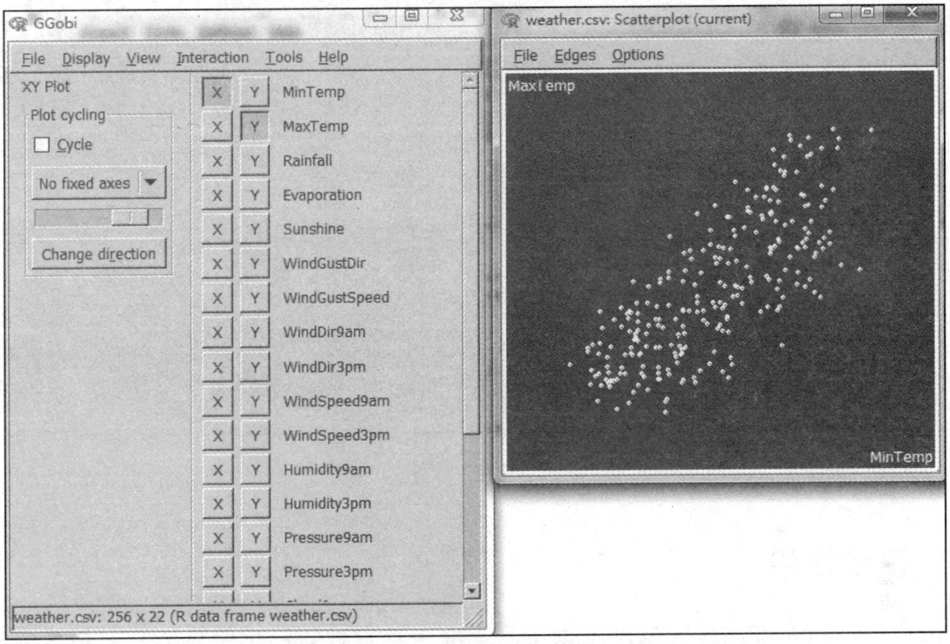

图 12-48　Rattle 调出的 GGobi 界面

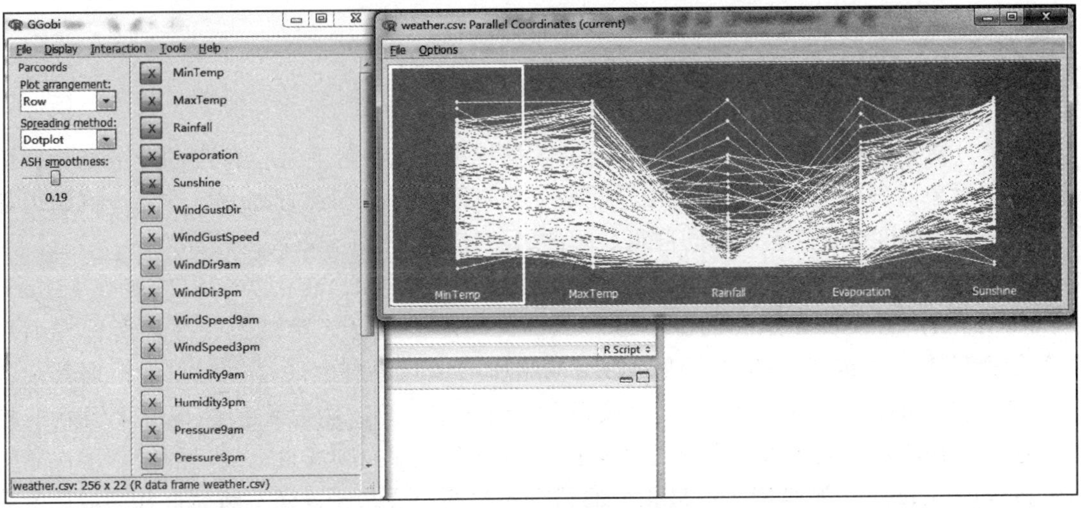

图 12-49　GGobi 画出平行图

选中 New Scatterplot Matrix 则绘制散点图矩阵，如图 12-50 所示。

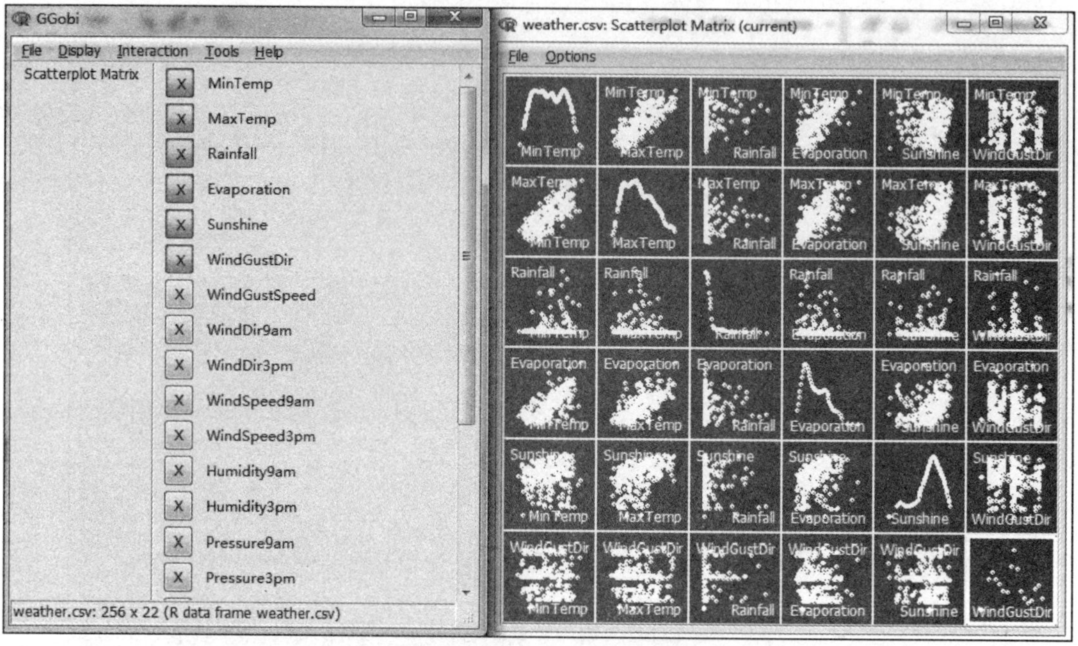

图 12-50 GGobi 画出散点图矩阵

12.5 数据建模

R 语言是一款非常优秀的数据挖掘工具，能实现各种数据挖掘算法，但是这些算法分散在各种扩展包中。初学者使用 Rattle 提供的数据挖掘算法，可以快速完成数据挖掘建模工作。

12.5.1 聚类分析

聚类分析是一种原理简单、应用广泛的数据挖掘技术。针对几个特定的业务指标，可以将观测对象的群体按照相似性和相异性划分为不同的群组。经过划分后，每个群组内部各对象间的相似度会很高，而不同群组之间的对象彼此间将具有很高的相异度。

聚类算法种类繁多，Rattle 可以轻松实现最常用的 K-Means 聚类和层次聚类（Hierachical Cluster)。K-Means 聚类的基本原理是：首先随机选择 K 个对象，并且所选择的每个对象都代表一个组的初始均值或初始组的组中心值；对剩余的每个对象，根据其余各个组初始均值的距离，将它们分配给最近的（最相似）组；然后重新计算每个组新的均值；这个过程不断重复，直到所有的对象在 K 组分布中都找到离自己最近的组。层次聚类（Hierachical Cluster）则是依次让最相似的数据对象两两合并，这样不断地合并，最后就形成了一棵聚类树。

Rattle 通过 Cluster 选项可以建立 K-Means 和层次聚类，默认选择 K-Menas 聚类，将样本分成 10 类。将 weather 数据集通过 Data 选项导入 Rattle 中，然后单击执行按钮建立 K-Means 聚类模型，如图 12-51 所示。

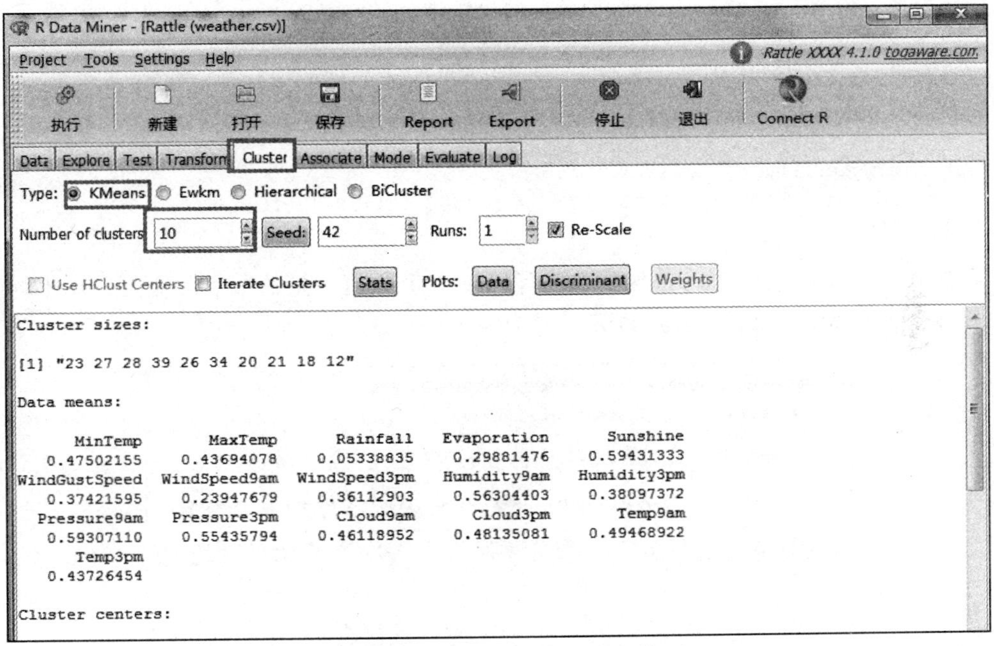

图 12-51 建立 K-Means 聚类模型

模型结果先输出各类别包含的样本数（Cluster sizes）。

```
Cluster sizes:
[1] "23 27 28 39 26 34 20 21 18 12"
```

接着输出训练数据集各变量的均值（Data means）。

```
Data means:
      MinTemp      MaxTemp      Rainfall   Evaporation      Sunshine
   0.47502155   0.43694078   0.05338835   0.29881476    0.59431333
WindGustSpeed WindSpeed9am WindSpeed3pm   Humidity9am   Humidity3pm
   0.37421595   0.23947679   0.36112903   0.56304403    0.38097372
  Pressure9am  Pressure3pm     Cloud9am      Cloud3pm       Temp9am
   0.59307110   0.55435794   0.46118952   0.48135081    0.49468922
      Temp3pm
   0.43726454
```

然后是各类别均值（Cluster centers）：

```
Cluster centers:
    MinTemp   MaxTemp     Rainfall Evaporation  Sunshine WindGustSpeed
1  0.3670760 0.1886703 0.0704415234   0.23978920 0.6400256     0.5929952
```

```
2  0.7233531 0.8392809 0.0238300316  0.54489338 0.8488562       0.3770576
3  0.6020992 0.5908498 0.0337763012  0.36958874 0.6326155       0.4042659
4  0.2250930 0.2765300 0.0121248261  0.15773116 0.6975867       0.2631766
5  0.7288608 0.4402021 0.1753130590  0.39685315 0.1781674       0.4220085
6  0.3718006 0.2678188 0.0177838577  0.15106952 0.3784602       0.2614379
7  0.1362595 0.1414234 0.0337209302  0.08409091 0.4257353       0.2986111
8  0.6581243 0.6039277 0.1675895164  0.43795094 0.6803221       0.4312169
9  0.4796438 0.5636659 0.0004306632  0.28030303 0.8010621       0.2993827
10 0.6186387 0.6520681 0.0161498708  0.50000000 0.8425245       0.5937500
```

最后给出各类别的组内平方和。

```
Within cluster sum of squares:
 [1]  7.639349  6.021378 10.350511  7.617504 11.520617 10.775379  6.036238
 [8]  8.683444  2.625241  2.778257
```

单击画图（Plots）的 Data 按钮，会打印出前五个数值变量的散点图矩阵，用不同颜色区分不同类别的样本，如图 12-52 所示。

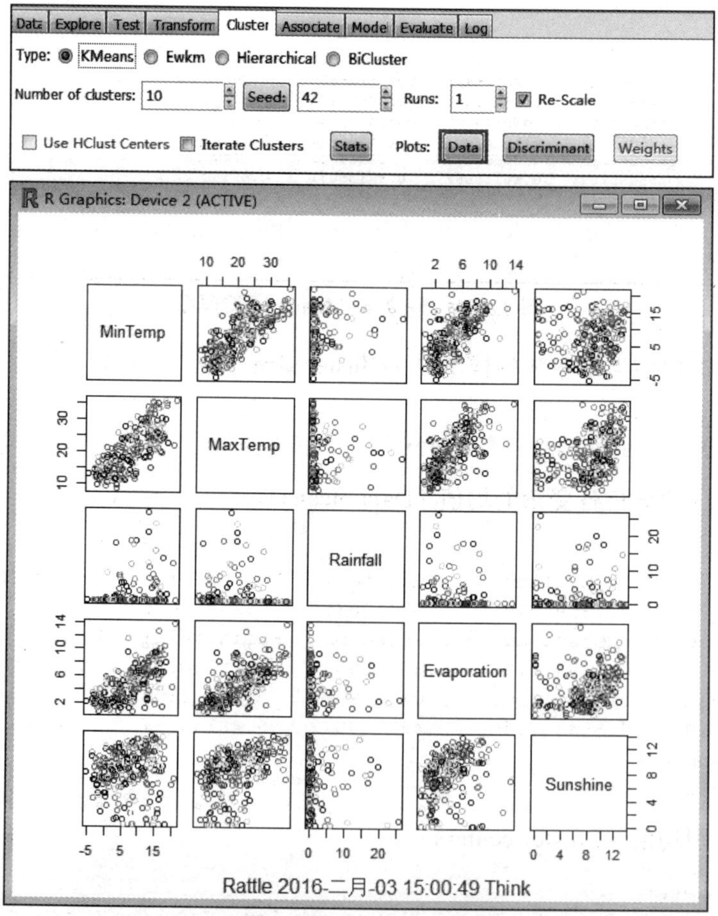

图 12-52 打印出前五个数值变量的散点图矩阵

单击画图（Plots）的 Discriminant 按钮，则生成样本投影图，并用数字标明每个样本所属类别，如图 12-53 所示。

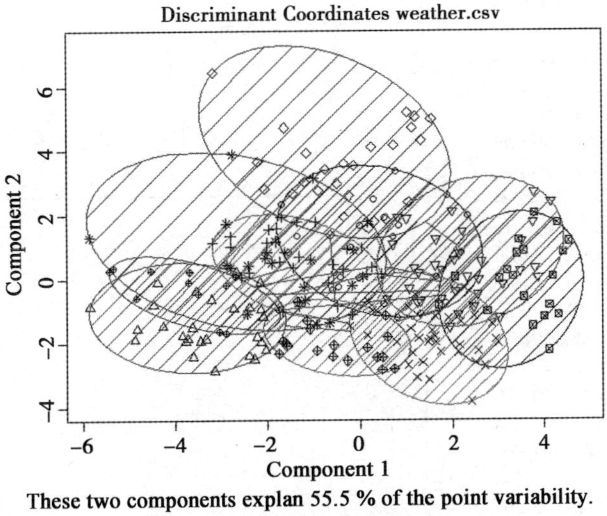

图 12-53 样本投影图

将 mtcars 数据集通过 Data 选项导入 Rattle 中，选择 Hierarchical 选项，单击执行按钮生成层次聚类模型，如图 12-54 所示。

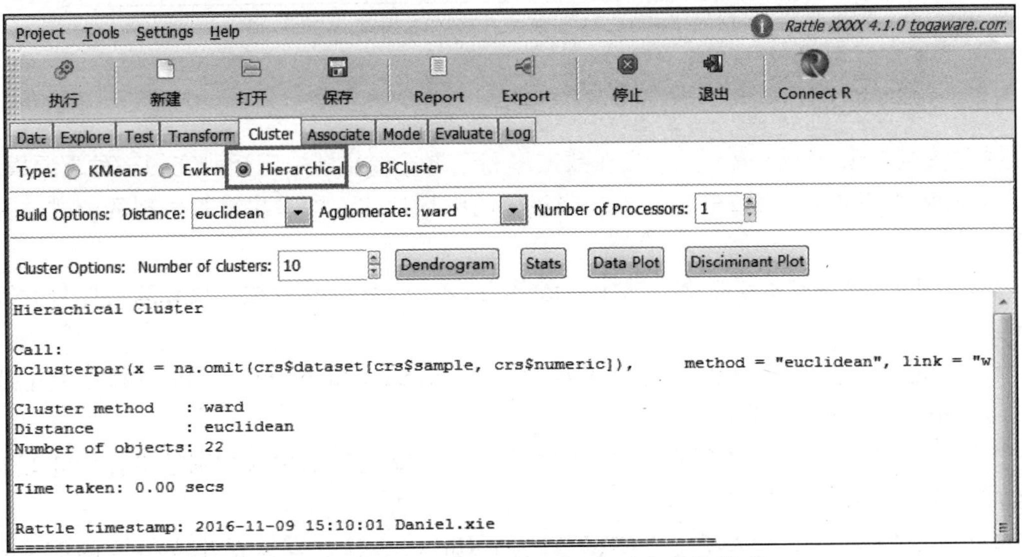

图 12-54 对 mtcars 数据集生成层次聚类模型

可以单击 Data Plot 按钮生成数值变量的散点图矩阵，单击 Disciminant Plot 按钮生成投影图，也可以单击 Dendrogram 按钮生成系统聚类树图，如图 11-55 所示。

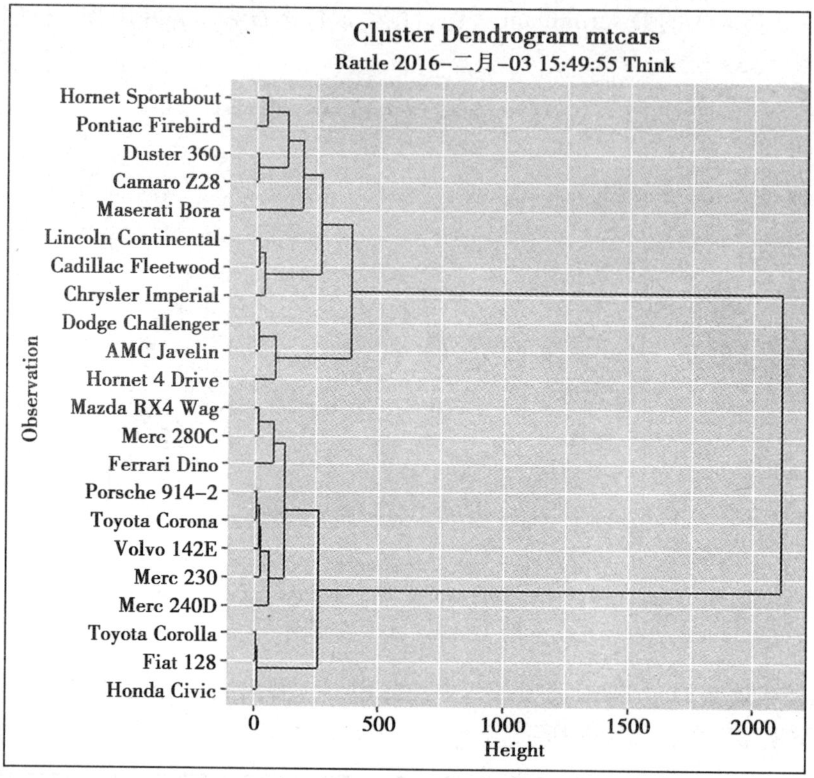

图 12-55 生成系统聚类树图

12.5.2 关联规则

关联规则（Association Rule）是在数据库和数据挖掘领域中广泛研究的一种重要模型，关联规则数据挖掘的主要目的是找出数据集中的频繁模式，即多次重复出现的模式和并发关系。

在众多的关联规则数据挖掘算法中，最著名的就是 Apriori 算法，该算法具体分为以下两步进行。

1）生成所有频繁项目集。一个频繁项目集（Frequent Itemset）是一个支持度大于最小支持度阈值（min-sup）的项目集。

2）从频繁项目集中生成所有的可信关联规则。这里的可信关联规则是指置信度大于最小置信度阈值（min-conf）的规则。

Rattle 中的 Associate 选项可以实现著名的 Apriori 算法。默认最小支持度阈值（min-sup）是 0.100，最小置信度阈值（min-conf）是 0.100，每个项集所含项数的最小值是 2，可以根据实际情况设置调整参数，如图 12-56 所示。

将 rattle 包自带的 dvdtrans.csv 数据集导入 Rattle，记得把 Item 变量设置为 Target，如图 12-57 所示。

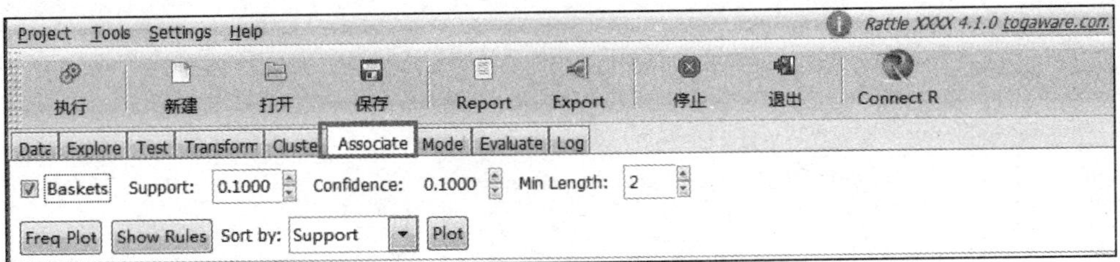

图 12-56　Rattle 中的关联规则算法

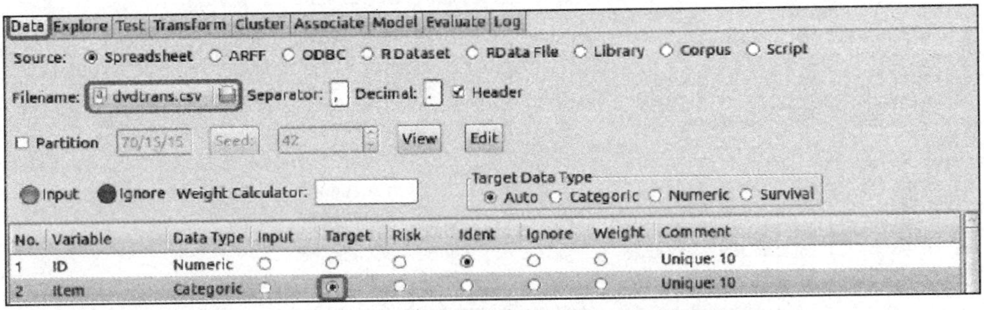

图 12-57　导入 dvdtrans 数据集，并将 Item 设置为 Target

参数按照默认设置，对 dvdtrans 数据建立关联规则，结果如图 12-58 所示。

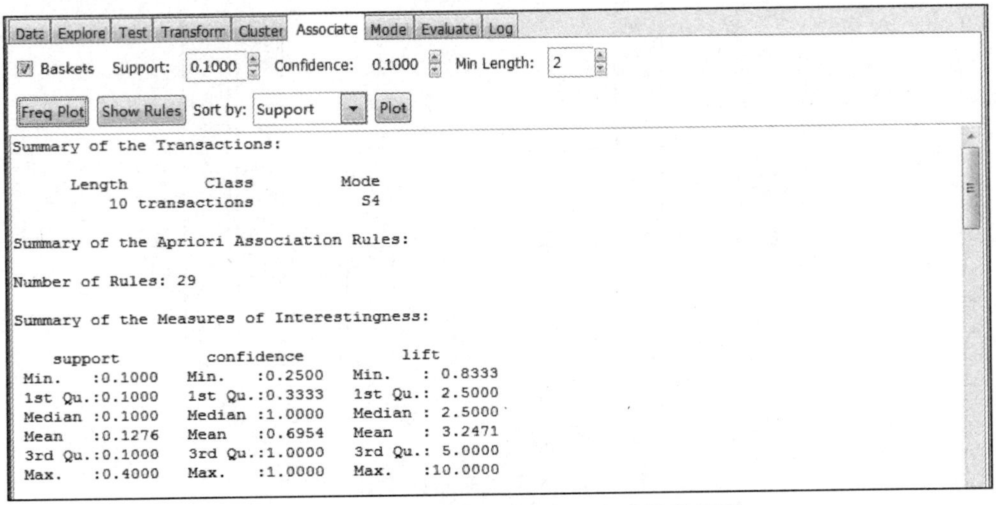

图 12-58　勾选 Baskets 选项，生成关联规则

一共生成 29 条规则，同时给出了支持度、置信度和提升度的最小值、第一四分位数、中位数、均值、第三四分位数和最大值等重要信息。

可以单击 Show Rules 按钮，输出生成的关联规则，默认是按照支持度进行降序排序，可以在 Sort by 下拉列表框中选择置信度或提升度排序方式，如图 12-59 所示。

单击 Freq Plot 按钮，可以生成商品的交易频率图，如图 12-60 所示。

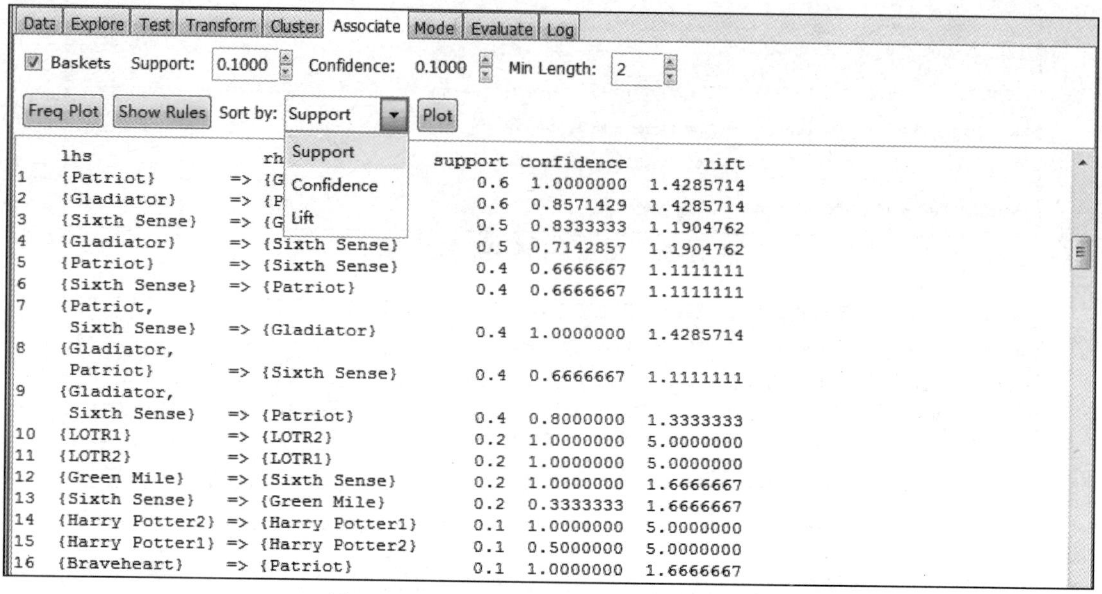

图 12-59 按照支持度降序输出关联规则

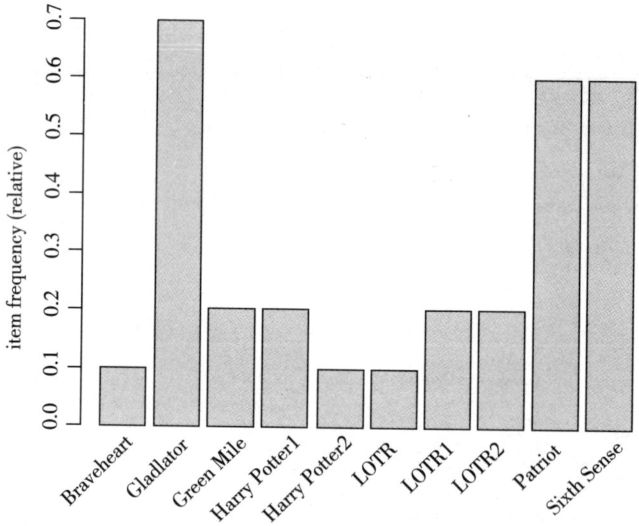

图 12-60 生成商品频率图

单击 Plot 按钮，可以调用 arulesViz 包对关联规则进行可视化，如图 12-61 所示。

圆的大小代表支持度，颜色代表提升度，圆越大表示左项与右项间的支持度越高，颜色越深表示左项与右项间的提升度越高。

12.5.3 决策树

决策树（Decision Tree）是一种非常成熟、普遍采用的数据挖掘技术。决策树是一棵树状结构，它的每一个叶节点对应一个分类，非叶节点对应某个属性上的划分，根据样本在该属性上的不同取值将其划分成若干子集。对于非纯的叶节点，多数类的标号给出到达这个节点的样本所属的类。构建决策树的核心问题是在每一步如何选择适当的属性对样本进行拆分。对一个分类问题，从已知类标记的训练样本中学习并构建出决策树是一个自上而下、分而治之的过程。

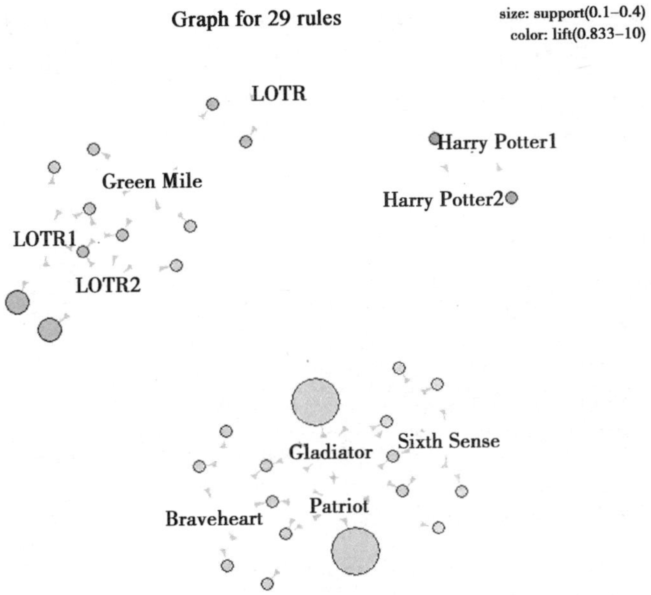

图 12-61 关联规则可视化

决策树方法在分类、预测、规则提取等领域有着广泛应用。主要原因在于决策树的构造不需要任何领域的知识，很适合探索式的知识发现，并且可以处理高维度的数据。另外，决策树对数据分布甚至缺失非常宽容，不容易受到极值的影响。

可以通过 Rattle 的 Tree 按钮实现决策树建模，它是基于 rpart 算法包中的 rpart 函数实现的。利用 weather 数据集进行决策树建模，结果如图 12-62 所示。

在第一部分结果中，$n=256$ 表明训练集中数据为 256 个样本数，* 号表明该节点是叶节点，该模型共有 4 个叶节点。例如：

```
2) Pressure3pm>=1011.9 204 16 No (0.92156863 0.07843137)
```

上述语句含义是：节点号为 2（node），节点分支条件是 Pressure3pm>=1011.9（分裂值），此时包含样本 204，这个节点分类为 No，有 16 个样本被误分类，这表示有 92% 的可能明天不会下雨。该节点并非叶节点（无 * 号）。

第二部分给出了用于构建决策树的命令。

```
Classification tree:
rpart(formula = RainTomorrow ~ ., data = crs$dataset[crs$train,
```

```
c(crs$input, crs$target)], method = "class", parms = list(split = "information"),
control = rpart.control(usesurrogate = 0, maxsurrogate = 0))
```

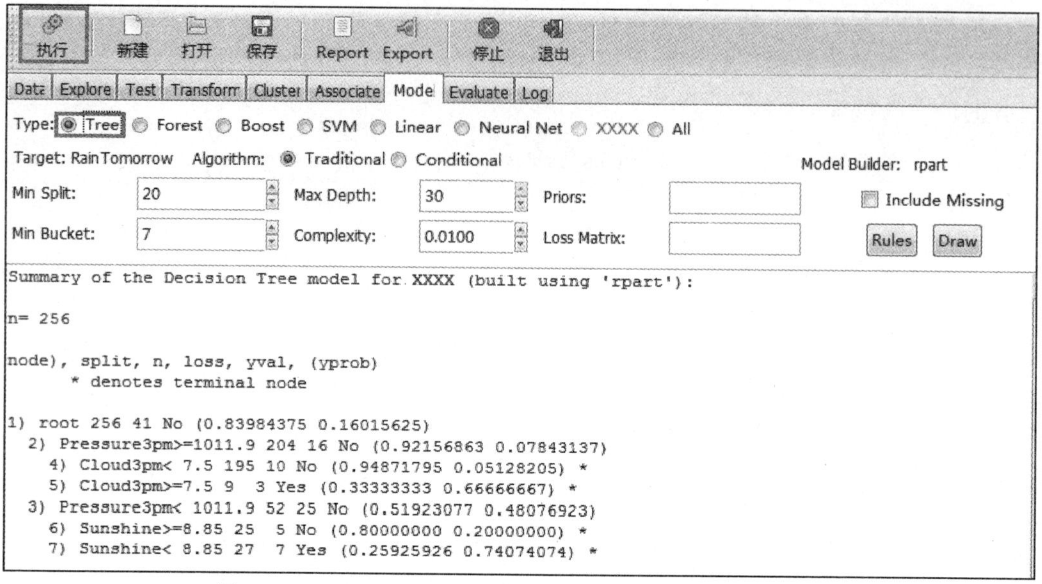

图 12-62 对 weather 训练集数据建建立决策树预测模型

第三部分给出了构建决策树的分裂变量。

```
Variables actually used in tree construction:
[1] Cloud3pm     Pressure3pm Sunshine
```

第四部分给出了根节点的错误率。

```
Root node error: 41/256 = 0.16016
```

第五部分给出了每次分裂后 cp 的综合详情。nsplit 是分裂次数，xerror 是通过交叉验证获得的模型误差，xstd 是模型误差的标准差。

```
        CP nsplit rel error  xerror    xstd
1 0.158537      0   1.00000 1.00000 0.14312
2 0.073171      2   0.68293 0.80488 0.13077
3 0.010000      3   0.60976 0.97561 0.14169
```

单击 Draw 按钮，可以生成决策树图，如图 12-63 所示。

12.5.4 随机森林

随机森林（random forest）算法的实质是基于决策树的分类器集成算法，其中每棵树都是基于随机样本的一个独立集合值产生的。

随机森林在运算量没有显著提高的前提下提高了预测精度。随机森林对多元共线性不敏感，结果对缺失数据和非平衡的数据比较稳健，可以很好地预测多达几千个解释变量的作用，被誉为当前最好的算法之一。

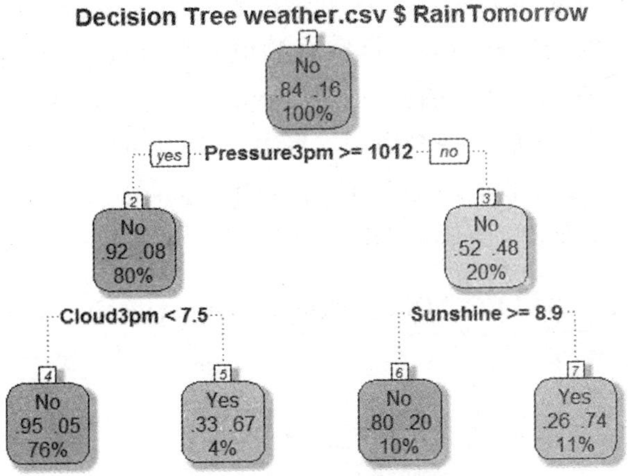

图 12-63　生成决策树图

可以通过 Rattle 的 Forest 按钮实现随机森林建模，它是基于 randomForest 算法包中的 randomForest 函数实现的。还是以 weather 数据集为例建立随机森林，结果如图 12-64 所示。

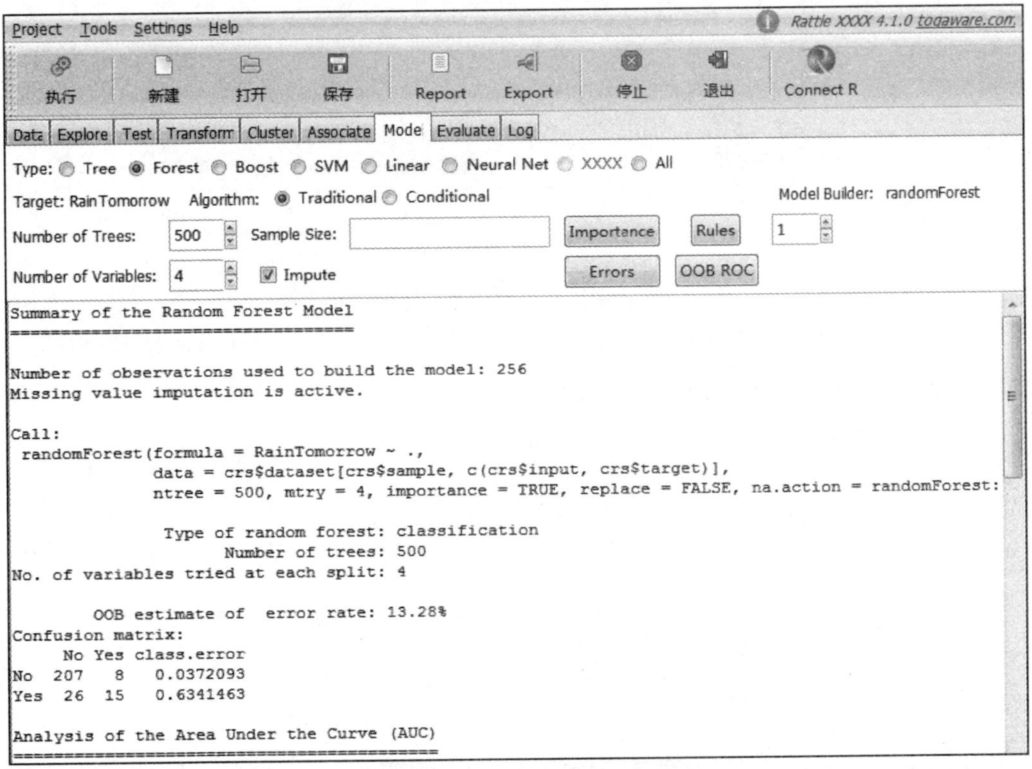

图 12-64　利用 weather 训练集建立随机森林

首先给出的是建模命令。接下来，给出一个误差率的 OOB 估计及基于 OOB 的分类矩阵。OOB 是英文 out of bag 的缩写，由于每棵树都由自助法抽样得来，抽样是放回抽样，这样每次约有 1/3 的数据没有被抽到，这些观测值数据被称为 OOB 数据（口袋外面的数据）。由图 12-64 知误差率的 OOB 估计（OOB estimate of error rate）是 13.28%，即它的准确率是 86.72%，这是一个非常不错的模型。在基于 OOB 的混淆矩阵中，行表示实际值，列表示预测值，因此，有 8 个预测值是 Yes 的数目中，实际值是 No。

可以单击 OOB ROC 按钮，生成 OOB ROC 曲线，如图 12-65 所示。

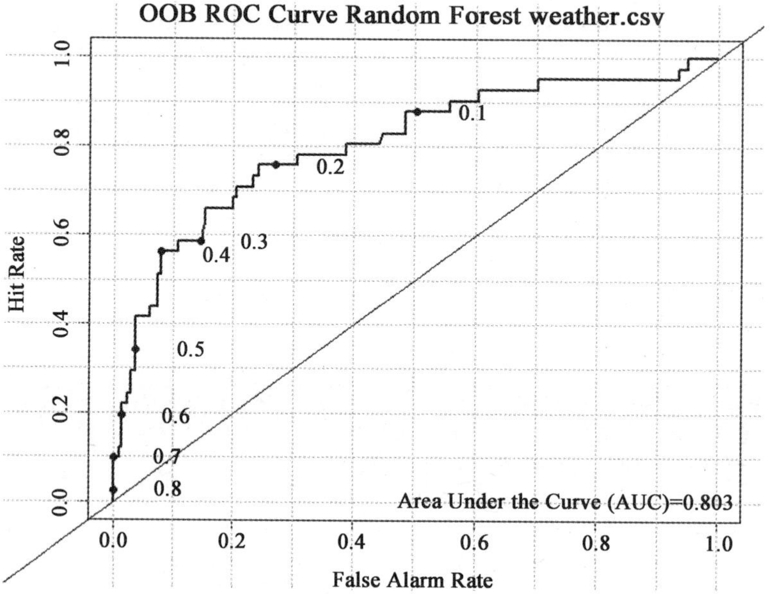

图 12-65 OOB ROC 曲线

同时也给出了各变量重要性的度量，MeanDecreaseAccuracy 是从精确度来衡量变量重要性，MeanDecreaseGini 则是从 Gini 指数来衡量变量重要性。默认是按照精确度由大到小排序，越靠前的变量越重要，如下所示。

```
Variable Importance
===================
                   No   Yes MeanDecreaseAccuracy MeanDecreaseGini
Pressure3pm     12.84  8.74                14.62             4.36
Sunshine        12.31  9.07                14.21             4.13
Cloud3pm        12.58  7.52                13.84             3.18
WindGustSpeed    9.07  5.81                10.24             2.69
Pressure9am      7.94  2.39                 8.59             3.15
......
```

可以通过 Importance 按钮，对各变量重要性进行可视化，如图 12-66 所示。

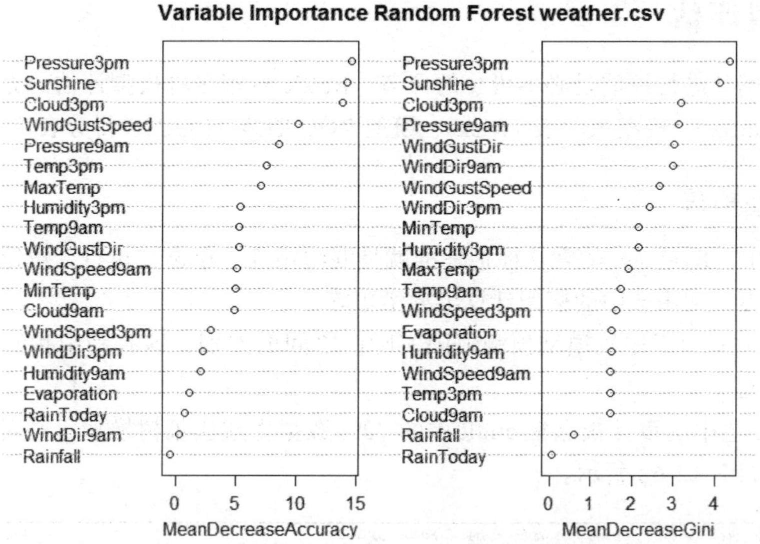

图 12-66 变量的相对重要性

单击 Errors 按钮，可以生成每棵树的 OOB，因变量为 Yes、No 时的误差率，如图 12-67 所示。

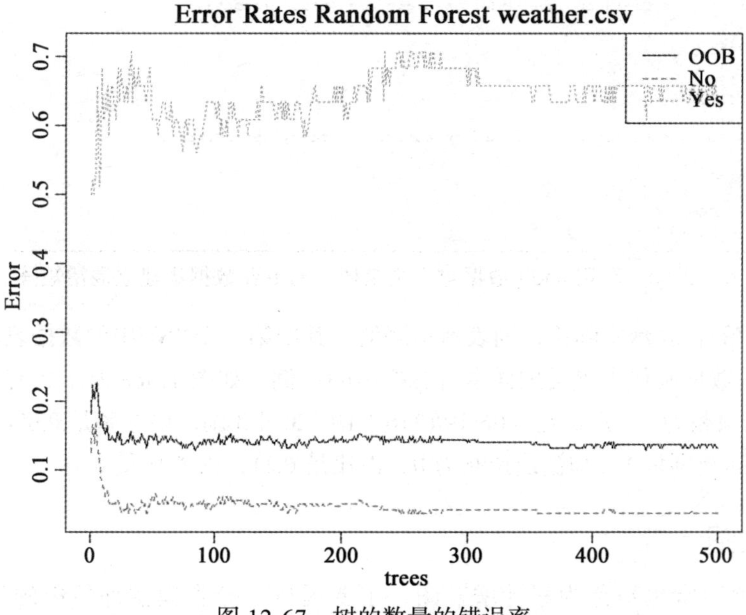

图 12-67 树的数量的错误率

Rattle 还能实现基于决策树的组合方法（Boost）、支持向量机（SVM）、线性回归（Linear）、人工神经网络（Neural Net）和生存分析（Survival），感兴趣的读者可以自行体会。

12.6 模型评估

对建好的模型进行评估是必不可少的环节。Rattle 有很多种模型评估的方法，包括混淆矩阵（Error Matrix）、模型风险表（Risk）、模型 ROC 曲线（ROC）、得分表（Score）等。

12.6.1 混淆矩阵

在 Rattle 中，Evaluate 的默认评估标准就是混淆矩阵。单击“执行”按钮之后，系统会根据所选数据集，利用选中的模型计算出混淆矩阵。

混淆矩阵主要用于比较模型预测值同实际值之间的差别，这有利于我们根据实际需求调整相应的模型。

利用 rattle 包中的审计数据集 audit 中的 70% 数据生成决策树模型，并对 test 数据集建立混淆矩阵，如图 12-68 所示。

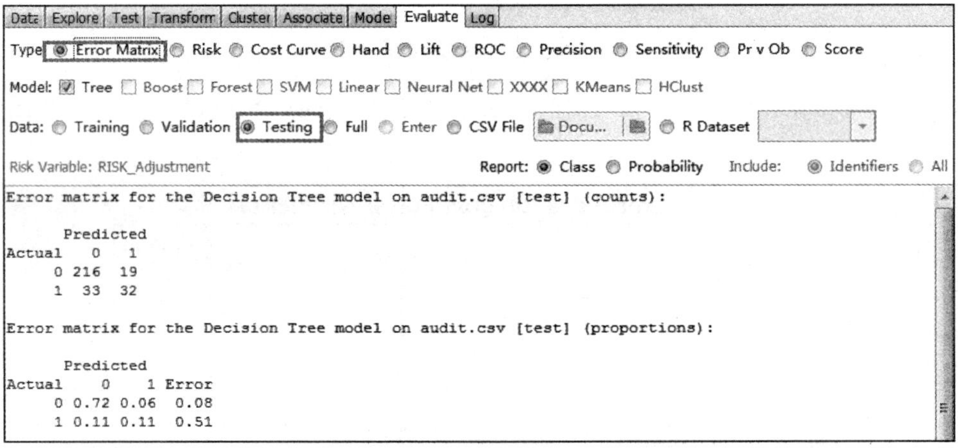

图 12-68　利用 audit 数据建立决策树，对 test 数据集建立混淆矩阵

混淆矩阵中的行表示实际值，列表示预测值，其中第一个矩阵中的数据表示样本的个数，另一个矩阵中的数据则代表该类别样本占总样本的比例。如图 12-68 所示，有 19 个样本实际类别是 0，被误预测为 1，占比是 0.06(19/(216＋19＋33＋32))，误差率是 0.08(19/(216＋19))；有 33 个样本实际类别是 1，却被误预测为 0，占比是 0.11，误差率是 0.51。

12.6.2 风险图

模型风险图通常也被称为累计增益图，主要提供二分类模型评估中的另一种透视图，模型风险图可以通过 Evaluate 界面中的 Risk 选项直接生成。

继续用刚才利用审计数据集建立的决策树模型为例，对测试集数据建立风险图，如图 12-69 所示。

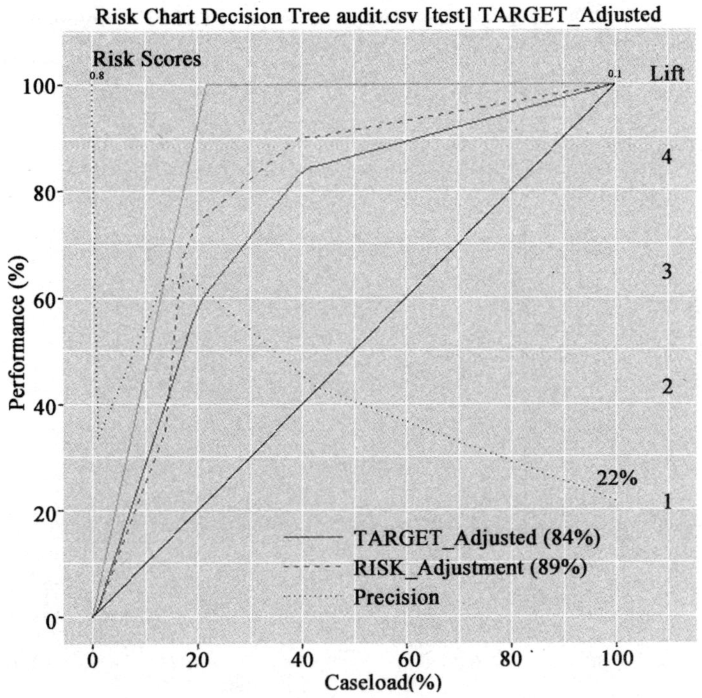

图 12-69 利用 audit 数据建立决策树，对 test 数据集所建立的风险图

假设每年将会对 100000 人进行审计，根据风险图，就会有 22000 人需要调整他们的纳税申报。我们将这个比率（22%）称为 strike rate。

12.6.3 ROC 曲线及相关曲线

模型的 ROC 曲线也是一种比较常见的用于数据挖掘的模型评估图。此外，与 ROC 曲线相类似的曲线还有灵敏度与特异性曲线、增益曲线、精确度与敏感度曲线，其中，ROC 曲线是使用最广泛的。

图 12-70 至图 12-73 依次为模型的 ROC 曲线、精确度与灵敏度曲线、敏感度与特异性曲线和增益曲线。

12.6.4 模型得分数据集

在 Evaluate 界面中，Rattle 还提供了一个计算数据集得分的按钮。

该按钮的主要作用是将模型分析预测结果保存为文件的形式，以便能对模型结果进行更多的分析活动，而不仅仅是跑一遍数据生成一个模型那么简单。会根据我们选择的数据利用模型进行预测，并将预测结果以 CSV 文件的格式保存。

需要利用决策树生成的模型预测测试数据集，Type 选择 Score，Data 选择 Testing，如图 12-74 所示。

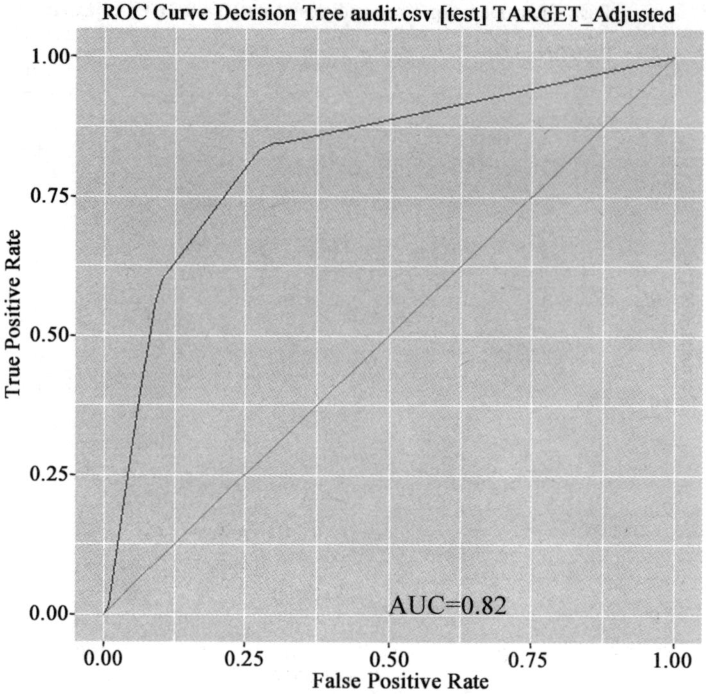

图 12-70 ROC 曲线

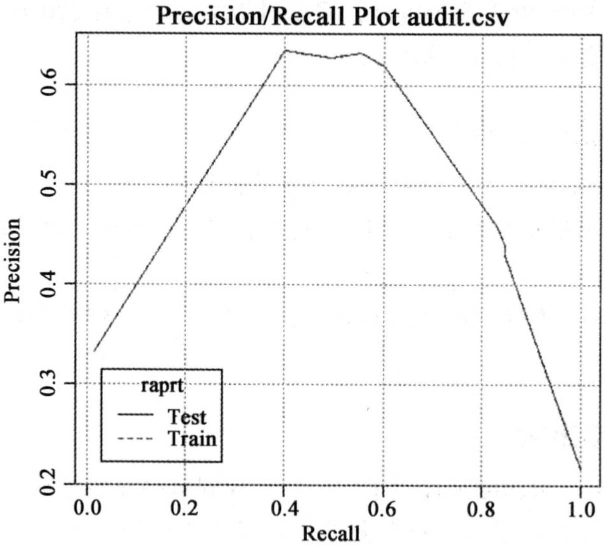

图 12-71 精确度与敏感度曲线

单击“执行”按钮后，弹出设置文件保存名称和保存路径的对话框，如图 12-75 所示。

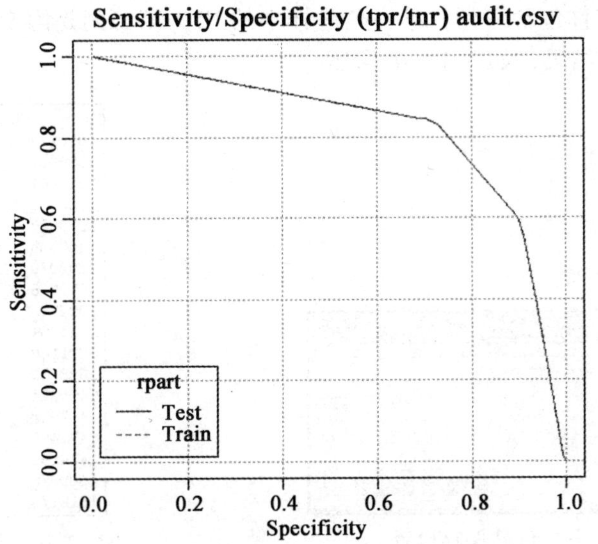

图 12-72　灵敏度与特异性曲线

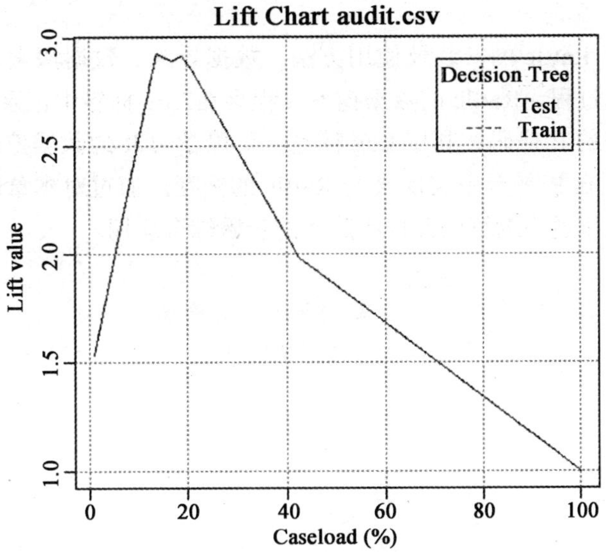

图 12-73　增益曲线

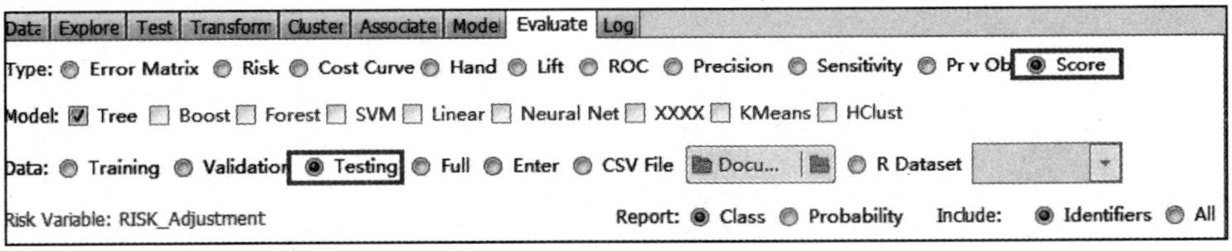

图 12-74　对测试集数据计算得分

保存到本地的文件包含三列，第一列是样本的 ID，第二列是因变量的实际值，第三列是决策树模型的预测结果，如图 12-76 所示。

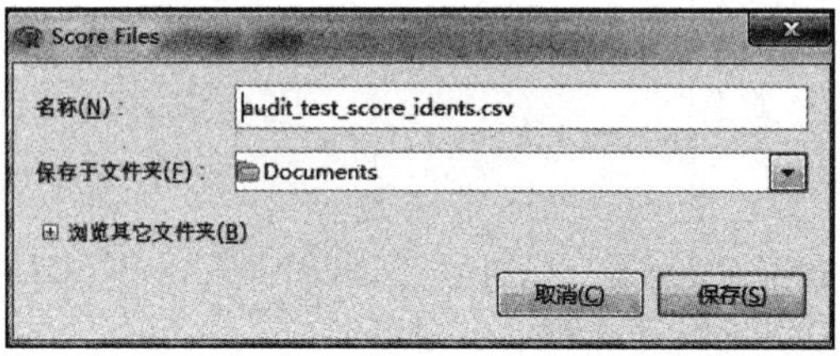

图 12-75 得分文件的保存设置

ID	TARGET_Adjusted	rpart
1010229	0	0
1099084	0	1
1222601	1	1
1258702	0	0
1273089	0	0
1282955	0	0
1293079	0	0
1310818	0	0
1322745	0	0
1325704	0	0
1391108	0	0
1398832	0	0
1455874	0	0
1467638	0	1
1471496	0	0
1474194	0	0
1505676	1	0
1518173	1	1

图 12-76 得分文件的保存内容

12.7 小结

本章详细介绍了 Rattle 的安装及使用方法，数据导入、数据探索、数据建模和模型评估在 Rattle 中的实现过程。Rattle 的数据挖掘过程会在 Log 标签中记录下来。Log 可以给出所进行的 Rattle 操作的 R 代码，利用 Log 标签，可以学习 R 的数据挖掘过程，也可以把记录以文本形式输出，在 R 平台中实现 R 与 Rattle 的交互。通过对本章的学习，可以在以后的数据挖掘过程中采用适当的算法并按所陈述的步骤综合应用。

第 13 章 Chapter 13

快速搭建游戏数据分析平台

Shiny 是 R 中的一种 Web 开发框架，使 R 的用户不必太了解 CSS、JS，只需要了解一些 HTML 的知识，就可以快速完成 Web 开发，且 Shiny 包集成了 Bootstrap、jQuery、Ajax 等特性，极大解放了作为统计语言的 R 的生产力。使得非传统程序员的 R 用户不必依赖于前端、后端工程师，就可以自己依照业务完成一些简单的数据可视化工作，快速验证想法的可靠性。另外有很多扩展包可以丰富 Shiny 框架的功能，例如 shinydashboard 包提供了 BI 框架；shinythemes 包给出了 Shiny 应用程序的常用风格主题；shinyAce 包为 Shiny 应用程序开发者提供 Ace 代码编辑器；shinyjs 包用于在 Shiny 应用程序中执行常见的 JavaScript 操作；miniUI 包提供了一个 UI 小部件，用于在 R 命令行中集成交互式应用程序。

13.1 shiny 快速入门

shiny 是 RStudio 公司开发的包，可以用 R 语言轻松开发交互式 Web 应用。它主要具有以下特性。

- 只用几行代码就可以构建有用的 Web 应用程序，不需要用 JavaScript。
- Shiny 应用程序会自动刷新计算结果，这与电子表格实时计算的效果类似。当用户修改输入时，输出值自动更新，而不需要在浏览器中手动刷新。
- Shiny 用户界面可以用纯 R 语言构建，如果想更灵活，可以直接用 HTML、CSS 和 JavaScript 来写。
- 可以在任何 R 环境中运行（R 命令行、Windows 或 Mac 中的 Rgui、ESS、StatET、RStudio 等）。

- ❑ 基于 Twitter Bootstrap 的默认 UI 主题很吸引人。
- ❑ 高度定制化的滑动条小工具（slider widget），内置了对动画的支持。
- ❑ 预先构建了输出小工具，用来展示图形、表格以及打印输出 R 对象。
- ❑ 采用 websockets 包，做到浏览器和 R 之间快速双向通信。
- ❑ 采用反应式（reactive）编程模型，摒弃了繁杂的事件处理代码，这样可以将精力集中于真正关心的代码上。
- ❑ 开发和发布了自己的 Shiny 小工具，其他开发者也可以非常容易地将它加到自己的应用中。

Shiny 应用包含两个基本的组成部分：一个是用户界面脚本（a user-interface script），另一个是服务器脚本（a server script）。应用结构如图 13-1 所示：

- ❑ 用户界面（UI）脚本控制应用的布局与外表，它定义在一个称作 ui.R 的源脚本中。
- ❑ 服务器（server）脚本包含构建应用所需的一些重要指示，它定义在一个称作 server.R 的源脚本中。

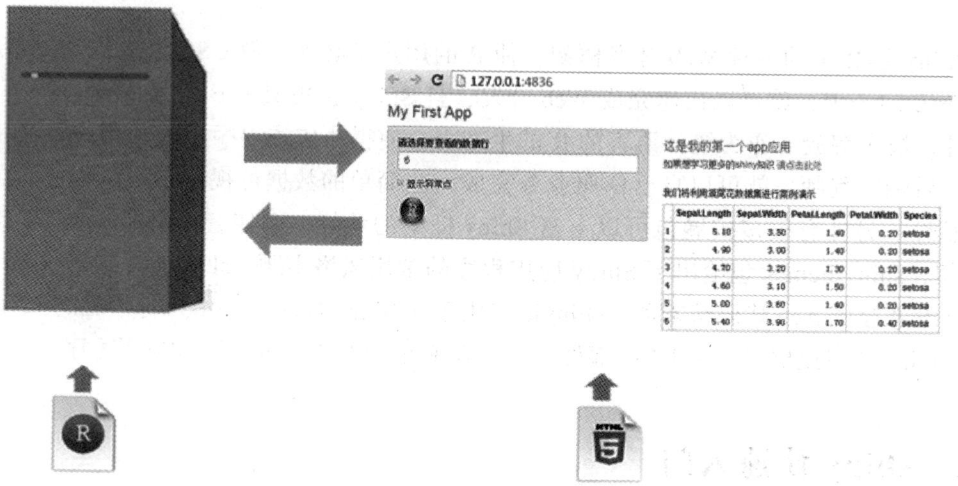

图 13-1 shiny 应用基本结构

可以在一个目录中保存一个 ui.R 文件和 server.R 文件来创建一个 Shiny 应用。每一个应用都需要自己独特的存放位置。运行应用的方法是在函数 runApp 中置入目录名称。例如，应用目录名称为 myapp，且放在 D 盘目录下，那么键入以下代码可以执行应用。

```
library(shiny)
runApp("D:/myapp")
```

运行完成后自动生成一个网页展示结果。

也可以将 UI 和 server 的代码写在一个脚本内，通过 shinyApp 执行该 App。运行以下脚本将得到如图 13-2 所示的一个简单查看数据交互页面。

```
# app.R#
library(shiny)
ui <- shinyUI(fluidPage(
  titlePanel(title="My First App"),
  sidebarPanel(
    numericInput("n","请选择要查看的数据行",value = 10)
  ),
  mainPanel(tableOutput("view"))
))
server <- shinyServer(function(input,output,session){
  output$view <- renderTable(
    head(iris, n = input$n)
  )
})
shinyApp(ui = ui, server = server)
```

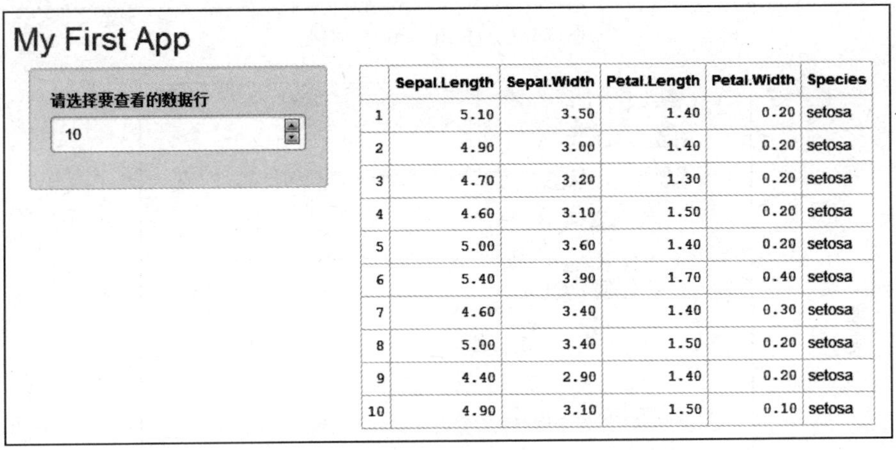

图 13-2　利用 shiny 包搭建交互查看数据页面

Shiny 包也内置了 11 个示例，详细地展现 Shiny 的基本特性，通过学习示例，可以快速上手。每一个示例都是一个独立的应用程序（self-contained Shiny App）。可以通过 runExample( ) 查看。

```
shiny::runExample()
Valid examples are "01_hello", "02_text", "03_reactivity", "04_mpg", "05_sliders",
"06_tabsets", "07_widgets", "08_html", "09_upload", "10_download", "11_timer"
```

01_hello 示例根据 R 自带的 faithful 数据集绘制一个直方图，并且由可变数量的 bins 控制。用户可以通过滑动条改变 bins 的数量，应用会立刻对更改动作做出响应。输入 runExample("01_hello")，会自动创建一个本地的 web 页面，如图 13-3 所示。

在 Hello Shiny 的示例中，ui.R 和 server.R 的脚本如图 13-4 所示。

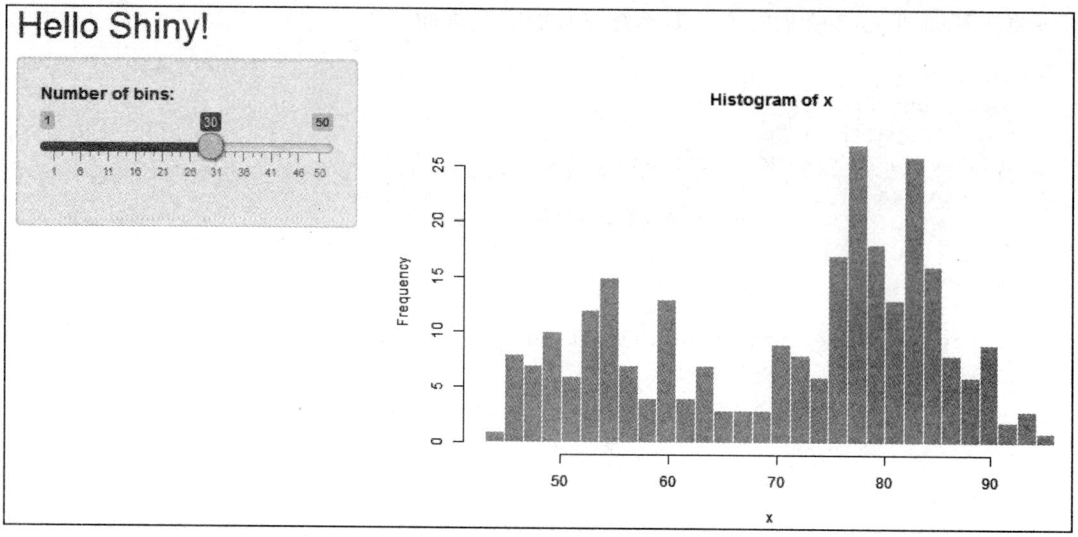

图 13-3 Hello Shiny 示例

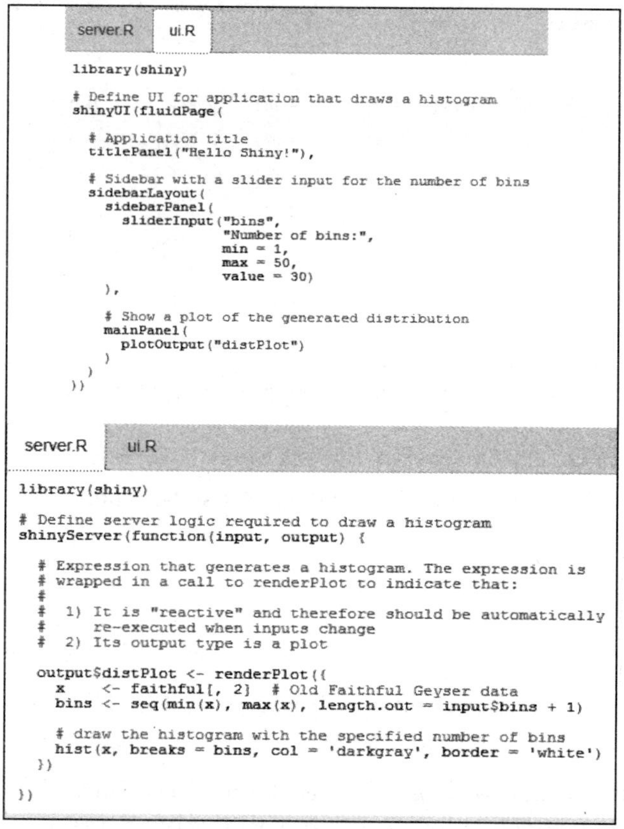

server.R | ui.R

```r
library(shiny)

# Define UI for application that draws a histogram
shinyUI(fluidPage(

  # Application title
  titlePanel("Hello Shiny!"),

  # Sidebar with a slider input for the number of bins
  sidebarLayout(
    sidebarPanel(
      sliderInput("bins",
                  "Number of bins:",
                  min = 1,
                  max = 50,
                  value = 30)
    ),

    # Show a plot of the generated distribution
    mainPanel(
      plotOutput("distPlot")
    )
  )
))
```

server.R | ui.R

```r
library(shiny)

# Define server logic required to draw a histogram
shinyServer(function(input, output) {

  # Expression that generates a histogram. The expression is
  # wrapped in a call to renderPlot to indicate that:
  #
  #  1) It is "reactive" and therefore should be automatically
  #     re-executed when inputs change
  #  2) Its output type is a plot

  output$distPlot <- renderPlot({
    x    <- faithful[, 2]  # Old Faithful Geyser data
    bins <- seq(min(x), max(x), length.out = input$bins + 1)

    # draw the histogram with the specified number of bins
    hist(x, breaks = bins, col = 'darkgray', border = 'white')
  })

})
```

图 13-4 Hello Shiny 的 ui.R 和 server.R 脚本

在 Hello Shiny 应用运行时，R 处于繁忙状态，因此不能执行其他 R 命令。若是希望关闭应用恢复 R，可以单击退出或者停止按钮（在 RStudio 控制面板的右上角）。

现在读者已经学会了 shiny 的基本原理及如何运行和停止应用。接下来梳理一遍构建简单的 Shiny 应用程序的流程，并将文字、图片，以及其他控件添加到应用中，丰富应用功能。

构建应用程序前，先创建一个空文件夹 myapp，在这个文件夹里创建新 txt 文件，并将 txt 文件改为 ui.R 和 server.R，如图 13-5 所示。

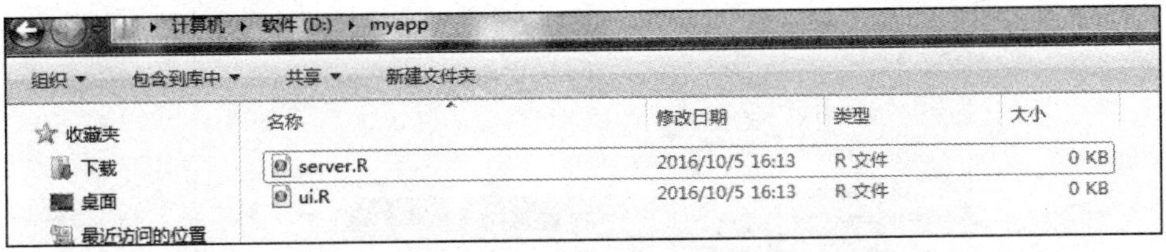

图 13-5　在 myapp 文件夹中创建空的 ui.R 和 server.R 文件

用 RStudio 打开 ui.R 和 server.R，在两个脚本中添加以下代码。这些代码是创建一个 shiny 应用的最低要求。运行结果是有一个空白用户界面的空应用。

```
# ui.R
library(shiny)
shinyUI(fluidPage(
))
# server.R
library(shiny)
shinyServer(function(input,output){
})
```

ui.R 脚本利用 fluidPage 函数来创建一个自适应用户浏览器窗口，该窗口包含一个标题面板和一个侧边栏布局，后者包括一个侧边栏面板和一个主面板。在 ui.R 脚本中添加以下脚本，这些脚本都放置在 fluidPage 函数内部。应用如图 13-6 所示。

```
shinyUI(fluidPage(
  titlePanel("My First App"),
sidebarLayout (
    sidebarPanel(),
    mainPanel()
  )
))
```

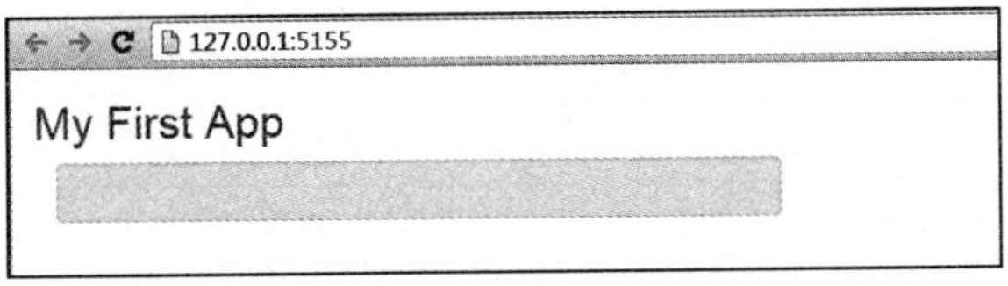

图 13-6　添加了标题面板、侧边栏面板和主面板的应用

titlePanel 和 sidebarLayout 为 shiny 应用构成基本的布局，不过也可以创建更多的高级布局。例如利用 splitLayout 来拆分布局，用 fluidRow 和 column 来设置布局，用 verticalLayout 创建垂直布局，用 navbarPage 让应用展示出导航栏布局等。部分布局样式如图 13-7 所示。

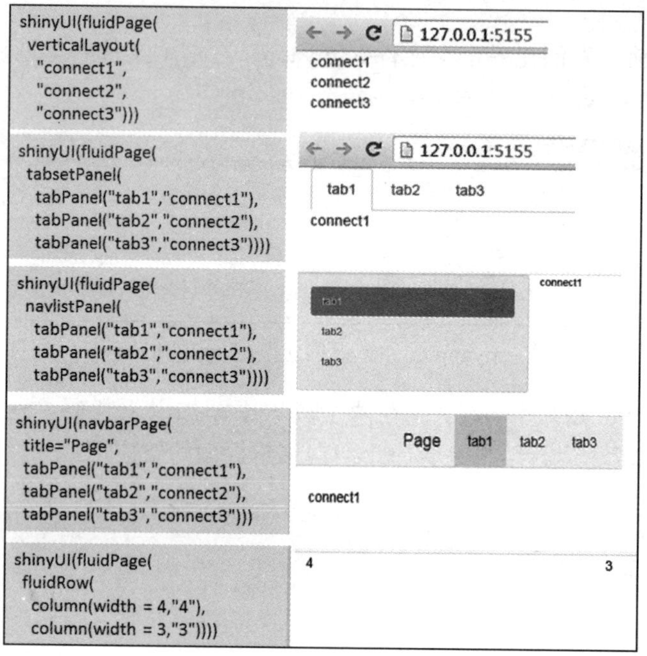

图 13-7 不同页面布局样式

读者可以根据自己的需求选择不同的页面布局。继续以 sidebarLayout 的标准布局为基础，在现有应用上添加更多内容。做法仅仅是需要在 *Panel 函数中添加相关元素。shiny HTML 标签中的函数与常见的 HTML5 标签大同小异。表 13-1 是 shiny 函数与 HTML 的等价列举。

表 13-1 shiny 函数与 HTML 的等价列举

p	<p>	一段文字
h1	<h1>	级别 1 的标题
h2	<h2>	级别 2 的标题
h3	<h3>	级别 3 的标题
h4	<h4>	级别 4 的标题
h5	<h5>	级别 5 的标题
h6	<h6>	级别 6 的标题
a	<a>	一个超链接

（续）

p	<p>	一段文字
br	 	一个换行符（如一个空行）
div	<div>	具有某种统一风格的文本的区域
span	<span>	具有某种统一风格的文本的行内区域
pre	<pre>	具有定宽度的字体
code	<code>	一个格式化的代码块
img	<img>	插入一张照片
strong	<strong>	粗体字
em	<em>	斜体字
HTML		直接以 HTML 代码样式的字符串

如果想在应用中插入图片，存放图片的文件夹必须命名为 www，且文件夹需要放在与 ui.R 和 server.R 相同的路径中，应用将会在网络浏览器中分享 www 文件夹里的图片、css、js 等，如图 13-8 所示。

图 13-8　图片存放位置

插入一个图片的具体做法是：img(src="bigorb.png",height,width)，height 和 width 参数用来设置高、宽的像素值，可以利用 a 函数给图片增加超链接。以下代码实现在侧边栏添加图片，单击图片会打开 RStudio 官网，并在主面板增加一些文字描述，如图 13-9 所示。

```
library(shiny)
shinyUI(fluidPage(
  titlePanel("My First App"),
  sidebarLayout(
    sidebarPanel(
      a(img(src="bigorb.png",height=60,width=60),
        href="https://www.rstudio.com/",target="black")),
    mainPanel(
      strong(h3("这是我的第一个App应用",style="color:violetred")),
      h4("如果想学习更多的shiny知识",
        span(a("请点击此处",href="http://shiny.rstudio.com/tutorial/"))),
      br(),
      p("我们将利用鸢尾花数据集进行案例演示")))
))
```

接下来学习如何在应用中添加控制部件。控件就是一个用户可以进行交互的网络元素，提供了一种能向应用发送信息指令的途径。图 13-10 是 shiny 的内置控件。

常用控件函数如表 13-2 所示。

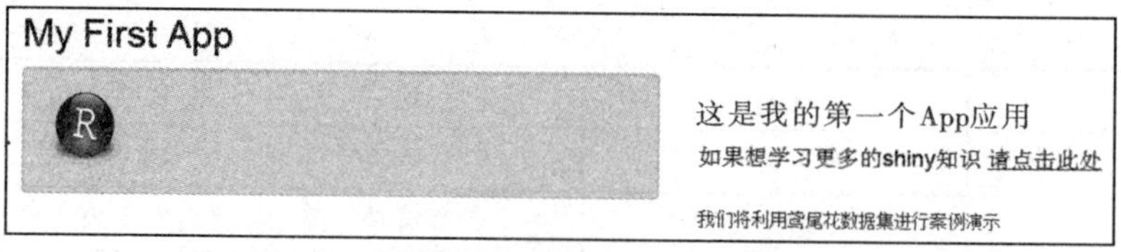

图 13-9 在侧边栏增加图片，主面板添加文字

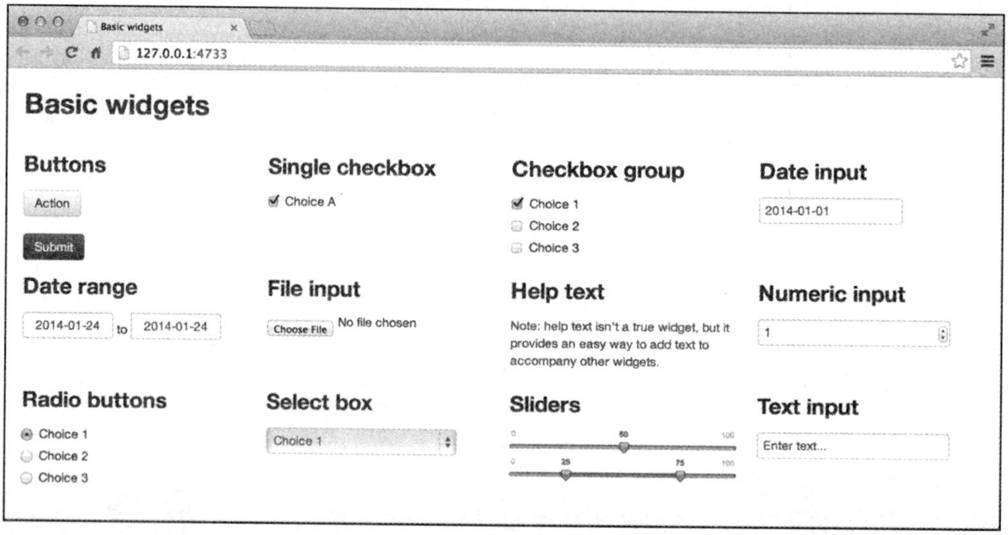

图 13-10 shiny 自带的内置控件

表 13-2 控件函数

方 程	控 件	方 程	控 件
actionButton	按钮	checkboxGroupInput	复选框
checkboxInput	一个单一的复选框	dateInput	日期
dateRangeInput	日期范围	fileInput	上传文件
helpText	帮助文件	numericInput	数字输入
sliderInput	滑动条	submitInput	提交按钮
textInput	文本输入	downloadButton	下载按钮

不同控件的参数有所不同，这完全取决于控件实现功能的自身需求。但是每一个控件的前两个参数都是：

- inputId（控件名称）：用户看不见控件名称，但是可以利用控件名称将控件值传递给 server 端，控件名称必须为字符串类型。
- label（标签）：标签会与控件一起显示在 UI 端，它也必须是一个字符串，但是可以为空字符串。

控件可以添加在侧边面板或主面板中。现在向 myapp 应用的侧边栏增加一个数字输入框和一个单一复选框控件。将以下代码添加到 ui.R 脚本中的 sidebarPanel 函数内即可。效果如图 13-11 所示。

```
numericInput("n","请选择要查看的数据行",value = 10,max=150),
checkboxInput("outliers","显示异常点",FALSE),
```

图 13-11 添加控件后的 myapp 应用

最后在应用中建立响应式输出，让 shiny 的 UI 端和 server 端连动起来。可以通过以下两个步骤来创建相应输出。

1）在 ui.R 脚本中使用 *Output 函数来在 shiny 应用中创建响应式对象。

2）在 server.R 脚本中使用 render* 函数告诉 shiny 如何搭建对象。

server.R 脚本的基本任务是定义输入和输出之间的关系。脚本访问输入值，然后计算，接着向输出的组件赋予反应表达式。表 13-3 是 shiny 常用的一些输出项。

表 13-3 shiny 常用输出项

ui.R		server.R	
htmlOutput/uiOutput	原始的 HTML	renderUI	一个 shiny 对象或 HTML
imageOutput	图像	renderImage	图像（保存为与源文件的链接）
plotOutput	图表	renderPlot	图表
tableOutput	表格	renderTable	数据框、矩阵以及其他表格数据
textOutput	文本	renderText	字符串
verbatimTextOutput	文本	renderPrint	任何打印输出

正如向用户界面添加 HTML 元素和控件一样，可以用类似做法向 UI 中添加输出。将输出函数置入 ui.R 脚本中的 sidebarPanel 或者 mainPanel 中。假如想在 myapp 的主面板中添加展示鸢尾花数据的表格和箱线图，只需要在 mainPanel 函数内添加以下两行命令。

```
tableOutput("mytable"),
plotOutput("myplot")
```

每一个 *Output 函数都需要一个单一的字符串参数，这个字符串是在 server.R 脚本的 output$object 中创建的输出对象名称。

在 server.R 脚本中，input 对象的组件用来访问 UI 端的输入，并向 output 对象的组件赋值来生成输出。利用以下脚本创建 mytable 和 myplot 的 R 对象，运行 myapp 的用户界面如图 13-12 所示。

```
library(shiny)
shinyServer(function(input,output){
  # 向用户界面输出iris数据表，根据input$n输出行数
  output$mytable <- renderTable({
    head(iris,input$n)
  })
  # 用户界面输出箱线图，并根据input$outliers判断是否输出异常点
  output$myplot <- renderPlot({
    boxplot(Sepal.Length~Species,data=iris,
            col=rainbow(3),outline = input$outliers)
  })
})
```

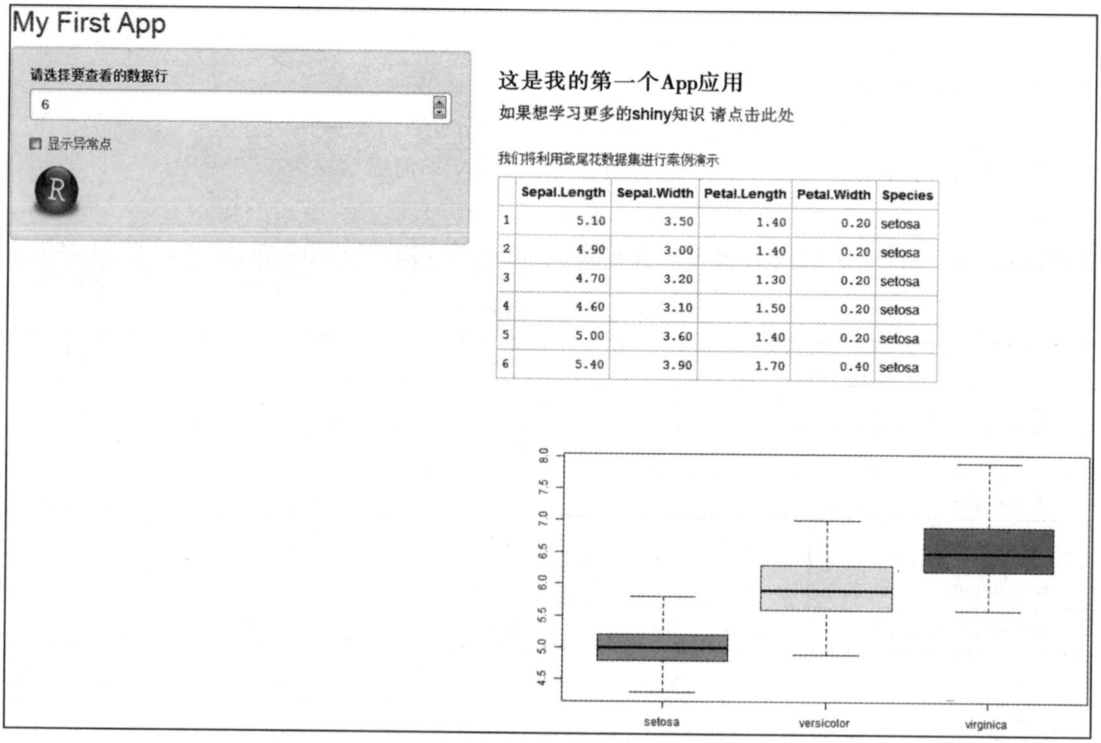

图 13-12 具有反应式的 myApp 应用

调整输入的数值能改变展示数据的行数，勾选显示异常点能显示箱线图中的异常点。

现在已经学会如何创建一个 shiny 应用，但是怎样才能将自己的应用分享给其他用户呢？两个基本的选择是：

1）针对 R 用户，直接分享 R 脚本给用户或将脚本上传到 GitHub，用户运行 runGitHub("<Your repository name>","<your user name>") 来运行你的应用，如果希望以匿名形式发布

你的在线文件，可以使用 GitHub 提供的 pasteboard 服务。

2）以网页形式分享自己的 shiny 应用。这无疑是分享应用最友善的途径。用户可以通过互联网打开浏览器对应用进行操作。

Rstudio 提供了三种方法来共享你的 shiny 应用：

```
Shinyapp.io、Shiny Server、Shiny Server Pro。
```

Shinyapp.io 是共享 shiny 应用最简单的方法，这是 RStudio 为 shiny 应用提供的一项托管服务。Shinyapp.io 分为免费版和收费版，更多信息详见 http://www.shinyapps.io/。

Shiny Server 是 shiny 的一个伙伴项目，它是免费的、开源的，并且在 GitHub 上可用。Shiny Server 需要在 Linux 服务器上部署，利用同一个 Shiny 服务器，可以托管多个 shiny 应用，并且可以从防火墙部署应用程序。配置 Shiny 服务器不难，请参阅 https://github.com/rstudio/shiny-server/blob/master/README.md。

Shiny Server Pro 是 RStudio 针对 Shiny Server 的付费专业版本。其配置了大多数常见的付费服务器程序，如安全与认证（Security & Authentication）、调整和缩放（Tuning & Scaling）、服务器监控（Server Monitoring）。

欲了解更多功能，请查阅 https://www.rstudio.com/products/shiny/shiny-server/。

13.2　shinydashboard 包

shinydashboard 扩展包为 shiny 框架提供了 BI 框架，一个 dashboard 由三部分组成：标题栏、侧边栏、主面板。通过 install.packages("shinydashboard") 安装该包。执行以下脚本可以得到 shinydashboard 的基本框架。应用如图 13-13 所示。

```
# app.R #
library(shiny)
library(shinydashboard)
ui <- dashboardPage(
 dashboardHeader(),
 dashboardSidebar(),
 dashboardBody()
 )
server <- function(input, output) { }
shinyApp(ui, server)
```

下面将在应用中添加性能类似 tabs 的菜单项，这与 shiny 中的 tabPanels 相似，单击菜单栏时，将在 main body 中显示不同的内容。具体步骤如下。

1）在侧边栏 dashboardSidebar 的 sidebarMenu 中添加 menuItem，并用 tabName 设置其名称。在 sidebarMenu 添加以下代码得到的结果如图 13-14 所示。

```
# Sidebar内容
dashboardSidebar(
```

```
sidebarMenu(
   menuItem("Data", tabName = "data", icon = icon("table")),
   menuItem("Chart", tabName = "chart", icon = icon("line-chart"))
))
```

图 13-13 shinydashboard 的基本框架

图 13-14 添加 tab 菜单项

menuItem 有一个图标 icon 选项，由 shiny 的 icon () 函数创建（更多 icon 图表请查阅 http://fontawesome.io/icons/）。badgeLabel 和 badgeColor 选项分别是标记名和标记颜色。menuItem 除了控制标签还可以做其他的事情，比如可以包含一个外部链接的内容。如果 href 提供一个值，在默认情况下，这些外部链接打开一个新的浏览器标签或窗口。例如，增加下面这行代码可在侧边栏增加百度搜索的超链接，点击即可跳转至百度搜索。

```
menuItem("百度搜索", icon = icon("file-code-o"),
          href = "http://www.baidu.com")
```

2）在 dashboardBody 中添加 tabItem 和 tabItems，并将 tabName 的名称设置为与 menuItem 相同，将需要在这个 tab 主面板显示的内容代码放置在此处即可。在 dashboardBody 添加以下代码得到的结果如图 13-15 所示。

```
# 主面板的内容
```

```
dashboardBody(
    tabItems(
      # 第一个标签内容
      tabItem(tabName = "data",
              fluidRow(
                box(tableOutput("mytable")),
                box(numericInput("n","请选择要查看的数据行",value = 6))
              )),
      # 第二个标签内容
      tabItem(tabName = "chart",
              column(8,plotOutput("myplot"),
                     checkboxInput("outliers","显示异常点",FALSE))))
  )
```

图 13-15　在不同 tab 的主面板添加内容

默认显示第一个 Data 的内容，单击 Chart 时，会显示 Chart 的主面板内容。接下来完善 server 端的内容，就可以得到一个完整的 App 应用。在 server 端添加以下代码得到的结果如图 13-16 与图 13-17 所示。

```
server <- function(input, output) {
  # 向用户界面输出iris数据表，根据input$n输出行数
  output$mytable <- renderTable({
    head(iris,input$n)
  })
  # 向用户界面输出箱线图，并根据input$outliers判断是否输出异常点
  output$myplot <- renderPlot({
    boxplot(Sepal.Length~Species,data=iris,
            col=rainbow(3),outline = input$outliers)
  })
}
```

主面板可以包含任何常规的 shiny 内容。大部分仪表板的基本构建块是 box，box 反过来可以包含任何内容。在 shinydashboard 中，box() 函数可以创建一个基本框，box 的内容可以是任何 shiny 的 UI 内容。box() 函数的表达形式为：

```
box(title = NULL, status = NULL,solidHeader = FALSE,
```

```
background = NULL, width = 6, height = NULL,collapsible = FALSE,…)
```

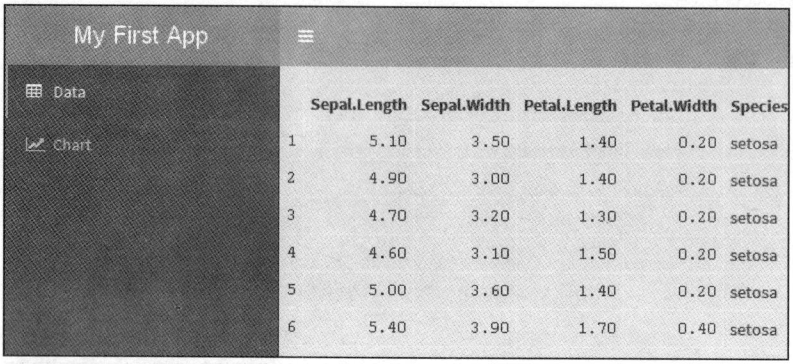

	Sepal.Length	Sepal.Width	Petal.Length	Petal.Width	Species
1	5.10	3.50	1.40	0.20	setosa
2	4.90	3.00	1.40	0.20	setosa
3	4.70	3.20	1.30	0.20	setosa
4	4.60	3.10	1.50	0.20	setosa
5	5.00	3.60	1.40	0.20	setosa
6	5.40	3.90	1.70	0.40	setosa

图 13-16 Data 菜单项显示数据

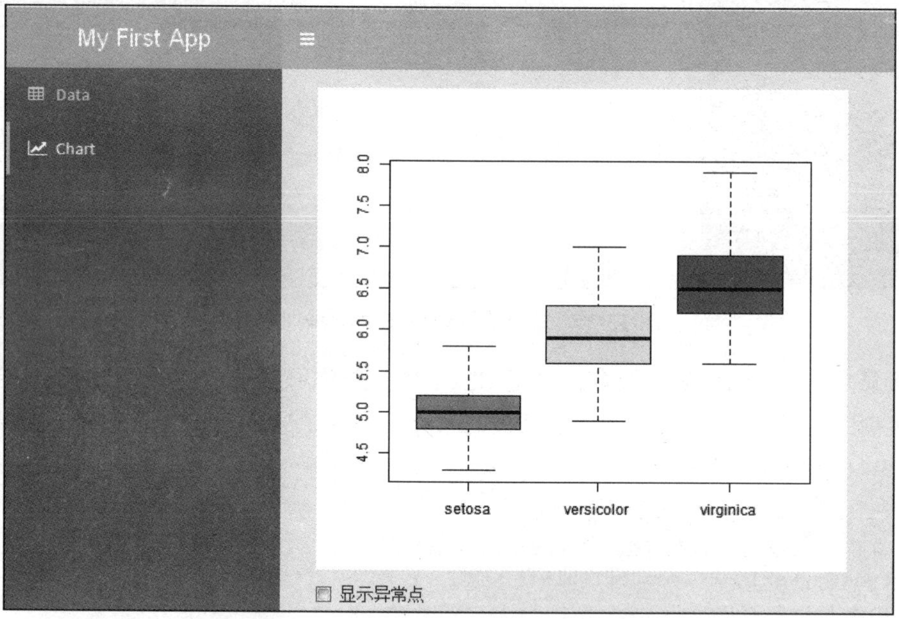

图 13-17 Chart 菜单项显示箱线图

其中，title 设置标题内容；status 设置标题颜色，可选颜色有：primary（深蓝色）、success（绿色）、info（蓝色）、warning（橙色）、danger（红色）；solidHeader 设置标题是否以纯色背景显示；collapsible=TRUE 在右上角显示折叠按钮；background 选项设置背景颜色。

例如，想对 mytable 的 box 增加标题，并将标题颜色设置为绿色，并显示折叠按钮。对滑动条的 box 增加标题，标题颜色设置为深蓝色，并将背景色设置为 purple。在代码中添加以下内容。完整代码请查阅 myshinydashboard 文件夹，运行结果如图 13-18 所示。

```
box(title="iris数据集",status="success",
    solidHeader = TRUE,collapsible=TRUE,
    tableOutput("mytable")),
box(title="滑动条",status="primary",solidHeader = TRUE,
    collapsible=TRUE,background="purple",
    numericInput("n","请选择要查看的数据行",value = 6))
```

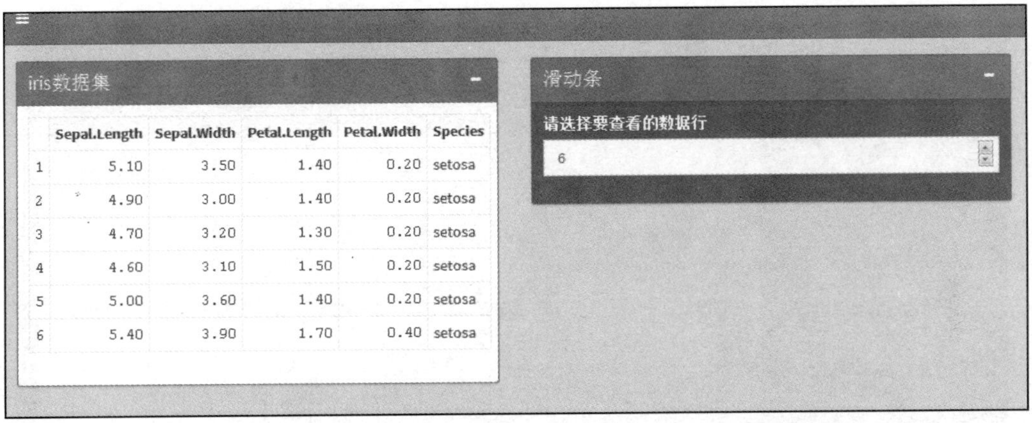

图 13-18　利用 box 函数增加标题和设置标题样式

仪表盘包括很多的主题或者皮肤。默认为 blue 蓝色，还有包括其他的颜色：black（黑色）、purple（紫色）、green（绿色）、red（红色）、yellow（黄色）等。可以使用 dashboardPage(skin = "blue") 等进行设置。

更多 shinydashboard 的知识，可查阅 http://rstudio.github.io/shinydashboard/。

13.3　案例一：搭建数据可视化原型

接下来，将前面学到的绘图和建模技术结合 Shiny Web 开发框架，一步步搭建数据可视化平台 demo。先创建新文件夹，将其命名为数据可视化原型，并在数据可视化原型文件夹中创建两个脚本 ui.R 和 server.R，用来存放客户端和服务端的脚本（备注：平台完整 ui.R 和 server.R 在数据可视化原型文件夹中）。原型最终效果如图 13-19 所示。

先将原型 UI 框架建好，执行以下代码得到的原型框架如图 13-20 所示。

```
# ui.R
dashboardPage(
  dashboardHeader(title="数据可视化平台demo"),
  dashboardSidebar(
    sidebarMenu(
      menuItem("基础绘图展示",tabName = "basedemo"),
      menuItem("rCharts绘图展示",tabName = "rChartsdemo"),
      menuItem("社会网络图展示",tabName = "SNdemo"),
      menuItem("模型结果可视化展示",tabName = "viz")
```

```
    )),
  dashboardBody(
))
#server.R
function(input, output) {
}
```

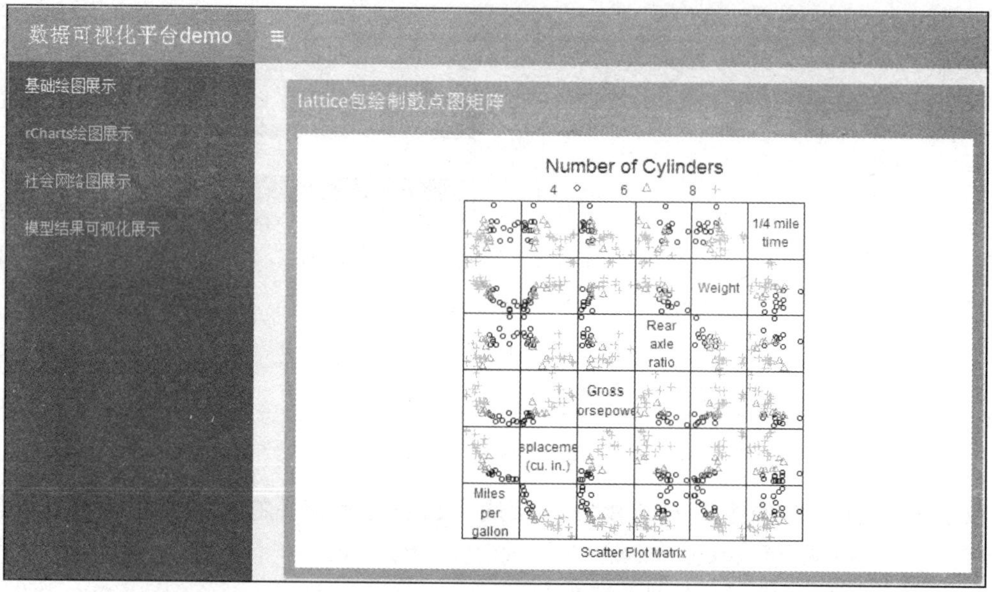

图 13-19 数据可视化原型

让我们一步步完成主面板的功能。对于 lattice 包和 ggplot2 绘制的静态图形，在 server.R 中用 renderPlot( ) 函数将图形赋予输出对象 mygraph，并在 ui.R 中用 plotOutput(“ mygraph”) 将图形输出到 web 中。形式如下。

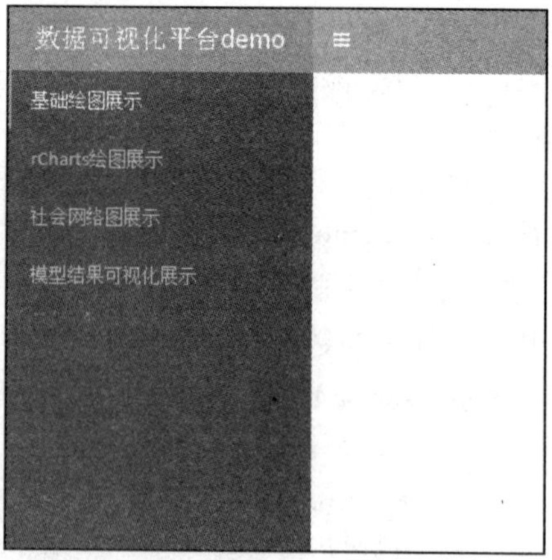

图 13-20 数据可视化原型框架

```
# server.R #
output$mygraph <- renderPlot({
graph_function(formula,data=,…)
})
# ui.R #
plotOutput("mygraph")
```

添加以下代码，在网页上输出利用 lattice 包绘制的散点图矩阵和用 ggplot2 包绘制的密度图。结果如图 13-21 所示。

```
# server.R
  # 利用lattice包中的绘图函数
```

```
  output$splom <- renderPlot({
    splom(mtcars[c(1, 3:7)], groups = mtcars$cyl,
          pscales = 0,pch=1:3,col=1:3,
          varnames = c("Miles\nper\ngallon", "Displacement\n(cu. in.)",
                       "Gross\nhorsepower", "Rear\naxle\nratio",
                       "Weight", "1/4 mile\ntime"),
          key = list(columns = 3, title = "Number of Cylinders",
                     text=list(levels(factor(mtcars$cyl))),
                     points=list(pch=1:3,col=1:3)))
  })
  # 利用ggplot2包中的绘图函数
  output$myggplot <- renderPlot(({
    data(singer,package = "lattice")
    p <- ggplot(data=singer,aes(x=height,fill=voice.part))+
            geom_density()+
            facet_grid(voice.part~.)
  }))
#ui.R
tabItem(tabName = "basedemo",
        box(title = "lattice包绘制散点图矩阵",
            width = 6,solidHeader = TRUE,
            background = "light-blue", plotOutput("splom")),
        box(title = "ggplot2包绘制的密度图",
            width = 6,solidHeader = TRUE,
            background = "light-blue", plotOutput("myggplot")))
```

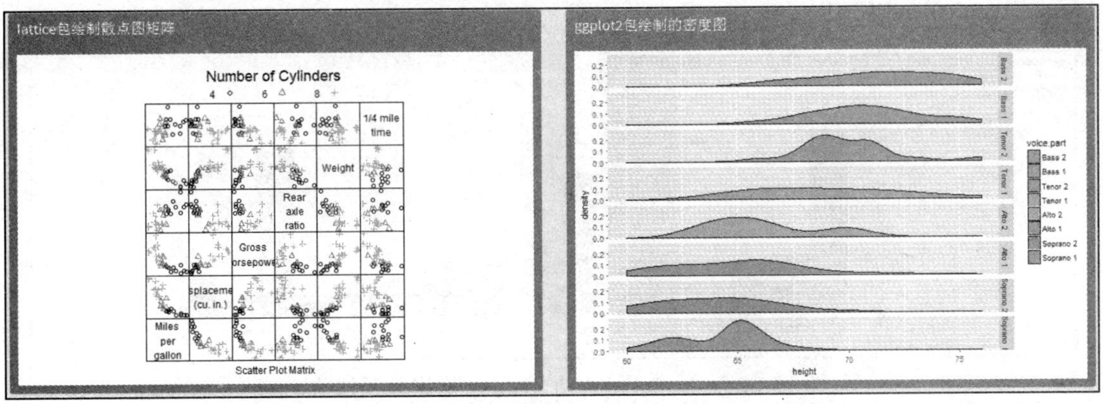

图 13-21　lattice 和 ggplot2 结合 shiny 输出 web 页面

对于用 rCharts 包绘制的图形，在 server.R 中用 renderChart( ) 函数将图形赋予输出对象 mygraph，并在 ui.R 中用 showOutput("mygraph") 将图形输出到 web 中。形式如下（以 hPlot 函数为例）。

```
# server.R #
output$mygraph <- renderChart({
                p1 <- hPlot(formula,data,type,…)
                p1$addParams(dom="mygraph")
```

```
            return(p1)
})
# ui.R #
showOutput("mygraph","highcharts")
```

添加以下代码，在网页上输出 nPlot 函数绘制的交互柱状图，如图 13-22 所示。

```
# server.R #
  output$mychart1 <- renderChart({
    hair_eye_male <- subset(as.data.frame(HairEyeColor), Sex == "Male")
    hair_eye_male[,1] <- paste0("Hair",hair_eye_male[,1])
    hair_eye_male[,2] <- paste0("Eye",hair_eye_male[,2])
    p1 <- nPlot(Freq ~ Hair, group = "Eye", data = hair_eye_male, type = "multi-
    BarChart")
    p1$chart(color = c('brown', 'blue', '#594c26', 'green'))
    p1$addParams(dom="mychart1")
    return(p1)
  })
# ui.R #
tabItem(tabName = "rChartsdemo",
        box(title = "nPlot函数demo演示",
            bsolidHeader = TRUE,collapsible = TRUE,width="100%",
            showOutput("mychart1","nvd3")))
```

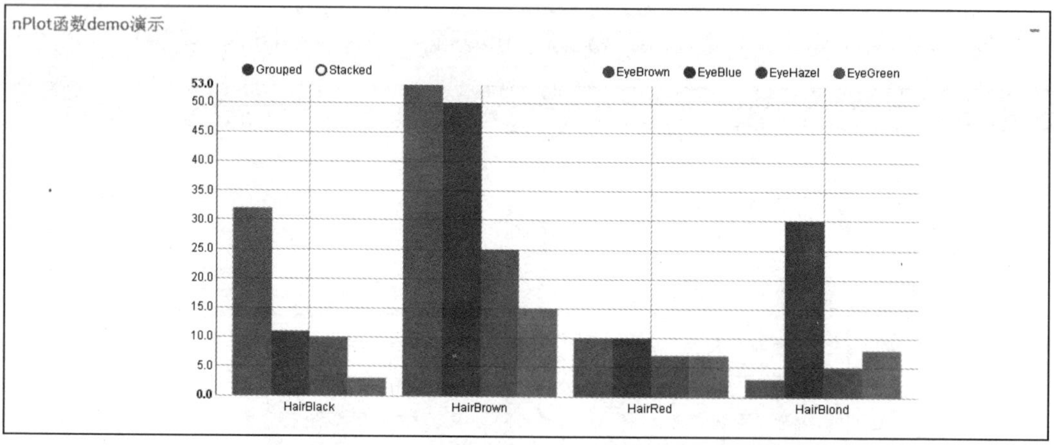

图 13-22 nPlot 函数结合 shiny 输出交互柱状图

添加以下代码，在网页上输出 hPlot 函数绘制的交互气泡图，如图 13-23 所示。

```
# server.R #
# hPlot函数
output$mychart2 <- renderChart({
  a <- hPlot(Pulse ~ Height, data = MASS::survey, type = "bubble", title = "Zoom
  demo", subtitle = "bubble chart", size = "Age", group = "Exer")
  a$colors('rgba(223, 83, 83, .5)', 'rgba(119, 152, 191, .5)', 'rgba(60, 179,
  113, .5)')
  a$chart(zoomType = "xy")
```

```
  a$exporting(enabled = T)
  a$addParams(dom="mychart2")
  return(a)
})
# ui.R #
box(title = "hPlot函数demo演示",
    bsolidHeader = TRUE,collapsible = TRUE,width="100%",
    showOutput("mychart2","highcharts"))
```

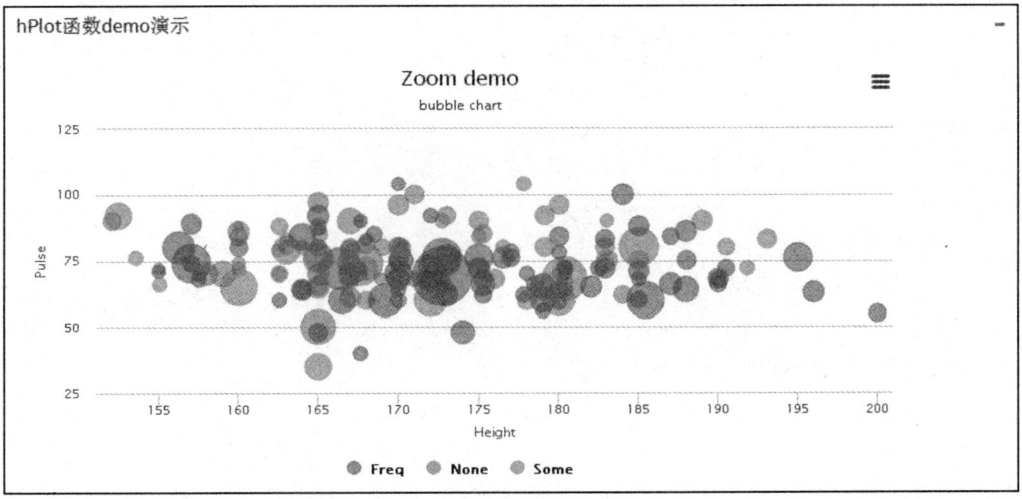

图 13-23　hPlot 函数结合 shiny 输出交互气泡图

社会网络图展示页面提供了丰富的功能选项，可通过单选按钮选择社会网络图的布局，一个单一复选框选择是否显示节点 label，滑动条控制节点大小，并提供了图形下载功能。添加以下代码得到的结果如图 13-24 所示。

```
#server.R
# 社会网路图
  plotGraph <- function(){
    g <- make_graph( ~ A-B-C-D-A, E-A:B:C:D,
                       F-G-H-I-F, J-F:G:H:I,
                       K-L-M-N-K, O-K:L:M:N,
                       P-Q-R-S-P, T-P:Q:R:S,
                       B-F, E-J, C-I, L-T, O-T, M-S,
                       C-P, C-L, I-L, I-P)
    plotlayout <- switch(input$PlotLayout,
                         "Auto"=layout.auto(g),
                         "Random"=layout.random(g),
                         "Circle"=layout.circle(g),
                         "Sphere"=layout.sphere(g),
                         "Fruchterman Reingold"=layout.fruchterman.reingold(g),
                         "Kamada Kawai"=layout.kamada.kawai(g),
                         "Drl"=layout.drl(g),
```

```
                        "Spring"=layout.spring(g),
                        "Reingold Tilford"=layout.reingold.tilford(g),
                        "Fruchterma Reingold Grid"=layout.fruchterman.reingold.grid(g),
                        "Lgl"=layout.lgl(g),
                        "Graphopt"=layout.graphopt(g),
                        "SVD"=layout.svd(g)
    )
    if(!input$showNodeName){
      V(g)$label = ""
    }
    V(g)$size = input$vertexSize
    plot(g, layout=plotlayout)
  }
  output$graphPlot <- renderPlot({
    plotGraph()
  })
  # 下载社会网路图
  output$downloadPlot <- downloadHandler(
    filename = function() {
      paste('NetworkGraph',format(Sys.time(),"%Y%m%d_%H%M%S"),'.pdf', sep='')
    },
    content = function(file) {
      pdf(file)
      print(suppressWarnings(plotGraph()))
      dev.off()
    }
  )
#ui.R
tabItem(tabName = "SNdemo",
        fluidRow(
          column(12, wellPanel(
            plotOutput("graphPlot")
          )),
          column(4, wellPanel(
            radioButtons(inputId="PlotLayout", label="Plot Layout",
                         choices=c("Auto","Random","Circle","Sphere","Fruchterman Reingold",
                                   "Kamada Kawai","Drl","Spring","Reingold Tilford",
                                   "Fruchterma Reingold Grid",
                                   "Lgl","Graphout","SVD"), selected="Auto")
          )),
          column(4, wellPanel(
            checkboxInput(inputId = "showNodeName",
                          label = "Show Vertex Label",  value = TRUE),
            sliderInput(inputId = "vertexSize",
                        label = "Vertex Size",  value = 15, min=1, max=100)
          )),
          column(4, wellPanel(
            downloadButton('downloadPlot', 'Download Plot in pdf')
          )))),
```

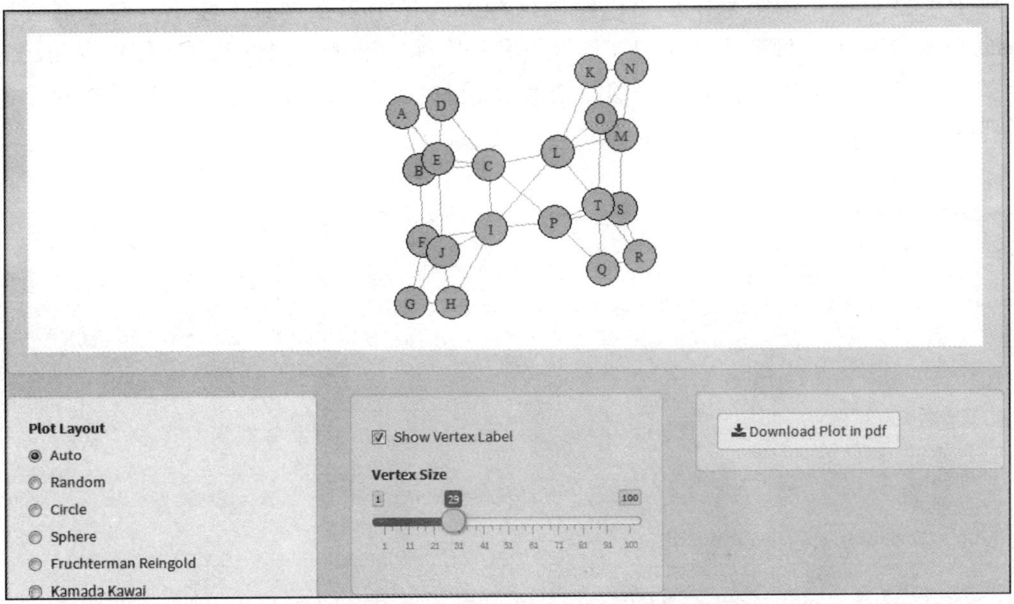

图 13-24　igraph 结合 shiny 输出 web 页面

选择 Circle 布局，将节点的大小调整到 20，并取消显示节点标签，得到的结果如图 13-25 所示。

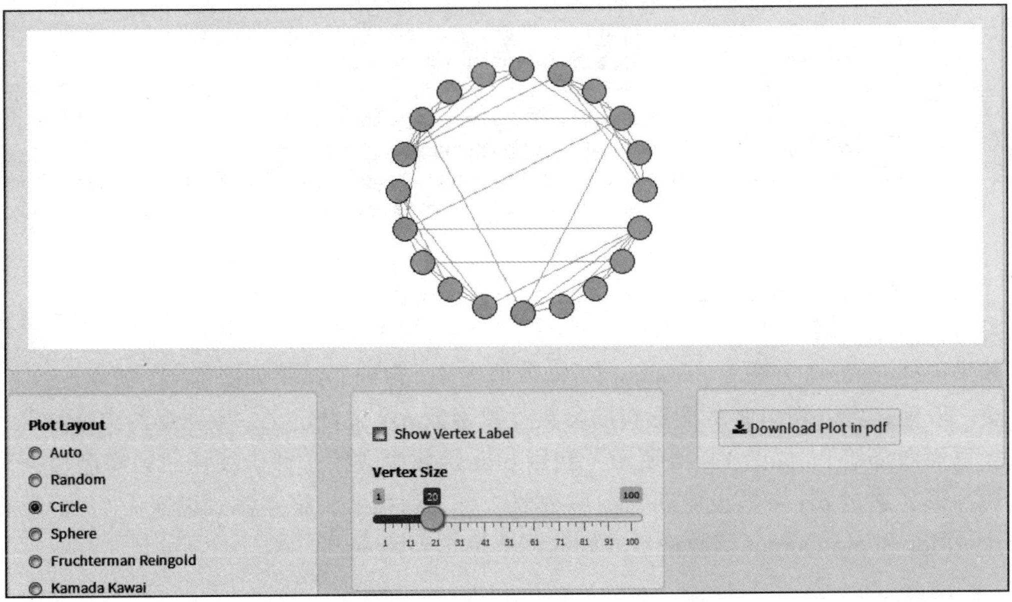

图 13-25　改变布局及节点大小

对于模型可视化的结果，也可以使用这种方式把结果在网页上输出。对关联规则和kmeans聚类结果进行可视化，并增加选择栏和数字输入选项来调整关联规则可视化的方法和聚类的K值。添加以下代码，得到的结果如图13-26所示，此时关联规则可视化中的方法选择的是graph，K均值聚类的K值选择的是3。

```
#server.R
#关联规则可视化
output$groceryrules <- renderPlot({
  data(Groceries)
  groceryrules <- apriori(Groceries,parameter =
                          list(support=0.006,confidence=0.25,minlen=2))
  plot(subset(groceryrules,lift > 3),method=input$method)
})
# 聚类结果可视化
clusters <- reactive({
  kmeans(iris[,1:4],input$clusters)
})
output$kmeans <- renderPlot({
  plot(iris[,c('Sepal.Length','Sepal.Width')],
       col = clusters()$cluster,
       pch = 20, cex = 2)
  points(clusters()$centers, pch = 4, cex = 2, lwd = 4)
})
#ui.R
tabItem(tabName = "viz",
        box(title = "关联规则可视化",
            width = 6,solidHeader = TRUE,collapsible = T,
            background = "red",plotOutput("groceryrules")),
        box(title = "kmeans结果可视化",
            width = 6,solidHeader = TRUE,collapsible = T,
            background = "red",plotOutput("kmeans")),
        column(6,selectInput(inputId="method",label="请选择关联规则可视化的method",
                             choices=c("graph","scatterplot","two-key plot",
                             "matrix",
                                       "matrix3D","paracoord"))),
        column(6,numericInput('clusters', '请选择k值', 3,
                              min = 1, max = 9)))
```

如果选择method方法为paracoord，K取值为4，得到的结果如图13-27所示。

更一般地，可以利用R的图形布局参数设置函数par来自定义一幅图形的多个特征（点样式、页面布局等）。如图13-28所示，利用plot函数生成用于评价线性回归模型拟合情况的四幅图形，通过par参数设置四幅图形按照2行2列摆放，将点样式设置为"*"，最后通过renderPlot和plotOutput函数把生成好的图形输出到网页。

```
# server.R #
  output$lm.fit <- renderPlot({
    fit <- lm(Sepal.Length~Sepal.Width,data=iris[,1:4])
    par(mfrow=c(2,2),pch="*")
```

```
    plot(fit)
  })
# ui.R #
column(12,box(title = "评价线性模型拟合情况可视化",status="primary",
              solidHeader = TRUE,collapsible = T,width="100%",
              plotOutput("lm.fit")))
```

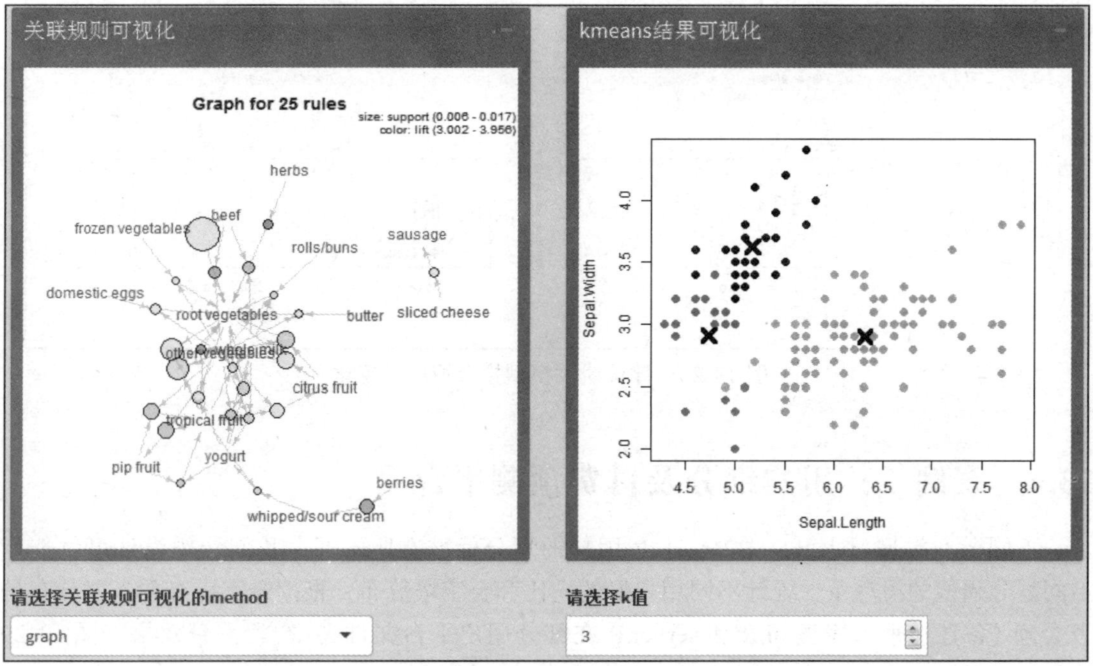

图 13-26　模型结果可视化

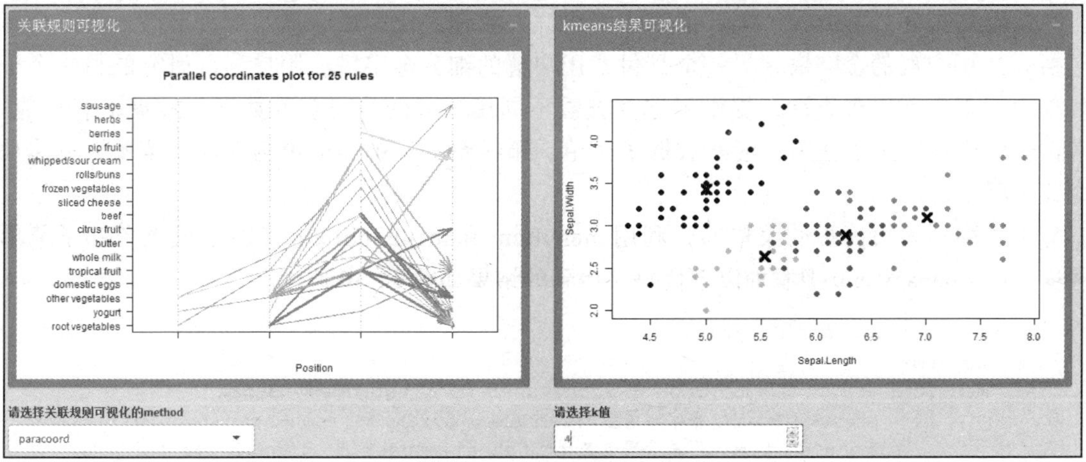

图 13-27　模型结果可视化

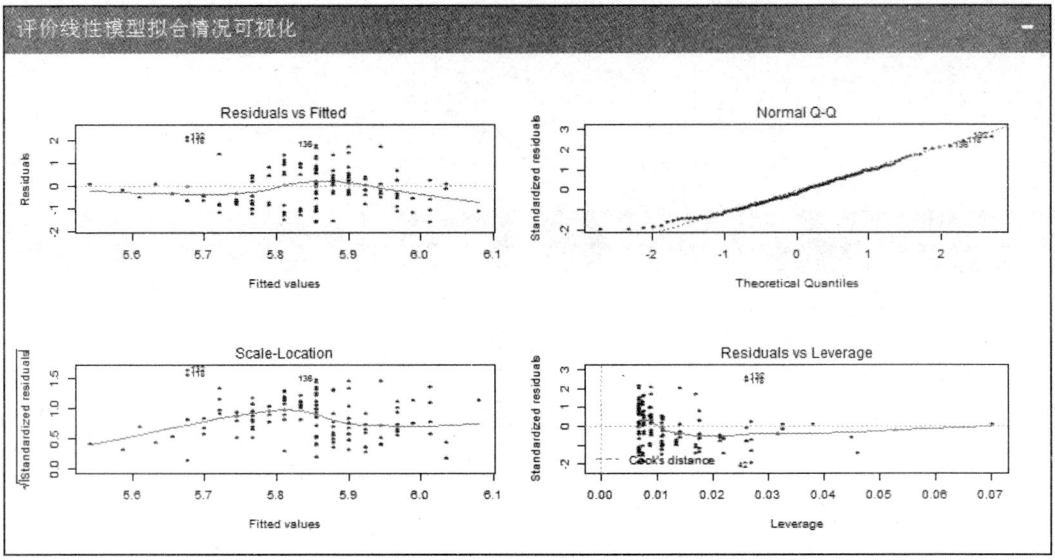

图 13-28 评价线性模型拟合情况可视化

13.4 案例二：用户细分及付费预测平台

不同游戏类型对大 R、中 R、小 R 用户的划分标准有所不同，我们希望设计可供选择不同划分阈值的滑动条，统计不同用户群的占比和金字塔分布，根据金字塔查看人群分布是否合理（备注：平台完整 ui.R 和 server.R 在细分用户平台文件夹中）。平台效果如图 13-29 所示。

图 13-29 为金字塔模型界面，包括三个用户群划分阈值的滑动条，增加了自动播放功能；下面是 4 个 valueBox，统计了不同用户群人数和占比；最后是两个金字塔，第一个是包括非 R 用户群的金字塔，另一个是付费用户群的细分金字塔。用户分群研究的另一个子菜单项：用户号码包查询，提供了选择查看不同用户群的消费金额数据和数据下载功能。潜在付费用户挖掘包括用户活跃数据子菜单、箱线图子菜单和决策树建模子菜单，具体功能等会再介绍。

首先构建侧边面板的菜单项，利用 menuItem 和 menuSubItem 函数生成菜单和子菜单选项。在 sidebarMenu 中添加以下代码，得到的结果如图 13-30 所示。

```
sidebar <- dashboardSidebar(
  sidebarMenu(
    menuItem("用户分群研究",icon = icon("user-md"),tabName="dashboard",
             menuSubItem("金字塔模型",tabName="pyramid",icon=icon("apple")),
             menuSubItem("用户号码包查询",tabName="userid",icon=icon("table"))
             ),
   menuItem("潜在付费用户挖掘",icon = icon("heart"),tabName="payuser",
```

```
            menuSubItem("用户活跃度数据",tabName="actionuer",icon=icon("table")),
            menuSubItem("箱线图",tabName="boxplot",icon = icon("area-chart")),
            menuSubItem("决策树建模",tabName="treemodel",icon= icon("male"))
    )
  )
)
```

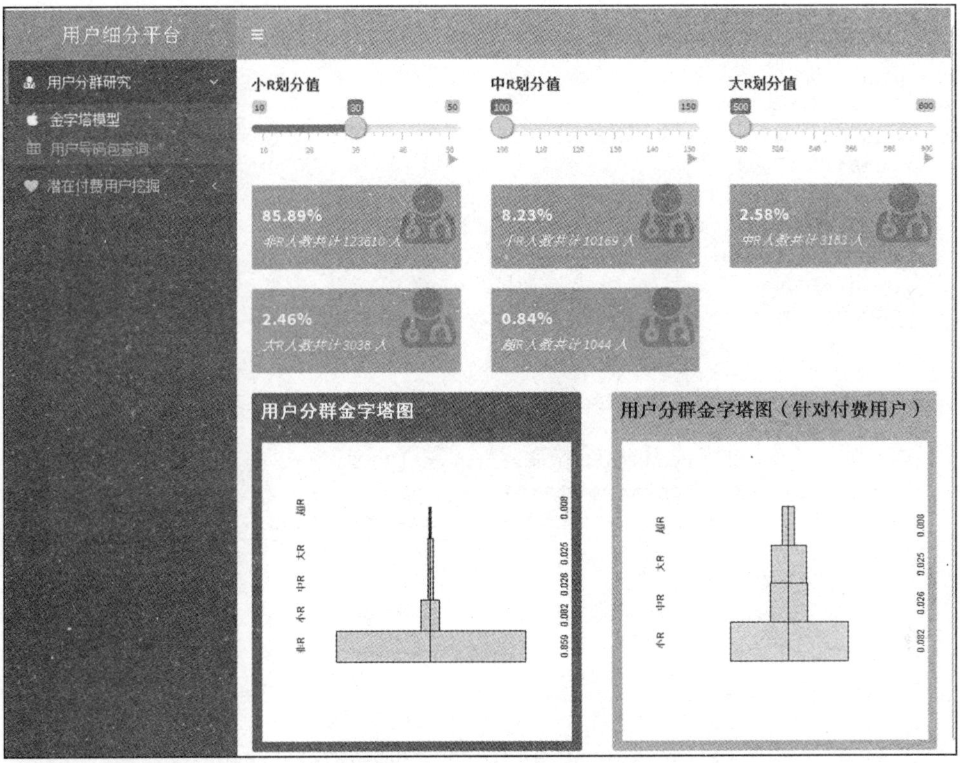

图 13-29　用户细分平台

图 13-30　侧边栏生成菜单选项

在金字塔模型界面的主面板添加 3 个滑动条，4 个 valueBox 的内容随着滑动条数值变化而动态统计人数和占比，最后的两个动态金字塔图，也是根据滑动条值的变化而动态变化。在 ui.R 的主面板中，将 sliderInput 函数中的 animate 参数设置为 animationOptions(loop=T)，即可实现自动循环播放功能，点击滑动条右下角小三角即可。在 server.R 中用 renderValueBox() 函数输出 valueBox 对象，并在 ui.R 中用 valueBoxOutput ("valueBox 对象") 将结果输出到主面板中。分别在 server.R 和 ui.R 添加以下代码，得到的结果如图 13-31 所示。

```
#server.R
# 统计不同用户群的占比
  output$vbox0 <- renderValueBox({
    valueBox(
      h4(strong("85.89%",style="color:white;")),
      subtitle = h5(em(paste("非R人数共计",n,"人"))),
      icon = icon("user-md"),
      color="aqua",
      width=2
    )
  })
  output$small <- renderValueBox({
    valueBox(
      h4(strong(paste(round(nrow(small())/n*100,2),"%",sep=""),
                style="color:white;")),
      subtitle = h5(em(paste("小R人数共计",nrow(small()),"人"))),
      icon = icon("user-md"),
      color="aqua",
      width=2
    )
  })
  output$middle <- renderValueBox({
    valueBox(
      h4(strong(paste(round(nrow(middle())/n*100,2),"%",sep=""),
                style="color:white;")),
      subtitle = h5(em(paste("中R人数共计",nrow(middle()),"人"))),
      icon = icon("user-md"),
      color="aqua",
      width=2
    )
  })
  output$big <- renderValueBox({
    valueBox(
      h4(strong(paste(round(nrow(big())/n*100,2),"%",sep=""),
                style="color:white;")),
      subtitle = h5(em(paste("大R人数共计",nrow(big()),"人"))),
      icon = icon("user-md"),
      color="aqua",
      width=2
    )
  })
```

```
  output$super <- renderValueBox({
    valueBox(
      h4(strong(paste(round(nrow(super())/n*100,2),"%",sep=""),
                style="color:white;")),
      subtitle = h5(em(paste("超R人数共计",nrow(super()),"人"))),
      icon = icon("user-md"),
      color="aqua",
      width=2
    )
  })
#ui.R
body <- dashboardBody(
  tabItems(
    tabItem(tabName = "pyramid",
            fluidRow(
              column(4,sliderInput("small","小R划分值",min=10,max=50,value=30,
                    step=10,animate=animationOptions(loop=T))),
              column(4,sliderInput("middle","中R划分值",min=100,max=150,value=100,
                    step=10,animate=animationOptions(loop=T))),
              column(4,sliderInput("big","大R划分值",min=500,max=600,value=100,
                    step=20,animate=animationOptions(loop=T))),
              valueBoxOutput("vbox0"),
              valueBoxOutput("small"),
              valueBoxOutput("middle"),
              valueBoxOutput("big"),
              valueBoxOutput("super"))
dashboardPage(
  dashboardHeader(title="用户细分平台"),
  sidebar,
  body,
  skin="blue")
```

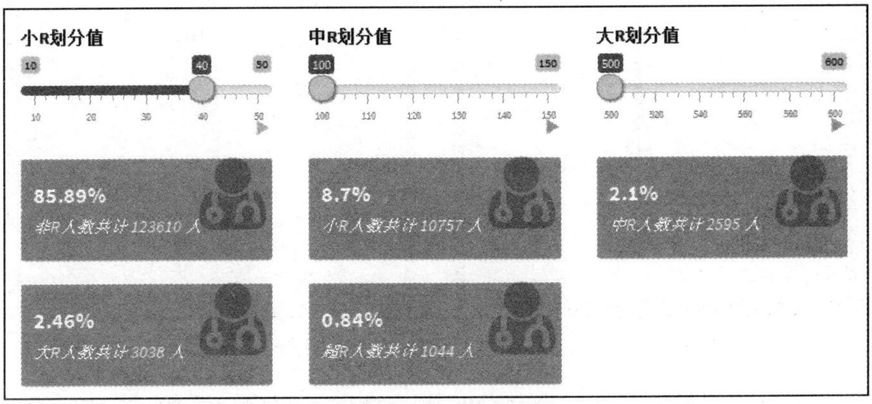

图 13-31　在金字塔模型界面中添加滑动条和 valueBox

接下来在金字塔模型子菜单添加金字塔图，实现随 3 个滑动条的数值变化而动态更新。可以通过 barplot 函数实现，先对数据 x 绘制条形图，然后对数据求负数，再利用 barplot 函数绘制反向条形图即可，但要注意将 add 参数设置为 T。分别在 server.R 和 ui.R 添加以下代码，得到的结果如图 13-32 所示。

```
#server.R
# 绘制金字塔图
output$barplot <- renderPlot({
  x<-c(0.8589, round(nrow(small())/n,4),round(nrow(middle())/n,4),
       round(nrow(big())/n,4), round(nrow(super())/n,4))
  y<--x
  barplot(x,horiz=T,space=0,xlim=c(-1,1),axes=F,col="green")
  axis(2,c(0.5,1.5,2.5,3.5,5),labels=c("非R","小R","中R","大R","超R"),
       tick=FALSE,cex.axis=0.8)
  axis(4,c(0.5,1.5,2.5,3.5,5),labels=round(x,3),
       tick=FALSE,cex.axis=0.75)
  barplot(y,horiz=T,space=0,add=T,col="green",axes=F)
})
#ui.R
fluidRow(
  box(title = "用户分群金字塔图",
      width = 6, solidHeader = TRUE,
      background="maroon",
      plotOutput("barplot", width = "100%", height = 300)),
  box(title = "用户分群金字塔图(针对付费用户)",
      width = 6, solidHeader = TRUE,
      background="aqua",
      plotOutput("barplot1", width = "100%", height = 300)))
```

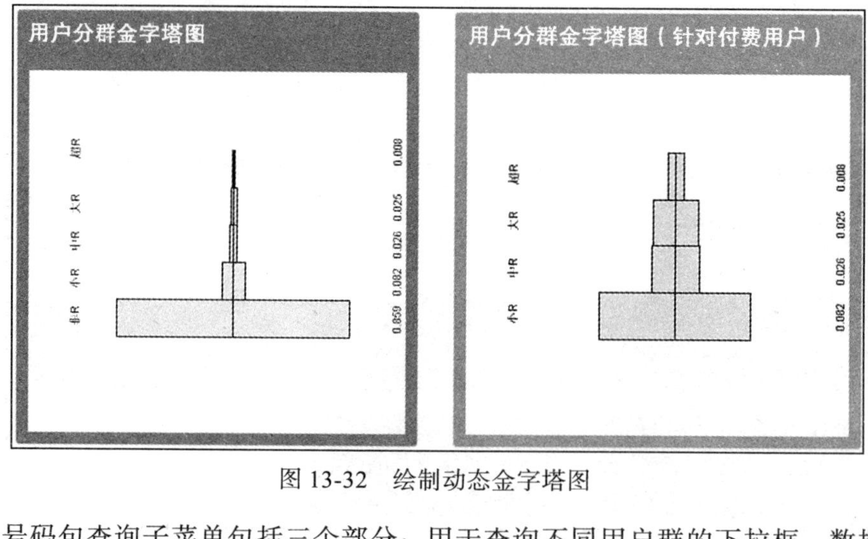

图 13-32 绘制动态金字塔图

用户号码包查询子菜单包括三个部分：用于查询不同用户群的下拉框、数据表展示、下载数据功能。使用 selectInput 函数创建下拉列表框，选项包括小 R、中 R、大 R 和超 R；使用 DT 包的 datatable 函数展示数据表；使用 downloadButton 函数下载数据表。分别在 server.R 和 ui.R 添加以下代码，得到的结果如图 13-33 所示。

```
# server.R
# 查看不同的用户群号码包
  output$table <- DT::renderDataTable(
    switch(input$dataset,"1"=small(),"2"=middle(),"3"=big(),"4"=super()),
options=list(pageLength=10))
  # 下载号码包
  output$downloadCsv <- downloadHandler(
    filename = "userid.csv",
    content = function(file) {
      write.csv(switch(input$dataset,"1"=small(),"2"=middle(),"3"=big(),"4"=sup
er()), file,row.names=F)},
contentType = "text/csv")
# ui.R
tabItem(tabName = "userid",
        selectInput("dataset", "选择需要查看的用户群:",
                    choices = c("小R"=1, "中R"=2, "大R"=3,"超R"=4)),
        box(
          title = "RaW Data", status = "primary", solidHeader = TRUE,
          width = 12, collapsible = T,
          DT::dataTableOutput("table")
        ),
        downloadButton("downloadCsv", "Download as CSV")
)
```

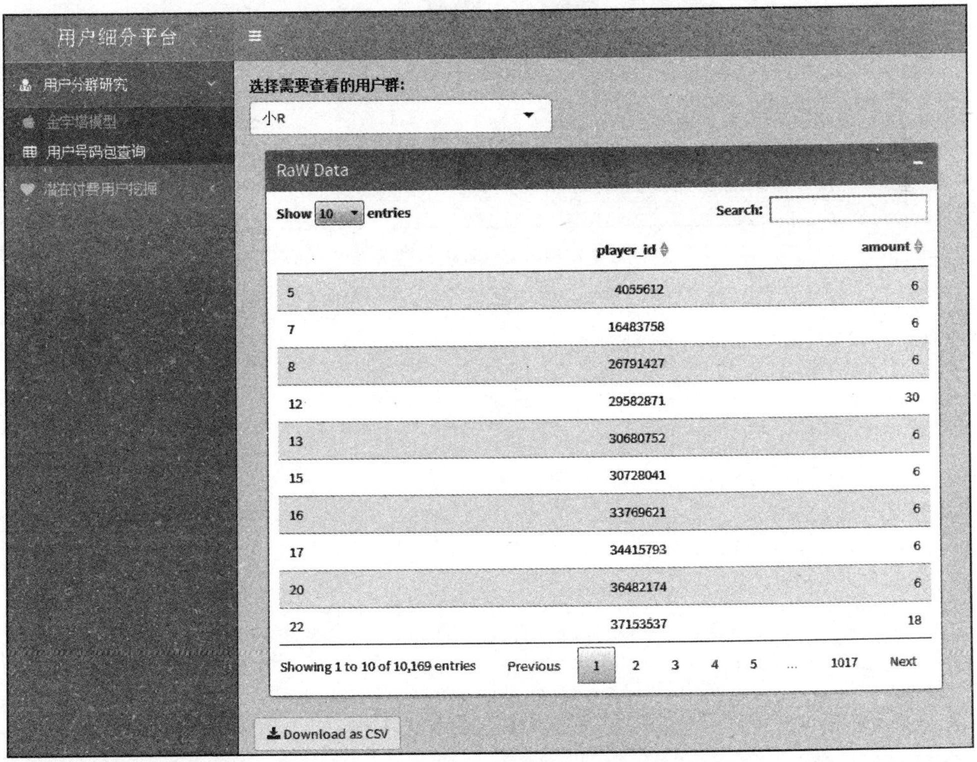

图 13-33　展现、下载不同用户群数据

潜在付费用户挖掘菜单包括用户活跃度数据、箱线图、决策树建模三个子菜单。用户活跃度展示了每位用户的活跃明细数据，箱线图按照是否付费进行分组，查看不同用户群的数据情况；决策树建模包括根据决策树算法得到的决策树树形图，并对结果进行解释。分别在 server.R 和 ui.R 中添加以下代码，得到的结果如图 13-34 所示。

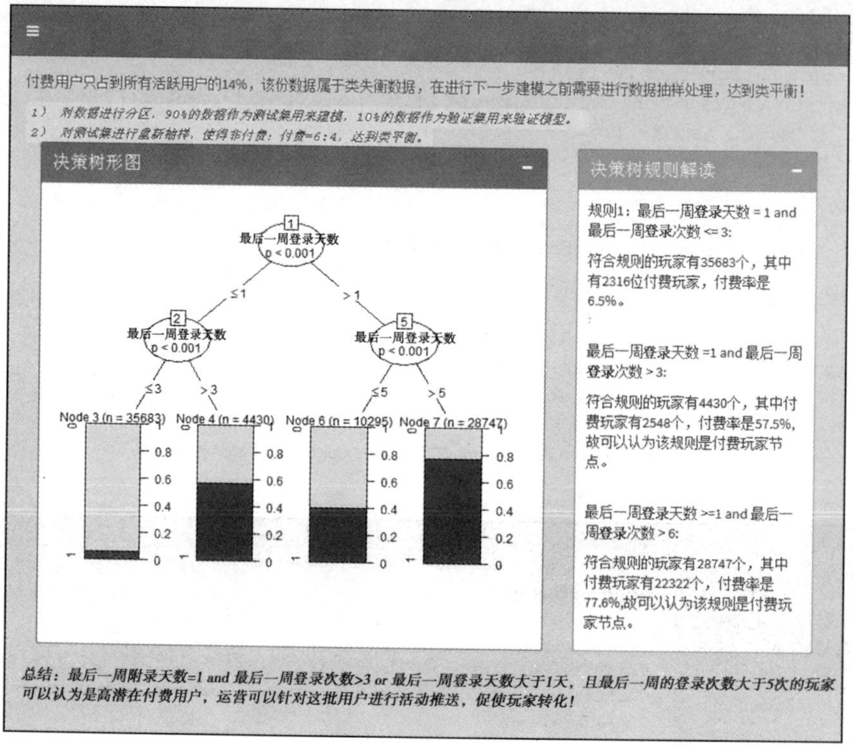

图 13-34 决策树模型界面

```
#server.R
######   潜在付费用户挖掘   #######
  # 导出明细数据
  output$actionuer <- DT::renderDataTable({
    DT::datatable(actionuser)
  })
  # 画出箱线图
  output$boxplot1 <- renderPlot({
    par(mfrow=c(2,3))
    for(i in 2:7)
      boxplot(actionuser[,i]~actionuser$是否付费,col=c(1,2)*i,outline=FALSE,
              main=paste(colnames(actionuser)[i],"箱线图"))
    par(mfrow=c(1,1))
  })
  # 画决策树图
  output$treeplot <- renderPlot({
    plot(ctree.sol)
```

```
  })
#ui.R
tabItem(tabName="actionuer",
            DT::dataTableOutput("actionuer")),
    tabItem(tabName = "boxplot",…,
            plotOutput("boxplot1")),
    tabItem(tabName="treemodel",…,
            box(title="决策树形图",status = "primary",
               solidHeader = TRUE, width = 8,height=500,collapsible = T,
                plotOutput("treeplot")),…)
```

13.5　案例三：渠道用户打分平台

利用渠道运营数据中的关键指标数据，构建通用的渠道用户质量评价体系，对渠道用户质量进行综合打分。渠道用户打分平台包括三部分内容：原始数据查询及下载、同一款游戏在不同渠道的打分模型以及帮助文档（备注：平台完整 ui.R 和 server.R 在渠道用户打分平台文件夹中）。平台的打分模型如图 13-35 所示。

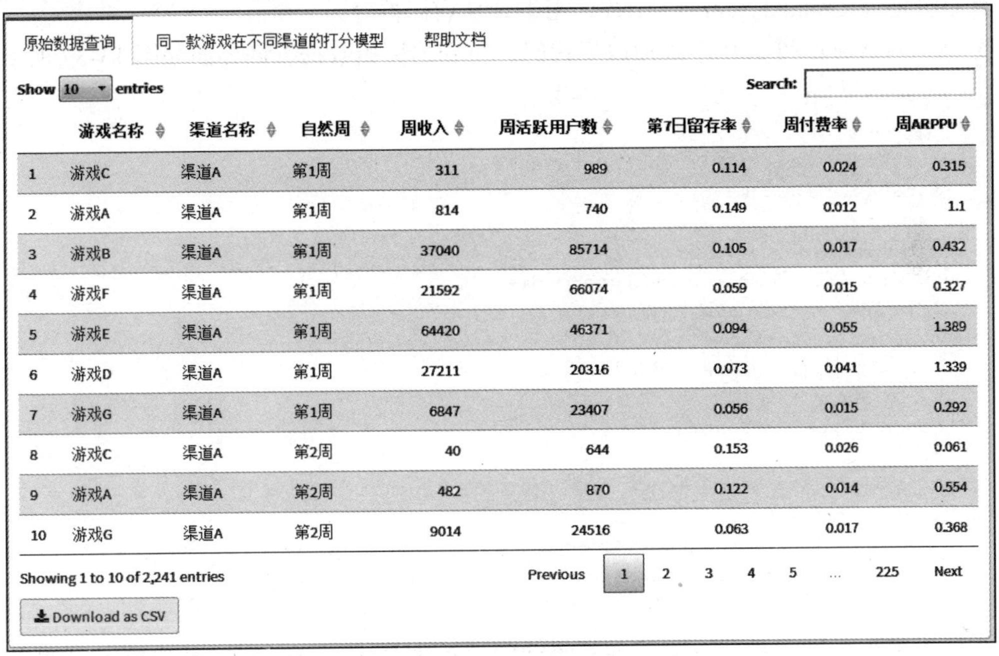

原始数据查询　同一款游戏在不同渠道的打分模型　帮助文档

Show 10 entries　Search:

	游戏名称	渠道名称	自然周	周收入	周活跃用户数	第7日留存率	周付费率	周ARPPU
1	游戏C	渠道A	第1周	311	989	0.114	0.024	0.315
2	游戏A	渠道A	第1周	814	740	0.149	0.012	1.1
3	游戏B	渠道A	第1周	37040	85714	0.105	0.017	0.432
4	游戏F	渠道A	第1周	21592	66074	0.059	0.015	0.327
5	游戏E	渠道A	第1周	64420	46371	0.094	0.055	1.389
6	游戏D	渠道A	第1周	27211	20316	0.073	0.041	1.339
7	游戏G	渠道A	第1周	6847	23407	0.056	0.015	0.292
8	游戏C	渠道A	第2周	40	644	0.153	0.026	0.061
9	游戏A	渠道A	第2周	482	870	0.122	0.014	0.554
10	游戏G	渠道A	第2周	9014	24516	0.063	0.017	0.368

Showing 1 to 10 of 2,241 entries　Previous 1 2 3 4 5 … 225 Next

Download as CSV

图 13-35　平台打分模型

我们希望隐藏标题面板和侧边栏面板，故将两者的参数 disable 设置为 TRUE，并通过 tabItem 函数在主面板创建选项卡面板。运行以下代码得到如图 13-36 所示的平台框架。

```
#ui.R
library(shiny)
```

```
library(shinydashboard)
dashboardPage(
  dashboardHeader(disable = TRUE),
  dashboardSidebar(disable = TRUE),
  dashboardBody(
      tabItem(tabName = "Data",
              tabBox(width = 12,
                     tabPanel("原始数据查询"),
                     tabPanel("同一款游戏在不同渠道的打分模型"),
                     tabPanel('帮助文档')))))
#server.R
server <- function(input,output){ }
```

图 13-36　渠道用户打分平台框架

渠道用户打分平台文件夹中除了 ui.R、server.R 文件外，还有 rawdata.RData 文件是用来构建打分平台的原始数据集，需要通过 load("rawdata.RData") 将数据加载到 R 中；global.R 文件是自定义 channel_score( ) 函数，用于计算指标得分。

分别在 server.R 和 ui.R 中添加以下代码，得到的原始数据查询界面如图 13-37 所示。

```
#server.R
# 原始数据展示
  output$rawdata <- DT::renderDataTable({
    datatable(rawdata)
  })
  # 原始数据下载
  output$downloadCsv <- downloadHandler(
    filename = "rawdata.csv",
    content = function(file) {
      write.csv(rawdata, file)
    },
    contentType = "text/csv"
  )
#ui.R
tabPanel("原始数据查询",
         DT::dataTableOutput("rawdata"),
         downloadButton("downloadCsv", "Download as CSV")
)
```

可以对数据表添加排序、翻页查看等功能，单击 Download as CSV 按钮可以调出文件保存窗口，选择要保存文件的目录路径，如图 13-38 所示。

同一款游戏在不同渠道的打分模型界面，分别包括参数选择、权重设置、指标得分、渠道生存曲线和最近一周得分统计等内容。

参数选择包括 3 个下拉列表框，提供选择起始周、查看的游戏和查看指标得分功能，权重设置包括 5 个数值输入框：周收入权重、周活跃用户权重、第 7 日留存率权重、周付费率权重和周 ARPPU 权重，5 个权重之和需要等于 1。在 ui.R 脚本中添加以下代码得到的结果如图 13-39 所示。

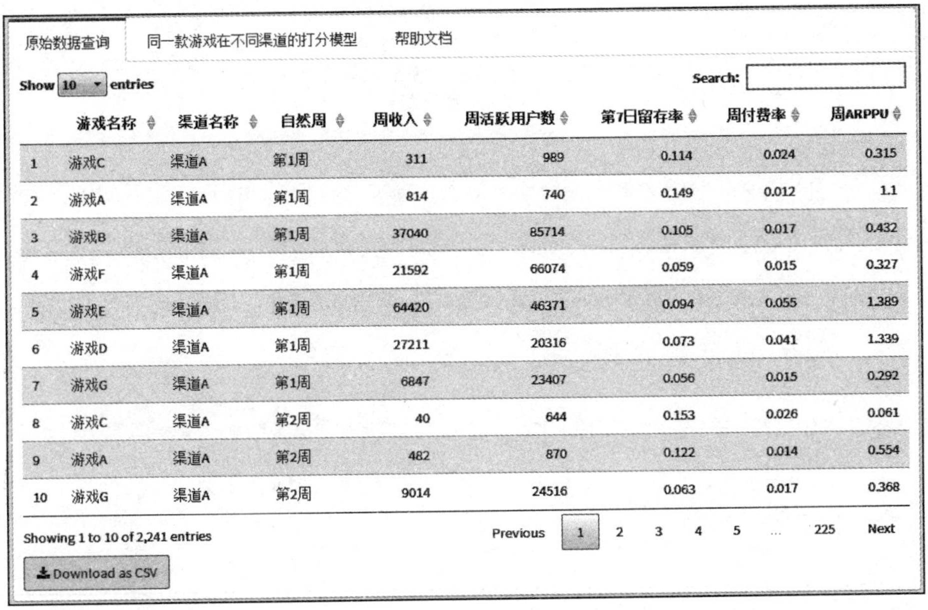

	游戏名称	渠道名称	自然周	周收入	周活跃用户数	第7日留存率	周付费率	周ARPPU
1	游戏C	渠道A	第1周	311	989	0.114	0.024	0.315
2	游戏A	渠道A	第1周	814	740	0.149	0.012	1.1
3	游戏B	渠道A	第1周	37040	85714	0.105	0.017	0.432
4	游戏F	渠道A	第1周	21592	66074	0.059	0.015	0.327
5	游戏E	渠道A	第1周	64420	46371	0.094	0.055	1.389
6	游戏D	渠道A	第1周	27211	20316	0.073	0.041	1.339
7	游戏G	渠道A	第1周	6847	23407	0.056	0.015	0.292
8	游戏C	渠道A	第2周	40	644	0.153	0.026	0.061
9	游戏A	渠道A	第2周	482	870	0.122	0.014	0.554
10	游戏G	渠道A	第2周	9014	24516	0.063	0.017	0.368

图 13-37　原始数据查询界面

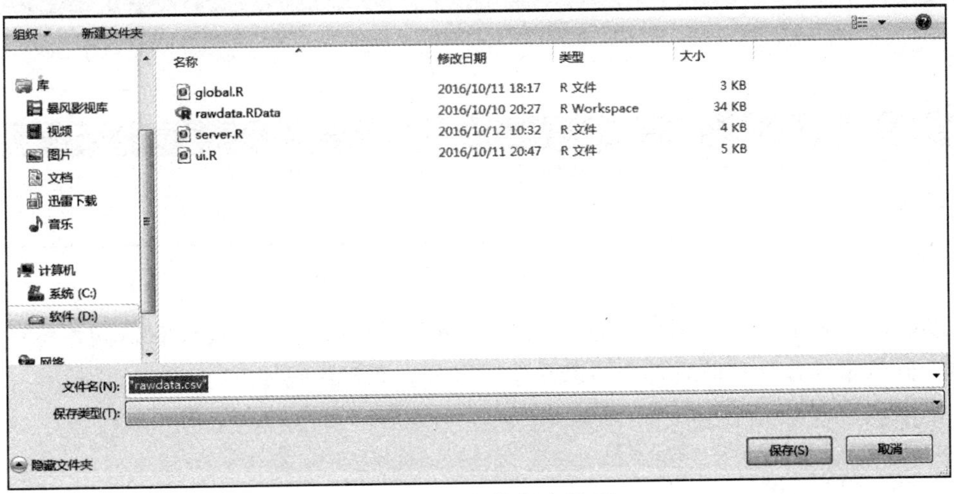

图 13-38　文件保存界面

```
tabPanel("同一款游戏在不同渠道的打分模型",
        box(
          title = "参数选择", status = "primary", solidHeader = TRUE, width = 16,
          collapsible = T,
          column(4,selectInput("firstweek","请选择起始周",
                               levels,selected="第18周")),
```

```
        column(4,selectInput("game","请选择需要查看的游戏",game)),
        column(4,selectInput("data","请选择需要查看的指标得分",
                             c("指标综合得分"=1,
                               "周收入指标得分"=2,
                               "周活跃用户指标得分"=3,
                               "第7日留存率指标得分"=4,
                               "周付费率指标得分"=5,
                               "周ARPPU指标得分"=6)))),
      box(
        title = "权重设置", status = "primary", solidHeader = TRUE, width = 16,
        collapsible = T,
        column(2,numericInput("w1","周收入权重",value=0.3,min=0,max=1,
        step=0.1)),
        column(2,numericInput("w2","周活跃用户数权重",value=0.2,min=0,max=1,
        step=0.1)),
        column(2,numericInput("w3","第7日留存率权重",value=0.2,min=0,max=1,
        step=0.1)),
        column(2,numericInput("w4","周付费率权重",value=0.15,min=0,max=1,
        step=0.1)),
        column(2,numericInput("w5","周ARPPU权重",value=0.15,min=0,max=1,
        step=0.1))
      ))
```

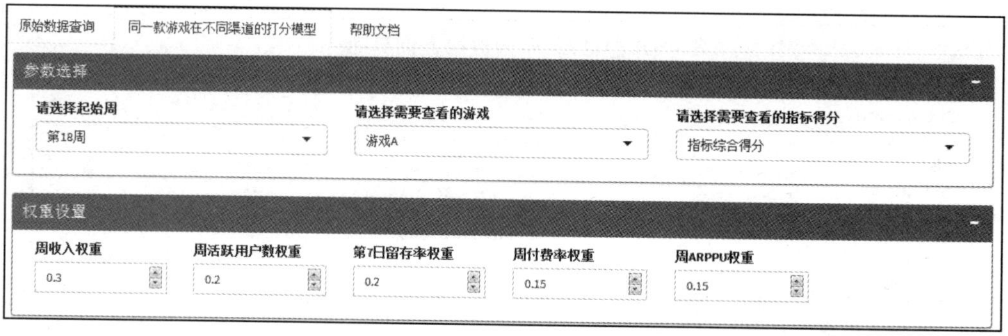

图 13-39 参数选择和权重设置界面

在 server.R 脚本中，根据用户选择的起始周和需要查看的游戏计算不同指标的得分，再根据不同权重选择计算最后各个渠道的综合得分。实现代码如下。

```
#server.R
# # 同一款游戏在不同渠道的打分模型
  selectdata <- reactive({
    rawdata[rawdata$自然周>= input$firstweek &
              rawdata$游戏名称==input$game,]
  })
  # 计算周收入的得分模型
  channel_revenue <- reactive({
    channel_score(selectdata()[,c('渠道名称','自然周','周收入')])
  })
  # 计算周活跃用户的得分模型
```

```
  channel_active <- reactive({
    channel_score(selectdata()[,c('渠道名称','自然周','周活跃用户数')])
  })
  # 计算第7日留存率的得分模型
  channel_newretation <- reactive({
    channel_score(selectdata()[,c('渠道名称','自然周','第7日留存率')])
  })
  # 计算周付费率的得分模型
  channel_payrate <- reactive({
    channel_score(selectdata()[,c('渠道名称','自然周','周付费率')])
  })
  # 计算周ARPU的得分模型
  channel_arppu <- reactive({
    channel_score(selectdata()[,c('渠道名称','自然周','周ARPPU')])
  })
  # 计算综合得分
  channel_total <- reactive({
    input$w1*channel_revenue()+input$w2*channel_active()+
      input$w3*channel_newretation()+input$w4*channel_payrate()+
      input$w5*channel_arppu()
  })
```

现在利用 switch 函数实现根据选择的指标得分查看相应指标得分的效果。例如，想查看指标综合得分，在 server.R 和 ui.R 端分别添加以下代码，得到的指标得分结果如图 13-40 所示。

```
#server.R
output$channel_data <- DT::renderDataTable({
    channel_data <- switch(input$data,
                           '1'=channel_total(),
                           '2'=channel_revenue(),
                           '3'=channel_active(),
                           '4'=channel_newretation(),
                           '5'=channel_payrate(),
                           '6'=channel_arppu())
    datatable(channel_data)
  })
#ui.R
box(
  title = "指标得分", status = "primary", solidHeader = TRUE, width = 16,
  collapsible = T,
  DT::dataTableOutput("channel_data"))
```

图 13-40 为以第 18 周为起始周（起始周得分 10 分），查看游戏 A 在不同渠道的每周用户得分统计。

下面绘制每个渠道从起始周到最近一周的得分曲线，查看其用户质量的变化情况。利用 melt 函数对数据进行重塑，再利用 lattice 包中的 xyplot 函数绘制分面板的栏栅曲线图。在 server.R 和 ui.R 中分别添加以下代码，得到的渠道生存曲线如图 13-41 所示。

```
#server.R
# 绘制生存曲线
output$plot1 <- renderPlot({
  channel_total <- channel_total()
  channel_total$渠道名称<- rownames(channel_total) # 增加渠道名称变量
  library(reshape)
  md <- melt(channel_total,id="渠道名称") #对数据进行重塑
  md$week <- ifelse(nchar(as.character(md$variable))==4,
                    substr(md$variable,2,3),substr(md$variable,2,2)) #增加周数变量
  md$week <- as.numeric(md$week)
  library(lattice)
  xyplot(value~week|渠道名称,data=md,type=c("l","g"),
         lwd=2,layout=c(6,2)) #绘制面板曲线图
})
#ui.R
box(
  title = "渠道生存曲线", status = "primary", solidHeader = TRUE, width = 16,
  collapsible = T,
  plotOutput("plot1"))
```

指标得分

Show 10 entries　　Search:

	第18周	第19周	第20周	第21周	第22周	第23周	第24周	第25周	第26周	第27周
渠道A	10	10.62	10.75	9.27	9.12	9.34	9.12	9.5	8.72	7.99
渠道B	10	10.36	9.4	9.23	9.58	10.1	9.67	9.33	8.62	8.25
渠道C	10	12.61	10.73	10.43	10.12	11.39	11.08	11.2	9.89	9.5
渠道D	10	10.1	9.66	9.12	9.86	9.75	8.95	8.89	8.33	8.31
渠道E	10	9.2	9.62	8.42	8.95	9.32	9.17	9.7	8.07	8.52
渠道F	10	10.65	10.03	9.53	8.38	9.16	9.45	10.41	9.77	9.52
渠道G	10	11.13	11.65	9.91	9.6	9.42	8.62	11.09	11.91	10.59
渠道I	10	8.6	9.93	9.47	8.57	10.29	8.11	7.86	8.15	10.14
渠道J	10	10.28	10.34	9.33	9.54	10.62	10.5	9.67	11.29	9.1
渠道K	10	10.8	9.47	8.5	8.98	9.4	7.89	8	7.62	7.67

Showing 1 to 10 of 11 entries　　Previous 1 2 Next

图 13-40 各渠道综合得分统计

从图 13-41 可知，渠道 G、渠道 F 的生存曲线呈现中间走低，后期走高的现象；渠道 A、渠道 B、渠道 D、渠道 K、渠道 L 这几个渠道最近几个月的用户表现均不理想，得分曲线呈现持续走低的现象。

我们还统计了各个渠道最新一周的各指标得分情况，需要在各个指标得分表中提取最新一周的数据进行汇总，通过 channel_data()[,ncol(channel_data())] 实现。在 server.R 和 ui.R 中分别添加以下代码，得到的各渠道最新一周各指标用户得分情况如图 13-42 所示。

```
#server.R
# 提取最新的指标打分
  new_score <- reactive({
    data.frame("渠道"=rownames(channel_total()),
               "周收入指标得分"=channel_revenue()[,ncol(channel_revenue())],
               '周活跃指标得分'=channel_active()[,ncol(channel_active())],
                       '第7日留存率指标得分'= channel_newretation()[, ncol(channel_
newretation())],
               '周付费率指标得分'=channel_payrate()[,ncol(channel_payrate())],
               '周ARPPU指标得分'=channel_arppu()[,ncol(channel_arppu())],
               '指标综合得分'=channel_total()[,ncol(channel_total())])
  })
  output$new_score <- DT::renderDataTable({
    datatable(new_score())
  })
#ui.R
box(
   title = "最近一周得分统计", status = "primary", solidHeader = TRUE, width = 16,
collapsible = T,
  DT::dataTableOutput("new_score")))
```

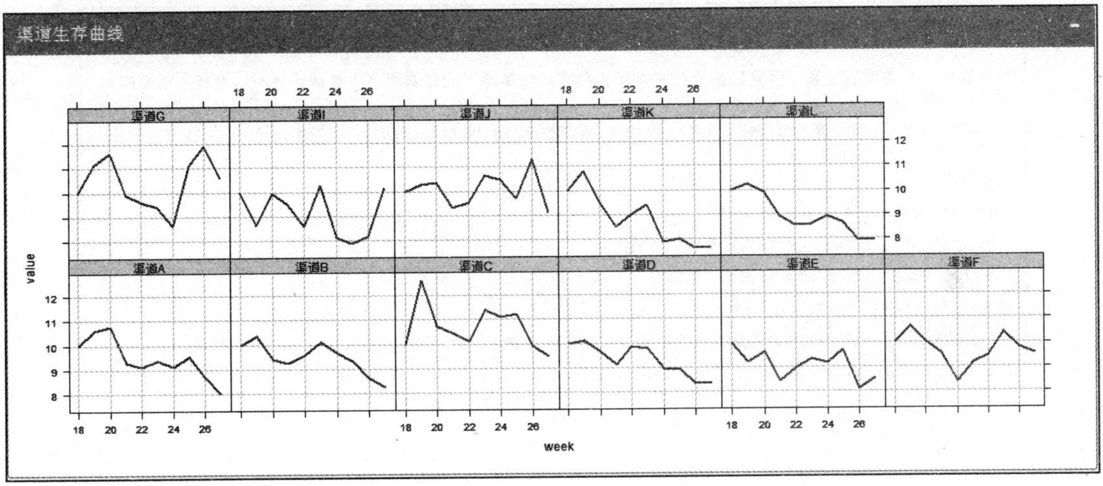

图 13-41　渠道生存曲线

由图 13-42 可知，渠道 G 的付费率用户指标得分表现优秀（周收入指标得分 14.84，周 ARPPU 指标得分 17.27），但是其用户留存率表现不理想（第 7 日留存率指标得分仅有 3.34），说明渠道 G 用户的用户付费能力高，但是用户黏性低，需要对这个渠道实施拉留存措施提高留存率。

帮助文档界面就是一些用户打分目的和规则介绍，只需要在 ui.R 添加文字说明即可，结果如图 13-43 所示。

最近一周得分统计

Show 10 entries   Search:

	渠道	周收入指标得分	周活跃指标得分	第7日留存率指标得分	周付费率指标得分	周ARPPU指标得分	指标综合得分
1	渠道A	7.22	6.23	6.66	9.94	11.69	7.9885
2	渠道B	7.32	8.01	7.68	9.04	10.38	8.247
3	渠道C	10.51	8.04	7.75	9.26	11.99	9.4985
4	渠道D	8.23	8.31	5.93	9.59	10.39	8.314
5	渠道E	8.91	9.91	5.27	9.22	9.55	8.5245
6	渠道F	9.67	7.01	7.7	10.69	13.8	9.5165
7	渠道G	14.84	8.16	3.34	8.31	17.28	10.5905
8	渠道I	11.02	7.76	9.33	9.12	13.66	10.141
9	渠道J	9.68	8.9	6.87	9.24	11.01	9.0955
10	渠道K	7.66	8.15	5.3	8.34	9.57	7.6745

Showing 1 to 10 of 11 entries   Previous 1 2 Next

图 13-42 渠道各用户指标最新一周得分情况

原始数据查询 | 同一款游戏在不同渠道的打分模型 | 帮助文档

打分目的：们需要利用渠道运营数据中的关键指标数据，构建通用的渠道用户质量评价体系，对渠道质量进行综合打分评级。

指标说明：以自然周为研究周期，选取周收入、周活跃、周ARPPU、周付费渗透率、7日留存率作为五大基础指标，通过计算各个指标的信度和效度，对渠道用户的基础指标进行打分

打分规则如下：

1) 指标初始分都是10分；

2) 波动性得分=5*（本周实际值-上周实际值）/最近四周的最大值

3) 量级得分=5*渠道本周值/所有渠道本周总值(只有周收入、周活跃有量级指标)

4）指标得分=上周得分+波动性得分+量级得分

5）综合得分=0.3*周收入指标得分+0.2*周活跃指标得分+0.2*第7日留存率指标得分+0.15*周付费率指标得分+0.15*周ARPPU指标得分

图 13-43 打分平台帮助文档

13.6 小结

本章介绍了 shiny 和 shinydashboard 这两个非常优秀的扩展包，掌握了用 R 语言轻松开发交互式 Web 应用的技能。通过三个实际案例的步骤分解，详解讲解了平台框架的搭建、每个功能模块代码的设计等，使读者能动手搭建属于自己的数据分析原型，将掌握的数据分析和挖掘技能结合 shiny 包开发 Web 应用。